普通高等教育"十一五"国家级规划教材

自动控制原理

Zidong Kongzhi Yuanli

第二版

王万良 编著

吴启迪
邹伯敏 主审

高等教育出版社·北京

内容简介

本书第一版被评为普通高等教育“十一五”国家级规划教材，是教育部评选的2009年度普通高等教育精品教材，也是国家精品课程“自动控制原理”建设成果。本书系统地阐述了自动控制的基本理论与应用。全书共9章，第1章自动控制的基本概念；第2章连续系统的数学模型；第3章时域分析法；第4章根轨迹法；第5章频率法；第6章线性系统的校正方法；第7章离散系统控制理论；第8章非线性控制系统分析；第9章控制系统的状态空间分析。本书将MATLAB辅助分析与设计控制系统方法贯穿在相关章节中。每章增加了工程应用题。

本书可作为自动化、电气、电子信息、计算机、机械、仪器等类专业的教材。选用该教材教学的任课教师可向编者以及高等教育出版社免费获取电子教案、习题详细解答等教学资源。

图书在版编目(CIP)数据

自动控制原理／王万良编著. -2版.—北京：高等教育出版社,2014.3(2019.12重印)
ISBN 978-7-04-039102-2

Ⅰ.①自… Ⅱ.①王… Ⅲ.①自动控制原理-高等学校-教材 Ⅳ.①TP13

中国版本图书馆CIP数据核字（2013）第300550号

策划编辑 韩 颖　责任编辑 韩 颖　封面设计 李卫青　版式设计 马敬茹
插图绘制 于 博　责任校对 刘娟娟　责任印制 耿 轩

出版发行 高等教育出版社
社　　址 北京市西城区德外大街4号
邮政编码 100120
印　　刷 北京七色印务有限公司
开　　本 787mm×960mm 1/16
印　　张 27.75
字　　数 510千字
购书热线 010-58581118
咨询电话 400-810-0598
网　　址 http://www.hep.edu.cn
　　　　 http://www.hep.com.cn
网上订购 http://www.landraco.com
　　　　 http://www.landraco.com.cn
版　　次 2008年6月第1版
　　　　 2014年3月第2版
印　　次 2019年12月第5次印刷
定　　价 46.60元

物 料 号 39102-00

前言

自动控制是生产过程中的关键技术,也是许多高新技术产品中的核心技术。自动控制理论撇开控制系统的物理结构,从信息的传输与变换角度,用数学的方法研究控制系统的本质。因此,自动控制理论是许多专业的重要课程。本书是在编者三十多年自动控制原理课程教学经验基础上编写的,是国家精品课程“自动控制原理”的建设成果,经过十多年的精心修改以及在几十所高校的应用,本书第一版被评为普通高等教育“十一五”国家级规划教材,被教育部评为2009年度普通高等教育精品教材。

1. 主要内容

本书深入浅出地介绍自动控制理论的基本内容。全书共9章,第1章介绍自动控制的基本概念;第2章介绍连续系统的微分方程、传递函数、结构图、信号流图等数学模型及相互关系;第3章介绍线性连续系统的时域分析方法,包括稳定性、暂态性能和稳态误差等系统性能的分析;第4章简要介绍系统的根轨迹分析法;第5章介绍控制系统的频率法;第6章介绍控制系统的校正设计方法;第7章介绍离散系统的控制理论,包括采样与保持的概念、差分方程与z变换数学基础知识、离散系统的数学模型、稳定性、暂态性能和稳态误差等性能分析方法;第8章介绍非线性系统的描述函数法、相平面法;第9章简要介绍控制系统的状态空间分析与设计方法的基本内容。

2. 编写特色

(1) 内容基本实用,语言简明易懂。本书着重讲清自动控制理论的基本与实用方法,特别是有助于系统设计的内容,删除了一些可以根据基本方法得到或者不是很实用的内容。书中精选了例题和习题,有助于对理论的理解。每章最后单独设置了工程应用题,以培养学生理论联系实际的能力。

(2) 编排醒目,方便学习。每章设置导读,使读者在学习该章前就知道为什么要学习该章内容及该章主要介绍哪些内容。每章最后扼要总结该章的重要概念、定理与方法。本书采用双色印刷,将重要的公式和概念、定理、方法用明显的颜色标注,有利于学生掌握,避免学生感觉自动控制理论要记忆的公式太多。

(3) 引导学生使用控制系统CAD软件。在每章最后一节简要实用地介绍MATLAB辅助分析与设计控制系统的方法,学生阅读后自己就会使用,教师也可以简单地加以介绍。过多地介绍MATLAB会偏离控制理论的教学主题。实际上,

MATLAB与一般软件一样,学生很容易掌握。

3. 教师如何使用本教材

(1) 教学内容与时间安排。本书前8章主要介绍经典控制理论,用于"自动控制原理"课程的教学,课堂教学时数为64学时左右。第9章简单介绍现代控制理论的基本内容。对于不单独开设"现代控制理论"课程的专业,可以安排72学时左右,讲授本书全部内容。对于非自动化类专业学生,许多学校讲课学时为32~56,可以根据专业需要选讲本书的主要内容。本书第7~9章内容之间没有依赖关系,可以根据专业需要和学时选择学习,仍可保持体系结构的完整性。

(2) 如何讲授本书? 本书语言精练,教师在教学过程中可通过剖析书中的概念、方法进行发挥,特别是结合工程实例介绍书中的概念和方法。对于非自动化类专业,可以减少理论推导,着重讲授具体方法。书中例题是精选的,题型基本不重复。教师也可根据学生的接受能力,适当增加一些例题。

(3) 教学中如何将理论与工程相结合? "自动控制原理"教学一方面强调其方法论特征,不仅适合解决工程问题,而且适合解决经济、管理、社会等非工程问题;另一方面要与工程实际相结合。因此,教师可以在本书的应用题中,选择自己比较熟悉、符合所教专业的一些工程实例,作为补充内容进行介绍,着重介绍工程应用的概貌和思路,提高教学效果。

(4) 如何获取该课程教学资源? 作者负责建设的"自动控制原理"课程被评为国家级精品资源共享课,具有丰富的教学资源,使用本书作为教材的教师可向编者以及高等教育出版社免费获取电子教案、习题详细解答、教学录像等教学资源。

4. 致谢

本书承蒙尊敬的教育部原副部长、同济大学吴启迪教授和浙江大学邹伯敏教授主审,他们对本书结构和具体写作提供了许多宝贵意见,在此深表谢意!

感谢编者负责的国家精品课程"自动控制原理"教学团队多年来开展的教学研究与实践工作,为本书的编写奠定了基础。特别要感谢姚明海、计时鸣、俞浙青、杨旭华、张聚、管秋、何通能、范兴刚、沈国江、李章维、顾勤龙、徐新黎、朱发明、裴翔、郑建炜等教师的合作与帮助!感谢浙江工业大学重点建设教材项目(JC 1307)资助!

本书内容虽然经过多年使用和修改,仍会存在许多缺点和错误,欢迎使用本书的教师和读者提出宝贵意见,邮件请寄 wwl@zjut.edu.cn。

王万良

2014年2月于杭州

目录

第1章　自动控制的基本概念

自动化技术几乎渗透到国民经济的各个领域及社会生活的各个方面，是当代发展最迅速、应用最广泛、最引人注目的高科技，是推动新的技术革命和新的产业革命的关键技术。从某种程度上来说，自动化是现代化的同义词。自动控制原理课程主要介绍分析、设计自动控制系统的基本方法。

本章从介绍自动控制的发展历史入手，引出用自动控制理论分析、设计自动控制系统的基本思想，然后介绍自动控制的基本概念以及对自动控制系统的基本要求，使读者大致了解自动控制理论的总目标。

1.1 自动控制系统

1769 年瓦特(J. Watt)发明的蒸汽机,推动了工业革命的进一步发展。但是,当时的蒸汽机需要人不断地调节蒸汽阀门才能保持蒸汽机的速度稳定,蒸汽机的应用受到调速精度的限制。为了解决蒸汽机的速度控制问题,瓦特于 1788 年又将欧洲风力磨坊里的飞球调节器原理,应用于蒸汽机速度控制,构成了世界上公认的第一个自动控制系统,其工作原理如图 1.1 所示。它是一个与蒸汽机轴相连的机械装置,当蒸汽机的负载减轻或者蒸汽温度升高等原因导致蒸汽机转速升高时,飞球调节器的转速也升高,离心力增加,飞球升高,带着套环上升,汽阀联结器关小蒸汽阀门,从而降低蒸汽机速度。反之,当蒸汽机的负载增加或者蒸汽温度下降等原因导致蒸汽机转速降低时,飞球调节器的转速也下降,离心力减小,飞球降低,带着套环下降,汽阀联结器开大蒸汽阀门,从而提高蒸汽机速度。由此可见,尽管受到负载、蒸汽温度变化等扰动的影响,但由于飞球调节器的作用,使蒸汽机的速度仍然稳定在设定值附近。

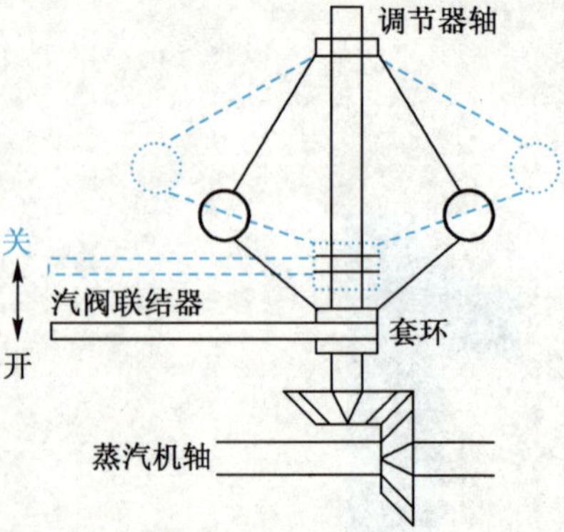

图 1.1 飞球调节器原理图

飞球调节器的发明进一步推动了蒸汽机的应用,也使飞球调节器控制原理闻名于世,并称为瓦特的飞球调节器。但是,有时为了提高调速精度,反而使蒸汽机速度出现大幅度振荡,其后出现的其他自动控制系统也有类似现象发生。由于当时还没有自动控制理论,所以不能从理论上解释这一现象。有人认为系统振荡是因为调节器的制造精度不够,从而努力改进调节器的制造工艺,但始终不能完全解决系统振荡的问题。这种盲目的探索持续了大约一个世纪之久。

1868 年,英国的麦克斯韦(J. C. Maxwell)发表了“论调速器”论文,第一次指出不应该单独讨论一个离心锤,必须从整个控制系统出发推导出微分方程,然后讨论微分方程解的稳定性,从而从理论上分析实际控制系统是否会出现不稳定现象。麦克斯韦的这篇著名论文被公认为是自动控制理论的开端。

自动控制理论分析、设计自动控制系统的基本思想是将各种实际问题用微分方程等数学模型描述,然后用数学工具分析这些数学模型的特性,从而分析系统的性能，设计控制器的数学模型。

自动控制理论研究的对象是系统。人们在日常生活中就接触到很多系统，如经常提到的电力系统、机器系统、文教系统、卫生系统等。事实上，系统是一个很广泛的概念，一部机器、一个生物体、一条生产线、一个电力网都是一个系统，一个企业、一个社会组织也是一个系统。有小系统、大系统，也有把一个国家甚至整个世界作为对象的巨系统。

系统的种类如此繁多，又如此千差万别，但它们有一个共同的特点，就是都具有一定的功能，自身的各部分是互相依赖、互相制约的。例如，一条生产线是为了加工某个产品而设立的，生产线的各个部分存在一定的结构关系和运动关系。把系统的这一特征作为"系统"的定义。

由若干相互制约、相互依赖的事物组合而成的具有一定功能的整体称为系统。或者说，为实现规定功能以达到某一给定目标而构成的相互关联的一组元件称为系统。

由人工控制的系统称为手动控制系统。下面通过两个具体例子，分析手动控制的过程，从而可以看出自动控制系统需要解决的问题。

例 1.1 热力系统。

图 1.2 所示为一个热力系统。通过调节蒸汽阀门，使流出的热水保持一定的温度。如果由人工控制，控制者观测温度计的指示值，调节蒸汽阀门的开度。调节方法为：如果温度计的指示值高于期望值，则关小阀门，降低热水温度；否则，开大阀门，升高热水温度，从而使流出的热水基本保持设定的温度。

例 1.2 直流电动机速度控制系统。

图 1.3 所示为直流电动机速度控制系统。控制目标是使电动机按要求的转速稳定运行。从图中可见，对应滑动变阻器触点的某一位置，有一给定电压 U_G，它经过放大器放大为 U_D，即为电动机电枢电压。在没有任何扰动的情况下，对应滑动变阻器触点的某一位置，有一电动机转速与之相对应。

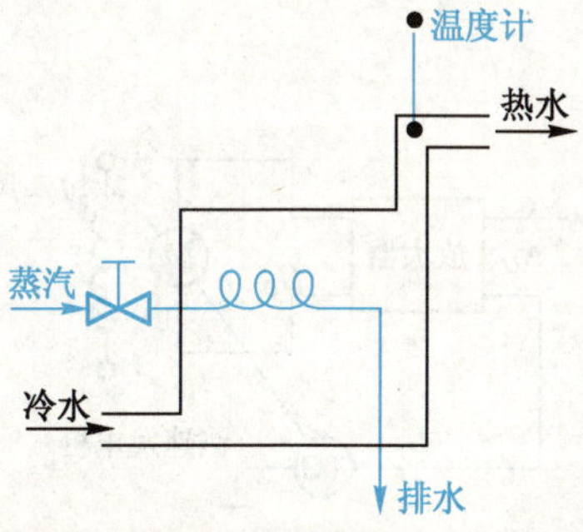

图 1.2 热力系统

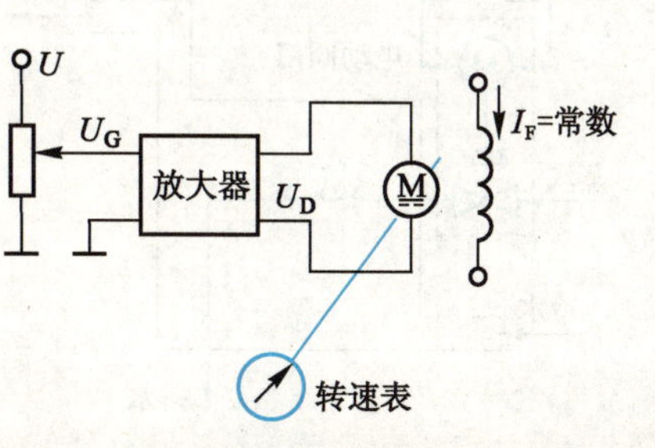

图 1.3 直流电动机速度控制系统

如果负载恒定,电动机及放大器参数也不变化,那么,给定电压 U_G 不变,电动机转速也不会变。但这只是一种理想情况,实际上,电动机负载是经常变化的,电动机、放大器的参数也会发生漂移,因此,即使保持给定电压 U_G 不变,电动机转速也会变化,不能达到控制的目的。如果用人工控制,则通过观测转速表的指示值,调整滑动变阻器的触点位置以改变 U_G,从而使电动机的转速保持在期望值运行。例如,当负载增大使速度下降时,控制人员则调节触点位置,增大 U_G,使 U_D 增大,从而使电动机转速回升。

上述两个系统都是由人工控制的,可以看出,人在控制过程中起了 3 个作用。

① 观测:用眼睛去观测温度计和转速表的指示值。

② 比较与决策:人脑把观测得到的数据与要求的数据相比较,进行判断,根据给定的控制规律给出控制量。

③ 执行:根据控制量用手具体调节,如调节阀门开度、改变触点位置。

在自动控制中,则用控制装置代替人来完成上述功能。例如,自动控制热力系统如图 1.4 所示。

温度测量元件测出实际水温,并变换成电压信号,与给定水温的电压信号同时加在放大器输入端,即可比较大小,其差值信号经放大器放大后,驱动执行电动机,从而调节阀门的开度。例如,当实际水温偏低时,给定水温与实际水温的偏差是一正值,驱动执行电动机朝开启阀门方向运转,增大蒸汽流量,从而使水温上升;反之,当实际水温偏高时,给定水温与实际水温的偏差是一负值,驱动执行电动机朝关闭阀门方向运转,减小蒸汽流量,从而使水温下降。可见,控制装置能够代替人进行控制。

直流电动机速度自动控制系统如图 1.5 所示。

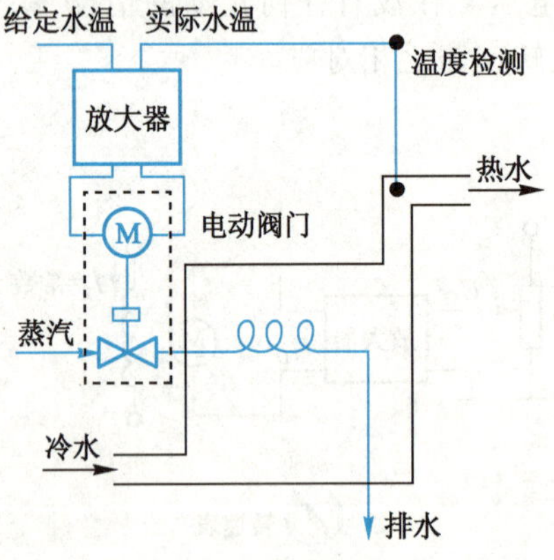

图 1.4 自动控制热力系统

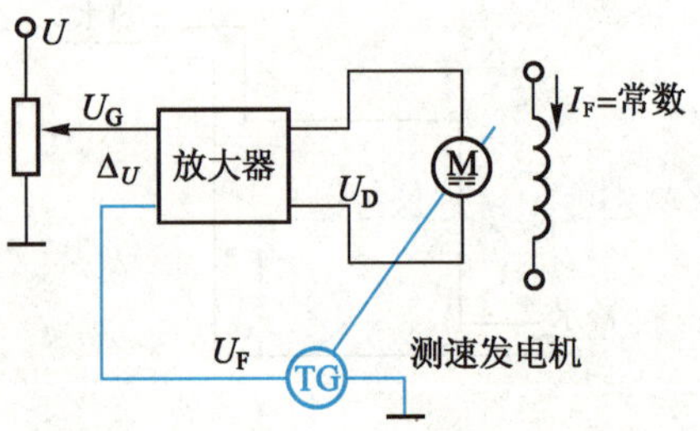

图 1.5 直流电动机速度自动控制系统

测速发电机的输出电压 U_F 与电动机转速成正比，当电动机转速比期望值大时，U_F 大，$\Delta U = U_G - U_F$ 变小，U_D 变小，从而使电动机转速降低；反之，当电动机转速比期望值小时，U_F 小，$\Delta U = U_G - U_F$ 变大，U_D 变大，从而使电动机转速增加。因此，无论负载变化使电动机转速增大还是减小，控制器都能使电动机保持在期望转速运行。

在上述两个自动控制系统中，没有人参与控制，是系统本身进行自动控制来满足要求的。因此，所谓自动控制就是在没有人参与的情况下，系统的控制器自动地按照人预定的要求控制设备或过程，使之具有一定的状态和性能。具有自动控制功能的系统称为自动控制系统。

在自动控制系统中，有许多变量或者信号。

① 输入量。从系统外部施加到系统上而与该系统的其他信号无关的信号称为输入信号。输入信号包括参考输入和扰动输入。在控制系统中希望被控信号再现的恒定的或随时间变化的输入信号称为参考输入，简称为输入。而干扰系统被控量达到期望值的输入称为扰动输入，简称为扰动。例如，温度控制系统中的温度设定是参考输入，而蒸汽温度的变化、热水流量的变化等都是干扰热水温度恒定的，所以都是扰动输入。在电动机速度控制系统中，电位器给出的电压是参考输入，而电动机负载的变化、电网电压的波动等都是干扰电动机速度保持恒定的变量，是扰动输入。

在有些系统中，参考输入是随时间变化的，例如啤酒发酵、家禽孵化过程中，温度设定是时间的函数。而在自动火炮系统中，飞机的飞行轨迹是自动火炮系统的参考输入，是一个事先无法预料的信号。

② 被控量。系统中被控制的量称为被控量。例如，温度控制系统中的温度、电动机速度控制系统中的电动机转速都是被控量。自动控制系统的作用就是使被控量按照期望的规律变化。

③ 控制量。控制器的输出称为控制量。例如，温度控制系统中的蒸汽阀门开度，电动机速度控制系统中的电枢电压都是控制量。

④ 输出量。控制系统输出的量称为输出量。在控制系统分析与设计中，系统的被控量常作为输出量。实际上，控制系统中需要监控的量都可以作为输出量。例如，系统的误差信号等。

1.2 自动控制系统的类型

自动控制系统根据分类的目的，可以用多种方法进行分类。了解控制系统的分类方法，就能在分析和设计系统之前，对系统有一个正确的认识。

下面介绍控制系统常见的几种类型及其性质。

1.2.1 开环、闭环与复合控制系统

控制系统按其结构可分为开环控制系统、闭环控制系统和复合控制系统。

1. 开环控制系统

在例1.2所示电动机速度控制系统中,系统仅受控制量的控制,被控量对系统的控制没有作用,这也是开环控制系统的特点。借助于开环控制系统的这一特点,可以给出开环控制系统的定义:

如果控制系统的被控量对系统没有控制作用,这种控制系统称为开环控制系统。开环控制系统的控制原理如图1.6所示。

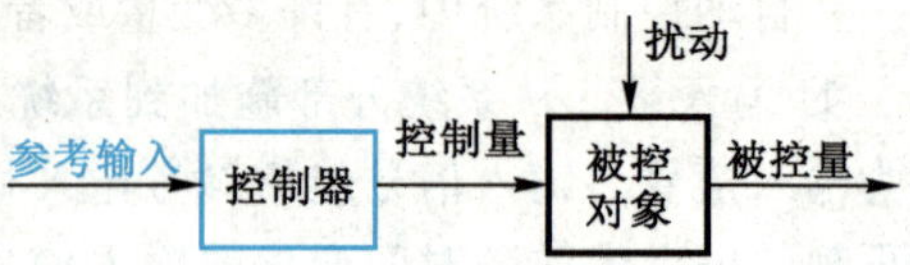

图1.6 开环控制系统

在开环调速系统中,如果没有任何扰动,电动机将按期望的速度运行,但当有扰动时,例如负载的变化、电网电压的变化或者其他参数的变化,这些扰动就要影响电动机的转速,使它偏离期望值。为了使电动机在扰动的影响下也能自动地稳定到期望值,必须采用闭环控制系统。

2. 闭环控制系统或反馈控制系统

图1.5所示系统就是闭环控制系统。前面已经简单地分析了它的工作原理,可以看出,闭环控制系统有自动修正偏差的能力。现在考察闭环控制系统的特点。容易看出,这个系统不仅由给定电压进行控制,而且被控量也参与控制。或者说,是由给定量与被控量的反馈信号的差值进行控制,这就是闭环控制系统的特点,借助于这一特点给出如下闭环控制系统的定义:

如果系统的被控量直接或间接地参与控制,这种系统称为闭环控制系统,或称为反馈控制系统。

反馈控制系统的控制原理如图1.7所示。

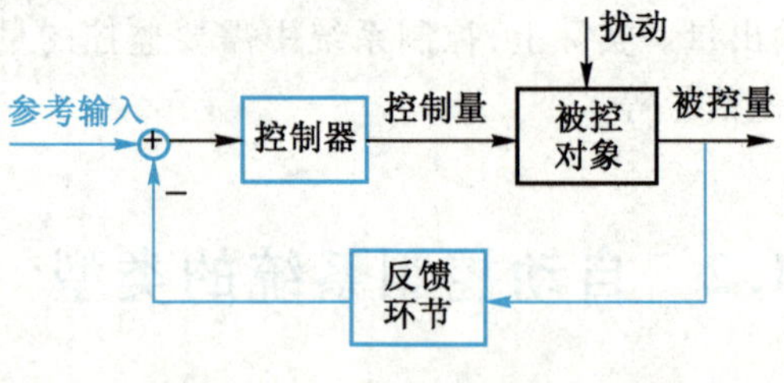

图1.7 反馈控制系统

反馈控制系统分为正反馈和负反馈两种情况,上面说的是负反馈的情况,这里

仍以电动机自动调速系统为例说明正反馈的概念。若将测速发电机的正、负极性反接一下，就成为正反馈系统。此时，$\Delta U = U_G + U_F$，所以，当电动机转速升高时，U_F 增加，ΔU 增加，则 U_D 增加，电动机转速会进一步增大，如此循环，电动机转速越来越高。反之，若扰动使电动机转速下降，则 U_F 减小，U_D 减小，电动机转速会进一步减小。可见正反馈助长了系统扰动的影响，而负反馈则会抑制扰动的影响。

反馈是十分重要的概念，在自动控制中得到广泛的应用。反馈控制系统的研究是本课程的重要内容。

3. 复合控制系统

开环控制的缺点是精度低，优点是控制稳定，不会产生闭环控制系统中可能出现的振荡情况。相反，闭环控制（负反馈）的优点是控制精度高，缺点是容易造成系统不稳定，这一问题早在瓦特发明飞球调节器时就引起了人们的注意。

为了发挥开环控制和闭环控制的优点，克服它们的缺点，人们在系统中同时引进开环控制和闭环控制，这种系统称为复合控制系统。复合控制系统的原理如图 1.8 所示。

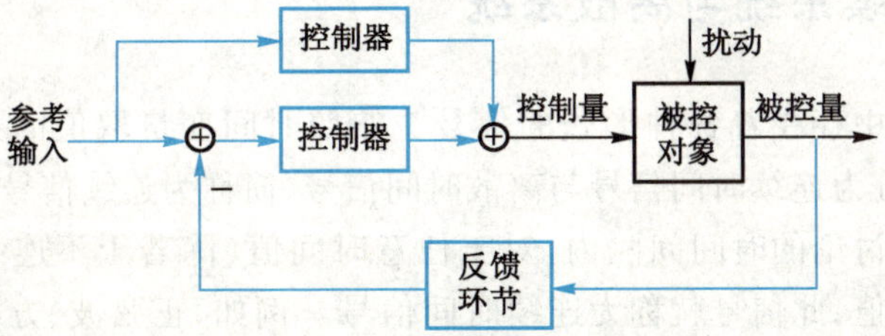

图 1.8 复合控制系统

1.2.2 线性系统与非线性系统

这是根据分析和设计系统的方法来分类的。

如果一个系统具有下列性质，则该系统是线性系统，否则是非线性系统。

① 输入 $x_1(t)$ 产生输出 $y_1(t)$。

② 输入 $x_2(t)$ 产生输出 $y_2(t)$。

③ 输入 $c_1x_1(t)+c_2x_2(t)$ 产生输出 $c_1y_1(t)+c_2y_2(t)$。

其中，$x_1(t)$、$x_2(t)$ 是任意的输入信号；c_1、c_2 是任意的常数。

从上面的叙述可以看出，线性和叠加定理是等价的。

叠加定理 在线性系统中，由 n 个输入 $x_i(t)(i=1,2,\cdots,n)$ 共同产生的输出 $y(t)$，等于各个输入 $x_i(t)$ 单独产生的输出 $y_i(t)$ 之和，即

$$y(t) = \sum_{i=1}^{n} y_i(t) \tag{1.1}$$

因此,线性系统满足叠加定理。反之,满足叠加定理的系统是线性系统。

在本课程中,着重讨论线性系统的分析和设计方法,这是因为对线性系统已经进行了长期的研究,形成了一套较为完整的分析和设计方法,并且在实践中已经获得了相当广泛的应用。而非线性控制系统由于很难用数学方法处理,目前尚无解决各种非线性系统的通用方法。

需要指出的是,因为所有的物理系统在某种程度上都是非线性的,所以,线性系统只是一种理想模型,实际上是不存在的。但很多实际系统的输入、输出在一定的范围内基本上是线性的,可以用线性系统(环节)这一理想模型来描述。例如,控制系统中的放大器,在输入信号较小时,输入、输出基本上是线性的,而当输入信号较大时,系统进入饱和状态,或者输出被限幅,此时,输入、输出间的关系是非线性的。在大多数情况下,可以限制系统的输入信号,从而使系统部件工作在线性特性的范围内。

1.2.3 连续系统与离散系统

控制系统中存在着各种形式的信号。按照时间变量取值的连续性与离散性,可将信号分为连续时间信号与离散时间信号,简称为连续信号与离散信号。

如果在所讨论的时间间隔内,对于任意时间值(除若干不连续点外),都可以给出确定的值,此信号就称为连续时间信号。例如,正弦波、方波信号等都是连续信号。连续信号的幅值可以是连续的,也可以是离散的,即只取某些规定的值。对于时间和幅值都是连续的信号又称为模拟信号。

离散时间信号在时间上是离散的,只在某些不连续的规定瞬时给出函数值,而在其他时间上没有定义。离散时间信号的幅值可以是连续的,也可以是离散的。若离散信号的幅值是连续的,则又可称为采样信号。如果离散信号的幅值也被限定为某些离散值,即信号取值时间和幅值都是离散的,则又称为数字信号。例如,数字计算机的输入、输出信号就是数字信号。今后所讨论的离散信号可以是采样信号,也可以是数字信号,两者在分析方法上并无区别。

离散时间信号是数的序列,一般记为 $f(k)$ 、$y(k)$ 等。$f(k)$ 既可直接产生,如产品的年产量或月产量,也可以是对连续信号 $f(t)$ 进行采样得到的。

根据系统中的信号是连续信号还是离散信号,可以将系统分为连续时间系统和离散时间系统。若系统中所有信号都是连续信号,则称为连续时间系统,简称为连续系统;如果系统中有一处或几处的信号是离散信号,则称为离散时间系统,简称为离散系统。

严格说来,输入信号和输出信号都是离散信号的系统称为离散系统。例如,数字计算机本身就是一个离散系统。但实际控制工程中,离散系统一般与连续系统联用,例如,图 1.9 所示的计算机控制系统中,被控对象的输入信号 $r(t)$、输出信号 $c(t)$ 等均为连续信号,如果采用计算机控制,由于计算机处理的是二进制数据,其输入信号不能是连续信号,所以,误差信号 $e(t)$ 要经过模数(A/D)转换器变成计算机能接受的离散数字信号 $e(kT)$。这种将连续信号变为离散信号的过程称为采样。

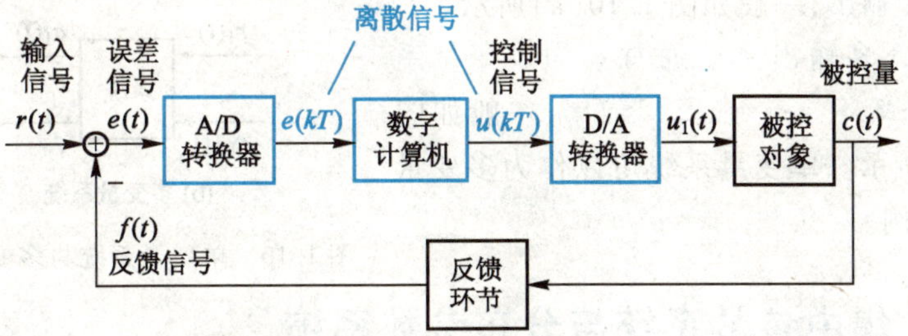

图 1.9 计算机控制系统

具有采样过程的离散控制系统通常又称为采样控制系统。若离散信号是以数码(数字)形式传递的,则又称为数字控制系统。计算机控制系统就是数字控制系统。采样系统与数字系统的分析和设计方法并无区别,所以,在大部分控制理论的著作中,都不对离散系统进行严格的区分,而是统称为离散系统。

在离散系统中存在采样、保持、数字处理等过程,具有一些独特的性能。随着计算机的发展,离散系统得到越来越广泛的应用。

1.2.4 定常系统与时变系统

如果控制系统的结构、参数在系统运行过程中不随时间变化,则称为定常系统或者时不变系统,否则,称为时变系统。

绝大多数系统是定常系统,例如,前面介绍的热力系统、电机速度控制系统,它们的结构和参数在系统运行过程中可以认为是不变的。有些系统是时变系统。例如,火箭飞行控制系统就是典型的时变系统。因为火箭在飞行过程中燃料不断减少,火箭质量就不断下降。又如热敏电阻的阻值随温度的变化而变化,当温度随时间变化时,也是一个时变系统。

虽然时变线性系统仍然是线性系统,但对它的分析与研究就比定常线性系统复杂多了。

1.2.5　SISO 系统和 MIMO 系统

按照输入信号和输出信号的数目,可分为单输入单输出(SISO)系统和多输入多输出(MIMO)系统。

单输入单输出系统通常称为单变量系统,这种系统只有一个输入(不包括扰动输入)和一个输出,一般如图 1.10(a)所示。

多输入多输出系统通常称为多变量系统,这种系统有多个输入和输出,一般如图 1.10(b)所示。单变量系统可以作为多变量系统的特例。

(a) 单变量系统

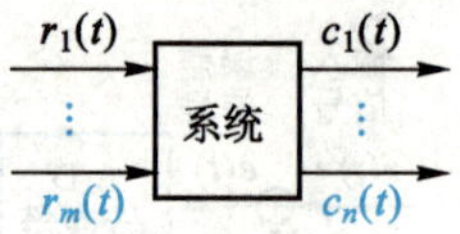

(b) 多变量系统

图 1.10　单变量系统与多变量系统

1.2.6　集中参数系统与分布参数系统

如果在系统分析与设计中,可以把一个系统看做有限多个理想的分立部件的总体,这类系统称为集中参数系统,例如,电阻、电容、电感、阻尼、弹簧、质量等。集中参数系统由常微分方程描述。

如果系统只能看做由无穷多个无穷小的分立部件组成,则该系统为分布参数系统,它由偏微分方程描述。例如,导线上的电压分布是时间和地点的函数,因此只能以偏微分方程描述,是一个分布参数系统。

分布参数系统的分析和设计比较复杂,本书不涉及这部分内容。

1.3　控制系统性能的基本要求

在自动控制理论中,对控制系统性能的要求,主要是稳定性、暂态性能和稳态性能几个方面。

1.3.1　稳定性

稳定性是控制系统最基本的性能。所谓稳定性是指控制系统偏离平衡状态后,能自动恢复到平衡状态的能力。

当系统受到扰动后,其状态偏离了平衡状态,当此扰动撤销后,如果系统的输出响应在随后所有时间内能够最终回到原先的平衡状态,则系统是稳定的;反之,如果系统的输出响应逐渐增加趋于无穷,或者进入振荡状态,则系统是不稳定的。

1.3.2 暂态性能

对于稳定的系统,虽然理论上能够到达平衡状态,但还要求能够快速到达,而且,在调节过程中,要求系统输出超过给定的稳态值的最大偏差不要太大,要求调节的时间比较短,这些性能称为暂态性能。系统的超调量刻画了系统的振荡程度,它反映了系统的相对稳定性。超调量大的系统容易不稳定,所以相对稳定性差,而超调量小的系统的相对稳定性好。

1.3.3 稳态性能

当暂态过程结束、系统达到新的稳态时,要求系统的输出等于系统给定值所期望的值,但实际上可能存在误差。在自动控制理论中,系统稳态输出与期望值的误差称为稳态误差。系统的稳态误差衡量了系统的稳态性能。由于系统一般工作在稳态,稳态精度直接影响到产品的质量,例如,造纸过程中的纸张厚度控制、啤酒发酵过程中的温度控制等,所以,稳态性能是控制系统最重要的性能指标之一。

系统的暂态性能和稳态性能常常是矛盾的。由于控制系统的功能要求不同,所以对系统暂态性能和稳态性能的要求往往有所侧重。例如,对于恒温控制、调速系统等定值调节系统,主要侧重于系统的稳态性能;而对于随动系统则侧重于暂态性能,要求能够快速调节,跟上输入量的变化。

对于实际的控制系统,除了上述要求以外,还有其他方面的要求。这里简单介绍一下系统鲁棒性(Robustness)的概念。如果系统的参数或者结构在一定范围内变化时,系统仍然保持某个性能,则称系统的这个性能是鲁棒的。如果系统的参数或者结构在一定范围内变化时,系统仍然保持稳定,则称系统是鲁棒稳定的。

上面简单介绍了对控制系统的基本要求,这是本书将要着重分析的几个方面,关于精确的定义和分析方法,将在后面有关章节中详细介绍。

1.4 本书内容的安排

本教材深入浅出地介绍了自动控制的基本理论与方法。全书共分9章。

具体安排如下：

第 2 章介绍连续系统的数学模型，包括微分方程、传递函数、结构图、信号流图等。

第 3 章介绍连续系统的时域分析方法。着重介绍分析线性定常系统稳定性的劳斯判据、赫尔维茨判据，分析线性定常系统的暂态性能和稳态性能指标的计算方法。

第 4 章简单介绍控制系统分析的根轨迹法。

第 5 章介绍控制系统分析的频率法。

第 6 章介绍控制系统的校正方法。

第 7 章介绍离散系统的稳定性分析、暂态性能和稳态性能计算以及数字控制器设计方法。

第 8 章介绍非线性控制系统的分析方法，着重介绍非线性控制系统的描述函数法和相平面法。

第 9 章简要介绍控制系统的状态空间分析与设计方法。首先介绍控制系统的状态空间数学模型，然后介绍控制系统的能控性和能观性分析方法、李雅普诺夫稳定判据，介绍控制系统的状态观测器以及状态反馈设计方法。最后，简要讨论二次型最优控制设计方法。

本书每章最后都简单地介绍用 MATLAB 软件辅助分析与设计控制系统的方法，以弥补自动控制理论中近似和抽象分析的不足。

对于少学时的专业，可以只讲授第 1、2、3、5、6、7 章中的主要内容。

本章小结

由若干相互制约、相互依赖的事物组合而成的具有一定功能的整体称为系统。或者说，为实现规定功能以达到某一给定目标而构成的相互关联的一组元件称为系统。

所谓自动控制，是在没有人参与的情况下，系统的控制器自动地按照人预定的要求控制设备或过程，使之具有一定的状态和性能。具有自动控制功能的系统称为自动控制系统。

如果控制系统的被控量对系统没有控制作用，这种控制系统称为开环控制系统。

如果系统的被控量直接或间接地参与控制，这种系统称为闭环控制系统，或称为反馈控制系统。反馈是自动控制理论中一个很重要的概念。

满足叠加定理的系统是线性系统。

若系统中所有信号都是连续信号，则称为连续系统；如果系统中有一处或几处的信号是离散信号，则称为离散系统。

如果控制系统的结构、参数在系统运行过程中不随时间变化，则称为定常系统或者时不变系统；否则，称为时变系统。

对控制系统性能的主要要求是稳定性、暂态性能和稳态性能等几个方面。这些性能常常是互相矛盾的。

习题与应用题

1.1 试举几个开环控制系统与闭环控制系统的例子，画出它们的方框图，并说明它们的工作原理。

1.2 根据图题 1.2 所示的电动机速度控制系统工作原理图：

(1) 将 a、b 与 c、d 用线连接成负反馈系统。

(2) 画出系统方框图。

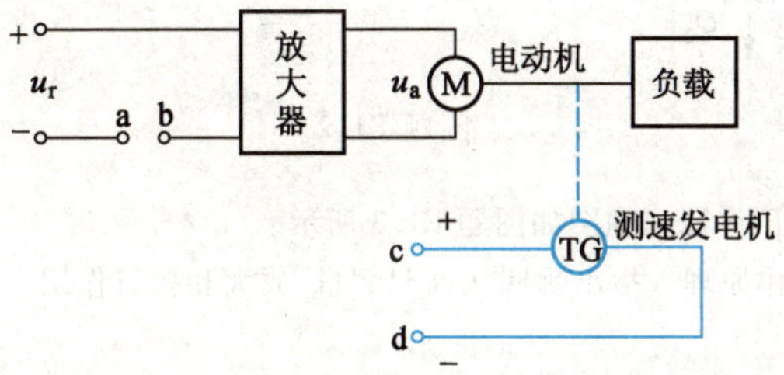

图题 1.2

E1.1 单闭环速度控制系统原理图如图题 E1.1 所示。

(1) 说明工作原理，指出哪些元件起测量、放大和执行作用。系统的参考输入和干扰分别是什么？

(2) 画出系统方框图。

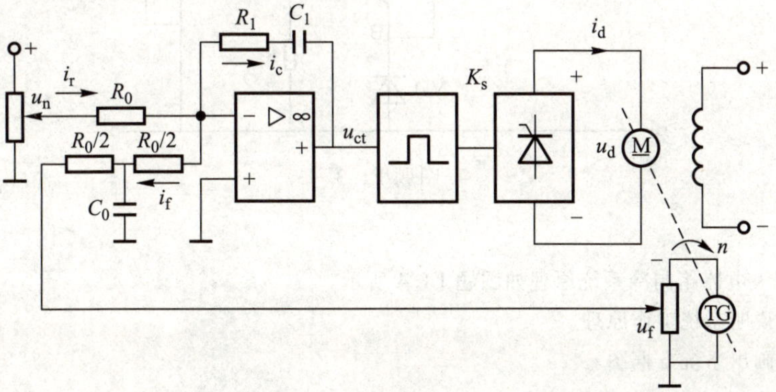

图题 E1.1

E1.2 图题 E1.2 所示为液位自动控制系统原理示意图。在任何情况下,希望液面高度 c 维持不变,说明系统工作原理并画出系统方框图。

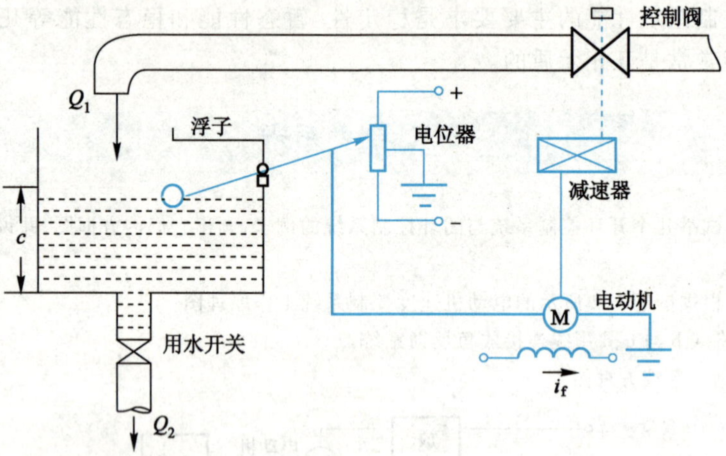

图题 E1.2

E1.3 某直流稳压电源原理图如图题 E1.3 所示。

(1) 说明系统工作原理。指出哪些元件起测量、放大和执行作用。系统的给定值和干扰分别是什么?

(2) 画出系统方框图。

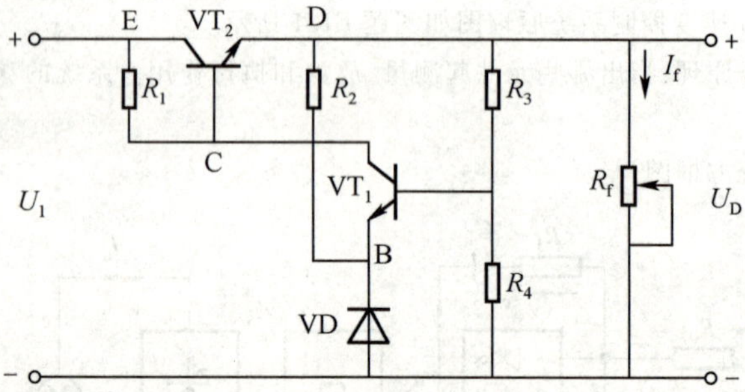

图题 E1.3

E1.4 电冰箱制冷系统原理如图题 E1.4 所示。

(1) 说明系统工作原理。

(2) 画出系统方框图。

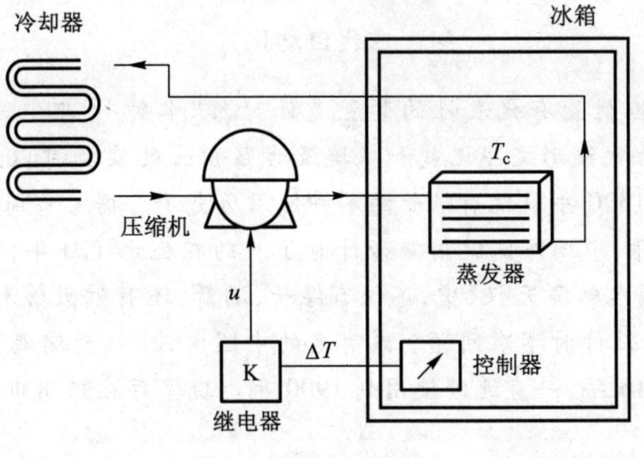

图题 E1.4

古代自动化

古代反馈控制最有代表性的装置是计时器“水钟”(在中国叫作“刻漏”、“漏壶”)。据古代锲形文字记载和从埃及古墓出土的实物可以看到,巴比伦和埃及在公元前1500年前就有很长的水钟使用历史了。据<<周礼>>记载,约在公元前500年,中国军队就用漏壶计时了。约在公元120年,东汉张衡(78—139)发明的“漏水转浑天仪”中,不仅有浮子、漏箭,还有虹吸管和至少一个补偿壶,解决水头降低计时不准问题。最有名的中国水钟“铜壶滴漏”由铜匠杜子盛建造于公元1316年,一直连续使用到1900年。现保存在广州市博物馆中,仍能使用。

北宋苏颂于1086年至1090年在开封建成“水运仪象台”,窥管的视场能够自动跟踪天体的运行。这种仪象台的动力装置中就利用了从定水位漏壶中流出的水,并由擒纵器(天关、天锁)加以控制。苏颂把时钟机械和观测用浑仪结合起来,这比西方罗伯特·胡克早6个世纪。公元235年,汉朝时期最负盛名的机械发明家马钧研制出用齿轮传动自动指示方向的指南车,类似按扰动补偿的自控系统。

18世纪,随着人们对动力的需求,各种动力装置成为人们研究的重点。1750年,安得鲁·米克尔(1719—1811)为风车引入了“扇尾”传动装置,使风车自动地面向风。随后,威廉·丘比特对自动开合的百叶窗式翼板进行改进,使其能自动调整风车的传动速度。这种调节器在1807年取得专利权。18世纪的风车中成功地使用了离心调速器,托马斯·米德(1787年)和斯蒂芬·胡泊(1789年)获得这种装置的专利权。

和风车技术并行,18世纪也是蒸汽机取得突破发展的时期,推动了社会生产的大发展。托马斯·纽可门和约翰·卡利是史学界公认的蒸汽机之父。到18世纪中叶,已有好几百台纽可门式蒸汽机在英格兰北部和中部地区、康沃尔和其他国家服务,但由于其工作效率太低,难以推广。1765年俄国波尔祖诺夫(И. И. Полэунов)发明了蒸汽机锅炉的水位自动调节器,俄国认为这是世界上第一个自动调节器。

1788年,英国格拉斯哥大学的仪器修理工瓦特想到在纽可门蒸汽机汽缸外增加冷凝器,1769年他的“在火力机中减少蒸汽和燃料消耗的一种新方法”专利获得批准。1774年瓦特制成新型单向蒸汽机,1781年将往返运动改成旋转运动,1782年改进为双向作用蒸汽机。瓦特给蒸汽机添加了一个“节流”控制器即节流阀,由一个飞球调节器操纵,确保引擎工作时速度大致均匀。这是当时反馈调节器最成功的应用,被公认为世界上第一个自动控制系统。

第2章　连续系统的数学模型

分析、设计控制系统的第一步是建立系统的数学模型。本章首先介绍控制系统数学模型的概念，然后阐述分析、设计控制系统常用的几种数学模型，包括微分方程、传递函数、结构图以及信号流图，使读者了解机理分析建模的基本方法，着重了解这些数学模型之间的相互关系。

2.1 系统数学模型的概念

2.1.1 数学模型的定义与主要类型

所谓数学模型，就是根据系统运动过程的物理、化学等规律，描述系统运动规律、特性和输出与输入关系的数学表达式。

数学模型是对系统运动规律的定量描述，它表现为各种形式的数学表达式，因而具有不同的类型。下面介绍几种主要类型。

1. 静态模型与动态模型

描述系统静态（工作状态不变或慢变过程）特性的模型，称为静态数学模型。静态数学模型一般以代数方程表示，它描述了输入、输出之间的稳态关系，其中的变量与时间无关。描述系统动态或暂态特性的模型，称为动态数学模型。动态数学模型中的变量依赖于时间，一般以微分方程等形式表示。静态数学模型可以看成是动态数学模型的特殊情况。

2. 输入输出模型与状态空间模型

描述系统输出与输入之间关系的数学模型称为输入输出模型，或称为外部描述模型，如微分方程、传递函数、频率特性等数学模型。而状态空间模型描述了系统内部状态和系统输入、输出之间的关系，所以又称为内部描述模型。它比输入输出模型更深入地揭示了系统的动态特性。

3. 连续时间模型与离散时间模型

根据数学模型所描述的系统中是否存在离散信号，又可分为连续时间模型和离散时间模型，简称连续模型和离散模型。连续模型有微分方程、传递函数、状态方程等。离散模型有差分方程、z 传递函数、离散状态方程等。

4. 参数模型与非参数模型

从描述方式上看，数学模型分为参数模型和非参数模型两大类。参数模型是用数学表达式表示的数学模型，如传递函数、差分方程、状态方程等。非参数模型是直接或间接从物理系统的试验分析中得到的响应曲线表示的数学模型，如脉冲响应、阶跃响应、频率特性曲线等。

数学模型虽然有不同的表示形式，但它们之间可以互相转换，可以由一种形式的模型转换为另一种形式的模型。例如，一个集中参数的系统，可以用参数模型表示，也可以用非参数模型表示；可以用输入输出模型表示，也可以用状态空间模型表示；可以用连续时间模型表示，也可以用离散时间模型表示。

2.1.2 建立数学模型的方法

建立系统的数学模型简称为建模。系统建模有两大类方法,或者说有两种不同的途径。一类是机理分析建模方法,称为分析法,另一类是实验建模方法,通常称为系统辨识。

机理分析建模方法是通过对系统内在机理的分析,运用各种物理、化学等定律,推导出描述系统运动的数学表达式,通常称为机理模型。采用机理分析建模必须了解系统的内部结构,所以常称为“白箱”建模方法。机理模型展示了系统的内在结构与联系,较好地描述了系统特性。但是,机理分析建模方法也有局限性。当系统内部过程不很清楚时,很难采用机理分析建模方法。当系统结构比较复杂时,机理模型往往比较复杂,难以满足实时控制的要求。此外,机理分析建模总是基于许多简化和假设,所以,机理模型与实际系统之间存在建模误差。

系统辨识是利用系统输入、输出的实验数据或者正常运行数据,构造数学模型的实验建模方法。因为这种建模方法只依赖于系统的输入、输出关系,即使对系统内部机理不了解,也可以建立模型,所以常称为“黑箱”建模方法。由于系统辨识是基于建模对象的实验数据或者正常运行数据,所以,建模对象必须已经存在,并能够进行实验。而且,辨识得到的模型只能反映系统输入、输出的特性,不能反映系统的内在信息,因此难以描述系统的本质。

最有效的建模方法是将机理分析建模方法与系统辨识方法结合起来。事实上,人们在建模时,对系统不是一点都不了解,只是不能准确地描述系统的定量关系,但了解系统的一些特性,例如系统的类型、阶次等,因此,系统像一只“灰箱”。实用的建模方法是尽量利用人们对物理系统的认识,由机理分析提出模型结构,然后用观测数据估计出模型参数,这种方法常称为“灰箱”建模方法。

本章介绍机理分析建模方法,着重介绍几种常用的连续系统的数学模型。

2.2 微分方程描述

系统输出量及其各阶导数和系统输入量及其各阶导数之间的关系式,称为系统微分方程描述。

微分方程描述是系统最基本的数学模型。它是一种外部描述的动态数学模型，适合于描述线性与非线性系统、定常与时变系统等。

要建立一个控制系统的微分方程，首先要了解整个系统的组成、工作原理，然后根据支配各组成元件或过程的物理、化学等定律，列写出它们的输出量与输入量之间的动态关系式，然后得到微分方程模型。

根据系统的机理分析，列写系统微分方程的一般步骤如下：

① 确定系统的输入、输出变量。

② 从输入端开始，按照信号的传递顺序，依据各变量所遵循的物理、化学等定律，列写各变量之间的动态方程，一般为微分方程组。

③ 消去中间变量，得到输入、输出变量的微分方程。

④ 标准化：将与输入有关的各项放在等号右边，与输出有关的各项放在等号左边，并且分别按降幂排列，最后将系数表示为反映系统动态特性的参数，如时间常数等。

由于实际系统的结构一般比较复杂，甚至不清楚其内部机理，所以，列写实际工程系统的微分方程是很困难的。下面以一些简单的系统为例，着重介绍系统数学模型的概念和基于系统机理分析建立数学模型的基本方法。

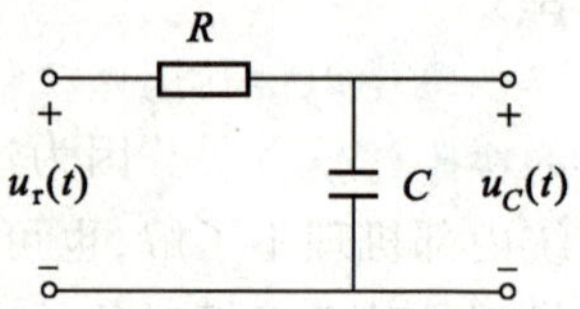

图 2.1 RC 电路

例 2.1 列写图 2.1 所示 RC 电路的微分方程。给定输入电压 u_r 为系统的输入量，电容上的电压 u_C 为系统的输出量。

解 设回路电流为 i，由电路理论可知，电阻上的电压为

$$u_1 = iR$$

电容上的电压与电流的关系为

$$i = C\frac{\mathrm{d}u_C}{\mathrm{d}t}$$

由基尔霍夫电压定律，列写回路方程式

$$u_1 + u_C = u_r$$

消去中间变量 u_1、i 得

$$RC\frac{\mathrm{d}u_C}{\mathrm{d}t} + u_C = u_r \tag{2.1}$$

令 $T = RC$ 为电路时间常数，则

$$T\frac{\mathrm{d}u_C}{\mathrm{d}t} + u_C = u_r \tag{2.2}$$

式(2.2)即为图 2.1 所示 RC 电路的微分方程，它是一阶常系数线性微分方程。

例 2.2 列写图 2.2 所示 RC 电路的微分方程。给定输入电压 u_r 为系统的输入量，电容 C_2 上的电压 u_C 为系统的输出量。

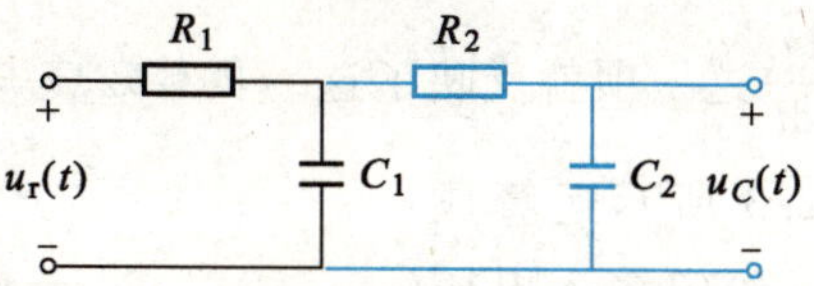

图 2.2 RC 电路

解 设电容 C_1 上的电压为 u_{C_1}，电阻 R_1、R_2 中的电流分别为 i_1、i_2，则由基尔霍夫电压定律，列写回路方程

$$i_1 R_1 + u_{C_1} = u_r \tag{2.3}$$

$$i_2 R_2 + u_C = u_{C_1} \tag{2.4}$$

由基尔霍夫电流定律，电容 C_1 中的电流为 $i_1 - i_2$，电容 C_2 中的电流为 i_2，所以

$$i_1 - i_2 = C_1 \frac{\mathrm{d}u_{C_1}}{\mathrm{d}t} \tag{2.5}$$

$$i_2 = C_2 \frac{\mathrm{d}u_C}{\mathrm{d}t} \tag{2.6}$$

下面消去中间变量 u_{C_1}、i_1、i_2。将式(2.6)代入式(2.5)，得

$$i_1 = C_1 \frac{\mathrm{d}u_{C_1}}{\mathrm{d}t} + C_2 \frac{\mathrm{d}u_C}{\mathrm{d}t} \tag{2.7}$$

将式(2.6)、式(2.7)代入式(2.3)、式(2.4)，得

$$R_1 C_1 \frac{\mathrm{d}u_{C_1}}{\mathrm{d}t} + R_1 C_2 \frac{\mathrm{d}u_C}{\mathrm{d}t} + u_{C_1} = u_r \tag{2.8}$$

$$R_2 C_2 \frac{\mathrm{d}u_C}{\mathrm{d}t} + u_C = u_{C_1} \tag{2.9}$$

将式(2.9)代入式(2.8)，得

$$R_1 C_1 R_2 C_2 \frac{\mathrm{d}^2 u_C}{\mathrm{d}t^2} + R_1 C_1 \frac{\mathrm{d}u_C}{\mathrm{d}t} + R_1 C_2 \frac{\mathrm{d}u_C}{\mathrm{d}t} + R_2 C_2 \frac{\mathrm{d}u_C}{\mathrm{d}t} + u_C = u_r$$

$$R_1 C_1 R_2 C_2 \frac{\mathrm{d}^2 u_C}{\mathrm{d}t^2} + (R_1 C_1 + R_1 C_2 + R_2 C_2) \frac{\mathrm{d}u_C}{\mathrm{d}t} + u_C = u_r \tag{2.10}$$

标准化，得

$$T_1 T_2 \frac{\mathrm{d}^2 u_C}{\mathrm{d}t^2} + (T_1 + T_{12} + T_2) \frac{\mathrm{d}u_C}{\mathrm{d}t} + u_C = u_r \tag{2.11}$$

其中，$T_1 = R_1 C_1$、$T_2 = R_2 C_2$、$T_{12} = R_1 C_2$ 为电路的时间常数。式(2.11)即为图 2.2 所示 RC 电路的微分方程描述，它是二阶常系数线性微分方程。

注意，图 2.2 所示 RC 电路虽然是两个图 2.1 所示 RC 电路的串联，但应该注意到前面一个 RC 电路不是开路，后面一个 RC 电路是前面一个 RC 电路的负载，式(2.11)中的 $T_{12}\frac{du_C}{dt}$这一项就反映了这一负载效应。

例 2.3　建立图 2.3 所示运算放大器电路的微分方程。给定输入电压 u_r为系统的输入量，运算放大器的输出电压 u_C为系统的输出量。

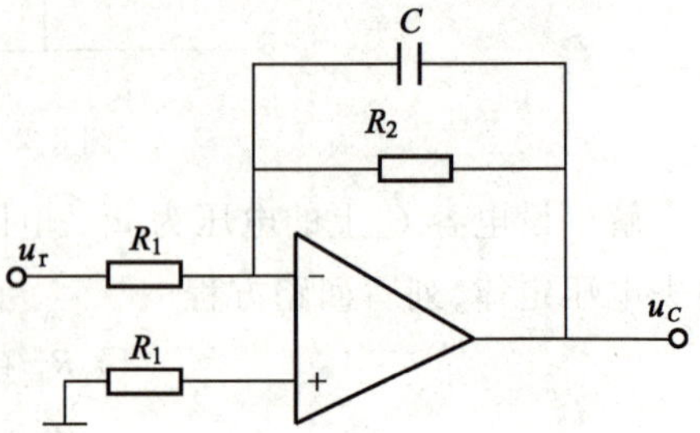

图 2.3　运算放大器电路

解　由于流进运算放大器的电流很小，所以可以忽略不计，认为等于 0。记在电阻 R_1上的电压为 u_r，在电阻 R_2和电容 C 上的电压为 u_C，由基尔霍夫电流定律得

$$\frac{u_r}{R_1}+C\frac{du_C}{dt}+\frac{u_C}{R_2}=0$$

整理后得

$$R_2C\frac{du_C}{dt}+u_C=-\frac{R_2}{R_1}u_r \tag{2.12}$$

记时间常数 $T=R_2C$ 和放大系数 $K=\frac{R_2}{R_1}$，则该系统的微分方程为

$$T\frac{du_C}{dt}+u_C=-Ku_r \tag{2.13}$$

例 2.4　列写图 2.4 所示他励直流电动机速度控制系统的微分方程。系统输入为电枢电压 $u_A(t)$，输出为电动机的角速度 $\omega(t)$，电动机的负载转矩 M_L为扰动输入。

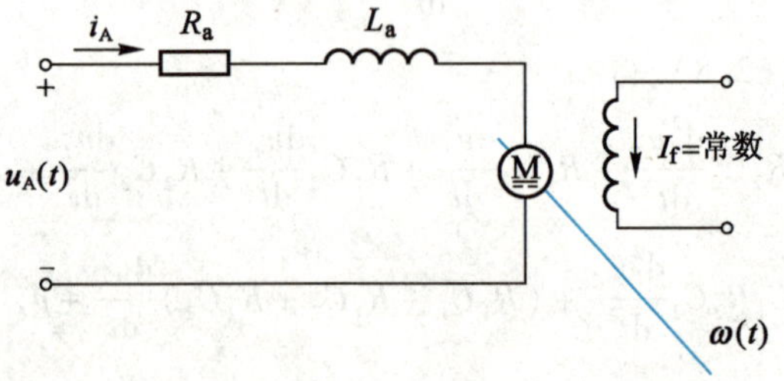

图 2.4　直流电动机速度控制系统

解　根据电机理论，有下列关系

$$i_AR_a+L_a\frac{di_A}{dt}+E_M=u_A \tag{2.14}$$

$$E_M = K_e \omega \tag{2.15}$$

$$M = C_M i_A \tag{2.16}$$

$$J \frac{d\omega}{dt} + M_L = M \tag{2.17}$$

消除中间变量 M、i_A、E_M，由式(2.16) 和式(2.17)，得

$$i_A = \frac{J}{C_M}\frac{d\omega}{dt} + \frac{1}{C_M}M_L \tag{2.18}$$

将式(2.15) 和式(2.18)代入式(2.14)，得

$$\frac{R_a J}{C_M}\frac{d\omega}{dt} + \frac{R_a}{C_M}M_L + \frac{L_a J}{C_M}\frac{d^2\omega}{dt^2} + \frac{L_a}{C_M}\frac{dM_L}{dt} + K_e\omega = u_A$$

整理得系统的微分方程为

$$\frac{L_a J}{K_e C_M}\frac{d^2\omega}{dt^2} + \frac{R_a J}{K_e C_M}\frac{d\omega}{dt} + \omega = \frac{1}{K_e}u_A - \frac{L_a}{K_e C_M}\frac{dM_L}{dt} - \frac{R_a}{K_e C_M}M_L \tag{2.19}$$

例 2.5 建立图 2.5 所示弹簧-质量-阻尼器系统的微分方程。系统输入为外力 $F(t)$，输出为质量模块的位移$y(t)$。

解 因为物体受到的力为外力 $F(t)$、弹簧拉力 $F_k(t)$ 和阻尼器阻力 $F_f(t)$的合力，所以根据牛顿定律得

$$m\frac{d^2y}{dt^2} = F - F_k - F_f \tag{2.20}$$

设弹簧和阻尼器是线性的，根据胡克定律等物理定律得

$$F_k(t) = ky(t) \tag{2.21}$$

$$F_f(t) = f\frac{dy(t)}{dt} \tag{2.22}$$

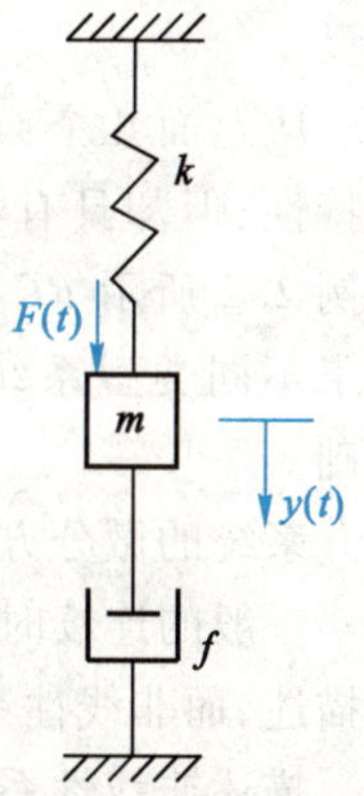

图 2.5 弹簧-质量-阻尼器系统

其中，m 为物体的质量；k 为弹簧的弹性模量；f 为阻尼器的阻尼系数。将式(2.21)和式(2.22)代入式(2.20)，并整理得

$$m\frac{d^2y}{dt^2} + f\frac{dy(t)}{dt} + ky(t) = F \tag{2.23}$$

例 2.6 如图 2.6 所示流体过程，流入流量为 Q_i，流出流量为 Q_o，它们受相应的阀门控制。建立该过程输出量 H 与输入量 Q_i之间的微分方程式。

解 设流体是不可压缩的，根据质量守恒定律，可得

$$\frac{dH}{dt} = \frac{1}{S}(Q_i - Q_o) \tag{2.24}$$

式(2.24)中，S 为液罐截面积，H 为液面高度。由流量公式可得

$$Q_o = \alpha\sqrt{H} \tag{2.25}$$

式(2.25)中，α 为节流阀的流量系数，当液位高度变化不大时，可近似认为只与

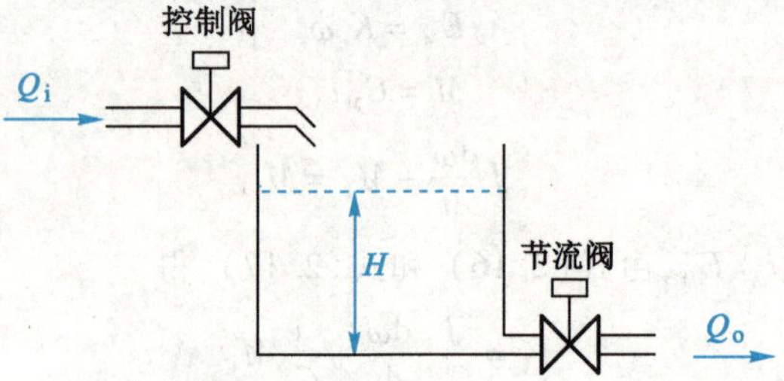

图 2.6 流体过程

节流阀的开度有关。设节流阀的开度保持一定，则 α 为一常数。

消去中间变量 Q_o，得该流体过程的微分方程

$$\frac{\mathrm{d}H}{\mathrm{d}t}+\frac{\alpha}{S}\sqrt{H}=\frac{1}{S}Q_i \tag{2.26}$$

由于该流体过程具有非线性特性，所以其数学模型式(2.26)是非线性微分方程。

从上面几个典型系统的数学模型可以看出，很多系统虽然具有不同的物理特性，但却具有相同形式的数学模型。例如，例 2.5 所示弹簧-阻尼器系统和例 2.2 所示 RC 电路，都可以用二阶线性微分方程描述。可见，数学模型描述了不同类型系统共同的内在特性，为系统的一般分析与设计方法奠定了基础。

系统的微分方程描述了系统的特性，因此，微分方程的类型与系统的特性有关。一般的连续时间系统都可以用微分方程描述，线性系统可以用线性微分方程描述，而非线性系统则要用非线性微分方程描述。

描述非线性系统的微分方程一般可表示为

$$F(y^{(n)},y^{(n-1)},\cdots,\dot{y},y,u^{(m)},u^{(m-1)},\cdots,\dot{u},u)=0 \tag{2.27}$$

一般 n 阶线性系统的微分方程可以表达为

$$a_n y^{(n)}+a_{n-1}y^{(n-1)}+\cdots+a_1\dot{y}+a_0 y=b_m u^{(m)}+\cdots+b_1\dot{u}+b_0 u \tag{2.28}$$

如果系统是线性时变系统，则式(2.28)中的系数 a_i、b_i 中至少有一个是时间的函数。如果系统是线性定常系统，或者称为线性时不变系统，则式(2.28)中的系数 a_i、b_i 都与时间无关。

例如：

$$\frac{\mathrm{d}^3c(t)}{\mathrm{d}t^3}+3\frac{\mathrm{d}^2c(t)}{\mathrm{d}t^2}+6\frac{\mathrm{d}c(t)}{\mathrm{d}t}+8c(t)=u(t)\text{为线性定常系统；}$$

$$t\frac{\mathrm{d}c(t)}{\mathrm{d}t}+c(t)=3\frac{\mathrm{d}c(t)}{\mathrm{d}t}+u(t)\text{为线性时变系统。}$$

2.3 传递函数

微分方程是控制系统的一种最基本的数学模型,不仅能够描述线性系统,而且能够描述非线性系统;不仅能够描述定常系统,而且能够描述时变系统。但对于线性定常系统的分析和设计,传递函数具有很多优点。传递函数是经典控制理论中一种最重要的数学模型。

2.3.1 传递函数与脉冲响应函数的定义

传递函数是在用拉普拉斯变换(简称拉氏变换)方法求解线性常系数微分方程过程中引出的一种外部描述数学模型。设线性定常系统的微分方程为

$$a_n y^{(n)} + a_{n-1} y^{(n-1)} + \cdots + a_1 \dot{y} + a_0 y = b_m u^{(m)} + \cdots + b_1 \dot{u} + b_0 u \tag{2.29}$$

根据线性微分方程理论,微分方程(2.29)的解满足叠加定理,即系统的输出为零初始条件下输入作用的系统输出和零输入条件下初始状态作用的系统输出之和。实际上,这两部分输出具有相同的模态。零初始条件下输入作用的系统输出特性也反映了零输入条件下初始状态作用的系统输出的特性。因为控制理论着重分析系统的结构、参数与系统的动态性能之间的关系,所以,为简化分析,可以设系统的初始条件为零。在零初始条件下,对式(2.29)取拉氏变换得

$$\frac{Y(s)}{U(s)} = \frac{b_m s^m + b_{m-1} s^{m-1} + \cdots + b_1 s + b_0}{a_n s^n + a_{n-1} s^{n-1} + \cdots + a_1 s + a_0}$$

记

$$G(s) = \frac{Y(s)}{U(s)} = \frac{b_m s^m + b_{m-1} s^{m-1} + \cdots + b_1 s + b_0}{a_n s^n + a_{n-1} s^{n-1} + \cdots + a_1 s + a_0} \quad (n \geqslant m) \tag{2.30}$$

$G(s)$反映了系统输出与输入之间的关系,描述了系统的特性,通常称为线性定常系统(环节)的传递函数。

定义 在零初始条件下,线性定常系统(环节)输出的拉氏变换与输入的拉氏变换之比,称为该系统(环节)的传递函数,记为 $G(s)$。

显然,在零初始条件下,若线性定常系统的输入的拉氏变换为 $U(s)$,则系统的输出的拉氏变换为

$$Y(s) = G(s)U(s) \tag{2.31}$$

系统的输出为

$$y(t) = \mathscr{L}^{-1}[Y(s)] = \mathscr{L}^{-1}[G(s)U(s)] \tag{2.32}$$

下面考察单位脉冲输入信号下系统的输出。

由于单位脉冲输入信号的拉氏变换为

$$U(s)=\mathscr{L}[\delta(t)]=1$$

所以,单位脉冲输入信号作用下系统的输出的拉氏变换为

$$Y(s)=G(s) \tag{2.33}$$

记单位脉冲输入信号下系统的输出为 $g(t)$,则

$$g(t)=\mathscr{L}^{-1}[Y(s)]=\mathscr{L}^{-1}[G(s)] \tag{2.34}$$

可见,系统传递函数的拉氏逆变换即为单位脉冲输入信号作用下系统的输出。因此,系统在单位脉冲输入信号下的输出响应完全描述了系统的动态特性,所以它也是系统的数学模型,通常称为脉冲响应函数。

定义 在零初始条件下,线性定常系统在单位脉冲输入信号作用下的输出响应,称为该系统的脉冲响应函数,记为 $g(t)$。

比较式(2.29)和式(2.30)可见,微分方程与传递函数存在简单的对应关系,得到了系统的微分方程即可直接写出系统的传递函数,反之亦然。

例如,例2.1所示 RC 电路的微分方程为

$$T\frac{\mathrm{d}u_C}{\mathrm{d}t}+u_C=u_r$$

所以,该系统的传递函数为

$$G(s)=\frac{U_C(s)}{U_r(s)}=\frac{1}{Ts+1}$$

例2.2所示 RC 电路的微分方程为

$$T_1T_2\frac{\mathrm{d}^2u_C}{\mathrm{d}t^2}+(T_1+T_{12}+T_2)\frac{\mathrm{d}u_C}{\mathrm{d}t}+u_C=u_r$$

所以,该系统的传递函数为

$$G(s)=\frac{U_C(s)}{U_r(s)}=\frac{1}{T_1T_2s^2+(T_1+T_{12}+T_2)s+1}$$

2.3.2 传递函数的表达式

传递函数一般是复变函数,可表示为各种形式。下面介绍几种常用表达式。

1. 有理分式形式

传递函数最常用的形式是有理分式形式,如下所示

$$G(s)=\frac{b_ms^m+b_{m-1}s^{m-1}+\cdots+b_1s+b_0}{a_ns^n+a_{n-1}s^{n-1}+\cdots+a_1s+a_0}=\frac{N(s)}{D(s)} \tag{2.35}$$

传递函数的分母多项式 $D(s)$ 称为系统的特征多项式,$D(s)=0$ 称为系统的特征方程,$D(s)=0$ 的根称为系统的特征根或极点。分母多项式 $D(s)$ 的阶次 n 定义为系统的阶次。对于实际的物理系统,多项式 $D(s)$、$N(s)$ 的所有系数为实数,且

分母多项式 $D(s)$ 的阶次 n 高于或等于分子多项式 $N(s)$ 的阶次 m，即 $n \geq m$。

2. 零、极点形式

将传递函数的分子、分母多项式变为首一多项式，在复数范围内因式分解，得

$$G(s)=\frac{k\prod_{i=1}^{m}(s-z_i)}{\prod_{i=1}^{n}(s-p_i)} \tag{2.36}$$

式中，$z_i(i=1,2,\cdots,m)$ 为系统的零点；$p_i(i=1,2,\cdots,n)$ 为系统的极点；k 为系统的根轨迹放大系数。

系统零点、极点的分布决定了系统的特性，因此，可以画出传递函数的零、极点图，直接分析系统特性。在零、极点图上，用“×”表示极点，用“○”表示零点。例如，传递函数

$$G(s)=\frac{2s^2-2s-4}{s^3+5s^2+8s+6}=\frac{2(s+1)(s-2)}{(s+3)(s+1+\mathrm{j})(s+1-\mathrm{j})}$$

的零、极点图如图 2.7 所示。

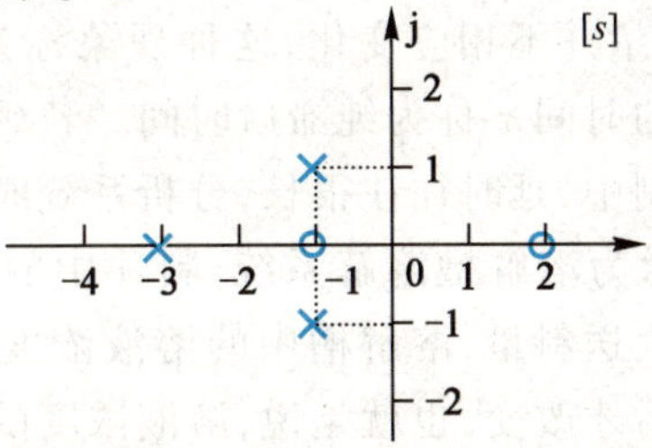

图 2.7 零、极点图

3. 时间常数形式

将传递函数的分子、分母多项式变为尾一多项式，在实数范围内因式分解，得

$$G(s)=\frac{K\prod_{i=1}^{m_1}(\tau_i s\pm 1)\prod_{k=1}^{m_2}(\tau_k^2 s^2\pm 2\zeta_k\tau_k s+1)}{s^{\nu}\prod_{j=1}^{n_1}(T_j s\pm 1)\prod_{l=1}^{n_2}(T_l^2 s^2\pm 2\zeta_l T_l s+1)} \tag{2.37}$$

式中，K 为传递系数，通常称为系统的放大系数；τ、T 为系统的时间常数；ν 为积分环节数；ζ 为阻尼比。

2.3.3 线性系统的基本环节

1. 问题的提出

实际的控制系统是各式各样的，即使只限于各种线性连续系统，要逐一加以

研究也是不可能的。自动控制理论采用的方法是研究系统的数学模型。这样不仅避开了各种实际系统的物理背景，容易揭示控制系统的共性，而且使研究的工作量大为减少。因为许多不同性质的物理系统常常有相同的数学模型。但要逐一研究数学模型的各种可能形式也是不可能的。

现在的问题是能否找出组成系统数学模型的基本环节，任何系统的数学模型总能由这些基本环节中的一部分组合而成。如果能找到，就可以研究这些为数不多的基本环节以及一些重要的组合系统。当弄清了这些基本环节的特性后，对任何系统也就容易分析其特性了。

下面先提出线性连续系统的传递函数的一般形式，然后分析其结构，得到线性连续系统的基本环节。

2. 传递函数的一般形式

如前所述，传递函数一般可写为式(2.35)的形式，但那里没有考虑系统中可能存在的延时效应，而是认为一有输入，系统立即响应。但许多系统中存在延时效应，即在输入作用一段时间 τ 后，系统输出才有响应，在时间 τ 内输入虽然发生了变化，但系统输出量并不相应变化，这种现象称为纯滞后现象，输出量的变化落后于输入量变化的时间 τ 称为纯滞后时间。若延时很短，可忽略不计，但许多系统尤其是过程控制中，延时往往很长，分析系统时必须考虑延时效应。

例 2.7　图 2.8 所示为溶解槽溶解系统，料斗中的溶质用皮带输送机送至加料口。若在料斗处加大送料量，溶解槽中的溶液浓度要等增加的溶质由料斗送到加料口并落入槽中后才改变，也就是说，溶液浓度的变化比加料量的改变落后输送带输送的时间，这就是纯滞后现象，纯滞后时间为

$$\tau=\frac{\text{输送带长度}}{\text{输送带速度}}=\frac{l}{v}$$

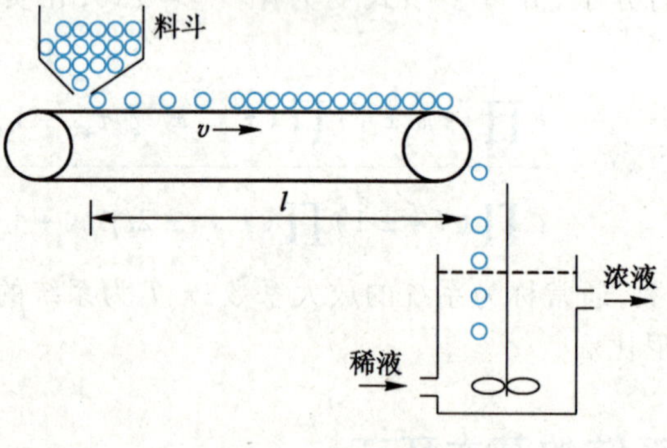

图 2.8　溶解槽

下面推导该系统的传递函数。首先不考虑纯滞后，即假设料斗的溶质直接落入溶解槽。当溶质落入溶液后，溶液的浓度只能逐渐增加，这就是惯性特性。

溶液浓度 $y(t)$ 与料斗加料量 $x(t)$ 的关系可以表示为

$$T\frac{\mathrm{d}y(t)}{\mathrm{d}t}+y(t)=Kx(t)$$

传递函数为

$$G(s)=\frac{K}{Ts+1}$$

当溶质由输送机输送时,即考虑纯滞后,其微分方程应为

$$T\frac{\mathrm{d}y(t+\tau)}{\mathrm{d}t}+y(t+\tau)=Kx(t)$$

或

$$T\frac{\mathrm{d}y(t)}{\mathrm{d}t}+y(t)=Kx(t-\tau)$$

由拉氏变换位移定理可导出系统的传递函数

$$Ts\mathrm{e}^{\tau s}Y(s)+\mathrm{e}^{\tau s}Y(s)=KX(s)$$

$$(Ts+1)\mathrm{e}^{\tau s}Y(s)=KX(s)$$

即

$$G(s)=\frac{K}{Ts+1}\mathrm{e}^{-\tau s}$$

从上面结果可以看出,延时效应在 $G(s)$ 中表现为增加了 $\mathrm{e}^{-\tau s}$ 因子。对一般的线性常系数微分方程,作类似于上面的推导,会有相同的结论。因此,线性连续定常系统的传递函数的一般形式为

$$G(s)=\frac{b_ms^m+b_{m-1}s^{m-1}+\cdots+b_1s+b_0}{a_ns^n+a_{n-1}s^{n-1}+\cdots+a_1s+a_0}\mathrm{e}^{-\tau s} \tag{2.38}$$

3. 基本环节的分类

将线性系统的传递函数的一般式(2.38)的分子、分母多项式在实数范围内进行因式分解,可得到一次因式和二次因式积。整个传递函数可以写成这些简单传递函数的乘积,这表明整个系统可以认为是由这些环节组成的。因为所有的线性连续定常系统的传递函数都可以写成式(2.38)的一般形式,所以,就数学意义上而言,线性连续定常系统的传递函数总是由这几种类型的因子组成的,这些因子称为基本环节,或者称为典型环节。下面根据这些基本环节的特性命名它们。

放大环节(比例环节):K

积分环节:$\frac{1}{s}$

微分环节:s

惯性环节:$\frac{1}{Ts+1}$

振荡环节:$\frac{1}{T^2s^2+2\zeta Ts+1}$

一阶微分环节：$\tau s+1$

二阶微分环节：$\tau^2 s^2+2\zeta\tau s+1$

滞后环节（纯滞后环节）：$e^{-\tau s}$

以上各环节称为稳定基本环节，下面几个基本环节一般称为不稳定基本环节。

不稳定惯性环节：$\dfrac{1}{Ts-1}$

不稳定振荡环节：$\dfrac{1}{T^2 s^2-2\zeta Ts+1}$

不稳定一阶微分环节：$\tau s-1$

不稳定二阶微分环节：$\tau^2 s^2-2\zeta\tau s+1$

不稳定惯性、振荡环节确实是不稳定的，因为它们在形式上与惯性、振荡环节相似，所以称为不稳定惯性环节和不稳定振荡环节。但不稳定一阶、二阶微分环节只是为了与一阶、二阶微分环节区别起见，才称为不稳定一阶微分环节和不稳定二阶微分环节，它们实际上是稳定的。

上述分类是从数学角度来划分的，主要是为了简化控制系统的分析与设计。

4. 基本环节的物理意义

各种基本环节反映了物理系统内在的共同运动规律，也是组成系统的基本环节。一个系统或一个元件（线性连续）总可以由一个或几个基本环节组成。

几乎每个控制系统都包含比例环节。工作于线性状态下的电子放大器、线性电位器、齿轮减速器、杠杆机构都可以用比例环节表示。*RC* 低通滤波电路、温度控制系统等许多实际系统都可以用惯性环节表示。电动机角速度和角度间的传递函数，或者步进电机的脉冲输入与输出角位移之间的传递函数可以用积分环节表示。*RLC* 网络、电动机都可以用振荡环节表示。

有些基本环节在实际中可以单独存在，而各种微分环节不符合物理可实现性，实际上是不能单独存在的。实际系统都具有一定的惯性，当其惯性很小可以忽略不计时，就可以认为是微分环节。例如，测速发电机的输出电压和输入的速度，虽然有点时滞，但许多时候可以忽略不计，可以认为是纯微分环节。由运算放大器和 *RC* 电路构成的微分电路的惯性往往很小，也可以忽略不计，因此可以近似为一个一阶微分环节。

2.4 结构图

2.4.1 结构图的基本组成

前面介绍的微分方程、传递函数等数学模型，都是用纯数学表达式来描述系统特性，不能反映系统中各部件对整个系统性能的影响，而系统原理图、职能方框图虽然反映了系统的物理结构，但又缺少系统中各变量间的定量关系。本节介绍的结构图或称为方框图、方块图等，既能描述系统中各变量间的定量关系，又能明显地表示系统各部件对系统性能的影响。

结构图包含四个基本单元，如图 2.9 所示。

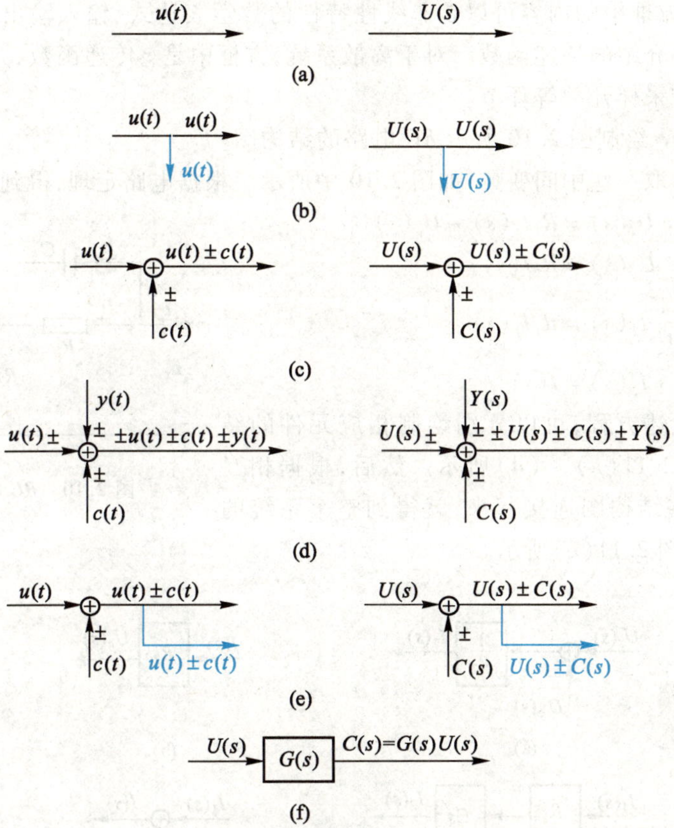

图 2.9 结构图基本单元

① 信号线：带有箭头的直线，箭头表示信号传递方向，直线上面或者旁边标注所传递信号的时间函数或象函数，如图 2.9(a)所示。

② 引出点（测量点）：引出或者测量信号的位置。从同一信号线上引出的信号在数值和性质上完全相同，如图 2.9(b)所示。这里的信号引出与测量信号一样，不影响原信号，所以也称为测量点。

③ 比较点（综合点）：对两个或者两个以上的信号进行代数运算，如图 2.9(c)所示，“+”表示相加，“-”表示相减，“+”可以省略不写。比较点可以有多个输入信号，但一般只画一个输出信号，如图 2.9(d)所示。若需要几个输出，通

常加引出点,如图 2.9(e)所示。

④ 方框:表示对输入信号进行的数学变换。对于线性定常系统或元件,通常在方框中写入其传递函数或者频率特性。系统输出的象函数等于输入的象函数乘以方框中的传递函数或者频率特性,如图 2.9(f)所示。

结构图也可以表示非线性系统和离散系统。对于非线性系统,方框表示非线性环节,方框中的内容可以是非线性特性的数学表达式、输入输出关系图,或者是后面要介绍的描述函数。对于离散系统,方框中是 z 传递函数,并且结构图中还包含有采样开关等环节。

例 2.8　绘制图 2.10 所示 RC 电路的结构图。

解　选取一些中间变量,如图 2.10 中所示。根据电路定理,得到以下方程

$$U_r(s)=R_1I_1(s)+U_c(s)$$

$$U_c(s)=R_2I(s)$$

$$\frac{1}{Cs}I_2(s)=R_1I_1(s)$$

$$I_1(s)+I_2(s)=I(s)$$

按照上述方程,可以分别绘制相应元件的结构图,如图 2.11(a)～(d)所示。然后,根据相互关系将这些结构图连接起来,就得到整个系统的结构图,如图 2.11(e)所示。

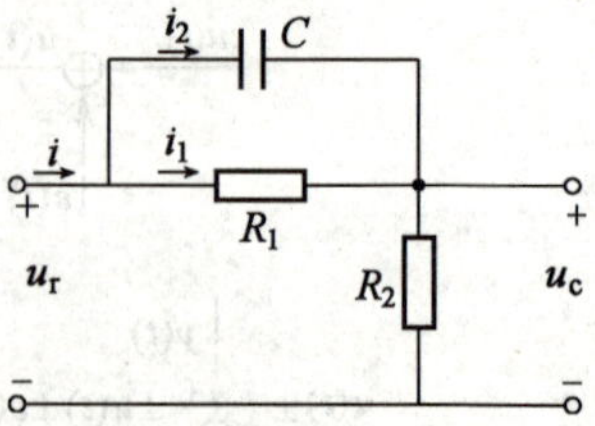

图 2.10　RC 电路

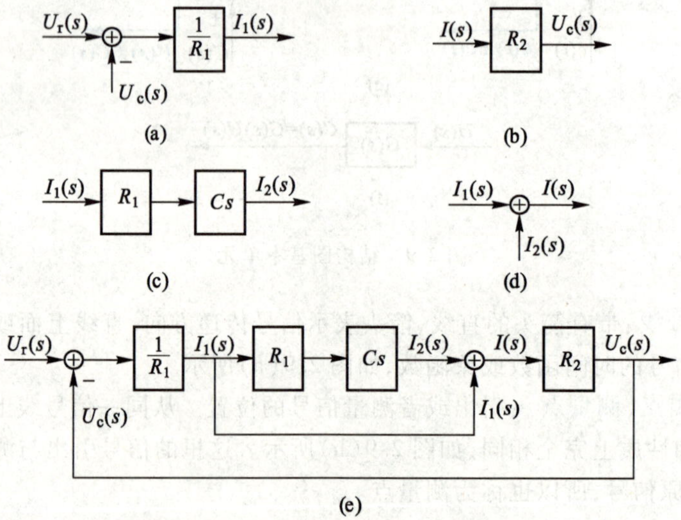

图 2.11　例 2.8RC 电路的结构图

2.4.2 结构图的变换法则

为了便于系统分析和设计,常常需要对系统的结构图作等价变换,或者通过变换使系统结构图简化,便于求取系统的总传递函数。因此,结构图变换是控制理论的基本内容。表2.1列出了常用的变换法则。这些法则很容易从它代表的数学表达式来证明。例如,并联等效变换法则,由原结构图可以得到

$$C_1(s)=G_1(s)R(s)$$
$$C_2(s)=G_2(s)R(s)$$
$$C(s)=C_1(s)\pm C_2(s)=G_1(s)R(s)\pm G_2(s)R(s)$$
$$=(G_1(s)\pm G_2(s))R(s)$$

所以,等效结构图方块中的传递函数 $G(s)$ 为

$$G(s)=G_1(s)\pm G_2(s) \tag{2.39}$$

2.4.3 结构图的简化

结构图变换与简化是控制理论中的基本问题。简化结构图最常用的方法是采用结构图变换法则,将结构图变换为只有一个方框,从而得到系统的总传递函数。下面首先介绍利用结构图变换法则简化系统结构图,求取系统的总传递函数。

例 2.9 简化图 2.12(a)所示系统的结构图。

解 简化步骤如下:

(1) 合并图 2.12(a)中的串联和并联方框,变换为图 2.12(b)。

(2) 消除图 2.12(b)中的内部反馈回路,变换为图 2.12(c)。

(3) 合并图 2.12(c)中的前向通道中的串联方框,变换为图 2.12(d)。

(4) 消除图 2.12(d)中的反馈回路,从而使整个结构图变为一个方框,如图 2.12(e)所示。

所以,系统的传递函数为

$$\Phi(s)=\frac{C(s)}{R(s)}=\frac{G_1(s)G_2(s)[G_3(s)+G_4(s)]}{1-G_1(s)G_2(s)H_2(s)+G_1(s)G_2(s)[G_3(s)+G_4(s)]H_1(s)}$$

简化结构图一般可以反复采用合并串联和并联方框、消除反馈回路,然后移动引出点和综合点,出现新的串联和并联方框、反馈回路,再合并串联和并联方框、消除反馈回路,不断重复上述步骤,最后简化为一个方框。但很多情况下上述步骤不是最佳方法,可以采用更简单的方法。例如,在例 2.10 中,移动所有引出点和综合点以后,将所有反馈回路合并,然后消除反馈回路,从而使整个结构图变为一个方框。

表 2.1 结构图简化(等效变换)法则

序号	原结构图	等效结构图	等效法则
1	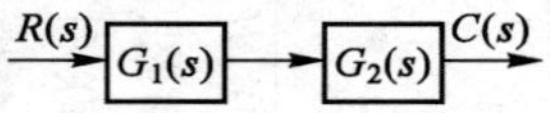	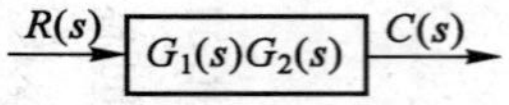	串联等效 $C(s)=G_1(s)G_2(s)R(s)$
2	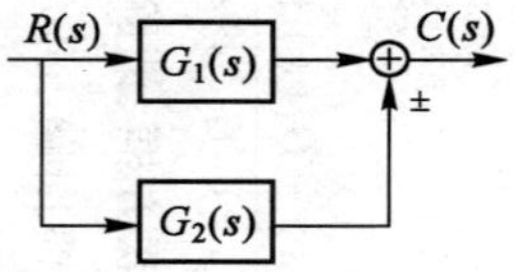	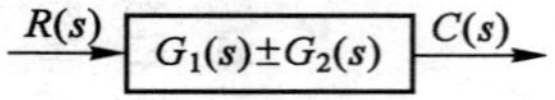	并联等效 $C(s)=[G_1(s)\pm G_2(s)]\cdot R(s)$
3	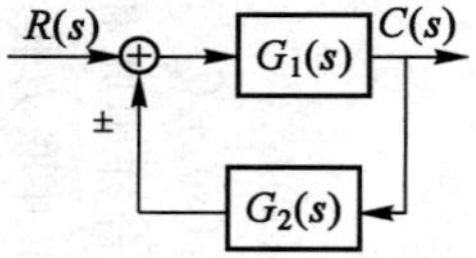	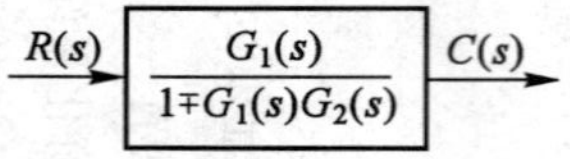	反馈等效 $C(s)=\dfrac{G_1(s)R(s)}{1\mp G_1(s)G_2(s)}$
4	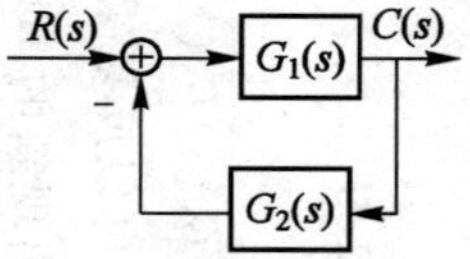	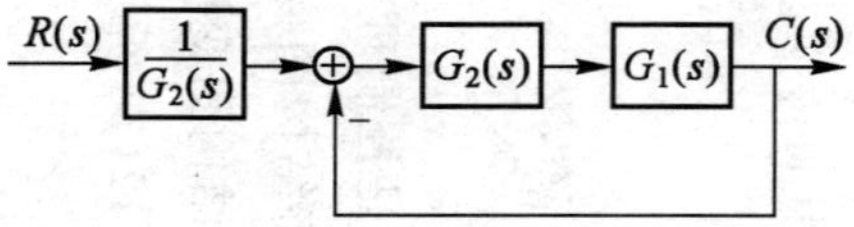	等效单位反馈 $\dfrac{C(s)}{R(s)}=\dfrac{1}{G_2(s)}\ \dfrac{G_1(s)G_2(s)}{1+G_1(s)G_2(s)}$
5	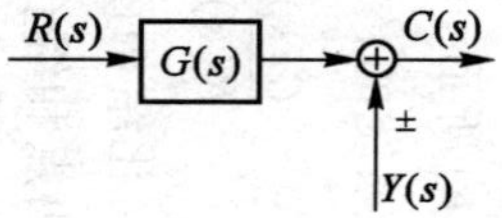	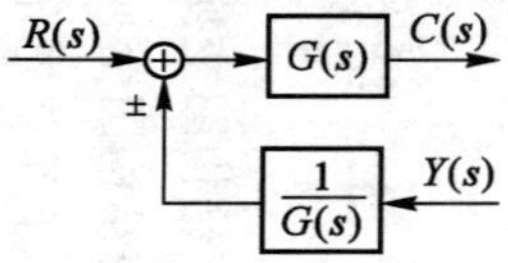	比较点前移 $C(s)=R(s)G(s)\pm Y(s)$ $=[R(s)\pm\dfrac{Y(s)}{G(s)}]\cdot G(s)$

续表

序号	原结构图	等效结构图	等效法则
6	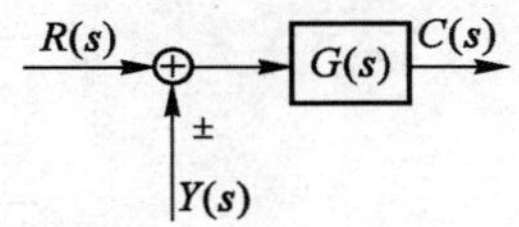	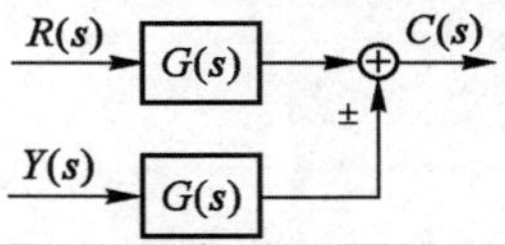	比较点后移 $C(s)=[R(s)\pm Y(s)]\cdot G(s)$ $=R(s)G(s)\pm Y(s)G(s)$
7	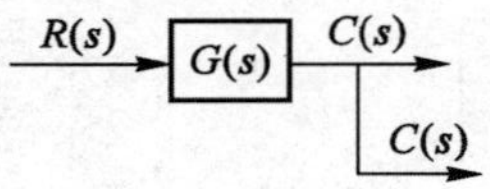	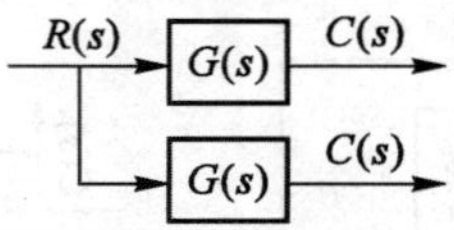	引出点前移 $C(s)=R(s)G(s)$
8	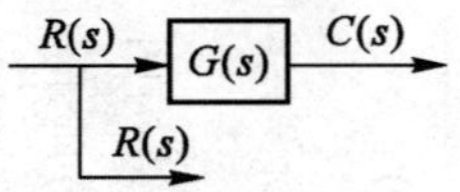	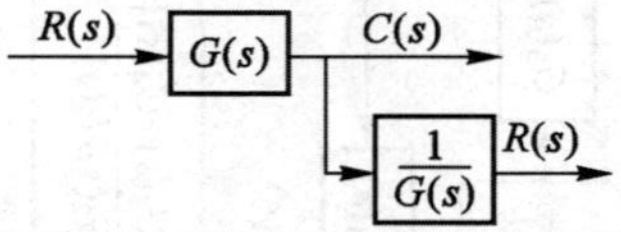	引出点后移 $R(s)=R(s)G(s)\dfrac{1}{G(s)}$ $C(s)=R(s)G(s)$
9	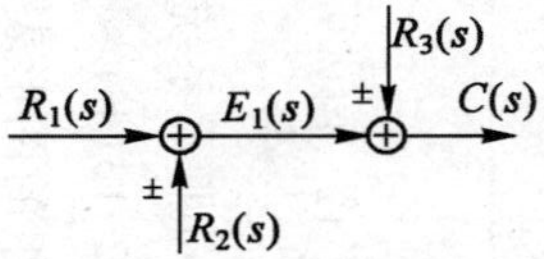	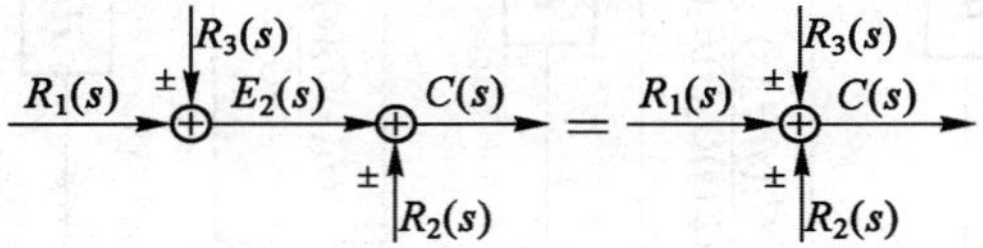	交换和合并比较点 $C(s)=R_1(s)\pm R_2(s)\pm R_3(s)$
10	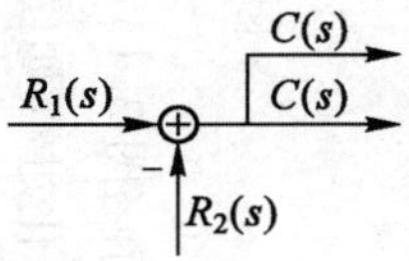	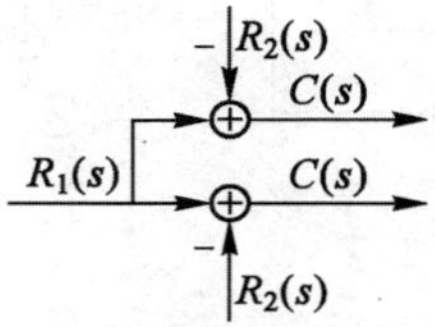	交换比较点和引出点 （一般不采用） $C(s)=R_1(s)-R_2(s)$
11	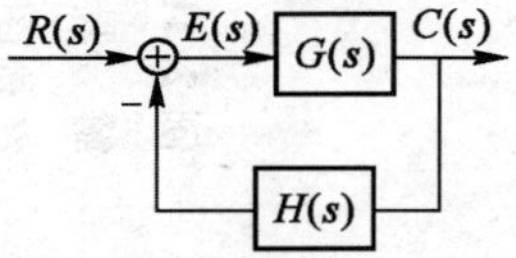	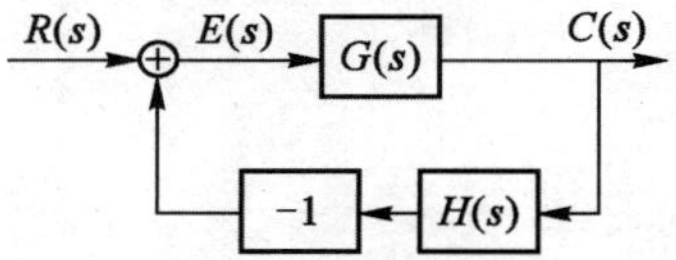	负号在支路上移动 $E(s)=R(s)-H(s)C(s)$ $=R(s)+H(s)\times(-1)C(s)$

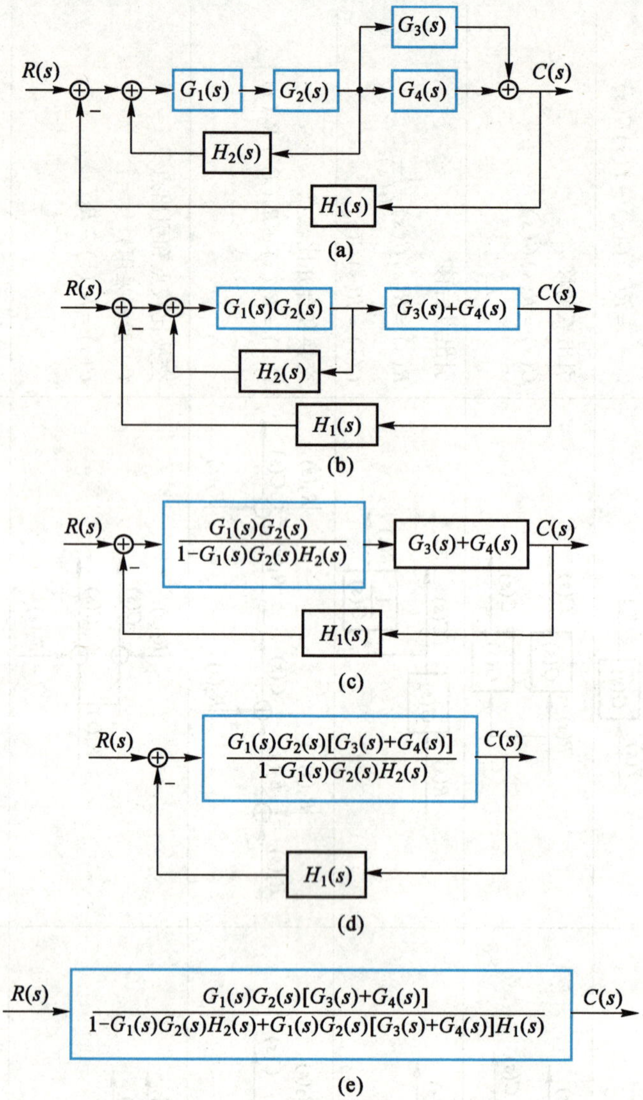

图 2.12　例 2.9 系统结构图简化

例 2.10　简化图 2.13(a)所示系统的结构图。

解　具体简化过程如图 2.13(b)～(d)所示。

结构图是线性代数方程组的图形表示，所以，简化结构图的本质是求解线性代数方程组。最直接的方法是根据结构图写出线性代数方程组，然后用代数方法消除中间变量。这种方法对简化环节少、信号传递复杂的结构图是很有效的。但当系统中有很多环节时，必然有很多中间变量，求解线性代数方程组是很麻烦的。下面举例说明。

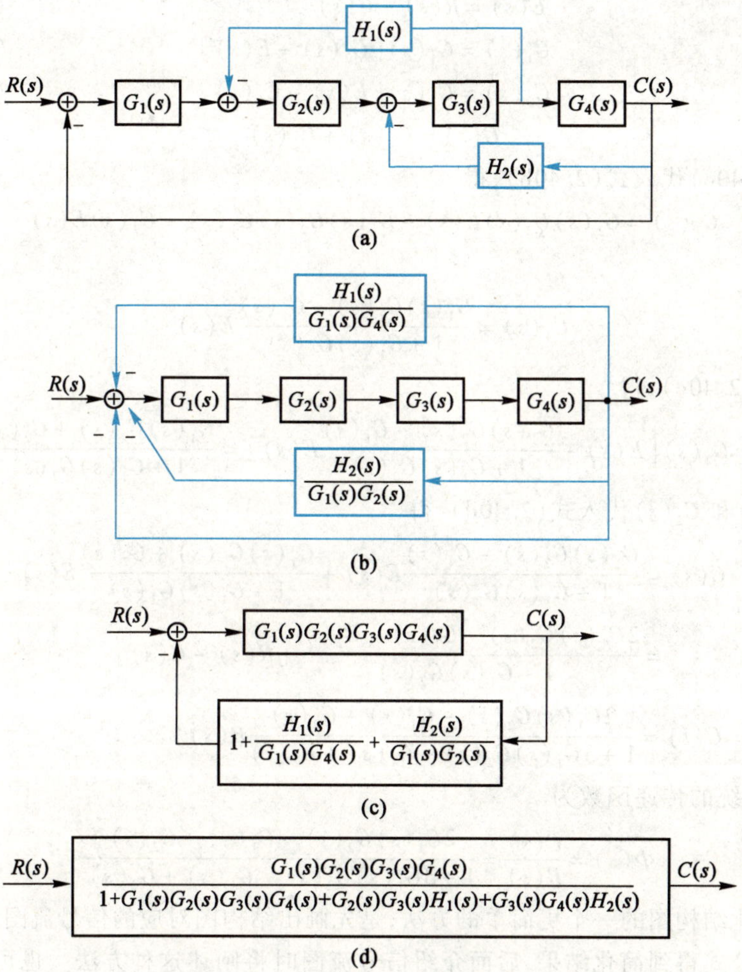

图 2.13 例 2.10 系统结构图简化

例 2.11 简化如图 2.14 所示结构图。

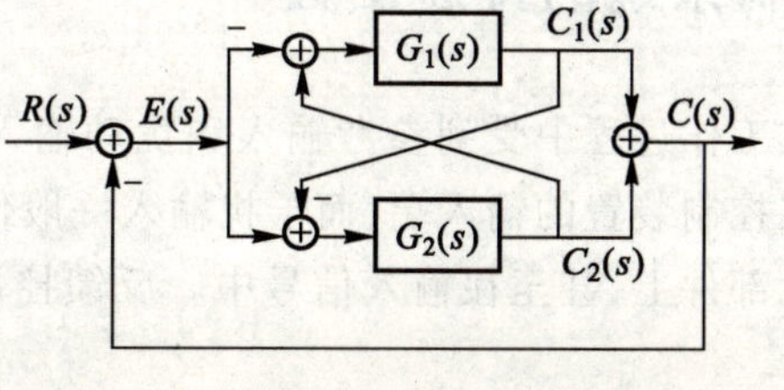

图 2.14 例 2.11 系统结构图简化

解 由系统结构图所示关系,得

$$E(s)=R(s)-C(s) \tag{2.40a}$$

$$C_1(s)=G_1(s)[C_2(s)-E(s)] \tag{2.40b}$$

$$C_2(s)=G_2(s)[E(s)-C_1(s)] \tag{2.40c}$$

$$C(s)=C_1(s)+C_2(s) \tag{2.40d}$$

将式(2.40c)代入式(2.40b),得

$$C_1(s)=G_1(s)G_2(s)E(s)-G_1(s)G_2(s)C_1(s)-G_1(s)E(s)$$

则

$$C_1(s)=\frac{G_1(s)G_2(s)-G_1(s)}{1+G_1(s)G_2(s)}E(s)$$

代入式(2.40c),得

$$C_2(s)=G_2(s)\left[E(s)-\frac{G_1(s)G_2(s)-G_1(s)}{1+G_1(s)G_2(s)}E(s)\right]=\frac{G_1(s)G_2(s)+G_2(s)}{1+G_1(s)G_2(s)}E(s)$$

将 $C_1(s)$ 和 $C_2(s)$ 代入式(2.40d),得

$$\begin{aligned}C(s)&=\frac{G_1(s)G_2(s)-G_1(s)}{1+G_1(s)G_2(s)}E(s)+\frac{G_1(s)G_2(s)+G_2(s)}{1+G_1(s)G_2(s)}E(s)\\&=\frac{2G_1(s)G_2(s)-G_1(s)+G_2(s)}{1+G_1(s)G_2(s)}[R(s)-C(s)]\end{aligned}$$

$$C(s)=\frac{2G_1(s)G_2(s)-G_1(s)+G_2(s)}{1+3G_1(s)G_2(s)-G_1(s)+G_2(s)}R(s)$$

因此,系统的传递函数为

$$\Phi(s)=\frac{C(s)}{R(s)}=\frac{2G_1(s)G_2(s)-G_1(s)+G_2(s)}{1+3G_1(s)G_2(s)-G_1(s)+G_2(s)}$$

简化结构图的一个更简单的方法,是先画出结构图对应的信号流图,然后应用梅森公式得到简化结果,后面介绍信号流图时将阐述这种方法。也可以将梅森公式直接应用于结构图,但容易产生错误,特别是初学者,最好还是先画出结构图对应的信号流图,然后再应用梅森公式。

2.4.4 反馈控制系统的传递函数

自动控制系统在工作过程中受到参考输入和扰动输入这两类输入的作用,参考输入通常作用在控制装置的输入端,而干扰输入一般作用在受控对象上,但也可能出现在其他元部件上,甚至在输入信号中。反馈控制系统一般如图 2.15 所示。

图 2.15 中,$G_2(s)=1$,则表示存在测量干扰;$G_1(s)=1$,则表示干扰输入在

输入信号中；一般 $G_1(s)$ 为控制器，$G_2(s)$ 为受控对象。

从输入端沿信号传递方向到输出端的通道称为前向通道，前向通道传递函数为 $G_1(s)G_2(s)$。从输出端沿信号传递方向到输入端的通道称为反馈通道，反馈通道传递函数为 $H(s)$。

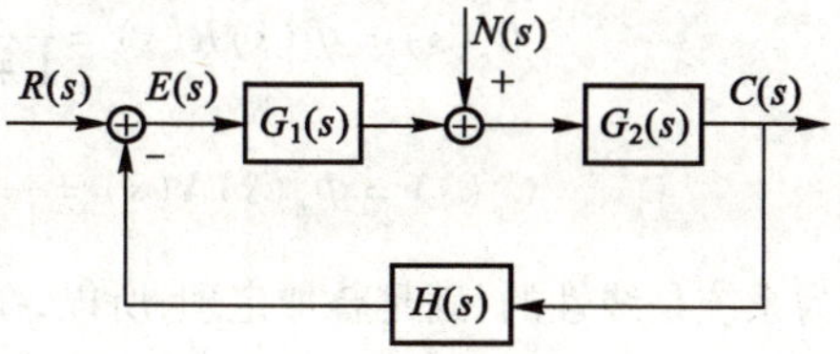

图 2.15 反馈控制系统

当主反馈通道断开时，反馈信号对于参考输入信号的传递函数称为开环传递函数。由图 2.15 知，闭环系统的开环传递函数为

$$W(s)=G_1(s)G_2(s)H(s) \tag{2.41}$$

可见，开环传递函数为前向通道传递函数 $G_1(s)G_2(s)$ 与反馈通道传递函数 $H(s)$ 的乘积。

闭环系统的输出信号对于参考输入信号的传递函数称为闭环传递函数。

为了求取系统闭环传递函数，令 $n(t)=0$，即 $N(s)=0$，则系统结构图变为图 2.16 所示。

由结构图简化规则，系统的闭环传递函数为

$$\Phi(s)=\frac{C(s)}{R(s)}=\frac{G_1(s)G_2(s)}{1+G_1(s)G_2(s)H(s)} \tag{2.42}$$

可见，系统的闭环传递函数的分子是前向通道传递函数，分母是开环传递函数与 1 之和。$1+G_1(s)G_2(s)H(s)=0$ 就是系统的闭环特征方程。

为了求取扰动作用下的闭环传递函数，令 $r(t)=0$，即 $R(s)=0$，则结构图变为图 2.17 所示。由结构图简化规则，系统在扰动作用下的闭环传递函数为

$$\Phi_{\mathrm{n}}(s)=\frac{C(s)}{N(s)}=\frac{G_2(s)}{1+G_1(s)G_2(s)H(s)} \tag{2.43}$$

可见，系统在扰动作用下的闭环传递函数的分子是从扰动作用点到输出端之间的传递函数，分母仍然是开环传递函数与 1 之和。从上式可见，扰动作用点不同，对系统的影响也不同。

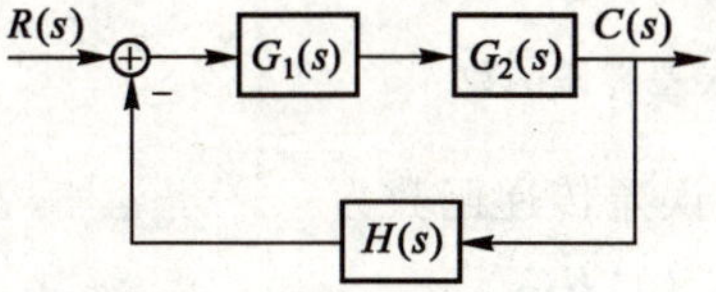

图 2.16 参考输入作用下的结构图

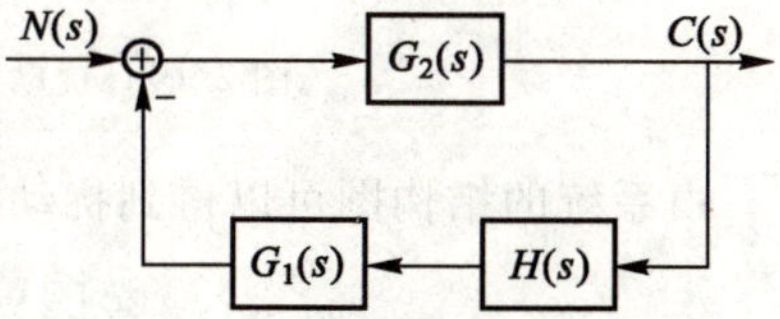

图 2.17 扰动作用下的结构图

根据传递函数的定义，在零初始条件下，系统在输入和扰动单独作用下的输出信号分别为

$$C_r(s)=\Phi(s)R(s)=\frac{G_1(s)G_2(s)}{1+G_1(s)G_2(s)H(s)}R(s) \tag{2.44}$$

$$C_n(s)=\Phi_n(s)N(s)=\frac{G_2(s)}{1+G_1(s)G_2(s)H(s)}N(s) \tag{2.45}$$

因为系统是线性的,满足叠加定理,所以,在输入和扰动共同作用下,系统的输出为

$$\begin{aligned}C(s)&=C_r(s)+C_n(s)=\Phi(s)R(s)+\Phi_n(s)N(s)\\&=\frac{G_1(s)G_2(s)}{1+G_1(s)G_2(s)H(s)}R(s)+\frac{G_2(s)}{1+G_1(s)G_2(s)H(s)}N(s)\end{aligned} \tag{2.46}$$

在后面将会看到,图2.15中的$E(s)$是分析系统稳态性能的一个重要变量,称为误差信号。以误差信号$E(s)$为输出量的传递函数称为误差传递函数。

为了求取系统参考输入下的误差传递函数,令$n(t)=0$,即$N(s)=0$,则系统结构图变为图2.18所示。

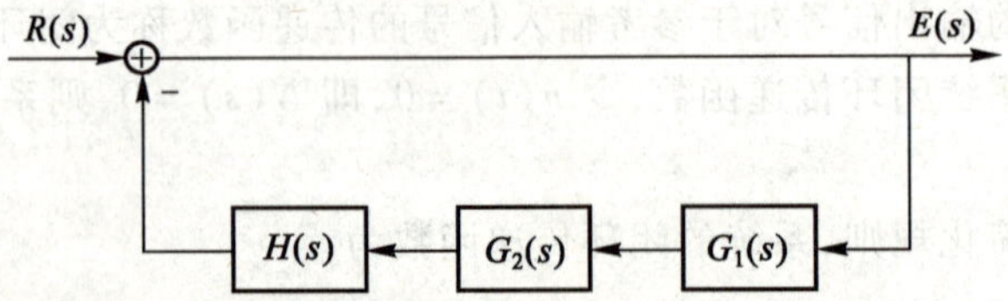

图2.18 参考输入作用下的误差传递函数

由系统的结构图可以得到输入作用下的误差传递函数为

$$\Phi_e(s)=\frac{E(s)}{R(s)}=\frac{1}{1+G_1(s)G_2(s)H(s)} \tag{2.47}$$

为了求取扰动作用下的误差传递函数,令$r(t)=0$,即$R(s)=0$,则结构图变为图2.19所示。

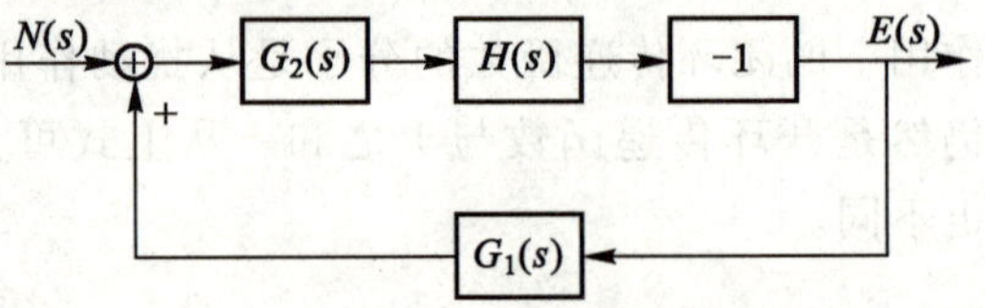

图2.19 扰动作用下的误差传递函数

由系统的结构图可以得到扰动作用下的误差传递函数为

$$\Phi_{en}(s)=\frac{E(s)}{N(s)}=\frac{-G_2(s)H(s)}{1+G_1(s)G_2(s)H(s)} \tag{2.48}$$

所以,系统在参考输入和扰动输入作用下的误差信号为

$$E(s)=\frac{1}{1+G_1(s)G_2(s)H(s)}R(s)+\frac{-G_2(s)H(s)}{1+G_1(s)G_2(s)H(s)}N(s) \tag{2.49}$$

式(2.42)、(2.43)、(2.47)和(2.48)是控制理论中常用的公式,读者应该熟记或者会推导。

2.5 信号流图

上面介绍的系统结构图,是应用最为广泛的反馈系统描述方法。但当系统的回路增多时,求取结构图的传递函数就很麻烦。

1953 年,美国学者梅森(Mason)在线性系统分析中首次引进了信号流图,用图形表示线性代数方程组。当这个方程组代表一个物理系统时,正像它的名称的含义一样,信号流图描述了信号从系统上一点到另一点的流动情况。因为信号流图从直观上表示了系统变量间的基本因果关系,所以它是线性系统分析中很有用的工具。1956 年,梅森在他发表的一篇论文中提出的一个增益公式,解决了复杂系统信号流图的化简问题,从而完善了信号流图的方法。利用这个公式,几乎可以通过观察就能得到系统的传递函数。

信号流图是图论的一个重要分支,它已经成功地被应用到很多工程领域,在自动控制理论中也获得了广泛的应用,尤其是在计算机辅助分析和设计中非常有用。下面介绍信号流图的基本理论及其在自动控制理论中的应用。

2.5.1 信号流图的定义及基本性质

信号流图是表达线性代数方程组结构的一种图。在信号流图中,小圆圈表示变量或信号,称为节点。连接两节点的线段称为支路,信号只能沿支路的箭头方向传递。标在支路旁边的数学算子称为传递函数或传递增益。传递增益可以是常数,也可以是复变函数。当传递增益为 1 时可以不标。

用信号流图表示方程组的基本法则如下:

(1) 支路终点信号等于始点信号乘以支路传递函数。

例如,代数方程 $x_2 = ax_1$ 可以表示为图 2.20 所示的信号流图。

必须指出,信号只能沿支路的箭头方向传递。虽然代数方程 $x_2 = ax_1$ 可以写成 $x_1 = \frac{1}{a}x_2$,但在实际系统中当 x_1 作为输入,x_2 作为输出时,信号流图就不能画成图 2.21 所示的情况。

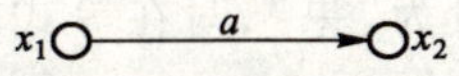

图 2.20 $x_2 = ax_1$ 的信号流图

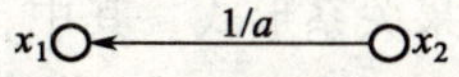

图 2.21 $x_1 = \frac{1}{a}x_2$ 的信号流图

(2) 节点表示系统中的信号，而且可以把所有输入支路的信号叠加，并把叠加后的信号等同地送到所有输出支路，即其值均为所有输入信号乘各自的支路传递函数之和。

例如 $x_4 = a_1x_1 + a_2x_2 + a_3x_3$ 可以表示成图 2.22 所示的情况。

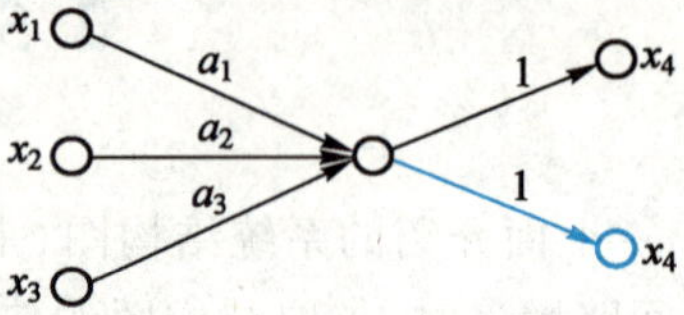

图 2.22 $x_4 = a_1x_1 + a_2x_2 + a_3x_3$ 的信号流图

在信号流图中，只有输出支路的节点，称为输入节点，又称为源节点，它代表系统的输入变量。只有输入支路的节点称为输出节点，又称汇节点，它代表系统的输出变量。既有输入支路，又有输出支路的节点，称为混合节点。在信号流图的任一节点上引出一条增益为 1 的支路，就成为一个输出节点。但输入节点是系统的输入变量，所以是不能随意增加的。

2.5.2 信号流图的构造

下面介绍构造信号流图的方法。从信号流图的定义可以看出，它本质上是表达线性代数方程组结构的一种图。因此，最基本的方法是由线性代数方程组来构造信号流图。对于微分方程组可以经过拉氏变换成为线性代数方程组，然后构造信号流图。

在构造信号流图时，通常将输入节点画在图的左边而输出节点画在图的右边，把反馈分支画在水平线下面，其他分支画成水平线或在水平线上边。自回环按其方向可以画在下面也可以画在上面。这些基本上是画信号流图的标准做法。

1. 由线性代数方程组构造

构造步骤如下。

① 把方程组写成“因”、“果”形式。注意，每个变量作为“果”只能一次，其余的作为“因”。

② 把各变量作为节点，从左到右按次序画在图上。

③ 按方程式表达的关系，分步画出各节点与其他节点之间的关系。

设线性系统由 n 个线性代数方程描述，若写成

$$x_j = \sum_{i=1}^{n} a_{ij}x_i, \quad j = 1,2,\cdots,n \tag{2.50}$$

则称为因果关系形式。其中，写在等式左端的变量为“果”，写在等式右端的变量为“因”。

例 2.12 设有一系统由下列方程组描述，试构造其信号流图。

$$\begin{cases} a_{11}x_1 + a_{12}x_2 + a_{13}x_3 + a_{14}x_4 = 0 \\ a_{21}x_1 + a_{22}x_2 + a_{23}x_3 + a_{24}x_4 = 0 \\ a_{31}x_1 + a_{32}x_2 + a_{33}x_3 + a_{34}x_4 = 0 \end{cases}$$

解 将方程组变换为因果形式

$$\begin{cases} x_2 = \left(-\dfrac{a_{11}}{a_{12}}\right)x_1 + \left(-\dfrac{a_{13}}{a_{12}}\right)x_3 + \left(-\dfrac{a_{14}}{a_{12}}\right)x_4 \\ x_3 = \left(-\dfrac{a_{21}}{a_{23}}\right)x_1 + \left(-\dfrac{a_{22}}{a_{23}}\right)x_2 + \left(-\dfrac{a_{24}}{a_{23}}\right)x_4 \\ x_4 = \left(-\dfrac{a_{31}}{a_{34}}\right)x_1 + \left(-\dfrac{a_{32}}{a_{34}}\right)x_2 + \left(-\dfrac{a_{33}}{a_{34}}\right)x_3 \end{cases}$$

根据信号流图表达线性代数方程组的法则，可以画出相应的信号流图如图 2.23 所示。

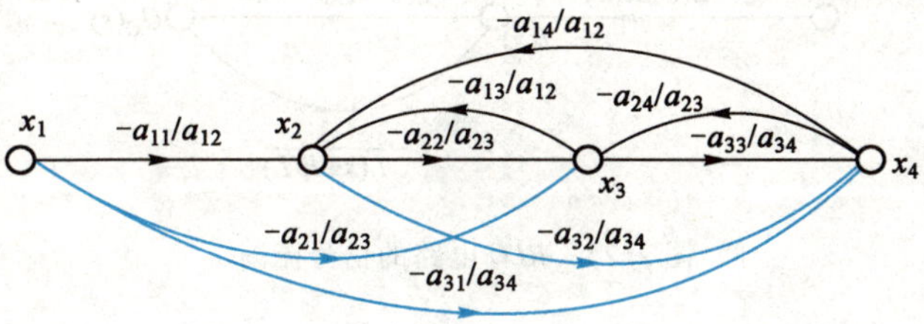

图 2.23 例 2.12 的信号流图

显然，方程组的因果形式不止上面一种。如果写成其他的因果形式，可以画出不同的信号流图。因此，对于一个给定的线性方程组，其信号流图不是唯一的。尽管这些信号流图形式上有所不同，但其求解结果都是一样的，因为它们都描述了同一个系统。所以，这些信号流图是等效的，称为等效的非同构图。

2. 由微分方程组构造

信号流图只能表示线性代数方程，当系统由微分方程描述时，可以用拉氏变换把微分方程转换成代数方程。因此，当系统是由线性微分方程描述时，则应首先通过拉氏变换将它们变换成线性代数方程，再整理成因果形式，据此作出系统的信号流图。

例 2.13 试作出图 2.24 所示 *RLC* 电路的信号流图。

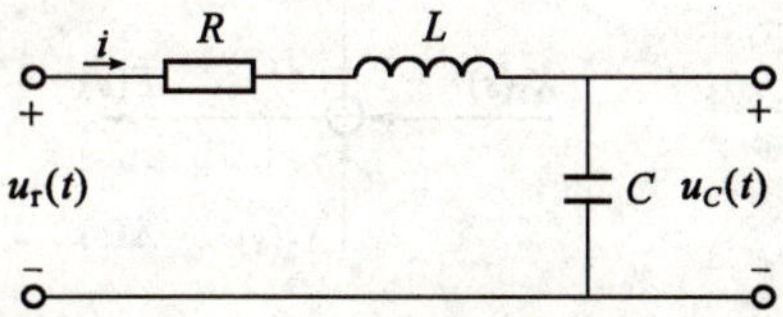

图 2.24 *RLC* 电路

解 描述该系统的微分方程组为

$$\begin{cases} L\dfrac{\mathrm{d}i(t)}{\mathrm{d}t} = u_r(t) - Ri(t) - u_C(t) \\ C\dfrac{\mathrm{d}u_C(t)}{\mathrm{d}t} = i(t) \end{cases}$$

对上式进行拉氏变换得

$$\begin{cases} LsI(s)-Li(0)=U_r(s)-RI(s)-U_C(s) \\ CsU_C(s)-Cu_C(0)=I(s) \end{cases}$$

把上面方程组写成因果关系式

$$\begin{cases} I(s)=\dfrac{1}{s+R/L}i(0)+\dfrac{1/L}{s+R/L}U_r(s)-\dfrac{1/L}{s+R/L}U_C(s) \\ U_C(s)=\dfrac{1}{s}u_C(0)+\dfrac{1}{Cs}I(s) \end{cases}$$

可以画出 *RLC* 电路的信号流图如图 2.25 所示。

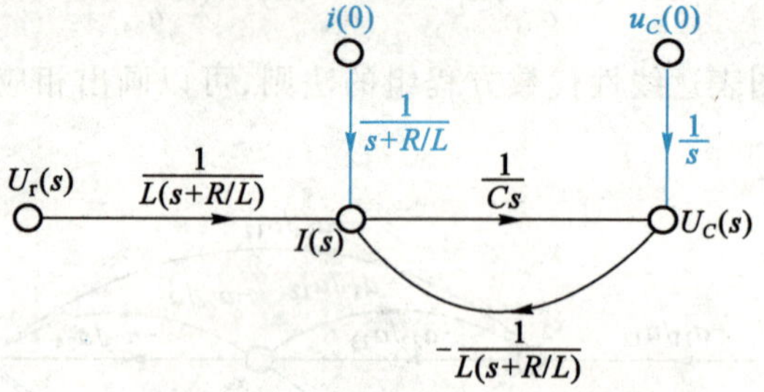

图 2.25 *RLC* 电路的信号流图

3. 由系统结构图构造

下面介绍由系统结构图，按照结构图与信号流图的对应关系直接画信号流图的方法。结构图与信号流图的对应关系如图 2.26 所示，详述如下：

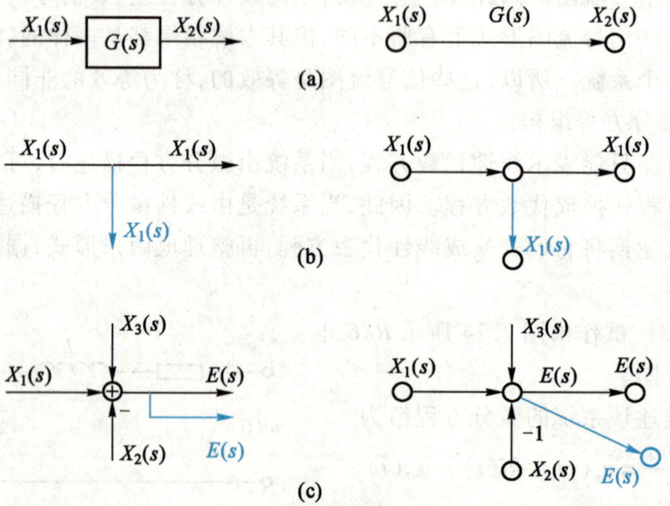

图 2.26 结构图与信号流图的对应关系

① 结构图中的信号线、方框及传递函数与信号流图中的节点、支路及传递函数相对应，如图 2.26(a) 所示。

② 结构图中的引出点，在信号流图中合到节点上去了，信号直接从节点上引出，这是因为同一节点输出相等，如图 2.26(b) 所示。

③ 结构图中的“比较点”与信号流图中的“节点”相对应，如图 2.26(c) 所示。

因为结构图中有正反馈和负反馈，结构图的比较点计算时有加有减，而信号流图的节点则仅是相加，因此，结构图中比较点的“ - ”号要放到信号流图中支路传递增益中去。

特别要注意的是信号流图中的节点，一方面表示了系统中的信号，另一方面具有将输入支路信号相加、把和信号等同地送到所有输出支路的作用。

例 2.14 作出图 2.27 所示结构图的信号流图。

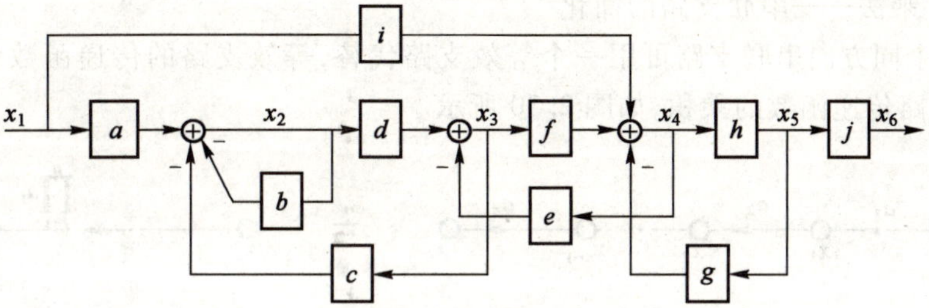

图 2.27 例 2.14 的结构图

解 根据信号流图与结构图的对应关系，容易画出系统的信号流图如图 2.28 所示。

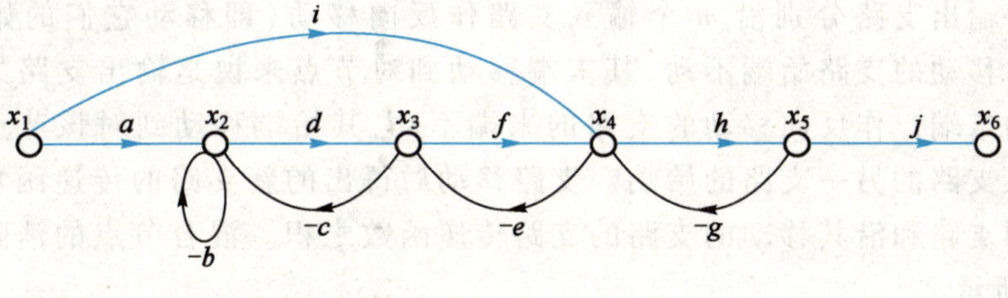

图 2.28 例 2.14 系统的信号流图

2.5.3 信号流图的变换法则与简化

信号流图通过变换，也可以得到只剩下输入节点和输出节点的信号流图，从而求出总的传递函数。在简化过程中输入节点与输出节点之间的一些节点都被陆续消去,这与用迭代法来消元求解代数方程组一样。

1. 加法——并联支路的简化

n 个同方向的并联支路,可用一个等效支路代替,等效支路的传递函数等于 n 个支路传递函数之和,如图 2.29 所示。

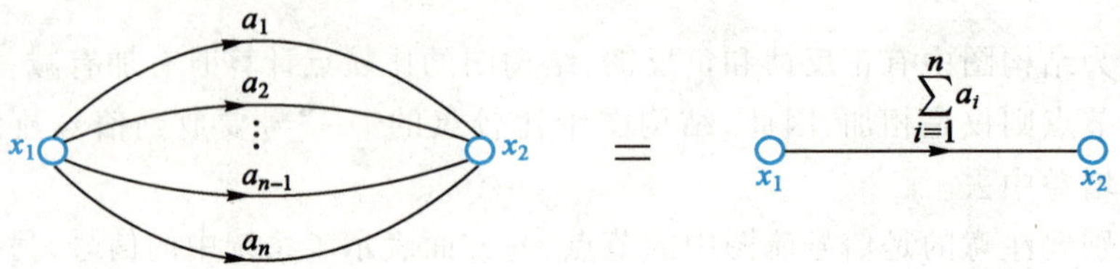

图 2.29 并联支路的简化

2. 乘法——串联支路的简化

n 个同方向串联支路可用一个等效支路代替,等效支路的传递函数为所有串联支路传递函数的乘积,如图 2.30 所示。

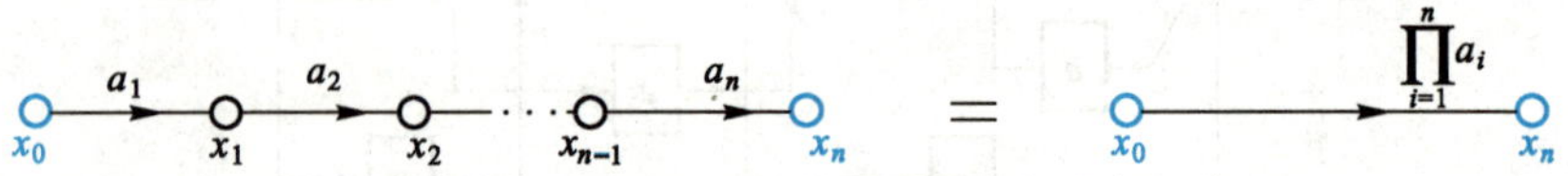

图 2.30 串联支路的简化

3. 支路移动法则——混合节点的消除

要消除任一个有 m 个输入支路和 n 个输出支路的节点,可将该节点的 m 个输入支路分别沿 n 个输出支路作正向移动(即移动它们的末端)或将它的 n 个输出支路分别沿 m 个输入支路作反向移动(即移动它们的始端)。作正向移动的支路始端不动,其末端移动到对节点来说是输出支路的另一支路的末端。作反向移动的支路的末端不动,其始端移动到对该节点来说是输入支路的另一支路的始端。支路移动后得出的新支路的传递函数为被移动的支路和沿其移动的支路的支路传递函数之积。混合节点的消除如图 2.31 所示。

4. 自回环消除规则

只经过一个支路又回到该节点的,统称为自回环。对于一个有 m 个输入支路,n 个输出支路和自回环的节点,如将 m 个输入支路的每个支路的传递函数除以(1-自回环的传递函数),n 个输出支路的支路传输值不变,则可消除该节点的自回环。但仅从求 y_n 的值来看,图 2.32(e)也是正确的。但注意图 2.32(e)中的 Z_N' 并不等于图 2.32(c)、(d)中的 Z_N 点。

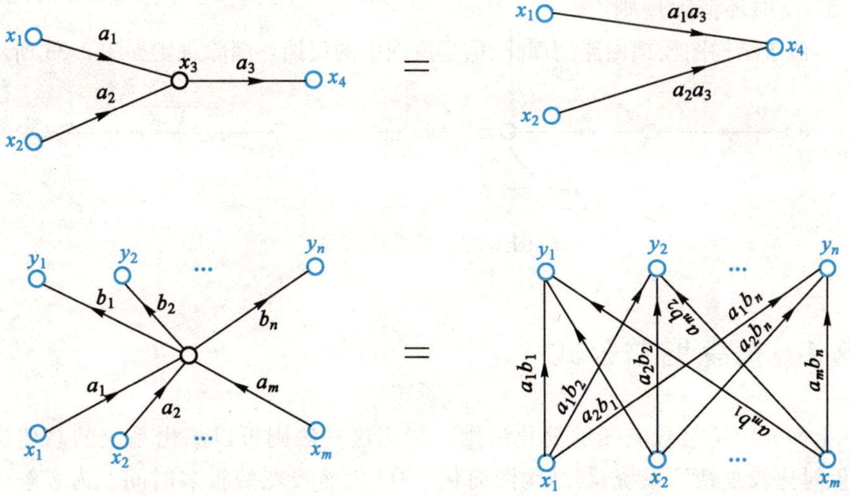

图 2.31 混合节点的消除

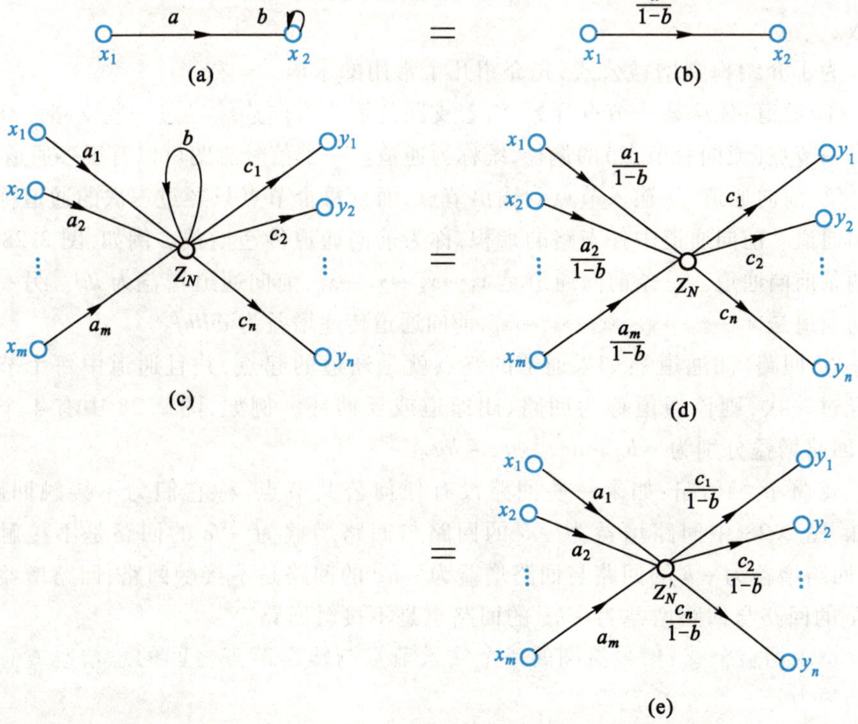

图 2.32 自回环消除

5. 反馈环消除规则

类似于结构图反馈回路的简化，信号流图中的反馈环消除规则如图2.33所示。

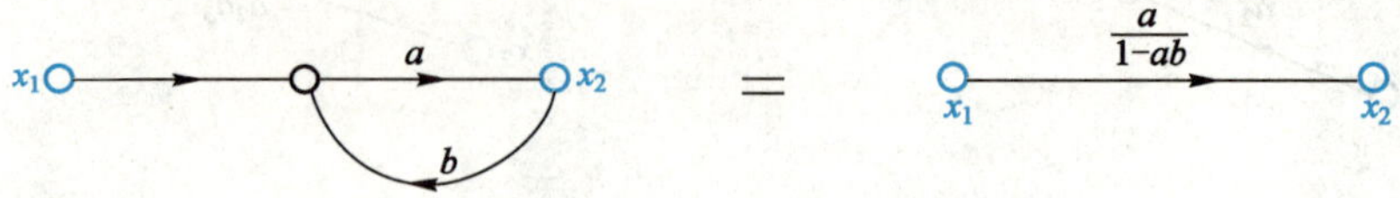

图2.33 反馈环消除

2.5.4 梅森增益公式

上面介绍了信号流图的简化法则。利用这些法则可以求出系统的总传递函数，但对比较复杂的系统，与结构图简化一样，仍然要花费很多时间。为了解决这个问题，梅森在1956年提出了一个求取信号流图总传递增益的公式，称为梅森增益公式。这个公式对于求解比较复杂的多回环系统的传递函数，具有很大的优越性。它不必进行费时的简化过程，而是直接观察信号流图便可求得系统的传递函数。

为了介绍梅森增益公式，先介绍几个常用的术语。

① 通道：凡从某一节点开始，沿着支路的箭头方向连续经过一些支路而终止在另一节点（或同一节点）的途径，统称为通道。一个信号流图可以有很多通道。

② 前向通道：从输入节点到输出节点，而且每个节点只经过一次的通道称为前向通道。前向通道中各支路的乘积，称为前向通道传递增益。例如，图2.28中有两条前向通道。一条前向通道是 $x_1 \to x_4 \to x_5 \to x_6$，前向通道增益为 ihj。另一条前向通道是 $x_1 \to x_2 \to x_3 \to x_4 \to x_5 \to x_6$，前向通道传递增益为 $adfhj$。

③ 回路（闭通道）：如果通道的终点就是通道的起点，并且通道中每个节点只经过一次，则该通道称为回路、闭通道或反馈环。例如，图2.28中有4个回路，回路增益分别为 $-b$，$-dc$，$-fe$，$-hg$。

④ 不接触回路：如果一些回路没有任何公共节点，称它们为不接触回路。例如，图2.28中回路增益为 $-b$ 的回路与回路增益为 $-fe$ 的回路是不接触回路；回路增益为 $-b$ 的回路与回路增益为 $-hg$ 的回路是不接触回路；回路增益为 $-dc$ 的回路与回路增益为 $-hg$ 的回路也是不接触回路。

梅森增益公式：信号流图的一个输入节点与输出节点之间的总增益或总传递函数为

$$G = \frac{1}{\Delta}\sum_{k=1}^{n} G_k \Delta_k \tag{2.51}$$

$\Delta = 1 -$（所有回路的传递增益之和）+

$$
\begin{aligned}
&(所有两个互不接触回路传递增益乘积之和)-\\
&(所有三个互不接触回路传递增益乘积之和)+\cdots\\
&=1-\sum L_1+\sum L_2-\sum L_3+\cdots+(-1)^m\sum L_m+\cdots
\end{aligned} \tag{2.52}
$$

式中，Δ 称为信号流图的特征式；G_k 为从输入节点到输出节点的第 k 条前向通道的传递函数；n 为信号流图中存在的前向通道的总数。Δ_k 为与第 k 条前向通道不接触部分的 Δ 值，即去除信号流图中第 k 条前向通道以及与其相接触部分的支路，余下部分的信号流图的 Δ 就是原信号流图的 Δ_k。

应用梅森公式求信号流图总增益的具体步骤如下：

① 观察信号流图，找出所有的回路，并写出它们的回路增益 L_1、L_2、L_3、…。

② 找出所有可能组合的 2 个、3 个、… 互不接触（无公共节点）回路，并写出回路增益。

③ 写出信号流图特征式。

④ 观察并写出所有从输入节点到输出节点的前向通道的增益。

⑤ 分别写出与第 k 条前向通道不接触部分信号流图的特征式。

⑥ 代入梅森增益公式。

例 2.15 用梅森公式求图 2.34 所示系统的传递函数。

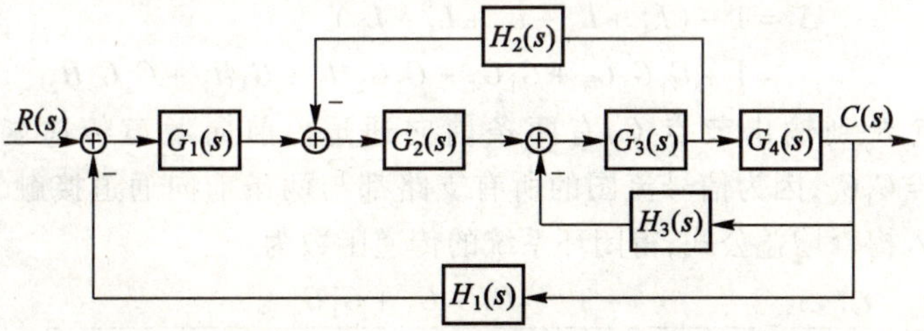

图 2.34 例 2.15 系统的结构图

解 根据结构图与信号流图的对应关系，将结构图画成信号流图如图 2.35 所示。

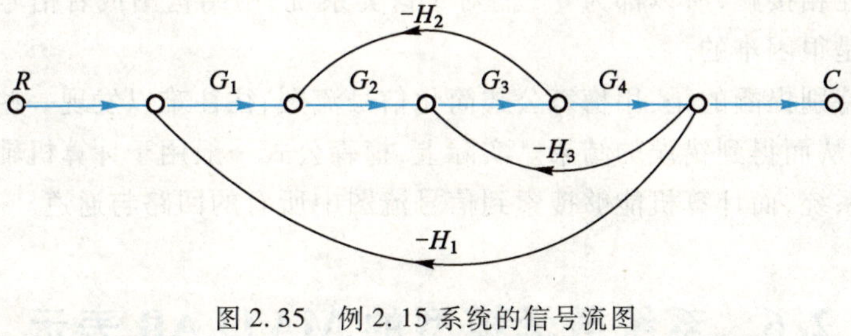

图 2.35 例 2.15 系统的信号流图

在图 2.35 所示信号流图中有 3 个闭合回路：$L_1=-G_1G_2G_3G_4H_1$，$L_2=-G_2G_3H_2$，$L_3=-G_3G_4H_3$；没有互不接触回路，所以，有

$$\Delta = 1 - (L_1 + L_2 + L_3) = 1 + G_1G_2G_3G_4H_1 + G_2G_3H_2 + G_3G_4H_3$$

从输入节点 R 到输出节点 C，只有一条前向通道，前向通道传递函数为 $P_1 = G_1G_2G_3G_4$。因为信号流图的所有支路都与前向通道接触，所以，$\Delta_1 = 1$。代入梅森增益公式，得图 2.34 所示系统的传递函数为

$$\frac{C(s)}{R(s)} = \frac{G_1G_2G_3G_4}{1 + G_1G_2G_3G_4H_1 + G_2G_3H_2 + G_3G_4H_3}$$

例 2.16 用梅森公式求图 2.36 所示系统的传递函数。

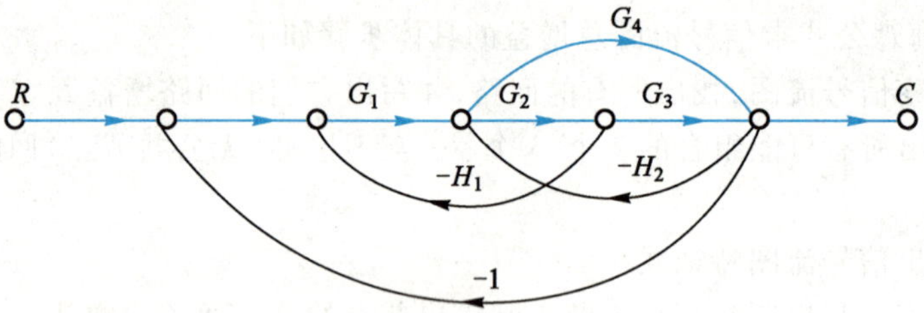

图 2.36 例 2.16 的信号流图

解 信号流图中有 5 个闭合回路：$L_1 = -G_1G_2G_3$，$L_2 = -G_1G_4$，$L_3 = -G_1G_2H_1$，$L_4 = -G_4H_2$，$L_5 = -G_2G_3H_2$；没有互不接触回路，所以

$$\begin{aligned}\Delta &= 1 - (L_1 + L_2 + L_3 + L_4 + L_5) \\ &= 1 + G_1G_2G_3 + G_1G_4 + G_1G_2H_1 + G_4H_2 + G_2G_3H_2\end{aligned}$$

从输入节点 R 到输出节点 C，有两条前向通道。前向通道传递函数为 $P_1 = G_1G_2G_3$，$P_2 = G_1G_4$，因为信号流图的所有支路都与两条前向通道接触，所以，$\Delta_1 = \Delta_2 = 1$。代入梅森增益公式，得闭环系统的传递函数为

$$\frac{C(s)}{R(s)} = \frac{G_1G_2G_3 + G_1G_4}{1 + G_1G_2G_3 + G_1G_4 + G_1G_2H_1 + G_4H_2 + G_2G_3H_2}$$

从上面的例题可以看出，用梅森公式简化是很方便的，特别是对回环互相交叉的信号流图的求解尤其简单，因为信号流图的特征式只有前两项，后面的各项因为回路互相接触，所以都为 0。而对于这类系统，用结构图或者信号流图变换法则简化是很困难的。

需要特别提醒的是：用梅森公式简化信号流图，往往难以发现一些隐藏的回路或通道，从而得到错误的结果。实际上，梅森公式一般用于计算机辅助分析与设计控制系统，而计算机能够搜索到信号流图中所有的回路与通道。

2.6 系统数学模型的 MATLAB 表示

MATLAB 是由美国 Mathworks 开发的大型数学软件包，在自动控制、图像及

信号处理等许多领域得到广泛应用。MATLAB 的安装、启动等与一般软件相同。启动 MATLAB 后进入一个标准的 Windows 命令窗口。在 MATLAB 命令窗口里,用户可以直接输入命令程序,单击菜单栏或者工具栏的按钮,就可以进行计算,其结果也在命令窗口中显示。

在命令窗口修改程序不方便。程序较长时,可以打开一个新窗口,在新窗口里编写和修改程序。然后为这个程序命名,并保存在同一子目录下。此后在命令窗口打入程序名并按 Enter 键,就执行该程序。

Simulink 是用于连续、离散以及混合的线性、非线性控制系统建模、仿真和分析的软件包,并为用户提供了用方框图进行建模的图形接口,很适合用于控制系统的仿真。

需要特别指出的是:虽然随着计算机的发展,很多过去没有办法计算的问题,现在都可以用计算机来迅速解决,为控制系统的分析与设计提供了有力的工具,但是它的基础是数值计算。因此,从原理上来说,这种方法每次只能得到一个具体的解,为了寻求另一个具体的解,就必须从头进行全部计算,而且不能指出解的特性和系统结构、参数的关系。很明显,计算机数值计算的方法本身不是建立一般控制理论的基础。因此,MATLAB 只能作为辅助的分析与设计系统的工具,不能代替控制理论分析与设计方法。

MATLAB 软件包中的内容十分丰富,本书仅仅介绍控制系统分析与设计方面最基本的内容。有关更深入的内容和使用技巧请参考专门的书籍。本节首先介绍控制系统数学模型的 MATLAB 表示,为后面章节中用 MATLAB 分析与设计系统奠定基础。

2.6.1 传递函数的 MATLAB 表示

下面简要介绍几种常用的传递函数的 MATLAB 表示。

1. 有理分式形式的传递函数

如式(2.35)表示的有理分式形式传递函数

$$G(s)=\frac{b_m s^m+b_{m-1}s^{m-1}+\cdots+b_1 s+b_0}{a_n s^n+a_{n-1}s^{n-1}+\cdots+a_1 s+a_0}=\frac{num(s)}{den(s)}$$

在 MATLAB 中表示为

$$\mathrm{num}=[b_m,b_{m-1},\cdots,b_0]$$
$$\mathrm{den}=[a_n,a_{n-1},\cdots,a_0]$$
$$\mathrm{G}=\mathrm{tf}[\mathrm{num},\mathrm{den}]$$

例如,对传递函数

$$G(s)=\frac{2s^2-2s-4}{s^3+5s^2+8s+6}=\frac{2(s+1)(s-2)}{(s+3)(s+1+j)(s+1-j)}$$

在 MATLAB 窗口中键入

```
num = [2, -2, -4];
den = [1,5,8,6];
G = tf(num,den)
```

按 Enter 键,命令窗口输出如下结果

```
Tramsfer function:
  2s^2 - 2s - 4
-----------------
s^3 + 5s^2 + 8s + 6
```

2. 零、极点形式的传递函数

如式(2.36)表示的零、极点形式传递函数

$$G(s)=\frac{k\prod_{i=1}^{m}(s-z_i)}{\prod_{i=1}^{n}(s-p_i)}$$

在 MATLAB 中用 zpk(z,p,k)矢量组表示为

$z=[z_1,z_2,\cdots,z_m]$

$p=[p_1,p_2,\cdots,p_n]$

$k=[k]$

G = zpk(z,p,k)

例如,对传递函数

$$G(s)=\frac{2s^2-2s-4}{s^3+5s^2+8s+6}=\frac{2(s+1)(s-2)}{(s+3)(s+1+j)(s+1-j)}$$

在 MATLAB 窗口中键入

```
z = [-1,2];
p = [-3, -1-i, -1+i];
k = [2];
sys = zpk[z,p,k]
```

按 Enter 键,命令窗口输出如下结果

```
Zero/pole/gain:
  2(s+1)(s-2)
-----------------
(s+3)(s^2+2s+2)
```

3. 传递函数形式的转换

在 MATLAB 中,输入下面的两条命令就可以将零、极点形式的传递函数转

换为有理分式形式的传递函数。

```
[num,den] = zp2tf(z,p,k)
G = tf(num,den)
```

类似地，用命令[z,p,k] = tf2zp(num,den)可以将有理分式形式的传递函数转换为零、极点形式的传递函数。

2.6.2 结构图的 MATLAB 表示

在 MATLAB 中，很容易求串联、并联、反馈等结构图的传递函数。

对于两个环节的串联，用下列命令

```
[nums,dens] = series(num1,den1,num2,den2)
```

对于两个环节的并联，用下列命令

```
[nump,denp] = parallel(num1,den1,num2,den2)
```

对于反馈连接，用下列命令

```
[numf,denf] = feedback(num1,den1,num2,den2,sign)
```

如果是负反馈，sign = −1；如果是正反馈，sign = 1。

本章小结

1. 数学模型的概念

所谓数学模型，就是根据系统运动过程的物理、化学等规律，所写出的描述系统运动规律、特性和输出与输入关系的数学表达式。

数学模型是对系统运动规律的定量描述，表现为各种形式，因而具有不同的类型。主要有：静态模型与动态模型、输入输出模型与状态空间模型、连续模型与离散模型、参数模型与非参数模型等。不同形式的数学模型之间可以互相转换。

系统建模有两大类方法：机理分析建模方法和实验建模方法。机理分析建模方法是通过对系统内在机理的分析，运用各种物理、化学等定律，推导出描述系统的数学关系式。

2. 微分方程

系统输出量及其各阶导数和系统输入量及其各阶导数之间的关系式，称为系统微分方程描述。

微分方程描述是系统最基本的数学模型，它适合于描述线性与非线性系统、定常与时变系统等。连续时间系统都可以用微分方程描述，线性系统用线性微分方程描述，而非线性系统则要用非线性微分方程描述。如果系统是线性时变系统,则微分方程的系数是时间的函数。如果系统是线性定常系统,则微分方程的系数与时间无关。

掌握列写系统微分方程的一般步骤。

3. 传递函数

在零初始条件下,线性定常系统(环节)输出的拉氏变换与输入的拉氏变换之比,称为该系统(环节)的传递函数。

传递函数是控制理论中最重要的一种数学模型,但它只能描述线性定常系统。

传递函数一般是复变函数,可以表示为有理分式形式、零极点形式、时间常数形式。

线性连续定常系统总是由比例、积分、微分、惯性、振荡、一阶微分、二阶微分、纯滞后、不稳定惯性、不稳定振荡、不稳定一阶微分、不稳定二阶微分这几种基本环节,或者称为典型环节组成的。

4. 结构图与信号流图

可以通过简化结构图,或简化信号流图,或用梅森公式求取系统传递函数。其中,简化结构图常采用结构图变换法则,简化信号流图常采用信号流图变换法则,而求解比较复杂的多回环系统的传递函数常采用梅森增益公式。

实际练习运用 MATLAB 表示系统的传递函数模型。

习题与应用题

2.1 列写图题 2.1 所示 *RLC* 电路的微分方程。其中,u_i为输入变量,u_0为输出变量。

2.2 列写图题 2.2 所示 *RLC* 电路的微分方程。其中,u_i为输入变量,u_0为输出变量。

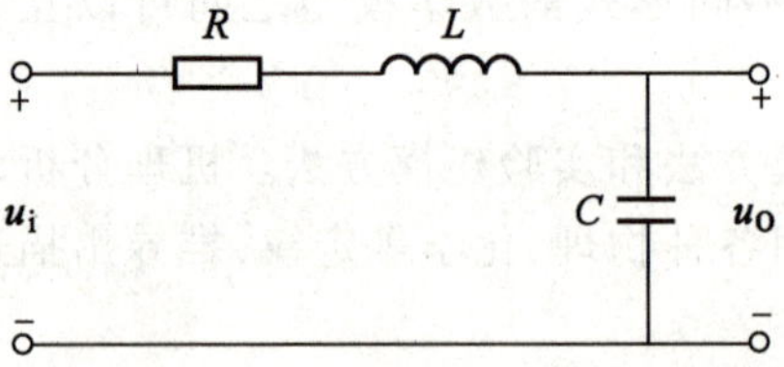

图题 2.1

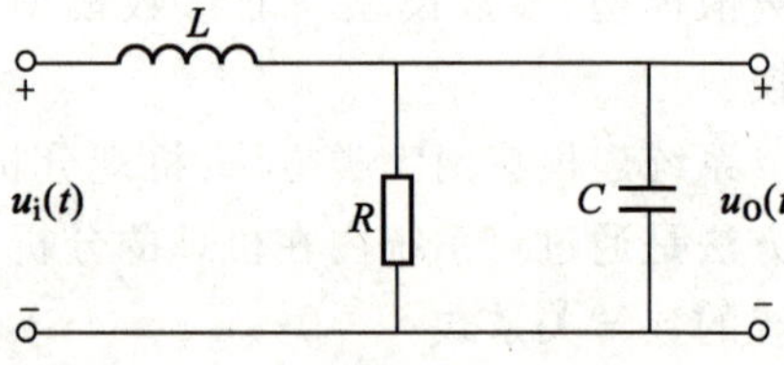

图题 2.2

2.3 列写图题 2.3 所示电路的微分方程,并确定系统的传递函数。其中,u_i为输入变量,u_0为输出变量。

2.4 设运算放大器放大倍数很大,输入阻抗很大,输出阻抗很小。求图题 2.4 所示运算放大电路的传递函数。其中,u_i为输入变量,u_0为输出变量。

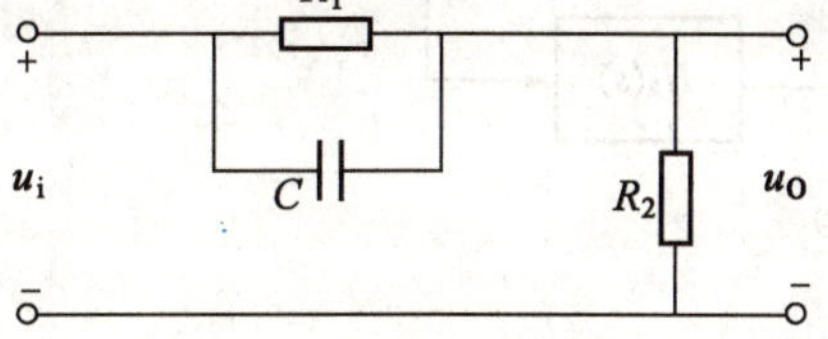

图题 2.3

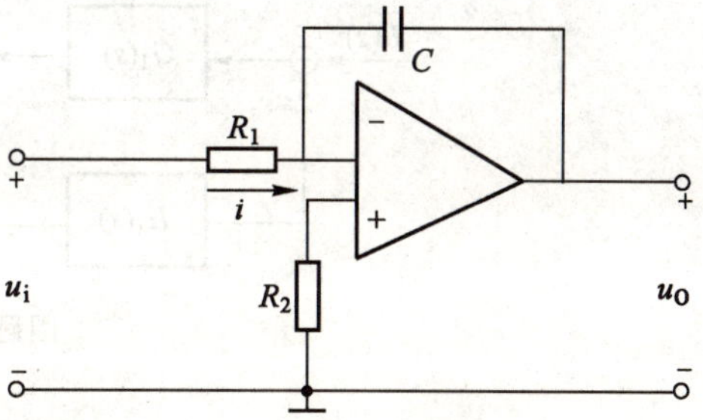

图题 2.4

2.5 证明图题 2.5 所示 RC 网络和弹簧阻尼器系统具有相同的传递函数。

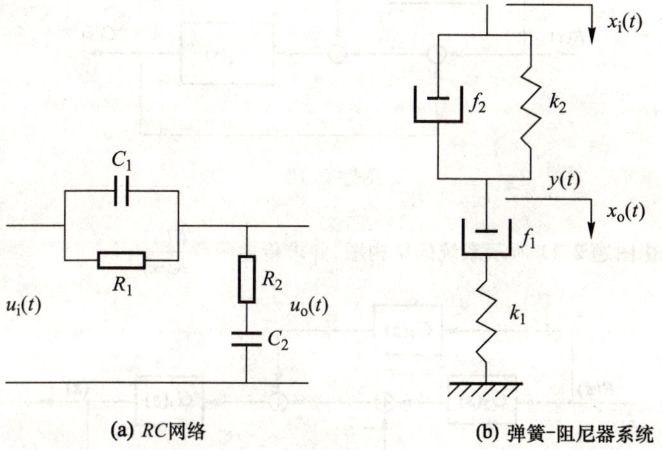

图题 2.5

2.6 绘制图题 2.3 所示电路的结构图,并求传递函数。

2.7 绘制图 2.2 所示电路的结构图,并求传递函数,分析负载效应在结构图中的反映。

2.8 简化图题 2.8 所示系统的结构图,并求传递函数 $\dfrac{C(s)}{R(s)}$。

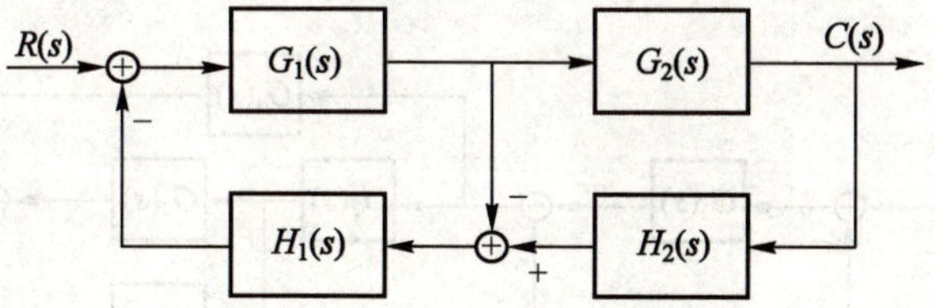

图题 2.8

2.9 简化图题 2.9 所示系统的结构图,并求传递函数 $\dfrac{C(s)}{R(s)}$。

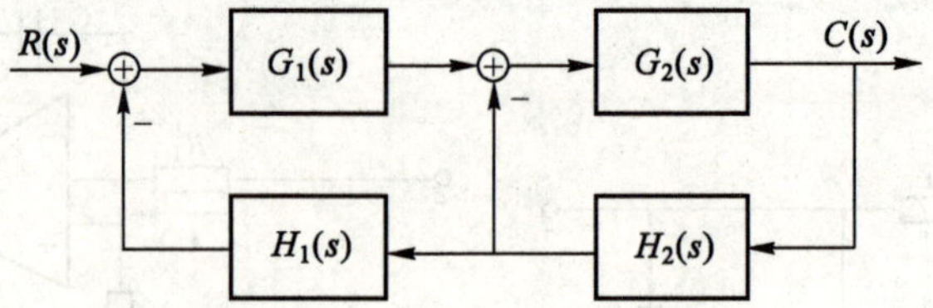

图题 2.9

2.10 简化图题 2.10 所示系统的结构图,并求传递函数$\frac{C(s)}{R(s)}$。

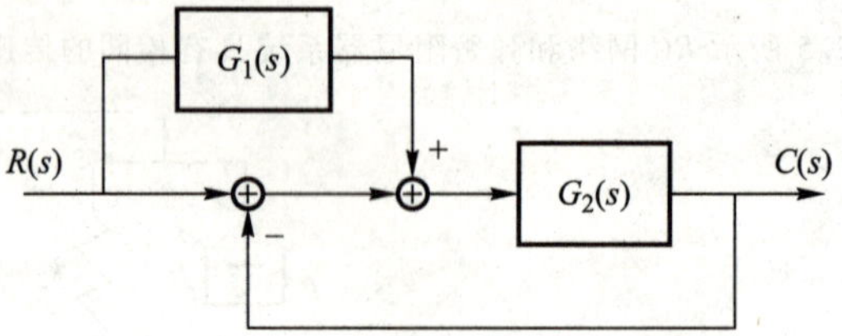

图题 2.10

2.11 简化图题 2.11 所示系统的结构图,并求传递函数$\frac{C(s)}{R(s)}$。

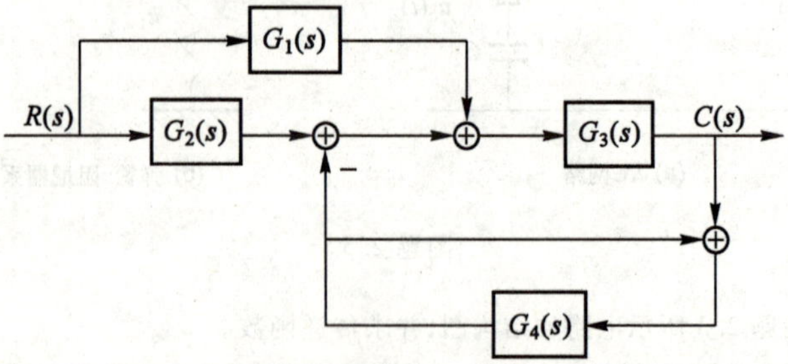

图题 2.11

2.12 简化图题 2.12 所示系统的结构图,并求传递函数$\frac{C(s)}{R(s)}$。

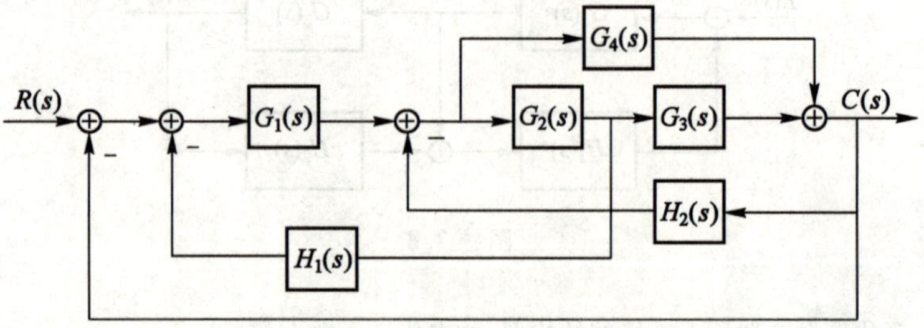

图题 2.12

2.13 简化图题 2.13 所示系统的结构图，并求传递函数$\dfrac{C(s)}{R(s)}$。

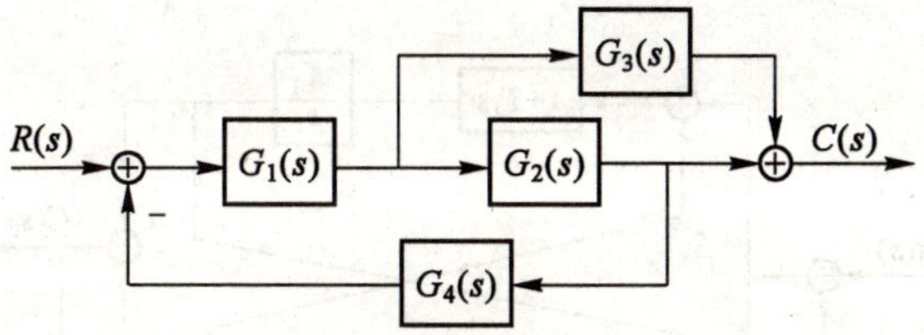

图题 2.13

2.14 简化图题 2.14 所示系统的结构图，并求传递函数$\dfrac{C(s)}{R(s)}$。

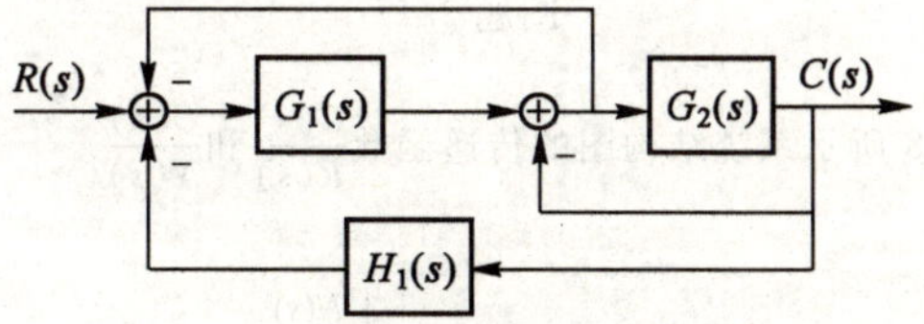

图题 2.14

2.15 求图题 2.15 所示系统结构图的传递函数$\dfrac{C(s)}{R(s)}$。

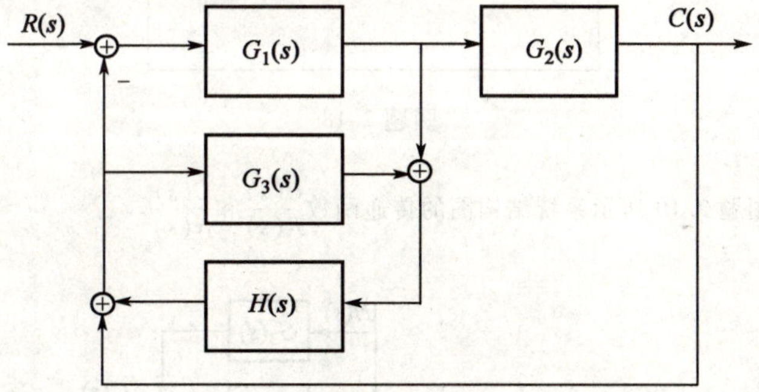

图题 2.15

2.16 已知系统结构图如图题 2.16 所示，求传递函数$\dfrac{C(s)}{R(s)}$及$\dfrac{E(s)}{R(s)}$。

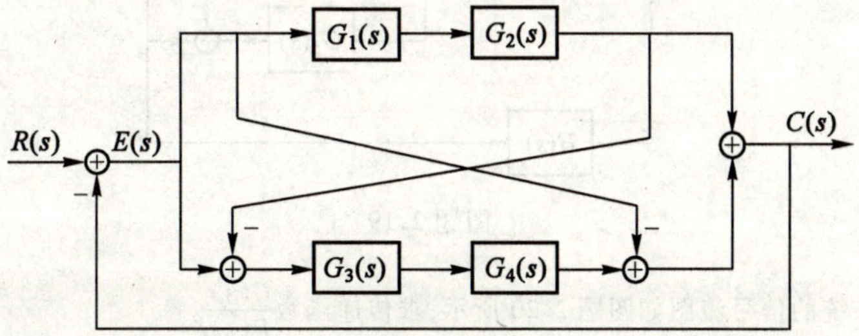

图题 2.16

2.17 控制系统的结构图如图题 2.17 所示，求传递函数$\frac{C(s)}{R(s)}$。

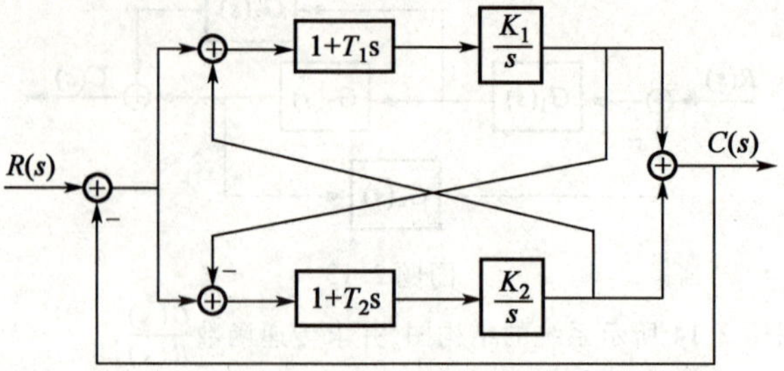

图题 2.17

2.18 求图题 2.18 所示系统结构图的传递函数$\frac{C(s)}{R(s)}$和$\frac{C(s)}{N(s)}$。

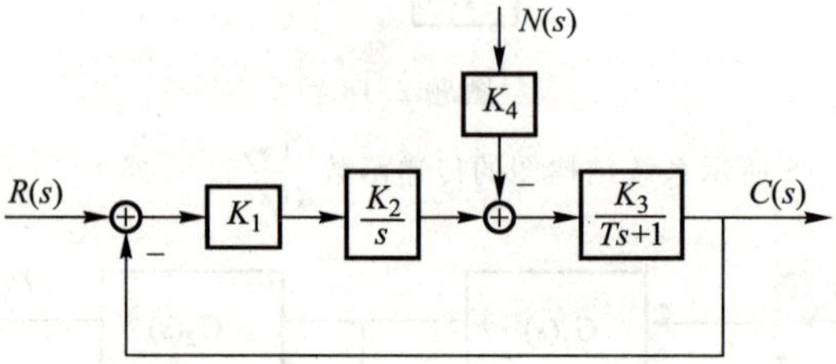

图题 2.18

2.19 求图题 2.19 所示系统结构图的传递函数$\frac{C(s)}{R(s)}$和$\frac{C(s)}{N(s)}$。

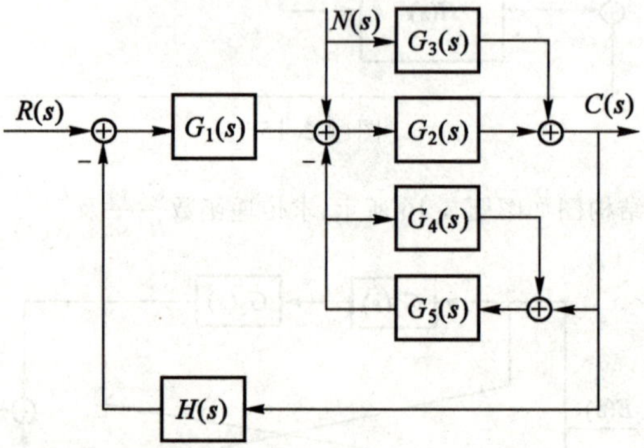

图题 2.19

2.20 系统的信号流图如图题 2.20 所示，求传递函数$\frac{C(s)}{R(s)}$。

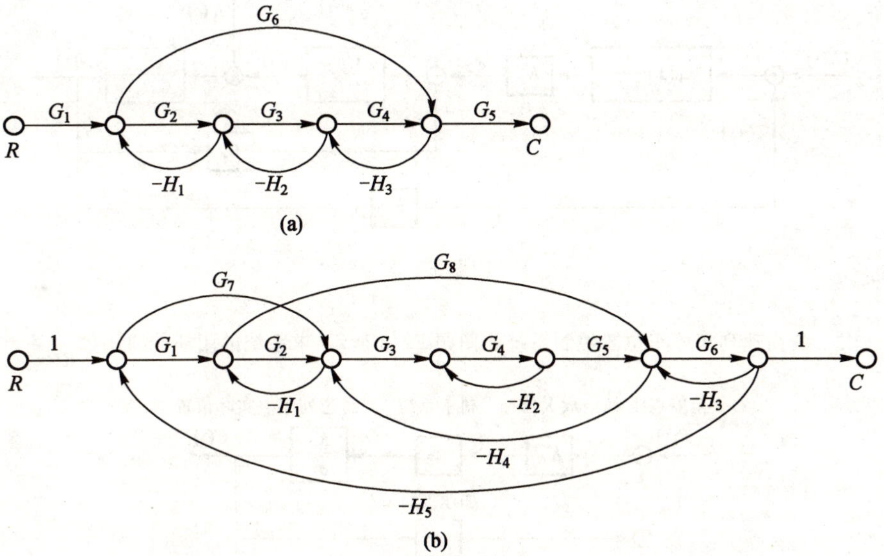

图题 2.20

2.21 系统的信号流图如图题 2.21 所示，求输出 $C(s)$ 的表达式。

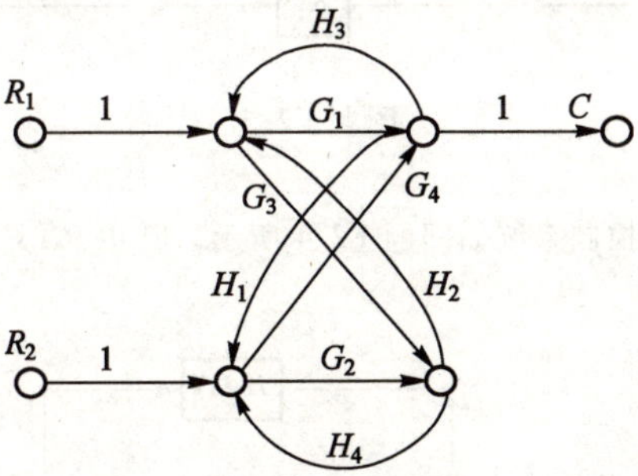

图题 2.21

2.22 将图题 2.17 转换成信号流图，利用梅森公式求传递函数。

E2.1 画出图题 E1.1 所示单闭环速度控制系统的结构图。其中，给定电压 u_n 为系统输入，电机速度 n 为系统输出。

E2.2 设如图题 E1.1 所示单闭环速度控制系统的结构图如图题 E2.2 所示。其中，K_P——PID 控制器的比例系数；τ_1——PID 控制器的积分时间常数；K_s——晶闸管整流器与触发装置的电压放大系数；R_a——电动机电枢电阻；T_m——电动机机电时间常数；C_e——电动机反电动势系数；K_{sf}——测速发电机放大系数。求系统的闭环传递函数 $N(s)/U_n(s)$、$N(s)/I_L(s)$ 和误差传递函数 $E(s)/U_n(s)$、$E(s)/I_L(s)$。

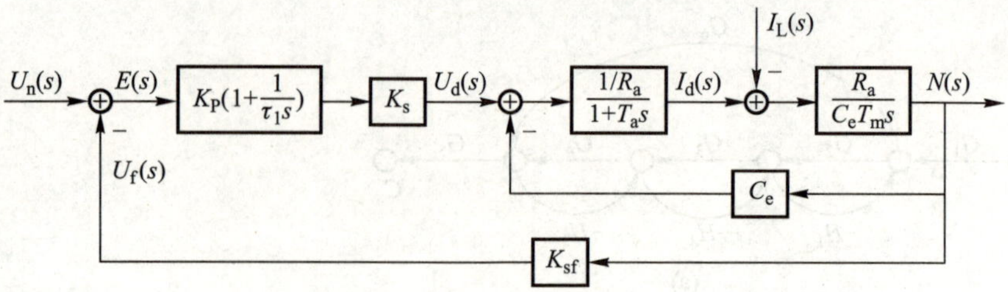

图题 E2.2

E2.3 高速列车停车位置控制系统如图题 E2.3 所示，求系统的闭环传递函数$\frac{C(s)}{R(s)}$。

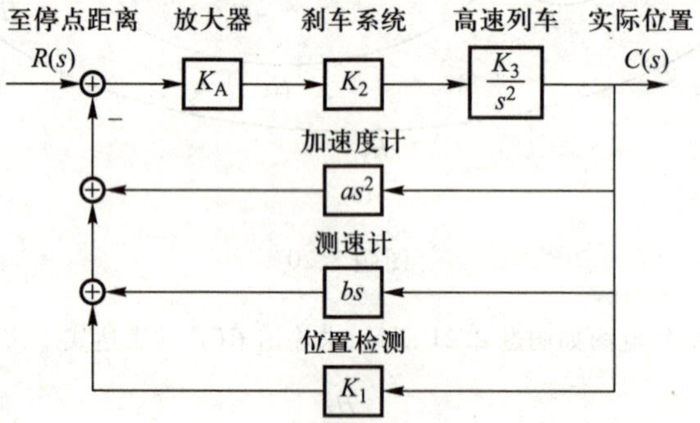

图题 E2.3

E2.4 一种轮船转向控制系统如图题 E2.4 所示。其中，$C(s)$是轮船的航向，$R(s)$是期望的航向，$A(s)$是舵的角度。求 $C(s)/R(s)$。

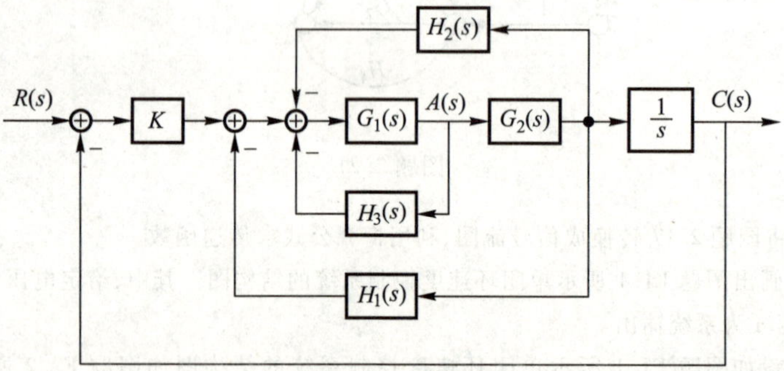

图题 E2.4

E2.5 汽车刹车系统使用电子反馈控制作用在每个车轮上的制动力。控制系统的结构图如图题 E2.5 所示。其中，$F_1(s)$和 $F_2(s)$分别是汽车前轮和后轮的制动力，$R(s)$是汽车在路面上的期望响应。求 $F_1(s)/R(s)$、$F_2(s)/R(s)$。

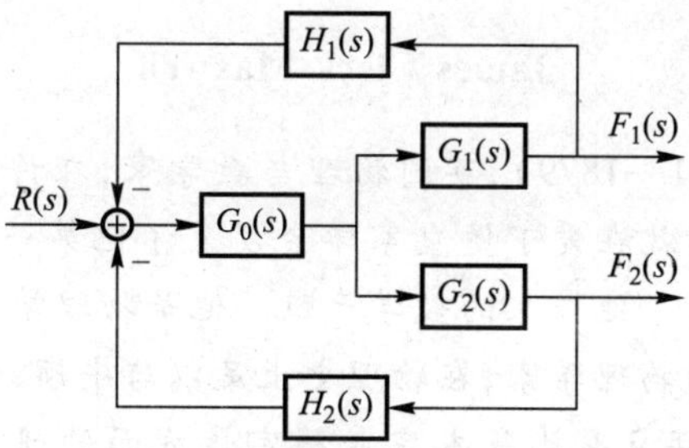

图题 E2.5

James Clerk Maxwell

J. C. Maxwell(1831—1879),英国物理与数学家,在许多方面都有极高的造诣。Maxwell 十四岁时就在爱丁堡皇家学会发表了他第一篇数学论文讨论卵形线与多焦点曲线,展现了他惊人的数学天赋。他是物理学中电磁理论的创立人。他是 19 世纪最伟大的物理学家,在物理史上足以与牛顿、爱因斯坦齐名。

Maxwell 在 1863 年 9 月已基本完成稳定性方面的研究工作。1868 年针对调速器有时会导致蒸汽机速度出现振荡问题,发表论文"论调节器"(Maxwell J C. On Governors. Proc. Royal Society of London, vol. 16:270 - 283, 1868),导出了调节器的微分方程,并在平衡点附近进行线性化处理,指出稳定性取决于特征方程的根是否都具有负实部。Maxwell 是第一个对反馈控制系统的稳定性进行系统分析的人,开创了控制理论研究的先河。由于五次以上的多项式没有直接的求根公式,这给判断高阶系统的稳定性带来了困难。他在论文中催促数学家们尽快解决多项式的系数同多项式的根的关系问题。1948 年,维纳出版《控制论》,形成完整的经典控制理论,标志控制学科的诞生。维纳成为控制论的创始人。

James Clerk Maxwell
(1831 ~ 1879)

1872 年俄国 И. А. 维什聂格拉斯基(1831—1895)也对蒸汽机的稳定性问题进行了研究,1876 年在法国科学院院报上发表论文"论调整器的一般原理"。该论文同样利用线性化方法简化问题,用线性微分方程描述由被控对象和调节器组成的系统,使问题大大简化。1878 年他还对非线性继电器型调节器进行了研究。И. А. 维什聂格拉斯基在苏联被视为自动调节理论的奠基人。

第3章　时域分析法

对控制系统性能的要求，主要是稳定性、暂态性能和稳态性能几个方面。在自动控制理论中，发展了多种分析方法。系统分析是系统设计的基础，特别是稳定性分析。大部分系统设计方法都是在系统稳定性分析的基础上发展起来的。

本章介绍线性定常系统的时域分析方法。首先介绍系统稳定的充分必要条件，这是各种稳定性判据的出发点。然后介绍线性定常系统的劳斯稳定判据、赫尔维茨稳定判据等代数稳定判据。介绍线性定常系统的暂态性能分析方法，主要介绍在系统设计中具有重要作用的典型二阶系统的暂态性能指标，以及高阶系统的主导极点分析方法。介绍基于拉氏变换终值定理的线性定常系统的稳态误差计算方法。

3.1 稳定性分析

3.1.1 稳定性的概念

稳定性是控制系统最基本的性质。所谓稳定性，是指控制系统偏离平衡状态后，自动恢复到平衡状态的能力。

当系统受到扰动作用后，其状态偏离了平衡状态，当其扰动撤销后，如果系统的输出响应经过足够长的时间后，最终能够回到原先的平衡状态，则称此系统是稳定的；反之，如果系统的输出响应逐渐增加趋于无穷，或者进入振荡状态，则系统是不稳定的。

图 3.1 所示的控制系统的阶跃输入作用下的典型输出响应中，曲线 1 表示系统的响应逐渐趋于稳态值，到达平衡状态，系统是稳定的；曲线 2 表示系统的响应为衰减振荡，逐渐趋于稳态值，到达平衡状态，系统也是稳定的；而曲线 3、4 逐渐增加趋于无穷，所以，系统是不稳定的。可见，系统稳定是保证系统能正常工作的首要条件。

判别系统是否稳定的问题，称为绝对稳定性分析。事实上，对于稳定或者不稳定的系统，还需要进一步分析系统稳定或者不稳定的程度，这称为系统的相对稳定性分析。

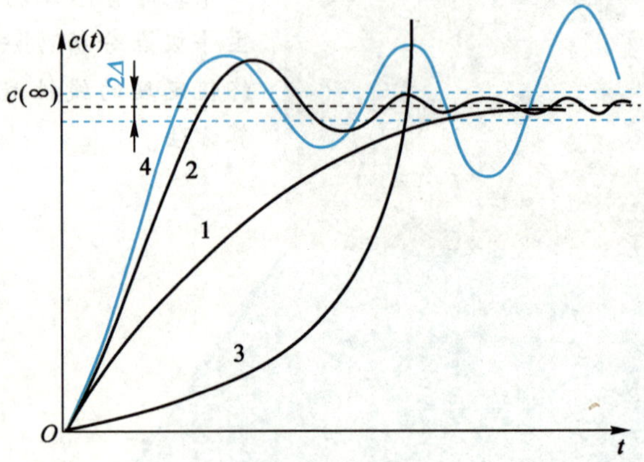

图 3.1 控制系统的阶跃响应

3.1.2 系统稳定的条件

注意到,稳定性讨论的是系统没有输入(包括参考输入和扰动)作用或者输入作用消失以后的自由运动状态。所以,通常通过分析系统的零输入响应,或者脉冲响应来分析系统的稳定性。

设描述线性定常连续系统的微分方程为

$$a_n y^{(n)} + a_{n-1} y^{(n-1)} + \cdots + a_1 \dot{y} + a_0 y = b_m u^{(m)} + \cdots + b_1 \dot{u} + b_0 u \tag{3.1}$$

则系统的特征方程为

$$D(s) = a_n s^n + a_{n-1} s^{n-1} + \cdots + a_1 s + a_0 = 0 \tag{3.2}$$

设特征方程即式(3.2)有 k 个实根 λ_i,r 对共轭复根 $\sigma_i \pm \mathrm{j}\omega_{\mathrm{d}i}$,则系统的脉冲响应为

$$y(t) = \sum_{i=1}^{k} C_i \mathrm{e}^{\lambda_i t} + \sum_{i=1}^{r} \mathrm{e}^{\sigma_i t}(A_i \cos\omega_{\mathrm{d}i} t + B_i \sin\omega_{\mathrm{d}i} t) \tag{3.3}$$

从式(3.3)可以看出:

① 若 λ_i、σ_i 均为负实部,则有 $\lim\limits_{t\to\infty} y(t) = 0$,因此,当所有特征根的实部都为负时,系统是稳定的。

② 若 λ_i、σ_i 中有一个或者几个为正值,则 $\lim\limits_{t\to\infty} y(t) = \infty$,因此,当特征根中有一个或者几个为正实部时,系统是不稳定的。

③ 若 λ_i 中有一个为零,而其他 λ_i、σ_i 均为负,则 $\lim\limits_{t\to\infty} y(t)$ 为常数。因此,当特征根中有一个为零,而其他极点均为负实部时,系统是临界稳定的。

综上分析,得出下面的结论。

线性定常连续系统稳定的充分必要条件,是系统的全部特征根或闭环极点都具有负实部,或者说都位于复平面的左半部。

系统稳定的充分必要条件是稳定性分析的基础,但是,直接求解特征方程得到特征根,来检查全部特征根是否都具有负实部往往是很困难的。因此,后面将介绍各种稳定性判据,不需要计算出特征根就能判断系统的稳定性。从检查系统稳定性角度,下面介绍的稳定性的必要条件有时是很有用的。

由韦达定理,特征方程的根 λ_i 与系数 a_i 存在下列关系

$$\frac{a_{n-1}}{a_n} = -\sum_{i=1}^{n} s_i$$

$$\frac{a_{n-2}}{a_n} = \sum_{\substack{i,j=1 \\ i\neq j}}^{n} s_i s_j$$

$$\frac{a_{n-3}}{a_n}=-\sum_{\substack{i,j,k=1\\ i\neq j\neq k}}^{n}s_i s_j s_k$$

$$\vdots$$

$$\frac{a_0}{a_n}=(-1)^n\prod_{i=1}^{n}s_i$$

显然,如果上面的比值存在负值或者为零,则至少有一个正实部根。就是说没有正实部根的必要条件是特征方程的系数 a_i 同号,而且都不为零。例如,当 $\frac{a_{n-1}}{a_n}$ 为负时,正实部根的实部之和必须大于负实部根的实部之和的绝对值,即必须有正实部根。因此,有下列结论。

系统稳定的必要条件是系统特征方程的系数同号,而且都不为零。

必须指出,这仅仅是必要条件,就是说,当特征方程的系数同号,而且都不为零时,系统并不一定能稳定。这时就需要应用下面介绍的代数稳定判据去判别。这些代数稳定判据都是从特征方程的系数之间的关系判别系统稳定性。代数稳定判据的数学本质是判别代数多项式的根是否都具有负实部。

例 3.1 已知系统的特征方程为 $D(s)=s^4+s^3-s^2+s+1=0$,判别系统稳定性。

解 因为特征方程系数的符号不相同,不满足稳定的必要条件,所以系统是不稳定的。

3.1.3 劳斯稳定判据

设线性连续定常系统的特征方程为

$$D(s)=a_n s^n+a_{n-1}s^{n-1}+\cdots+a_1 s+a_0=0 \tag{3.4}$$

劳斯(Routh)稳定判据是利用劳斯表第一列数的符号变化判别系统稳定性的。劳斯表构成如下:

$$\begin{array}{cccccc}
s^n & a_n & a_{n-2} & a_{n-4} & a_{n-6} & \cdots \\
s^{n-1} & a_{n-1} & a_{n-3} & a_{n-5} & a_{n-7} & \cdots \\
s^{n-2} & b_1 & b_2 & b_3 & b_4 & \cdots \\
s^{n-3} & c_1 & c_2 & c_3 & c_4 & \cdots \\
s^{n-4} & d_1 & d_2 & d_3 & d_4 & \cdots \\
\vdots & \vdots & \vdots & \vdots & \vdots & \vdots \\
s^0 & \cdots & & & &
\end{array}$$

表中

$$b_1=-\frac{1}{a_{n-1}}\begin{vmatrix}a_n & a_{n-2}\\ a_{n-1} & a_{n-3}\end{vmatrix}=\frac{a_{n-1}a_{n-2}-a_na_{n-3}}{a_{n-1}}$$

$$b_2=-\frac{1}{a_{n-1}}\begin{vmatrix}a_n & a_{n-4}\\ a_{n-1} & a_{n-5}\end{vmatrix}=\frac{a_{n-1}a_{n-4}-a_na_{n-5}}{a_{n-1}}$$

$$b_3=-\frac{1}{a_{n-1}}\begin{vmatrix}a_n & a_{n-6}\\ a_{n-1} & a_{n-7}\end{vmatrix}=\frac{a_{n-1}a_{n-6}-a_na_{n-7}}{a_{n-1}}$$

$$\vdots$$

直至其余 b_i 全为 0。

$$c_1=-\frac{1}{b_1}\begin{vmatrix}a_{n-1} & a_{n-3}\\ b_1 & b_2\end{vmatrix}=\frac{b_1a_{n-3}-b_2a_{n-1}}{b_1}$$

$$c_2=-\frac{1}{b_1}\begin{vmatrix}a_{n-1} & a_{n-5}\\ b_1 & b_3\end{vmatrix}=\frac{b_1a_{n-5}-b_3a_{n-1}}{b_1}$$

$$c_3=-\frac{1}{b_1}\begin{vmatrix}a_{n-1} & a_{n-7}\\ b_1 & b_4\end{vmatrix}=\frac{b_1a_{n-7}-b_4a_{n-1}}{b_1}$$

$$\vdots$$

直至其余 c_i 全为 0。

$$d_1=-\frac{1}{c_1}\begin{vmatrix}b_1 & b_2\\ c_1 & c_2\end{vmatrix}=\frac{b_2c_1-b_1c_2}{c_1}$$

$$d_2=-\frac{1}{c_1}\begin{vmatrix}b_1 & b_3\\ c_1 & c_3\end{vmatrix}=\frac{b_3c_1-b_1c_3}{c_1}$$

$$d_3=-\frac{1}{c_1}\begin{vmatrix}b_1 & b_4\\ c_1 & c_4\end{vmatrix}=\frac{b_4c_1-b_1c_4}{c_1}$$

$$\vdots$$

直至其余 d_i 全为 0。

劳斯稳定判据:系统稳定的充分必要条件是劳斯表的第一列数的符号完全相同。如果劳斯表的第一列数的符号不完全相同,则系统不稳定。而且,系统正实部特征根的个数等于劳斯表第一列数的符号变化次数。

例 3.2 已知系统的特征方程为 $D(s)=s^4+6s^3+12s^2+11s+6=0$,用劳斯稳定判据判别系统稳定性。

解 劳斯表构成如下:

s^4	1	12	6
s^3	6	11	0
s^2	61/6	6	
s^1	455/61	0	
s^0	6		

因为劳斯表第一列数符号相同,所以系统是稳定的。

在列劳斯表时,为了简化运算,可以用一个正数遍乘同一行中的所有元素,不影响判别结果。例如,计算 b_i 时,为了避免除以 a_{n-1} 带来的麻烦,可以只考虑 a_{n-1} 的符号,而不除以 $|a_{n-1}|$。

对例 3.2,重新计算劳斯表如下:

s^4	1	12	6
s^3	6	11	0
s^2	61	36	
s^1	455		
s^0	36		

可以得到相同的结论。

例 3.3 已知系统的特征方程为 $D(s)=s^4+s^3-s^2+s+1=0$,用劳斯稳定判据判别系统稳定性。

解 特征方程系数的符号不相同,不满足稳定的必要条件,所以系统是不稳定的。下面用劳斯判据判别系统稳定性,不仅得到相同的结论,而且可以确定有几个不稳定的特征根。劳斯表构成如下:

s^4	1	-1	1
s^3	1	1	0
s^2	-2	1	
s^1	3/2	0	
s^0	1		

因为劳斯表第一列数符号变化 2 次,所以系统是不稳定的,有 2 个特征根在右半 s 平面。

在列劳斯表时，可能遇到一种特殊情况：劳斯表中某一行的第一列数为 0，其余不全为 0。这时可以用一个很小的正数（也可以是负数）ε 代替这个 0，然后继续列劳斯表。

例 3.4 已知系统的特征方程为 $D(s)=s^4+3s^3+s^2+3s+1=0$，用劳斯稳定判据判别系统稳定性。

解 劳斯表构成如下：

s^4	1	1	1
s^3	3	3	0
s^2	ε	1	
s^1	$3-\dfrac{3}{\varepsilon}$	0	
s^0	1		

因为 ε 是一个很小的正数，所以 $3-\dfrac{3}{\varepsilon}<0$，因此，劳斯表第一列数符号变化 2 次，所以系统是不稳定的，有 2 个特征根在右半 s 平面。

在列劳斯表时，还可能遇到另一种特殊情况：劳斯表中某一行的数全为 0。这时可以用上一行的数构成所谓辅助多项式，将辅助多项式对变量 s 求导，得到一个新的多项式，然后，用这个新多项式的系数代替全为 0 这一行的数，继续列劳斯表。

设劳斯表中 s^{k-1} 行全为 0，s^k 行的数分别为 t_1、t_2、t_3 等，则辅助多项式为

$$F(s)=t_1s^k+t_2s^{k-2}+t_3s^{k-4}+\cdots \tag{3.5}$$

对 s 求导得

$$\frac{\mathrm{d}}{\mathrm{d}s}F(s)=t_1ks^{k-1}+t_2(k-2)s^{k-3}+t_3(k-4)s^{k-5}+\cdots \tag{3.6}$$

则 s^{k-1} 行的系数分别替换为 t_1k、$t_2(k-2)$、$t_3(k-4)$、…。

劳斯表中出现某一行的数全为 0，表明系统存在对称于原点的特征根。就是说，系统特征根中或者存在两个符号相反、绝对值相等的实根；或者存在一对共轭纯虚根；或者存在实部符号相反、虚部数值相等的两对共轭复根；或者上述几类根同时存在。

对称于原点的所有特征根都可以从求解辅助方程得到，而且，辅助方程的根都是对称于原点的所有特征根。正因为如此，辅助方程或多项式的最高幂次总是偶数，它等于对称于原点的特征根的个数。

例 3.5 已知系统的特征方程为 $D(s)=s^6+s^5-2s^4-3s^3-7s^2-4s-4=0$，用劳斯稳定判据判别系统稳定性。

解 劳斯表构成如下：

s^6	1	−2	−7	−4	
s^5	1	−3	−4		
s^4	1	−3	−4		→ $F(s)=s^4-3s^2-4$
s^3	4	−6			← $F'(s)=4s^3-6s$
s^2	−3	−8			
s^1	−50				
s^0	−4				

因为劳斯表第一列数符号变化1次，所以系统是不稳定的，有1个特征根在右半 s 平面。求解辅助方程 $F(s)=s^4-3s^2-4=0$，可得系统对称于原点的特征根为 $s_{1,2}=\pm 2$，$s_{3,4}=\pm \mathrm{j}$。

应用劳斯判据可以确定保证系统稳定的系统参数取值范围，这在系统设计中是很有用的。下面举例说明。

例 3.6 如图3.2所示系统，其中，$\zeta>0$，$\omega_n>0$，试确定使系统稳定的参数 K_1 的取值范围。

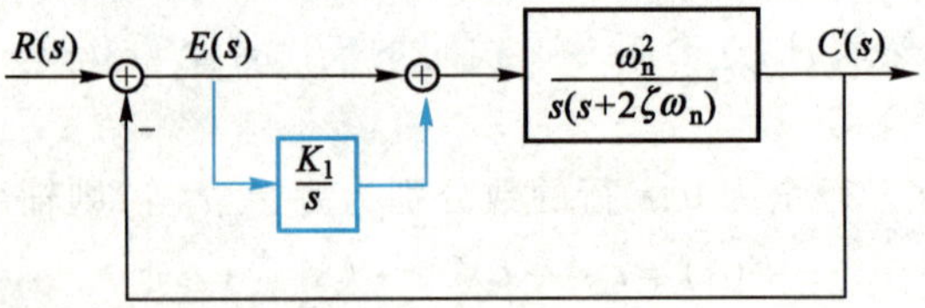

图 3.2 例 3.6 控制系统

解 系统的开环传递函数为

$$G(s)=\left(1+\frac{K_1}{s}\right)\frac{\omega_n^2}{s(s+2\zeta\omega_n)}$$

特征方程为

$$D(s)=s^3+2\zeta\omega_n s^2+\omega_n^2 s+K_1\omega_n^2=0$$

劳斯表构成如下：

s^3	1	ω_n^2
s^2	$2\zeta\omega_n$	$K_1\omega_n^2$
s^1	$\dfrac{2\zeta\omega_n^2-K_1\omega_n}{2\zeta}$	

$$\begin{array}{ll} s^0 & K_1\omega_n^2 \end{array}$$

由劳斯稳定判据，系统稳定的充分必要条件为

$$2\zeta\omega_n^2 - K_1\omega_n > 0$$

$$K_1\omega_n^2 > 0$$

解上面的不等式，保证系统稳定的参数 K_1 的取值范围为 $0 < K_1 < 2\zeta\omega_n$。当 $K_1 = 2\zeta\omega_n$时，系统临界稳定。

例 3.7 推导二阶、三阶系统稳定的条件。

解 (1) 设二阶系统的特征方程为 $D(s) = a_2s^2 + a_1s + a_0 = 0$，列劳斯表

$$\begin{array}{lll} s^2 & a_2 & a_0 \\ s^1 & a_1 & \\ s^0 & a_0 & \end{array}$$

系统稳定的条件：$a_2 > 0, a_1 > 0, a_0 > 0$，或者 $a_2 < 0, a_1 < 0, a_0 < 0$。所以，二阶系统稳定的充分必要条件是特征多项式的系数同号，即全为正或者全为负。

(2) 设三阶系统的特征方程为 $D(s) = a_3s^3 + a_2s^2 + a_1s + a_0 = 0$，列劳斯表

$$\begin{array}{lll} s^3 & a_3 & a_1 \\ s^2 & a_2 & a_0 \\ s^1 & \dfrac{a_1a_2 - a_0a_3}{a_2} & \\ s^0 & a_0 & \end{array}$$

系统稳定的充要条件是

$a_3 > 0, a_2 > 0, a_1a_2 - a_0a_3 > 0, a_0 > 0$

解得 $a_3 > 0, a_2 > 0, a_1 > 0, a_0 > 0, a_2a_1 > a_3a_0$。所以，三阶系统稳定的条件是特征多项式的系数全为正，并且 $a_2a_1 > a_3a_0$。

3.1.4 赫尔维茨稳定判据

设系统的特征方程为

$$D(s) = a_ns^n + a_{n-1}s^{n-1} + \cdots + a_1s + a_0 = 0 \qquad (a_n > 0) \qquad (3.7)$$

不失一般性，设 $a_n > 0$。因为当 $a_n < 0$ 时，只要用 -1 乘以式(3.7)的两边，即可满足假设条件。构造赫尔维茨(Hurwitz)行列式如下

$$\Delta_1 = a_{n-1}$$

$$\Delta_2 = \begin{vmatrix} a_{n-1} & a_n \\ a_{n-3} & a_{n-2} \end{vmatrix}$$

$$\Delta_3 = \begin{vmatrix} a_{n-1} & a_n & 0 \\ a_{n-3} & a_{n-2} & a_{n-1} \\ a_{n-5} & a_{n-4} & a_{n-3} \end{vmatrix}$$

$$\vdots$$

$$\Delta_n = \begin{vmatrix} a_{n-1} & a_n & 0 & 0 & 0 & \cdots & 0 \\ a_{n-3} & a_{n-2} & a_{n-1} & a_n & 0 & \cdots & 0 \\ a_{n-5} & a_{n-4} & a_{n-3} & a_{n-2} & a_{n-1} & \cdots & 0 \\ a_{n-7} & a_{n-6} & a_{n-5} & a_{n-4} & a_{n-3} & \cdots & 0 \\ a_{n-9} & a_{n-8} & a_{n-7} & a_{n-6} & a_{n-5} & \cdots & 0 \\ \vdots & \vdots & \vdots & \vdots & \vdots & & \vdots \\ 0 & 0 & 0 & 0 & 0 & \cdots & a_0 \end{vmatrix}_{n\times n} \tag{3.8}$$

注意到，n 阶系统的赫尔维茨行列式 Δ_n 的主对角线上的元素依次为 a_{n-1}、a_{n-2}、…、a_1、a_0，每列元素是以主对角线元素为基准，往下按注脚递减的顺序排列，往上按注脚递增的顺序排列，凡是注脚大于 n 或小于零的系数均为零。而低阶赫尔维茨行列式是 Δ_n 的各阶顺序主子式。

赫尔维茨稳定判据：系统稳定的充分必要条件是 $\Delta_i>0,(i=1,2,\cdots,n)$。

在赫尔维茨稳定判据基础上，李纳德（Lienard）–奇帕特（Chipart）证明，在特征多项式系数为正的条件下，若所有奇数阶赫尔维茨行列式均为正，即 $\Delta_i>0$，$i=3,5,\cdots$，则所有偶数阶赫尔维茨行列式也为正，即 $\Delta_i>0$，$i=2,4,\cdots$，反之亦然。所以，有下列李纳德–奇帕特稳定判据。

李纳德–奇帕特稳定判据：设特征多项式系数全为正，则系统稳定的充分必要条件是

$$\Delta_i>0,i=2,4,\cdots,n-1\text{（若 } n \text{ 为奇数）} \tag{3.9a}$$

$$\Delta_i>0,i=3,5,\cdots,n-1\text{（若 } n \text{ 为偶数）} \tag{3.9b}$$

例 3.8 已知系统的特征方程为 $D(s)=s^4+8s^3+18s^2+16s+5=0$，判别系统稳定性。

解 特征多项式系数全为正，且

$$\Delta_1=8>0,\ \Delta_3=\begin{vmatrix} 8 & 1 & 0 \\ 16 & 18 & 8 \\ 0 & 5 & 16 \end{vmatrix}=1728>0$$

满足李纳德－戚帕特稳定判据给出的系统稳定的充要条件，所以系统是稳定的。

3.2 暂态性能分析

当系统不稳定时，任何扰动都会使系统的输出趋于无穷，所以系统稳定是系统能够正常工作的前提。但对于稳定系统，还需要有较好的动态性能。一般要求系统跟踪输入变化的速度要快，跟踪精度要高。因此，在分析系统稳定性的基础上，要进一步分析系统的暂态性能和稳态性能。

下面基于微分方程的求解，通过分析系统的输出响应，讨论线性连续系统的动态性能。因为这些方法是在时域里进行的，所以，通常称为时域法。

3.2.1 典型输入信号

系统的输出响应与输入信号有关，但实际系统的输入信号是多种多样的，很多是随机信号。比较各种信号下的系统响应是不可能的，也是不必要的。在控制理论中，选择一些典型信号作为系统的输入信号，以作为系统分析、设计的基础。

选择的典型信号应该满足下列要求。

① 在典型输入信号作用下，系统的性能应反映出系统在实际工作条件下的性能。

② 典型输入信号的数学表达要简单，便于数学分析和理论计算。

③ 在控制现场或者实验室中容易产生，便于实验分析和检验。

在自动控制理论中，常用的典型输入信号有以下几种。

(1) 阶跃信号

$$r(t)=\begin{cases}0 & t<0\\ R & t\geqslant 0\end{cases} \tag{3.10}$$

当 $R=1$ 时，称为单位阶跃信号，记为 $1(t)$。阶跃信号如图 3.3(a)所示。

参考输入的突然增加或减少、负荷的突变、常值干扰的突然出现等，都可以用阶跃信号来描述。

(2) 速度信号(斜坡信号)

$$r(t)=\begin{cases}0 & t<0\\ Rt & t\geqslant 0\end{cases} \tag{3.11}$$

当 $R=1$ 时，称为单位斜坡信号。速度信号如图3.3(b)所示。

数控机床加工斜面时的进给指令、自动火炮跟踪匀速飞行的飞机等都可以用速度输入信号来描述。

(3) 加速度信号(抛物线信号)

$$r(t)=\begin{cases}0 & t<0\\ \frac{1}{2}Rt^2 & t\geqslant 0\end{cases} \tag{3.12}$$

当 $R=1$ 时，称为单位加速度信号。加速度信号如图3.3(c)所示。

随动系统的输入经常是加速度信号，如自动火炮系统中，飞机常常做加速度运动。电梯的启动也可以看作加速度输入。

(4) 脉冲信号

$$r(t)=R\delta(t) \tag{3.13}$$

当 $R=1$ 时，称为单位脉冲信号。其中，$\delta(t)$ 为狄拉克 δ 函数，定义为

$$\delta(t)=\begin{cases}\infty & t=0\\ 0 & t\neq 0\end{cases} \tag{3.14a}$$

$$\int_{-\infty}^{+\infty}\delta(t)\,\mathrm{d}t=1 \tag{3.14b}$$

脉冲信号如图3.3(d)所示。

脉冲电压信号、瞬间冲击力、阵风或大气湍流对飞机的影响等，可以用脉冲信号来描述。

(5) 正弦信号

$$r(t)=\begin{cases}0 & t<0\\ A\sin(\omega t+\varphi) & t\geqslant 0\end{cases} \tag{3.15}$$

正弦信号如图3.3(e)所示。

海浪对船体的冲击、电源及机械振动的噪声可以用正弦信号来描述。

在系统分析、设计与实验时，应该根据系统正常工作条件下的实际输入，选择一种典型输入信号，作为分析、设计系统的输入信号。例如，如果系统的参考输入经常是突变的，或者系统受到突变的扰动的影响，那么，可以采用阶跃输入信号进行系统分析与设计。如果系统的输入信号是随时间缓慢增加的，则可以采用速度输入信号。如果系统的输入信号是冲击量时，则可以采用脉冲输入信号。如果系统的输入信号呈现周期性，则可以采用正弦输入信号。

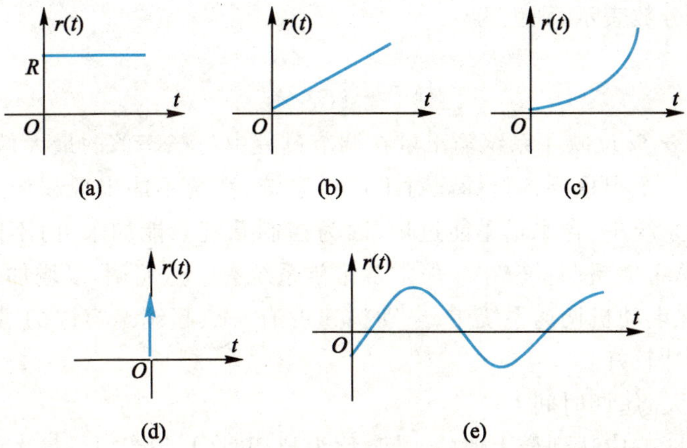

图 3.3 典型输入信号

3.2.2 暂态性能指标

控制系统的暂态性能指标通常是在零初始条件下，通过系统的单位阶跃响应的特征定义的。稳定的控制系统的阶跃响应分为单调变化和衰减振荡两种情况，如图 3.4 所示。

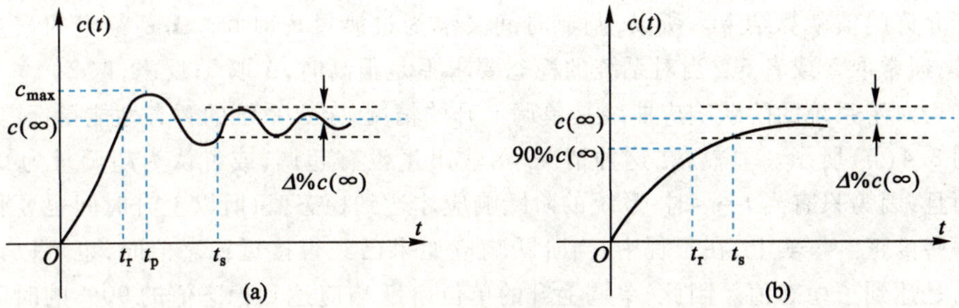

图 3.4 控制系统的阶跃响应

系统的暂态性能指标，实际上就是刻画阶跃响应曲线特征的一些量。下面首先针对衰减振荡的情况，定义系统的暂态性能指标，如图 3.4(a)所示。

1.（最大）超调量 $\sigma_p\%$

系统阶跃响应的最大值 c_{max} 超过稳态值 $c(\infty)$ 的百分数，称为（最大）超调量，记为 $\sigma_p\%$，则

$$\sigma_p\% = \frac{c_{max} - c(\infty)}{c(\infty)} \times 100\% \tag{3.16}$$

或者不以百分数表示，则记为

$$\sigma_p = \frac{c_{max} - c(\infty)}{c(\infty)} \tag{3.17}$$

超调量 $\sigma_p\%$ 反映了系统输出量在调节过程中与稳态值的最大偏差，是衡量系统性能的一个很重要的指标。对不可逆系统，系统不能出现超调，例如，在水泥搅拌控制系统中，含水量不能过量，因为控制系统只能加水，而不能排水。对一般系统，总希望超调量较小。但常常希望系统有一点超调，以增加系统的快速性。例如，在电动机调速系统中，电动机速度有一点超调是容许的，这时电动机速度跟踪特性较好。

2. （最大）超调时间 t_p

系统阶跃响应达到最大值的时间，称为超调时间，记为 t_p。最大值一般都发生在阶跃响应的第一个峰值时间，所以又称为峰值时间。

3. 上升时间 t_r

当系统的阶跃响应第一次达到稳态值的时间，称为上升时间，记为 t_r。

4. 调节时间 t_s

当系统的阶跃响应衰减到给定的误差带内，并且以后不再超出给定的误差带的时间，称为调节时间，记为 t_s，即

$$|c(t) - c(\infty)| \leqslant \Delta\% c(\infty), t \geqslant t_s \tag{3.18}$$

控制系统的暂态过程理论上要到 $t \to \infty$ 才结束，但从工程角度，只要偏差小于允许的值就算结束。所以，调节时间又称为过渡过程时间。Δ 是给定的误差带，通常取2或者5。当对系统的稳态要求不是很高时，Δ 取5；反之，取2。

对于系统的阶跃响应曲线是单调上升的情况，定义系统的暂态性能指标，如图3.4(b)所示。显然，在这种情况下，输出量没有超调，或者认为超调量为0。而且，因为只有当 $t \to \infty$ 时，系统的阶跃响应才达到稳态值，所以上升时间也要作一些修正。事实上，在工程中，当阶跃响应如果已经很接近稳态值时，也可以认为是达到了稳态值。因此，单调上升的单位阶跃响应达到稳态值的90%的时间定义为上升时间 t_r，即

$$c(t_r) = 90\% c(\infty) \tag{3.19}$$

调节时间仍然由式(3.18)定义。

在控制系统分析与设计中，除了上述性能指标外，还有许多其他指标，特别是一些最优化指标。

下面基于微分方程的求解，讨论连续系统的暂态性能指标计算。首先讨论简单的一阶系统的暂态性能指标，然后重点讨论典型二阶系统的暂态性能指标，因为这对控制系统的设计具有重要的意义。最后介绍高阶系统主导极点的概念以及高阶系统暂态性能的近似分析方法。

3.2.3 一阶系统的暂态性能分析

一阶系统的微分方程和传递函数描述

$$T\frac{\mathrm{d}c(t)}{\mathrm{d}t}+c(t)=Kr(t) \tag{3.20}$$

$$\Phi(s)=\frac{C(s)}{R(s)}=\frac{K}{Ts+1} \tag{3.21}$$

在零初始条件下，控制系统在单位阶跃输入信号的作用下的输出，称为系统的单位阶跃响应。

一阶系统的单位阶跃响应的拉氏变换为

$$C(s)=\Phi(s)\frac{1}{s}=\frac{K}{s(Ts+1)} \tag{3.22}$$

进行部分分式，得

$$C(s)=K\left(\frac{1}{s}-\frac{1}{s+\frac{1}{T}}\right)$$

则一阶系统的单位阶跃响应为

$$c(t)=\mathscr{L}^{-1}[C(s)]=K(1-\mathrm{e}^{-\frac{t}{T}}) \tag{3.23}$$

系统输出的稳态值为 $c(\infty)=K$，一阶系统的单位阶跃响应曲线如图 3.5 所示。

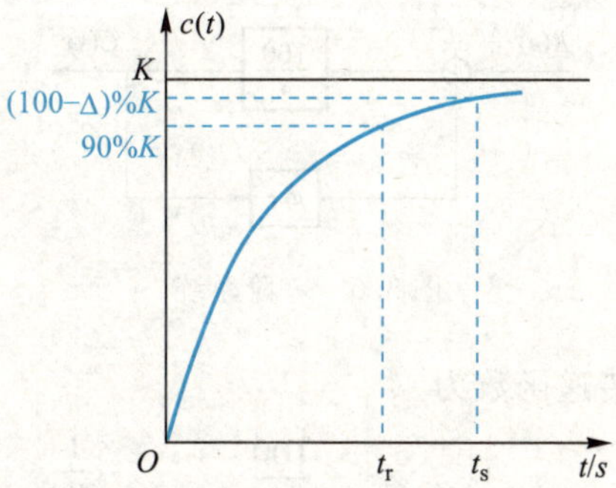

图 3.5 一阶系统的单位阶跃响应曲线

因为一阶系统的单位阶跃响应曲线是单调上升的，所以，可以用上升时间和调节时间作为暂态性能指标。下面求取一阶系统的暂态性能指标。

（1）上升时间 t_r

由上升时间的定义式(3.19)，得

$$K(1-\mathrm{e}^{-\frac{t_r}{T}})=90\%K$$

解得

$$t_r = T\ln 10 = 2.3T \tag{3.24}$$

(2) 调节时间 t_s

由调节时间的定义

$$|c(t_s) - c(\infty)| \leqslant \Delta\% c(\infty)$$

得

$$|K(1 - e^{-\frac{t_s}{T}}) - K| = Ke^{-\frac{t_s}{T}} \leqslant \Delta\% K$$

即

$$e^{-\frac{t_s}{T}} \leqslant \Delta\%$$

解得

$$t_s \geqslant T\ln \frac{1}{\Delta\%} \tag{3.25}$$

取

$$t_s = \begin{cases} 3T & \Delta = 5 \\ 4T & \Delta = 2 \end{cases} \tag{3.26}$$

从一阶系统的暂态性能指标可以看出,为了提高一阶系统跟踪输入信号的快速性,减少调节时间,应该减小系统的时间常数 T。

例 3.9 如图 3.6 所示一阶系统,要求 $t_s \leqslant 0.1\text{s}$(取 $\Delta = 5$),确定反馈系数 K_f。

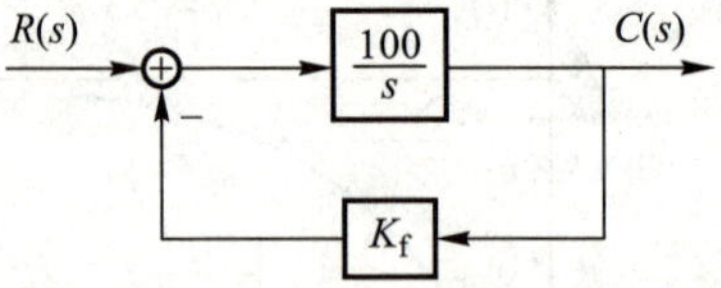

图 3.6 一阶系统

解 系统的闭环传递函数为

$$\Phi(s) = \frac{C(s)}{R(s)} = \frac{\frac{100}{s}}{1 + \frac{100}{s}K_f} = \frac{\frac{1}{K_f}}{\frac{1}{100K_f}s + 1}$$

与式(3.21)比较得:$K = \frac{1}{K_f}, T = \frac{1}{100K_f}$,则

$$t_s = 3T = \frac{3}{100K_f} \leqslant 0.1\text{s}$$

解得 $K_f \geqslant 0.3$。

3.2.4 典型二阶系统的暂态性能分析

1. 典型二阶系统的数学模型

由式(3.27)的微分方程或者式(3.28)的传递函数所描述的系统称为典型二阶系统。

$$T^2\frac{\mathrm{d}^2c(t)}{\mathrm{d}t^2}+2\zeta T\frac{\mathrm{d}c(t)}{\mathrm{d}t}+c(t)=r(t) \tag{3.27}$$

$$\Phi(s)=\frac{C(s)}{R(s)}=\frac{1}{T^2s^2+2\zeta Ts+1}=\frac{\omega_n^2}{s^2+2\zeta\omega_n s+\omega_n^2} \tag{3.28}$$

其中，ζ 为系统的阻尼比，ω_n 为无阻尼自然振荡频率。

2. 典型二阶系统的单位阶跃响应

典型二阶系统的特征方程为

$$D(s)=s^2+2\zeta\omega_n s+\omega_n^2=0 \tag{3.29}$$

特征根为

$$s_1=-\zeta\omega_n+\sqrt{\zeta^2-1}\,\omega_n \tag{3.30a}$$

$$s_2=-\zeta\omega_n-\sqrt{\zeta^2-1}\,\omega_n \tag{3.30b}$$

在零初始条件下，典型二阶系统的单位阶跃响应为

$$C(s)=\Phi(s)\frac{1}{s}=\frac{\omega_n^2}{s^2+2\zeta\omega_n s+\omega_n^2}\frac{1}{s} \tag{3.31}$$

系统的单位阶跃响应特征主要取决于特征根的分布。从式(3.30)可以看出，特征根的分布主要取决于系统的阻尼比 ζ。下面分几种情况讨论。

(1) $\zeta>1$，过阻尼状态

当 $\zeta>1$ 时，特征根是两个不相等的实数，根平面图如图3.7(a)所示。定义两个时间常数为 T_1、T_2，即

$$s_1=-\zeta\omega_n+\sqrt{\zeta^2-1}\,\omega_n=-\frac{1}{T_1} \tag{3.32a}$$

$$s_2=-\zeta\omega_n-\sqrt{\zeta^2-1}\,\omega_n=-\frac{1}{T_2} \tag{3.32b}$$

则典型二阶系统的单位阶跃响应的拉氏变换为

$$\begin{aligned}C(s)&=\frac{1}{(T_1s+1)(T_2s+1)}\cdot\frac{1}{s}\\&=\frac{1}{s}-\frac{\zeta+\sqrt{\zeta^2-1}}{2\sqrt{\zeta^2-1}}\cdot\frac{1}{s+\frac{1}{T_1}}+\frac{\zeta-\sqrt{\zeta^2-1}}{2\sqrt{\zeta^2-1}}\cdot\frac{1}{s+\frac{1}{T_2}}\end{aligned}$$

取拉氏逆变换得系统的单位阶跃响应为

$$c(t)=1-\frac{\zeta+\sqrt{\zeta^2-1}}{2\sqrt{\zeta^2-1}}e^{-\frac{t}{T_1}}+\frac{\zeta-\sqrt{\zeta^2-1}}{2\sqrt{\zeta^2-1}}e^{-\frac{t}{T_2}} \tag{3.33}$$

下面考察过阻尼状态下的典型二阶系统单位阶跃响应的特征。因为

$$\frac{dc(t)}{dt}=\frac{\omega_n}{2\sqrt{\zeta^2-1}}(e^{-\frac{t}{T_1}}-e^{-\frac{t}{T_2}})>0 \quad (t>0)$$

$$c(\infty)=1,\frac{dc(t)}{dt}\bigg|_{t=0}=0,\frac{dc(t)}{dt}\bigg|_{t\to\infty}=0$$

可见，$c(t)$在$t=0$时与横轴相切，随着时间t的增加单调上升，稳态值为1，如图3.7(b)所示。

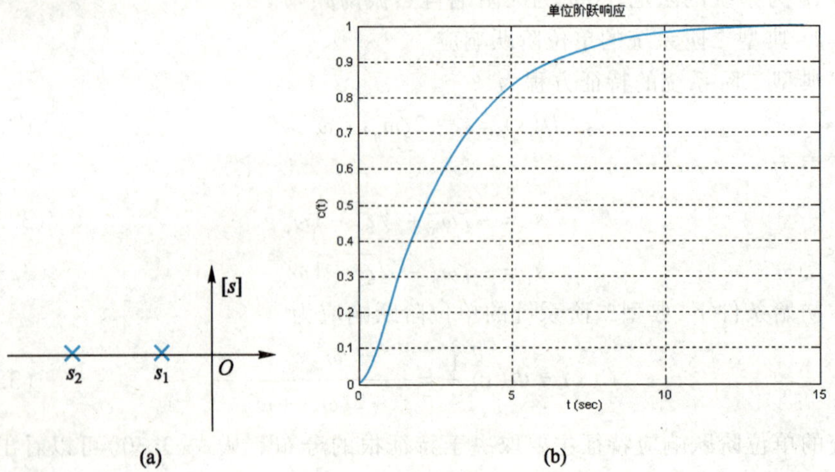

图 3.7 过阻尼状态

(2) $\zeta=1$，临界阻尼状态

这时，特征根为重实根$s_{1,2}=-\omega_n$，根平面如图3.8(a)所示。系统的单位阶跃响应为

$$C(s)=\frac{\omega_n^2}{(s+\omega_n)^2}\cdot\frac{1}{s}=\frac{1}{s}-\frac{\omega_n}{(s+\omega_n)^2}-\frac{1}{s+\omega_n}$$

$$c(t)=1-\omega_n te^{-\omega_n t}-e^{-\omega_n t}=1-(\omega_n t+1)e^{-\omega_n t} \quad (t\geqslant 0) \tag{3.34}$$

$$\frac{dc(t)}{dt}=\omega_n^2 te^{-\omega_n t}>0,\quad t>0$$

$$c(\infty)=1,\quad \frac{dc(t)}{dt}\bigg|_{t=0}=0,\quad \frac{dc(t)}{dt}\bigg|_{t\to\infty}=0$$

可见，$c(t)$在$t=0$时与横轴相切，随着时间t的增加单调上升，稳态值为1，如图

3.8(b)所示。

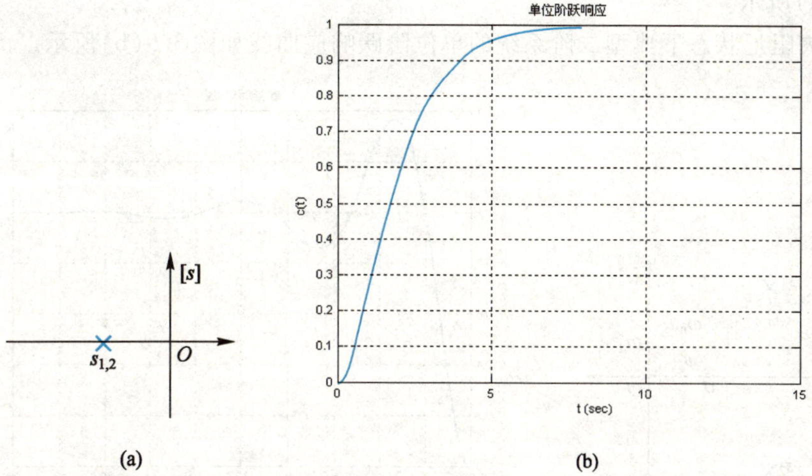

图 3.8 临界阻尼状态

(3) $0<\zeta<1$,欠阻尼状态

这时,特征根是具有负实部的共轭复数:

$$s_1=-\zeta\omega_n+j\omega_n\sqrt{1-\zeta^2} \qquad s_2=-\zeta\omega_n-j\omega_n\sqrt{1-\zeta^2}$$

根平面如图 3.9(a)所示。系统的单位阶跃响应为

$$C(s)=\frac{\omega_n^2}{(s+\zeta\omega_n)^2+(1-\zeta^2)\omega_n^2}\cdot\frac{1}{s}=\frac{1}{s}-\frac{(s+\zeta\omega_n)+\zeta\omega_n}{(s+\zeta\omega_n)^2+(\sqrt{1-\zeta^2}\omega_n)^2}$$

$$=\frac{1}{s}-\frac{s+\zeta\omega_n}{(s+\zeta\omega_n)^2+(\sqrt{1-\zeta^2}\omega_n)^2}-\frac{\frac{\zeta}{\sqrt{1-\zeta^2}}\sqrt{1-\zeta^2}\omega_n}{(s+\zeta\omega_n)^2+(\sqrt{1-\zeta^2}\omega_n)^2}$$

$$c(t)=1-e^{-\zeta\omega_n t}\cos(\sqrt{1-\zeta^2}\omega_n t)-\frac{\zeta}{\sqrt{1-\zeta^2}}e^{-\zeta\omega_n t}\sin(\sqrt{1-\zeta^2}\omega_n t)$$

$$=1-\frac{1}{\sqrt{1-\zeta^2}}e^{-\zeta\omega_n t}\left[\zeta\sin(\sqrt{1-\zeta^2}\omega_n t)+\sqrt{1-\zeta^2}\cos(\sqrt{1-\zeta^2}\omega_n t)\right]$$

$$=1-\frac{1}{\sqrt{1-\zeta^2}}e^{-\zeta\omega_n t}\sin(\sqrt{1-\zeta^2}\omega_n t+\arccos\zeta)$$

$$=1-\frac{1}{\sqrt{1-\zeta^2}}e^{-\sigma t}\sin(\omega_d t+\varphi) \qquad (t\geqslant 0) \qquad (3.35)$$

其中,$\sigma=\zeta\omega_n$表明系统暂态分量衰减的速度,称为阻尼系数;$\omega_d=\omega_n\sqrt{1-\zeta^2}$称

为有阻尼振荡频率；$\varphi=\arccos\zeta$。参数 σ、ω_d、φ、ζ、ω_n 与特征根的关系如图3.9(a)所示。

欠阻尼状态下典型二阶系统的单位阶跃响应曲线如图3.9(b)所示。

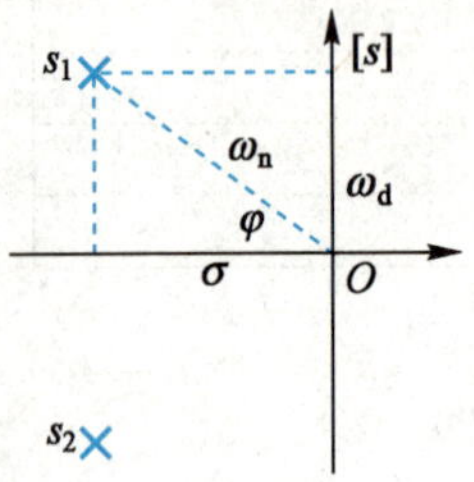

(a)

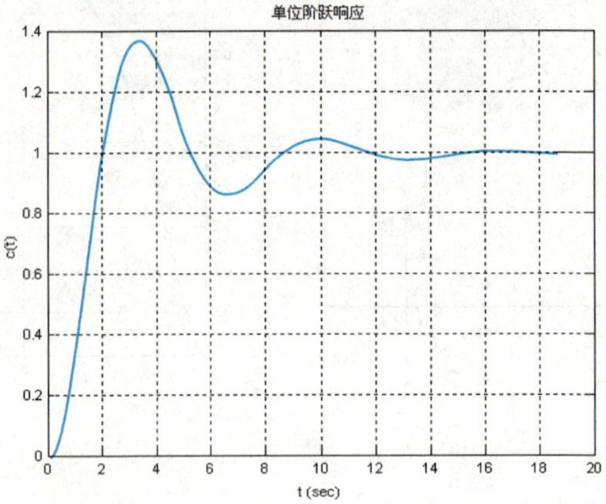

(b)

图3.9 欠阻尼状态

(4) $\zeta=0$,无阻尼状态

这时,特征根为一对纯虚数 $s_1=j\omega_n$, $s_2=-j\omega_n$,根平面如图3.10(a)所示。系统的单位阶跃响应为

$$C(s)=\frac{\omega_n^2}{s(s^2+\omega_n^2)}=\frac{1}{s}-\frac{s}{(s^2+\omega_n^2)}$$

$$c(t)=1-\cos\omega_n t \qquad (t\geqslant 0) \tag{3.36}$$

单位阶跃响应为等幅振荡,如图3.10(b)所示。这时系统处于临界稳定状态。

(5) $\zeta<0$,负阻尼状态

此时,阶跃响应表达式不变,但由于暂态分量的指数发散,系统是不稳定的。

3. 欠阻尼典型二阶系统暂态性能分析

由以上讨论可见,对于 $\zeta\leqslant 0$ 的系统处于不稳定状态,所以无须讨论其暂态性能,对于 $0\leqslant\zeta<1$ 的欠阻尼状态,系统参数 ζ、ω_n 与暂态性能指标存在比较简单的关系。但对于过阻尼和临界阻尼状态,系统参数 ζ、ω_n 与暂态性能指标之间的关系比较复杂,一般可以用后面介绍的主导极点法简化为一阶系统,然后计算其暂态性能指标。

下面讨论欠阻尼状态下的典型二阶系统的暂态性能指标。

由式(3.35),单位阶跃响应为

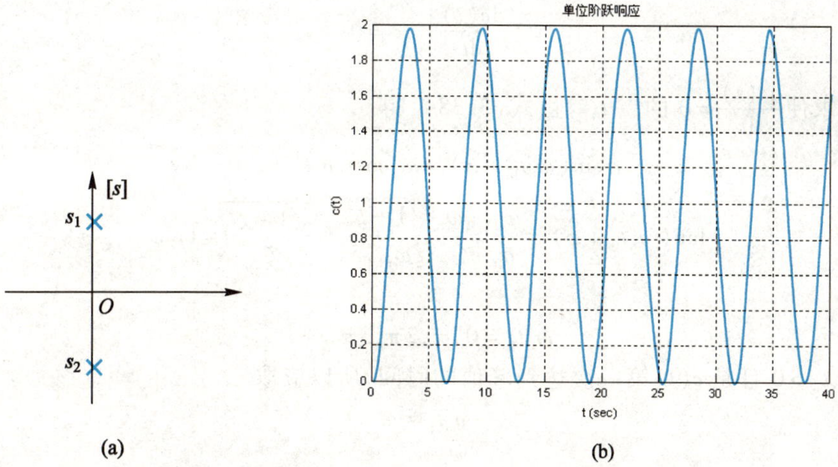

图 3.10　无阻尼状态

$$c(t)=1-\frac{e^{-\sigma t}}{\sqrt{1-\zeta^2}}\sin(\omega_d t+\varphi)$$

（1）上升时间 t_r

对于欠阻尼状态，上升时间是第一次达到稳态值的时间。下面先求 $c(t_1)=1$ 的时间 t_1：

$$c(t_1)=1-\frac{e^{-\sigma t_1}}{\sqrt{1-\zeta^2}}\sin(\omega_d t_1+\varphi)=1$$

则

$$e^{-\sigma t_1}\sin(\omega_d t_1+\varphi)=0$$

因为，$e^{-\sigma t_1}\neq 0$，所以，应有 $\sin(\omega_d t_1+\varphi)=0$，则

$$\omega_d t_1+\varphi=0,\pi,2\pi,\cdots$$

即 t_1 的解为 $-\frac{\varphi}{\omega_d},\frac{\pi-\varphi}{\omega_d},\cdots$。因为上升时间 $t_r>0$，且是 $c(t)$ 第一次到达 $c(\infty)$ 的时间，所以

$$\omega_d t_r+\varphi=\pi$$

则上升时间为

$$t_r=\frac{\pi-\varphi}{\omega_d} \tag{3.37}$$

（2）超调时间 t_p

$$\frac{dc(t)}{dt}=\frac{\sigma e^{-\sigma t}}{\sqrt{1-\zeta^2}}\sin(\omega_d t+\varphi)-\frac{e^{-\sigma t}}{\sqrt{1-\zeta^2}}\omega_d\cos(\omega_d t+\varphi) \tag{3.38}$$

由超调量定义，t_p 是 $c(t)$ 达到最大值的时间，因为 $c(t)$ 是连续函数，所以有

$$\left.\frac{\mathrm{d}c(t)}{\mathrm{d}t}\right|_{t=t_p}=0$$

首先求使$\frac{\mathrm{d}c(t)}{\mathrm{d}t}=0$的点 t_0。由式(3.38),得

$$\sigma\sin(\omega_d t_0+\varphi)=\omega_d\cos(\omega_d t_0+\varphi)$$

$$\tan(\omega_d t_0+\varphi)=\frac{\omega_d}{\sigma}=\frac{\omega_n\sqrt{1-\zeta^2}}{\zeta\omega_n}=\frac{\sqrt{1-\zeta^2}}{\zeta}=\tan\varphi$$

则

$$\omega_d t_0=0,\pi,2\pi,3\pi,\cdots$$

因为 $t_p>0$ 且是 $c(t)$ 第一次达到峰值的时间,所以应取

$$\omega_d t_p=\pi$$

则

$$t_p=\frac{\pi}{\omega_d} \tag{3.39}$$

(3) 超调量 $\sigma_p\%$

$$c(\infty)=1$$

$$c_{\max}=c(t_p)=1-\frac{\mathrm{e}^{-\sigma t_p}}{\sqrt{1-\zeta^2}}\sin(\omega_d t_p+\varphi)=1-\frac{\mathrm{e}^{-\zeta\omega_n\frac{\pi}{\sqrt{1-\zeta^2}\omega_n}}}{\sqrt{1-\zeta^2}}\sin\left(\omega_d\frac{\pi}{\omega_d}+\varphi\right)$$

$$=1+\frac{1}{\sqrt{1-\zeta^2}}\mathrm{e}^{-\frac{\zeta\pi}{\sqrt{1-\zeta^2}}}\sin\varphi$$

由于 $\sin\varphi=\sqrt{1-\cos^2\varphi}=\sqrt{1-\zeta^2}$,所以

$$c_{\max}=1+\mathrm{e}^{-\frac{\zeta\pi}{\sqrt{1-\zeta^2}}}$$

则由超调量的定义,得

$$\sigma_p\%=\frac{c_{\max}-c(\infty)}{c(\infty)}\times100\%=\mathrm{e}^{-\frac{\zeta\pi}{\sqrt{1-\zeta^2}}}\times100\% \tag{3.40}$$

(4) 调节时间 t_s

由调节时间的定义,有

$$|c(t_s)-c(\infty)|=\frac{\mathrm{e}^{-\sigma t_s}}{\sqrt{1-\zeta^2}}|\sin(\omega_d t_s+\varphi)|\leqslant\Delta\% \tag{3.41}$$

上式是一个超越方程,要解出 t_s 可用数值解法,但用数值解法得不到 t_s 与系统参数之间的关系,难于指导系统设计。可以采用某些近似,得到 t_s 的近似计算公式。显然,为了确保系统的实际性能符合要求,应使由计算公式得到的调节时间大于实际调节时间。由于

$$|c(t_s)-c(\infty)|=\mathrm{e}^{-\sigma t_s}\frac{1}{\sqrt{1-\zeta^2}}|\sin(\omega_d t_s+\varphi)|\leqslant\mathrm{e}^{-\sigma t_s}\frac{1}{\sqrt{1-\zeta^2}}$$

则 t_s 可以取为

$$\frac{e^{-\sigma t_s}}{\sqrt{1-\zeta^2}} \leqslant \Delta\% \cdot c(\infty) = \Delta\%$$

则

$$t_s = -\frac{1}{\sigma}\ln\left(\sqrt{1-\zeta^2}\Delta\%\right) = -\frac{\ln\left(\sqrt{1-\zeta^2}\Delta\%\right)}{\zeta\omega_n} \tag{3.42}$$

当 $\Delta=2$ 时

$$t_s = \frac{1}{\zeta\omega_n}\ln\frac{50}{\sqrt{1-\zeta^2}} \tag{3.43a}$$

当 $\Delta=5$ 时

$$t_s = \frac{1}{\zeta\omega_n}\ln\frac{20}{\sqrt{1-\zeta^2}} \tag{3.43b}$$

当 $0<\zeta<0.9$ 时，可以进一步近似为

当 $\Delta=2$ 时

$$t_s = \frac{4}{\zeta\omega_n} = 4T \tag{3.44a}$$

当 $\Delta=5$ 时

$$t_s = \frac{3}{\zeta\omega_n} = 3T \tag{3.44b}$$

其中，$T=\dfrac{1}{\zeta\omega_n}$ 定义为欠阻尼二阶系统的时间常数。

欠阻尼典型二阶系统的暂态性能指标总结如下：

$$\sigma_p\% = e^{-\frac{\zeta\pi}{\sqrt{1-\zeta^2}}} \times 100\%$$

$$t_p = \frac{\pi}{\omega_d}, \quad \omega_d = \omega_n\sqrt{1-\zeta^2}$$

$$t_r = \frac{\pi-\varphi}{\omega_d}, \quad \varphi = \arccos\zeta$$

$$t_s = \begin{cases} \dfrac{4}{\zeta\omega_n}, & \Delta = 2 \\[2ex] \dfrac{3}{\zeta\omega_n}, & \Delta = 5 \end{cases}$$

对于临界阻尼、过阻尼典型二阶系统的暂态指标也可以由指标定义计算，但要用数值解法求解超越方程。一般将系统设计成欠阻尼状态，以提高系统响应的快速性，所以，上述公式很重要，要求熟记。

4. 计算举例

例 3.10 典型二阶系统的 $\zeta=0.6,\omega_n=5$，求 t_r、t_p、t_s、$\sigma_p\%$。

解 $\omega_d=\omega_n\sqrt{1-\zeta^2}=5\sqrt{1-0.6^2}=4$

$$t_r=\frac{\pi-\varphi}{\omega_d}=\frac{\pi-\arccos 0.6}{4}\text{s}=\frac{\pi-53.13\times\frac{\pi}{180}}{4}\text{s}=\frac{\pi-0.93}{4}\text{s}=0.55\text{s}$$

$$t_p=\frac{\pi}{\omega_d}=\frac{\pi}{4}\text{s}=0.79\text{s}$$

$$t_s=\frac{3}{\sigma}=1\text{s}\qquad\Delta=5$$

$$t_s=\frac{4}{\sigma}=1.33\text{s}\qquad\Delta=2$$

$$\sigma_p\%=e^{-\frac{\zeta\pi}{\sqrt{1-\zeta^2}}}\times100\%=9.48\%$$

例 3.11 要求图 3.11 所示系统具有如下暂态性能指标：$\sigma_p\%=20\%$，$t_p=1\text{s}$。试确定系统参数 K 和 A，并计算 t_r、t_s。

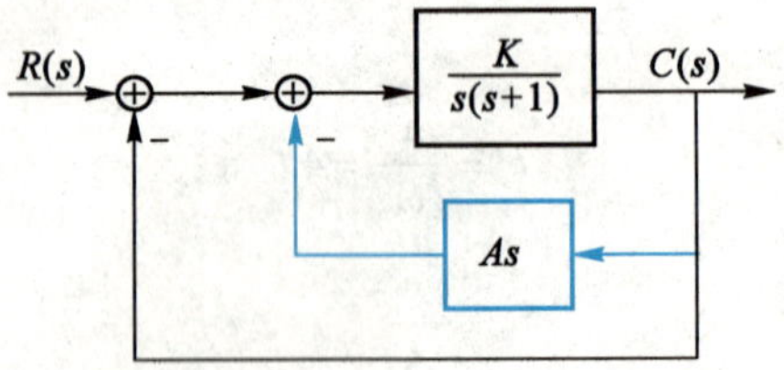

图 3.11 反馈控制系统

解 系统的闭环传递函数为

$$\frac{C(s)}{R(s)}=\frac{\frac{K}{s(s+1)}}{1+\frac{K}{s(s+1)}(1+As)}=\frac{K}{s^2+(1+KA)s+K}$$

可见，系统为典型二阶系统：$\omega_n^2=K,2\zeta\omega_n=1+KA$，由

$$\sigma_p\%=e^{-\frac{\zeta\pi}{\sqrt{1-\zeta^2}}}\times100\%=20\%$$

得

$$\frac{\zeta\pi}{\sqrt{1-\zeta^2}}=\ln\frac{1}{0.2}=1.61$$

$$\zeta=0.456$$

由

$$t_p=\frac{\pi}{\omega_n\sqrt{1-\zeta^2}}=1\ \text{s}$$

得

$$\omega_n = \frac{\pi}{\sqrt{1-\zeta^2}} = 3.53$$

则

$$K = \omega_n^2 = 12.46$$

$$A = \frac{2\zeta\omega_n - 1}{K} = 0.178$$

$$t_r = \frac{\pi - \arccos\zeta}{\omega_n\sqrt{1-\zeta^2}} = \frac{\pi - 1.0973}{3.142}\ \text{s} = 0.65\ \text{s}$$

$$t_s = \frac{4}{\zeta\omega_n} = \frac{4}{1.61}\ \text{s} = 2.5\ \text{s} \qquad (\Delta = 2)$$

$$t_s = \frac{3}{\zeta\omega_n} = \frac{3}{1.61}\ \text{s} = 1.86\ \text{s} \qquad (\Delta = 5)$$

3.2.5 高阶系统暂态性能近似分析

1. 高阶系统的单位阶跃响应及主导极点的概念

高阶系统的闭环传递函数一般表示为

$$\Phi(s) = \frac{M(s)}{D(s)} = \frac{b_m s^m + b_{m-1}s^{m-1} + \cdots + b_1 s + b_0}{a_n s^n + a_{n-1}s^{n-1} + \cdots + a_1 s + a_0} = \frac{k\prod_{i=1}^{m}(s - z_i)}{\prod_{i=1}^{n}(s - p_i)} \tag{3.45}$$

其中,$M(s)$和$D(s)$分别为分子和分母多项式。

高阶系统的单位阶跃响应的拉氏变换式为

$$C(s) = \Phi(s)\cdot\frac{1}{s} = \frac{k\prod_{i=1}^{m}(s - z_i)}{s\prod_{i=1}^{n}(s - p_i)} \tag{3.46}$$

设系统闭环极点均为单极点(实际系统大多如此),则部分分式为

$$C(s) = \frac{M(0)}{D(0)}\cdot\frac{1}{s} + \sum_{i=1}^{n}\left.\frac{M(s)}{s\dot{D}(s)}\right|_{s=p_i}\cdot\frac{1}{s - p_i} \tag{3.47}$$

高阶系统的单位阶跃响应则为

$$c(t) = \frac{M(0)}{D(0)} + \sum_{i=1}^{n}\left.\frac{M(s)}{s\dot{D}(s)}\right|_{s=p_i}\cdot e^{p_i t} \tag{3.48}$$

设闭环极点中有若干实极点 $-\lambda_i$ 和若干共轭复数极点 $-\sigma_i \pm j\omega_{di}$,则

$$c(t)=\frac{M(0)}{D(0)}+\sum_{p_i=-\lambda_i}\frac{M(s)}{s\dot{D}(s)}\bigg|_{s=-\lambda_i}\cdot e^{-\lambda_i t}+\sum_{p_i=-\sigma_i\pm j\omega_{di}}A_i e^{-\sigma_i t}\cos(\omega_{di}t+\varphi_i) \tag{3.49}$$

从上式可以看出,不可能像处理典型二阶系统那样得到高阶系统性能指标的精确解析表达式。即使用数值计算方法,也会遇到求解复杂的超越方程的困难。

2. 主导极点的概念

为了得到高阶系统性能指标的近似表达式,以便于系统分析和设计,一般采用近似方法。本节介绍主导极点法。

下面首先分析高阶系统阶跃响应表达式。

对于实际的高阶系统,其闭环极点 p_i 与零点 z_i 在[s]平面上的分布,具有多种形式,对于闭环稳定的控制系统来说,其闭环极点均位于[s]平面的左半部,但从各极点与虚轴的距离来说,却有远近之分。闭环极点离虚轴越远,λ_i 与 σ_i 越大,$c(t)$表达式中的暂态分量衰减越快,在 $c(t)$达到最大值和稳态值时几乎衰减完毕,因此对上升时间 t_r、超调量 σ_p 影响不大;反之,那些离虚轴近的极点,λ_i 与 σ_i 小,这些分量衰减缓慢,t_r、σ_p 主要取决于这些极点所对应的分量。因此,一般可将相对远离虚轴的极点所引起的分量忽略不计,而保留那些离虚轴较近的极点所引起的分量。

从 $c(t)$的表达式还可以看出,各暂态分量的具体值还取决于其模 A_i 的大小,有些分量虽然衰减慢,但模值小,所以对超调量等影响较小,而有些分量衰减得稍快一些,但模值大,所以对超调量等影响仍然很大,所以应忽略前者,而保留后者。下面考察各个分量的模值与哪些因素有关。

根据部分分式理论,各部分分式的系数与零、极点的分布有下列关系:

① 若某极点远离虚轴与其他零、极点,则该极点对应的部分分式的系数就小,即相应的暂态分量的模值就小。因此,无论是从衰减速度,还是从其模值,都可以忽略远离虚轴的极点所对应的分量。

② 若某极点邻近有一个零点,则该极点对应的部分分式的系数就小。因此,若某极点邻近有一个零点,则可忽略该极点引起的暂态分量。

忽略上述两类极点所引起的暂态分量后,一般剩下为数不多的几个极点所对应的暂态分量。这些分量对系统的暂态特性将起主导作用,因此,这些极点通常称为主导极点。图 3.12 所示是几个示例,其中,虚框中的极点可以作为主导极点。

闭环主导极点可以取一对,也可以取三个,不是一定的。在有些情况下,很难选出较少个数的主导极点。选取闭环主导极点的个数,不仅与系统闭环零、极点分布情况有关,也与简化的目的有关。

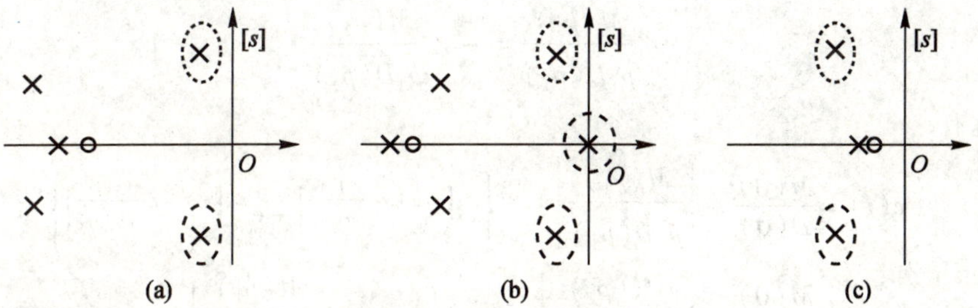

图 3.12 主导极点

如果简化的目的是推导暂态性能指标解析表达式，宜保留一个或两个极点作为主导极点。如果系统是单调过程，则可保留一个或两个实数极点作为主导极点。

3. 高阶系统输出的近似表达式

设 $s=-\lambda_1$ 为主导极点，则由式(3.48)可以得到系统输出的近似表达式为

$$c(t)\approx\frac{M(0)}{D(0)}+\frac{M(-\lambda_1)}{-\lambda_1\dot{D}(-\lambda_1)}\cdot e^{-\lambda_1 t}$$

设 $s=-\lambda_1, s=-\lambda_2$ 为主导极点，则输出近似表达式为

$$c(t)\approx\frac{M(0)}{D(0)}+\frac{M(-\lambda_1)}{-\lambda_1\dot{D}(-\lambda_1)}\cdot e^{-\lambda_1 t}+\frac{M(-\lambda_2)}{-\lambda_2\dot{D}(-\lambda_2)}\cdot e^{-\lambda_2 t}$$

在控制过程中，通常要求控制系统既具有较高的反应速度，又不要使超调太大，往往将系统设计成具有适当超调的衰减振荡。因此，很多系统常常取一对共轭复数闭环极点作为主导极点。下面针对这种情况导出高阶系统性能指标计算公式。对于只有一个主导极点的情况，可以采用一阶系统的暂态性能指标计算。

设高阶系统主导极点为：$p_{1,2}=-\sigma\pm j\omega_d$，则单位阶跃响应可以近似为

$$\begin{aligned}c(t)&=\frac{M(0)}{D(0)}+\left.\frac{M(s)}{s\dot{D}(s)}\right|_{s=p_1}e^{p_1 t}+\left.\frac{M(s)}{s\dot{D}(s)}\right|_{s=p_2}e^{p_2 t}\\&=\frac{M(0)}{D(0)}+\frac{M(p_1)}{p_1\dot{D}(p_1)}e^{(-\sigma+j\omega_d)t}+\frac{M(p_2)}{p_2\dot{D}(p_2)}e^{(-\sigma-j\omega_d)t}\\&=\frac{M(0)}{D(0)}+\left|\frac{M(p_1)}{p_1\dot{D}(p_1)}\right|e^{j\angle\frac{M(p_1)}{p_1\dot{D}(p_1)}}e^{-\sigma t}e^{j\omega_d t}+\left|\frac{M(p_2)}{p_2\dot{D}(p_2)}\right|e^{j\angle\frac{M(p_2)}{p_2\dot{D}(p_2)}}e^{-\sigma t}e^{-j\omega_d t}\end{aligned}$$

因为两个主导极点 p_1 与 p_2 共轭，所以，$\dfrac{M(p_2)}{p_2\dot{D}(p_2)}$ 与 $\dfrac{M(p_1)}{p_1\dot{D}(p_1)}$ 共轭，即

$$\left|\frac{M(p_1)}{p_1\dot{D}(p_1)}\right|=\left|\frac{M(p_2)}{p_2\dot{D}(p_2)}\right|$$

$$\angle\frac{M(p_1)}{p_1\dot{D}(p_1)}=-\angle\frac{M(p_2)}{p_2\dot{D}(p_2)}$$

因此有

$$\begin{aligned}c(t)&=\frac{M(0)}{D(0)}+\left|\frac{M(p_1)}{p_1\dot{D}(p_1)}\right|e^{-\sigma t}\left\{e^{j\left[\omega_d t+\angle\frac{M(p_1)}{p_1\dot{D}(p_1)}\right]}+e^{-j\left[\omega_d t+\angle\frac{M(p_1)}{p_1\dot{D}(p_1)}\right]}\right\}\\&=\frac{M(0)}{D(0)}+2\left|\frac{M(p_1)}{p_1\dot{D}(p_1)}\right|e^{-\sigma t}\cos\left[\omega_d t+\angle\frac{M(p_1)}{p_1\dot{D}(p_1)}\right]\quad(t\geqslant0)\end{aligned}\tag{3.50}$$

4. 高阶系统性能指标计算公式

下面推导高阶系统暂态性能指标近似表达式。为了后面说明方便,绘制一个高阶系统零、极点示意图,如图3.13所示。

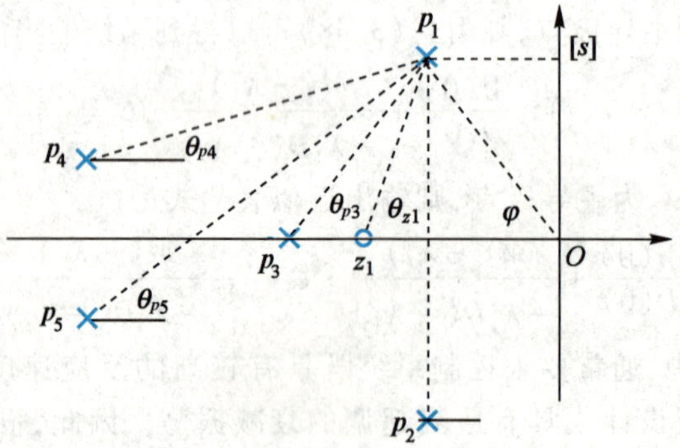

图3.13 高阶系统零、极点图

(1) 超调时间 t_p

由超调量和超调时间的定义,得

$$\left.\frac{dc(t)}{dt}\right|_{t=t_p}=0$$

$$\begin{aligned}\frac{dc(t)}{dt}&=2\left|\frac{M(p_1)}{p_1\dot{D}(p_1)}\right|\left\{-\sigma e^{-\sigma t}\cos\left[\omega_d t+\angle\frac{M(p_1)}{p_1\dot{D}(p_1)}\right]-e^{-\sigma t}\omega_d\sin\left[\omega_d t+\angle\frac{M(p_1)}{p_1\dot{D}(p_1)}\right]\right\}\\&=-2\left|\frac{M(p_1)}{p_1\dot{D}(p_1)}\right|e^{-\sigma t}\left\{\sigma\cos\left[\omega_d t+\angle\frac{M(p_1)}{p_1\dot{D}(p_1)}\right]+\omega_d\sin\left[\omega_d t+\angle\frac{M(p_1)}{p_1\dot{D}(p_1)}\right]\right\}\end{aligned}\tag{3.51}$$

则

$$\sigma\cos\left[\omega_d t_p+\angle\frac{M(p_1)}{p_1\dot{D}(p_1)}\right]+\omega_d\sin\left[\omega_d t_p+\angle\frac{M(p_1)}{p_1\dot{D}(p_1)}\right]=0$$

$$\tan\left[\omega_d t_p+\angle\frac{M(p_1)}{p_1\dot{D}(p_1)}\right]=-\frac{\sigma}{\omega_d}$$

$$\omega_d t_p+\angle\frac{M(p_1)}{p_1\dot{D}(p_1)}=\arctan\left(-\frac{\sigma}{\omega_d}\right)$$

$$t_p=\frac{1}{\omega_d}\left[\arctan\left(-\frac{\sigma}{\omega_d}\right)-\angle\frac{M(p_1)}{p_1\dot{D}(p_1)}\right] \tag{3.52}$$

其中

$$\angle\frac{M(p_1)}{p_1\dot{D}(p_1)}=\angle\frac{k\prod_{i=1}^{m}(p-z_i)}{p_1\prod_{i=2}^{n}(p_1-p_i)}=\sum_{i=1}^{m}\angle(p_1-z_i)-\angle p_1-\angle(p_1-p_2)-\sum_{i=3}^{n}\angle(p_1-p_i)$$

从图 3.13 看出：$\angle p_1=\pi-\varphi$，$\angle(p_1-p_2)=\frac{\pi}{2}$，$\arctan\left(-\frac{\sigma}{\omega_d}\right)=-\left(\frac{\pi}{2}-\varphi\right)$，所以

$$\angle\frac{M(p_1)}{p_1\dot{D}(p_1)}=\sum_{i=1}^{m}\angle(p_1-z_i)-(\pi-\varphi)-\frac{\pi}{2}-\sum_{i=3}^{n}\angle(p_1-p_i)$$

则

$$\begin{aligned}t_p&\approx\frac{1}{\omega_d}\left[-\frac{\pi}{2}+\varphi-\sum_{i=1}^{m}\angle(p_1-z_i)+\pi-\varphi+\frac{\pi}{2}+\sum_{i=3}^{n}\angle(p_1-p_i)\right]\\&=\frac{1}{\omega_d}\left[\pi-\sum_{i=1}^{m}\angle(p_1-z_i)+\sum_{i=3}^{n}\angle(p_1-p_i)\right]\end{aligned}$$

$$t_p=\frac{1}{\omega_d}\left[\pi-\sum_{i=1}^{m}\theta_{z_i}+\sum_{i=3}^{n}\theta_{s_i}\right] \tag{3.53}$$

实际上，从零、极点图上可以直接量取 ω_d、θ_{z_i}、θ_{s_i} 等，然后由式(3.53)计算超调时间 t_p。

分析式(3.53)可以得到下列几点结论：

① 增加零点使 t_p 减小，提高了系统的反应速度，增加的零点越靠近虚轴其作用越显著，而增加极点则相反。

② 若零、极点相距很近，则 $\theta_{z_i}\approx\theta_{p_i}$，则对 t_p 的作用几乎抵消。

③ 若除闭环主导极点外，没有其他零、极点，其结果为典型二阶系统的准确的计算公式 $t_p=\frac{\pi}{\omega_d}$；若只有一个零点 z_1，则精确结果为：$t_p=\frac{1}{\omega_d}(\pi-\theta_{z_1})$。

(2) 超调量 $\sigma_p\%$

由式(3.50)得

$$c(\infty)=\frac{M(0)}{D(0)}$$

$$c_{\max}=c(t_p)=\frac{M(0)}{D(0)}+2\left|\frac{M(p_1)}{p_1\dot{D}(p_1)}\right|\cdot e^{-\sigma t_p}\cos\left[\omega_d t_p+\angle\frac{M(p_1)}{p_1\dot{D}(p_1)}\right]$$

则

$$\sigma_p=\frac{c_{\max}-c(\infty)}{c(\infty)}=2\frac{D(0)}{M(0)}\left|\frac{M(p_1)}{p_1\dot{D}(p_1)}\right|\cdot e^{-\sigma t_p}\cos\left[\omega_d t_p+\angle\frac{M(p_1)}{p_1\dot{D}(p_1)}\right] \tag{3.54}$$

由前面推导的结果

$$\omega_d t_p=\arctan-\left(\frac{\sigma}{\omega_d}\right)-\angle\frac{M(p_1)}{p_1\dot{D}(p_1)}$$

则

$$\cos\left[\omega_d t_p+\angle\frac{M(p_1)}{p_1\dot{D}(p_1)}\right]=\cos\left[\arctan\left(-\frac{\sigma}{\omega_d}\right)\right]=\cos\left[-\left(\frac{\pi}{2}-\varphi\right)\right]$$

$$=\cos\left(\frac{\pi}{2}-\varphi\right)=\sin\varphi=\frac{\omega_d}{|p_1|}$$

将上式代入式(3.54)得

$$\sigma_p=2\frac{D(0)}{M(0)}\left|\frac{M(p_1)}{p_1\dot{D}(p_1)}\right|\cdot e^{-\sigma t_p}\cdot\frac{\omega_d}{|p_1|}$$

由式(3.45)得

$$\sigma_p=2\frac{\prod_{i=1}^{n}|p_i|}{k\prod_{i=2}^{m}|z_i|}\cdot\frac{k\prod_{i=1}^{m}|p_1-z_i|}{|p_1|\prod_{i=2}^{n}|p_1-p_i|}\cdot\frac{\omega_d}{|p_1|}e^{-\sigma t_p}$$

因为 $|p_1|=|p_2|$，$|p_1-p_2|=2\omega_d$，所以

$$\sigma_p=\frac{|p_1||p_2|\prod_{i=3}^{n}|p_i|}{\prod_{i=2}^{m}|z_i|}\cdot\frac{\prod_{i=1}^{m}|p_1-z_i|}{|p_1||p_1-p_2|\prod_{i=3}^{n}|p_1-p_i|}\cdot\frac{|p_1-p_2|}{|p_1|}e^{-\sigma t_p}$$

则

$$\sigma_p=\frac{\prod_{i=3}^{n}|p_i|}{\prod_{i=3}^{n}|p_1-p_i|}\cdot\frac{\prod_{i=1}^{m}|p_1-z_i|}{\prod_{i=2}^{m}|z_i|}\cdot e^{-\sigma t_p} \tag{3.55}$$

实际上，从零、极点图上也可以直接量取$|p_i|$、$|z_i|$、$|p_1-p_i|$、$|p_1-z_i|$等，然后由式(3.55)式计算超调量σ_p。

从上式可以得到下列结论：

① 若闭环零点离虚轴较近，$|p_1-z_i| >> |z_i|$时，σ_p很大。

② 若附加极点离虚轴较近，$|p_1-p_i| >> |p_i|$时，σ_p很小。

需要指出的是：式(3.53)、式(3.55)是在假设主导极点是一对共轭复数极点的情况下得到的，虽然是一个近似公式，但由它们得到的定性结论是正确的。对于主导极点是一个实极点的情况，可以得到类似一阶系统的计算公式。对于主导极点是两个实极点或三个以上极点时，就不能得到近似计算公式了。如果只是要求计算高阶系统的暂态性能指标，可以用后面介绍的 MATLAB 软件精确计算。

3.3 稳态性能分析

控制系统的性能包括暂态性能与稳态性能，对暂态过程关心的是系统的最大偏差、快速性，所以用超调量、上升时间、调节时间等指标描述过程的暂态性能。当系统的过渡过程结束后，就进入了稳态，这时关心的是系统的输出是否是期望的输出，相差多少，其偏差量称为稳态误差。稳态误差描述了控制系统的控制精度。由于控制系统一般都工作在稳态，稳态精度直接影响产品的质量，所以，稳态误差在控制系统分析与设计中，是一项重要的性能指标。

产生系统的稳态误差主要有两方面原因。一方面原因是组成系统的元件不完善，例如，静摩擦、间隙、不灵敏区以及放大器的零点、老化或变质等。这方面原因引起的误差通常称为静差。消除静差的方法可以通过优选元件来解决。另一方面的原因是系统结构造成的，消除这个误差的方法只能是改变系统结构。下面讨论系统结构造成的稳态误差。

下面首先介绍系统误差的定义，然后介绍计算稳态误差的方法。

3.3.1 控制系统误差与稳态误差的定义

1. 误差的两种定义

定义误差有两种方法，一是从输出端定义，另一种是从输入端定义。

(1) 从输出端定义

系统的实际输出量$c(t)$与期望输出量$c_r(t)$之差定义为系统的误差信号

$e(t)$。即

$$e(t)=c_r(t)-c(t) \tag{3.56}$$

上述定义可用图 3.14 直观地表示。

对于单位反馈系统，系统的期望输出就是输入信号即 $c_r(t)=c(t)$。而对于非单位反馈系统，系统的期望输出 $C_r(s)=\frac{1}{H(s)}R(s)$。

(2) 从输入端定义

对于图 3.15 所示的一般反馈系统，当反馈信号 $y(t)$ 与输入信号 $r(t)$ 不相等时，比较装置就有偏差信号输出，将偏差信号也记为 $e(t)$，即 $e(t)=r(t)-y(t)$ 或 $E(s)=R(s)-Y(s)$，如图 3.15 所示。系统在偏差 $e(t)$ 作用下进行调节，使输出量 $c(t)$ 趋于期望值。同时，偏差信号 $e(t)$ 也逐渐减小，可见偏差量 $e(t)$ 也间接反映了系统输出量偏离期望值的程度。它也可以作为误差的度量，而且在实际系统中，偏差信号是可以测量的，具有一定的物理意义，所以，常常把偏差信号定义为误差，即从输入端定义误差。

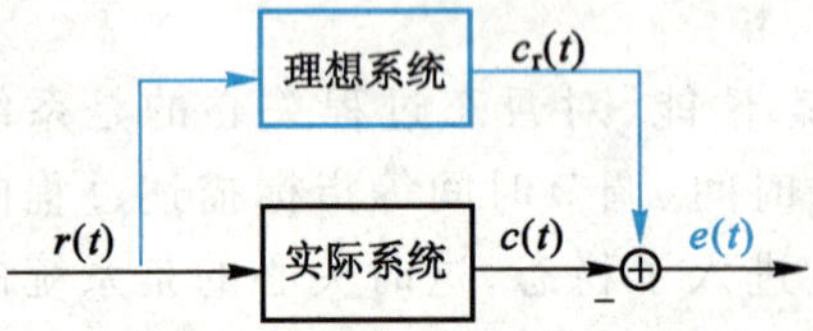

图 3.14 从输出端定义误差

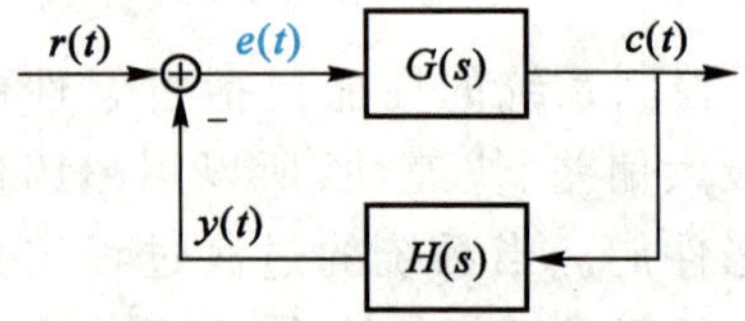

图 3.15 从输入端定义误差

系统的输入信号与主反馈信号之差，定义为系统误差，即

$$e(t)=r(t)-y(t) \tag{3.57}$$

或

$$E(s)=R(s)-Y(s)=R(s)-H(s)C(s) \tag{3.58}$$

显然，定义(1)给出的误差 $E_1(s)$ 与定义(2)的误差 $E_2(s)$ 存在如下的简单关系

$$\begin{aligned}E_1(s)&=C_r(s)-C(s)=\frac{1}{H(s)}R(s)-C(s)\\&=\frac{1}{H(s)}[R(s)-H(s)C(s)]=\frac{1}{H(s)}[R(s)-Y(s)]\\&=\frac{1}{H(s)}E_2(s)\end{aligned}$$

或

$$E_2(s)=H(s)E_1(s)$$

从上式可见，从系统输入端定义的系统误差 $E_2(s)$，直接地或间接地表示了从系

统输出端定义的系统误差 $E_1(s)$。

在本书中，如没有特别说明，均采用从系统输入端定义的误差来进行分析计算，如有必要计算输出端定义的误差，则可以利用上面的关系进行换算。

2. 动态误差与稳态误差

由反馈系统的结构图 3.15 可以得到误差（偏差）信号的拉氏变换为

$$E(s)=\frac{1}{1+G(s)H(s)}R(s)=\Phi_e(s)R(s) \tag{3.59}$$

其中

$$\Phi_e(s)=\frac{1}{1+G(s)H(s)} \tag{3.60}$$

称为系统误差传递函数。

对式（3.59）进行拉氏反变换，可以得到时间域中的误差信号表达式

$$e(t)=\mathscr{L}^{-1}[E(s)]=\mathscr{L}^{-1}[\Phi_e(s)R(s)] \tag{3.61}$$

由拉氏变换理论，$e(t)$ 中包含暂态分量 $e_{st}(t)$ 和稳态分量 $e_{ss}(t)$ 两部分，即 $e(t)=e_{st}(t)+e_{ss}(t)$。系统误差信号 $e(t)$ 的暂态分量 $e_{st}(t)$ 称为动态误差，稳态分量 $e_{ss}(t)$ 称为稳态误差。因此，系统的稳态误差可以定义为系统误差的稳态分量。

动态误差实际上反映了系统的暂态性能，最大误差实际上已经由超调量等暂态性能指标描述了，可以不再讨论动态误差。下面只讨论稳态误差。

在研究这些问题之前，首先介绍一种系统的分类方法，它体现了系统跟踪典型输入信号的能力。这种分类的优点在于：可以根据系统输入信号的形式及系统类型，迅速判断系统是否存在稳态误差。

3.3.2 控制系统型号或无差度的定义

控制系统可以按照它们跟踪阶跃输入、斜坡输入、抛物线输入等信号的能力来分类。因为，实际的输入往往可以认为是这些输入信号的组合，所以这样的分类是合理的。可以看到，系统跟踪输入信号的能力主要取决于开环传递函数中所包含的积分环节的数目。所以，可以由这些数目划分系统类型。

考察图 3.15 所示的反馈系统，其开环传递函数可以写为

$$G(s)H(s)=\frac{k\prod_{i=1}^{m}(s-z_i)}{\prod_{i=1}^{n}(s-p_i)} \qquad (m\leqslant n) \tag{3.62}$$

其中，k 是一个常数；p_i、z_i 分别称为系统的开环极点、开环零点（有限的）。

若开环传递函数在原点存在 ν 个极点，则根据 ν 的大小，定义系统型号或者

无差度如下。

定义 若反馈系统的开环传递函数具有下列形式

$$G(s)H(s)=\frac{k\prod_{i=1}^{m}(s-z_i)}{s^{\nu}\prod_{i=1}^{n-\nu}(s-p_i)}\quad(\nu\geqslant 0)\tag{3.63}$$

则称系统为 ν 型系统,或 ν 阶无差系统,ν 称为系统的型号或无差度。

需要注意的是,系统的型号或无差度是根据开环传递函数中 $s=0$ 的极点个数确定的,而系统的阶次是根据闭环传递函数的分母多项式的最高阶次确定的。例如,开环传递函数为 $G(s)=\frac{10}{s(s+4)}$ 的系统是1型系统。它的闭环传递函数为 $\phi(s)=\frac{10}{s^2+4s+10}$,所以是二阶系统。

3.3.3 终值定理法

终值定理法是用拉氏变换中的终值定理计算稳态误差终值的方法。

终值定理:设 $\mathscr{L}[f(t)]=F(s)$,且 $sF(s)$ 在 s 右半平面虚轴上没有极点,则

$$f(\infty)=\lim_{t\to\infty}f(t)=\lim_{s\to 0}sF(s)$$

终值定理指出,如果已知 $f(t)$ 的拉氏变换式 $F(s)$,要求出时间函数 $f(t)$ 的终值 $f(\infty)$,则无须先求出 $f(t)$,再令 $t\to\infty$,只要直接求极限 $\lim\limits_{s\to 0}sF(s)$ 就可以得到。因此,如果要求稳态误差终值 $e_{ss}(\infty)$,只要求得误差信号的拉氏表达式 $E(s)$,然后直接求极限 $\lim\limits_{s\to 0}sE(s)$ 得到。

终值定理法:设 $sE(s)$ 在[s]右半平面及虚轴上(除原点外)没有极点,则稳态误差终值 $e_{ss}(\infty)$ 为

$$e_{ss}(\infty)=\lim_{t\to\infty}e(t)=\lim_{s\to 0}sE(s)\tag{3.64}$$

一般由系统方框图比较容易求得 $E(s)$ 的表达式。下面举几个典型的例子说明用终值定理求稳态误差的终值的方法及应用条件。例3.12是一个基本方法的例子;例3.13是一个不满足终值定理条件的例子;例3.14是一个用劳斯判据检查终值定理条件的例子。

例3.12 已知单位负反馈系统的开环传递函数为 $G(s)=\frac{10}{s(s+4)}$,求当系统输入分别为阶跃信号、速度信号、加速度信号时的稳态误差终值。

解 系统误差信号为

$$E(s)=\frac{1}{1+G(s)}R(s)=\frac{1}{1+\frac{10}{s(s+4)}}R(s)=\frac{s(s+4)}{s^2+4s+10}R(s)$$

(1) $r(t)=R, R(s)=\dfrac{R}{s}$

$$E(s)=\frac{s(s+4)}{s^2+4s+10}\frac{R}{s}=\frac{R(s+4)}{s^2+4s+10}$$

$$sE(s)=\frac{Rs(s+4)}{s^2+4s+10}$$

因为,$sE(s)$有两个极点 $s_{1,2}=-2\pm j\sqrt{6}$位于 s 平面的左半平面,所以满足终值定理条件,因此

$$e_{ss}(\infty)=\lim_{s\to 0}sE(s)=\lim_{s\to 0}\frac{Rs(s+4)}{s^2+4s+10}=0$$

(2) $r(t)=Rt, R(s)=\dfrac{R}{s^2}$

$$E(s)=\frac{R(s+4)}{s(s^2+4s+10)}$$

$$sE(s)=\frac{R(s+4)}{s^2+4s+10}$$

可见,$sE(s)$满足终值定理条件,所以

$$e_{ss}(\infty)=\lim_{s\to 0}sE(s)=\lim_{s\to 0}\frac{R(s+4)}{s^2+4s+10}=\frac{4R}{10}=\frac{2R}{5}$$

(3) $r(t)=\dfrac{1}{2}Rt^2, R(s)=\dfrac{R}{s^3}$

$$E(s)=\frac{R(s+4)}{s^2(s^2+4s+10)}$$

$$sE(s)=\frac{R(s+4)}{s(s^2+4s+10)}$$

可见,$sE(s)$有两个极点位于 s 平面左半平面,有一个位于坐标原点,严格说来 $sE(s)$不满足终值定理条件(原点是虚轴上的一点),不能采用终值定理计算稳态误差终值。如果勉强使用,显然会有

$$e_{ss}(\infty)=\lim_{s\to 0}sE(s)=\infty$$

但这一无穷大的结果正巧与实际应有的结果相一致。实际上,容易验证当$sE(s)$有一个或多个 $s=0$ 极点时,其稳态误差终值均为∞。因此,当 $sE(s)$在原点具有极点时,也用终值定理来求,结果巧合。

例 3.13 已知单位负反馈系统的开环传递函数为 $G(s)=\dfrac{1}{Ts}$,当 $r(t)=R\sin\omega t$时,求系统的稳态误差终值。

解

$$R(s)=\frac{R\omega}{s^2+\omega^2}$$

$$\Phi_e(s)=\frac{1}{1+\frac{1}{Ts}}=\frac{Ts}{1+Ts}$$

$$E(s)=\Phi_e(s)R(s)=\frac{R\omega Ts}{(1+Ts)(s^2+\omega^2)}$$

因此，$sE(s)$在虚轴上存在极点，所以不满足终值定理条件，不能用终值定理求系统稳态误差终值。如果用终值定理，则得到下列错误结果

$$e_{ss}(\infty)=\lim_{s\to 0}sE(s)=0$$

事实上，由 $E(s)$通过拉氏逆变换求出 $e(t)$为

$$e(t)=-\frac{R\omega T}{1+\omega^2T^2}\mathrm{e}^{-\frac{1}{T}t}+\frac{R\omega T}{1+\omega^2T^2}\cos\omega t+\frac{R\omega^2T^2}{1+\omega^2T^2}\sin\omega t$$

$$e_{ss}(t)=\frac{R\omega T}{1+\omega^2T^2}\cos\omega t+\frac{R\omega^2T^2}{1+\omega^2T^2}\sin\omega t \tag{3.65}$$

可见，该系统的稳态误差信号并不存在终值，而是一个不断振荡的过程，$\lim\limits_{t\to\infty}e(t)$不存在。所以，应用终值定理求稳态误差终值时，一定要注意其适用条件。

由于 $E(s)=\Phi_e(s)R(s)$，所以，$E(s)$的极点由 $\Phi_e(s)$和 $R(s)$两部分组成。对于脉冲、阶跃、速度、加速度等输入信号，终值定理的条件就是系统稳定。而当输入为正弦等信号时，即使系统稳定，也不满足终值定理条件。

因为 $sE(s)$的分母一般是高次代数方程，所以很难直接求解判别是否满足终值定理条件，可以用劳斯稳定判据进行判别。下面举例说明。

例 3.14 已知单位负反馈系统的开环传递函数为 $G(s)=\frac{0.5}{s(s+1)(s^2+s+1)}$，求速度信号输入时的稳态误差终值 $e_{ss}(\infty)$。

解

$$E(s)=\frac{1}{1+G(s)}R(s)=\frac{1}{1+\frac{0.5}{s(s+1)(s^2+s+1)}}\frac{R}{s^2}$$

$$=\frac{s(s+1)(s^2+s+1)}{s(s+1)(s^2+s+1)+0.5}\frac{R}{s^2}$$

$$sE(s)=\frac{R(s+1)(s^2+s+1)}{s(s+1)(s^2+s+1)+0.5}$$

可用劳斯判据判断 $sE(s)$是否满足终值定理条件，即判断

$$s(s+1)(s^2+s+1)+0.5=0$$

是否具有正实部根和纯虚根。

$$s^4+2s^3+2s^2+s+0.5=0$$

列劳斯表

$$\begin{array}{llll} s^4 & 1 & 2 & 0.5 \\ s^3 & 2 & 1 & \\ s^2 & 3 & 1 & \\ s^1 & 1 & & \\ s^0 & 1 & & \end{array}$$

可见,劳斯表第一列均同号,所以没有正实部根;且没有出现某一行均为0,所以没有纯虚根。因此 $sE(s)$ 满足终值定理的条件。稳态误差终值为

$$e_{ss}(\infty)=\lim_{s\to 0} sE(s)=\frac{R}{0.5}=2R$$

3.3.4 误差系数法

设 $sE(s)$ 满足终值定理条件。下面分别讨论阶跃信号输入、斜坡信号输入、抛物线信号输入时一般系统的稳态误差终值,从而得到误差系数的概念。

1. 阶跃信号输入

$$E(s)=\frac{1}{1+G(s)H(s)}R(s)=\frac{1}{1+G(s)H(s)}\frac{R}{s}$$

则

$$e_{ss}(\infty)=\lim_{s\to 0} sE(s)=\lim_{s\to 0}\frac{R}{1+G(s)H(s)}=\frac{R}{1+\lim\limits_{s\to 0}G(s)H(s)}=\frac{R}{1+K_p} \tag{3.66}$$

其中

$$K_p=\lim_{s\to 0}G(s)H(s) \tag{3.67}$$

称为系统的稳态位置误差系数。

对0型系统

$$K_p=\lim_{s\to 0}\frac{K(1+\tau_1 s)(1+\tau_2 s)\cdots}{(1+T_1 s)(1+T_2 s)\cdots}=K$$

$$e_{ss}(\infty)=\frac{R}{1+K}$$

对1型或高于1型的系统

$$K_p=\lim_{s\to 0}\frac{K(1+\tau_1 s)(1+\tau_2 s)\cdots}{s^{\nu}(1+T_1 s)(1+T_2 s)\cdots}=\infty\quad(\nu\geqslant 1)$$

$$e_{ss}(\infty)=\frac{R}{1+K_p}=0$$

2. 斜坡信号输入

$$E(s)=\frac{1}{1+G(s)H(s)}\frac{R}{s^2}$$

$$e_{ss}(\infty)=\lim_{s\to 0}sE(s)=\lim_{s\to 0}s\cdot\frac{1}{1+G(s)H(s)}\frac{R}{s^2}$$

$$=\lim_{s\to 0}\frac{R}{s+sG(s)H(s)}=\frac{R}{\lim\limits_{s\to 0}s+\lim\limits_{s\to 0}sG(s)H(s)}$$

$$=\frac{R}{\lim\limits_{s\to 0}sG(s)H(s)}=\frac{R}{K_v} \tag{3.68}$$

其中

$$K_v=\lim_{s\to 0}sG(s)H(s) \tag{3.69}$$

称为系统的稳态速度误差系数。

对0型系统

$$K_v=\lim_{s\to 0}s\cdot\frac{K(1+\tau_1 s)(1+\tau_2 s)\cdots}{(1+T_1 s)(1+T_2 s)\cdots}=0$$

$$e_{ss}(\infty)=\frac{R}{K_v}=\infty$$

对1型系统

$$K_v=\lim_{s\to 0}s\cdot\frac{K(1+\tau_1 s)(1+\tau_2 s)\cdots}{s(1+T_1 s)(1+T_2 s)\cdots}=K$$

$$e_{ss}(\infty)=\frac{R}{K_v}=\frac{R}{K}$$

对2型系统或高于2型的系统

$$K_v=\lim_{s\to 0}s\cdot\frac{K(1+\tau_1 s)(1+\tau_2 s)\cdots}{s^N(1+T_1 s)(1+T_2 s)\cdots}=\infty \qquad (N\geqslant 2)$$

$$e_{ss}(\infty)=\frac{R}{K_v}=0$$

3. 抛物线信号输入

$$E(s)=\frac{1}{1+G(s)H(s)}\cdot\frac{R}{s^3}$$

$$e_{ss}(\infty)=\lim_{s\to 0}sE(s)=\lim_{s\to 0}s\cdot\frac{1}{1+G(s)H(s)}\cdot\frac{R}{s^3}=\lim_{s\to 0}\frac{R}{s^2+s^2G(s)H(s)}$$

$$=\frac{R}{\lim\limits_{s\to 0}s^2+\lim\limits_{s\to 0}s^2G(s)H(s)}=\frac{R}{\lim\limits_{s\to 0}s^2G(s)H(s)}=\frac{R}{K_a}$$

其中

$$K_a=\lim_{s\to 0}s^2G(s)H(s) \tag{3.70}$$

称为系统的稳态加速度误差系数。

对 0 型系统

$$K_a=\lim_{s\to 0}s^2\cdot\frac{K(1+\tau_1 s)(1+\tau_2 s)\cdots}{(1+T_1 s)(1+T_2 s)\cdots}=0$$

$$e_{ss}(\infty)=\frac{R}{K_a}=\infty$$

对 1 型系统

$$K_a=\lim_{s\to 0}s^2\cdot\frac{K(1+\tau_1 s)(1+\tau_2 s)\cdots}{s(1+T_1 s)(1+T_2 s)\cdots}=0$$

$$e_{ss}(\infty)=\frac{R}{K_a}=\infty$$

对 2 型系统

$$K_a=\lim_{s\to 0}s^2\cdot\frac{K(1+\tau_1 s)(1+\tau_2 s)\cdots}{s^2(1+T_1 s)(1+T_2 s)\cdots}=K$$

$$e_{ss}(\infty)=\frac{R}{K_a}=\frac{R}{K}$$

对 3 型系统或高于 3 型的系统

$$K_a=\lim_{s\to 0}s^2\cdot\frac{K(1+\tau_1 s)(1+\tau_2 s)\cdots}{s^N(1+T_1 s)(1+T_2 s)\cdots}=\infty\quad(N\geqslant 3)$$

$$e_{ss}(\infty)=\frac{R}{K_a}=0$$

各种型号的系统在三种典型输入信号作用下的稳态误差终值见表 3.1。

表 3.1　典型输入信号作用下的稳态误差终值

系统型号	稳态误差系数			稳态误差终值		
	K_p	K_v	K_a	$r(t)=R$	$r(t)=Rt$	$r(t)=\frac{R}{2}t^2$
0 型	K	0	0	$\frac{R}{1+K}$	∞	∞
1 型	∞	K	0	0	$\frac{R}{K}$	∞
2 型	∞	∞	K	0	0	$\frac{R}{K}$
3 型	∞	∞	∞	0	0	0

例如，例 3.12 所示系统是 1 型系统，$K_p=\infty$，$K_v=2.5$，$K_a=0$，所以，阶跃输入时，$e_{ss}(\infty)=0$；速度输入时，$e_{ss}(\infty)=\frac{R}{2.5}=0.4R$；加速度输入时，$e_{ss}(\infty)=\infty$。

3.3.5 扰动作用下的稳态误差分析

前面已经研究了系统在输入信号作用下的误差信号和稳态误差终值的计算问题。但是,所有控制系统除承受输入信号作用外,还经常处于各种扰动作用之下,如:负载力矩的变动;放大器的零位和噪声;电源电压和频率的波动;组成元件的零位输出;环境温度的变化等。这些扰动将使系统输出量偏离期望值,造成误差。

给定输入作用产生的误差通常称为系统给定误差,简称误差;而扰动作用产生的误差称为系统扰动误差。

带有扰动的反馈控制系统的一般方框图如图 3.16 所示。

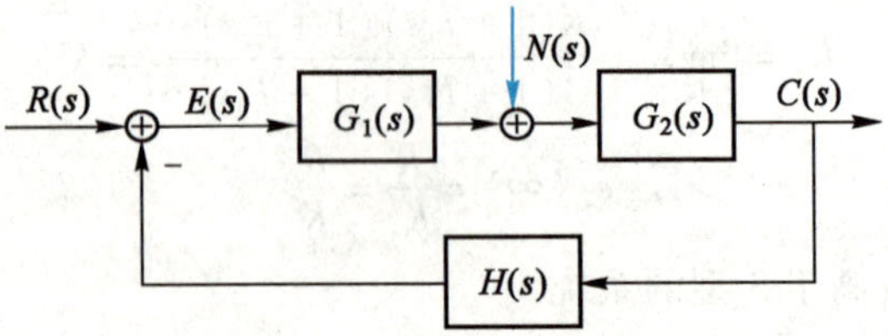

图 3.16 带有扰动的反馈控制系统

由图 3.16 可得

$$\begin{cases} E(s) = R(s) - C(s)H(s) \\ C(s) = [G_1(s)E(s) + N(s)]G_2(s) \end{cases}$$

$$E(s) = R(s) - G_1(s)G_2(s)H(s)E(s) - G_2(s)H(s)N(s)$$

系统在参考输入和扰动输入作用下的误差信号的拉氏变换为

$$E(s) = \frac{1}{1 + G_1(s)G_2(s)H(s)}R(s) - \frac{G_2(s)H(s)}{1 + G_1(s)G_2(s)H(s)}N(s) \tag{3.71}$$

定义

$$\Phi_e(s) = \frac{1}{1 + G_1(s)G_2(s)H(s)} \tag{3.72}$$

为给定误差传递函数。

$$\Phi_{eN}(s) = \frac{-G_2(s)H(s)}{1 + G_1(s)G_2(s)H(s)} \tag{3.73}$$

为扰动误差传递函数。则由式(3.71)得

$$E(s) = \Phi_e(s)R(s) + \Phi_{eN}(s)N(s) \tag{3.74}$$

可见,系统的误差等于给定误差与扰动误差的代数和,可以分别计算。计算系统的扰动作用下的稳态误差终值可以应用前面介绍的终值定理法,但误差系

数法已不适用。下面进行一般性的讨论。

在图 3.16 所示控制系统中，设 $G_1(s)$、$G_2(s)$、$H(s)$ 为时间常数形式，即

$$G_1(s)=\frac{K_1B_1(s)}{s^{\nu_1}A_1(s)}$$

$$G_2(s)=\frac{K_2B_2(s)}{s^{\nu_2}A_2(s)}$$

$$H(s)=\frac{K_3B_3(s)}{s^{\nu_3}A_3(s)}$$

其中，K_1、K_2、K_3 为传递系数；ν_1、ν_2、ν_3 为积分环节数。

考察扰动输入为

$$n(t)=\frac{A}{l!}t^l \tag{3.75}$$

其拉氏变换为

$$N(s)=\frac{A}{s^{l+1}} \tag{3.76}$$

则由式(3.71)，扰动产生的误差 $E_N(s)$ 为

$$\begin{aligned}E_N(s)&=-\frac{G_2(s)H(s)}{1+G_1(s)G_2(s)H(s)}N(s)\\&=-\frac{AK_2K_3s^{\nu_1}A_1(s)B_2(s)B_3(s)}{s^{l+1}[s^{\nu_1+\nu_2+\nu_3}A_1(s)A_2(s)A_3(s)+K_1K_2K_3B_1(s)B_2(s)B_3(s)]}\end{aligned}$$

设 $sE_N(s)$ 满足终值定理条件，则

$$\begin{aligned}e_{Nss}(\infty)&=\lim_{s\to0}sE_N(s)\\&=-\lim_{s\to0}\frac{AK_2K_3s^{\nu_1}A_1(s)B_2(s)B_3(s)}{s^{l}[s^{\nu_1+\nu_2+\nu_3}A_1(s)A_2(s)A_3(s)+K_1K_2K_3B_1(s)B_2(s)B_3(s)]}\end{aligned} \tag{3.77}$$

(1) 当扰动为阶跃信号时，$l=0$

$$e_{Nss}(\infty)=\begin{cases}-\dfrac{AK_2K_3}{1+K_1K_2K_3} & \nu_1=0(\nu_2=0,\nu_3=0)\\ -\dfrac{A}{K_1} & \nu_1=0(\nu_2\neq0 \text{ 或 } \nu_3\neq0)\\ 0 & \nu_1\geqslant1\end{cases} \tag{3.78}$$

(2) 当扰动为速度信号时，$l=1$

$$e_{\mathrm{Nss}}(\infty)=\begin{cases}\infty & \nu_1=0\\ -\dfrac{A}{K_1} & \nu_1=1\\ 0 & \nu_1\geqslant 2\end{cases}\tag{3.79}$$

（3）当扰动为加速度信号时，$l=2$

$$e_{\mathrm{Nss}}(\infty)=\begin{cases}\infty & \nu_1\leqslant 1\\ -\dfrac{A}{K_1} & \nu_1=2\\ 0 & \nu_1\geqslant 3\end{cases}\tag{3.80}$$

从上面的一般分析可以看出，扰动作用下的稳态误差只与扰动作用点之前的传递函数 $G_1(s)$ 的积分环节数、传递系数有关。而参考输入下的稳态误差与系统整个开环传递函数 $G_1(s)G_2(s)H(s)$ 的积分环节数、传递系数有关。所以在系统设计中，通常在 $G_1(s)$ 中增加积分环节或增大传递增益，既抑制了参考输入引起的稳态误差，又抑制了扰动输入引起的稳态误差。

从前面分析可以看出，稳态误差不仅与系统本身的结构、参数有关，而且与外作用的形式有关，还与外作用的位置有关，这是决定系统稳态误差的三要素。

例 3.15 如图 3.17 所示扰动作用下的控制系统，求 $r(t)=1$，$n(t)=2t$ 时系统的稳态误差。

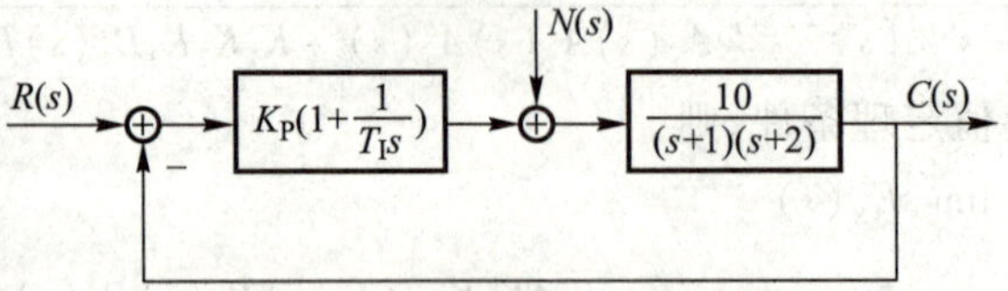

图 3.17 扰动作用下的控制系统

解 因为系统是 1 型系统，所以，$r(t)=1$ 时，稳态误差等于 0。

下面求扰动作用下的稳态误差。由图 3.17 得

$$G_1(s)=\frac{K_P(T_I s+1)}{T_I s}$$

$$G_2(s)=\frac{10}{(s+1)(s+2)}=\frac{5}{(s+1)(0.5s+1)}$$

$$H(s)=1$$

所以，$K_1=\dfrac{K_P}{T_I}$，$v_1=1$，$K_2=5$，$v_2=0$，$K_3=1$，$v_3=0$。

由式(3.79)得

$$e_{\mathrm{Nss}}(\infty) = -\frac{2T_{\mathrm{I}}}{K_{\mathrm{P}}}$$

3.3.6 复合控制系统及误差分析

1. 复合控制系统

开环控制的缺点是没有自动消除偏差的能力，优点是稳定性好，而闭环控制的优点是能自动消除偏差，控制精度高，缺点是稳定性差。把这两种控制方式有机地结合起来，取长补短，形成了所谓的“复合控制系统”，或称为“开环-闭环系统”。

复合控制系统按其开环和闭环的组合方式有下列两种基本方式。

（1）顺馈控制系统：由给定补偿的复合控制系统

其方框图一般如图 3.18 所示。输入信号通过补偿通道或顺馈通道 $G_c(s)$ 对系统进行开环控制。

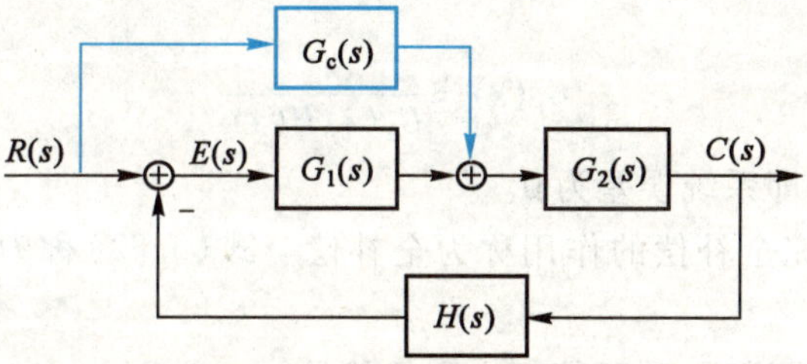

图 3.18 顺馈控制系统

（2）前馈控制系统：由扰动补偿的复合控制系统

前馈控制系统如图 3.19 所示。这种控制方式仅适用于扰动信号可测量的情况。

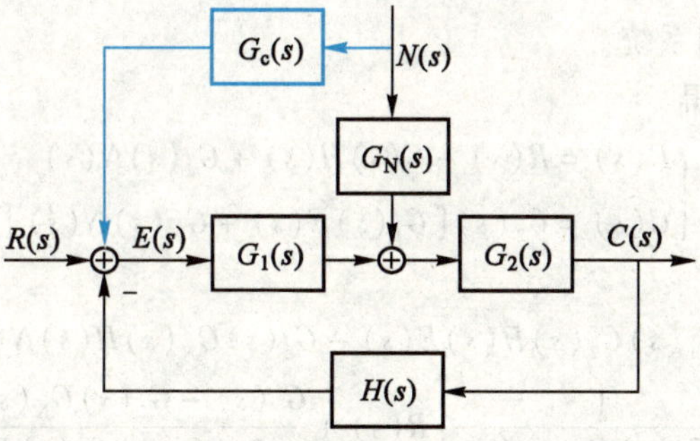

图 3.19 前馈控制系统

在该系统中,扰动信号通过补偿通道前馈至输入端参与控制,补偿或者抵消扰动信号的作用。在该系统中,补偿信号对系统也是开环控制。

2. 复合补偿原理

下面分析复合控制系统的误差。

(1) 顺馈控制系统

由图3.18可得

$$\begin{cases}E(s)=R(s)-C(s)H(s)\\C(s)=G_2(s)[G_c(s)R(s)+G_1(s)E(s)]\end{cases}$$

则

$$E(s)=R(s)-G_2(s)G_c(s)H(s)R(s)-G_1(s)G_2(s)H(s)E(s)$$

$$E(s)=\frac{1-G_2(s)G_c(s)H(s)}{1+G_1(s)G_2(s)H(s)}R(s) \tag{3.81}$$

可见,若设计补偿装置 $G_c(s)$ 满足

$$1-G_2(s)G_c(s)H(s)=0 \tag{3.82a}$$

即

$$G_c(s)=\frac{1}{G_2(s)H(s)} \tag{3.82b}$$

则 $E(s)=0$,即系统误差为0。

这种将误差完全补偿的作用称为全补偿。式(3.82)称为按给定作用的不变性条件。

增加了补偿通道后,闭环特征方程仍然是

$$1+G_1(s)G_2(s)H(s)=0$$

所以,复合控制系统的稳定性不变。

完全不变性条件只是一种理想情况,事实上,式(3.82)确定的 $G_c(s)$ 往往不满足物理可实现条件。

(2) 前馈控制系统

由图3.19可得

$$\begin{cases}E(s)=R(s)-C(s)H(s)+G_c(s)N(s)\\C(s)=G_2(s)[G_1(s)E(s)+G_N(s)N(s)]\end{cases}$$

则

$$E(s)=R(s)-G_1(s)G_2(s)H(s)E(s)-G_2(s)G_N(s)H(s)N(s)+G_c(s)N(s)$$

$$E(s)=\frac{1}{1+G_1(s)G_2(s)H(s)}R(s)+\frac{G_c(s)-G_2(s)G_N(s)H(s)}{1+G_1(s)G_2(s)H(s)}N(s) \tag{3.83}$$

若设计补偿器 $G_c(s)$ 满足

$$G_c(s)-G_2(s)G_N(s)H(s)=0 \tag{3.84a}$$

即

$$G_c(s)=G_2(s)G_N(s)H(s) \tag{3.84b}$$

则由扰动引起的系统误差将为0。式(3.84)称为按扰动作用的不变性条件。

增加了前馈补偿通道后,特征方程不变,所以不影响系统稳定性。

按扰动补偿的困难通常在于不易测得扰动信号。

3. 部分补偿

完全补偿是一种理想情况,但有时不满足物理可实现条件,或者所设计的补偿器太复杂,所以常常采用较简单的、可实现的部分补偿。关于各种补偿方法的研究,可参考有关文献。下面仅以工程中常用的微分补偿方法为例。

例 3.16 图 3.20 所示为一随动系统,系统输入为 $r(t)=t$,试设计微分补偿复合控制。

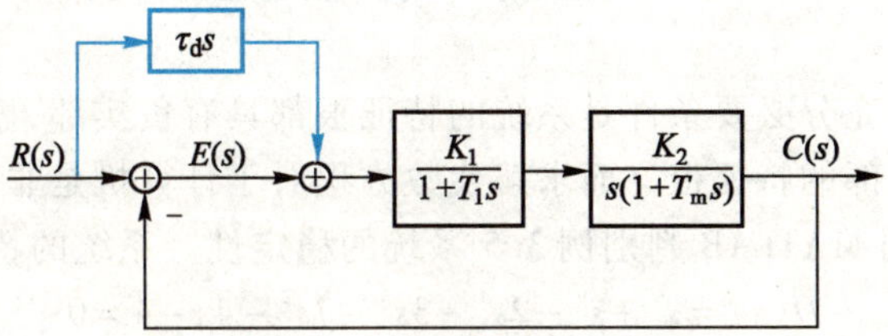

图 3.20 微分补偿复合控制

解 将图 3.20 与图 3.18 所示顺馈控制系统相比,得

$$G_1(s)=1,H(s)=1,G_2(s)=\frac{K_1K_2}{s(1+T_1s)(1+T_ms)},G_c(s)=\tau_d s,$$

$$E(s)=\frac{1-G_2(s)G_c(s)H(s)}{1+G_1(s)G_2(s)H(s)}R(s)$$

$$=\frac{s[(1+T_1s)(1+T_ms)+\tau_dK_1K_2]}{s(1+T_1s)(1+T_ms)+K_1K_2}\cdot\frac{1}{s^2}$$

$$e_{ss}(\infty)=\lim_{s\to 0}sE(s)=\lim_{s\to 0}\frac{(1+T_1s)(1+T_ms)-K_1K_2\tau_d}{s(1+T_1s)(1+T_ms)+K_1K_2}$$

$$=\frac{1-K_1K_2\tau_d}{K_1K_2}=\frac{1}{K_1K_2}-\tau_d$$

由上式可见:若没有微分补偿,即 $\tau_d=0$,则系统稳态误差终值为$\frac{1}{K_1K_2}$;若设计微分补偿 $\tau_d=\frac{1}{K_1K_2}$,则 $e_{ss}(\infty)=0$,称为全补偿;若设计微分补偿 $\tau_d<\frac{1}{K_1K_2}$,则也有补偿功能,但不能使 $e_{ss}(\infty)=0$,称为欠补偿;若设计微分补偿 $\tau_d>\frac{1}{K_1K_2}$,则称为过补偿。

在工程上一般设计成欠补偿状态。

需要指出的是,上述系统对于速度输入虽然也能准确跟踪。但是它同 2 型系统的准确跟踪有本质差别。因为当系统参数发生变化时,上述补偿就被破坏,从而使稳态误差终值不为 0,所以,这种由补偿使稳态误差终值为 0 的方法不是鲁棒的。而对于 2 型系统,只要参数、结构的变化不改变系统型号,总能准确(渐近)跟踪速度输入,稳态误差终值为 0,所以这种方法是鲁棒的。

3.4 MATLAB 辅助分析控制系统时域性能

3.4.1 MATLAB 辅助控制系统稳定性分析

系统稳定的充分必要条件是系统的特征根都具有负实部,显然,最直接的方法是求出系统全部的特征根。而求解代数方程对于计算机是非常容易的。

例 3.17 用 MATLAB 判别例 3.5 系统的稳定性。系统的特征方程为

$$D(s)=s^6+s^5-2s^4-3s^3-7s^2-4s-4=0$$

解 在 MATLAB 窗口中键入如下程序

```
den = [1,1, -2, -3, -7, -4, -4];
roots(den)
```

键入 Enter 键以后得到如下结果:

```
ans =

    2.0000
   -2.0000
   -0.0000 + 1.0000i
   -0.0000 - 1.0000i
   -0.5000 + 0.8660i
   -0.5000 - 0.8660i
```

由于有 1 个正实部的特征根,所以,系统不稳定,与例 3.5 中结论相同。

3.4.2 MATLAB 求控制系统的单位阶跃响应

如果已知系统的传递函数的系数,则可以用 step(num,den)或者 step(num,den,t),就得到系统的单位阶跃响应曲线图。

step(num,den)中没有指定时间 t,系统会自动生成时间向量,响应曲线图的

坐标也是自动标注的。执行该命令能自动画出系统的单位阶跃响应图。

在 MATLAB 中也可以采用命令 step(num,den,t)求系统的单位阶跃响应，其中的时间 t 由用户指定。MATLAB 会根据用户给定的时间 t,算出对应的坐标值。执行该命令不能自动画出系统的单位阶跃响应图,而要另加 plot 绘图命令。

例 3.18 已知系统的闭环传递函数为

$$\Phi(s)=\frac{15s+60}{s^4+13s^3+54s^2+82s+60}$$

用 MATLAB 求系统的暂态性能指标,绘制单位阶跃响应曲线。

解 在 MATLAB 窗口中键入如下程序:

```
t=0:0.01:10;
num=[15,60];
den=[1,13,54,82,60];
[y,x,t]=step(num,den,t);
plot(t,y);
grid on
xlabel('t'),ylabel('c(t)')
title('单位阶跃响应')
maxy=max(y);
yss=y(length(t));
pos=100*(maxy-yss)/yss;//求超调量σp%
pos
for i=1:1:1001
    if y(i)==maxy,n=i;end
end
tp=(n-1)*0.01;//求超调时间tp
tp
for i=1001:-1:1
    if y(i) > 1.02 || y(i) < 0.98,m=i;//Δ=2
      break;
    end
end
ts=(m-1)*0.01;//求调节时间ts
```

```
ts
```

键入 Enter 键后得到如下运算结果以及如图 3.21 所示曲线。

```
pos =
      4.3139
tp =
      3.2600
ts =
      4.3300
```

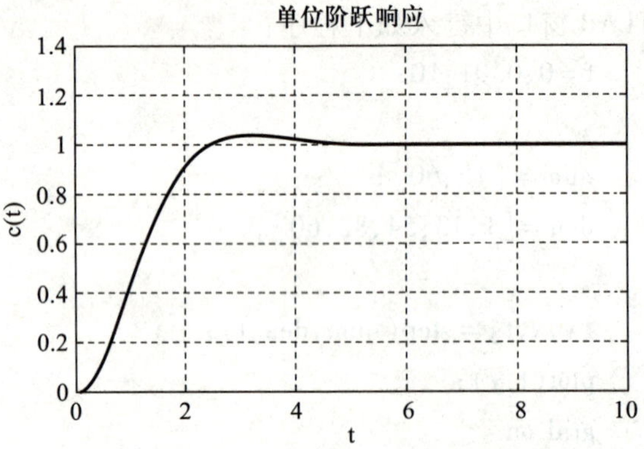

图 3.21 例 3.18 系统的单位阶跃响应

从上面计算结果可知：超调量 4.3139%；超调时间 3.26s；调节时间 4.33s。用鼠标指向图 3.21 所示曲线上任何一点，可以读取该点对应的时间和幅值。

MATLAB 中提供了求系统各种响应的函数，例如求脉冲响应的 impluse 命令、求系统零输入响应的 initial 命令等。

由于 MATLAB 只能在系统参数全部给定的情况下进行计算，所以，不能分析系统系数与性能的关系，所以，MATLAB 只能作为分析系统的辅助工具，而不能代替控制理论分析、设计系统。

本章小结

对控制系统的性能的要求，主要是稳定性、暂态性能和稳态性能几个方面。

1. 稳定条件与代数稳定判据

线性定常连续系统稳定的充分必要条件是：系统的全部特征根或闭环极点都具有负实部，或者说都位于复平面左半部。

系统稳定的必要条件是：系统特征方程的系数同号，而且都不为零。

劳斯稳定判据不仅能够判别系统是否稳定，而且能够确定正实部根的个数，也能够具体确定对称于原点的特征根。

2. 暂态性能分析

系统的暂态性能指标主要有超调量、超调时间、上升时间、调节时间等。

熟记欠阻尼典型二阶系统的暂态性能指标公式。

引入主导极点可以简化高阶系统的分析和设计，要求掌握高阶系统主导极点的概念，理解高阶系统暂态性能指标公式及其推导过程。

3. 稳态性能分析

稳态误差是衡量控制精度的性能指标。要求掌握稳态误差的概念以及系统型号的定义。熟练掌握计算稳态误差终值的终值定理法和误差系数法，熟记典型输入信号作用下系统的稳态误差终值。

掌握扰动作用下的稳态误差分析方法与主要结论。扰动作用下的稳态误差只与扰动作用点之前的传递函数的积分环节数与传递系数有关。所以在系统设计中，通常在扰动作用点之前的传递函数中增加积分环节或增大传递增益，既抑制了参考输入引起的稳态误差，又抑制了扰动输入引起的稳态误差。

4. 复合控制

掌握复合控制系统的控制原理及其稳态误差分析方法与主要结论。复合控制能够在不影响系统稳定性的情况下，补偿系统输入和扰动引起的稳态误差。但在工程上往往难以实现，特别是鲁棒性差。

实际练习运用 MATLAB 分析系统稳定性，绘制系统的阶跃响应曲线，并确定系统的暂态性能指标。

习题与应用题

3.1 已知系统特征方程如下，试用劳斯判据判别系统稳定性，并指出位于右半 s 平面和虚轴上的特征根的数目。

(1) $D(s)=s^5+s^4+4s^3+4s^2+2s+1=0$

(2) $D(s)=s^6+3s^5+5s^4+9s^3+8s^2+6s+4=0$

(3) $D(s)=s^5+3s^4+12s^3+20s^2+35s+25=0$

(4) $D(s)=s^6+s^5-2s^4-3s^3-7s^2-4s-4=0$

3.2 已知单位负反馈系统的开环传递函数为

$$G(s)=\frac{s+2}{s^2(s^3+2s^2+9s+10)}$$

试用劳斯判据判别系统稳定性。若系统不稳定，指出位于右半 s 平面和虚轴上的特征根的数目。

3.3 已知单位负反馈控制系统的开环传递函数为

$$G(s)=\frac{\omega_n^2 K_v}{s(s^2+2\zeta\omega_n s+\omega_n^2)}$$

当 $\omega_n=90$，阻尼比 $\zeta=0.2$ 时，试确定 K_v 为何值时系统是稳定的。

3.4　已知单位负反馈系统的开环传递函数为

$$G(s)=\frac{K}{s(0.1s+1)(0.5s+1)}$$

确定系统稳定时的 K 值范围。

3.5　已知单位负反馈系统的开环传递函数为

$$G(s)=\frac{K(2s+1)(s+1)}{s^2(Ts+1)},\quad K>0, T>0$$

确定当闭环系统稳定时，T、K 应满足的条件。

3.6　已知反馈控制系统的传递函数为

$$G(s)=\frac{10}{s(s-1)},\quad H(s)=1+K_h s$$

试确定闭环系统临界稳定时 K_h 的值。

3.7　已知系统的单位阶跃响应为 $c(t)=1+0.2e^{-60t}-1.2e^{-10t}$，试求：

(1) 系统的传递函数。

(2) 系统的阻尼比 ζ 和自然振荡频率 ω_n。

3.8　在零初始条件下，控制系统在输入信号 $r(t)=1(t)+t1(t)$ 的作用下的输出响应为 $c(t)=t1(t)$，求系统的传递函数，并确定系统的调节时间 t_s。

3.9　设单位反馈系统的开环传递函数为

$$G(s)=\frac{1}{s(s+1)}$$

试求：系统的上升时间 t_r、超调时间 t_p、超调量 $\sigma_p\%$ 和调节时间 t_s。

3.10　要求图题 3.10 所示系统具有如下性能指标：$\sigma_p\%=10\%$，$t_p=0.5s$。确定系统参数 K 和 A，并计算 t_r、t_s。

3.11　图题 3.11 所示控制系统，为使闭环极点为 $s_{1,2}=-1\pm j$，试确定 K 和 α 的值，并确定这时系统的超调量。

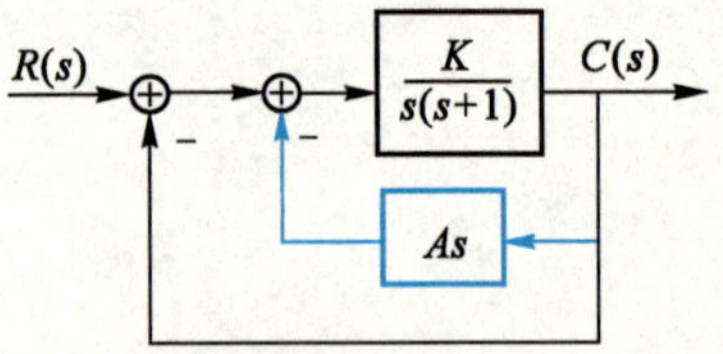

图题 3.10

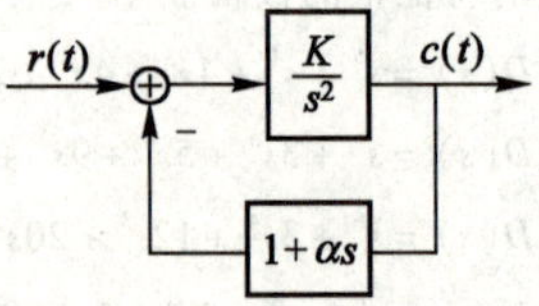

图题 3.11

3.12　设典型二阶线性定常系统的单位阶跃响应曲线如图题 3.12 所示。

(1) 求阻尼比 ζ 和自然振荡频率 ω_n。

(2) 画出等效的单位反馈系统。

(3) 写出系统的开环传递函数和闭环传递函数。

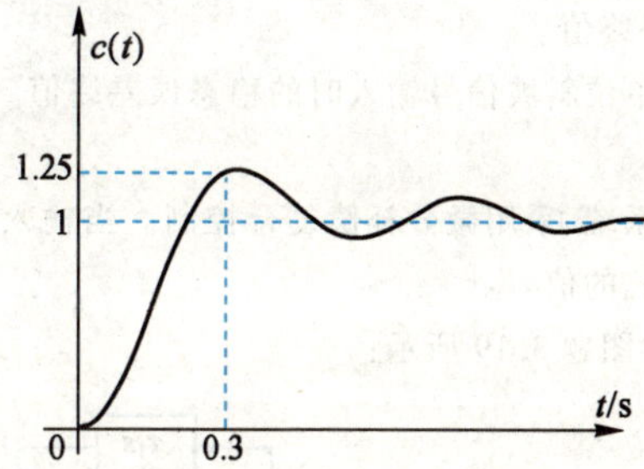

图题 3.12

3.13 已知系统的闭环传递函数为

$$\Phi(s)=\frac{2}{(s+5)(s^2+2s+2)}$$

用主导极点法求系统超调量 σ_P 和超调时间 t_P，并与用 MATLAB 求取的精确值比较。

3.14 单位负反馈控制系统的开环传递函数为

$$G(s)=\frac{100}{s(s+10)}$$

试求：

(1) 位置误差系数 K_p，速度误差系数 K_v 和加速度误差系数 K_a。

(2) 当参考输入为 $r(t)=1+t+t^2$ 时，系统的稳态误差终值。

3.15 单位负反馈系统的开环传递函数为

$$G(s)=\frac{5}{s(s+1)}$$

(1) 求输入信号为 $r_1(t)=0.1t$ 时系统的稳态误差终值。

(2) 求输入信号为 $r_2(t)=0.01t^2$ 时系统的稳态误差终值。

3.16 单位负反馈系统的开环传递函数为

$$G(s)=\frac{k}{(s+2)(s+5)}$$

求在单位阶跃信号的作用下，稳态误差终值 $e_{ss}(\infty)=0.1$ 时的 k 值。

3.17 控制系统的结构如图题 3.17 所示：

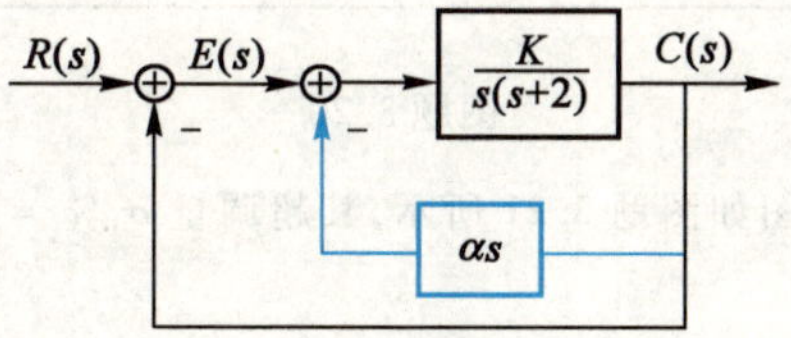

图题 3.17

(1) 当 $K=8,\alpha=0$ 时，确定系统的阻尼系数 ζ、无阻尼自然振荡频率 ω_n 以及单位斜坡信号输入时系统的稳态误差终值。

(2) 当 $K=8$ 时，确定使系统为最佳二阶系统($\zeta=0.707$)时反馈校正参数 α 的值，并计算单位斜坡输入时的稳态误差终值。

(3) 在保证 $\zeta=0.707$ 和单位斜坡信号输入时的稳态误差终值 $e_{ss}(\infty)=0.25$ 的条件下，确定参数 α 及前向通道增益 K。

3.18　如图题 3.18 所示系统，采用微分补偿复合控制。当输入 $r(t)=t$ 时，要求系统稳态误差终值为 0，试确定参数 τ_d 的值。

3.19　控制系统结构图如图题 3.19 所示：

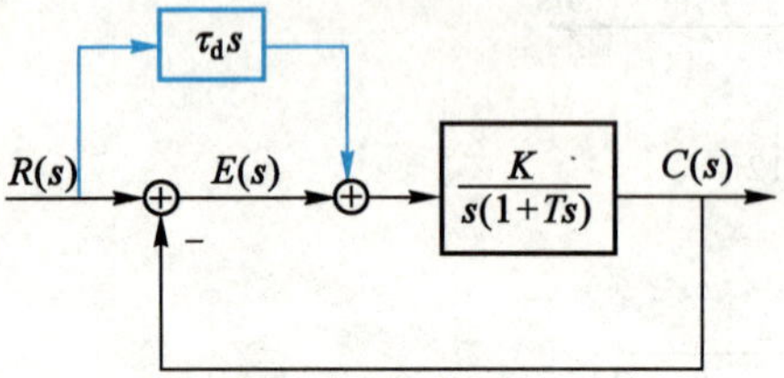

图题 3.18

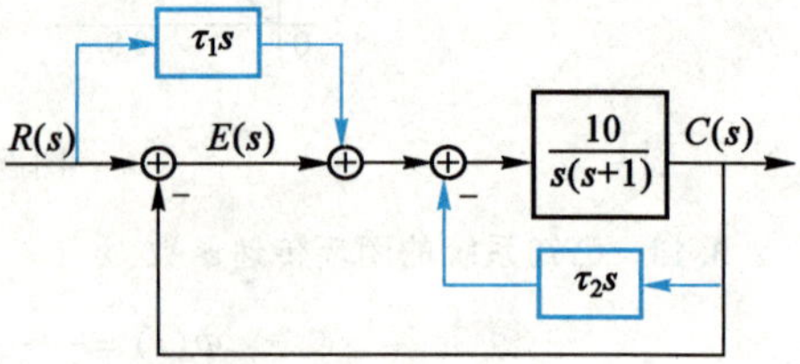

图题 3.19

(1) 计算测速反馈校正($\tau_1=0,\tau_2=0.1$)时，系统的暂态性能指标 $\sigma_p\%$、t_s 以及单位斜坡信号输入作用下的稳态误差终值 $e_{ss}(\infty)$。

(2) 若希望系统在单位斜坡信号输入作用下的稳态误差终值 $e_{ss}(\infty)=0$，确定 τ_1 与 τ_2 应满足的条件。

3.20　控制系统结构图如图题 3.20 所示：

(1) 当 $K=25$，$K_f=0$ 时，求系统的阻尼比 ζ、无阻尼自然振荡角频率 ω_n 以及单位斜坡信号输入作用下的稳态误差终值。

(2) 当 $K=25$ 时，求 K_f 取何值能使闭环系统的阻尼比 $\zeta=0.707$，并求单位斜坡输入信号作用下的稳态误差终值 $e_{ss}(\infty)$。

(3) 欲使 $\zeta=0.707$，单位斜坡输入作用时的稳态误差终值 $e_{ss}(\infty)=0.12$，求 K 和 K_f。

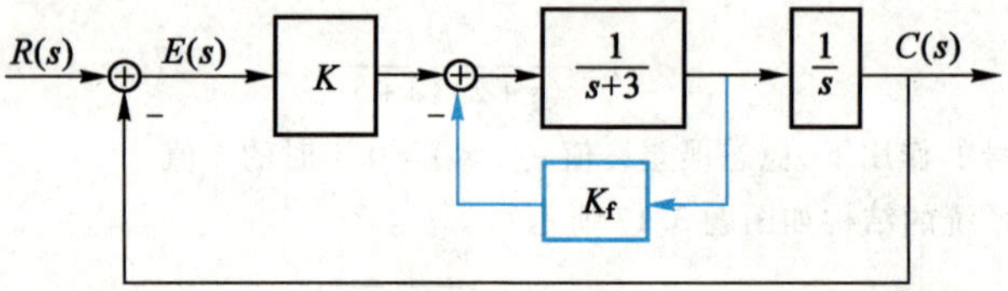

图题 3.20

3.21　已知系统结构图如图题 3.21 所示，其超调量 $\sigma_p\%=16.3\%$，峰值时间 $t_p=1\text{s}$。试求：

(1) 开环传递函数 $G(s)$。

(2) 闭环传递函数 $\Phi(s)$。

(3) 根据已知性能指标 $\sigma_p\%$ 及 t_p 确定参数 K 及 τ。

(4) 计算输入 $r(t)=1.5t$ 时系统的稳态误差终值。

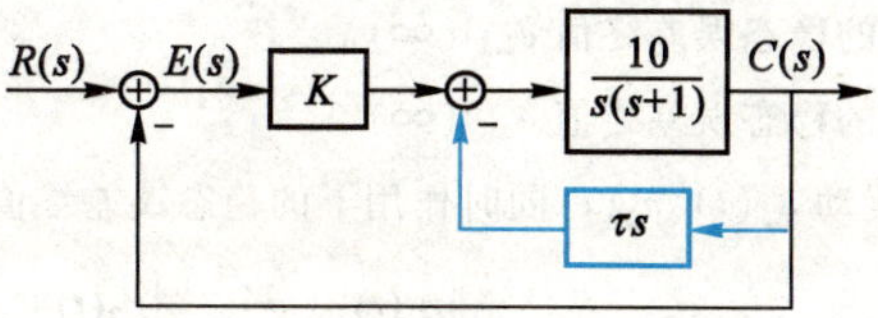

图题 3.21

3.22 控制系统如图题 3.22 所示，其中 $e(t)$ 为误差信号。

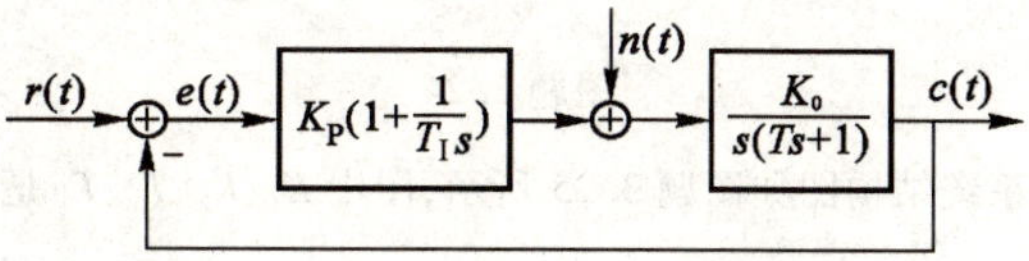

图题 3.22

(1) 求 $r(t)=t, n(t)=0$ 时，系统的稳态误差终值 $e_{ss}(\infty)$。

(2) 求 $r(t)=0, n(t)=t$ 时，系统的稳态误差终值 $e_{ss}(\infty)$。

(3) 求 $r(t)=t, n(t)=t$ 时，系统的稳态误差终值 $e_{ss}(\infty)$。

(4) 系统参数 K_0、T、K_p、T_i 变化时，上述结果有何变化？

3.23 系统如图题 3.23 所示。

(1) 求 $r(t)=0, n(t)=1(t)$ 时，系统的稳态误差终值 $e_{ss}(\infty)$。

(2) 求 $r(t)=t, n(t)=1(t)$ 时，系统的稳态误差终值 $e_{ss}(\infty)$。

(3) 若要减少 $e_{ss}(\infty)$，则应如何调整 K_1、K_2？

(4) 比较(1)、(2)的结果，说明在扰动点之前或之后加入积分环节，对 $e_{ss}(\infty)$ 的影响。

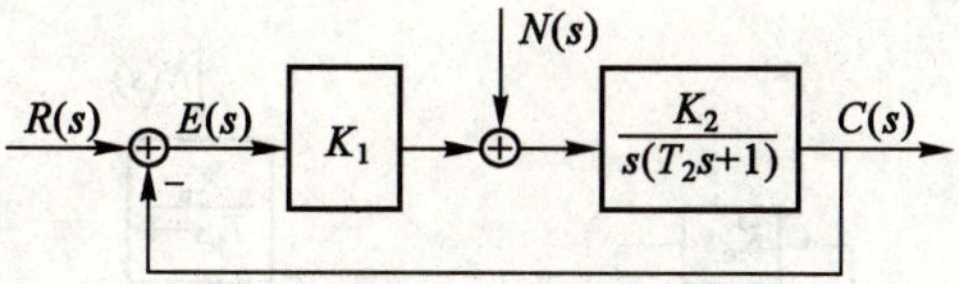

(a) 干扰作用在积分环节前

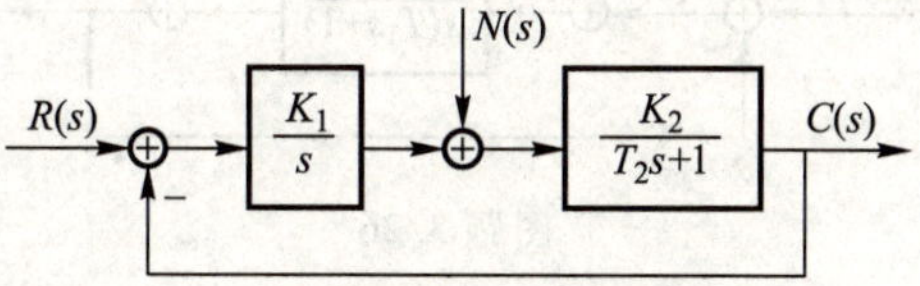

(b) 干扰作用在积分环节后

图题 3.23

3.24 系统如图题 3.24 所示。

其中，输入 $r(t)$ 和扰动 $n_1(t)$、$n_2(t)$ 都是单位阶跃信号。求：

(1) 在 $r(t)$ 作用下的稳态误差终值 $e_{ssr}(\infty)$。

(2) 在 $n_1(t)$ 作用下的稳态误差终值 $e_{ssn_1}(\infty)$。

(3) 在 $n_2(t)$ 作用下的稳态误差终值 $e_{ssn_2}(\infty)$。

(4) 在输入 $r(t)$ 和扰动 $n_1(t)$、$n_2(t)$ 同时作用下的稳态误差终值 $e_{ss}(\infty)$。

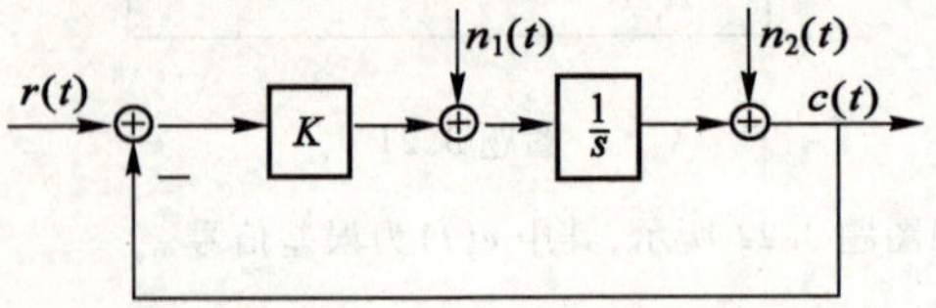

图题 3.24

3.25 顺馈控制系统结构图如图题 3.25 所示，图中 K_1、K_2、T_1、T_2 是大于零的常数。

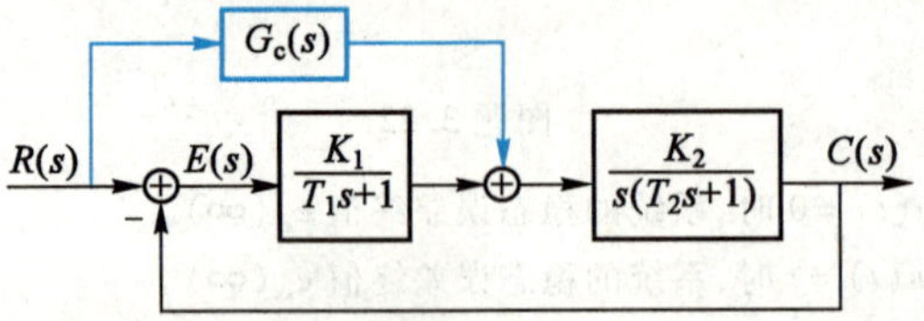

图题 3.25

(1) 确定当闭环系统稳定时，参数 K_1、K_2、T_1、T_2 应满足的条件。

(2) 当输入 $r(t)=V_0t$ 时，选择校正装置 $G_c(s)$，使得系统无稳态误差。

3.26 某顺馈控制系统结构图如图题 3.26 所示，求：

(1) 该系统在阶跃扰动输入信号 $n(t)=1(t)$ 的作用下所引起的稳态误差终值 $e_{Nss}(\infty)$。

(2) 使系统在 $r(t)=n(t)=t$ 同时作用下的稳态误差终值 $e_{ss}(\infty)=0$，试确定 K_d 的取值。

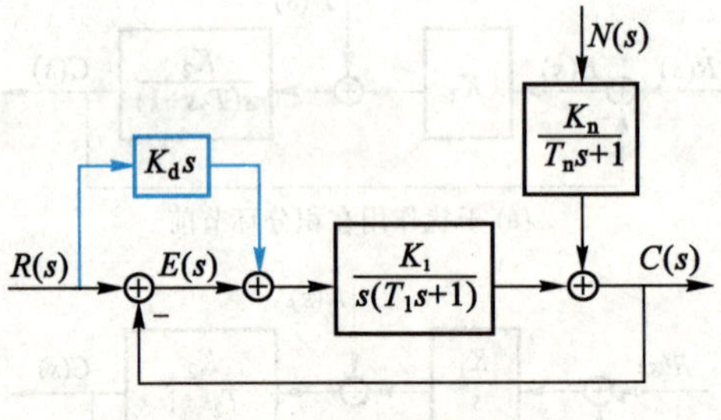

图题 3.26

3.27 复合控制系统的结构图如图题 3.27 所示，前馈环节的传递函数 $F_r(s)=\dfrac{as^2+bs}{Ts+1}$。当输入 $r(t)$ 为单位加速度信号时，为使系统的稳态误差为零，确定前馈环节的参数 a 和 b。

3.28 已知系统结构图如图题 3.28 所示，试求：

(1) 传递函数 $C(s)/N(s)$（无虚线所画的前馈控制）。

(2) 设 $N(s)$ 阶跃变化 Δ 值（Δ 为设定值），求 $C(s)$ 的稳态变化。

(3) 若加一增益等于 K 的前馈控制，如图中虚线所示，求 $C(s)/N(s)$，并求 $N(s)$ 对 $C(s)$

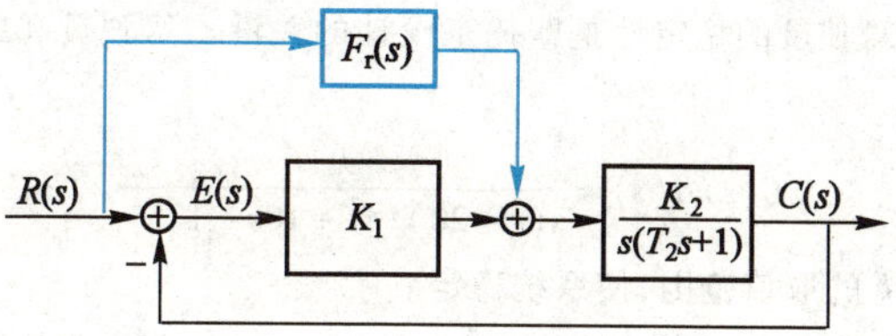

图题 3.27

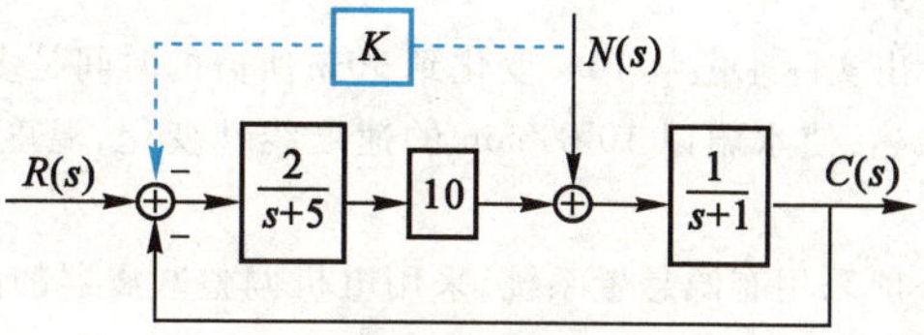

图题 3.28

稳态值影响最小的 K 值。

3.29 求图题 3.29 所示复合控制系统在 $r(t)$ 和 $n(t)$ 同时作用下的稳态误差终值 $e_{ss}(\infty)$。

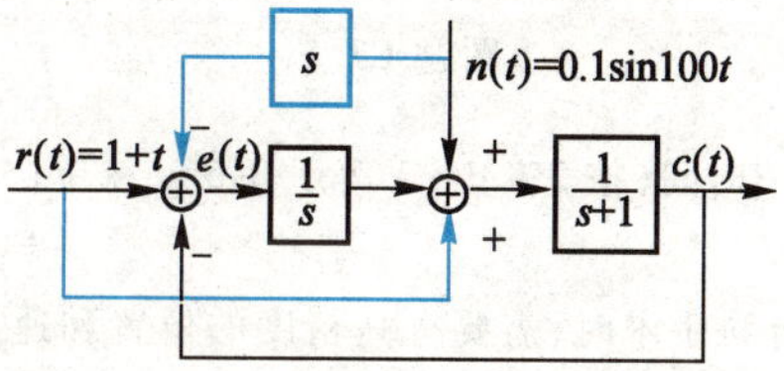

图题 3.29

E3.1 单闭环速度控制系统的结构图如图题 E2.2 所示，设系统的参数为：$T_a=0.03$ s，$T_m=0.2$ s，$K_s=40$，$R_a=0.5\ \Omega$，$C_e=0.132$ V/(r/m)，$K_{sf}=0.07$。

(1) 用劳斯稳定判据确定使系统稳定的比例放大系数 K_P 的取值范围；

(2) 当控制器为比例控制器时，确定比例放大系数 K_P 的值，使系统的阻尼比为 $\zeta=0.707$，并求系统的超调量和调节时间；

(3) 计算参考输入和扰动均为阶跃信号时的稳态误差。

E3.2 电梯垂直位置控制系统的结构图如图题 E3.2 所示。用劳斯稳定判据确定控制器的放大系数 K 的取值范围，使系统稳定。

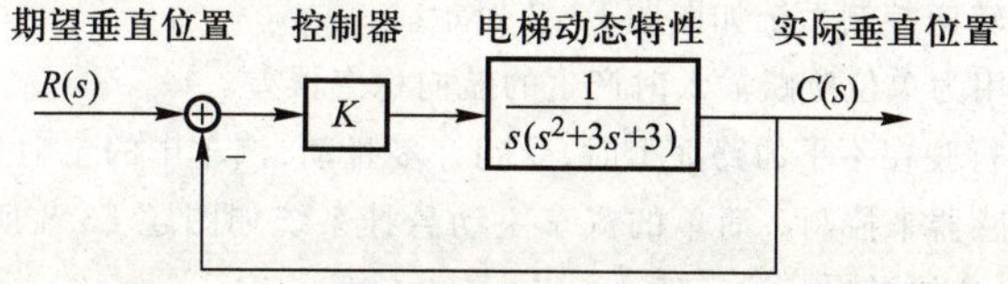

图题 E3.2

E3.3 摩托车和驾驶员的稳定性是摩托车设计的关键。驾驶员和摩托车组成的控制系统的开环传递函数为

$$G(s)H(s)=\frac{k}{s(s+20)(s^2+10s+125)}$$

用劳斯稳定判据确定 k 的取值范围,使系统稳定。

E3.4 用温度计测量容器里的水温,发现需要 1 min 才能指示出实际水温的98%。假设温度计可用传递函数$\frac{1}{Ts+1}$描述。

(1) 该温度计指示出实际水温从10%变化到90%所需的时间是多少?

(2) 如果给容器加热,使水温以 10℃/min 的速度线性变化,温度计的稳态指示误差是多少?

E3.5 现代汽车一般采用有源悬置系统,采用电机调整减震器的阀,提供舒适而可靠的驾驶。控制系统方框图如图题 E3.5 所示。

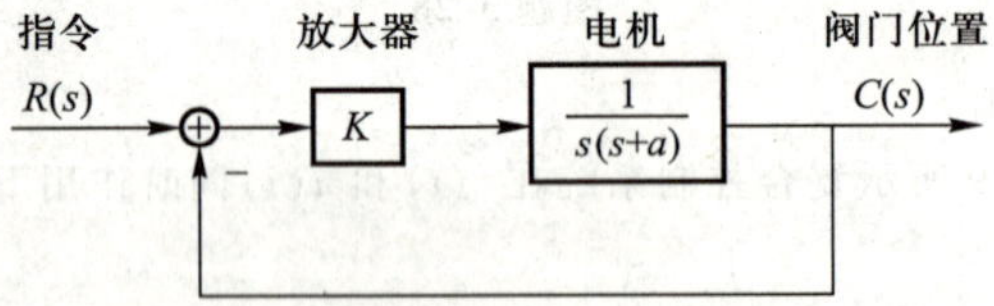

图题 E3.5

选择 K 和 a,使得系统的调节时间(按2%)小于等于0.5 s,在单位速度输入作用下的稳态误差小于0.1 s。

E3.6 应用激光进行外科手术时,需要有高精度的位置和速度响应。激光器位置控制系统如图题 E3.6 所示。其中,操纵激光器的直流电机的电机励磁时间常数 $\tau_1=0.1$ s,电机和载荷的组合时间常数 $\tau_2=0.2$ s。选择放大器增益 K 使得对速度输入 $r(t)=At$(其中,$A=$ 1 mm/s)的稳态误差不超过0.1 mm。

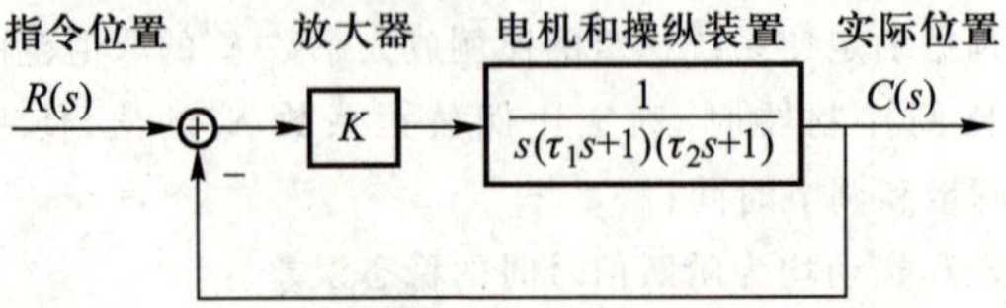

图题 E3.6

E3.7 轮船的转向控制系统如图题 E3.7 所示。

求风的扰动作用为单位阶跃输入时产生的航向稳态误差。

E3.8 当汽车行驶在不平的路面上时,受到许多扰动,汽车中的主动悬挂系统可以通过预测前面路况的传感器来控制。简单的汽车主动悬挂系统如图题 E3.8 所示。选择 K_c 使车辆行驶不受扰动 $N(s)$ 的影响。

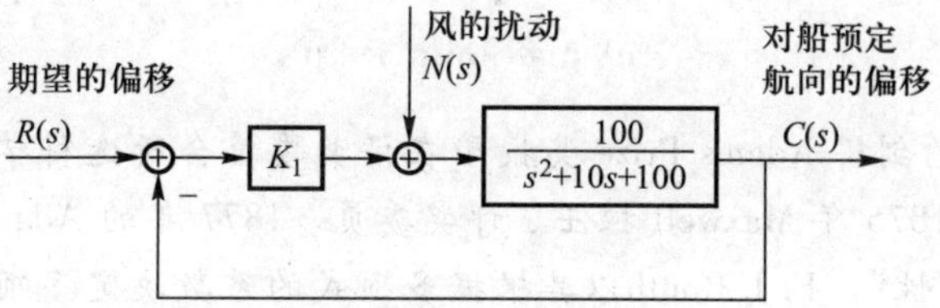
风的扰动
N(s)
期望的偏移
R(s)
K1
100
s2+10s+100
对船预定
航向的偏移
C(s)
−

图题 E3.7

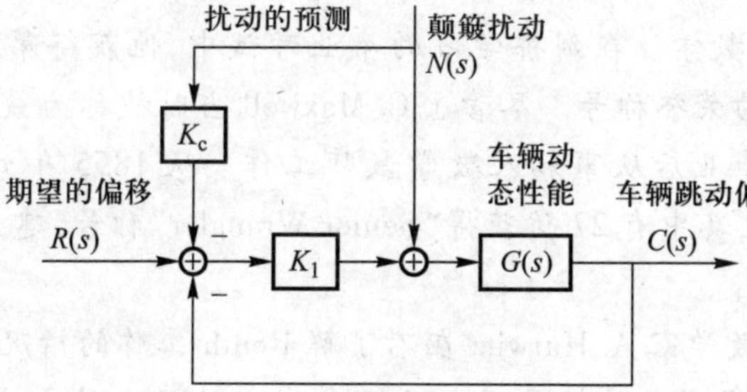
扰动的预测
颠簸扰动
N(s)
Kc
期望的偏移
R(s)
K1
车辆动
态性能
G(s)
车辆跳动偏移
C(s)
−
−

图题 E3.8

Edward John Routh

两年一次的剑桥 Adams Prize 奖授予在评奖委员会所选科学主题方面的最佳论文。约在 1875 年 Maxwell 担任了评奖委员。1877 年的 Adams Prize 的主题是“运动的稳定性”。E. J. Routh以其根据多项式的系数决定多项式在右半平面根的数目的论文夺得桂冠。Routh 的这一成果现在被称为 Routh 稳定判据。

E. J. Routh(1831—1907)出生在加拿大的魁北克,11 岁那年回到英国,在 de Morgan 指导下学习数学。在剑桥学习的毕业考试中,他获得第一名,并得到了“Senior Wrangler”的荣誉称号。尽管 J. C. Maxwell 当时被称为最聪明的人,但排在第二位。Routh 毕业后从事私人数学教师工作。从 1855 年到 1888 年 Routh 教了 600 多名学生,其中有 27 位获得“Senior Wrangler”称号,建立了无可匹敌的业绩。

1895 年,瑞士数学家 A. Hurwitz 在不了解 Routh 工作的情况下,给出了根据多项式的系数决定多项式的根是否都具有负实部的另一种方法(Hurwitz A. On the conditions under which an equation has only roots with negative real parts. Mathematische Annelen, vol. 46:273-284, 1895)。后人已经证明 Hurwitz 稳定判据的稳定条件同 Routh 稳定判据的稳定条件在本质上是一致的。因此,这两种稳定判据现在被称为 Routh-Hurwitz 代数稳定判据。

第4章 根轨迹法

线性系统的动态性能取决于系统的闭环极点和零点的分布。虽然可以通过计算机直接求解得到闭环极点，但不能看出系统闭环极点随参数变化的情况。1948年，伊万思(W. R. Evans)提出了根轨迹法，能够根据系统开环零极点分布，用图解的方法画出系统闭环极点随系统参数变化的轨迹，使得系统性能随参数的变化一目了然。

本章首先介绍根轨迹的基本概念以及根轨迹的绘制规则，包括零度根轨迹的绘制规则以及广义根轨迹的绘制方法，然后简要介绍控制系统的根轨迹分析方法。最后介绍用MATLAB绘制根轨迹的方法。

4.1 根轨迹的基本概念

为了说明根轨迹的概念以及作用，先考察一个简单的典型二阶系统

$$G(s)H(s)=\frac{k}{s(s+2)}$$

系统的闭环极点为

$$s_1=-1+\sqrt{1-k}$$

$$s_2=-1-\sqrt{1-k}$$

可以画出闭环极点 s_1 和 s_2 在[s]平面上随着 k 变化的轨迹，称为根轨迹，如图 4.1 所示。

从图 4.1 可以看出，该典型二阶系统的闭环极点 s_1 随 k 变化的轨迹从开环极点(0，j0)即坐标原点出发，随着 k 的增加，闭环极点 s_1 沿着负实轴向左移动，当 $k=1$ 时，闭环极点 s_1 到(-1，j0)点，然后随着 k 的进一步增加右转进入复平面，闭环极点的实部不变，而虚部逐渐加大；闭环极点 s_2 随 k 变化的轨迹从开环极点(-2，j0)出发，随着 k 的增加闭环极点 s_2 沿着负实轴向右移动，当 $k=1$ 时，闭环极点 s_2 到(-1，j0)点，然后随着 k 的进一步增加右转进入复平面。

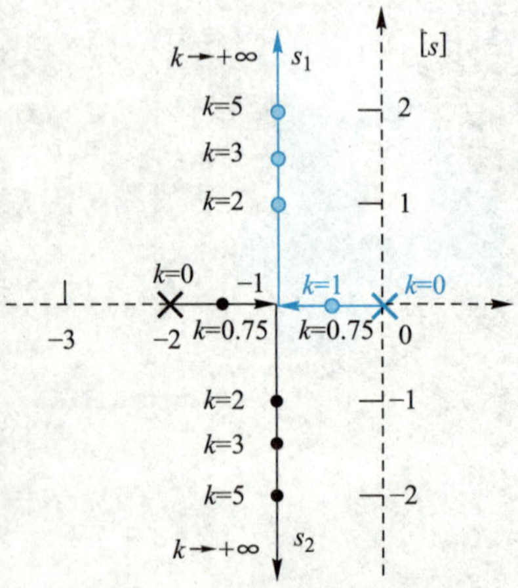

图 4.1 根轨迹示例

这里需要指出：当两条根轨迹在分合点相遇再离开时遵循右转法则。

从图 4.1 可以分析系统的特性随参数 k 的变化情况：因为根轨迹都位于[s]平面的左半部，也就是系统的闭环极点总位于[s]平面的左半部，说明系统总是稳定的。当 $0\leqslant k\leqslant 1$ 时，该典型二阶系统具有两个实极点，系统呈现过阻尼状态；当 $k>1$ 时，该典型二阶系统具有两个复极点，系统呈现欠阻尼状态。

下面介绍一般系统的根轨迹的概念。

控制系统的闭环极点在复平面上随系统参数变化的轨迹称为根轨迹。以根轨迹放大系数 k 为参变量的根轨迹称为常义根轨迹，简称为根轨迹。以除 k 以外的系统参数为参变量的根轨迹称为广义根轨迹，或者称为参量根轨迹。

下面推导根轨迹应满足的条件。设系统的闭环特征方程为

$$1+G(s)H(s)=0 \tag{4.1}$$

或者等价地写成

$$G(s)H(s)=-1 \tag{4.2}$$

将式(4.2)写成幅角形式可以得到幅值条件和相角条件:

幅值条件

$$|G(s)H(s)|=1 \tag{4.3}$$

相角条件

$$\angle G(s)H(s)=(2l+1)\pi \quad l=0,\pm1,\pm2,\cdots \tag{4.4}$$

设系统的根轨迹放大系数为 k,则有

$$G(s)H(s)=kG_1(s)H_1(s)=\frac{k\prod_{i=1}^{m}(s-z_i)}{\prod_{i=1}^{n}(s-p_i)} \tag{4.5}$$

设 $k\geqslant 0$,则根轨迹的幅值条件和相角条件为

幅值条件

$$|G_1(s)H_1(s)|=\frac{1}{k} \tag{4.6}$$

相角条件

$$\angle G_1(s)H_1(s)=(2l+1)\pi \quad l=0,\pm1,\pm2,\cdots \tag{4.7}$$

从式(4.7)可见,相角条件与根轨迹放大系数 k 无关,因此,由相角条件可以得到系统所有闭环极点,从而画出系统的根轨迹。而根轨迹上的任何一点 s 对应的根轨迹放大系数,可以根据幅值条件(4.6)求得为

$$k=\frac{1}{|G_1(s)H_1(s)|} \tag{4.8}$$

4.2 根轨迹的绘制

本节介绍根据根轨迹的一些特征,绘制根轨迹大致形状的方法。

由于已经能够用 MATLAB 等软件精确绘制根轨迹图,所以下面不加推导地给出手工绘制根轨迹的基本规则。这些规则本身也是根轨迹的重要特性。

规则 1 根轨迹是对称于实轴的连续曲线,其分支数等于开环有限极点数 n 和有限零点数 m 中最大者。

规则 2 在根轨迹上,$k=0$ 对应的点是开环传递函数的极点(包括无限极点),$k\to+\infty$对应的点是开环传递函数的零点(包括无限零点)。

规则 3 实轴上的根轨迹是那些在其右侧的开环实极点与开环实零点的总

数为奇数的线段。

规则 4 根轨迹的所有渐近线交汇于[s]平面的实轴上，该点坐标是

$$\left(\frac{\sum_{i=1}^{n}\mathrm{Re}(p_i)-\sum_{i=1}^{m}\mathrm{Re}(z_i)}{n-m},\mathrm{j}0\right) \tag{4.9}$$

渐近线与实轴的夹角是

$$\theta_l=\frac{(2l+1)\pi}{n-m}\quad l=0,1,2,\cdots,|n-m|-1 \tag{4.10}$$

规则 5 将 $s=\mathrm{j}\omega$ 代入系统的特征方程，或者用劳斯稳定判据，可以确定根轨迹与虚轴的交点坐标以及对应的参数 k 的值。

规则 6 根轨迹离开一个开环复数极点的方向（该点切线方向）与实轴正方向之间的夹角称为出射角；根轨迹趋近一个开环复数零点的方向（该点切线方向）与实轴正方向之间的夹角称为入射角。根轨迹的出射角和入射角分别为

$$\theta_{p_i}=\pi+\sum_{j=1}^{m}\varphi_{z_jp_i}-\sum_{\substack{j=1\\ j\neq i}}^{n}\theta_{p_jp_i} \tag{4.11}$$

$$\varphi_{z_i}=\pi-\sum_{\substack{j=1\\ j\neq i}}^{m}\varphi_{z_jz_i}+\sum_{j=1}^{n}\theta_{p_jz_i} \tag{4.12}$$

其中，$\sum_{j=1}^{m}\varphi_{z_jp_i}$ 为开环极点 p_i 到所有开环零点的连线与实轴正方向之间的夹角之和；$\sum_{\substack{j=1\\ j\neq i}}^{n}\theta_{p_jp_i}$ 为开环极点 p_i 到所有其他开环极点的连线与实轴正方向之间的夹角之和；$\sum_{\substack{j=1\\ j\neq i}}^{m}\varphi_{z_jz_i}$ 为开环零点 z_i 到所有其他开环零点的连线与实轴正方向之间的夹角之和；$\sum_{j=1}^{n}\theta_{p_jz_i}$ 为开环零点 z_i 到所有开环极点的连线与实轴正方向之间的夹角之和。

规则 7 设开环传递函数为 $G(s)H(s)=kG_1(s)H_1(s)=k\dfrac{B(s)}{A(s)}$，则根轨迹的分合点可以通过解方程

$$A(s)B'(s)-A'(s)B(s)=0 \tag{4.13}$$

得到，并通过将它的解代入系统特征方程中检验 k，如果对应的 $k>0$ 则为根轨迹的分合点。

位于两零点或者两极点之间的根轨迹至少有一个分合点。位于零点和极点之间的根轨迹存在偶数（包括0）个分合点。

规则 8 绘制出根轨迹后，可以用幅值条件确定根轨迹上任何一点 s_1 对应

的 k 值。

$$k=\frac{1}{|G_1(s_1)H_1(s_1)|}=\frac{\prod_{i=1}^{n}|s_1-p_i|}{\prod_{i=1}^{m}|s_1-z_i|}$$

$$=\frac{\text{从 } G_1(s)H_1(s) \text{ 的所有极点到点 } s_1 \text{ 的长度之积}}{\text{从 } G_1(s)H_1(s) \text{ 的所有零点到点 } s_1 \text{ 的长度之积}} \tag{4.14}$$

下面举例说明如何用上述规则绘制系统的根轨迹。

例 4.1 已知系统的开环传递函数为

$$G(s)H(s)=\frac{k(s+3)}{s(s+5)(s+6)(s^2+2s+2)}$$

试绘制系统的根轨迹。

解 根轨迹有 5 条分支。在根平面上标出开环零极点 $z_1=-3, p_1=0, p_{2,3}=-1\pm \mathrm{j}, p_4=-5, p_5=-6$，实轴上的根轨迹如图 4.2 所示。

渐近线与实轴交点坐标及与实轴正方向的夹角为

$$\sigma=\frac{(-5-6-2)-(-3)}{5-1}=-2.5$$

$$\theta_0=45° \quad \theta_1=135° \quad \theta_2=225° \quad \theta_3=315°$$

求根轨迹与虚轴的交点坐标：系统闭环特征方程为

$$D(s)=s^5+13s^4+54s^3+82s^2+(60+k)s+3k=0$$

① 劳斯判据方法：用劳斯判据可以得到该系统稳定的充分必要条件为 $0\leqslant k\leqslant 35.519$，即当 $k=35.519$ 时，系统处于临界稳定状态，在根轨迹图上就是根轨迹与虚轴的相交点。由劳斯判据中的辅助方程，可以解得对应的交点坐标为 $s=\pm \mathrm{j}1.353$。

② 将 $s=\mathrm{j}\omega$ 代入特征方程的方法：

$$D(\mathrm{j}\omega)=13\omega^4-82\omega^2+3k+\mathrm{j}\omega(\omega^4-54\omega^2+60+k)=0$$

则

$$13\omega^4-82\omega^2+3k=0$$
$$\omega^4-54\omega^2+60+k=0$$

解得 $\omega=\pm 1.353, k=35.519$。

从上面两种方法都得到根轨迹与虚轴的交点坐标为 $(0, \mathrm{j}1.353)$ 和 $(0, -\mathrm{j}1.353)$，对应的 $k=35.519$。

求根轨迹的分合点：

$$A(s)=s^5+13s^4+54s^3+82s^2+60s$$
$$A'(s)=5s^4+52s^3+162s^2+164s+60$$
$$B(s)=s+3$$

$$B'(s)=1$$

代入方程 $A(s)B'(s)-A'(s)B(s)=0$ 并整理得

$$s^5+13.5s^4+66s^3+142s^2+123s+45=0$$

由于分合点只能在极点 -5 与 -6 之间，所以，用试探法解得上述方程的一个根为 -5.525，即为分合点坐标。

根轨迹的出射角为 $\theta=180°+27°-133°-90°-15°-11°=-42°$。

根据上述特征可以概略地绘制系统的根轨迹图，如图 4.2 所示。

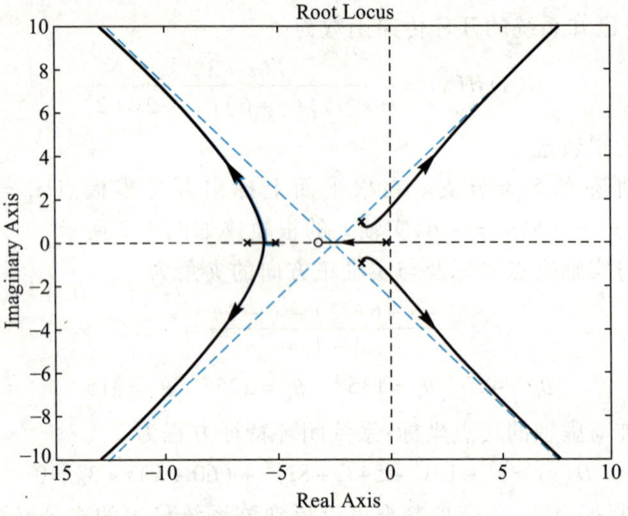

图 4.2 例 4.1 的根轨迹

4.3 零度根轨迹的绘制

如果系统的开环传递函数为

$$G(s)H(s)=-kG_1(s)H_1(s)=-\frac{k\prod_{i=1}^{m}(s-z_i)}{\prod_{i=1}^{n}(s-p_i)}\quad (k\geqslant 0) \tag{4.15}$$

该系统的根轨迹的幅值条件和相角条件为

幅值条件

$$|G_1(s)H_1(s)|=\frac{1}{k} \tag{4.16}$$

相角条件

$$\angle G_1(s)H_1(s)=2l\pi \quad l=0,\pm1,\pm2,\cdots \tag{4.17}$$

与前面介绍的式(4.5)所示系统的根轨迹相比,幅值条件相同,但相角条件相差了180°。由于根轨迹是由相角条件绘制的,所以,这类根轨迹常称为零度根轨迹。前面介绍的根轨迹有时也称为180°根轨迹。

零度根轨迹的绘制规则和前面介绍的180°根轨迹绘制规则有一些是相同的,下面仅列出不同的几条绘制规则。

规则3′ 实轴上的零度根轨迹只能是那些在其右侧的开环实极点与开环实零点的总数为偶数的线段。

规则4′ 零度根轨迹的所有渐近线交汇于[s]平面的实轴上,该点坐标是

$$\left(\frac{\sum_{i=1}^{n}\mathrm{Re}(p_i)-\sum_{i=1}^{m}\mathrm{Re}(z_i)}{n-m},\mathrm{j}0\right) \tag{4.18}$$

零度根轨迹的渐近线与实轴的夹角是

$$\theta_l=\frac{2l\pi}{n-m} \quad l=0,1,2,\cdots,|n-m|-1 \tag{4.19}$$

规则6′ 零度根轨迹的出射角和入射角分别为

$$\theta_{p_i}=\sum_{j=1}^{m}\varphi_{z_jp_i}-\sum_{\substack{j=1\\ j\neq i}}^{n}\theta_{p_jp_i} \tag{4.20}$$

$$\varphi_{z_i}=-\sum_{\substack{j=1\\ j\neq i}}^{m}\varphi_{z_jz_i}+\sum_{j=1}^{n}\theta_{p_jz_i} \tag{4.21}$$

规则7′ 设系统的开环传递函数为 $G(s)H(s)=-kG_1(s)H_1(s)=-k\dfrac{B(s)}{A(s)}$,则根轨迹的分合点可以通过解方程 $A(s)B'(s)-A'(s)B(s)=0$ 得到,并通过将它的解代入系统特征方程中检验 k,如果对应的 $k>0$ 则为零度根轨迹的分合点。

下面举例说明用上述规则绘制零度根轨迹的方法。

例 4.2 已知系统的开环传递函数为

$$G(s)H(s)=\frac{K(1-T_\mathrm{a}s)}{s(1+Ts)} \qquad (T_\mathrm{a}>0,T>0)$$

试绘制 $K\geqslant0$ 的根轨迹。

解 将开环传递函数表示为零极点形式

$$G(s)H(s)=-\frac{k\left(s-\dfrac{1}{T_\mathrm{a}}\right)}{s\left(s+\dfrac{1}{T}\right)}$$

其中,根轨迹放大系数 $k=\frac{T_a}{T}K\geqslant 0$。

与式(4.15)比较可知,应按照零度根轨迹绘制规则绘制。

根轨迹有2条分支。在根平面上标出开环零极点位置。实轴上的根轨迹如图4.3所示。

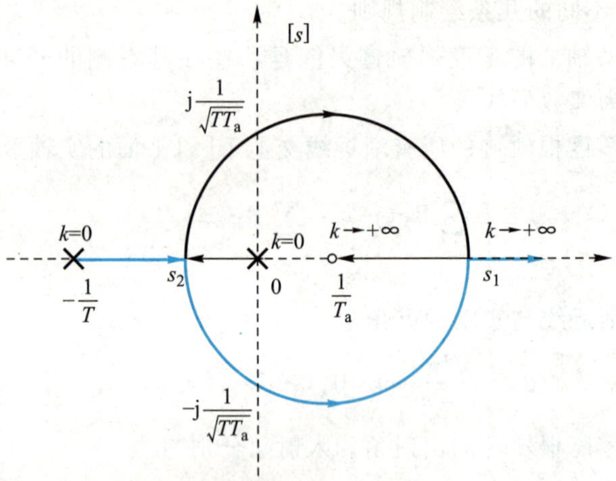

图4.3 例4.2的根轨迹

将 $s=j\omega$ 代入特征方程得 $j\omega\left(j\omega+\frac{1}{T}\right)-k\left(j\omega-\frac{1}{T_a}\right)=0$,解得根轨迹与虚轴坐标为 $\omega=\pm\frac{1}{\sqrt{TT_a}}$,对应的 $k=\frac{1}{T}$。

求根轨迹的分合点:

$$B(s)=s-\frac{1}{T_a};B'(s)=1$$

$$A(s)=s^2+\frac{1}{T}s;A'(s)=2s+\frac{1}{T}$$

代入方程 $A(s)B'(s)-A'(s)B(s)=0$ 并整理得

$$s^2-\frac{2}{T_a}s-\frac{1}{TT_a}=0$$

解得分合点坐标 $s_{1,2}=\frac{1}{T_a}\pm\frac{1}{T_a}\sqrt{1+\frac{T_a}{T}}$。

根据上述特征可以概略地绘制系统的根轨迹图,如图4.3所示。可以用解析法证明,该系统的根轨迹是圆心在$\left(\frac{1}{T_a},j0\right)$,半径为$\frac{1}{T_a}\sqrt{1+\frac{T_a}{T}}$的圆。

4.4 广义根轨迹的绘制

前面讨论的是系统的闭环极点随根轨迹放大系数 k 变化的情况。由于系统传递系数 K 与根轨迹放大系数 k 成正比,所以也等价地分析了系统的闭环极点随系统传递系数变化的情况。

在控制系统分析中,经常需要讨论系统的闭环极点随系统其他参数变化的情况。因此,下面讨论以根轨迹放大系数 k 以外的参数绘制的所谓广义根轨迹或者参数根轨迹。

下面举例说明广义根轨迹的一般绘制方法。

例 4.3 已知系统的开环传递函数为

$$G(s)H(s)=\frac{10}{s(\tau s+1)(10s+1)}$$

试绘制以 τ 为参变量的根轨迹。

解 系统的闭环特征方程为

$$s(\tau s+1)(10s+1)+10=0$$

恒等变换为

$$1+\frac{\tau s^2(s+0.1)}{s^2+0.1s+1}=0$$

可以看出,如果绘制一个开环传递函数为

$$G_D(s)H_D(s)=\frac{\tau s^2(s+0.1)}{s^2+0.1s+1}$$

的系统的根轨迹,就是原系统的根轨迹。因此,$G_D(s)H_D(s)$ 称为等效开环传递函数。这里的“等效”是指 $G_D(s)H_D(s)$ 与原系统 $G(s)H(s)$ 具有相同的闭环极点。

对于等效开环传递函数 $G_D(s)H_D(s)$,由于 τ 的位置与 k 的位置相同,所以,前面介绍的绘制根轨迹的规则完全适用。

广义根轨迹或者参数根轨迹的一般绘制方法:根据原系统的特征方程,得到等效开环传递函数 $G_D(s)H_D(s)$,然后用前面介绍的根轨迹的规则绘制。

必须强调的是,由等效开环传递函数绘制的根轨迹图上的开环零点已经不是原系统的闭环零点了。

4.5 控制系统的根轨迹分析法

线性系统的动态性能取决于系统的闭环极点和零点的分布。从系统的闭环传递函数表达式可见,系统的闭环零点由系统前向通道传递函数 $G(s)$ 的零点和反馈通道传递函数 $H(s)$ 的极点组成。对于单位反馈系统,系统的闭环零点就是系统的开环零点。系统的开环零点与开环极点一般是容易求得的,因此,系统的闭环零点容易求得,但闭环极点要通过求解闭环特征方程得到。下面举例说明用根轨迹确定系统的闭环极点,从而分析系统性能。

例 4.4 已知系统的开环传递函数为

$$G(s)H(s)=\frac{k}{s(s+3)(s^2+2s+2)}$$

系统的根轨迹如图 4.4 所示,试确定 $k=4$ 时系统的闭环传递函数。

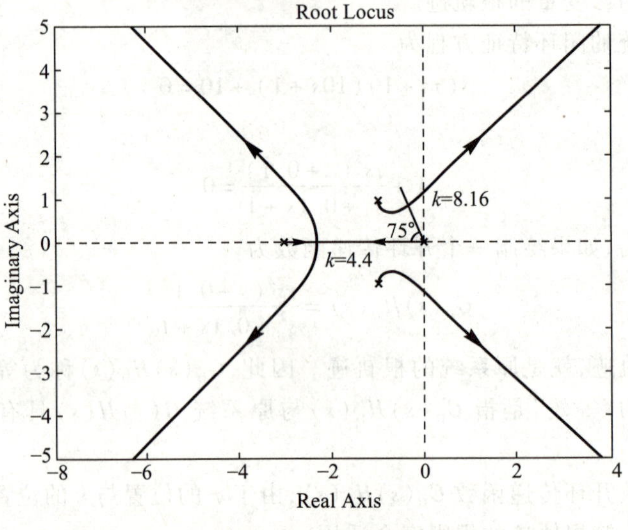

图 4.4 例 4.4 的根轨迹

解 因为分合点处的 $k=4.4$,根轨迹与虚轴的交点处的 $k=8.16$,所以,当 $k=4$时,系统有两个分别在分合点左边和右边的实极点,还有一对位于左半 S 平面的共轭复根。经过几次试探,找到满足幅值条件的两个实极点 $s_1=-2$, $s_2=-2.52$。用长除法可以得到另外两个共轭复根 $s_{3,4}=-0.24\pm j0.86$。因为系统的开环传递函数没有有限零点,所以,闭环传递函数也没有有限零点。因此,当 $k=4$ 时,系统的闭环传递函数为

$$\Phi(s)=\frac{4}{(s+2)(s+2.52)(s+0.24-\mathrm{j}0.86)(s+0.24+\mathrm{j}0.86)}$$
$$=\frac{4}{(s+2)(s+2.52)(s^2+0.48s+0.79)}$$

对于如图 4.4 所示具有一对共轭复数主导极点的高阶系统，在根轨迹图上很容易确定系统的阻尼比。只要从坐标原点画一条过主导极点的直线，该直线与实轴负方向的夹角即为 $\theta=\arccos\zeta$，这样 $\zeta=\cos\theta$。例如，在本例中，$\theta=75°$，则 $\zeta=\cos75°=0.26$。

4.6 用 MATLAB 绘制根轨迹

虽然用手工精确绘制系统根轨迹是非常困难的，但用计算机可以很容易精确地绘制出根轨迹。MATLAB 中专门提供了绘制根轨迹的有关函数。

[p,z] = pzmap(num,den)的功能是绘制连续系统的零极点图。

[r,k] = rlocus (num,den) 和[r,k] = rlocus (num,den,k)的功能是绘制根轨迹图。[r,k] = rlocus (num,den)是绘制 k = 0→∞部分的根轨迹。系统自动确定坐标轴的分度。如果用户需要设置坐标的范围，只要在程序中加上指令：v = [-x,x, -y,y]; axis(v)。如果要以给定的参数范围绘制根轨迹，则执行命令[k,poles] = rlofind (num,den,p)。

[k,poles] = rlofind (num,den) 和[k,poles] = rlofind (num,den,p)的功能是确定根轨迹上 poles 处的根轨迹放大系数的值。

例 4.5 用 MATLAB 绘制例 4.1 的根轨迹图。

解

$$G(s)H(s)=\frac{k(s+3)}{s(s+5)(s+6)(s^2+2s+2)}$$
$$=\frac{k(s+3)}{s^5+13s^4+54s^3+82s^2+60s}$$

键入：

```
n = [1,3]
d = [1,13,54,82,60,0]
rlocus(n,d)
```

键入回车键，可得如图 4.5 所示根轨迹图。

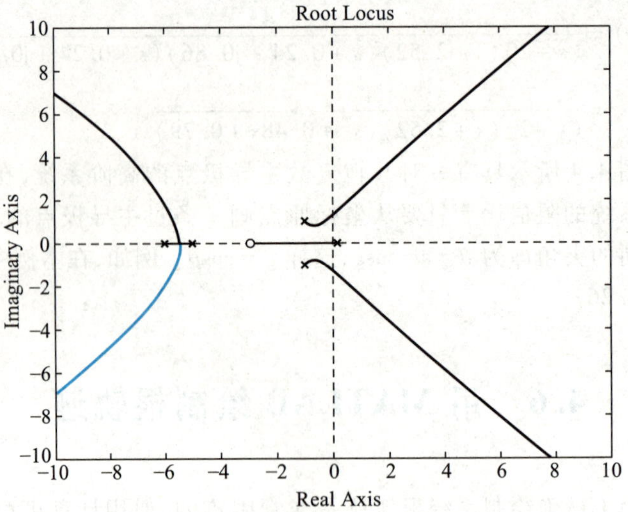

图 4.5　用 MATLAB 绘制的例 4.5 的根轨迹图

本章小结

控制系统的闭环极点在[s]平面上随系统参数变化的轨迹称为控制系统的根轨迹。

以根轨迹放大系数 k 为参变量的根轨迹称为常义根轨迹，简称为根轨迹。

以除 k 以外的参数为参变量的根轨迹称为广义根轨迹，或者称为参量根轨迹。

根轨迹的幅值条件 $|G_1(s)H_1(s)|=\frac{1}{k}$ 和相角条件 $\angle G_1(s)H_1(s)=(2l+1)\pi$。根据根轨迹的相角条件得到根轨迹的基本规则。

零度根轨迹的幅值条件 $|G_1(s)H_1(s)|=\frac{1}{k}$ 和相角条件 $\angle G_1(s)H_1(s)=2l\pi$。根据零度根轨迹相角条件得到零度根轨迹的基本规则。

根据原系统的特征方程，得到等效开环传递函数 $G_D(s)H_D(s)$，然后用根轨迹的规则绘制广义根轨迹。

在根轨迹图上确定系统闭环极点、零点和根轨迹放大系数，从而分析系统的性能。

运用 MATLAB 绘制系统的根轨迹图。

习题与应用题

4.1 已知系统的开环传递函数为

$$G(s)H(s)=\frac{k}{s(s+1)(s+2)}$$

（1）试绘制系统的根轨迹；

（2）确定 $k=1$ 时系统的闭环极点；

（3）确定 $\zeta=0.5$ 时系统的闭环极点和对应的 k。

4.2 已知系统的开环传递函数为

$$G(s)H(s)=\frac{k(s+1)}{s(s-1)(s^2+4s+16)}$$

试绘制系统的根轨迹。

4.3 已知系统的开环传递函数为

$$G(s)H(s)=\frac{k}{s^2(s+10)}$$

试绘制系统的根轨迹。

4.4 已知系统的开环传递函数为

$$G(s)H(s)=\frac{k(s+1)}{s(1-s)(s^2+4s+16)}$$

试绘制系统的根轨迹。

4.5 已知系统的开环传递函数为

$$G(s)H(s)=-\frac{k}{s^2(s+10)}$$

试绘制系统的根轨迹。

4.6 已知系统的开环传递函数为

$$G(s)H(s)=\frac{1}{s(s+1)(Ts+1)}$$

试绘制 $T\geqslant 0$ 时系统的根轨迹。

E4.1 绘制图题 E3.6 所示激光器位置控制系统的根轨迹。

W. R. Evans

在经典控制理论中,时域法、根轨迹法、频率法可称是三分天下。美国电信工程师 W. R. Evans 的两篇论文"Graphical Analysis of Control System, AIEE Trans. Part II, 67 : 547-551, 1948."和"Control System Synthesis by Root Locus Method, AIEE Trans. Part II, 69 : 66-69, 1950"基本上建立起根轨迹法的完整理论。

Evans 在从事飞机导航和控制研究,涉及到许多动态系统的稳定性问题,他在 Maxwell 和 Routh 等曾做过的特征方程的研究工作基础上,提出了一种求特征根的简单方法。Evans 用作图的方法表示特征方程的根与系统某一参数的关系,比较直观。但准确绘制根轨迹是比较困难的。因此,Evans 又设计了一种所谓对数螺旋尺的画根轨迹图的专用工具。20 世纪 70 年代以来,计算机辅助绘制根轨迹图的算法和程序都已建立,大大减轻了系统分析和设计人员的繁重工作。

第5章 频 率 法

前面介绍的时域分析法是通过求解系统的微分方程来研究和分析系统的。当系统是高阶系统时，系统微分方程的求解是很困难的；另外，系统的时间响应没有明确反映出系统响应与系统结构、参数之间的关系，一旦系统不能满足控制要求，就很难确定如何去调整系统的结构和参数。控制系统的频率法是经典控制理论中分析和设计系统的主要方法，在一定程度上克服了时域分析法的不足。根据系统的频率特性，可以直观地分析系统的稳定性。系统的频率特性很容易和系统的结构、参数联系起来，因此可以根据系统频率特性选择系统的结构和参数，使之满足控制要求。系统的频率特性还可以通过实验的方法测得，这对于难以直接建立数学模型的系统具有重要的意义。

本章介绍频率特性的概念，然后着重介绍典型环节的伯德图、绘制控制系统伯德图的方法以及由最小相位系统伯德图确定传递函数的方法。着重介绍绘制控制系统奈氏图的方法以及奈奎斯特稳定判据。介绍幅值裕度和相位裕度的定义以及在奈氏图和伯德图上分析控制系统相对稳定性的方法。最后，简单介绍运用MATLAB绘制系统伯德图、奈氏图，并确定系统的相位裕度和幅值裕度的方法。

5.1 频率特性

5.1.1 频率特性的定义

从数学意义上讲，傅里叶变换（简称傅氏变换）与拉氏变换是等价的。所以，也可以根据傅氏变换建立系统的数学模型。本节介绍工程上广泛应用的频率特性数学模型。与传递函数一样，频率特性仅适用于线性定常系统。

下面首先给出频率特性的数学定义，然后介绍频率特性的物理意义。

定义 线性定常系统的输出量的傅氏变换 $Y(j\omega)$ 与输入量的傅氏变换 $R(j\omega)$ 之比，定义为系统的频率特性，记为 $G(j\omega)$，即

$$G(j\omega)=\frac{Y(j\omega)}{R(j\omega)} \tag{5.1}$$

从数学意义上，频率特性与传递函数存在下列简单的关系

$$G(j\omega)=G(s)\big|_{s=j\omega} \tag{5.2}$$

即，将传递函数中的 s 用 $j\omega$ 替换后就得到系统的频率特性；反之，将频率特性中的 $j\omega$ 用 s 替换就得到系统的传递函数。

根据上述关系可以容易地由传递函数求取系统的频率特性，这种方法通常称为频率特性的解析求法。

例如，惯性环节

$$G(s)=\frac{1}{Ts+1}$$

的频率特性为

$$G(j\omega)=\frac{1}{j\omega T+1}$$

频率特性一般是复变函数，所以可以表示为指数形式

$$G(j\omega)=|G(j\omega)|e^{j\angle G(j\omega)} \tag{5.3a}$$

或者极坐标形式

$$G(j\omega)=|G(j\omega)|\angle G(j\omega) \tag{5.3b}$$

记 $A(\omega)=|G(j\omega)|$，称为幅频特性；$\varphi(\omega)=\angle G(j\omega)$，称为相频特性。频率特性也可以表示为代数形式

$$G(j\omega)=\mathrm{Re}[G(j\omega)]+j\mathrm{Im}[G(j\omega)] \tag{5.4}$$

其中，$\mathrm{Re}[G(j\omega)]$ 表示取 $G(j\omega)$ 的实部，$\mathrm{Im}[G(j\omega)]$ 表示取 $G(j\omega)$ 的虚部。记

$U(\omega)=\mathrm{Re}[G(\mathrm{j}\omega)]$,称为实频特性;$V(\omega)=\mathrm{Im}[G(\mathrm{j}\omega)]$,称为虚频特性。

显然,代数形式和指数形式(或极坐标形式)存在下列关系

$$A(\omega)=\sqrt{U^2(\omega)+V^2(\omega)} \tag{5.5a}$$

$$\varphi(\omega)=\arctan\frac{V(\omega)}{U(\omega)} \tag{5.5b}$$

频率特性是一种很重要的数学模型,基于频率特性分析与设计控制系统的频率法是工程上最常用的方法,所以是本课程的重点内容之一。

5.1.2 频率响应

正弦输入信号作用下线性定常系统的稳态响应称为系统的频率响应。

设线性定常系统(或环节)的传递函数为

$$G(s)=\frac{Y(s)}{R(s)}=\frac{b_m s^m+b_{m-1}s^{m-1}+\cdots+b_0}{a_n s^n+a_{n-1}s^{n-1}+\cdots+a_0},n\geqslant m \tag{5.6}$$

当系统的输入是 $r(t)=R\sin\omega t$,即 $R(s)=\dfrac{R\omega}{s^2+\omega^2}$时,系统的输出为

$$Y(s)=G(s)R(s)=G(s)\frac{R\omega}{s^2+\omega^2}$$

不失一般性,设传递函数 $G(s)$ 具有各不相同的实数极点,记为 $p_i(i=1,2,\cdots;n)$,则上式可写为

$$Y(s)=\frac{a_1}{s-p_1}+\frac{a_2}{s-p_2}+\cdots+\frac{a_n}{s-p_n}+\frac{b}{s+\mathrm{j}\omega}+\frac{c}{s-\mathrm{j}\omega}$$

式中

$$a_i=Y(s)(s-p_i)\big|_{s=p_i}\qquad(i=1,2,\cdots,n)$$

$$b=Y(s)(s+\mathrm{j}\omega)\big|_{s=-\mathrm{j}\omega}=-G(-\mathrm{j}\omega)\frac{R}{2\mathrm{j}}$$

$$c=Y(s)(s-\mathrm{j}\omega)\big|_{s=\mathrm{j}\omega}=G(\mathrm{j}\omega)\frac{R}{2\mathrm{j}}$$

进行拉氏逆变换,则有

$$y(t)=\sum_{i=1}^{n}a_i\mathrm{e}^{p_i t}+b\mathrm{e}^{-\mathrm{j}\omega t}+c\mathrm{e}^{\mathrm{j}\omega t} \tag{5.7}$$

式(5.7)的稳态分量为

$$\begin{aligned}y(t)&=b\mathrm{e}^{-\mathrm{j}\omega t}+c\mathrm{e}^{\mathrm{j}\omega t}\\&=-G(-\mathrm{j}\omega)\frac{R}{2\mathrm{j}}\mathrm{e}^{-\mathrm{j}\omega t}+G(\mathrm{j}\omega)\frac{R}{2\mathrm{j}}\mathrm{e}^{\mathrm{j}\omega t}\\&=R|G(\mathrm{j}\omega)|\sin(\omega t+\varphi)\end{aligned} \tag{5.8}$$

式中，$\varphi=\arctan\dfrac{\mathrm{Im}G(\mathrm{j}\omega)}{\mathrm{Re}G(\mathrm{j}\omega)}$。

式(5.8)就是系统在正弦信号作用时的频率响应。从式(5.8)可见，一个线性定常系统，在正弦信号作用下，其输出的稳态分量是同频率的正弦信号，其幅值为频率特性的幅值与输入信号幅值的乘积，相位为频率特性的相角与正弦输入信号的相角之和。

频率特性实际上就是将电路理论符号法中所定义的复阻抗和复导纳推广到一般线性定常系统。因此，在控制理论中，常采用下面更具有明显物理意义的频率特性的定义。

定义 线性定常系统在正弦输入作用下，输出量的稳态分量的复相量 $\dot{Y}$ 与输入正弦信号的复相量 $\dot{R}$ 之比，定义为系统的频率特性，记为 $G(\mathrm{j}\omega)$，即

$$G(\mathrm{j}\omega)=\frac{\dot{Y}}{\dot{R}} \tag{5.9}$$

记 $\dot{Y}=Y\mathrm{e}^{\mathrm{j}\varphi_2}$，$\dot{R}=R\mathrm{e}^{\mathrm{j}\varphi_1}$，则

$$G(\mathrm{j}\omega)=\frac{\dot{Y}}{\dot{R}}=\frac{Y\mathrm{e}^{\mathrm{j}\varphi_2}}{R\mathrm{e}^{\mathrm{j}\varphi_1}}=\frac{Y}{R}\mathrm{e}^{\mathrm{j}(\varphi_2-\varphi_1)} \tag{5.10a}$$

因此

$$|G(\mathrm{j}\omega)|=\frac{Y}{R} \tag{5.10b}$$

$$\angle G(\mathrm{j}\omega)=\varphi_2-\varphi_1 \tag{5.10c}$$

上式表明，在正弦输入作用下，线性定常系统输出的稳态分量的幅值与输入正弦信号的幅值之比，就是系统的幅频特性。它描述了在稳态情况下，当系统的输入是正弦信号时，其幅值的衰减或增大特性。稳态分量的正弦信号的相角与正弦输入信号的相角之差，就是系统的相频特性。它描述了在稳态情况下，当系统的输入是正弦信号时，其相位产生的超前[$\varphi(\omega)>0$]或滞后[$\varphi(\omega)<0$]的特性。

利用频率特性的这一性质，很容易求取系统在正弦输入下的信号的稳态解。例如，可以用频率特性求取线性定常系统在正弦输入作用下的稳态误差

$$e_{\mathrm{ss}}(t)=R|\Phi_{\mathrm{e}}(\mathrm{j}\omega)|\sin(\omega t+\angle\Phi_{\mathrm{e}}(\mathrm{j}\omega)) \tag{5.11}$$

例 5.1 已知单位反馈系统的开环传递函数为 $G(s)=\dfrac{1}{Ts}$，当 $r(t)=R\sin\omega t$ 时，求系统的稳态误差。

解
$$\Phi_{\mathrm{e}}(\mathrm{j}\omega)=\frac{\mathrm{j}\omega T}{1+\mathrm{j}\omega T}$$

$$|\Phi_e(j\omega)| = \frac{\omega T}{\sqrt{1+\omega^2 T^2}}$$

$$\angle \Phi_e(j\omega) = \frac{\pi}{2} - \arctan\omega T$$

所以

$$e_{ss}(t) = R\frac{\omega T}{\sqrt{1+\omega^2 T^2}}\sin\left(\omega t + \frac{\pi}{2} - \arctan\omega T\right)$$
$$= \frac{R\omega T}{1+\omega^2 T^2}\cos\omega t + \frac{R\omega^2 T^2}{1+\omega^2 T^2}\sin\omega t$$

与例 3.13 中由稳态误差定义得到的结果相同。

5.1.3 频率特性的几何表示

频率法是一种图解方法，主要有奈奎斯特（Nyquist）图（简称奈氏图）、伯德（Bode）图和尼柯尔斯（Nichols）图（简称尼氏图）等频率特性图。

原则上，在三种图上都可以对系统进行分析和设计，但各有优点和缺点。例如，在奈氏图上容易分析系统的稳定性，但由于难以精确绘制奈氏图，所以，在奈氏图上分析系统的暂态性能指标和进行系统设计是不合适的；与之相反，由于伯德图能够比较精确地绘制，所以，可以在伯德图上进行系统分析与设计，但是，在伯德图上进行系统稳定性分析，则不及奈氏图直观，尤其是在 $\omega=0$ 附近处理很不方便，初学者不容易掌握。所以，一般在奈氏图上分析系统稳定性，在伯德图上分析系统的相对稳定性。此外，在伯德图上较难分析系统的闭环频域指标，而在尼柯尔斯图上分析系统的闭环频域指标较容易，但绘制尼柯尔斯图比较麻烦，而且，在尼柯尔斯图上分析、设计系统也不太方便，所以，很少用尼柯尔斯图分析、设计系统。

本书着重介绍在奈氏图上分析系统的稳定性，在伯德图上进行系统设计。基于尼柯尔斯图的系统分析与设计方法可参阅其他控制理论书籍。

下面简单介绍这几种图。

1. 奈氏图

在极坐标系中，奈氏图是以 ω 为参变量，$|G(j\omega)|$ 为极径，$\angle G(j\omega)$ 为极角的频率特性图，也称为幅相频率特性图。在直角坐标系中，奈氏图是以 ω 为参变量、$U(\omega)=\mathrm{Re}[G(j\omega)]$ 为横坐标、$V(\omega)=\mathrm{Im}[G(j\omega)]$ 为纵坐标的频率特性图。

例如，惯性环节 $G(j\omega)=\dfrac{1}{1+j\omega T}$ 的奈氏图如图 5.1 所示。其中

$$|G(j\omega)| = \frac{1}{\sqrt{1+(\omega T)^2}}$$

$$\angle G(j\omega) = -\arctan(\omega T)$$

$$U(\omega)=\frac{1}{1+(\omega T)^2}$$

$$V(\omega)=\frac{-\omega T}{1+(\omega T)^2}$$

关于奈氏图的具体绘制方法，将在介绍奈奎斯特稳定判据时详细介绍。

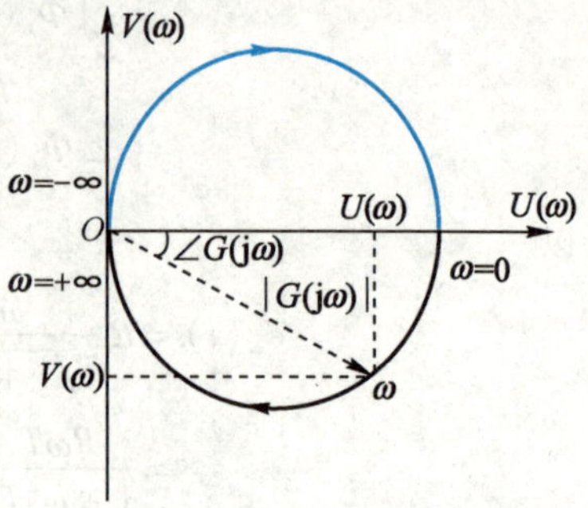

图 5.1 惯性环节的奈氏图

2. 伯德图

伯德图由两幅图组成。一幅是对数幅频特性图，横坐标是频率 ω，但是以对数分度，纵坐标是幅频特性的分贝值即 $20\lg|G(j\omega)|$，表明了幅频特性与频率的关系。另一幅是对数相频特性图，横坐标仍然是频率 ω，也是以对数分度，纵坐标是相角 $\angle G(j\omega)$，线性分度，表明了相频特性与频率的关系。伯德图的坐标系如图 5.2 所示。

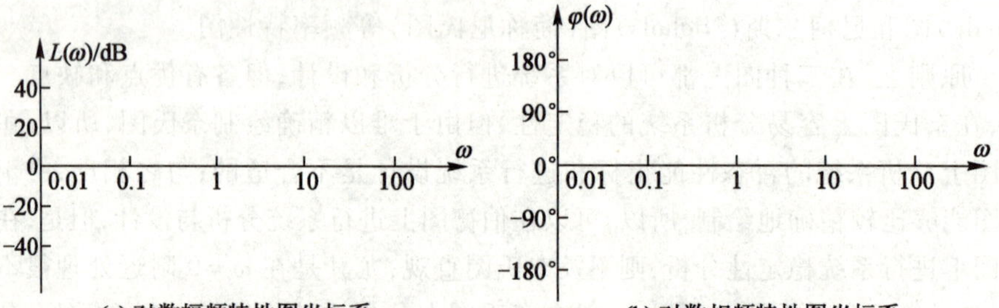

图 5.2 伯德图坐标

在横坐标 ω 的对数分度中，频率每变化十倍，横坐标的间隔距离增加一个单位长度，称为一个十倍频程。每个十倍频程中，ω 与 $\lg\omega$ 的关系见表 5.1，相应的坐标刻度如图 5.3 所示。

表 5.1 对数分度表

ω	1	2	3	4	5	6	7	8	9	10
$\lg\omega$	0	0.301	0.477	0.602	0.699	0.778	0.845	0.903	0.954	1

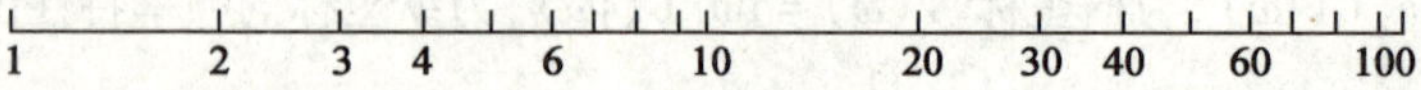

图 5.3 对数坐标刻度

横坐标 ω 以对数分度，能够将 $\omega=0\to\infty$ 紧凑地表示在一张图上，既能够清楚地表明频率特性的低频、中频段这些重要频段的频率特性，也能够大概地表示高频段部分的频率特性。对数幅频特性的纵坐标采用分贝(dB),具有鲜明的物理意义,而且也能将取值范围为0→∞的幅频特性紧凑地表示在一张图上,特别是,采用对数坐标后,幅频特性曲线能够用一些直线近似,从而大大地简化了伯德图的绘制。

3. 尼柯尔斯图

尼氏图是对数幅相频率特性图,以频率 ω 作为参变量,横坐标是相角 $\angle G(j\omega)$,纵坐标是幅频特性的分贝值即 $20\lg|G(j\omega)|$。

关于尼柯尔斯图及其画法可参见有关参考书。

5.2 典型环节频率特性的伯德图

熟悉典型环节的伯德图,无论是对绘制一般系统的伯德图,还是用伯德图分析与设计系统都是必要的。下面首先详细讨论典型环节的伯德图。

1. 放大环节

$$G(j\omega)=K \tag{5.12}$$

放大环节的频率特性是一个与频率 ω 无关的常数,其对数幅频特性和对数相频特性都是一条水平直线,如图5.4所示。

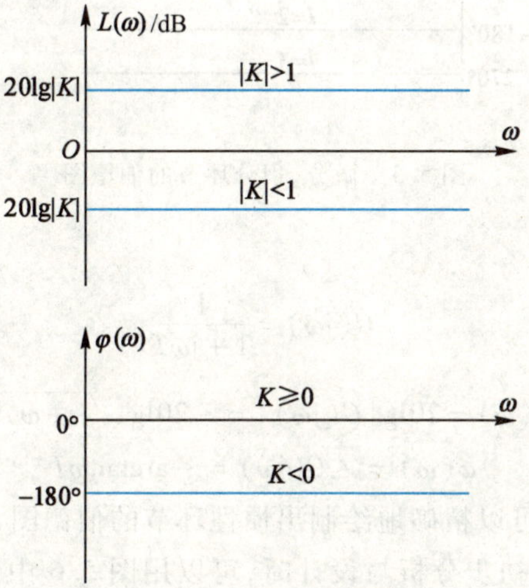

图5.4 放大环节的伯德图

2. 微分、积分环节

$$G(j\omega)=\frac{1}{(j\omega)^{l}};\quad l=\pm1,\pm2,\cdots \tag{5.13a}$$

$$L(\omega)=20\lg|G(j\omega)|=-l\cdot20\lg\omega \tag{5.13b}$$

$$\varphi(\omega)=\angle G(\mathrm{j}\omega)=-l\frac{\pi}{2} \tag{5.13c}$$

对数幅频特性是一条直线，斜率为每十倍频程$(-l\cdot 20)$分贝，记为$-l\cdot 20$ dB/dec。对数相频特性与频率ω无关，是一条水平线。微分、积分环节的伯德图如图5.5所示。当$l=1$时，是一个积分环节，对数幅频特性是一条斜率为-20 dB/dec的直线，相频特性是一条$-90°$的水平线。当$l=-1$时，是一个微分环节，对数幅频特性是一条斜率为20 dB/dec的直线，相频特性是一条90°的水平线。

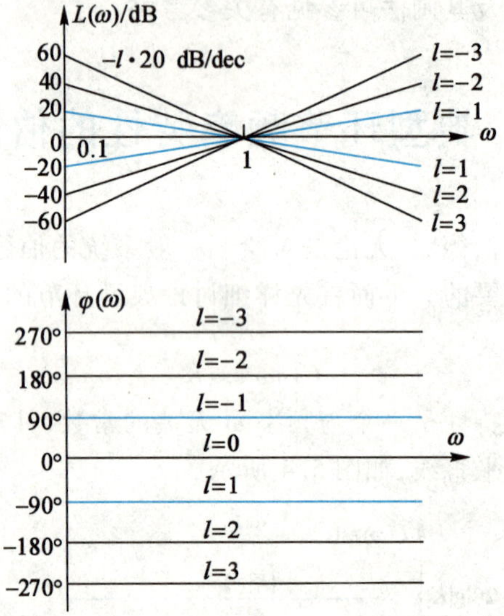

图5.5　微分、积分环节的伯德图

3. 惯性环节

$$G(\mathrm{j}\omega)=\frac{1}{1+\mathrm{j}\omega T} \tag{5.14a}$$

$$L(\omega)=20\lg|G(\mathrm{j}\omega)|=-20\lg\sqrt{1+\omega^2T^2} \tag{5.14b}$$

$$\varphi(\omega)=\angle G(\mathrm{j}\omega)=-\arctan\omega T \tag{5.14c}$$

逐点取ω的值，可以精确地绘制出惯性环节的伯德图，如图5.6所示。

在用伯德图进行初步分析与设计时，可以用图5.6中虚线所示的渐近线近似。事实上，用渐近线代替精确曲线的误差，在转折频率$\omega=1/T$处最大，最大误差为

$$\Delta L(\omega)\big|_{\omega=\frac{1}{T}}=-20\lg\sqrt{1+\left(\frac{1}{T}T\right)^2}=-3(\mathrm{dB}) \tag{5.15}$$

可见，对于惯性环节的频率特性，用渐近线代替对数幅频特性曲线的精确曲

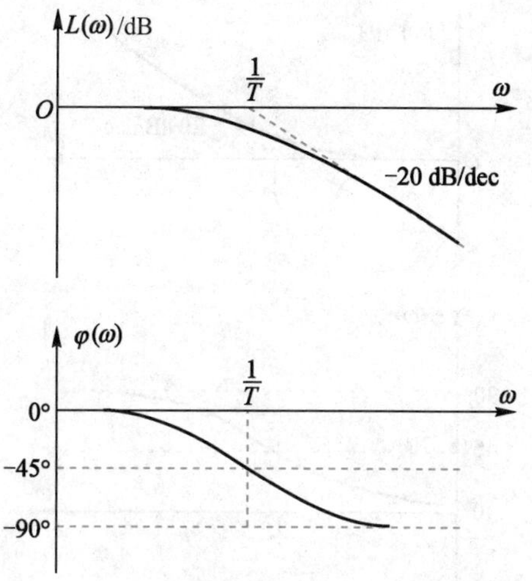

图 5.6 惯性环节的伯德图

线，所产生的误差不超过 3 dB，这对系统的响应不会产生太大的影响，在工程上是容许的。当精度要求较高时，可以对渐近线进行修正。

对于对数相频特性，一般应精确绘制。注意：惯性环节的对数相频特性曲线的形状只与坐标的刻度有关，而与参数 T 无关。当参数 T 改变时，曲线只是向左或者向右平移，其形状不变。

4. 一阶微分环节

$$G(j\omega)=1+j\omega T \tag{5.16a}$$

$$L(\omega)=20\lg|G(j\omega)|=20\lg\sqrt{1+\omega^2T^2} \tag{5.16b}$$

$$\varphi(\omega)=\angle G(j\omega)=\arctan\omega T \tag{5.16c}$$

将式(5.16)与式(5.14)对比可见，一阶微分环节的对数幅频特性、相频特性与惯性环节只差一个负号，因此，两者的伯德图对称于横轴。一阶微分环节的伯德图如图 5.7 所示。

5. 振荡环节

$$G(j\omega)=\frac{1}{T^2(j\omega)^2+2\zeta T(j\omega)+1} \tag{5.17a}$$

$$L(\omega)=-20\lg\sqrt{(1-\omega^2T^2)^2+(2\zeta\omega T)^2} \tag{5.17b}$$

$$\varphi(\omega)=-\arctan\frac{2\zeta\omega T}{1-\omega^2T^2} \tag{5.17c}$$

可见，振荡环节的幅频特性和相频特性不仅与参数 T 有关，而且与阻尼比 ζ 有关，所以要精确绘制其伯德图是比较麻烦的。初步分析与设计系统时，可以采用渐近线，必要时再加以修正。下面讨论振荡环节的对数幅频特性曲线的渐近线。

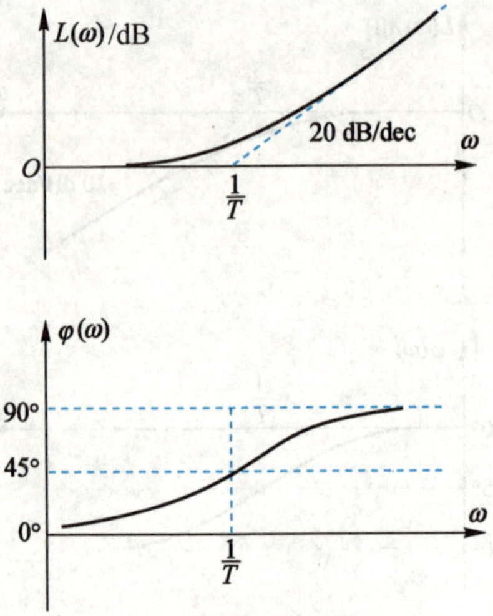

图 5.7 一阶微分环节的伯德图

当 $\omega \ll 1/T$ 时，$L(\omega)\approx 0$ dB，即振荡环节的对数幅频特性曲线的低频段的渐近线是 0 dB 的水平线。当 $\omega \gg 1/T$ 时，$L(\omega)\approx -20\lg(\omega T)^2=-40\lg\omega T$，即振荡环节的对数幅频特性曲线的高频段的渐近线是斜率为 −40 dB/dec 的直线。两直线交于 $\omega=\omega_n=1/T$ 处。如图 5.8 中虚线所示。

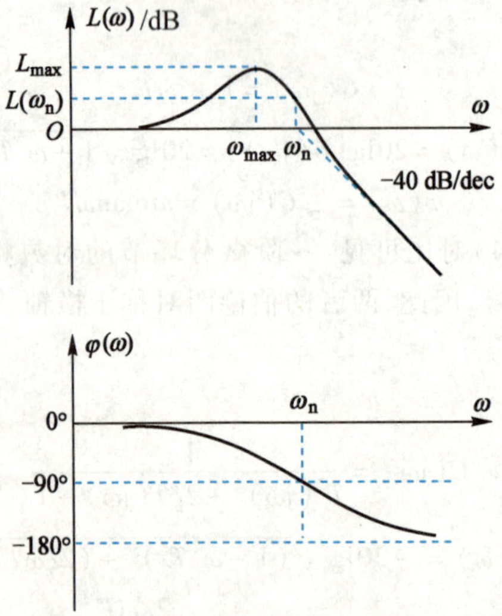

图 5.8 振荡环节的伯德图

显然，在中频段即在 $\omega=1/T$ 附近，用渐近线代替精确曲线会有误差。在转折频率 $\omega=\omega_n=1/T$ 处，误差为

$$L(\omega_n)=20\lg\frac{1}{2\zeta} \tag{5.18}$$

为了确定最大误差 L_{max} 及其相应的频率 ω_{max}，令 $\frac{dL(\omega)}{d\omega}\Big|_{\omega=\omega_{max}}=0$，得

$$\omega_{max}=\frac{1}{T}\sqrt{1-2\zeta^2}=\omega_n\sqrt{1-2\zeta^2} \tag{5.19a}$$

$$L_{max}=20\lg\frac{1}{2\zeta\sqrt{1-\zeta^2}} \tag{5.19b}$$

由式(5.19a)可见，$\omega_{max}<\omega_n$，而且，仅当 $1-2\zeta^2\geqslant 0$，即当 $\zeta\leqslant 0.707$ 时，才出现峰值 L_{max}。

根据 L_{max} 或者 $L(\omega_n)$，不难画出振荡环节对数幅频特性曲线的比较精确的形状，如图 5.8 中实线所示。振荡环节的相频特性曲线如图 5.8 中所示，其中，$\varphi(\omega_n)=-90°$。

6. 二阶微分环节

$$G(j\omega)=T^2(j\omega)^2+2\zeta T(j\omega)+1 \tag{5.20a}$$

$$L(\omega)=20\lg\sqrt{(1-\omega^2T^2)^2+(2\zeta\omega T)^2} \tag{5.20b}$$

$$\varphi(\omega)=\arctan\frac{2\zeta\omega T}{1-\omega^2T^2} \tag{5.20c}$$

比较式(5.20)与式(5.17)可见，二阶微分环节的对数幅频特性、相频特性与振荡环节的对数幅频特性、相频特性只差一个负号，因此，两者的伯德图也对称于横轴。利用对称性，可以画出二阶微分环节的伯德图如图 5.9 所示。

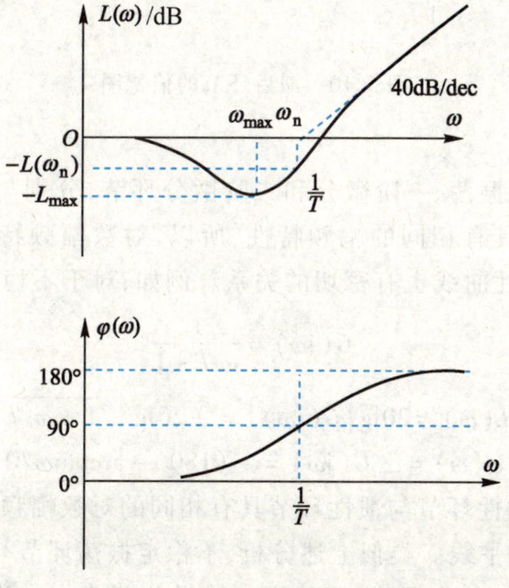

图 5.9 二阶微分环节的伯德图

7. 滞后环节

$$G(j\omega)=e^{-j\omega\tau} \tag{5.21a}$$

$$L(\omega)=20\lg|G(j\omega)|=20\lg 1=0 \tag{5.21b}$$

$$\varphi(\omega)=\angle G(j\omega)=-\omega\tau \tag{5.21c}$$

可见,对数幅频特性是 0 dB 的水平线。相频特性与频率 ω 成正比,但注意到对数相频特性是在半对数坐标系中,所以,滞后环节的对数相频特性不是直线,而是一条曲线。由式(5.21c),得

$$\varphi(\omega)=-\tau 10^{\lg\omega} \tag{5.22}$$

可见,如果以 $\lg\omega$ 为横坐标(线性分度),则对数相频特性是一条指数函数曲线,如图 5.10 所示。

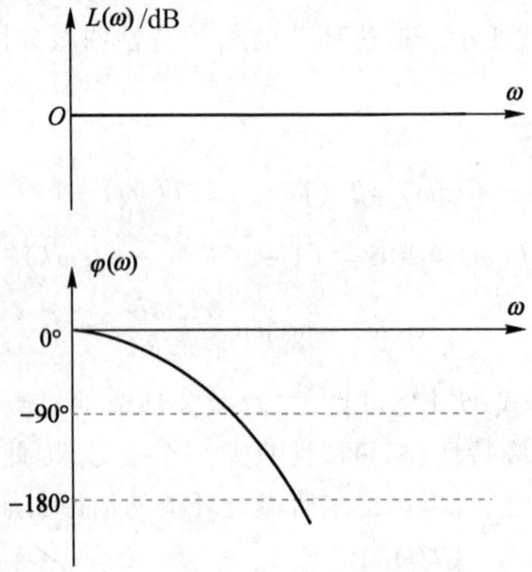

图 5.10 滞后环节的伯德图

8. 不稳定环节

不稳定的惯性、振荡、一阶微分和二阶微分环节,分别与惯性、振荡、一阶微分和二阶微分环节具有相同的幅频特性,所以,对数幅频特性曲线形状分别相同。它们的相频特性曲线也有密切的关系。例如,对于不稳定惯性环节

$$G(j\omega)=\frac{1}{j\omega T-1} \tag{5.23a}$$

$$L(\omega)=20\lg|G(j\omega)|=-20\lg\sqrt{1+\omega^2T^2} \tag{5.23b}$$

$$\varphi(\omega)=\angle G(j\omega)=-(180^\circ-\arctan\omega T) \tag{5.23c}$$

可见,不稳定惯性环节与惯性环节具有相同的对数幅频特性,而对数相频特性对称于 -90° 的水平线。类似上述分析,不稳定振荡环节与振荡环节的对数相频特性对称于 -180° 的水平线;不稳定一阶微分环节与一阶微分环节的对数相

频特性对称于90°的水平线；不稳定二阶微分环节与二阶微分环节的对数相频特性对称于180°的水平线。它们的伯德图如图5.11和图5.12所示。

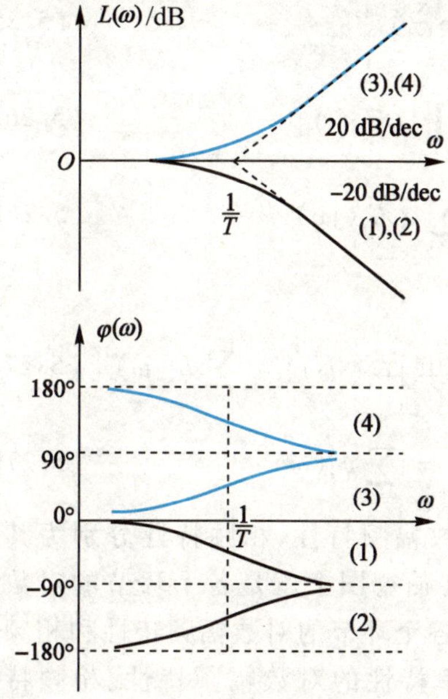

图5.11 不稳定惯性环节、一阶微分环节的伯德图

(1) $G(j\omega)=\dfrac{1}{j\omega T+1}$

(2) $G(j\omega)=\dfrac{1}{j\omega T-1}$

(3) $G(j\omega)=j\omega T+1$

(4) $G(j\omega)=j\omega T-1$

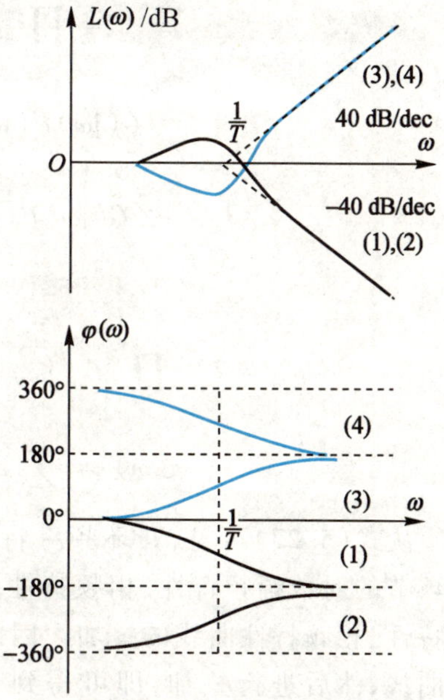

图5.12 不稳定振荡环节、二阶微分环节的伯德图

(1) $G(j\omega)=\dfrac{1}{(j\omega T)^2+2\zeta j\omega T+1}$

(2) $G(j\omega)=\dfrac{1}{(j\omega T)^2-2\zeta j\omega T+1}$

(3) $G(j\omega)=(j\omega T)^2+2\zeta j\omega T+1$

(4) $G(j\omega)=(j\omega T)^2-2\zeta j\omega T+1$

5.3 控制系统开环频率特性的伯德图

控制系统的开环频率特性的伯德图是频域分析、设计系统的基础。根据典型环节的伯德图，容易绘制出系统开环频率特性的伯德图。下面介绍开环频率特性的伯德图的绘制方法。

设控制系统的开环传递函数由 l 个典型环节组成，即

$$G(s)H(s)=\prod_{i=1}^{l}G_i(s) \tag{5.24}$$

系统的开环频率特性为

$$G(j\omega)H(j\omega) = \prod_{i=1}^{l} G_i(j\omega) = \prod_{i=1}^{l} |G_i(j\omega)| e^{j\angle G_i(j\omega)}$$
$$= \prod_{i=1}^{l} |G_i(j\omega)| e^{j\sum_{i=1}^{l} \angle G_i(j\omega)} \tag{5.25}$$

$$|G(j\omega)H(j\omega)| = \prod_{i=1}^{l} |G_i(j\omega)| \tag{5.26a}$$

$$\angle G(j\omega)H(j\omega) = \sum_{i=1}^{l} \angle G_i(j\omega) \tag{5.26b}$$

则

$$L(\omega) = 20\lg \prod_{i=1}^{l} |G_i(j\omega)| = \sum_{i=1}^{l} 20\lg |G_i(j\omega)| = \sum_{i=1}^{l} L_i(\omega) \tag{5.27a}$$

$$\varphi(\omega) = \sum_{i=1}^{l} \angle G_i(j\omega) = \sum_{i=1}^{l} \varphi_i(\omega) \tag{5.27b}$$

从式(5.27)可见,开环频率特性的对数幅频特性、相频特性分别为其组成环节的对数幅频特性、相频特性之和。在伯德图上就是各个环节的对数幅频特性、相频特性曲线的叠加。因此,画出各个环节的对数幅频特性和相频特性曲线,然后进行叠加,即可得到开环频率特性的对数幅频特性、相频特性曲线。

由于典型环节(除滞后环节)的对数幅频特性的渐近线都由斜率为 $20l$ dB/dec 的直线组成,所以叠加后仍然由斜率为 $20l$ dB/dec 的直线组成。因此,可以先确定对数幅频特性低频段的渐近线,然后根据转折频率处斜率的变化,直接画出对数幅频特性曲线。

绘制伯德图的一般步骤:

① 将传递函数写成伯德标准型,确定开环传递系数和各转折频率。

② 绘制对数坐标,并将各个转折频率标注在坐标轴上。

③ 确定低频段。

下面讨论确定低频段的一般方法。

开环对数幅频特性在第一个转折频率以前的部分称为低频段。对数幅频特性在和 0 dB 线交点处的频率附近的频段称为中频段,交点频率称为开环截止频率,或者称为穿越频率。在最后一个转折频率以后的频段称为高频段。注意:低频段与中频段之间,中频段与高频段之间并没有明显的界限。

因为在第一个转折频率以前,惯性、振荡、一阶和二阶微分环节等的对数幅频特性的渐近线都为 0 dB,所以,对数幅频特性渐近线的低频段仅取决于比例、微分和积分这几个环节。ν 型系统的对数幅频特性的低频段近似为

$$L(\omega)\approx 20\lg\frac{K}{\omega^{\nu}} \tag{5.28a}$$

因此,当已知低频段上某个频率的幅值时,可以用下式计算

$$K=\omega^{\nu}10^{\frac{L(\omega)}{20}} \tag{5.28b}$$

特别是当 $\omega=1$ 时,$L(1)=20\lg K$。可见,对于任何型号的系统,对数幅频特性的低频段或者其延长线在 $\omega=1$ 处的幅值总是 $20\lg K$ dB。因此,对数幅频特性的低频段可以用下述方法确定:

对于 0 型系统,作一条高度为 $20\lg K$ dB 的水平线(0 dB/dec 的直线);对于 1 型系统,过 $\omega=1$,$L(1)=20\lg K$ 这一点,作一条斜率为 -20 dB/dec 的直线;对于 2 型系统,过 $\omega=1$,$L(1)=20\lg K$ 这一点,作一条斜率为 -40 dB/dec 的直线。上面作出的直线上在第一个转折频率之前的那一部分即为对数幅频特性的低频段。

实际上,除了上面的确定方法,还有其他的方法。由式(5.28a)可见,对于 1 型系统,当 $\omega=K$ 时,$L(\omega)=0$,低频段或者它的延长线在 $\omega=K$ 时与横轴相交。因此,在 $\omega=K$ 处作一条 -20 dB/dec 的斜线,这条斜线上在第一个转折频率之前的那一部分即为 1 型系统的低频段。对于 2 型系统,当 $\omega=\sqrt{K}$时,$L(\omega)=0$,低频段或者它的延长线在 $\omega=\sqrt{K}$时与横轴相交。因此,在 $\omega=\sqrt{K}$处作一条 -40 dB/dec的斜线,这条斜线上在第一个转折频率之前的那一部分即为 2 型系统的低频段。

④ 绘制开环对数幅频特性的渐近线。

将低频段延伸到下一个转折频率处。如果该转折频率是惯性环节的转折频率,则开环对数幅频特性的渐近线下降 20 dB/dec;如果该转折频率是振荡环节的转折频率,则开环对数幅频特性的渐近线下降 40 dB/dec;如果该转折频率是一阶微分环节的转折频率,则开环对数幅频特性的渐近线增加 20 dB/dec;如果该转折频率是二阶微分环节的转折频率,则开环对数幅频特性的渐近线增加40 dB/dec。然后再延伸到下一个转折频率,并对渐近线的斜率进行同样的处理,一直到最后一个转折频率,就绘制出整个开环对数幅频特性的渐近线。

⑤ 在转折频率处进行适当修正,可以得到较为准确的对数幅频特性。

对于惯性环节和一阶微分环节,可以在转折频率处减少或增加 3 dB。对于振荡环节和二阶微分环节,可以根据式(5.18)求出转折频率处误差值 $L(\omega_n)$,或者根据式(5.19b)求出最大误差值 L_{max},然后对对数幅频特性曲线进行修正。

⑥ 绘制相频特性。

由于曲线的叠加仍然是曲线,没有明显的规律,所以,一般先绘制各个环节的对数相频特性曲线,然后逐点叠加得到对数相频特性曲线。一般在一些特征点上进行叠加,如各个转折频率处。这不像对数幅频特性曲线有简便的绘制方法。

下面分别举例说明0型、1型、2型系统伯德图的具体绘制方法。

例5.2 系统的开环传递函数为

$$G(s)H(s)=\frac{0.5}{(s+0.5)(s+0.1)}$$

解 (1) 将传递函数写成伯德标准型

$$G(s)H(s)=\frac{10}{\left(1+\frac{1}{0.1}s\right)\left(1+\frac{1}{0.5}s\right)}$$

系统的开环频率特性为

$$G(\mathrm{j}\omega)H(\mathrm{j}\omega)=\frac{10}{\left(1+\frac{1}{0.1}\mathrm{j}\omega\right)\left(1+\frac{1}{0.5}\mathrm{j}\omega\right)}$$

由伯德标准型容易看出,开环传递系数 $K=10$,转折频率 $\omega_1=0.1$,$\omega_2=0.5$。

(2) 绘制对数坐标,并将各个转折频率标注在坐标轴上。

(3) 确定低频段:在本例中,因为没有微分和积分环节,只有比例环节,所以,对数幅频特性的低频段是0 dB/dec的水平线,高度为

$$20\lg K=20\lg 10\ \text{dB}=20\ \text{dB}$$

(4) 绘制开环对数幅频特性的渐近线:将低频段延伸到第一个转折频率 $\omega_1=0.1$ 处。因为第一个转折频率是惯性环节的转折频率,所以,开环对数幅频特性的渐近线下降20 dB/dec,再延伸到第二个转折频率 $\omega_2=0.5$ 处,因为也是惯性环节,所以再下降20 dB/dec,如图5.13中虚线所示。

(5) 绘制相频特性:绘制各个环节的对数相频特性曲线,然后逐点叠加。一般在一些特征点上进行叠加,如各个转折频率处。

(6) 修正对数幅频特性。

本例中只有惯性环节,所以在转折频率 $\omega_1=0.1$ 和 $\omega_2=0.5$ 处减少3 dB,如图5.13中实线所示。

例5.3 系统的开环传递函数为

$$G(s)H(s)=\frac{2\,000(s+5)}{s(s+2)(s^2+4s+100)}$$

解 (1) 将传递函数写成伯德标准型

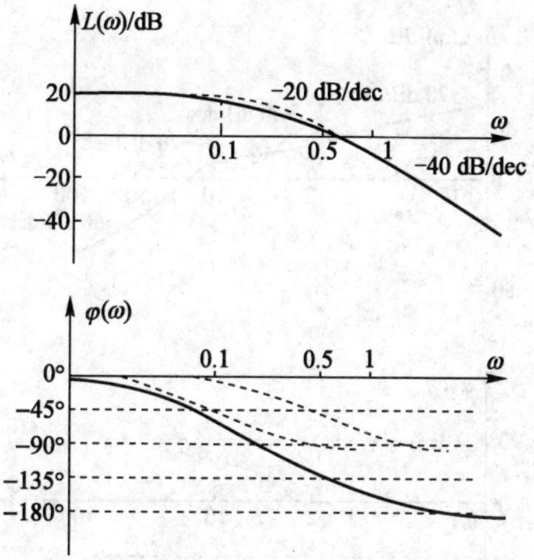

图 5.13 例 5.2 的伯德图

$$G(s)H(s)=\frac{50\left(1+\frac{1}{5}s\right)}{s\left(1+\frac{1}{2}s\right)\left[1+2\frac{0.2}{10}s+\left(\frac{s}{10}\right)^2\right]}$$

系统的开环频率特性为

$$G(\mathrm{j}\omega)H(\mathrm{j}\omega)=\frac{50\left(1+\frac{1}{5}\mathrm{j}\omega\right)}{\mathrm{j}\omega\left(1+\frac{1}{2}\mathrm{j}\omega\right)\left[1+2\frac{0.2}{10}\mathrm{j}\omega+\left(\mathrm{j}\frac{\omega}{10}\right)^2\right]}$$

则开环传递系数为 $K=50$,转折频率为 $\omega_1=2,\omega_2=5,\omega_3=10$。

(2) 绘制对数坐标,并将各个转折频率标注在坐标轴上。

(3) 确定低频段:因为系统是 1 型系统,$K=50$,$20\lg K=20\lg 50\ \text{dB}=34\ \text{dB}$,所以,可以过 $\omega=1$,$L(\omega)=34$ dB 这一点,作一条 −20 dB/dec 的斜线,得到对数幅频特性低频段,如图 5.14 所示。

在本例中,也可以在 $\omega=50$ 处作一条 −20 dB/dec 的斜线,这条斜线上在第一个转折频率之前的那一部分即为 1 型系统的低频段,如图 5.14 所示。

(4) 绘制开环对数幅频特性的渐近线:将低频段延伸到第一个转折频率 $\omega_1=2$。因为第一个转折频率是惯性环节的转折频率,所以,开环对数幅频特性的渐近线下降 20 dB/dec,再延伸到第二个转折频率 $\omega_2=5$,因为是一阶微分环节,所以增加 20 dB/dec,再延伸到第三个转折频率 $\omega_3=10$,因为是振荡环节,所以减少 40 dB/dec,如图 5.14 中虚线所示。

(5) 绘制相频特性:绘制各个环节的对数相频特性曲线,然后逐点叠加。

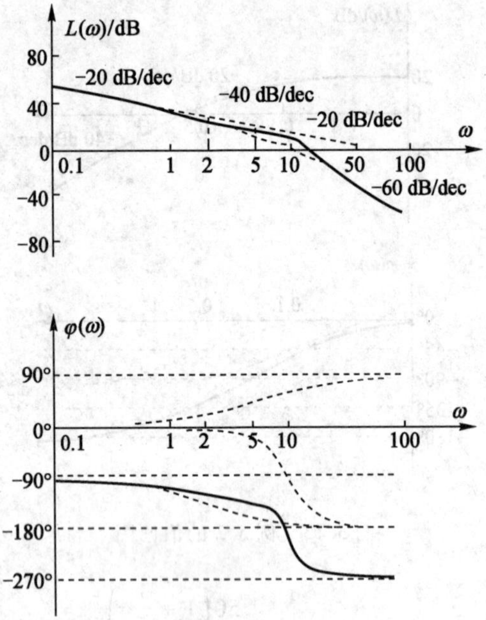

图 5.14　例 5.3 的伯德图

(6) 修正对数幅频特性：对于惯性环节，在转折频率 $\omega_1=2$ 处减少3 dB。对于一阶微分环节，在转折频率 $\omega_2=5$ 处增加3 dB。对于振荡环节，根据式(5.18)得转折频率 $\omega_3=10$ 处的误差值为

$$L(\omega_3)=20\lg\frac{1}{2\zeta}=20\lg\frac{1}{2\times0.2}\text{dB}=8\ \text{dB}$$

或者根据式(5.19)求出最大误差值为

$$\omega_{\max}=\omega_n\sqrt{1-2\zeta^2}=9.6$$

$$L_{\max}=20\lg\frac{1}{2\zeta\sqrt{1-\zeta^2}}=8.1\ \text{dB}$$

根据这两个值，对渐近线进行修正，如图 5.14 中实线所示。

例 5.4　系统的开环传递函数为

$$G(s)H(s)=\frac{1000(s+0.2)}{s^2(s+0.1)(s+10)^2}$$

解　(1) 将传递函数写成

$$G(s)H(s)=\frac{20\left(1+\frac{1}{0.2}s\right)}{s^2\left(1+\frac{1}{0.1}s\right)\left(1+\frac{1}{10}s\right)^2}$$

系统的开环频率特性为

$$G(j\omega)H(j\omega)=\frac{20\left(1+\frac{1}{0.2}j\omega\right)}{(j\omega)^2\left(1+\frac{1}{0.1}j\omega\right)\left(1+\frac{1}{10}j\omega\right)^2}$$

开环传递系数为 $K=20$，转折频率为 $\omega_1=0.1$，$\omega_2=0.2$，$\omega_3=10$。

（2）绘制对数坐标，并将各个转折频率标注在坐标轴上。

（3）确定低频段：在本例中，因为有两个积分环节，系统是 2 型系统，$K=20$，$20\lg K=20\lg 20\ \text{dB}=26\ \text{dB}$，所以，过 $\omega=1$，$L(\omega)=26\ \text{dB}$ 这一点作一条 $-40\ \text{dB/dec}$ 的斜线就得到系统的低频段，如图 5.15 所示。

由式(5.28)可见，在第一个转折频率之前，2 型系统的对数幅频特性近似为

$$L(\omega)=20\lg\frac{K}{\omega^2}=20\lg K-40\lg\omega$$

所以，2 型系统的对数幅频特性的低频段是斜率为 $-40\ \text{dB/dec}$ 的斜线。当 $\omega=\sqrt{K}$ 时，$L(\omega)=0$，因此，2 型系统的低频段或者它的延长线在 $\omega=\sqrt{K}$ 时与横轴相交。因此，可以在横轴上 $\omega=\sqrt{K}$ 处作一条 $-40\ \text{dB/dec}$ 的斜线，即为 2 型系统的低频段。

在本例中，$\omega=\sqrt{20}=4.47$，因此，可以在横轴上 $\omega=4.47$ 处作一条 $-40\ \text{dB/dec}$ 的斜线，即为该系统的低频段，如图 5.15 虚线所示。

（4）绘制开环对数幅频特性的渐近线：将低频段延伸到第一个转折频率 $\omega_1=0.1$ 处。因为第一个转折频率是惯性环节的转折频率，所以，开环对数幅频特性的渐近线下降 20 dB/dec，延伸到第二个转折频率 $\omega_2=0.2$ 处，因为是一阶微分环节，所以增加 20 dB/dec，延伸到第三个转折频率 $\omega_3=10$ 处，因为是两个惯性环

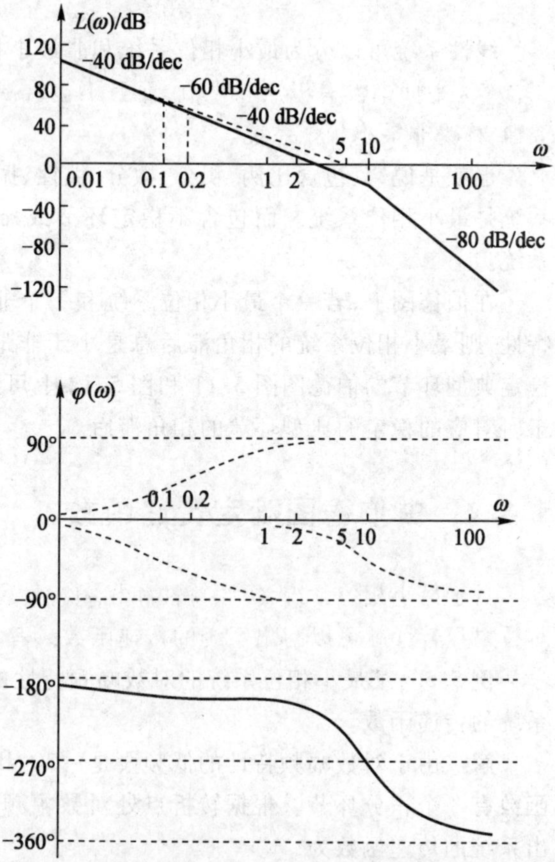

图 5.15 例 5.4 的伯德图

节，所以减少 40 dB/dec，如图 5.15 中虚线所示。

(5) 绘制相频特性：绘制各个环节的对数相频特性曲线，然后逐点叠加。

(6) 修正对数幅频特性。

在转折频率 $\omega_1=0.1$ 处减少 3 dB，在转折频率 $\omega_2=0.2$ 处增加 3 dB。对于两个相同的惯性环节，则在转折频率 $\omega_3=10$ 处减少 6 dB，如图 5.15 中实线所示。

5.4 由伯德图确定传递函数

5.4.1 最小与非最小相位系统的概念

线性系统可以分为最小相位系统和非最小相位系统。如果系统的传递函数在右半 s 平面上没有极点和零点，而且不包含滞后环节，则称为最小相位系统；否则，称为非最小相位系统。

也就是说，只包含比例、积分、微分、惯性、振荡、一阶微分和二阶微分环节的系统是最小相位系统。而包含不稳定环节或滞后环节的系统则是非最小相位系统。

在伯德图上，若一个最小相位系统和一个非最小相位系统具有相同的幅频特性，则最小相位系统的相角滞后总是小于非最小相位系统的相角滞后。从不稳定典型环节的伯德图图 5.11 和图 5.12 上可明显看出，它们的相角滞后都大于所对应的稳定的典型环节的相角滞后。

5.4.2 由伯德图确定传递函数

对于最小相位系统，幅频特性和相频特性是单值对应的，因此，根据系统的对数幅频特性就可以写出系统的传递函数或者频率特性。

例 5.5 某最小相位系统的对数幅频特性的渐近线如图 5.16 所示，确定该系统的传递函数。

解 由于对数幅频特性的低频段是 −20 dB/dec 的直线，所以，系统的传递函数有一个积分环节。根据转折点处对数幅频特性渐近线斜率的变化，容易写出系统的传递函数为

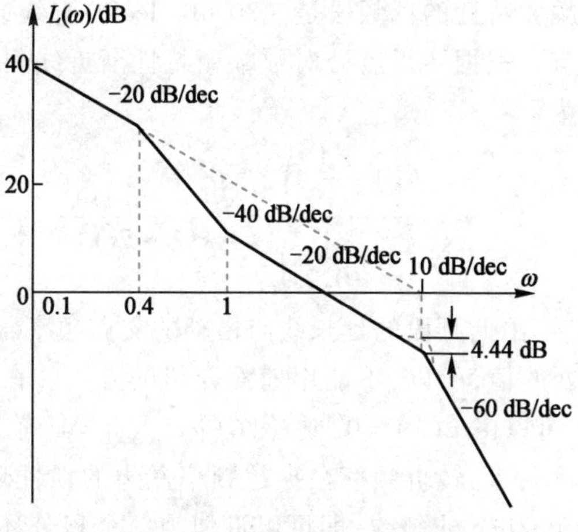

图 5.16　最小相位系统的伯德图

$$G(s)=\frac{K(1+s)}{s\left(1+\frac{1}{0.4}s\right)\left[1+2\zeta\frac{1}{10}s+\left(\frac{s}{10}\right)^2\right]}$$

由于低频段的延长线与 0 dB 线(横坐标轴)的交点为 $\omega=10$,因此,$K=10$。

由于在转折频率处对数幅频特性和其渐近线的误差为 4.44 dB,由式(5.18)得

$$20\lg\frac{1}{2\zeta}=4.44$$

$$\zeta=0.3$$

所以,系统的传递函数为

$$G(s)=\frac{10(1+s)}{s(1+2.5s)(1+0.06s+0.01s^2)}=\frac{400(s+1)}{s(s+0.4)(s^2+6s+100)}$$

例 5.6　某最小相位系统的对数幅频特性的渐近线如图 5.17 所示,确定该系统的传递函数。

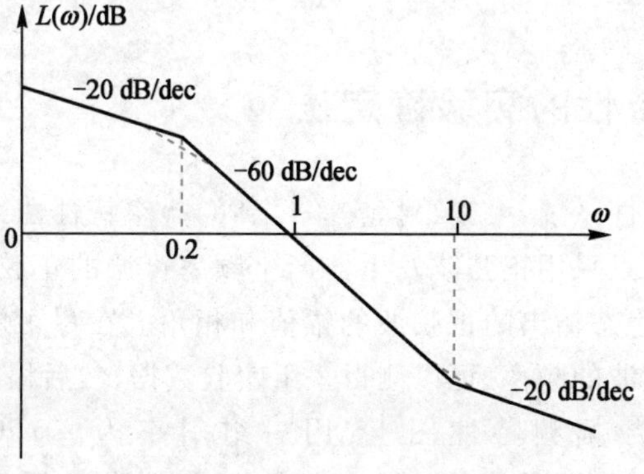

图 5.17　最小相位系统的伯德图

解 由于对数幅频特性的低频段是 -20 dB/dec 的直线，所以，系统的传递函数有1个积分环节。根据转折点处对数幅频特性渐近线斜率的变化，容易写出系统的传递函数为

$$G(s)=\frac{K\left(1+\frac{1}{10}s\right)^2}{s\left(1+\frac{1}{0.2}s\right)^2}=\frac{K(1+0.1s)^2}{s(1+5s)^2}$$

在本例中，没有给出低频段的延长线与横轴的交点频率，也没有给出低频段的延长线在 $\omega=1$ 处的值，所以，不能用前面介绍的方法。在本例中，给出了穿越频率 $\omega=1$，因此，可以由 $L(1)=0$，或者 $|G(\mathrm{j}\omega)|_{\omega=1}=1$ 确定 K。

通常在穿越频率附近，转折频率在穿越频率左边的惯性环节的对数幅频特性可以认为是 -20 db/dec 的斜线，即可以近似为一个积分环节；而转折频率在穿越频率右边的惯性环节的幅频特性可以认为是 0 dB 的水平线，即可以近似为1。一阶微分环节、二阶微分环节、振荡环节等可以进行类似的近似处理，从而简化计算。

在本例中，在穿越频率 $\omega=1$ 附近，可以作下列近似

$$\frac{K\left(\sqrt{1+(0.1\omega)^2}\right)^2}{\omega\left(\sqrt{1+(5\omega)^2}\right)^2}\approx\frac{K}{\omega(5\omega)^2}=\frac{K}{25\omega^3}$$

因为在 $\omega=1$ 处，开环对数幅频特性为 0 dB，或者幅值为1，即

$$\frac{K}{25\omega^3}\Big|_{\omega=1}=1$$

因此得

$$K=25$$

于是，系统的传递函数为

$$G(s)=\frac{25(1+0.1s)^2}{s(1+5s)^2}$$

5.4.3 频率特性的实验确定法

对于稳定的线性系统，可以根据实验得到的频率特性曲线确定系统的传递函数。其基本方法是采用正弦波发生器产生频率可调的正弦波，然后作用于被测系统，测量系统稳态输出的正弦波的幅值和相角。在尽可能宽的频率范围内不断改变输入正弦波的频率，可以测得一组实验数据，然后根据实验数据绘制伯德图。最后在对数幅频特性图上，用一组斜率为 $-n20$ dB/dec（$n=0,\pm1,\pm2,\cdots$）的直线逼近系统的对数幅频特性曲线，作为系统对数幅频特性的

渐近线。

对于不稳定系统,虽然输出量的稳态分量仍然是正弦信号,但系统输出的暂态分量是发散的,所以,不能用实验的方法测量不稳定系统的频率特性曲线。

显然,所选择的逼近对数幅频特性曲线的直线不是唯一的。事实上,如果选择的直线的段数多,则可以比较精确地逼近,但系统数学模型的阶次较高;反之,如果选择的直线的段数少,则不能精确地逼近,但系统数学模型的阶次低,便于控制系统的分析与设计。所以,应该在满足建模精度的前提下,选择较低阶的模型。也就是说,选择的直线段数尽可能少。

假设系统是最小相位的,则根据所选择的对数幅频特性的渐近线,可以写出系统的传递函数。

例 5.7 某系统的实验数据见表 5.2,其伯德图如图 5.18 所示,试建立该系统的数学模型。

表 5.2 某系统的实验数据

ω	0.1	0.2	0.4	1	2	4	10	20	40
Y/R	99.6	49.3	23.7	7.96	3.26	1.5	0.37	0.043	0.003
$\varphi_2-\varphi_1$	−94.7°	−99.3°	−108°	−127°	−146°	−182°	−325°	−476°	−835°

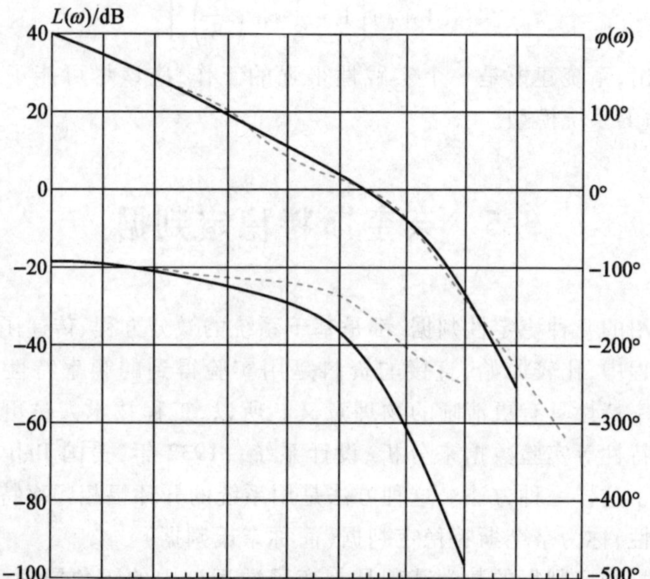

图 5.18 实验系统的伯德图

解 图 5.18 中，虚折线为所选择的对数幅频特性的渐近线，根据图中 3 个转折频率 $\omega_1=1$、$\omega_2=2$ 和 $\omega_3=8$ 附近的幅值，可以写出系统的传递函数为

$$G(s)=\frac{10\left(1+\frac{1}{2}s\right)}{s(1+s)\left[1+\frac{1}{8}s+\left(\frac{s}{8}\right)^2\right]}$$

注意：这个传递函数仅仅是根据系统的对数幅频特性实验曲线得到的，没有考虑系统对数相频特性实验曲线，所以，这个传递函数是试探性的。事实上，系统可能是最小相位系统，但也可能是非最小相位系统，需要由相频特性实验曲线确定。如果根据选择的模型绘制的曲线与实验得到的曲线基本吻合，则所选择的系统传递函数模型是合适的。如果误差太大，则要考虑模型中某些环节是不稳定环节，或者包含滞后环节。

根据上面初步得到的传递函数，绘制其对数相频特性曲线，如图 5.18 中下面的虚线所示。可见，与实验曲线是不吻合的。当 $\omega=10$ 时，实验曲线与 $\varphi(\omega)$ 之差为 $-115°$，而当 $\omega=20$ 时，实验曲线与 $\varphi(\omega)$ 之差为 $-240°$，这基本上和滞后环节的相频特性 -0.2ω 对应的相角相符，所以系统的传递函数应为

$$G(s)=\frac{10\left(1+\frac{1}{2}s\right)}{s(1+s)\left[1+\frac{1}{8}s+\left(\frac{s}{8}\right)^2\right]}e^{-0.2s}$$

必须指出，系统建模是一个实践性很强的工作，应该尽可能了解系统的信息，提出合适的系统模型。

5.5 奈奎斯特稳定判据

前面介绍的几种稳定性判据，都是基于系统的微分方程、传递函数等参数模型。但在工程中，比较原始、直接的资料是用实验得到的频率特性等的实验数据，而且，频率特性具有更清晰的物理意义。所以，工程技术人员更希望直接用系统的频率特性等实验数据来分析、设计系统。1932 年，美国 Bell 实验室的奈奎斯特提出了这样一种方法。这种方法是用系统的开环幅相频率特性曲线判别系统的稳定性，称为奈奎斯特稳定判据(简称奈氏判据)。

奈奎斯特稳定判据的数学基础是复变函数理论中的辐角原理，或称为映射定理。

5.5.1 辐角原理

设 $F(s)$ 为一单值复变函数，其零、极点图如图 5.19(a)所示。在 s 平面上取一封闭曲线，记为 Γ_s，要求 Γ_s 不通过 $F(s)$ 的任一极点和零点。设 Γ_s 包围了 $F(s)$ 的 Z 个零点和 P 个极点。记 Γ_s 在 F 平面上的映射为 Γ_F，因为 $F(s)$ 为一单值复变函数，所以，Γ_F 是唯一的，也是一个封闭曲线，如图 5.19(b)所示。

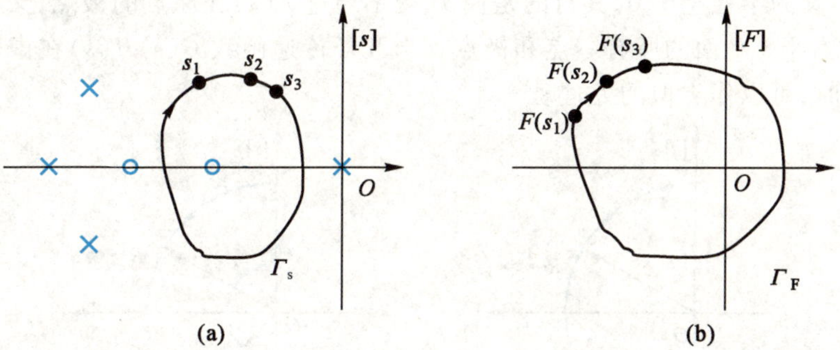

图 5.19　从 s 平面到 F 平面的映射关系

显然，Γ_F 的具体形状由函数 $F(s)$ 确定，一般比较复杂。但是，Γ_F 绕 F 平面的原点的圈数与 Γ_s 所包围的 $F(s)$ 的零点和极点的数目存在简单的关系。这就是柯西发现的辐角原理。

辐角原理　若 Γ_s 包围了 $F(s)$ 的 Z 个零点和 P 个极点，当 s 顺时针沿 Γ_s 取值时，Γ_F 绕 F 平面的原点的圈数 N 为

$$N = Z - P \tag{5.29}$$

其中，Γ_F 的参考方向为顺时针方向，即当 Γ_F 顺时针绕 F 平面的原点 $|N|$ 圈时，$N>0$；当 Γ_F 逆时针绕 F 平面的原点 $|N|$ 圈时，$N<0$；当 Γ_F 不绕 F 平面的原点时，$N=0$。

5.5.2 奈奎斯特稳定判据

判别系统的稳定性，实际上就是判别系统的特征方程在右半平面有没有极点。下面将辐角原理应用于稳定性分析。

为了应用辐角原理分析系统稳定性，需要进行下列几项工作。

① 取 $F(s)=1+G(s)H(s)$：当 $G(s)$ 与 $H(s)$ 没有零、极点对消时，$F(s)$ 的零点就是系统的全部闭环极点或特征根，$F(s)$ 的极点就是系统的开环极点；当 $G(s)$ 与 $H(s)$ 存在零、极点对消时，$F(s)$ 的零点加上对消掉的开环极点，就是系

统的全部闭环极点。

这里先讨论 $G(s)$ 与 $H(s)$ 没有零、极点对消的情况，然后导出奈奎斯特稳定判据，最后用一个例子说明 $G(s)$ 与 $H(s)$ 有零、极点对消时的处理方法。

② 选择 Γ_s 包围整个右半 s 平面：因为稳定性分析就是确定有没有闭环极点在右半 s 平面，所以，选择 Γ_s 包围整个右半 s 平面，如图 5.20(a)所示，这样的路径通常称为奈氏路径。因为 Γ_s 不能通过 $F(s)$ 的任一零点和极点，所以，当开环传递函数 $G(s)H(s)$ 在原点存在极点时，选择奈氏路径如图 5.20(b)所示。其中，小半圆的半径趋于 0，其目的是使 Γ_s 既不通过 $F(s)$ 在原点的极点，又包围了 $F(s)$ 在右半 s 平面的所有零点和极点。当开环传递函数 $G(s)H(s)$ 在虚轴上存在极点时，可以作类似的处理。

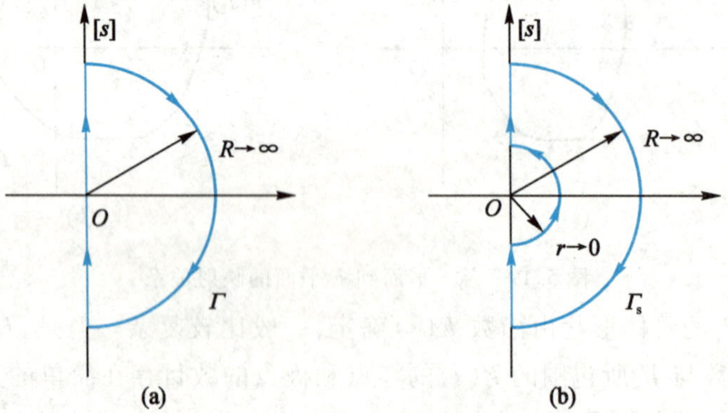

图 5.20 奈氏路径

根据辐角原理，若 Γ_s 包围了 $F(s)$ 的 P 个极点，即有 P 个开环极点在右半 s 平面，Γ_F 绕 F 平面的原点 N 圈，则系统有 Z 个闭环极点在右半 s 平面

$$Z = N + P \tag{5.30}$$

③ $F(s)$ 平面变换到 $G(s)H(s)$ 平面：因为 $F(s) = 1 + G(s)H(s)$，所以，将 $F(s)$ 平面的虚轴向右平移 1 个单位，就是 $G(s)H(s)$ 平面。Γ_F 绕 F 平面的原点 N 圈等价于 Γ_F 绕 $G(s)H(s)$ 平面的 $(-1, \mathrm{j}0)$ 点 N 圈。因此，可以得到下列结论：

若 Γ_s 包围了 $F(s)$ 的 P 个极点，即有 P 个开环极点在右半 s 平面，Γ_F 绕 $G(s)H(s)$ 平面的 $(-1, \mathrm{j}0)$ 点 N 圈，则系统有 $Z = N + P$ 个闭环极点在右半 s 平面。

④ $G(s)H(s)$ 平面变换到 $G(\mathrm{j}\omega)H(\mathrm{j}\omega)$ 平面：因为系统的开环频率特性一般可以由实验得到，所以直接在 $G(\mathrm{j}\omega)H(\mathrm{j}\omega)$ 平面上分析系统稳定性更加简单。

下面考察 Γ_s 的无穷大半圆部分在 $G(s)H(s)$ 平面上的映射，可以看出 Γ_s 在虚轴上的部分映射到 $G(s)H(s)$ 平面上就是开环频率特性 $G(\mathrm{j}\omega)H(\mathrm{j}\omega)$。$\Gamma_s$ 的

无穷大半圆上的点可以表达为

$$s=\lim_{R\to\infty}Re^{-j\varphi} \tag{5.31}$$

则无穷大半圆部分在 $G(s)H(s)$ 平面上的映射为

$$\begin{aligned}G(s)H(s)\Big|_{s=\lim\limits_{R\to\infty}Re^{-j\varphi}}&=\left.\frac{b_ms^m+\cdots+b_1s+b_0}{a_ns^n+\cdots+a_1s+a_0}\right|_{s=\lim\limits_{R\to\infty}Re^{-j\varphi}}\\&=\left(\lim_{R\to\infty}\frac{b_m}{a_nR^{n-m}}\right)e^{j(n-m)\varphi}\\&=\begin{cases}\dfrac{b_m}{a_n}, & n=m\\ 0e^{j(n-m)\varphi}, & n>m\end{cases}\end{aligned} \tag{5.32}$$

式(5.32)表明，Γ_s 的无穷大半圆部分在 $G(s)H(s)$ 平面上的映射为 $G(s)H(s)$ 平面上的原点或者实轴上的一点，而这一点与频率特性 $G(j\omega)H(j\omega)$ 在 $\omega\to\infty$ 的映射重合。因此，Γ_s 在 $G(s)H(s)$ 平面上的映射，就是 $G(j\omega)H(j\omega)$。

当开环传递函数 $G(s)H(s)$ 在原点存在极点时，则取图 5.20(b)所示奈氏路径，这时奈氏曲线应再加上小半圆的映射。关于小半圆的映射，在后面的例题中再具体讨论。

综上所述，便得到在控制工程中广泛应用的奈奎斯特稳定判据。

奈奎斯特稳定判据 设系统有 P 个开环极点在右半 s 平面，当 ω 从 $-\infty$ 变到 $+\infty$ 时，若奈氏曲线绕 $G(j\omega)H(j\omega)$ 平面的$(-1,j0)$点 N 圈（参考方向为顺时针），则系统有 $Z=N+P$ 个闭环极点在右半 s 平面。

根据上述结论，得到系统稳定的充分必要条件。

系统稳定的充分必要条件是奈氏曲线逆时针绕 $G(j\omega)H(j\omega)$ 平面的$(-1,j0)$点 P 圈。当奈氏曲线穿过$(-1,j0)$点时，系统临界稳定。当开环系统稳定时，$P=0$，系统稳定的充分必要条件是奈氏曲线不包围$(-1,j0)$点。

应用奈奎斯特稳定判据判别系统稳定性，需要绘制或者由实验得到奈氏曲线，并确定奈氏曲线绕 $G(j\omega)H(j\omega)$ 平面的$(-1,j0)$点的圈数 N，在右半 s 平面的开环极点数 P 以及在右半 s 平面的闭环极点数 $Z=N+P$。

(1) 确定 P：开环传递函数在右半 s 平面的极点数 P 是容易看出的。对于最小相位系统，$P=0$。

(2) 确定 N：为了确定 N，将奈氏曲线从 $G(j\omega)H(j\omega)$ 平面的下半部穿过负实轴的$(-1,-\infty)$段，到 $G(j\omega)H(j\omega)$ 平面的上半部 1 次，定义为 1 次正穿越；反之，奈氏曲线从 $G(j\omega)H(j\omega)$ 平面的上半部穿过负实轴的$(-1,-\infty)$段，到 $G(j\omega)H(j\omega)$ 平面的下半部 1 次，定义为 1 次负穿越，如图 5.21 所示。

若奈氏曲线正穿越 N_+ 次，负穿越 N_- 次，则奈氏曲线绕 $G(j\omega)H(j\omega)$ 平面的

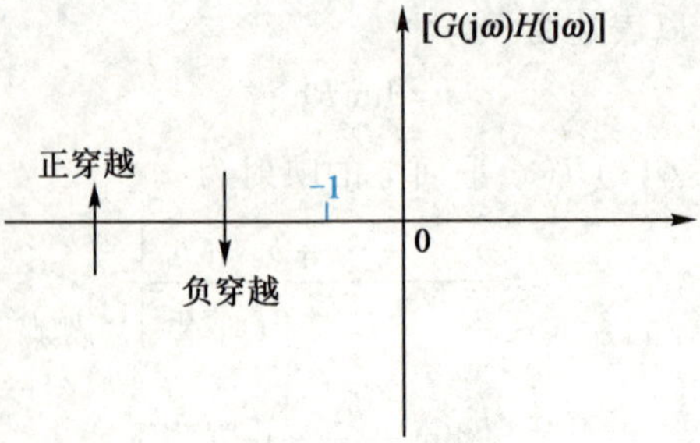

图 5.21 正、负穿越

$(-1,\mathrm{j}0)$点的圈数为

$$N = N_{+} - N_{-} \tag{5.33}$$

(3) 奈氏曲线的画法:因为奈氏曲线的精确形状,对于 N 值的确定并不重要,所以,只要根据一些特征画出奈氏曲线的大致形状即可。事实上,要在 $\omega = 0 \to +\infty$ 的范围内精确地画出奈氏曲线也是不可能的,因为通常有 $\lim\limits_{\omega \to 0} |G(\mathrm{j}\omega)H(\mathrm{j}\omega)| = \infty$,显然不可能画无穷大的坐标图。

为了分析系统稳定性,通常要确定奈氏曲线的下列特征:

① $\omega \to 0_{+}$ 的映射。

② $\omega \to +\infty$ 的映射。

③ 奈氏曲线与实轴的交点。

④ 根据这些映射点画出 $\omega = 0_{+} \to +\infty$ 对应的奈氏曲线,然后根据奈氏曲线关于实轴的对称性,再画出 $\omega = -\infty \to 0_{-}$ 的奈氏曲线。

⑤ 奈氏路径中小半圆的映射。

小半圆上的点可以表示为

$$s = r\mathrm{e}^{\mathrm{j}\theta} \tag{5.34}$$

其中,$r \to 0$, $-\dfrac{\pi}{2} \leqslant \theta \leqslant \dfrac{\pi}{2}$。对于最小相位系统,有

$$G(s)H(s)\Big|_{s = \lim\limits_{r\to 0} r\mathrm{e}^{\mathrm{j}\theta}} = \lim_{r \to 0} \frac{K}{r^{\nu}} \mathrm{e}^{-\mathrm{j}\nu\theta} \tag{5.35}$$

可见,奈氏路径中小半圆的映射幅值为∞,当 θ 从 $-\dfrac{\pi}{2}$ 变化到 $\dfrac{\pi}{2}$ 时,其相角相应从 $\dfrac{\pi}{2}\nu$ 变化到 $-\dfrac{\pi}{2}\nu$。对于非最小相位系统,则增加或者减少 180°的整倍数。

一般,无论是最小相位系统,还是非最小相位系统,当系统开环传递函数有 ν 个 $s=0$ 的极点时,奈氏路径中小半圆的映射是半径为无穷大的圆弧,从 $\omega = 0_{-}$ 的映射点开始,顺时针转过 $\nu 180°$,到 $\omega = 0_{+}$ 的映射点结束。

5.5.3 举例

下面举几个典型的例子说明 0 型、1 型、2 型和 3 型系统以及非最小相位系统的奈氏曲线的绘制方法以及奈氏判据的应用。最后一个例子说明有零极点对消的处理方法。许多控制系统的奈氏图绘制是这几个例子的特殊情况。

例 5.8 已知系统的开环传递函数为

$$G(s)H(s)=\frac{K}{(T_1s+1)(T_2s+1)}$$

用奈奎斯特稳定判据判别系统稳定性。

解 由于开环传递函数在 s 平面的原点没有极点，所以选择奈氏路径如图 5.20(a)所示。系统的频率特性为

$$G(j\omega)H(j\omega)=\frac{K}{(j\omega T_1+1)(j\omega T_2+1)}$$

则

$$\lim_{\omega\to0}|G(j\omega)H(j\omega)|=K$$

$$\lim_{\omega\to0}\angle G(j\omega)H(j\omega)=0$$

$$\lim_{\omega\to+\infty}|G(j\omega)H(j\omega)|=0$$

$$\lim_{\omega\to+\infty}\angle G(j\omega)H(j\omega)=-\pi$$

容易看出，当 $\omega=0\to+\infty$ 时，$\angle G(j\omega)H(j\omega)=0\sim-\pi$，所以，这部分奈氏曲线总在实轴下方，与负实轴不相交（$\omega=0$ 和 $\omega=+\infty$ 除外）。根据上面的分析以及对称性，可以画出系统的奈氏曲线如图 5.22 所示。

因为 $N_+=N_-=0$，$N=N_+-N_-=0$，又 $P=0$，所以，$Z=N+P=0$，因此，该系统是稳定的。

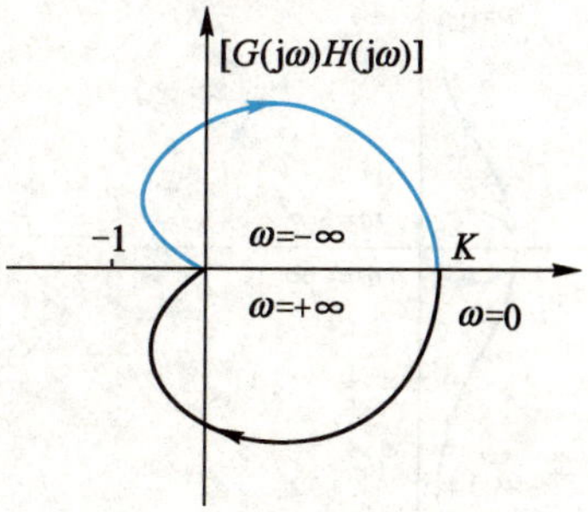

图 5.22 例 5.8 的奈氏曲线

例 5.9 已知系统的开环传递函数为

$$G(s)H(s)=\frac{K}{s(T_1s+1)(T_2s+1)}$$

用奈奎斯特判据判别系统稳定性。

解 由于开环传递函数在 s 平面的原点存在极点，所以选择奈氏路径如图 5.20(b)所示。系统的频率特性为

$$G(j\omega)H(j\omega)=\frac{K}{j\omega(j\omega T_1+1)(j\omega T_2+1)}$$

则

$$\lim_{\omega\to 0}|G(j\omega)H(j\omega)|=\infty \qquad \lim_{\omega\to 0_+}\angle G(j\omega)H(j\omega)=-\frac{\pi}{2}$$

$$\lim_{\omega\to +\infty}|G(j\omega)H(j\omega)|=0 \qquad \lim_{\omega\to +\infty}\angle G(j\omega)H(j\omega)=-\frac{3}{2}\pi$$

求奈氏曲线与实轴的交点:将频率特性化为代数形式

$$G(j\omega)H(j\omega)=\frac{-K(T_1+T_2)}{(1-\omega^2T_1T_2)^2+\omega^2(T_1+T_2)^2}+ j\frac{K(\omega^2T_1T_2-1)}{\omega[(1-\omega^2T_1T_2)^2+\omega^2(T_1+T_2)^2]}$$

令

$$\mathrm{Im}G(j\omega)H(j\omega)=V(\omega)=0$$

得

$$\omega^2T_1T_2-1=0$$

解得奈氏曲线与实轴交点处的频率

$$\omega=\pm\frac{1}{\sqrt{T_1T_2}}$$

奈氏曲线与实轴交点坐标

$$U\left(\pm\frac{1}{\sqrt{T_1T_2}}\right)=-\frac{KT_1T_2}{T_1+T_2}$$

根据上面的分析以及对称性,可以画出系统的奈氏曲线中对应 $\omega=0_+\to+\infty$ 和 $\omega=-\infty\to 0_-$ 的部分,如图 5.23 所示。

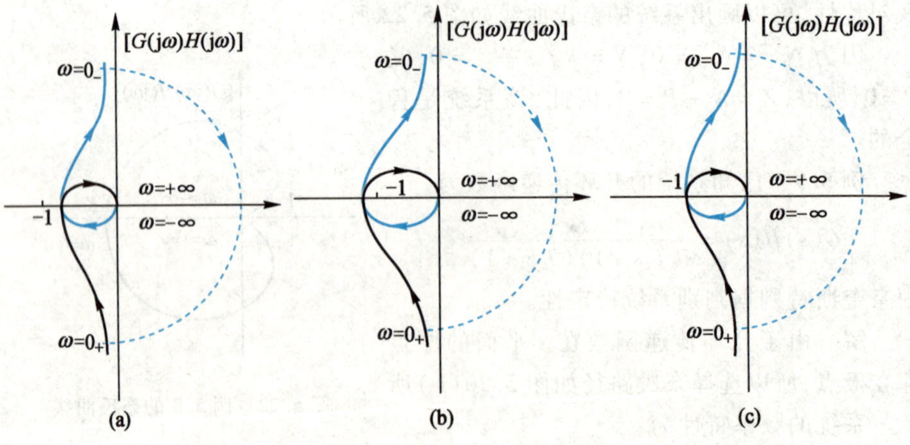

图 5.23 例 5.9 的奈氏曲线

奈氏路径中小半圆的映射：因为 $\nu=1$，所以，小半圆的映射是从 $\omega=0_-$ 的映射点开始，顺时针转过 180°，到 $\omega=0_+$ 的映射点的无穷大半径的圆弧。

因为开环传递函数在右半 s 平面没有极点，所以 $P=0$。奈氏曲线绕 $(-1,\mathrm{j}0)$ 点的圈数与交点坐标有关。

当 $\dfrac{KT_1T_2}{T_1+T_2}<1$ 时，奈氏曲线不包围 $(-1,\mathrm{j}0)$ 点，如图 5.23(a) 所示，系统是稳定的。

当 $\dfrac{KT_1T_2}{T_1+T_2}>1$ 时，奈氏曲线包围 $(-1,\mathrm{j}0)$ 点，如图 5.23(b) 所示。$N_+=2$，$N_-=0$，$N=N_+-N_-=2$，$Z=N+P=2$，所以，系统是不稳定的，有两个闭环极点在右半 s 平面。

当 $\dfrac{KT_1T_2}{T_1+T_2}=1$ 时，奈氏曲线穿越 $(-1,\mathrm{j}0)$ 点，如图 5.23(c) 所示，所以，系统是临界稳定的。

例 5.10 已知系统的开环传递函数为

$$G(s)H(s)=\frac{K(\tau s+1)}{s^2(Ts+1)}$$

用奈奎斯特判据判别系统稳定性。

解 由于开环传递函数在 s 平面的原点存在极点，所以选择奈氏路径如图 5.20(b) 所示。系统的频率特性为

$$G(\mathrm{j}\omega)H(\mathrm{j}\omega)=\frac{K(\mathrm{j}\omega\tau+1)}{(\mathrm{j}\omega)^2(\mathrm{j}\omega T+1)}$$

下面分几种情况讨论：

(1) $T<\tau$

$$\lim_{\omega\to 0}|G(\mathrm{j}\omega)H(\mathrm{j}\omega)|=\infty \qquad \lim_{\omega\to 0_+}\angle G(\mathrm{j}\omega)H(\mathrm{j}\omega)=-\pi+\varepsilon$$

$$\lim_{\omega\to +\infty}|G(\mathrm{j}\omega)H(\mathrm{j}\omega)|=0 \qquad \lim_{\omega\to +\infty}\angle G(\mathrm{j}\omega)H(\mathrm{j}\omega)=-\pi+\varepsilon$$

其中，ε 是趋于 0 的正角度。由于当 $\omega=0\to+\infty$ 时，$\angle G(\mathrm{j}\omega)H(\mathrm{j}\omega)=0\sim-\pi$，所以，这部分奈氏曲线总在实轴下方，与负实轴不相交（$\omega=0$ 和 $\omega=+\infty$ 除外）。根据上面的分析以及对称性，可以画出系统的奈氏曲线如图 5.24(a) 所示。

奈氏路径中小半圆的映射：从 $\omega=0_-$ 的映射点开始，顺时针转过 $2\times180°$，到 $\omega=0_+$ 的映射点的无穷大半径的圆弧。

因为开环传递函数在右半 s 平面没有极点，所以 $P=0$。奈氏曲线不包围 $(-1,\mathrm{j}0)$ 点，所以，系统是稳定的。

(2) $T>\tau$

类似于上面的分析，可以画出系统的奈氏曲线如图 5.24(b) 所示。

因为 $N_+=2, N_-=0, N=N_+-N_-=2, Z=N+P=2$，所以系统是不稳定的，有两个闭环极点在右半 s 平面。

(3) $T=\tau$

这时，系统的传递函数为

$$G(s)H(s)=\frac{K}{s^2}$$

频率特性为

$$G(j\omega)H(j\omega)=\frac{K}{(j\omega)^2}$$

$$|G(j\omega)H(j\omega)|=\frac{K}{\omega^2}$$

$$\angle G(j\omega)H(j\omega)=-\pi$$

奈氏曲线如图 5.24(c)所示。因为奈氏曲线穿越(-1,j0)点，所以，系统临界稳定。

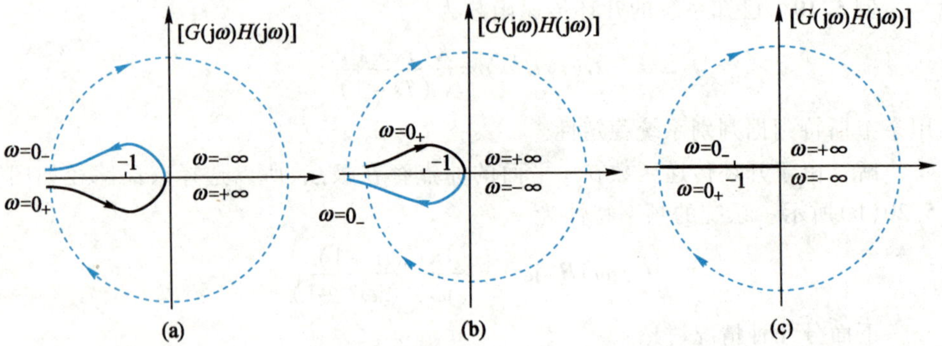

图 5.24 例 5.10 的奈氏曲线

例 5.11 已知系统的开环传递函数为

$$G(s)H(s)=\frac{K}{s^3(s+1)}$$

用奈奎斯特判据判别系统稳定性。

解 由于开环传递函数在 s 平面的原点存在极点，所以选择奈氏路径如图 5.20(b)所示。系统的频率特性为

$$G(j\omega)H(j\omega)=\frac{K}{(j\omega)^3(j\omega+1)}$$

$$\lim_{\omega\to 0}|G(j\omega)H(j\omega)|=\infty,\quad \lim_{\omega\to 0_+}\angle G(j\omega)H(j\omega)=-\frac{3}{2}\pi$$

$$\lim_{\omega\to +\infty}|G(j\omega)H(j\omega)|=0,\quad \lim_{\omega\to +\infty}\angle G(j\omega)H(j\omega)=-2\pi$$

由于当 $\omega=0\to+\infty$时，$\angle G(\mathrm{j}\omega)H(\mathrm{j}\omega)=-\frac{3}{2}\pi\sim-2\pi$，所以，这部分奈氏曲线总在第一象限。根据上面的分析以及对称性，可以画出系统的奈氏曲线如图 5.25 所示。

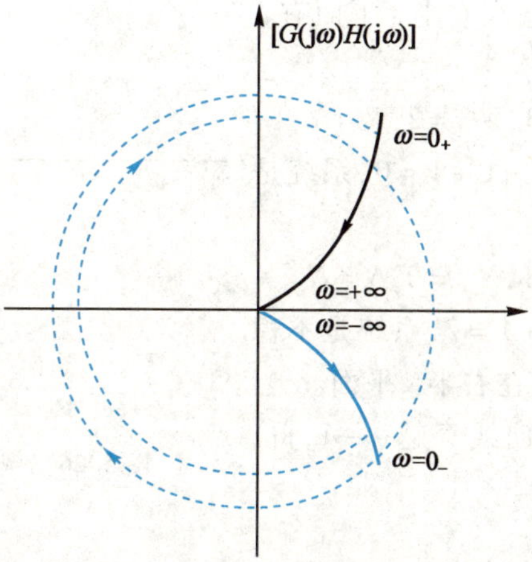

图 5.25 例 5.11 的奈氏曲线

奈氏路径中小半圆的映射：从 $\omega=0_-$ 的映射点开始，顺时针转过 $3\times180°$，到 $\omega=0_+$ 的映射点的无穷大半径的圆弧。

因为开环传递函数在右半 s 平面没有极点，所以 $P=0$。因为 $N_+=2, N_-=0, N=N_+-N_-=2, Z=N+P=2$，所以，系统不稳定，有两个闭环极点在右半 s 平面。

例 5.12 已知非最小相位系统的开环传递函数为

$$G(s)H(s)=\frac{k(s+3)}{s(s-1)}$$

用奈奎斯特判据判别系统稳定性。

解 由于开环传递函数在 s 平面的原点存在极点，所以选择奈氏路径如图 5.20(b)所示。系统的频率特性为

$$G(\mathrm{j}\omega)H(\mathrm{j}\omega)=\frac{k(\mathrm{j}\omega+3)}{\mathrm{j}\omega(\mathrm{j}\omega-1)}=\frac{-4k}{1+\omega^2}+\mathrm{j}\frac{k(3-\omega^2)}{\omega(1+\omega^2)}$$

$$\lim_{\omega\to0}|G(\mathrm{j}\omega)H(\mathrm{j}\omega)|=\infty,\quad \lim_{\omega\to0_+}\angle G(\mathrm{j}\omega)H(\mathrm{j}\omega)=-\frac{3}{2}\pi$$

$$\lim_{\omega\to+\infty}|G(\mathrm{j}\omega)H(\mathrm{j}\omega)|=0,\quad \lim_{\omega\to+\infty}\angle G(\mathrm{j}\omega)H(\mathrm{j}\omega)=-\frac{1}{2}\pi$$

令 $V(\omega)=0$，得奈氏曲线与实轴交点处的频率为 $\omega=\sqrt{3}$，交点坐标为 $U(\sqrt{3})=$

$-k$。根据上面的分析以及对称性，可以画出系统的奈氏曲线如图 5.26 所示。

奈氏路径中小半圆的映射：从 $\omega=0_-$ 的映射点开始，顺时针转过 180°，到 $\omega=0_+$ 的映射点的半径为无穷大的圆弧。

因为开环传递函数在右半 s 平面有 1 个极点，所以 $P=1$。

当 $k>1$ 时，$N_+=1$，$N_-=2$，$N=N_+-N_-=-1$，$Z=N+P=-1+1=0$，系统是稳定的。

当 $k<1$ 时，$N_+=1$，$N_-=0$，$N=N_+-N_-=1$，$Z=N+P=1+1=2$，系统是不稳定的，有两个闭环极点在右半 s 平面。

当 $k=1$ 时，奈氏曲线穿越 $(-1,\mathrm{j}0)$ 点，系统是临界稳定的。

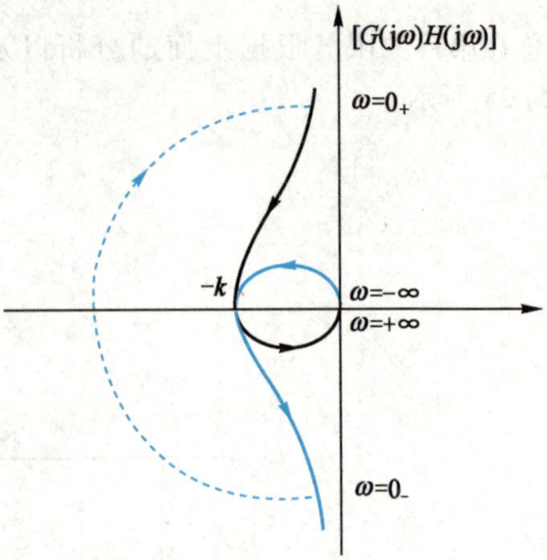

图 5.26 例 5.12 的奈氏曲线

上面讨论的都是假设 $G(s)$ 与 $H(s)$ 没有零、极点对消的情况。由于奈奎斯特稳定判据是基于系统的开环传递函数来分析系统稳定性的，所以，当 $G(s)$ 与 $H(s)$ 存在零、极点对消时，如果直接应用奈奎斯特判据分析系统的稳定性，可能会得到错误的结果。下面用一个例子说明 $G(s)$ 与 $H(s)$ 有零、极点对消时的处理方法。

例 5.13 控制系统如图 5.27 所示，用奈奎斯特判据判别系统稳定性。

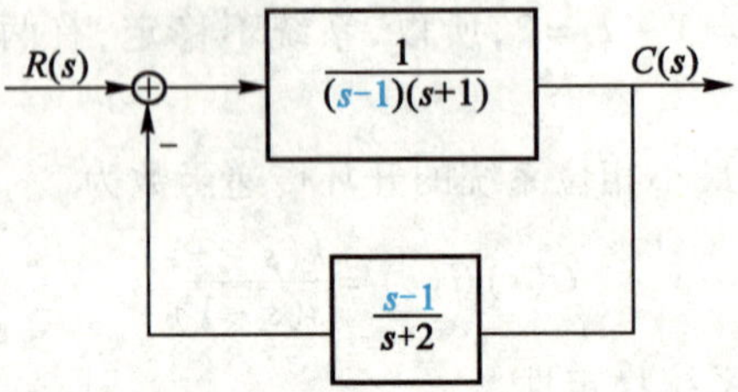

图 5.27 开环传递函数存在零、极点对消

解 在该系统中，系统的开环传递函数为

$$G(s)H(s)=\frac{1}{(s-1)(s+1)}\frac{s-1}{s+2}=\frac{1}{(s+1)(s+2)}$$

由奈奎斯特稳定判据或者其他判据，很容易判别该系统是稳定的。但实际上，系统的闭环传递函数为

$$\Phi(s)=\frac{\dfrac{1}{(s-1)(s+1)}}{1+\dfrac{1}{(s-1)(s+1)}\dfrac{s-1}{s+2}}=\frac{s+2}{(s-1)[(s+1)(s+2)+1]}$$

可见,系统在右半 s 平面的闭环极点,一部分由开环传递函数 $G(s)H(s)=\dfrac{1}{(s+1)(s+2)}$决定,另一部分是对消掉的不稳定的开环极点 $s=1$,所以,系统有 1 个不稳定的闭环极点。

因此,当 $G(s)$ 与 $H(s)$ 存在零、极点对消时,先根据开环传递函数,用奈奎斯特稳定判据得到在右半 s 平面的闭环极点数 Z_1,然后再加上对消掉的不稳定的开环极点数 Z_2,就得到系统在右半 s 平面的闭环极点的总数 $Z=Z_1+Z_2$。

5.6 控制系统相对稳定性分析

前面介绍的稳定性判据分析系统是否稳定,称为绝对稳定性分析。对于实际的控制系统,不仅要求稳定,而且要求具有一定的稳定裕度。确定系统的稳定裕度,称为相对稳定性分析。在奈氏图上,不仅可以分析系统的绝对稳定性,即判别系统是否稳定,而且能分析系统的相对稳定性,即确定系统的稳定裕度。

如何度量系统的稳定程度?由奈奎斯特判据可知,位于临界点附近的开环幅相曲线即奈氏曲线,对系统的稳定性影响最大。奈氏曲线越接近临界点$(-1,\mathrm{j}0)$,系统的稳定程度越差。因此,可以将奈氏曲线与临界点的距离,作为相对稳定性的度量。通常用相位裕度 γ 和幅值裕度 K_g或 h 来,度量奈氏曲线与临界点的距离。

下面首先定义相位穿越频率和增益穿越频率。

使开环频率特性的相角为 $-180°$的频率,称为相位穿越频率 ω_g,即

$$\angle G(\mathrm{j}\omega_g)H(\mathrm{j}\omega_g)=-180° \tag{5.36}$$

使开环频率特性的幅值为 1 或者为 0 dB 的频率,称为增益穿越频率或者截止频率 ω_c,即

$$|G(\mathrm{j}\omega_c)H(\mathrm{j}\omega_c)|=1 \tag{5.37}$$

或者

$$20\lg|G(\mathrm{j}\omega_c)H(\mathrm{j}\omega_c)|=0 \tag{5.38}$$

相位裕度 γ 和幅值裕度 K_g或 h 定义如下

$$\gamma=180°+\angle G(\mathrm{j}\omega_c)H(\mathrm{j}\omega_c) \tag{5.39}$$

$$K_g=\frac{1}{|G(\mathrm{j}\omega_g)H(\mathrm{j}\omega_g)|} \tag{5.40}$$

或者

$$h = 20\lg K_g = -20\lg |G(j\omega_g)H(j\omega_g)| \tag{5.41}$$

相位裕度 γ 和幅值裕度 K_g 的几何意义如图 5.28 所示。

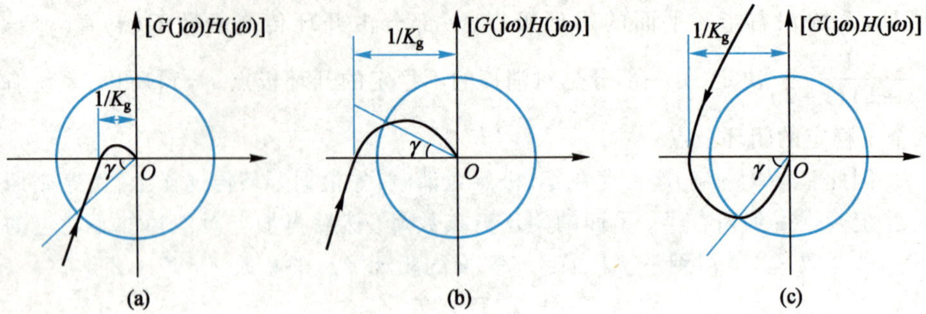

图 5.28 幅值裕度和相位裕度的几何意义

对于最小相位系统，相位裕度 γ 和幅值裕度 h 的符号是一致的。当 $\gamma>0$，$h>0$ 时，系统稳定；当 $\gamma<0$，$h<0$ 时，系统不稳定。但对于非最小相位系统，相位裕度 γ 和幅值裕度 h 的符号可能是不一致的。因此，相位裕度 γ 和幅值裕度 h 的符号一般是没有太大意义的，不能用来判别系统稳定性。对于稳定系统，$|\gamma|$ 和 $|h|$ 表示了系统稳定的程度，它们的值越大，系统越稳定。对于不稳定系统，$|\gamma|$ 和 $|h|$ 表示了系统不稳定的程度，它们的值越大，系统越不稳定。

例 5.14 控制系统的开环传递函数为

$$G(s)H(s) = \frac{K(\tau s+1)}{s(Ts-1)}$$

试分析系统的绝对稳定性和相对稳定性。

解 由于开环传递函数在 s 平面的原点存在极点，所以选择奈氏路径如图 5.20(b) 所示。系统的频率特性为

$$G(j\omega)H(j\omega) = \frac{K(j\omega\tau+1)}{j\omega(j\omega T-1)} = \frac{-K(T+\tau)}{1+\omega^2T^2} + j\frac{K(1-\omega^2T\tau)}{\omega(1+\omega^2T^2)}$$

$$\lim_{\omega\to 0}|G(j\omega)H(j\omega)| = \infty,\quad \lim_{\omega\to 0_+}\angle G(j\omega)H(j\omega) = -\frac{3}{2}\pi$$

$$\lim_{\omega\to +\infty}|G(j\omega)H(j\omega)| = 0,\quad \lim_{\omega\to +\infty}\angle G(j\omega)H(j\omega) = -\frac{1}{2}\pi$$

令 $V(\omega)=0$，即

$$1-\omega_g^2T\tau = 0$$

得奈氏曲线与实轴交点处的频率为

$$\omega_g = \frac{1}{\sqrt{T\tau}}$$

奈氏曲线与实轴交点坐标为

$$U(\omega_g) = -K\tau$$

根据上面的分析以及对称性,可以画出系统的奈氏曲线如图 5.29 所示。

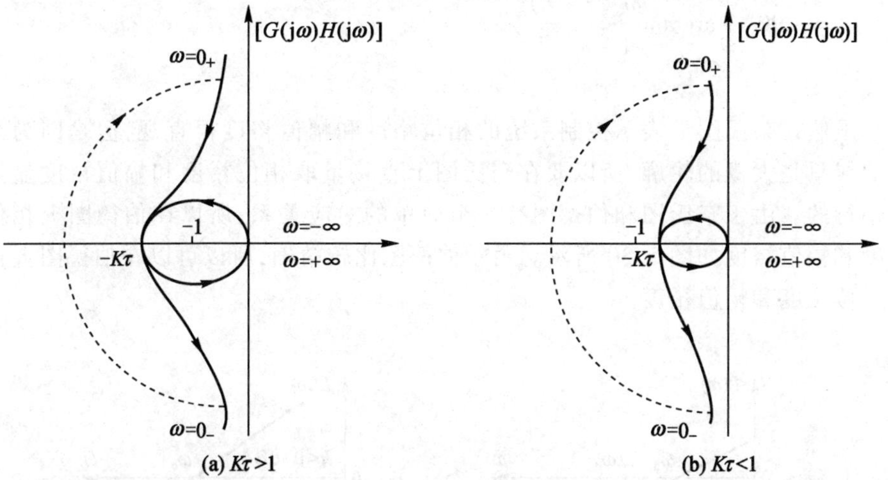

图 5.29 例 5.14 奈氏图

奈氏路径中小半圆的映射:从 $\omega=0_-$ 的映射点开始,顺时针转过 180°,到 $\omega=0_+$ 的映射点的无穷大半径的圆弧。

因为开环传递函数在右半 s 平面有 1 个极点,所以 $P=1$。

当 $K\tau>1$ 时,$N_+=1$,$N_-=2$,$N=N_+-N_-=-1$,$Z=N+P=-1+1=0$,系统是稳定的。

当 $K\tau<1$ 时,$N_+=1$,$N_-=0$,$N=N_+-N_-=1$,$Z=N+P=1+1=2$,系统是不稳定的,有 2 个闭环极点在右半 s 平面。

当 $K\tau=1$ 时,奈氏曲线穿越$(-1,\mathrm{j}0)$点,系统是临界稳定的。

下面分析系统的相对稳定性。由

$$|G(\mathrm{j}\omega_c)H(\mathrm{j}\omega_c)| = \frac{K\sqrt{1+\omega_c^2\tau^2}}{\omega_c\sqrt{1+\omega_c^2T^2}} = 1$$

得

$$\omega_c = \frac{1}{\sqrt{2}T}\sqrt{K^2\tau^2-1+\sqrt{(K^2\tau^2-1)^2+4K^2T^2}}$$

前面已经求出相位穿越频率 $\omega_g = \dfrac{1}{\sqrt{T\tau}}$,则

$$K_g = \frac{1}{|G(\mathrm{j}\omega_g)H(\mathrm{j}\omega_g)|} = \frac{1}{K\tau}$$

$$h = -20\lg(K\tau)$$

$$\begin{aligned}\gamma &= 180° + \angle G(j\omega_c)H(j\omega_c) \\ &= 180° + \arctan\omega_c\tau - 90° - 180° + \arctan\omega_c T \\ &= -90° + \arctan\frac{\omega_c(\tau + T)}{1 - \omega_c^2\tau T}\end{aligned}$$

虽然在奈氏图上表示控制系统的相位裕度和幅值裕度很直观,但是因为奈氏曲线只是大概的轮廓,所以要在奈氏图上直接量取相位裕度和幅值裕度显然是不行的。由于奈氏图和伯德图有一个简单的对应关系,所以在伯德图上相位裕度和幅值裕度如图 5.30 所示。由于伯德图比较精确,所以可以在伯德图上量取相位裕度和幅值裕度。

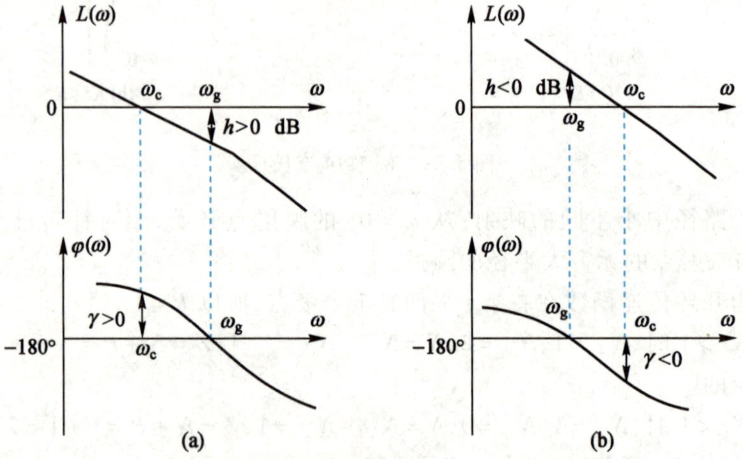

图 5.30 伯德图上的幅值裕度和相位裕度

系统开环对数幅频特性的中频段的宽度和斜率与系统的稳定性有密切的关系。根据伯德定理,有下列结论:

若系统开环对数幅频特性的中频段的斜率为 -20 dB/dec,则系统是稳定的;若系统开环对数幅频特性的中频段的斜率为 -60 dB/dec,则系统是不稳定的;若系统开环对数幅频特性的中频段的斜率为 -40 dB/dec,则系统可能是稳定的,也可能是不稳定的,即使稳定,其稳定裕度也较小。

这个结论经常用来根据伯德图判别系统稳定性。

5.7 MATLAB 在频率法中的应用

用 MATLAB 很容易精确绘制奈氏图和伯德图，方便地求取系统的稳定裕度，从而分析与设计控制系统。但由于 MATLB 是精确绘制奈氏图，只能绘制其中一部分，不能画出 $\omega=-\infty\rightarrow+\infty$的全貌，所以不能用来分析系统稳定性。

5.7.1 用 MATLAB 绘制奈氏图

绘制奈氏图的 MATLAB 命令是 nyquist(num,den)，当用户需要指定频率 ω 时，可用函数 nyquist (num,den,w)。还有两种等号左端含有变量的形式

[re,im,w] = nyquist(num,den)

[re,im,w] = nyquist (num,den,w)

通过这两种形式的调用，可计算频率特性的实部和虚部，但是不能直接在屏幕上产生奈氏图，需要通过调用 plot(re,im)函数才可以得到奈氏图。

例 5.15 已知系统的开环传递函数为

$$G(s)H(s)=\frac{75(s+2)}{(s+10)(s^3+3s^2+2s+5)}$$

用 MATLAB 绘制奈氏图。

解 键入命令

```
G = tf(75 * [1,2],conv([1,10],[1,3,2,5])),nyquist(G)
```

按 Enter 键，命令窗口输出如下结果，并出现图 5.31 所示的奈氏图。

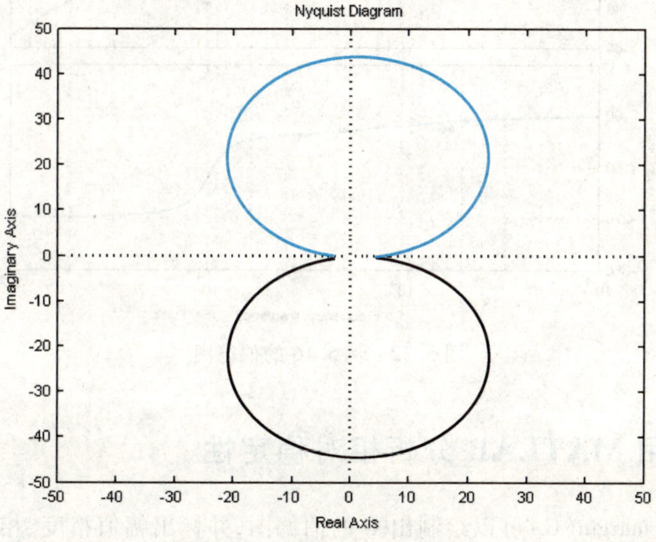

图 5.31 例 5.15 的奈氏图

Transfer function:

```
        75s + 150
-------------------------------
s^4 + 13s^3 + 32s^2 + 25s + 50
```

5.7.2 用 MATLAB 绘制伯德图

绘制伯德图可用命令 bode(num,den)。如果需要给出频率 ω 的范围,可调用指令 w = logspace(a,b,n),频率 ω 的采样点的值在十进制数 10^a 和 10^b 之间产生 n 个十进制对数分度的等距离点。

如果需要指定幅值 mag 和相角 phase 范围,则执行命令[mag,phase,w] = bode(num,den),MATLAB 在频率响应范围内能够自动选取频率 ω 值绘图。

例 5.16 用 MATLAB 绘制例 5.3 的伯德图。

解 键入命令 `G = tf(2000 * [1,5],conv([1,2,0],[1,4,100])),bode(G)`

按 Enter 键,命令窗口输出如下结果,并出现图 5.32 所示的伯德图。

Transfer function:

```
        2000s + 10000
-------------------------------
s^4 + 6s^3 + 108s^2 + 200s
```

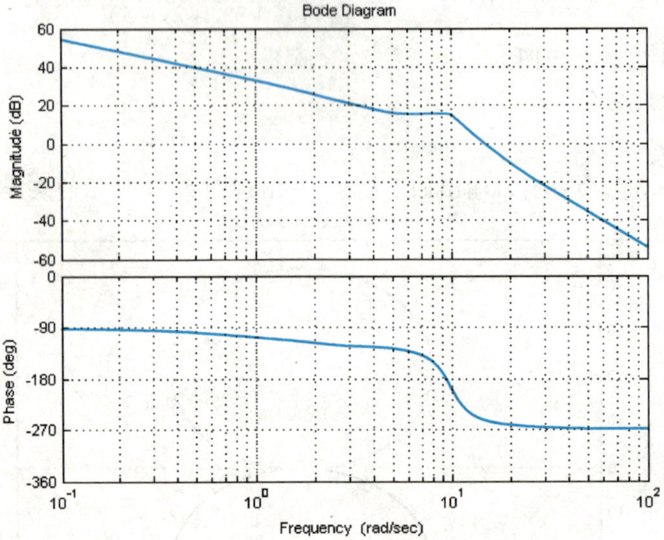

图 5.32 例 5.16 的伯德图

5.7.3 用 MATLAB 分析相对稳定性

用命令 margin(G)可以绘制出 G 的伯德图,并标出幅值裕度、相位裕度和对应的频率。用函数[kg,r,wg,wc] = margin(G)可以求出 G 的幅值裕度 kg、相位裕度 r 和幅值穿越频率 wc。

例 5.17 已知系统的开环传递函数为

$$G(s)H(s)=\frac{20}{s^3+10s^2+10s+2}$$

用 MATLAB 求幅值裕度、相位裕度。

解 键入命令

```
G = tf(20,[1 10 10 2]);[kg,r] = margin(G)
```

按 Enter 键,则显示

```
kg = 13.8
r = 33.7
```

或者

```
G = tf(20,[1 10 10 2]); margin(G)
```

按 Enter 键,则显示图 5.33。

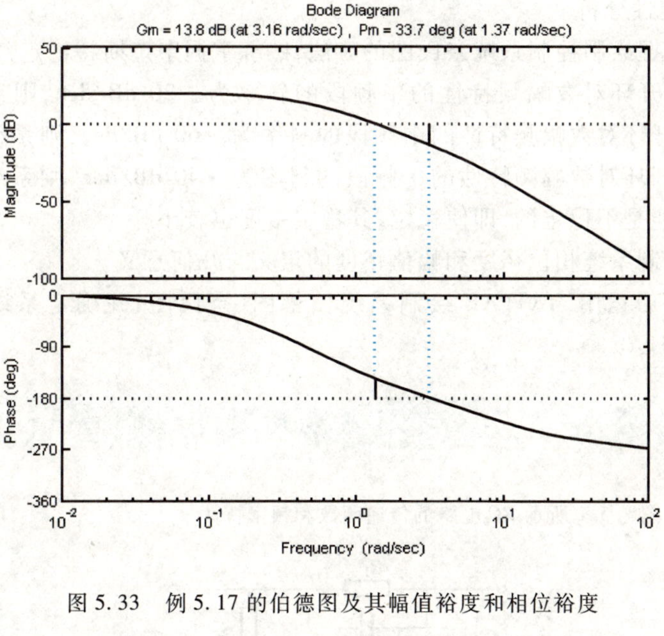

图 5.33 例 5.17 的伯德图及其幅值裕度和相位裕度

本章小结

1. 频率特性的概念

线性定常系统的输出量的傅氏变换与输入量的傅氏变换之比,定义为系统的频率特性。

将传递函数中的 s 用 jω 替换后可得到系统的频率特性。

一个稳定的线性定常系统,在正弦信号作用下,其稳态输出是同频率的正弦信号,其幅值为频率特性的幅值与输入信号幅值的乘积,相位为频率特性的相角与正弦输入信号的相角之和。

2. 伯德图

如果系统的传递函数在右半 s 平面上没有极点和零点,而且不包含滞后环节,则称为最小相位系统;否则,称为非最小相位系统。

对于最小相位系统,幅频特性和相频特性是单值对应的,因此,根据系统的对数幅频特性就可以写出系统的传递函数或者频率特性。对于非最小相位系统,系统的幅频特性和相频特性不是单值对应的,因此,要综合考虑系统的对数幅频特性和相频特性确定系统的传递函数或者频率特性。

熟练掌握典型环节的伯德图的特征、绘制控制系统伯德图的方法以及由最小相位系统伯德图确定传递函数的方法。

3. 稳定性分析

熟练掌握绘制控制系统奈氏图的方法,熟练掌握奈奎斯特稳定判据。

若系统开环对数幅频特性的中频段的斜率为 -20 dB/dec,则系统是稳定的;若系统开环对数幅频特性的中频段的斜率为 -60 dB/dec,则系统是不稳定的;若系统开环对数幅频特性的中频段的斜率为 -40 dB/dec,则系统可能是稳定的,也可能是不稳定的,即使稳定,其稳定裕度也较小。

掌握控制系统相位裕度和幅值裕度的定义与几何意义。

实际练习运用 MATLAB 绘制系统伯德图、奈氏图,并确定系统的相位裕度和幅值裕度。

习题与应用题

5.1 求图题 5.1 所示 RC 电路的传递函数和频率特性。

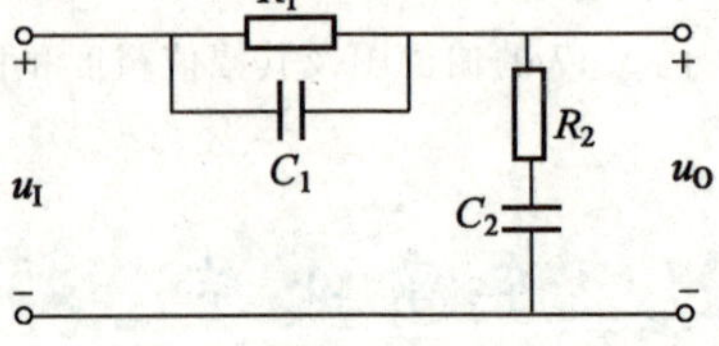

图题 5.1

5.2 对图题 5.2 所示控制系统,根据频率特性物理意义,求下列输入信号作用时系统的

稳态输出 c_{ss} 和稳态误差 e_{ss}：

(1) $r(t)=\sin 2t$；

(2) $r(t)=\sin(t+30°)-2\cos(2t-45°)$。

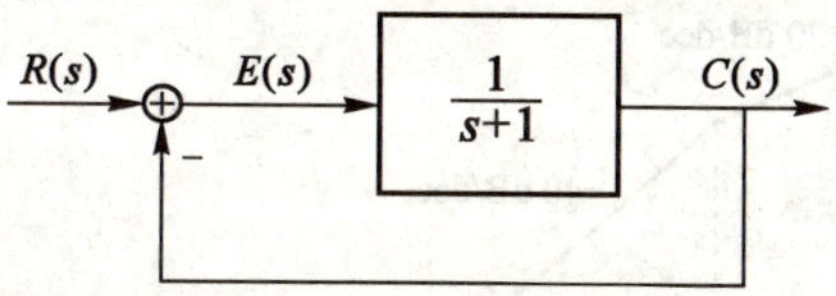

图题 5.2

5.3 已知系统结构为典型二阶系统，当输入 $r(t)=2\sin t$ 时，测得稳态输出 $c(t)=4\sin(t-45°)$，试确定系统的参数 ζ、ω_n。

5.4 绘制下列传递函数的对数幅频特性和对数相频特性。

(1) $G(s)=\dfrac{s+1}{s+0.1}$

(2) $G(s)=\dfrac{8(s+0.1)}{s(s^2+s+1)(s^2+4s+25)}$

(3) $G(s)=\dfrac{10(s+0.2)}{s^2(s+0.1)}$

(4) $G(s)=\dfrac{10(s+1)}{s^2(s-1)}$

5.5 最小相位系统的开环对数幅频特性的渐近线如图题 5.5 所示，确定系统的开环传递函数。

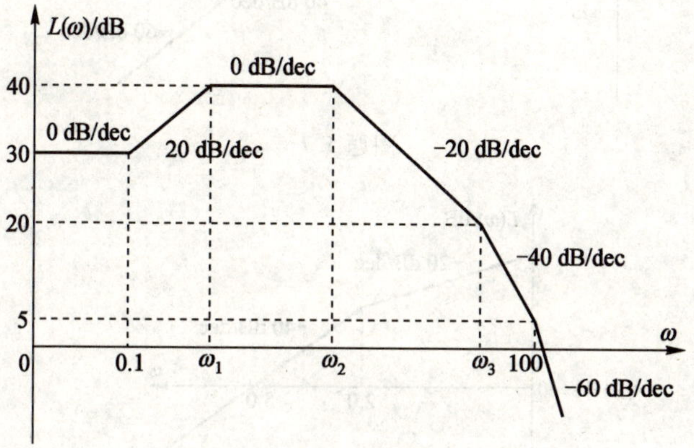

图题 5.5

5.6 最小相位系统的开环对数幅频特性的渐近线如图题 5.6 所示，试写出系统的开环传递函数。

5.7 最小相位系统的开环对数幅频特性的渐近线如图题 5.7 所示，确定系统的开环传递函数。

5.8 最小相位系统的开环对数幅频特性的渐近线如图题5.8所示,确定系统的开环传递函数。

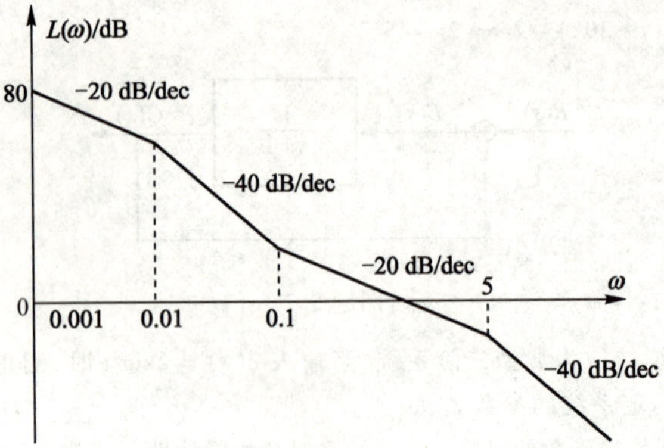

图题5.6

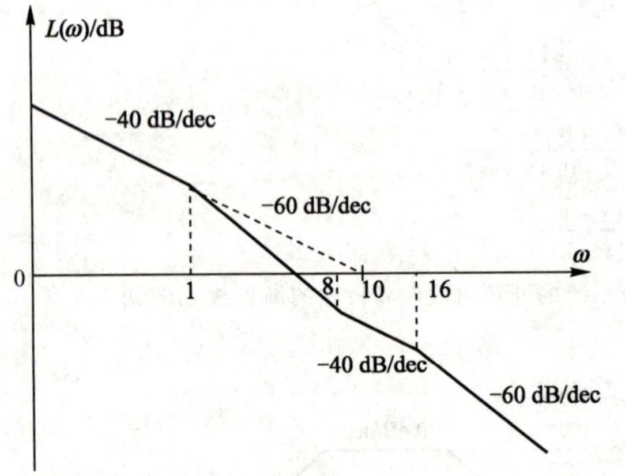

图题5.7

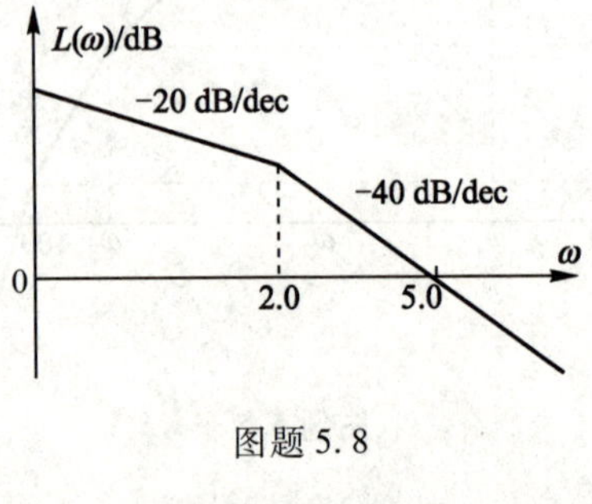

图题5.8

5.9 最小相位系统的开环对数幅频特性的渐近线如图题5.9所示,确定该系统的开环传递函数。

5.10 最小相位系统的开环对数幅频特性的渐近线如图题5.10所示,确定系统的开环传递函数。

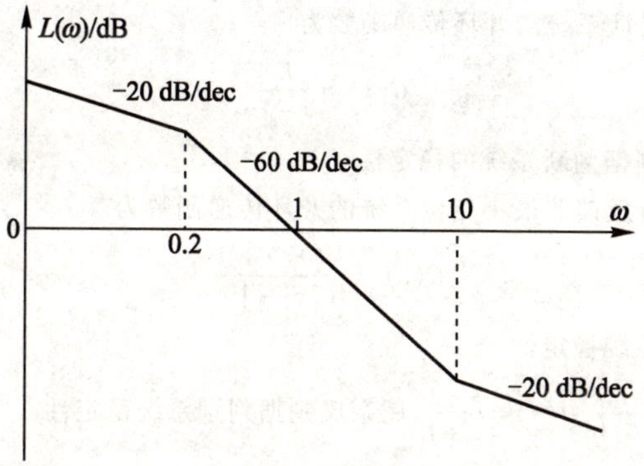

图题 5.9

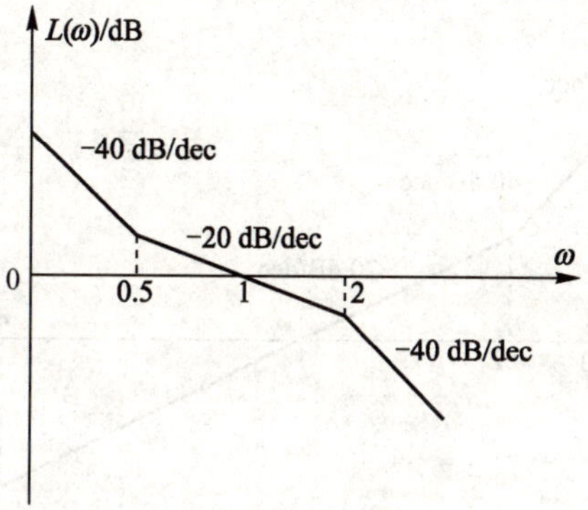

图题 5.10

5.11 已知单位反馈系统的开环传递函数为

$$G(s)=\frac{10}{(s+1)(0.1s+1)}$$

用奈奎斯特稳定判据判断闭环系统的稳定性。

5.12 已知单位反馈系统的开环传递函数为

$$G(s)=\frac{K}{(1+0.1s)(1+0.5s)(1+s)}$$

用奈奎斯特稳定判据确定 K 为何值时,使得闭环系统稳定。

5.13 已知单位反馈系统的开环传递函数为

$$G(s)=\frac{k}{s(s+3)(s+5)}$$

用奈氏判据判别系统稳定性。

5.14 已知单位负反馈系统的开环传递函数为

$$G(s)=\frac{K}{s^2(Ts+1)}$$

试用奈氏判据判别系统的稳定性。

5.15 已知单位反馈系统的开环传递函数为

$$G(s)=\frac{K}{s-1}$$

用奈奎斯特稳定判据判断系统的稳定性。

5.16 已知单位负反馈非最小相位系统的开环传递函数为

$$G(s)=\frac{K(\tau s+1)}{s(2\tau s-1)}$$

用奈氏判据判别系统稳定性。

5.17 设 $G(s)=\dfrac{1}{s-1}$，$H(s)=\dfrac{s-1}{s+1}$，用奈氏判据判别系统稳定性。

5.18 一单位负反馈系统的开环对数幅频特性的渐近线如图题 5.18 所示。

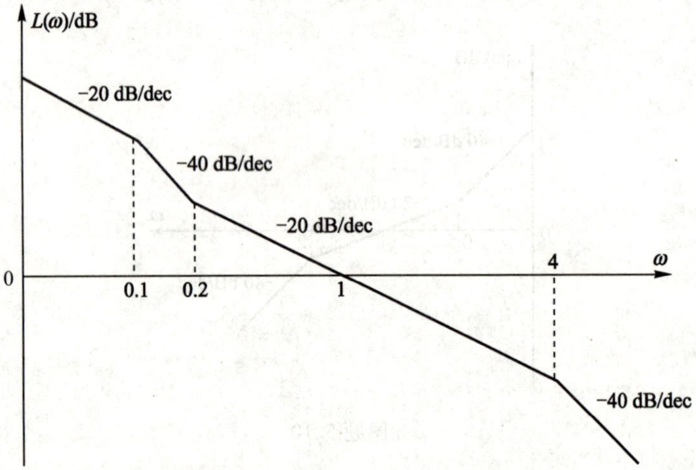

图题 5.18

(1) 写出系统开环传递函数和频率特性表达式。

(2) 判别闭环系统的稳定性。

(3) 如果将图题 5.18 中幅频特性曲线向右平移 10 倍频程，试讨论对系统阶跃响应的影响。

5.19 设单位反馈控制系统的开环传递函数为

$$G(s)=\frac{as+1}{s^2}$$

试确定使相位裕度 $\gamma=45°$ 的 a 值。

5.20 具有时滞的控制系统如图题 5.20 所示，分析时滞对系统稳定性的影响，确定保证系统稳定时所容许的最大时滞 τ_{max}。

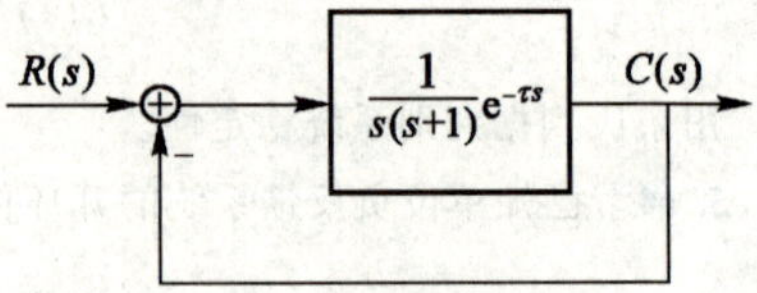

图题 5.20

5.21 已知某系统的对数频率特性实验数据，见表题 5.21，确定系统的传递函数。

表题 5.21

ω	0.1	0.2	0.4	1	2	4	10	20	30
$20\lg\|G\|$	34	28	21	13	5	−5	−20	−31	−34
$\angle G$	−93°	−97°	−105°	−123°	−145°	−180°	−225°	−285°	−345°

E5.1 单闭环速度控制系统的结构图如图题 E2.2 所示，设系统的参数为：$T_a=0.03$ s，$T_m=0.2$ s，$K_s=40$，$R_a=0.5\ \Omega$，$C_e=0.14\text{V}/(\text{r/m})$，$K_{sf}=0.07$。

(1) 取 $\tau_1=0.01$ s，用奈氏稳定判据确定 K_p 的取值范围，使系统稳定。

(2) 绘制 $K_p=0.002$ 时开环系统的伯德图。

E5.2 雕刻机控制系统中用了两个驱动电机和相应的导轨来在 x 和 y 方向上为雕刻针定位。x 轴位置控制系统如图题 E5.2 所示。

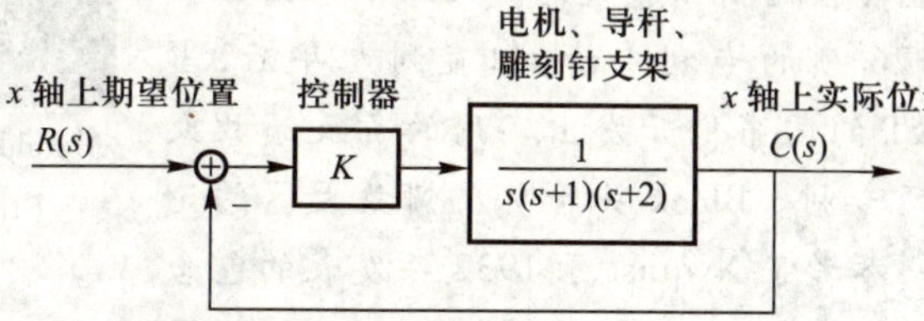

图题 E5.2

(1) 用奈氏稳定判据确定 K_p 的取值范围，使系统稳定。

(2) 绘制 $K_p=2$ 时开环系统的伯德图。

E5.3 无人小车 AGV 是自动化仓库中的重要设备。这种小车能够沿着嵌在地面上的线路自动调节前轮，从而保持合适的方向。AGV 车轮方向控制系统原理如图题 E5.3 所示。安装在前轮上的感应线圈可以检测到小车行驶方向的误差，并调整方向。如果系统的开环传递函数为 $G(s)H(s)=\dfrac{k}{s(s+3)^2}$，试绘制 $K_v=2$ 时的伯德图。

(1) 绘制 $K_v=2$ 时开环系统的伯德图。

(2) 确定当 $K_v=2$ 时系统的幅值裕度和相位裕度。

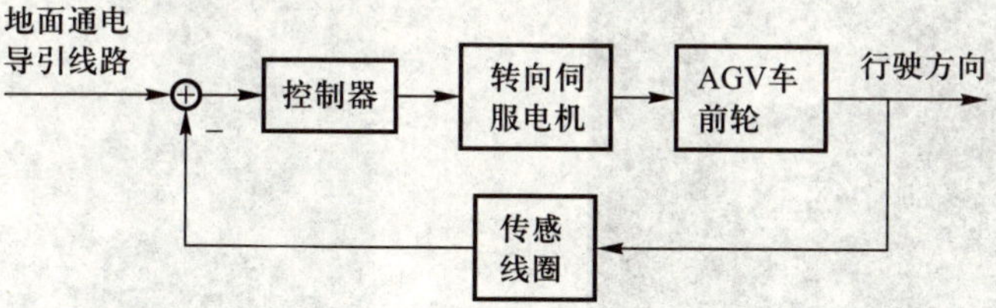

图题 E5.3

负反馈放大器及频率法的建立

1928年8月2日,Harold Black(1898—1983),在前往曼哈顿西街的上班途中,在Hudson河的渡船Lackawanna Ferry上灵光一闪,发明了在当今控制理论中占核心地位的负反馈放大器。由于手头没有纸,他就将其发明记在了一份纽约时报上。这份早报已成为一件珍贵的文物珍藏在AT&T的档案馆中。

Harold Stephen Black
(1898—1983)

当时的Black年仅29岁,从美国武斯特理工学院电子工程专业学士毕业刚六年,在西部电子公司工程部从事电子管放大器的失真和不稳定问题的研究。Black首先提出了基于误差补偿的前馈放大器。1928年Black提交了长达52页126项的专利申请,但直到九年后,当Black和他在AT&T的同事们开发出实用的负反馈放大器之后才获批这项专利。Black关于负反馈放大器的论文发表在1934年,参考了Nyquist于1932年发表的包含著名Nyquist稳定判据的论文。

Harry Nyquist(1889—1976)于1917年在耶鲁大学获物理学博士学位,1917年至1934年在美国AT&T公司工作,1934年转入Bell实验室工作。这一时期,Bell实验室的另一位应用数学家Hendrik Wade Bode(1905—1982),于1940年引入了半对数坐标系,建立了Bode图方法,使频率法更加适用于工程设计。Bode于1926年在俄亥俄州立大学(Ohio State)获硕士;1935年在哥伦比亚大学(Columbia University)获物理学博士学位。

1928年至1945年,美国AT&T公司Bell实验室(Bell Labs)的科学家们建立了控制系统分析与设计的频域方法。

Harry Nyquist
(1889—1976)

Hendrik Wade Bode
(1905—1982)

第 6 章　线性系统的校正方法

前面各章较为详细地讨论了系统分析的基本方法。所谓系统分析，就是在给定系统的结构、参数和工作条件下，对它的数学模型进行分析，包括稳定性、暂态性能和稳态性能分析，看其是否满足要求，以及分析某些参数变化对上述性能的影响。系统分析的目的是为了设计一个满足要求的控制系统，当现有系统不满足要求时，需要找到改善系统性能的方法，这就是系统的校正。

本章介绍控制系统的校正方法。先介绍控制系统设计的一般步骤，阐明系统校正在整个系统设计中的地位和作用。然后着重介绍基于频率法的超前、滞后、滞后-超前分析法校正方法，介绍期望特性法的基本思想，着重介绍工程上广泛应用的按最佳二阶系统和典型三阶系统设计的工程设计方法。

6.1 控制系统校正的概念

6.1.1 控制系统的设计步骤

完成一个控制系统的设计任务，往往需要经过理论与实践的多次反复才能得到比较合理的结构形式和满意的性能。系统的设计过程一般有以下几步。

(1) 拟定性能指标

性能指标是设计控制系统的依据，因此，必须合理地拟定性能指标。在不少系统的设计中，有些指标往往并不明确给出，而是由设计人员根据设计要求进行转换。

系统性能指标要切合实际需要，既要使系统能够完成给定的任务，但同时也要考虑实现条件和经济效果。一般来说，性能指标不应当比完成给定任务所需要的指标更高，例如，若系统的主要要求是具有较高的稳态性能，那么，就不必对系统动态过程提过高的性能指标，因为这需要昂贵的元部件或者复杂的控制装置。

如果在设计过程中，发现很难满足给定的性能指标，或者设计出的控制系统造价太高，则需要对给定的性能指标作必要的修改。

工程上存在各种性能指标。一种指标对于某一类系统适用，但对另一类系统不一定也适用，所以不同类型的系统需要不同类型的指标。此外，控制系统的很多校正方法是在频域里进行的，需要用频域指标，但时域指标又有它直观、便于测量等优点，因此在许多场合下，时域和频域这两类指标常同时采用。

(2) 初步设计

初步设计是控制系统设计中最重要的一环，主要包括以下几个内容。

① 根据设计任务和性能指标，初步确定比较合理的设计方案，选择系统的主要元部件，拟出控制系统的原理图。

② 建立所选元部件的数学模型，并进行初步的稳定性分析和动态性能分析。一般来说，这时的系统虽然在原理上能够完成给定的任务，但系统的性能一般不能满足要求的性能指标。

③ 对于不满足性能指标的系统，可以在其中再加一些元部件，使系统达到给定的性能指标。这一步是本章要重点介绍的系统校正。

④ 分析各种方案,选择最合适的方案。对于给定的同一个设计要求,一般可以设计出许多方案,即系统设计是不唯一的。因此,要对得到的各种方案进行比较和论证,不断改进,最后确定一个较好的方案,这样就完成了初步设计工作。

初步设计工作主要是理论分析与计算,必须进行很多近似,例如模型简化和线性化等,所以,得到的方案可能没有理论分析的结果理想。为了检验初步设计结果的正确性,并改进设计,还需要进行原理试验。

(3) 原理试验

根据初步设计确定的系统工作原理,建立实验模型,进行原理试验。根据原理试验的结果,对原定方案进行局部的甚至全部的修改,调整系统的结构和参数,进一步完善设计方案。

(4) 样机生产

在原理试验的基础上,考虑到实际的安装、使用、维修等条件,应进行样机生产。通过对样机的实验调整,在确认其已满足性能指标和使用要求的前提下,进行实际的运行和环境条件考验实验。根据运行和实验的结果,进一步改进设计。在完全达到设计要求情况下,即可将设计定型并交付生产。

可见,一个完整的控制系统设计要经过多次反复试验与修改,才能逐步完善。设计的完善与合理性在很大程度上取决于设计者的经验。

6.1.2 校正的概念与校正方案

前面已经指出,当根据系统所完成的任务,制定出合理的性能指标后,即可选择主要的元部件。例如,要设计一个调速系统,根据系统的调速范围、调速精度等,确定需采用直流调速方式。根据系统的输出功率和供给的能源形式,选择晶闸管整流装置及相应的触发电路等;根据负载和调速精度的要求,选择直流电动机以及相应的励磁电路等;根据调速精度选择测速发电机作为测量元件。这样,系统的结构和主要元部件就选定了。系统结构如图 6.1 所示。

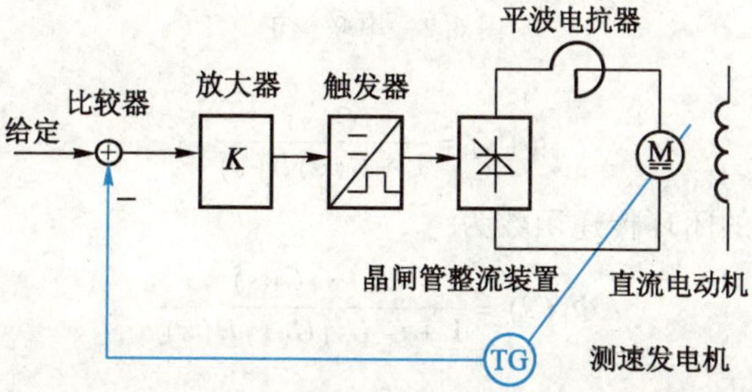

图 6.1 直流电动机速度控制系统

根据系统中各元部件的特性以及系统结构，可以建立系统的数学模型。然后运用前面各章介绍的分析方法，不难分析系统的动态特性，从而检验系统是否满足给定的性能指标。初步设计出的系统一般来说是不满足性能指标要求的，需要在已有系统中加入一些参数和结构可以调整的装置，以改善系统特性。从理论上来说这是完全可以的，因为加入了校正装置就改变了系统的传递函数，也就改变了系统的动态特性。

一般来说，系统中的测量、放大和执行元件是构成控制系统的基本元件，如图6.1所示调速系统中的比较器、触发器、晶闸管整流装置、电动机及其励磁电路、测速发电机等。这些装置一经选定后都有固定的特性，在系统校正中不再改变，因此，这些元部件通常称为系统不可改变部分，而相应的用于校正的元部件（包括放大器），其参数和结构在设计过程中可根据性能指标的要求而定，所以称为系统可变部分。

可见，所谓校正就是在系统不可变部分的基础上，加入适当的校正元部件，使系统满足给定的性能指标。

校正环节的形式及其在系统中的位置称为系统的校正方案。校正方案主要有如下几种。

（1）串联校正

校正环节安置在前向通道的形式称为串联校正。为了避免功率损耗和尽量选择小功率的校正元部件，一般串联校正环节安置在前向通道中能量较低的部位上，如图6.2所示。图中，$G(s)$、$H(s)$为系统的不可变部分，$G_c(s)$为校正环节的传递函数。校正前系统的闭环传递函数为

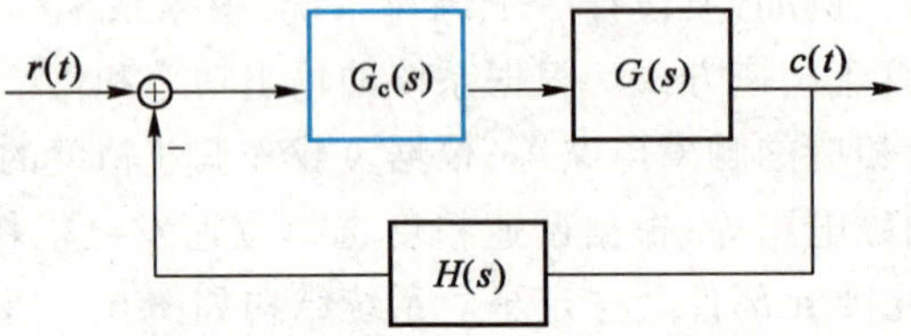

图6.2 串联校正

$$\Phi(s)=\frac{G(s)}{1+G(s)H(s)} \tag{6.1}$$

串联校正后系统的闭环传递函数为

$$\Phi_c(s)=\frac{G_c(s)G(s)}{1+G_c(s)G(s)H(s)} \tag{6.2}$$

（2）并联校正

校正装置和被控对象的一部分并联，称为并联校正，如图6.3所示。

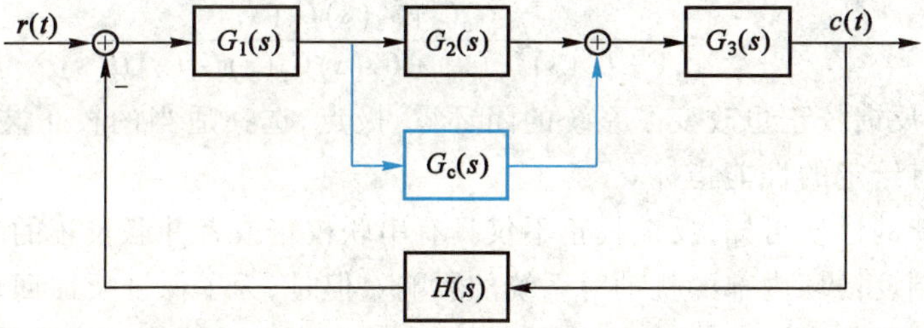

图 6.3 并联校正

校正前，系统的闭环传递函数为

$$\Phi(s)=\frac{G_1(s)G_2(s)G_3(s)}{1+G_1(s)G_2(s)G_3(s)H(s)} \tag{6.3}$$

并联校正后，系统的闭环传递函数为

$$\Phi_c(s)=\frac{G_1(s)[G_2(s)+G_c(s)]G_3(s)}{1+G_1(s)[G_2(s)+G_c(s)]G_3(s)H(s)} \tag{6.4}$$

可见，经过串联或者并联校正后，系统的闭环零点和极点均发生了变化，适当选取校正装置可以使系统具有期望的闭环零、极点，从而达到期望的性能。

(3) 反馈校正

校正装置和被控对象或一部分构成一个反馈通道，称为反馈校正，如图 6.4 所示。

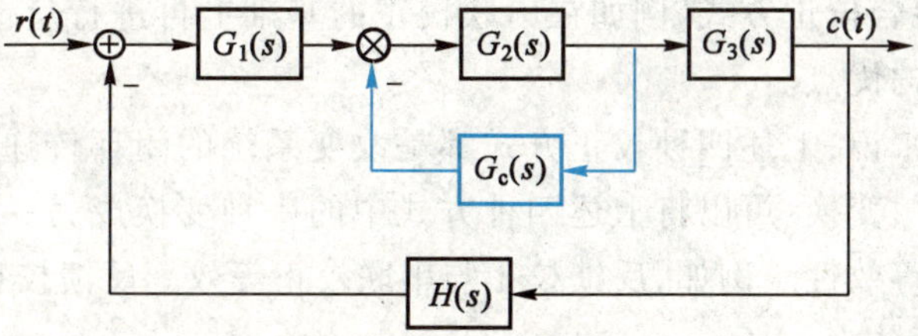

图 6.4 反馈校正

校正前，系统的闭环传递函数为

$$\Phi(s)=\frac{G_1(s)G_2(s)G_3(s)}{1+G_1(s)G_2(s)G_3(s)H(s)} \tag{6.5}$$

反馈校正后，系统的闭环传递函数为

$$\Phi_c(s)=\frac{G_1(s)\dfrac{G_2(s)}{1+G_2(s)G_c(s)}G_3(s)}{1+G_1(s)\dfrac{G_2(s)}{1+G_2(s)G_c(s)}G_3(s)H(s)} \tag{6.6}$$

$$= \frac{G_1(s)G_2(s)G_3(s)}{1+G_2(s)G_c(s)+G_1(s)G_2(s)G_3(s)H(s)}$$

可见,反馈校正也改变了系统的闭环零、极点,选择适当的校正装置同样能使系统具有给定的性能指标。

由反馈的性质可知,反馈校正不仅具有串联校正或者并联校正的功能,而且它还能抑制反馈环内部的扰动对系统的影响。但是,为了保证反馈回环稳定,反馈校正所包围的环节不宜过多,一般不超过 2 ~3 个。反馈校正的元部件数一般不多,但体积要大些,而且精度要求较高。

(4) 前馈校正

复合控制具有不改变系统闭环极点,同时提高控制精度的特点,因此,可以在原系统中加一条前向通道,构成复合控制,如图 6.5 所示。

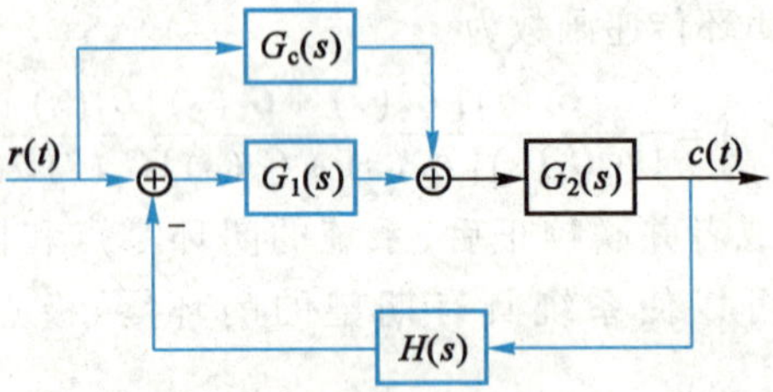

图 6.5 前馈校正

除了上述几种校正形式以外,有时为了用简单的校正装置来获得满意的性能,可以采用混合校正方式,例如在串联校正的基础上再进行反馈校正,这样综合了两种校正的优点。

从原理上来说,上述四种校正方式都是改变系统的闭环传递函数,因此,通过结构图的等效变换,可以将上述四种方式中的一种变换成另一种,因此,各种校正方式具有等效性。例如,反馈校正与串联校正等效。反馈校正如图 6.6(a)所示,其传递函数为

$$G(s) = \frac{G_2(s)}{1+G_2(s)H_c(s)}$$

若用串联校正,如图 6.6(b)所示,则传递函数为

$$G'(s) = G_c(s)G_2(s)$$

因为要使两者等效,即

$$G'(s) = G(s)$$

所以,有

$$G_c(s) = \frac{1}{1+G_2(s)H_c(s)} \tag{6.7}$$

即,若设计串联校正的传递函数为式(6.7),则与反馈校正等价。

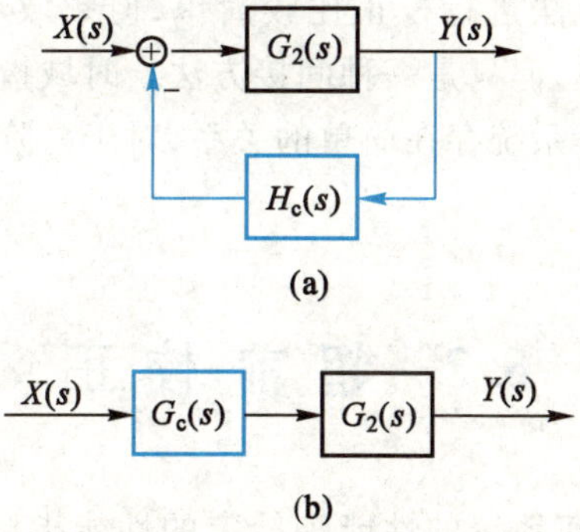

图 6.6 不同校正方式的等价性

6.1.3 校正方法

确定了校正方案以后,下面的问题就是如何确定校正装置的结构和参数。目前主要有两大类校正方法:分析法与综合法。

分析法又称为试探法。这种方法是把校正装置归结为易于实现的几种类型。例如,超前校正、滞后校正、滞后-超前校正等,它们的结构是已知的,而参数可调。设计者首先根据经验确定校正方案,然后根据系统的性能指标要求,“对症下药”地选择某一种类型的校正装置,然后再确定这些校正装置的参数。这种方法设计的结果必须验算,如果不能满足全部性能指标,则应调整校正装置参数,甚至重新选择校正装置的结构,直到系统校正后满足给定的全部性能指标。因此,分析法本质上是一种试探法。

分析法的优点是校正装置简单,可以设计成产品,例如工程上常用的各种 PID 调节器等。因此,这种方法在工程中得到了广泛的应用。本章将首先介绍这种方法,包括确定校正装置的参数,以及如何选择合适的校正结构。

综合法又称为期望特性法。它的基本思想是按照设计任务所要求的性能指标,构造期望的数学模型,然后选择校正装置的数学模型,使系统校正后的数学模型等于期望的数学模型。

综合法虽然简单,但得到的校正环节的数学模型一般比较复杂,在实际应用中受到限制,但它仍然是重要的方法之一,尤其是对校正装置的选择有很好的指导作用。

需要指出,无论是综合法还是分析法,都带有经验的成分,所得结果往往不是最优的。最优控制系统需要用最优控制理论来设计。

系统的校正可以在时域内进行,也可以在频域内进行。本章介绍频域设计方法。一般来说,用频域法进行校正比较简单,但频域法的设计指标是间接指标,所以频域法虽然简单,但只是一种间接方法。时域指标和频域指标是可以相互转换的,对于典型二阶系统存在简单的关系,对于高阶系统也存在简单的近似关系。

6.2 超前校正

分析法是针对被校正系统的性能和给定的性能指标,首先选择合适的校正环节的结构,然后用校正方法确定校正环节的参数。在用分析法进行串联校正时,校正环节的结构通常采用超前校正、滞后校正、滞后-超前校正这三种类型,也就是工程上常用的 PID 调节器。下面讨论这三种结构用于校正时,如何确定其参数的方法,至于如何选择校正结构,这虽然是分析法的首要问题,但只有清楚各种校正的作用和特点以后才能明白选择的原则,因此如何选择校正结构将在介绍校正方法后再行介绍。

本节首先介绍串联超前校正。介绍用分析法进行串联超前校正以及校正的一些共同问题,分析超前校正环节的各种特性,然后介绍用频域法确定超前校正参数的步骤。

6.2.1 超前校正及其特性

超前校正就是在前向通道中串联传递函数为

$$G_c(s)=\frac{1+aTs}{1+Ts},\quad a>1 \tag{6.8}$$

的校正装置,其中参数 a、T 为可调,如图 6.7 所示。

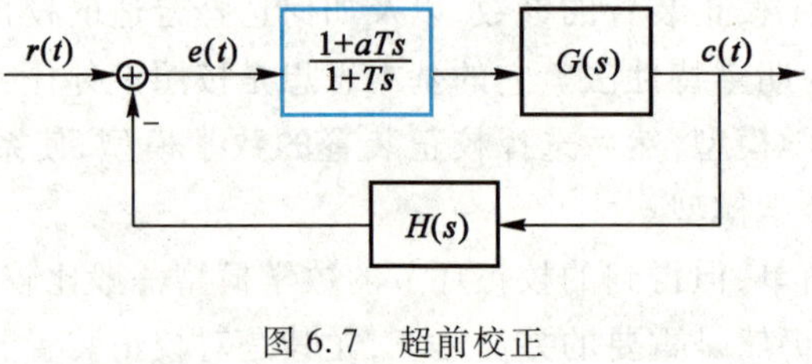

图 6.7　超前校正

可见,这里的校正环节的结构是确定的,但参数可调,现在的任务就是确定参数 a、T,使系统满足给定的性能指标。

超前校正的零、极点分布如图 6.8 所示，伯德图如图 6.9 所示。

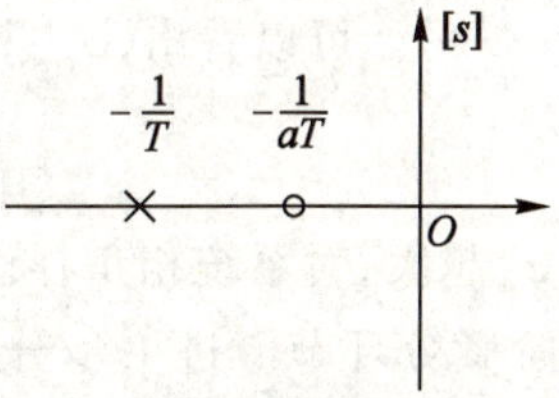

图 6.8 超前校正的零、极点图

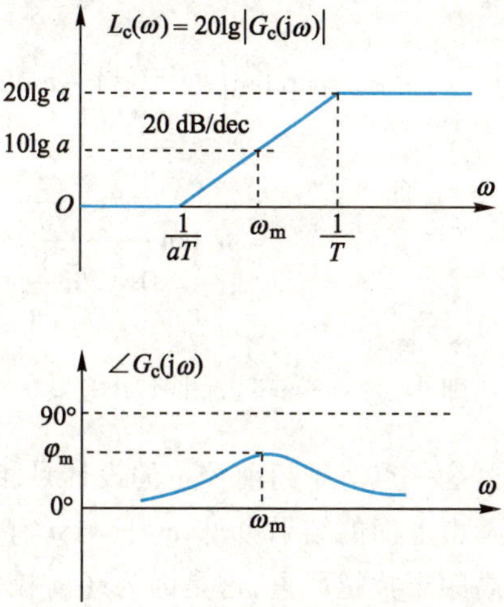

图 6.9 超前校正的伯德图

从超前校正的零、极点分布图可见，零点总是位于极点的右边($a>1$)，改变 a 和 T 的值，零、极点可以位于 s 平面负实轴上的任意位置，从而产生不同的校正效果。

从伯德图还可以看出，超前校正对频率在$\frac{1}{aT}\sim\frac{1}{T}$之间的输入信号有微分作用，在该频率范围内，超前校正具有超前相角，超前校正的名称由此而得。超前校正的基本原理就是利用超前相角补偿系统的滞后相角，改善系统的动态性能，如增加相位裕度，提高系统稳定性等。

(1) 最大超前相角 φ_m 及 ω_m

下面先求取超前校正的最大超前相角 φ_m 及取得最大超前相角的频率 ω_m，这对于设计超前校正是很重要的。

超前校正的频率特性

$$G_c(j\omega)=\frac{1+jaT\omega}{1+jT\omega}$$

相频特性

$$\varphi_c(\omega)=\arctan aT\omega-\arctan T\omega$$

$$\frac{d\varphi_c(\omega)}{d\omega}=\frac{aT}{1+(aT\omega)^2}-\frac{T}{1+(T\omega)^2}$$

令$\frac{d\varphi_c(\omega)}{d\omega}=0$，求得

$$\omega_m = \frac{1}{\sqrt{a}T}$$

于是

$$\varphi_m = \arctan\left(aT\frac{1}{\sqrt{a}T}\right) - \arctan\left(T\frac{1}{\sqrt{a}T}\right) = \arctan\sqrt{a} - \arctan\frac{1}{\sqrt{a}}$$

$$= \arctan\frac{\sqrt{a}-\frac{1}{\sqrt{a}}}{1+\sqrt{a}\frac{1}{\sqrt{a}}} = \arctan\frac{a-1}{2\sqrt{a}} = \arcsin\frac{a-1}{a+1} \tag{6.9}$$

即当 $\omega_m = \frac{1}{\sqrt{a}T}$ 时，超前相角最大为 $\varphi_m = \arcsin\frac{a-1}{a+1}$。可以看出，$\varphi_m$ 只与 a 有关。这一点对于超前校正的设计是相当重要的。

由上面的结果可见，φ_m 只与 a 有关。a 越大，φ_m 越大，对系统相角补偿越大，但高频干扰越严重，这是因为超前校正近似为一阶微分环节。进一步分析还可以得到，当 $a>20$（即 $\varphi_m=65°$），φ_m 的增加就不显著了。当 $a\to\infty$ 时，超前校正最大补偿相角为 $\frac{\pi}{2}$，其实是不可能实现的。同时 a 越大，需要增加的放大倍数越大，校正环节的物理实现越困难。所以，综合考虑上述因素，一般取 $a=5\sim20$，即用超前校正补偿的相角一般不超过 65°。

(2) PD 调节器

如果超前校正环节的惯性较小，则传递函数[式(6.8)]可近似为一阶微分环节，即

$$G_c(s) = 1+\tau s \tag{6.10}$$

通常称为比例-微分调节器，或者 PD 调节器。

PD 调节器的伯德图如图 6.10 所示。从图中可见，PD 调节器是一种理想情况，物理上是不可实现的。事实上，实际的 PD 调节器仍有一定的惯性，所以，对数幅频特性的高频段会变为 0 dB/dec。而且对象一般都具有较高的高频衰减特性，所以为了简化系统设计，在工程上通常按 PD 调节器设计。

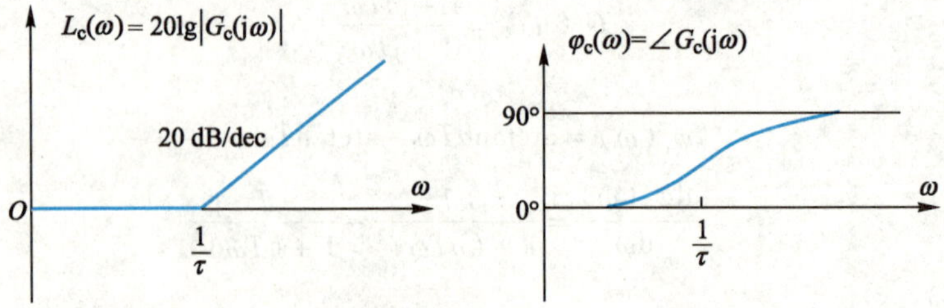

图 6.10 PD 调节器的伯德图

6.2.2 用频域法确定超前校正参数

(1) 设计指标

用频域法进行系统校正是一种间接方法,依据的不是时域指标而是频域指标。通常采用相位裕度等表征系统的相对稳定性,用开环截止频率 ω_c 表征系统的快速性。当给定的指标是时域指标时,首先需要转化为频域指标,才能进行频域设计。

在频域中有三种基本的图形,即奈奎斯特图、伯德图和尼科尔斯图,它们都可以用来进行设计,但最好的是伯德图。因为伯德图比较容易精确地绘制,而且,校正网络的效果容易看出,只要将其幅值及相位曲线分别加在未校正系统上就行了。因此,最常用的频域校正方法,是依据开环频率特性指标和开环增益,在伯德图上确定校正参数并校验开环频域指标,在必要的情况下,再在尼科尔斯图上校验闭环特性指标。

(2) 一般设计步骤

下面介绍在伯德图上校正的一般步骤,并通过一个例子具体说明。

① 根据给定的稳态性能指标,确定系统的开环增益 K。因为超前校正不改变系统的稳态指标,所以,第一步仍然是先调整放大器,使系统满足稳态性能指标。

② 利用①求得的 K,绘制未校正前系统的伯德图。

③ 在伯德图上量取未校正系统的相位裕度和幅值裕度,并计算为使相位裕度达到给定指标所需补偿的超前相角 $\Delta\varphi=\gamma-\gamma_0+\varepsilon$。其中,$\gamma$ 为给定的相位裕度指标;γ_0 为未校正系统的相位裕度;ε 为附加的角度。

加 ε 的原因:超前校正使系统的截止频率 ω_c 增大,未校正系统的相角一般是较大的负相角,为补偿这里增加的负相角,再加一个正相角 ε,即

$$|\angle G_0(\mathrm{j}\omega_c')H(\mathrm{j}\omega_c')|>|\angle G_0(\mathrm{j}\omega_c)H(\mathrm{j}\omega_c)|\quad,\quad \omega_c'>\omega_c$$

取

$$\varepsilon\geqslant|\angle G_0(\mathrm{j}\omega_c')H(\mathrm{j}\omega_c')|-|\angle G_0(\mathrm{j}\omega_c)H(\mathrm{j}\omega_c)|$$

其中,ω_c'为校正后的截止频率。

ε 的选取:由于 ω_c'尚未确定,所以,从上式并不能求得 ε,一般由经验选取。显然,幅频特性的剪切率越大,相频曲线变化越大,通常这样来选取:当未校正系统的剪切率为 -20 dB/dec 时,可取 $\varepsilon=5°\sim10°$;当未校正系统的剪切率为 -40 dB/dec时,可取 $\varepsilon=10°\sim15°$;当未校正系统的剪切率为 -60 dB/dec 时,可取 $\varepsilon=15°\sim20°$。或者根据 ω_c后面的相频曲线变化大小,若比较平坦则取5°,否则增大 ε。

从上述讨论中不难看出，当未校正系统的相角在截止频率附近急剧向负相角增加时，不宜采用超前校正。

④ 取 $\varphi_m=\Delta\varphi$，并由 $a=\dfrac{1+\sin\varphi_m}{1-\sin\varphi_m}$求出 a。即所需补偿的相角由超前校正装置来提供。

⑤ 为使超前校正装置的最大超前相角出现在校正后系统的截止频率ω'_c上，即 $\omega_m=\omega'_c$，取未校正系统幅值为 $-10\lg a$(dB)时的频率作为校正后系统的截止频率 ω'_c。

⑥ 由 $\omega_m=\dfrac{1}{\sqrt{a}T}$计算参数 T，并写出超前校正的传递函数 $G_c(s)=\dfrac{1+aTs}{1+Ts}$。

⑦ 校验指标：绘制系统校正后的伯德图，检验是否满足给定的性能指标。当系统仍不满足要求时，则增大 ε 值，从③开始重新计算。

例 6.1　设控制系统如图 6.11 所示。若要求系统在单位斜坡输入信号作用下，位置输出稳态误差终值$e_{ss}(\infty)\leqslant 0.1$，开环系统截止频率 $\omega_c\geqslant 4.4$，相位裕度 $\gamma\geqslant 45°$，幅值裕度 $h\geqslant 10$ dB，试选择超前校正参数。

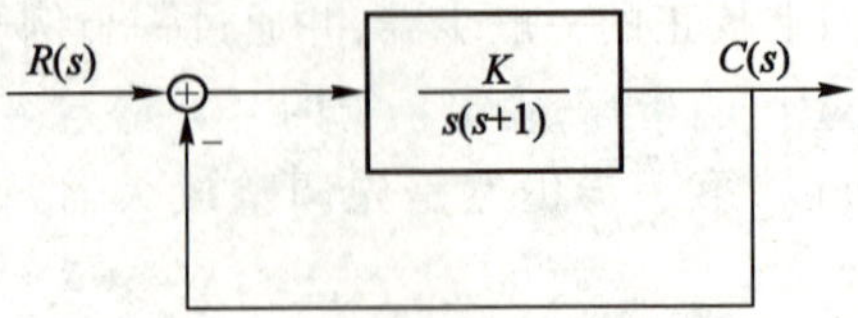

图 6.11　例 6.1 的控制系统

解　根据给定的稳态指标，确定符合要求的开环增益 K。本例要求在单位斜坡输入信号作用下 $e_{ss}(\infty)\leqslant 0.1$，说明校正后的系统仍应是 1 型系统，因为 $e_{ss}(\infty)=\dfrac{1}{K}\leqslant 0.1$，所以应有 $K\geqslant 10$，取 $K=10$。

绘制原系统的伯德图，如图 6.12 所示。由伯德图上可得系统的开环截止频率为 $\omega_c=3$，相位裕度为 $\gamma_0=18°$，幅值裕度为 $h_0=+\infty$。相位裕度也可以由计算得到

$$\gamma_0=180°-90°-\arctan 3=18°$$

因此

$$\Delta\varphi=\gamma-\gamma_0+\varepsilon=45°-18°+10°=37°$$

令 $\varphi_m=\Delta\varphi=37°$，则

$$a=\frac{1+\sin\varphi_m}{1-\sin\varphi_m}=\frac{1+\sin\Delta\varphi}{1-\sin\Delta\varphi}=\frac{1+\sin 37°}{1-\sin 37°}=4$$

作 $-10\lg 4$ dB 直线与未校正系统对数幅频特性曲线相交于 $\omega=4.5$，取 $\omega'_c=$

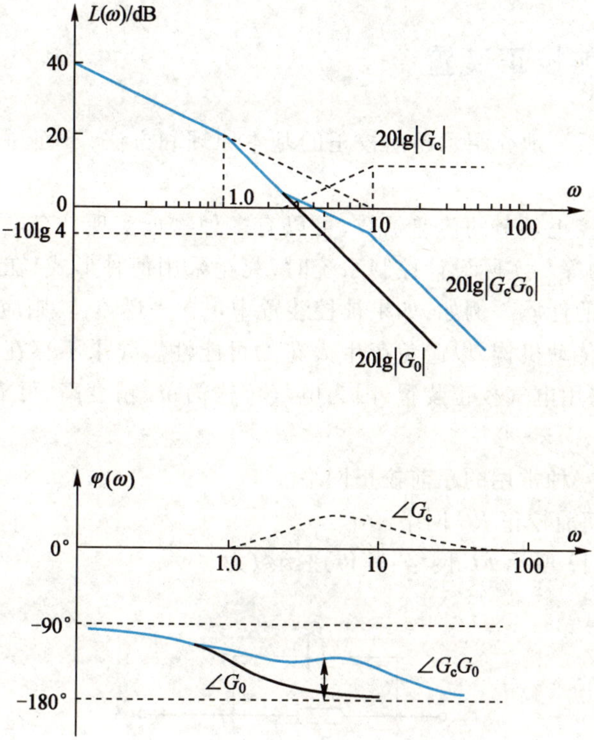

图 6.12　例 6.1 的伯德图

$\omega_m=4.5$。可见，ω_c满足 $\omega_c\geqslant 4.4$ 的要求。因此

$$T=\frac{1}{\sqrt{a}\omega_m}=\frac{1}{9}$$

超前校正的传递函数为

$$G_c(s)=\frac{1+\frac{4}{9}s}{1+\frac{1}{9}s}$$

绘制校正后系统的伯德图，如图 6.12 所示，从图中可以看出 $\gamma=50°>45°$，$h=+\infty>10$ dB，$\omega'_c=4.5$，所以校正成功。

本例还可以这样来确定校正参数：试选 $\omega_c=4.4$，由伯德图可得 $20\lg|G_0(j\omega_c)|=-6$ dB，为使校正后 $\omega_c=4.4$，必须使 $-10\lg a=-6$dB，即 $a=4$，因此

$$T=\frac{1}{\omega_m\sqrt{a}}=\frac{1}{\omega_c\sqrt{a}}=\frac{1}{4.4\times\sqrt{4}}=\frac{1}{8.8}=0.114$$

6.2.3 超前校正装置

前面已经系统地介绍了超前校正的基本原理和方法，下面讨论校正环节的物理实现。

对于某一校正环节的传递函数，可以有多种物理实现。有电气的、机械的、气动的、液压的等。实际设计控制系统时，究竟采用何种形式，在某种程度上取决于被控对象的性质。例如，如果被控装置中包含易燃流体，则应当选择气动校正装置或气动传动机构，以避免产生火花的可能性。如果不存在发生火灾的危险性，则通常采用电气校正装置，因为电气传输简单、精度高、可靠性大，并且容易实现。

下面介绍一种常用的超前校正网络。

(1)无源超前校正 RC 网络

考察图 6.13 所示 RC 网络：其传递函数为

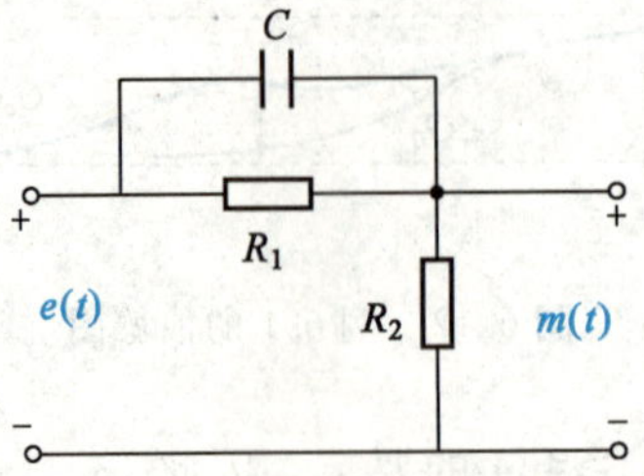

图 6.13 超前校正 RC 网络

$$G_c(s)=\frac{M(s)}{E(s)}=\frac{R_2}{R_2+\dfrac{R_1\dfrac{1}{sC}}{R_1+\dfrac{1}{sC}}}=\frac{R_2}{R_2+\dfrac{R_1}{1+R_1Cs}}$$

$$=\frac{R_2+R_1R_2Cs}{R_1+R_2+R_1R_2Cs}=\frac{R_2}{R_1+R_2}\frac{1+R_1Cs}{1+\dfrac{R_1R_2}{R_1+R_2}Cs}\tag{6.11}$$

记

$$a=\frac{R_1+R_2}{R_2}>1,\quad T=\frac{R_1R_2}{R_1+R_2}C$$

则

$$G_c(s)=\frac{1}{a}\cdot\frac{1+aTs}{1+Ts},\qquad a>1 \tag{6.12}$$

可见，除了多一个放大系数$\frac{1}{a}$外，与超前校正的传递函数相同。若在这个网络后再串联一个放大倍数为 a 的放大器，就补偿了 RC 网络造成的增益衰减，而且，串联一个放大器还解决了 RC 网络与被控对象之间的隔离问题。因为求 RC 网络的传递函数时，已经假设输入信号源的内阻为零，而输出端阻抗为无穷大（开路），但 RC 网络的输出端负载阻抗一般不是无穷大，现在 RC 网络后面串联了一个运算放大器，起到了隔离的作用。放大器的输入阻抗几乎为无穷大，输出阻抗几乎为 0，满足了上述要求。

有时定义超前校正的传递函数为

$$G_c(s)=\frac{1}{a}\cdot\frac{1+aTs}{1+Ts}$$

这时，也能用与上述类似的方法确定参数，但稍复杂一点，概念上也不太清晰。

确定了校正的参数 a、T 后，下面的工作就是具体实现的问题，如果选择无源 RC 校正网络，则要选择电阻和电容值。对于 RC 超前校正网络，a、T 和 R、C 之间的关系为

$$\begin{cases} a=\dfrac{R_1+R_2}{R_2} \\ T=\dfrac{R_1R_2}{R_1+R_2}C \end{cases}$$

解方程组得

$$R_1=(a-1)R_2 \tag{6.13a}$$

$$R_1C=aT \tag{6.13b}$$

可见，通过求解上式，并不能唯一地确定 R_1、R_2、C 的值，如果再考虑对校正网络的输入阻抗和输出阻抗的要求以及其他条件，就能够选择符合各种要求的元件值。由于对校正网络输入阻抗和输出阻抗有各种不同的要求，这种选择更具有多样性。后面将介绍的 RC 滞后校正网络、RC 滞后-超前校正网络也有类似的情况。

在例 6.1 中，已得到超前校正的参数为：$a=4$，$T=0.114$，因此 $R_1=3R_2$，$R_1C=0.456$。可选择 $R_1=10\ \text{k}\Omega$，则 $R_2=3.3\ \text{k}\Omega$，$C=45.6\ \mu\text{F}$。

应用无源元件组成串联校正装置经常会遇到以下两个难以解决的问题。

① 阻抗匹配问题：无源校正网络的传递函数都是在以下假设条件下得到的，即作为校正装置输入信号的信号源内阻为零，校正装置的负载阻抗为无穷大。这在实际中当然是不可能的，但是可力图近似，我们希望无源校正装置的阻抗远远大于其信号源内阻，而又远远小于其负载阻抗，这就产生了矛盾。因为控

制系统的结构特点是从输入源开始到输出源,功率逐级不断提高,阻抗则是逐级降低的。阻抗匹配问题如果解决不好,校正装置势必不能起到预期的效果。解决这一矛盾的有效办法,是用有源器件代替无源元件,组成有源校正装置。线性集成运算放大器加上少量的无源元件能组成既经济实用,又有很好效果的校正装置。

② 系统的开环增益衰减厉害:为使系统获得必要的开环增益,往往需另加放大器,如果采用有源校正装置,这一问题也能得到相应的解决。

(2) 有源超前校正网络

常用的有源校正装置是运算放大器、测速发电机等与无源网络的组合,关于有源校正装置的讨论,可参考有关书籍。下面只介绍常用的由运算放大器加电阻、电容组成的有源校正装置。

① PD 控制器:超前校正有源网络如图 6.14(a)所示,由运算放大器电路分析中“虚地”的概念,可以列写回路方程

$$\begin{cases} \dfrac{e}{R_1}R_2 + u = 0 \\ \dfrac{e}{R_1} + \dfrac{1}{R_3}(m-u) = C\dfrac{\mathrm{d}u}{\mathrm{d}t} \end{cases}$$

解得

$$\frac{1}{R_1}e + \frac{1}{R_3}m + \frac{R_2}{R_1R_3}e = -\frac{R_2}{R_1}C\frac{\mathrm{d}e}{\mathrm{d}t}$$

$$\begin{aligned} m &= -\frac{R_3}{R_1}R_2C\frac{\mathrm{d}e}{\mathrm{d}t} - \frac{R_2+R_3}{R_1}e \\ &= -\frac{R_2+R_3}{R_1}\left(\frac{R_2R_3}{R_2+R_3}C\frac{\mathrm{d}e}{\mathrm{d}t} + e\right) \end{aligned}$$

若记

$$K_c = \frac{R_2+R_3}{R_1}, \tau = \frac{R_2R_3}{R_2+R_3}C$$

则控制器的微分方程描述为

$$m = -K_c\left(\tau\frac{\mathrm{d}e}{\mathrm{d}t} + e\right) \tag{6.14}$$

传递函数为

$$G_c(s) = -K_c(\tau s + 1) \tag{6.15}$$

可见,是一种比例-微分控制器,即 PD 控制器。

② 带惯性的 PD 控制器:超前校正有源网络如图 6.14(b)所示,由运算放大器电路分析中“虚地”的概念,可以列写回路方程

$$\begin{cases} R_4 C \dfrac{\mathrm{d}u}{\mathrm{d}t} + u + R_2 \dfrac{e}{R_1} = 0 \\ R_2 \dfrac{e}{R_1} + \left(\dfrac{e}{R_1} - C \dfrac{\mathrm{d}u}{\mathrm{d}t} \right) R_3 + m = 0 \end{cases}$$

解得

$$\begin{aligned} R_4 C \frac{\mathrm{d}m}{\mathrm{d}t} + m &= -\frac{R_2R_3 + R_2R_4 + R_3R_4}{R_1} C \frac{\mathrm{d}e}{\mathrm{d}t} - \frac{R_2 + R_3}{R_1} e \\ &= -\frac{R_2 + R_3}{R_1} \left(\frac{R_2R_3 + R_2R_4 + R_3R_4}{R_2 + R_3} C \frac{\mathrm{d}e}{\mathrm{d}t} + e \right) \end{aligned}$$

若记 $T = R_4 C, \tau = aT = \dfrac{R_2R_3 + R_2R_4 + R_3R_4}{R_2 + R_3} C, K_c = \dfrac{R_2 + R_3}{R_1}$，则控制器的微分方程描述为

$$T \frac{\mathrm{d}m}{\mathrm{d}t} + m = -K_c \left(aT \frac{\mathrm{d}e}{\mathrm{d}t} + e \right) \tag{6.16}$$

传递函数为

$$G_c(s) = \frac{-K_c(aTs + 1)}{Ts + 1} \tag{6.17}$$

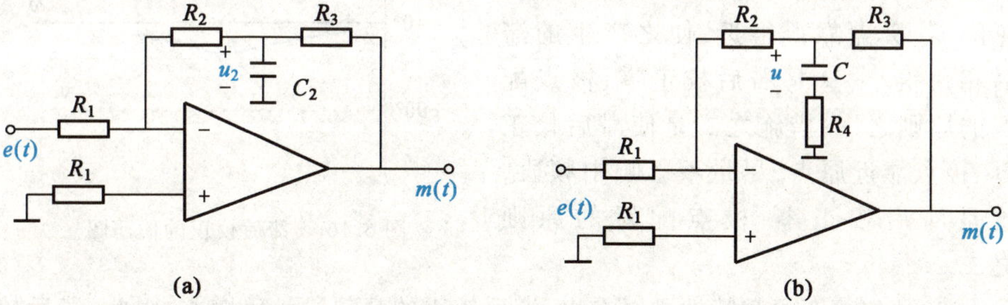

图 6.14 超前校正有源网络

6.3 滞后校正

6.3.1 滞后校正及其特性

滞后校正就是在前向通道中串联传递函数为

$$G_c(s) = \frac{1 + aTs}{1 + Ts}, a < 1 \tag{6.18}$$

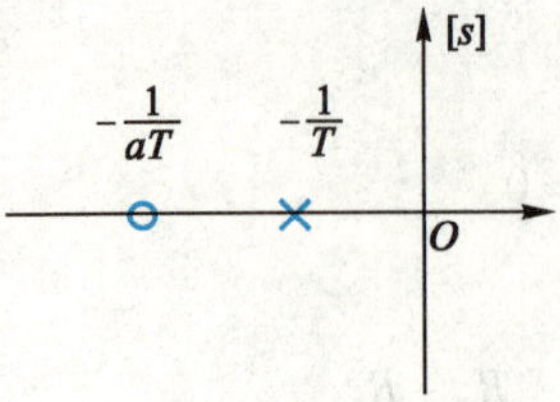

图 6.15 滞后校正的零、极点分布

的校正装置来校正控制系统，其中，参数 a、T 可调。

虽然滞后校正的传递函数与超前校正的传递函数仅是 a 的值不同，但这一点却使得两种校正的性质具有本质的不同。

滞后校正的零、极点分布如图 6.15 所示，伯德图如图 6.16 所示。

① 从滞后校正的零、极点分布图可见，零点总是位于极点左边（$a<1$），改变 a 和 T 的值，零、极点可以在 s 平面负实轴上的任意位置，从而产生不同的校正效果。

② 从伯德图相频特性曲线可以看出，在 $\omega=\frac{1}{T}\sim\frac{1}{aT}$ 频段，具有相位滞后，相位滞后会给系统特性带来不良影响。解决这一问题的措施之一是使滞后校正的零、极点靠得很近，使之产生的滞后相角很小，这是滞后校正零、极点配置的原则之一；措施之二是使滞后校正零、极点靠近原点，尽量不影响中频段，这是滞后校正零、极点配置的原则之二。

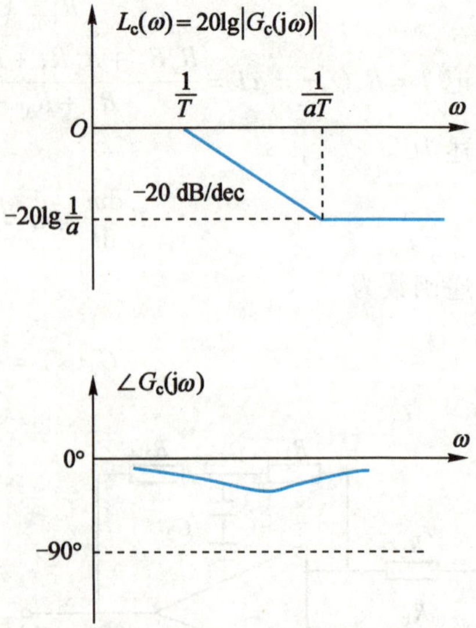

图 6.16 滞后校正的伯德图

③ 从伯德图幅频特性可以看出，滞后校正的高频段是负增益，因此，滞后校正对系统中高频噪声有削弱作用，增强抗干扰能力。可以利用滞后校正的这一低通滤波所造成的高频衰减特性，降低系统的截止频率，提高系统的相位裕度，以改善系统的暂态性能，这是滞后校正的作用之一。

显然，在这种情况下，应避免使网络的最大滞后相角发生在系统的截止频率附近。从这里可以看出超前校正是利用超前网络的超前特性，但滞后校正并不是利用相位的滞后特性，而是利用其高频衰减特性，必须清楚这一点。在这一点上，滞后校正相对超前校正来说，具有完全不同的概念。

④ 如果在滞后校正网络后串联一个放大倍数为 $\frac{1}{a}$ 的放大器，则对数幅频特性变为如图 6.17 所示，而相频特性不变。这时中高频增益为 0 dB，因此滞后校

正不影响系统的中高频特性，但低频增益增加了 $20\lg\frac{1}{a}$ dB，滞后校正利用这一特性，提高了系统的稳态精度，而又不改变系统暂态性能，这是滞后校正的作用之二。更准确地说，系统串联滞后校正环节后，能够在保证暂态性能不变的前提下，允许把开环增益提高$\frac{1}{a}$倍，而不是它本身能把开环增益提高。

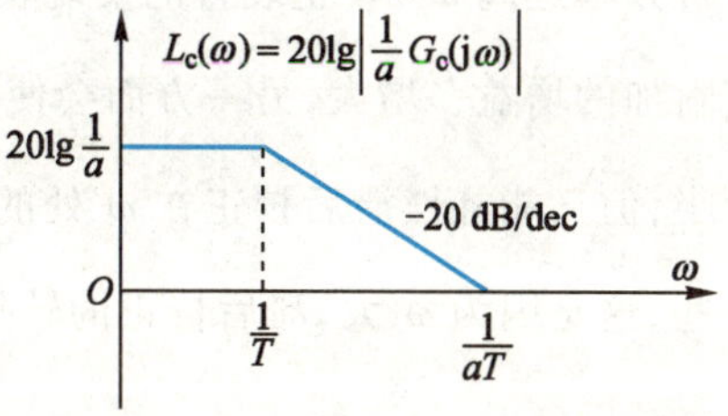

图 6.17 放大$\frac{1}{a}$倍的滞后校正的伯德图

6.3.2 用频域法确定滞后校正参数

1. 基本思路

仍然讨论用滞后校正装置校正暂态特性已满足要求，但稳态性能不满足要求的系统。所谓暂态性能满足要求是指调节开环增益，总能使暂态特性具有期望的特性。在频域法中，因为绘制伯德图的先决条件是知道开环放大系数，因此，频域法校正是使系统满足稳态要求，然后用滞后校正使系统性能回到所要求的动态性能。其实，考察滞后校正的两种作用，它们是一个问题的两种提法。可以说，滞后校正在保持暂态性能不变的基础上，提高开环增益；也可以等价地说滞后校正可以补偿因开环增益提高而发生的暂态性能的变化。明白了这一点，就容易看清频域校正的基本思路，下面根据上述思路讨论频域法滞后校正的一般步骤。

2. 一般步骤

① 按稳态性能指标要求的开环放大系数绘制未校正系统的伯德图。

如果未校正系统需要补偿的相角较大，或者在截止频率附近相角变化大，具有这样特性的系统不适宜采用超前校正，一般可以考虑用滞后校正，当然应用下节讲的滞后–超前校正将更有效。

② 在未校正系统的伯德图上找出相角为 $-(180^\circ-\gamma-\varepsilon)$ 的频率作为校正后系统的截止频率 ω_c'，其中，γ 为要求的相位裕度，ε 为补偿滞后校正在 ω_c' 上产生的相位滞后，一般取 $5^\circ\sim10^\circ$。

也就是说，如果把截止频率降低到 ω_c'，系统才具有要求的相位裕度，可以用滞后校正的高频衰减特性降低 ω_c 到 ω_c'，即步骤③。

ε 的选取：ε 是为了补偿滞后校正的相位滞后的，一般限制滞后校正的滞后相角小于 10°，所以，可以取小于 10° 的值。ε 取得太小，则要求滞后校正的两个

转折频率远离 ω_c'，校正装置的实现较困难；若 ε 取得太大，则 ω_c'减小，一方面会使附加的增益$\frac{1}{a}$增大，另一方面会使频带变窄，影响快速性，所以，ε 应取一个尽量小，但又能补偿滞后校正在 ω_c'处的滞后相角的值。一般，若 ω_c'较大，ε 可取小一些，这是因为 ω_c'大，滞后校正的转折频率$\frac{1}{aT}$可以配置得远一些，因而在 ω_c'处产生的滞后相角小；反之，若 ω_c'小，则 ε 取大一些，因为若 ω_c'小，$\frac{1}{aT}$应远离 ω_c'，从而$\frac{1}{aT}$很小，$\frac{1}{T}$更小，物理上难以实现。

③ 在未校正系统的伯德图上量取 $L_0(\omega_c')$（或由 $20\lg|G_0(\mathrm{j}\omega_c)|$求取）的分贝值，并令 $20\lg|G_0(\mathrm{j}\omega_c)|=20\lg\frac{1}{a}$，由此确定参数 $a(a<1)$。

这一步的意思是，在 $\omega=\omega_c'$处，设计滞后校正的幅值与原系统的幅值反向相等才能相互抵消，使校正后系统的截止频率为 ω_c'。

④ 取$\frac{1}{aT}=\left(\frac{1}{5}\sim\frac{1}{10}\right)\omega_c'$，并由 a 求参数 T。

选$\frac{1}{aT}$的原则是使 $\varphi_c(\omega_c)$不超过②中所选的 ε 值，即 $|\varphi_c(\omega_c')|=\arctan\omega_c'T-\arctan a\omega_c'T\leqslant\varepsilon$。要解这个超越方程是比较困难的，但校正时只需要近似值，可以认为惯性环节在 ω_c'处已经很接近$\frac{\pi}{2}$，这样由$\frac{\pi}{2}-\arctan a\omega_c'T=\varepsilon$ 选择的参数 aT，必然满足要求，一般还要超过 1°～2°。因此，$\frac{1}{aT}$可近似地由下式选取

$$\frac{1}{aT}=\omega_c'\cot\left(\frac{\pi}{2}-\varepsilon\right)=\omega_c'\tan\varepsilon$$

⑤ 绘制校正后系统的伯德图，校验各项性能指标，若不满足，可重新选择ω_c'或$\frac{1}{aT}$的值。

例 6.2　设控制系统不可变部分的传递函数为 $G_0(s)=\frac{K}{s(s+1)(0.5s+1)}$，要求：

$$K=5,\gamma\geqslant 40^\circ,h\geqslant 10\ \mathrm{dB}$$

试确定滞后校正参数 a、T

解　(1) 取 $K=5$ 使系统满足稳态性能要求。按 $K=5$ 绘制未校正系统伯德图如图 6.18 所示。由伯德图可见，$\gamma_0=-20^\circ$，系统是不稳定的。

(2) 作$(-180^\circ+\gamma)$线，与未校正系统相频特性曲线交点的横坐标是 $\omega=$

0.62,校正后系统截止频率较小,因此 ε 取为 10°。

$$-180°+\gamma+\varepsilon=-180°+40°+10°=-130°$$

所以,作 −130°线,与原系统相频特性曲线交点的横坐标为 $\omega=0.44$,则取 $\omega_c=0.44$。

(3) 在未校正系统伯德图上量得 $20\lg|G_0(j\omega_c')|=20\ \text{dB}$,由 $20\lg\dfrac{1}{a}=20$ 得 $a=0.1$。

(4) $\dfrac{1}{aT}=\omega_c'\cot(90°-10°)=0.176\omega_c'=0.08$,则 $\dfrac{1}{T}=0.008$,$T=125$。

滞后校正的传递函数为 $G_c(s)=\dfrac{1+12.5s}{1+125s}$。

(5) 绘制 $G_c(s)$ 的伯德图,然后与未校正系统伯德图相加,得校正后系统的伯德图如图 6.18 所示,可见,校正后系统满足要求。

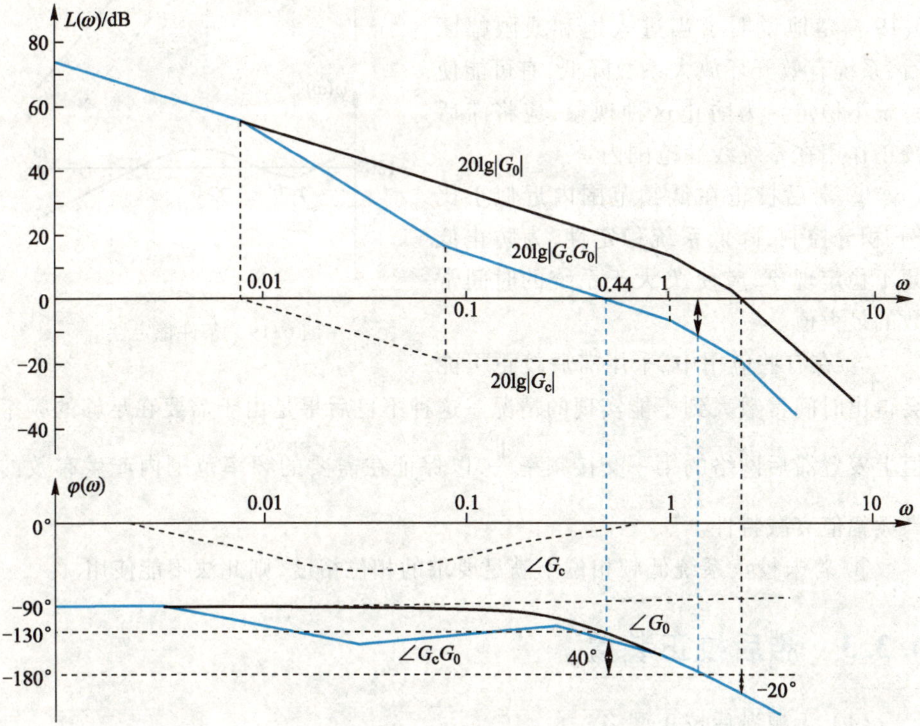

图 6.18 例 6.2 系统的伯德图

由上面的分析可见,滞后校正的基本原理是利用滞后网络的高频幅值衰减特性使系统截止频率下降,从而使系统获得足够的相位裕度。或者,是利用滞后网络的低通滤波特性，使低频信号有较高的增益，从而提高了系统的稳态精度。

3. 滞后校正的作用

① 在保持暂态性能不变的条件下，提高了稳态精度。

② 在保持稳态性能不变的条件下，降低了截止频率，从而增大了相位裕度、幅值裕度，减小了超调量。

③ 降低了截止频率，减小了带宽，快速性下降。

④ 降低了截止频率，减小了带宽，增强了抗干扰能力。

4. 滞后校正的限制

① 当具有饱和或限幅作用的系统用滞后校正后，可能产生条件稳定问题。图 6.19 清楚地说明了当进入饱和或限幅区后，系统有效开环放大系数降低，有可能使系统不稳定。为防止这种现象，应将滞后校正作用在系统线性范围内。

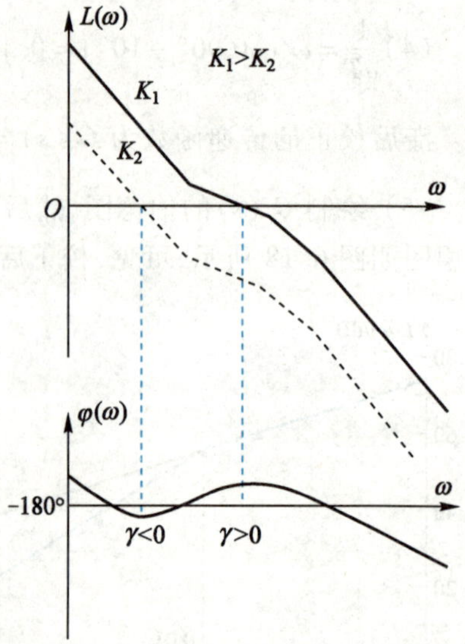

图 6.19　条件稳定性

② 滞后校正在低频范围内近似于比例-积分控制，降低系统稳定性，为防止低频不稳定现象，应使 T 大于系统的时间常数的最大值。

③ 在有些应用中，采用滞后校正可能会得出时间常数大到不能实现的情况。这种不良后果是由于需要在足够的频率值上安置滞后网络的第一交接频率 $\frac{1}{T}$，以保证在需要的频率范围内产生有效的高频幅值衰减特性。

④ 若未校正系统低频相位不满足要求的相位裕度，则此法不能使用。

6.3.3　滞后校正装置

(1) 无源滞后校正网络

考察图 6.20 所示网络，其传递函数为

$$G_c(s)=\frac{M(s)}{E(s)}=\frac{R_2+\frac{1}{sC}}{R_1+R_2+\frac{1}{sC}}$$

$$=\frac{1+R_2Cs}{1+(R_1+R_2)Cs}$$

令

$$a=\frac{R_2}{R_1+R_2}<1$$

$$T=(R_1+R_2)C$$

则

$$G_c(s)=\frac{1+aTs}{1+Ts},a<1 \tag{6.19}$$

所以，图 6.20 所示网络可以作为滞后校正装置，称为滞后 RC 校正（无源）网络。为了满足传递函数的推导条件，一般在滞后校正网络后串联一个运算放大器，起隔离作用。

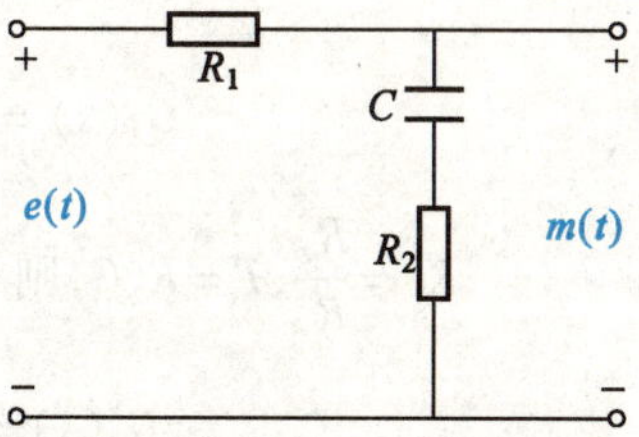

图 6.20 滞后校正 RC 网络

由 a、T 值可以选定 R_1、R_2、C 的值，选择参数时要注意大小适中，而且彼此相差不要太大，例如，滞后校正参数 $\frac{1}{a}=6.5$，$T=\frac{6.5}{0.45}$，若用滞后校正网络实现，则应这样选择

$$\frac{1}{a}=\frac{R_1+R_2}{R_2}=6.5$$

$$T=(R_1+R_2)C=\frac{6.5}{0.45}$$

于是

$$R_1=5.5R_2$$

$$C=\frac{6.5}{0.45(R_1+R_2)}=\frac{1}{0.45R_2}$$

取 $R_2=3\ \text{k}\Omega$，则 $R_1=16.5\ \text{k}\Omega$，$C=0.74\ \text{mF}$。

（2）有源滞后校正网络

① 滞后校正：采用运算放大器的有源滞后校正网络的一种实现如图 6.21 所示，它的传递函数为

$$G_c(s)=-\frac{R_2+\dfrac{R_3\dfrac{1}{sC}}{R_3+\dfrac{1}{sC}}}{R_1}$$

$$=-\frac{R_2+R_3+R_2R_3Cs}{R_1(R_3Cs+1)}$$

$$= -\frac{R_2+R_3}{R_1}\cdot\frac{\frac{R_2R_3}{R_2+R_3}Cs+1}{R_3Cs+1}$$

令 $K_c=\frac{R_2+R_3}{R_1}, T=R_3C, aT=\frac{R_2R_3C}{R_2+R_3}, a=\frac{R_2}{R_2+R_3}$，则

$$G_c(s)=-K_c\frac{aTs+1}{Ts+1}, a<1 \tag{6.20}$$

② PI 控制器：采用运算放大器的有源滞后校正网络的另一种实现如图 6.22 所示，它的传递函数为

$$G_c(s)=-\frac{R_2+\frac{1}{sC}}{R_1}=-\frac{R_2}{R_1}\left(1+\frac{1}{R_2Cs}\right)$$

令 $K_c=\frac{R_2}{R_1}, T=R_2C$，则

$$G_c(s)=-K_c\left(1+\frac{1}{Ts}\right)=-K_c\frac{Ts+1}{Ts} \tag{6.21}$$

可见，$G_c(s)$ 是一个 PI 控制器。

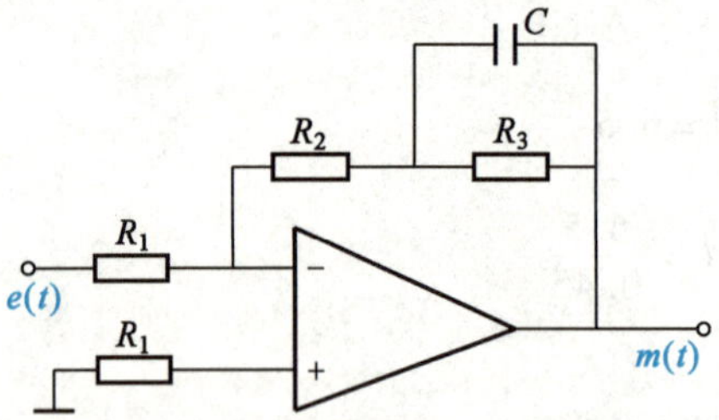

图 6.21　滞后校正有源网络

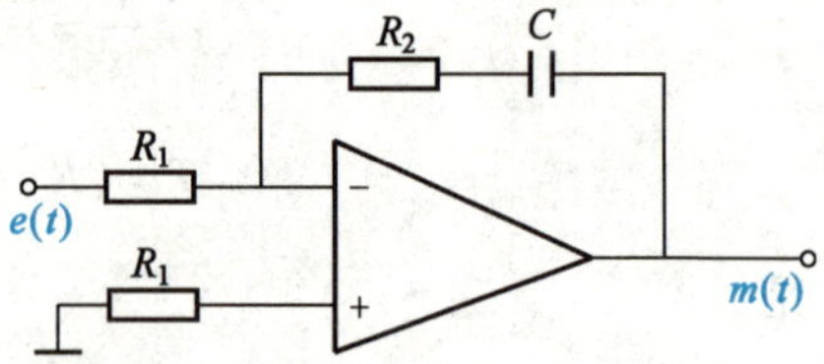

图 6.22　PI 控制器有源网络

6.4　滞后-超前校正

6.4.1　滞后-超前校正网络

由前述可知，超前校正通常可以改善控制系统的快速性和超调量，但增加了带宽，对于稳定裕量较大的系统，是有效的。而滞后校正可改善超调量及相对稳定度，但往往会因带宽减小而使快速性下降。因此，这两种校正都各有其优点和缺点。而且，对某些系统来说，不论用其中何种方案都不能得

到满意的效果。因此，我们自然会想到兼用两者的优点把超前校正和滞后校正结合起来，并在结构设计时设法限制它们的缺点，这就是滞后-超前校正的基本思想。

最直接的想法是用一个超前校正网络改善系统的动态性能，再用一个滞后校正网络提高系统的稳定性能。但与其将超前网络和滞后网络作为单个元部件同时作用于系统中，还不如将两者组合成图 6.23 所示的滞后-超前网络作用于系统更为紧凑、经济。

下面推导它的传递函数：

$$G_c(s)=\frac{M(s)}{E(s)}=\frac{R_2+\dfrac{1}{sC_2}}{\dfrac{R_1\dfrac{1}{sC_1}}{R_1+\dfrac{1}{sC_1}}+R_2+\dfrac{1}{sC_2}}$$

$$=\frac{\left(R_1+\dfrac{1}{sC_1}\right)\left(R_2+\dfrac{1}{sC_2}\right)}{\dfrac{R_1}{sC_1}+\left(R_1+\dfrac{1}{sC_1}\right)\left(R_2+\dfrac{1}{sC_2}\right)}$$

$$=\frac{(1+R_1C_1s)(1+R_2C_2s)}{R_1C_2s+(1+R_1C_1s)(1+R_2C_2s)}$$

$$=\frac{(1+R_1C_1s)(1+R_2C_2s)}{1+(R_1C_1+R_2C_2+R_1C_2)s+R_1C_1R_2C_2s^2}$$

令　$T_1=R_1C_1,T_2=R_2C_2,\dfrac{T_1}{\beta}+\beta T_2=R_1C_1+R_2C_2+R_1C_2,\beta>1$，则

$$G_c(s)=\frac{(1+T_1s)(1+T_2s)}{\left(1+\dfrac{T_1}{\beta}s\right)(1+\beta T_2s)} \tag{6.22}$$

滞后-超前校正的零、极点图如图 6.24 所示。

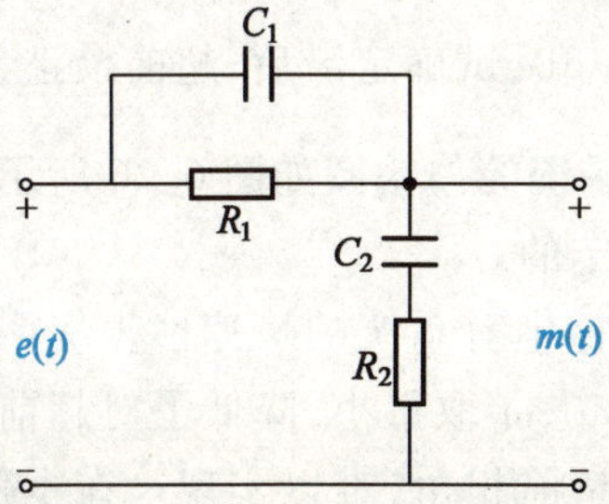

图 6.23　滞后-超前校正 RC 网络

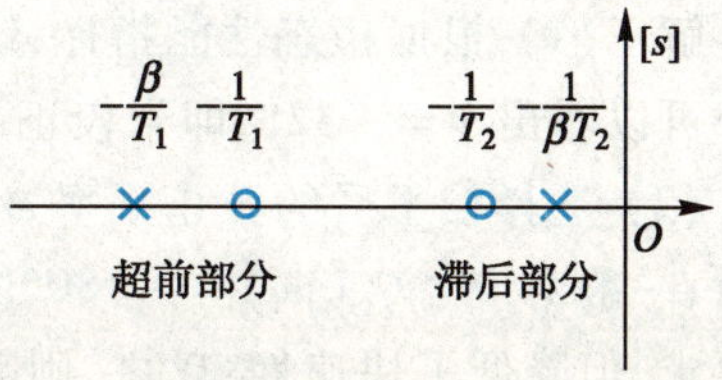

图 6.24　滞后-超前校正的零、极点图

伯德图如图 6.25 所示。由伯德图可见，在 $0\sim\omega_1$ 频段里，滞后-超前网络具有滞后校正特性，在 $\omega_1\sim\infty$ 频段里，滞后-超前网络起超前校正作用。

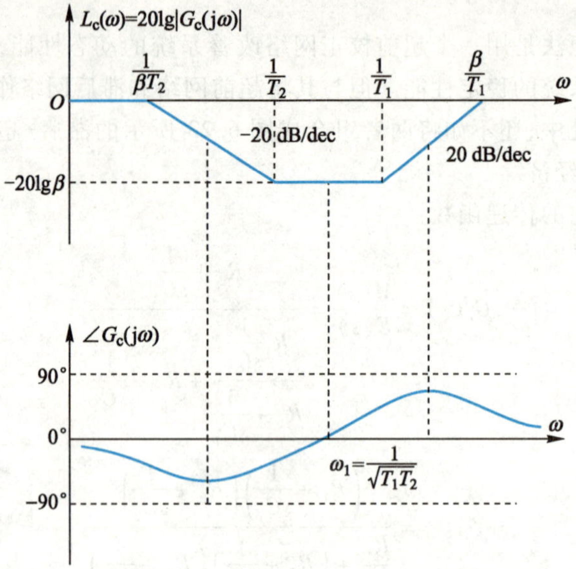

图 6.25　滞后-超前校正伯德图

6.4.2　用频域法确定滞后-超前校正参数

滞后-超前校正的频域设计实际是超前校正和滞后校正频域法设计的综合，基本方法是利用滞后校正将系统校正后的穿越频率调整到超前部分的最大相角处的频率。具体方法是先合理地选择截止频率 ω_c，先设计滞后校正部分，再根据已经选定的 β 设计超前部分。下面通过具体例子说明应用频率法确定滞后超前校正参数的步骤。

例 6.3　设有一单位反馈系统具有如下的开环传递函数 $G_0(s)=\dfrac{K}{s(s+1)(0.5s+1)}$，要求：$K=10$，$\gamma=50°$，$h=10$ dB，试确定滞后-超前校正参数。

解　(1) 根据稳态性能指标，绘制未校正系统的伯德图如图 6.26 所示。从图中可以看出 $\gamma=-32°$，即未校正系统是不稳定的。

(2) 选择校正后的截止频率 ω_c：若性能指标中对系统的快速性未提明确要求时，一般对应 $\angle G_0(j\omega)=-180°$ 的频率作为 ω_c，ω_c 取得小，降低了对超前部分的要求，但降低了快速性；反之，则需要更大的超前相角，难以实现。在本例中，取 $\omega_c=1.5$，这样，未校正系统的相位裕度为 0°，与要求值仅差 +50°，这样大小的超前相角通过简单的超前校正是很容易实现的。

(3) 确定校正参数 β：β 由超前部分应产生的超前相角 φ 而定，即 $\beta=\frac{1+\sin\varphi}{1-\sin\varphi}$。在本例中 $\varphi=50°+5°=55°$，因此

$$\beta=\frac{1+\sin 55°}{1-\sin 55°}\approx 10$$

(4) 确定滞后校正部分的参数 T_2：一般取 $\frac{1}{T_2}=\frac{1}{10}\omega_c$，以使滞后相角的控制在 $-5°$ 以内，在本例中 $\frac{1}{T_2}=0.15$，因此滞后部分的传递函数为：$\frac{s+0.15}{s+0.015}=10\frac{1+6.67s}{1+66.7s}$。

(5) 确定超前部分的参数 T_1：过 $(\omega_c,-20\lg|G_0(j\omega_c)|)$，作 20 dB/dec 直线，由该直线与 0 dB 线交点坐标 $\left(\frac{\beta}{T_1}\right)$ 或与 $-20\lg\beta$ 线交点 $\left(\frac{1}{T_1}\right)$ 确定 T_1。

未校正系统的伯德图在 $\omega_c=1.5$ 处的增益为 13 dB，因此，必须要求滞后-超前网络在 ω_c 处产生 -13 dB 增益，根据这一要求，通过点(1.5，-13 dB)，画一条 20 dB/dec 的直线，该直线与 0 dB 线及 -20 dB 线的交点，就确定了所求的转折频率。从图 6.26 中可以看出，超前校正部分的转折频率为 $\frac{1}{T_1}=0.7$，则另一转折频率为 $\frac{\beta}{T_1}=\frac{10}{T_1}=7$，所以，超前部分传递函数为

$$\frac{s+0.7}{s+7}=\frac{1}{10}\left(\frac{1.43s+1}{0.143s+1}\right)$$

(6) 将滞后校正部分和超前校正部分的传递函数组合在一起，即得滞后-超前校正的传递函数为

$$G_c(s)=\frac{1+T_1s}{1+\frac{T_1}{\beta}s}\frac{1+T_2s}{1+\beta T_2s}=\frac{s+0.7}{s+7}\frac{s+0.15}{s+0.015}=\frac{1+1.43s}{1+0.143s}\frac{1+6.67s}{1+66.7s}$$

(7) 绘制校正后的伯德图，检验性能指标

由图 6.26 可见，各项性能指标均满足要求。精确计算校正后的系统相位裕度为 $\gamma=48°$，低于指标 50°。如需确保 $\gamma=50°$，则可通过减弱滞后角的不利影响来达到，如取 $\frac{1}{T_2}=\frac{\omega_c}{15}$。

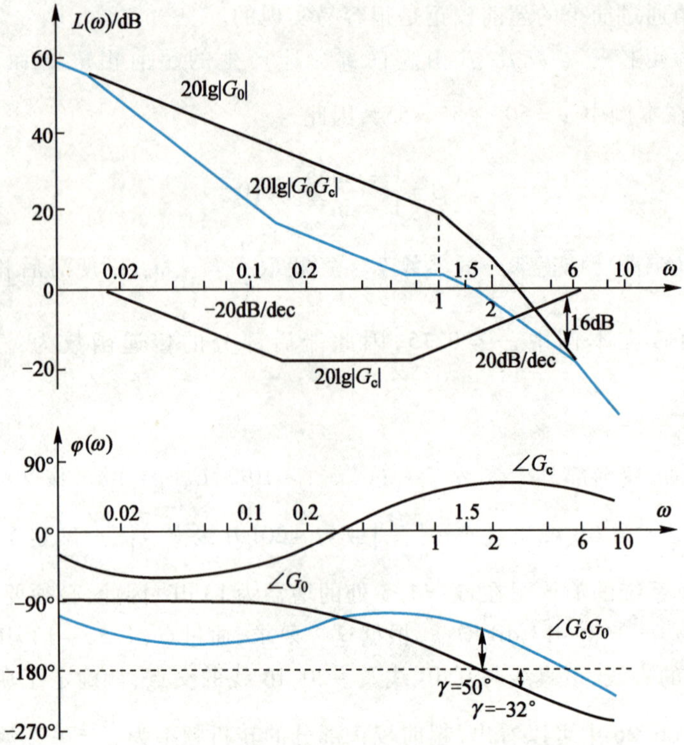

图 6.26 例 6.3 系统的伯德图

6.5 串联校正的综合法

前面介绍的串联校正分析法是先根据要求的性能指标和未校正系统的特性，选择串联校正装置的结构，然后设计它的参数，这种方法是带有试探性的，所以称为试探法。下面介绍串联校正综合法，它是根据给定的性能指标求出系统期望的开环频率特性，然后与未校正系统的频率特性进行比较，最后确定系统校正装置的形式及参数。综合法的主要依据是期望特性，所以又称为期望特性法。

6.5.1 综合法的基本方法

考察图 6.27 所示串联校正系统。

综合法的基本方法是按照设计任务所要求的性能指标，构造具有期望的控制性能的开环传递函数 $G(s)$，然后确定校正装置的传递函数 $G_c(s)$，使系统校

正后的开环传递函数等于期望的开环传递函数 $G(s)$。显然，校正装置的传递函数应为

$$G_c(s)=\frac{G(s)}{G_0(s)}$$

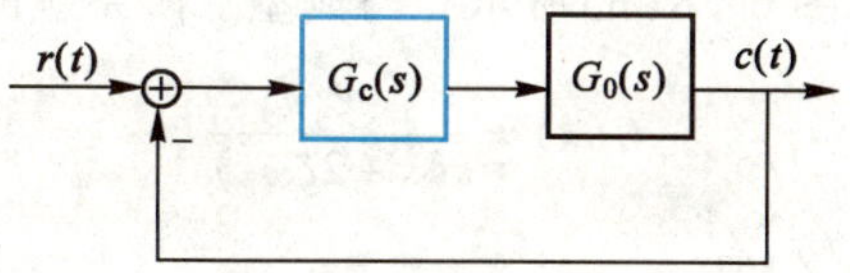

图 6.27 串联校正系统

从频率特性角度，校正装置的对数幅频特性为

$$L_c(\omega)=L(\omega)-L_0(\omega)$$

其中，$L_0(\omega)$是未校正系统的开环对数幅频特性；$L_c(\omega)$是校正环节的对数幅频特性；$L(\omega)$是满足给定性能指标的期望开环对数幅频特性，通常称为期望特性。

上式表明，在伯德图上，若根据设计指标给出了系统的期望特性曲线$L(\omega)$，则由期望特性曲线减去未校正系统的开环对数幅频特性曲线 $L_0(\omega)$，就得到校正环节的幅频特性曲线 $L_c(\omega)$，这样，很容易由 $L_c(\omega)$写出校正环节的传递函数，这就是综合法的基本方法。

串联校正综合法的一般步骤如下：

① 绘制未校正系统的对数幅频特性曲线 $L_0(\omega)$。

② 按要求的设计指标绘制期望特性曲线 $L(\omega)$。

③ 在伯德图上，由 $L(\omega)$减去 $L_0(\omega)$得串联校正环节的对数幅频特性曲线 $L_c(\omega)$。

④ 根据伯德图绘制规则，由 $L_c(\omega)$写出相应的传递函数。

⑤ 确定具体的校正装置及参数。

从上面步骤可以看出期望特性法的关键是绘制期望特性。在工程上，一般要求系统的期望特性符合下列要求：

① 对数幅频特性的中频段为 −20 dB/dec，且有一定的宽度，以保证系统的稳定性。

② 截止频率 ω_c应尽可能大一些，以保证系统的快速性。

③ 低频段具有较高的增益，以保证稳态精度。

④ 高频段应衰减快，以保证抗干扰能力。

满足上述要求的模型有很多，通常取一些结构较简单的模型。例如二阶、三阶模型等。下面按这些典型的模型设计控制系统的校正装置，一般可以采用 PID 调节器。

6.5.2 按最佳二阶系统校正

在图 6.28(a)所示典型二阶模型中，适当选择参数 K_0，使其对数幅频特性

如图6.28(b)所示。与典型二阶系统的标准式

$$G(s)=\frac{\omega_n^2}{s(s+2\zeta\omega_n)}$$

比较,有

$$\begin{cases}\omega_n^2=\dfrac{K_0}{T_1}\\[2mm] 2\zeta\omega_n=\dfrac{1}{T_1}\end{cases}$$

或

$$\begin{cases}K_0=\dfrac{\omega_n}{2\zeta}\\[2mm] T_1=\dfrac{1}{2\zeta\omega_n}\end{cases} \tag{6.23}$$

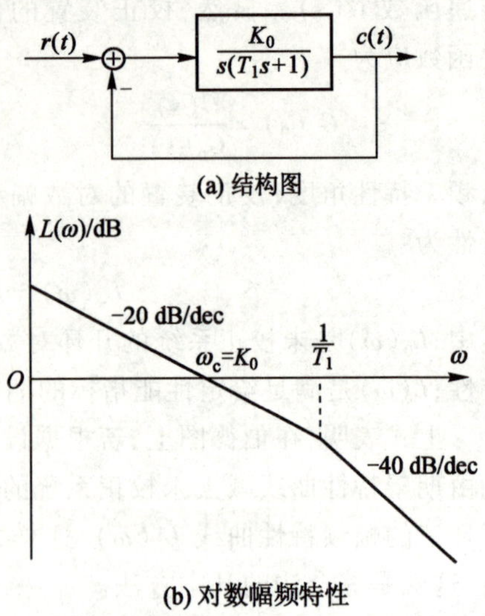

图6.28　典型二阶模型

给出期望的性能指标,可以由典型二阶系统的性能指标公式,确定期望模型的参数 K_0 和 T_1。

在典型二阶系统中,当 $\zeta=0.707$ 时,系统的性能指标为 $\sigma_p\%=4.3\%$, $\gamma=65.5°$。可见,这时兼顾了快速性和相对稳定性能,所以,通常把 $\zeta=0.707$ 的典型二阶系统称为"最佳二阶系统"。

对于最佳二阶系统,由式(6.23)得 $K_0=\dfrac{1}{2T_1}$,所以,最佳二阶系统的开环传递函数为

$$G(s)=\frac{1}{2T_1s(T_1s+1)} \tag{6.24}$$

一般按最佳二阶模型来设计系统。

(1) 被控对象为一阶惯性环节

$$G_0(s)=\frac{K_1}{T_1s+1} \tag{6.25a}$$

取最佳二阶模型为期望模型,其时间常数与被控对象的时间常数相同,即为式(6.24),则

$$G_c(s)=\frac{G(s)}{G_0(s)}=\frac{1}{2K_1T_1s} \tag{6.25b}$$

可见,校正装置应采用积分调节器。

(2) 被控对象为两个惯性环节串联

$$G_0(s)=\frac{K_1K_2}{(T_1s+1)(T_2s+1)},T_2>T_1 \tag{6.26a}$$

期望模型为式(6.24),即时间常数与被控对象中较小的时间常数相同,则

$$G_c(s)=\frac{G(s)}{G_0(s)}=\frac{T_2s+1}{2K_1K_2T_1s}=\frac{T_2}{2K_1K_2T_1}(1+\frac{1}{T_2s}) \tag{6.26b}$$

可见,应采用 PI 调节器,参数应整定为

$$K_P=\frac{T_2}{2K_1K_2T_1},T_I=T_2$$

(3) 被控对象为三个惯性环节串联

$$G_0(s)=\frac{K_1K_2K_3}{(T_1s+1)(T_2s+1)(T_3s+1)},T_1<T_2,T_1<T_3 \tag{6.27a}$$

期望模型为式(6.24),其时间常数与对象的最小的一个时间常数相同,则

$$G_c(s)=\frac{(T_2s+1)(T_3s+1)}{2K_1K_2K_3T_1s} \tag{6.27b}$$

可见,应采用 PID 调节器,调节器参数应整定为

$$K_P=\frac{T_2+T_3}{2K_1K_2K_3T_1},T_I=T_2+T_3,T_D=\frac{T_2T_3}{T_2+T_3}$$

(4) 被控对象由若干小惯性环节组成

$$G_0(s)=\frac{K_1}{T_1s+1}\cdot\frac{K_2}{T_2s+1}\cdot\cdots\cdot\frac{K_n}{T_ns+1} \tag{6.28}$$

这时,可用一个较大惯性的惯性环节来近似,即令

$$G_0(s)=\frac{K}{Ts+1}$$

式中,$T=T_1+T_2+\cdots+T_n$; $K=K_1K_2\cdots K_n$。

取期望模型为

$$G(s)=\frac{1}{2Ts(Ts+1)}$$

则

$$G_c(s)=\frac{G(s)}{G_0(s)}=\frac{1}{2KTs}$$

可见,应采用积分调节器。

(5) 被控对象含有积分环节

$$G_0(s)=\frac{K_1}{s(T_1s+1)}$$

期望模型为式(6.24),即时间常数与被控对象时间常数相同,则

$$G_c(s)=\frac{1}{2K_1T_1}$$

可见,应采用 P 调节器,其参数应该整定为 $K_P=\frac{1}{2K_1T_1}$。

6.5.3 按典型三阶系统校正

1. 典型三阶模型

上述典型二阶系统是工程上常用的一类系统,但它只是一阶无差系统,抗干扰性能也较差。下面介绍另一种期望模型——典型三阶模型,其结构图和伯德图如图6.29所示。这是一个2型系统,具有较好的稳态跟踪性能。

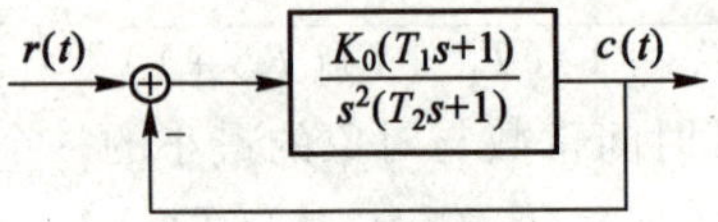

(a) 结构图

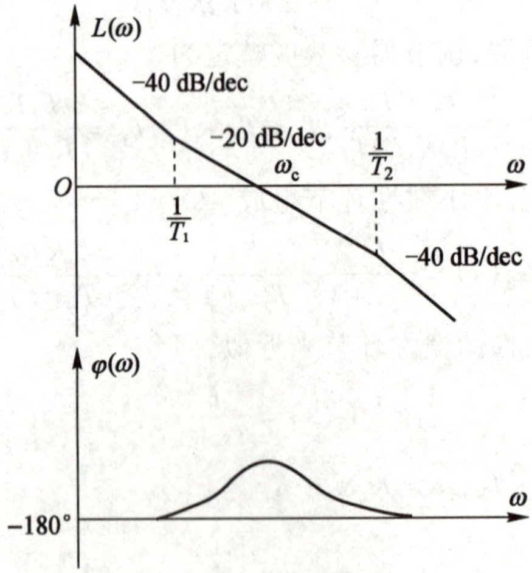

(b) 伯德图

图6.29 典型三阶模型

定义

$$h=\frac{\omega_2}{\omega_1}=\frac{T_1}{T_2} \tag{6.29}$$

为中频宽度。由于中频段对系统的动态性能起决定性作用,所以 h 是一个重要参数。

2. 具有最佳频比的典型三阶模型

可以证明,当满足式(6.30a)或式(6.30b)时,所对应的闭环谐振值最小。因此,称为最佳频比。

$$\frac{\omega_2}{\omega_c}=\frac{2h}{h+1} \tag{6.30a}$$

$$\frac{\omega_c}{\omega_1}=\frac{h+1}{2} \tag{6.30b}$$

具有最佳频比的典型三阶模型为

$$G(s)=\frac{h+1}{2h^2T_2^2}\cdot\frac{hT_2s+1}{s^2(T_2s+1)}$$

考虑到参考输入和扰动输入两方面的性能指标,通常取中频宽度 $h=5$。

① 被控对象为

$$G_0(s)=\frac{K_2}{s(T_2s+1)} \tag{6.31}$$

因此

$$G_c(s)=\frac{G(s)}{G_0(s)}=\frac{h+1}{2K_2hT_2}\left(1+\frac{1}{hT_2s}\right) \tag{6.32}$$

可见,应采用 PI 调节器,其参数整定为

$$K_P=\frac{h+1}{2hK_2T_2},T_I=hT_2$$

② 当被控对象为

$$G_0(s)=\frac{K_2}{s(T_2s+1)(T_3s+1)},T_2<T_3 \tag{6.33}$$

则

$$G_c(s)=\frac{G(s)}{G_0(s)}=\frac{(h+1)(hT_2+T_3)}{2h^2T_2^2K_2}\left[1+\frac{1}{(hT_2+T_3)s}+\frac{hT_2T_3}{hT_2+T_3}s\right] \tag{6.34}$$

可见,应采用 PID 调节器,其参数整定为

$$K_P=\frac{(h+1)(hT_2+T_3)}{2h^2T_2^2K_2},T_I=hT_2+T_3,T_D=\frac{hT_2T_3}{hT_2+T_3}$$

3. 具有最大相位裕度的典型三阶模型

典型三阶模型的相位裕度为

$$\gamma=\arctan\omega_cT_1-\arctan\omega_cT_2 \tag{6.35}$$

调整 K_0,即改变 ω_c 使 γ 取得最大值。设当 $\omega_c=\omega_0$ 时,γ 取最大值,由 γ 对 ω_c 的导数等于 0,得

$$\omega_0=\sqrt{\omega_1\omega_2}=\frac{1}{\sqrt{T_1T_2}}=\frac{1}{\sqrt{h}T_2} \tag{6.36}$$

$$\gamma_{max}=\arctan\frac{h-1}{2\sqrt{h}} \tag{6.37}$$

$$K_0=\omega_0\omega_1=\frac{1}{h\sqrt{h}T_2^2}=\frac{\omega_2^2}{h\sqrt{h}} \tag{6.38}$$

具有最大相位裕度的典型三阶模型为

$$G(s)=\frac{hT_2s+1}{h\sqrt{h}T_2^2s^2(T_2s+1)} \tag{6.39}$$

设计过程同上,不赘述。

6.6 Simulink 在控制系统仿真中的应用

运用 MATLAB 命令可以编写程序,辅助设计控制系统。实际上,MATLAB 中有多个控制器设计软件包供调用,这里不叙述具体方法。下面介绍如何利用 MATLAB 中的 Simulink 对设计好的系统进行仿真,从而检验系统设计是否满足要求。

Simulink 是可以用于连续、离散以及混合的线性、非线性控制系统建模、仿真和分析的软件包,并为用户提供了用方框图进行建模的图形接口,很适合于控制系统的仿真。

在 MATLAB 命令窗口,键入“Simulink”,或者点击窗口上面的 Simulink 图标,就打开了 Simulink 窗口。用鼠标点击 new model 图标或者选取菜单 File 中菜单 new 的 Model,会弹出一个 Untitled 窗口。新文件建立后,可以用菜单 File 中的 Save as 命令保存程序,这时要给该文件取名。

复制模块:打开模块子库,将鼠标移到所要复制的模块上,然后按下左键并拖动鼠标到目标窗口,再松开键,用右键可在任意窗口内复制模块。

模块之间的连接:将鼠标移到一个模块的输入(出)端,按下左键,拖动鼠标到另一个模块的输出(入)端,松开,连线完毕。如果要从一条已经存在的连线上引出另一条连线,则先把鼠标移到这个连线上,按下右键,拖动鼠标到目标窗口,再松开键。

选择与删除对象:用鼠标左键在所选对象上单击一下,被选对象就会出现相应标记。如果要删除模块或者连线,首先要选中该模块或者连线,然后再按 Delete或者 Clear 键。

点击 Simulation 菜单中的 Start,就开始仿真。双击 Scope 模块就打开示波器,仿真开始后,示波器上就显示出变量随时间变化的曲线。

例 6.4 用 Simulink 对例 6.3 的设计进行仿真。

解 按照上面的步骤建立一个 Simulink 的 Untitled 窗口后,从 Sources 中将 Step 拖入 Untitled 窗口;从 Math Operations 中将 Subtract 拖入 Untitled 窗口;从 Continuous 中将 Zero-Pole 和 Transfer Fcn 以及 Integrator 拖入 Untitled 窗口;从 Sinks 中将 Scope 拖入 Untitled 窗口。如图 6.30 所示,从这些模块的输入端连到另一模块的输出端。把鼠标移到 Scope 模块前的一条线上按下右键,拖动鼠标

到 Subtract 的“－”端，再松开键，就得到两者之间的连线。

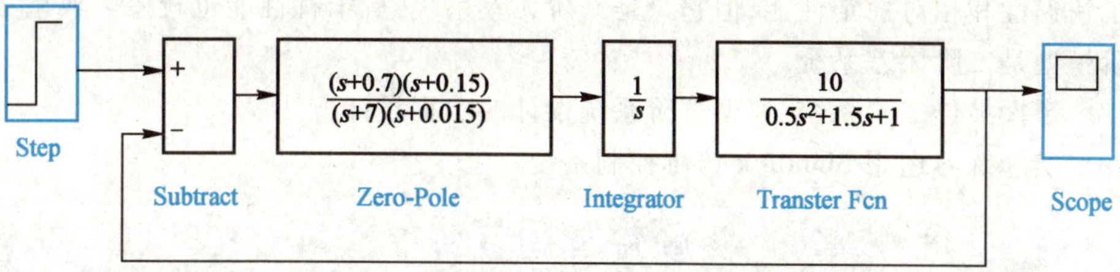

图 6.30 例 6.3 系统的 Simulink 仿真

单击 Simulation 菜单中的 Start，就开始仿真。双击 Scope 模块就打开示波器，仿真开始后，示波器上就显示出校正后系统的响应曲线。

本章小结

1. 校正的概念

所谓校正，就是在系统不可变部分的基础上，加入适当的校正元部件，使系统满足给定的性能指标。

主要有两大类校正方法：分析法与综合法。分析法把校正装置归结为易于实现的超前校正、滞后校正、滞后-超前校正等几种类型，它们的结构是已知的，而参数可调。通过校正方法确定这些校正装置的参数。综合法又称为期望特性法。它的基本思想是按照设计任务所要求的性能指标，构造期望的数学模型，然后选择校正装置的数学模型，使系统校正后的数学模型等于期望的数学模型。

2. 分析法校正

超前校正的基本原理就是利用超前相角补偿系统的滞后相角，改善系统的动态性能，如增加相位裕度、提高系统稳定性能等。

滞后校正的基本原理是利用滞后网络的高频幅值衰减特性使系统截止频率下降，从而使系统获得足够的相位裕度。或者，是利用滞后网络的低通滤波特性，使低频信号有较高的增益，从而提高了系统的稳态精度。

滞后-超前校正的频域设计实际是超前校正和滞后校正频域法设计的综合，基本方法是利用滞后校正将系统校正后的穿越频率调整到超前部分的最大相角处的频率。

掌握基于频率法的控制系统超前校正、滞后校正、滞后-超前校正方法。

3. 综合法校正

综合法的基本方法是按照设计任务所要求的性能指标，构造具有期望的控制性能的开环传递函数，然后确定校正装置的传递函数，使系统校正后的开环传递函数等于期望的开环传递函数。

通常把 $\zeta=0.707$ 的典型二阶系统称为最佳二阶系统。最佳二阶系统兼顾了快速性和相对稳定性能，但它只是一阶无差系统，抗干扰性能也较差。典型三阶模型是二阶无差系统。

掌握最佳二阶系统、典型三阶系统设计的工程设计方法。

实际练习运用 Simulink 仿真控制系统。

习题与应用题

6.1 设单位反馈系统的开环传递函数为

$$G_0(s)=\frac{40}{s(0.2s+1)(0.0625s+1)}$$

要求校正后系统的相位裕度 $\gamma=30^\circ$，幅值裕度 $h=10\sim12$ dB，设计串联校正装置。

6.2 设开环传递函数

$$G_0(s)=\frac{K}{s(s+1)(0.01s+1)}$$

单位斜坡输入 $R(t)=t$，稳态误差终值小于 0.062 5。若要求校正后相位裕度不小于 45°，截止频率大于 2，设计校正系统。

6.3 单位反馈伺服系统的开环传递函数为

$$G_0(s)=\frac{200}{s(0.1s+1)}$$

设计一个无源校正网络，使系统的相位裕度不小于 45°，截止频率不低于 50。

6.4 设未校正系统开环传递函数为

$$G_0(s)=\frac{10}{s(0.2s+1)(0.5s+1)}$$

要求校正后系统的相位裕度 $\gamma=65^\circ$，幅值裕度 $h=6$ dB，设计串联滞后校正装置。

6.5 设系统开环传递函数

$$G_0(s)=\frac{K}{s(s+1)(0.5s+1)}$$

要求校正后的系统开环放大倍数 $K=5$，相位裕度不小于 40°，幅值裕度不小于 10 dB，试确定滞后校正参数。

6.6 设单位反馈系统的开环传递函数为

$$G_0(s)=\frac{8}{s(2s+1)}$$

若采用滞后-超前校正装置

$$G_c=\frac{(10s+1)(2s+1)}{(100s+1)(0.2s+1)}$$

对系统进行串联校正，试绘制校正前后的对数幅频渐近特性，并计算系统校正前后的相位裕度。

6.7 单位反馈伺服系统的开环传递函数为

$$G_0(s)=\frac{200}{s(0.1s+1)}$$

试按最佳二阶模型整定 PID 参数。

6.8 设开环传递函数

$$G_0(s)=\frac{10}{(s+1)(0.01s+1)}$$

试按最佳二阶模型整定 PID 参数。

6.9 设单位反馈系统的开环传递函数为

$$G_0(s)=\frac{8}{s(2s+1)}$$

试按具有最佳频比的典型三阶模型整定 PID 参数。

6.10 设单位反馈系统的开环传递函数为

$$G_0(s)=\frac{40}{s(0.2s+1)(0.0625s+1)}$$

试按具有最佳频比的典型三阶模型整定 PID 参数。

6.11 设未校正系统开环传递函数为

$$G_0(s)=\frac{10}{s(0.2s+1)(0.5s+1)}$$

试按具有最佳频比的典型三阶模型整定 PID 参数。

E6.1 严重残疾的人可以使用移动式遥控装置作为辅助装置，如图题 E6.1 所示。按照最佳二阶模型设计 PID 调节器 $G_c(s)$。

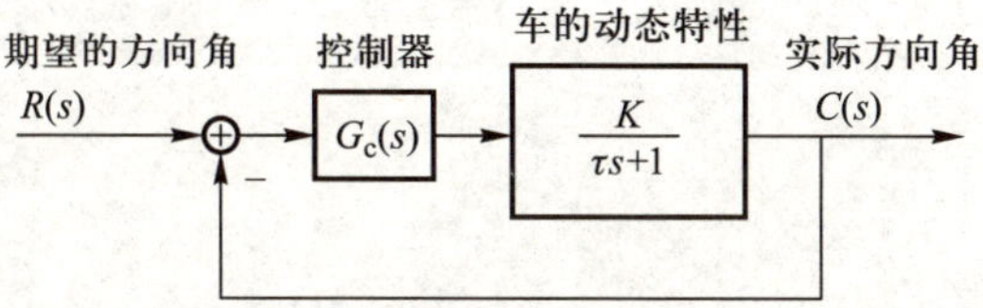

图题 E6.1

E6.2 弧焊工业机器人的焊接控制系统如图题 E6.2 所示，采用视觉系统测量金属烧结体的直径，控制电弧电流来控制焊条融化过程。按照最佳二阶模型设计 PID 调节器 $G_c(s)$。

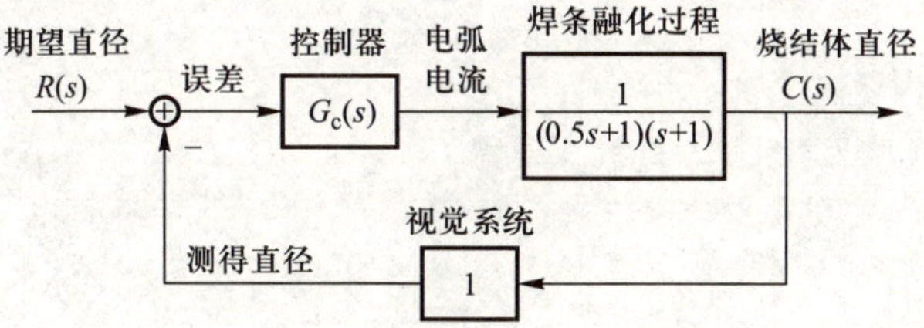

图题 E6.2

E6.3 现代汽车制造厂广泛采用焊接机器人。焊接头位置控制如图题 E6.3 所示，能够控制焊接头在车身上向不同方向移动，并快速而精确地响应。按照具有最佳频比的典型三阶模型设计 PID 调节器 $G_c(s)$。

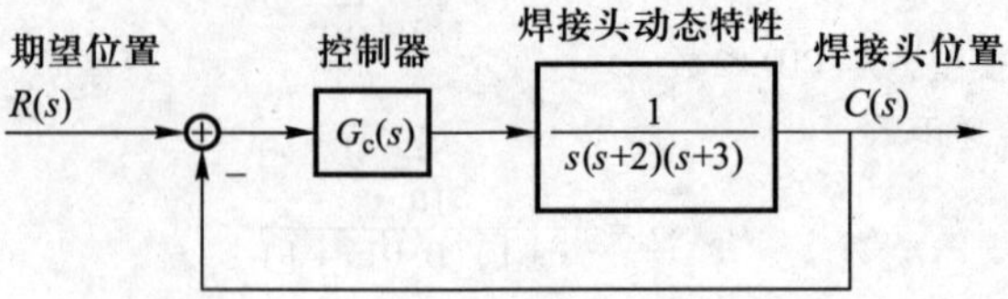

图题 E6.3

第 7 章　离散系统控制理论

计算机控制系统的广泛应用，使离散系统控制理论具有越来越重要的地位。由于离散系统中存在采样、保持、数字处理等过程，所以它具有一些独特的性能。

本章介绍离散系统控制理论。首先讨论采样与保持的数学描述，介绍差分方程、z 变换等数学基础知识，然后介绍 z 传递函数、结构图等离散系统的数学模型。在此基础上，着重介绍离散系统的稳定性和暂态性能、稳态性能分析方法，最后介绍离散系统的数字控制器设计方法。

7.1 信号的采样与保持

7.1.1 信号的采样

1. 采样过程

如图7.1所示计算机控制系统是典型的离散控制系统，被控对象是在连续信号作用下工作的，其控制信号 $u_1(t)$、输出信号 $c(t)$ 及其反馈信号 $f(t)$、参考输入信号 $r(t)$ 等均为连续信号，而计算机的输入、输出信号是离散的数字信号。

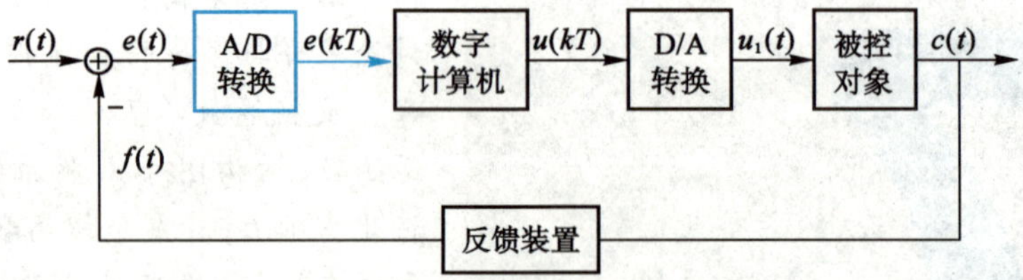

图7.1 计算机控制系统方框图

由于计算机处理的是二进制的数据，其输入信号不能是连续信号，所以误差信号 $e(t)$ 要经过模数转换器(A/D)变成计算机能接受的数字信号 $e(kT)$。这种将连续信号变为离散信号的过程称为采样。

实际采样装置是多种多样的，但无论其具体实现如何，其基本功能可以用一个开关来表示，通常称为采样开关，如图7.2(b)所示。连续信号 $e(t)$ 加在采样开关一端，采样开关以一定规律开闭，另一端便得到离散信号 $e^*(t)$。采样开关每次闭合时间 ε 极短，可以认为是瞬间完成。这样开关闭合一次，就认为得到连续信号 $e(t)$ 的某一时刻的值 $e(kT)$。这样的采样开关称为理想采样开关，以后所说的采样开关都是指理想采样开关，简称为采样开关。一般用图7.2(b)中的符号表示。

根据采样开关闭合的规律，可以将采样进行分类。

如果采样开关是等时间间隔采样，则称为普通采样、均匀采样、周期采样等。采样间隔时间称为采样周期，常用 T 表示。

如果采样的时间间隔是时变的，则称为非周期采样、非均匀采样等。

如果采样开关采样的时间间隔是随机的，则称为随机采样。

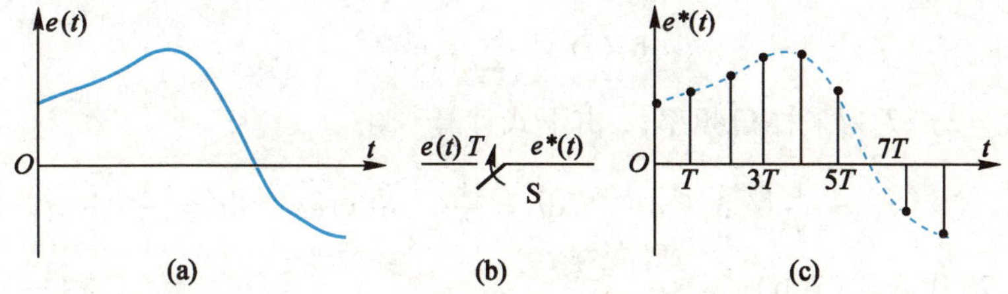

图 7.2 采样过程

一个离散系统中往往存在多个采样开关。如果系统中所有采样开关同时采样,则称为同步采样,否则称为非同步采样。如果所有采样开关都是均匀采样,但采样周期不等,则称为多速采样。

下面只研究同步周期采样系统。

2. 采样信号的数学描述

为了对采样系统进行定性、定量研究,就必须用数学表达式描述信号的采样过程,研究离散信号的性质。下面首先研究采样信号的数学表达式。

连续信号 $f(t)$ 经过以周期 T 均匀采样的理想采样开关,得到离散序列 $\{f(kT)\}$ $k=0,1,2,\cdots$。令 $f^*(t)$ 代表采样信号,可以表达为

$$f^*(t) = \sum_{k=0}^{+\infty} f(kT)\delta(t-kT) \tag{7.1}$$

其中 $\delta(t-kT)$ 为单位冲激函数(狄拉克 δ 函数)。由于当 $t\neq kT$ 时,$\delta(t-kT)=0$,所以

$$f^*(t) = f(t)\sum_{k=0}^{+\infty}\delta(t-kT) \tag{7.2}$$

若定义

$$\delta_T(t) = \sum_{k=0}^{+\infty}\delta(t-kT) \tag{7.3}$$

则

$$f^*(t) = f(t)\delta_T(t) \tag{7.4}$$

式(7.1)或式(7.4)就是采样信号的数学表达式。由式(7.1)或式(7.4)可求出采样信号的拉氏变换表达式。对式(7.1)进行拉氏变换,得

$$F^*(s) = \sum_{k=0}^{+\infty} f(kT)e^{-kTs} \tag{7.5}$$

式(7.5)是采样信号的拉氏变换表达式,后面将由式(7.5)建立 z 变换与拉氏变换之间的重要联系。

下面对式(7.4)进行拉氏变换,可以得到另一形式的采样信号的拉氏变换表达式。因为 $\delta_T(t)$ 是周期函数,所以,可以展开为复数形式的傅里叶级数

$$\delta_T(t) = \sum_{k=-\infty}^{+\infty} c_k e^{jk\omega_s t} \tag{7.6}$$

其中,$\omega_s = 2\pi/T$ 为采样角频率;c_k 由下式计算

$$c_k = \frac{1}{T}\int_{-\frac{T}{2}}^{\frac{T}{2}} \delta_T(t) e^{-jk\omega_s t} dt = \frac{1}{T}\int_{-\frac{T}{2}}^{\frac{T}{2}} \delta(t) e^{-jk\omega_s t} dt = \frac{1}{T} \tag{7.7}$$

将式(7.7)代入式(7.6),得

$$\delta_T(t) = \sum_{k=-\infty}^{+\infty} \frac{1}{T} e^{jk\omega_s t} \tag{7.8}$$

将式(7.8)代入式(7.4),得

$$f^*(t) = f(t) \sum_{k=-\infty}^{+\infty} \frac{1}{T} e^{jk\omega_s t} = \frac{1}{T} \sum_{k=-\infty}^{+\infty} f(t) e^{jk\omega_s t} \tag{7.9}$$

对式(7.9)取拉氏变换,得

$$F^*(s) = \frac{1}{T} \sum_{k=-\infty}^{+\infty} \mathscr{L}[f(t) e^{jk\omega_s t}]$$

设 $F(s) = \mathscr{L}[f(t)]$,由拉氏变换位移定理,得

$$F^*(s) = \frac{1}{T} \sum_{k=-\infty}^{+\infty} F(s + jk\omega_s) \tag{7.10}$$

式(7.10)称为泊松(Poisson)求和公式。它把采样信号 $f^*(t)$ 的拉氏变换 $F^*(s)$ 与原连续信号 $f(t)$ 的拉氏变换 $F(s)$ 联系起来,可以直接从 $F(s)$ 找出 $F^*(s)$ 的频率响应。下面就会看到,由于 $F^*(s)$ 表示成了 s 的周期函数,在进行 $f^*(t)$ 的频谱分析时很方便,可以清楚地看出频谱混叠的影响。

上面得到了式(7.5)和式(7.10)表示的采样信号的拉氏变换的两种等价表达式。虽然这两个式子都是无穷级数,但用式(7.5)通常可以把 $F^*(s)$ 写成闭式,即解析函数的形式,而用式(7.10)却不能把 $F^*(s)$ 写成闭式。

3. 采样定理

在计算机控制系统中,数字计算机的输出是数字序列,需要经过数模(D/A)转换器,将它变成连续的控制信号驱动控制装置。这种将离散信号变为连续信号的过程称为复现或保持。复现信号的装置通常称为保持器。

为了从离散信号复现出连续信号,需要解决两个问题。第一,理论上能否从离散信号 $f^*(t)$ 恢复出原连续信号 $f(t)$? 或者说,$f^*(t)$ 是否包含了 $f(t)$ 的全部信息? 第二,在实际中采用什么样的保持器?

本节首先介绍采样定理,它从理论上给出了信号能够被复现的条件。然后介绍复现信号的装置,主要介绍最常用的零阶保持器。

显然,采样频率越高,$f^*(t)$ 越接近 $f(t)$。但实际上采样频率不能任意高,总有一定的限度。采样频率越高,物理上越难实现,而且计算机处理数据的计算量越大。那么,采样频率多高,才有可能从 $f^*(t)$ 恢复到 $f(t)$? 采样定理从理论上

解决了这一难题,它给出了采样信号复现原连续信号必需的最低采样频率。这一定理首先是由奈奎斯特提出的,后来被香农从信息理论的观点所证明。采样定理的基本内容叙述如下:

采样定理 若采样器的采样频率 ω_s 大于或等于其输入连续信号 $f(t)$ 的频谱中最高频率 ω_{max} 的两倍,即 $\omega_s \geqslant 2\omega_{max}$,则能够从采样信号 $f^*(t)$ 中完全复现 $f(t)$。

采样定理的结论可从频谱分析所得到的结论中得到直观说明。下面根据式(7.10)分析采样信号的频谱。

在式(7.10)中令 $s=j\omega$,得采样信号的频率特性为

$$F^*(j\omega) = \frac{1}{T}\sum_{k=-\infty}^{+\infty} F(j\omega + jk\omega_s) \tag{7.11}$$

一般说来,连续时间函数 $f(t)$ 的幅频谱 $|F(j\omega)|$ 是一个单一的连续频谱,其频谱中最高频率是无限的,如图 7.3(a)所示。实际上,当频率相当高时,$|F(j\omega)|$ 的值很小。所以,认为实际信号具有有限的最高频率 ω_{max},如图7.3(b)所示。

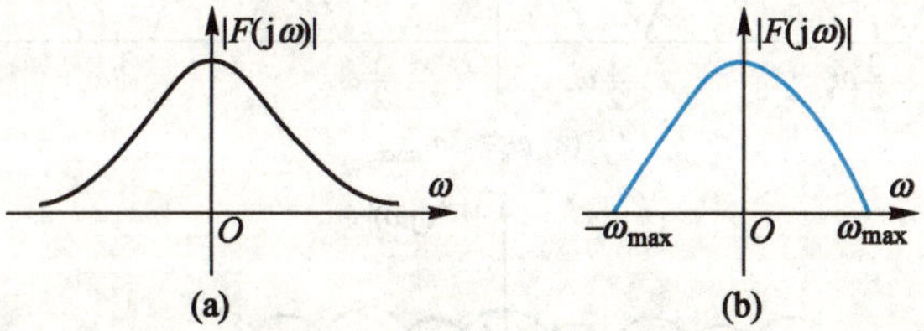

图 7.3 连续信号的频谱

将式(7.11)展开得

$$F^*(j\omega) = \cdots + \frac{1}{T}F(j\omega - j2\omega_s) + \frac{1}{T}F(j\omega - j\omega_s) + \frac{1}{T}F(j\omega) + \frac{1}{T}F(j\omega + j\omega_s) + \cdots$$

令 $\omega = \omega_0 + \omega_s$,得

$$F^*(j\omega_0 + j\omega_s) = \cdots + \frac{1}{T}F(j\omega_0 - j\omega_s) + \frac{1}{T}F(j\omega_0) + \frac{1}{T}F(j\omega_0 + j\omega_s) + \frac{1}{T}F(j\omega_0 + j2\omega_s) + \cdots = F^*(j\omega_0)$$

更为一般地有

$$F^*(j\omega + jk\omega_s) = F^*(j\omega) \quad k = 0, \pm 1, \pm 2, \cdots \tag{7.12}$$

可见,$F^*(j\omega)$ 是一个周期函数,周期为 ω_s,在区间 $[-\omega_{max}, \omega_{max}]$ 内

$$F^*(j\omega) = \cdots + \frac{1}{T}F(j\omega - j2\omega_s) + \frac{1}{T}F(j\omega - j\omega_s) + \frac{1}{T}F(j\omega)$$

$$+\frac{1}{T}F(\mathrm{j}\omega+\mathrm{j}\omega_s)+\frac{1}{T}F(\mathrm{j}\omega+\mathrm{j}2\omega_s)+\cdots$$

由于 $\omega\leqslant-\omega_{max}$ 或 $\omega\geqslant\omega_{max}$ 时，$F(\mathrm{j}\omega)=0$，所以，当满足$\frac{\omega_s}{2}\geqslant\omega_{max}$，则有

$$\frac{1}{T}F(\mathrm{j}\omega+\mathrm{j}k\omega_s)=0;\quad k=\pm1,\pm2,\cdots$$

则

$$F^*(\mathrm{j}\omega)=\frac{1}{T}F(\mathrm{j}\omega) \tag{7.13}$$

$$|F^*(\mathrm{j}\omega)|=\frac{1}{T}|F(\mathrm{j}\omega)| \tag{7.14}$$

根据 $F^*(\mathrm{j}\omega)$ 是一个周期为 ω_s 的周期函数以及在区间 $[-\omega_{max},\omega_{max}]$ 内，$|F^*(\mathrm{j}\omega)|=\frac{1}{T}|F(\mathrm{j}\omega)|$，可知采样信号 $f^*(t)$ 的频谱如图 7.4(a)所示。

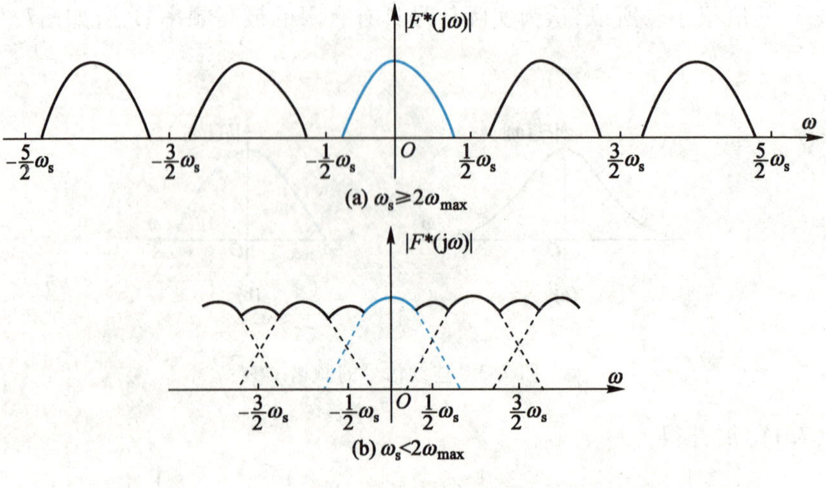

图 7.4 离散信号的频谱

如果不满足$\frac{\omega_s}{2}\geqslant\omega_{max}$，即 $\omega_s<2\omega_{max}$，则在区间 $[-\omega_{max},\omega_{max}]$ 内，$F^*(\mathrm{j}\omega)\neq\frac{1}{T}F(\mathrm{j}\omega)$。$|F^*(\mathrm{j}\omega)|$频谱中各波形会相互重叠，如图 7.4(b)所示，这就是“频谱混叠”现象。

由图 7.4(a)可见，当 $\omega_s\geqslant2\omega_{max}$ 时，如果 $f^*(t)$ 经过一个如图 7.5(a)所示的理想滤波器，则可把 $k=0$ 以外的频率响应都滤掉，如图 7.5(b)所示，这时信号的频谱只是在幅值上为原信号频谱的$\frac{1}{T}$，而形状一样。因此，

$f^*(t)$经过理想低通滤波器后，就可以恢复到$f(t)$（严格地说，还要线性变换T倍）。

从图7.4(b)可以看出，当$\omega_s<2\omega_{max}$时，$f^*(t)$经过理想滤波器后的频谱如图7.5(c)所示，与原信号频谱相比，产生了畸变。因此恢复不到原信号。这就是采样定理所指出的结论。

采样定理的严格数学证明可参见有关文献。

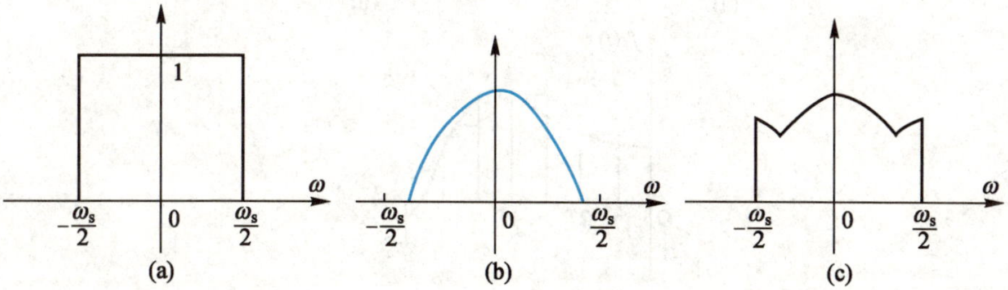

图7.5 理想滤波器

7.1.2 采样信号的保持

采样定理指出：当采样频率大于原连续信号频谱所含最高频率的两倍时，可以恢复到原连续信号，只是需要理想滤波器，但这种理想滤波器实际上是不存在的。在工程上，通常用一些特性与理想滤波器相近的低通滤波器来代替。例如“零阶保持器”、“一阶保持器”以及“高阶保持器”等。

1. 零阶保持器

最简单最常用的是零阶保持器（Zero-Order Hold，ZOH），它与一阶、高阶保持器相比，具有相位滞后小以及易于工程实现等优点。所以，在离散系统中一般都采用零阶保持器，很少采用一阶保持器和高阶保持器。

零阶保持器的作用是把某一采样时刻kT的采样值$f(kT)$恒定地保持到下一个采样时刻$(k+1)T$，即在$t\in[kT,(k+1)T)$区间内，零阶保持器的输出值一直保持为$f(kT)$，如图7.6所示。

为了研究保持器的特性，用一已知的连续信号$f(t)$的采样值$f^*(t)$加在保持器的输入端，研究其输出波形$f_h(t)$与$f(t)$之间的差别，从而可以看出保持器的特性。

由图7.6可见，连续信号$f(t)$经过采样，得到离散信号$f^*(t)$，$f^*(t)$再经过零阶保持器得到连续的阶梯信号$f_h(t)$，如果把$f_h(t)$的高频分量滤掉，就得到连续光滑的信号$f_1(t)$，$f_1(t)$与$f(t)$形状近似相同，只是滞后了半个采样周期，这是

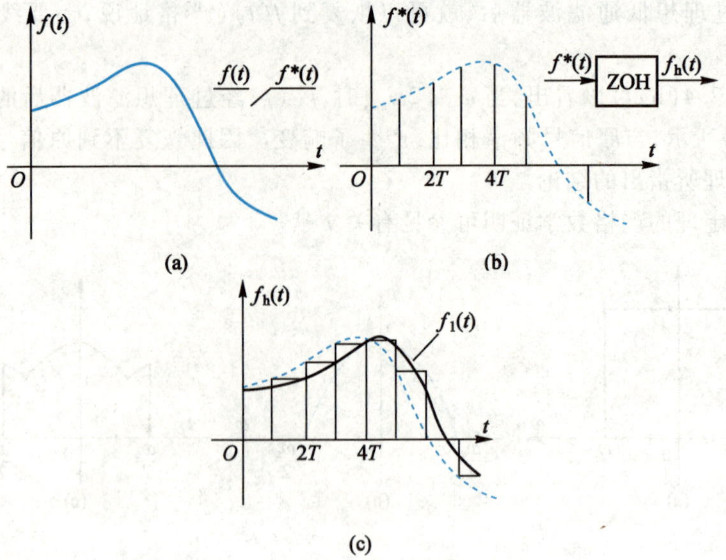

图 7.6 零阶保持器的功能

零阶保持器引起的。零阶保持器的滞后效应会给系统带来不利的影响。从上面的分析可以看出,零阶保持器基本上把 $f^*(t)$ 恢复到了 $f(t)$。

为了满足系统分析、设计的需要,与其他系统元部件一样,还必须建立零阶保持器的数学模型,以便推导出它的传递函数和频率特性。

零阶保持器的输出 $f_h(t)$ 是等间隔的阶梯信号

$$f_h(t) = \sum_{k=0}^{+\infty} f(kT)[1(t-kT) - 1(t-kT-T)] \tag{7.15}$$

取拉氏变换得

$$\begin{aligned} F_h(s) &= \sum_{k=0}^{+\infty} f(kT)\{\mathscr{L}[1(t-kT) - 1(t-kT-T)]\} \\ &= \sum_{k=0}^{+\infty} f(kT)\left[\frac{1}{s}e^{-kTs} - \frac{1}{s}e^{-(k+1)Ts}\right] = \sum_{k=0}^{+\infty} f(kT)e^{-kTs}\frac{1-e^{-Ts}}{s} \\ &= \frac{1-e^{-Ts}}{s}\sum_{k=0}^{+\infty} f(kT)e^{-kTs} \\ &= \frac{1-e^{-Ts}}{s}F^*(s) \end{aligned}$$

因此,零阶保持器的传递函数为

$$G_{0h}(s) = \frac{F_h(s)}{F^*(s)} = \frac{1-e^{-Ts}}{s} \tag{7.16}$$

零阶保持器的脉冲响应函数为

$$g_{0h}(t)=\mathscr{L}^{-1}[G_{0h}(s)]=1(t)-1(t-T) \tag{7.17}$$

式(7.17)清楚地表明了零阶保持器的特性。$g_{0h}(t)$是高度为1宽度为T的方波,在一个采样周期内,采样值经过保持器保持,既不放大,也不衰减,对其他采样周期内的输出没有影响。

零阶保持器的频率特性为

$$G_{0h}(j\omega)=\frac{1-e^{-j\omega T}}{j\omega} \tag{7.18a}$$

将式(7.18a)写成指数形式如(7.18b),可以看出零阶保持器的重要特性

$$\begin{aligned}G_{0h}(j\omega)&=\frac{2}{\omega}e^{-j\frac{\omega T}{2}}\frac{e^{j\frac{\omega T}{2}}-e^{-j\frac{\omega T}{2}}}{j2}=\frac{2}{\omega}e^{-j\frac{\omega T}{2}}\sin\frac{\omega T}{2}\\&=T\frac{\sin\frac{\omega T}{2}}{\frac{\omega T}{2}}e^{-j\frac{\omega T}{2}}\end{aligned} \tag{7.18b}$$

所以,零阶保持器的幅相频率特性分别为

$$|G_{0h}(j\omega)|=T\cdot\frac{\left|\sin\frac{\omega T}{2}\right|}{\frac{\omega T}{2}} \tag{7.19a}$$

$$\angle G_{0h}(j\omega)=\begin{cases}-\frac{\omega T}{2} & \sin\frac{\omega T}{2}\geqslant 0\\ -\frac{\omega T}{2}-\pi & \sin\frac{\omega T}{2}\leqslant 0\end{cases} \tag{7.19b}$$

其幅频特性、相频特性分别如图7.7(a)、(b)所示。

由图7.7(a)可见,零阶保持器的频谱和理想滤波器的频谱图[图7.5(a)]具有相同的特征,但有一些差别。零阶保持器也是低通滤波器,但没有截止频率,它除了允许基带频谱通过外,还允许附加的各次谐波频谱通过一小部分,而且,零阶保持器具有半个采样周期的纯滞后。因此,由零阶保持器复现的信号与原信号有些差别。因为

$$\lim_{T\to 0}\frac{\sin\frac{\omega T}{2}}{\frac{\omega T}{2}}=1$$

所以,采样周期T取得越小,上述差别也就越小。

零阶保持器功能比较简单,容易实现。步进电机就是一个实际的例子。它

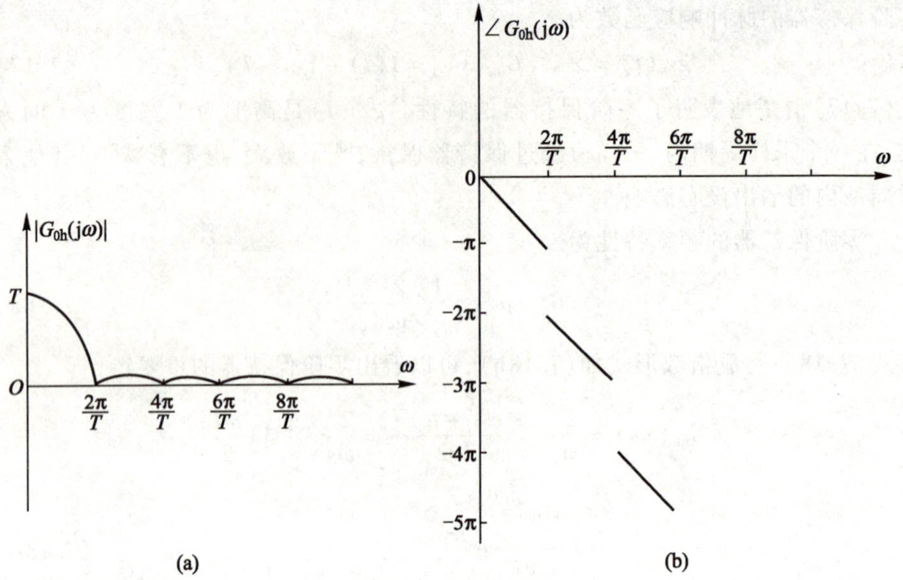

图 7.7 零阶保持器的幅频特性、相频特性

接受一个脉冲信号后转动一步，至下一个信号到来之前，其转角一直保持不变。计算机的寄存器和数模转换器，也具有零阶保持器的作用。寄存器把 kT 时刻的数字一直保持到下一个采样时刻，而数模转换器把数字（数码）转换成模拟量，从而恢复原信号。

最后需要指出的是，对于连续系统，频率特性有明确的物理意义，由于连续系统的输入、输出均是连续信号，所以可以用单个频率的谐波信号的输入与其响应的关系来定义它的频率特性。而零阶保持器的输入是离散量，不接受一定频率的连续谐波信号。所以，零阶保持器的频率特性不能用某 ω 频率的正弦信号输入时，输出与输入的幅值比及相位差来解释，更不能用测试连续系统频率特性的实验方法得到。

2. 一阶保持器

一阶保持器是一种基于两个采样值 $f(kT)$ 与 $f[(k-1)T]$ 线性外推规律恢复连续信号的保持器。它的外推输出为

$$f(kT+\tau)=f(kT)+\frac{f(kT)-f[(k-1)T]}{T}\tau,\quad (0<\tau<T) \tag{7.20}$$

一阶保持器的脉冲响应如图 7.8(a) 所示。可见，为了保证线性外推，每个时刻采样值的作用都延续两个采样周期。现在时刻的采样值在第一个采样周期的外推斜率为正，起着式(7.20)斜率中第一项 $\frac{f(kT)}{T}$ 的作用，但到第二个采样周

期新的采样值出现后，它就变成过去时刻的采样值了，起着式(7.20)斜率中第二项$\dfrac{-f[(k-1)T]}{T}$的作用，所以在第二个采样周期，其斜率为负，即$-\dfrac{1}{T}$。

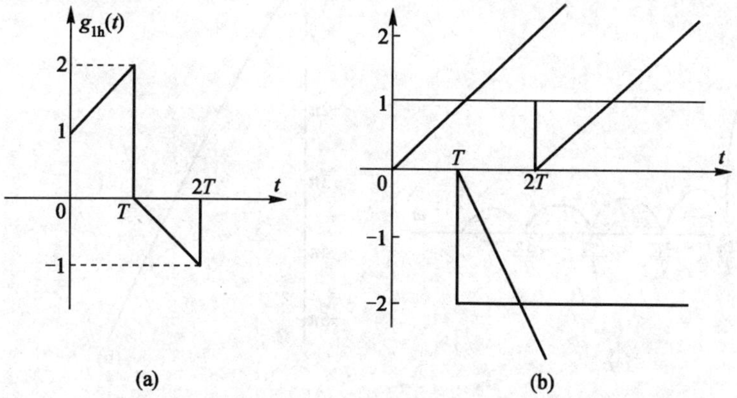

图 7.8 一阶保持器的时域特性

将脉冲响应函数分解成图 7.8(b)所示的叠加形式，可得一阶保持器的传递函数

$$
\begin{aligned}
G_{1h}(s) &= \frac{1}{s}+\frac{1}{Ts^2}-\frac{2}{s}e^{-Ts}-\frac{2}{Ts^2}e^{-Ts}+\frac{1}{s}e^{-2Ts}+\frac{1}{Ts^2}e^{-2Ts} \\
&= T(1+Ts)\left(\frac{1-e^{-Ts}}{Ts}\right)^2
\end{aligned} \tag{7.21}
$$

一阶保持器的频率特性为

$$G_{1h}(j\omega)=T(1+j\omega T)\left(\frac{1-e^{-j\omega T}}{j\omega T}\right)^2 \tag{7.22}$$

$$|G_{1h}(j\omega)|=T\sqrt{1+(\omega T)^2}\left(\frac{\sin\dfrac{\omega T}{2}}{\dfrac{\omega T}{2}}\right)^2 \tag{7.23a}$$

$$\angle G_{1h}(j\omega)=\arctan\omega T-\omega T \tag{7.23b}$$

一阶保持器的幅频特性、相频特性如图 7.9(a)、(b)所示。为了便于与零阶保持器比较，图中同时用虚线画出了零阶保持器的幅相频率特性曲线。

从图 7.9 可以看出，一阶保持器的幅频特性较零阶的高，复现效果好，同时也引进了较大的高频分量，此外，一阶保持器的滞后相移也比零阶保持器的大。从保持器的脉冲响应容易看出，零阶保持器只能较好地复现阶跃信号，而一阶保持器能较好地复现速度信号。

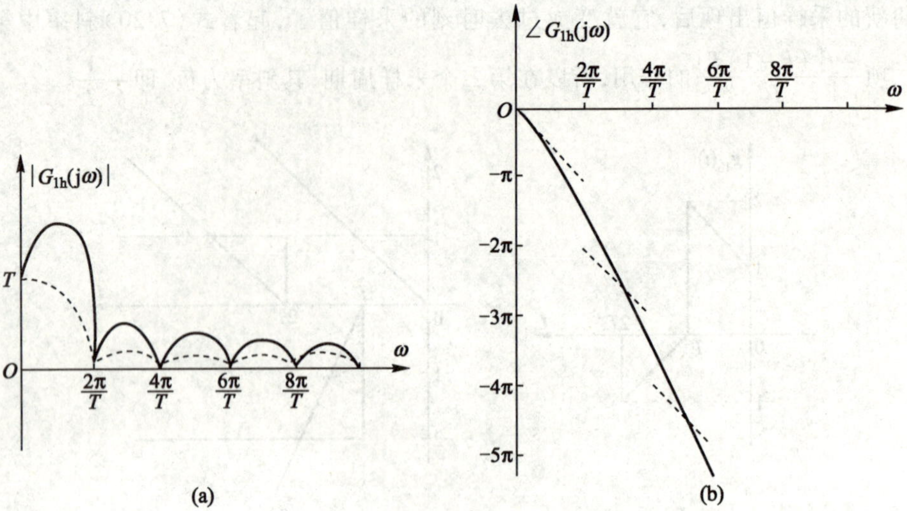

图 7.9 一阶保持器的幅频特性、相频特性

7.2 差分方程

7.2.1 差分方程的概念

对于采样控制系统，系统中一些元部件是连续式的，这些连续式元部件，仍可由微分方程或传递函数描述，但由于系统中某些地方的信号是断续的或采样而得的，所以，需要用差分方程或 z 传递函数描述连续元部件输入、输出采样时刻的值之间的关系。

在离散时间系统中，信号的自变量 k 是离散的整型值，需要用差分方程描述系统的动态特性。

定义 差分方程由未知序列 $y(k)$ 及其移位序列 $y(k+1), y(k+2), \cdots$ 或 $y(k-1), y(k-2), \cdots$，以及激励 $u(k)$ 及其移位序列 $u(k+1), u(k+2), \cdots$ 或 $u(k-1), u(k-2), \cdots$ 构成。

例如：

$$y(k+3)-y^2(k)=u(k) \tag{7.24}$$

$$3y(k+2)-2y(k+1)y(k)=u(k) \tag{7.25}$$

$$3k^2y(k+2)+\frac{2}{k+1}y(k)=u(k) \tag{7.26}$$

$$y(k)-7y(k-1)+16y(k-2)-12y(k-3)=u(k) \tag{7.27}$$

差分方程的阶数定义为未知序列的自变量序号中最高值与最低值之差。例如式(7.24)、式(7.27)是3阶差分方程，式(7.25)、式(7.26)是2阶差分方程。

若差分方程中的未知序列是递增方式，即由 $y(k)$、$y(k+1)$、$y(k+2)$，…等组成的差分方程，称为前向差分方程。若差分方程中的未知序列的序号是递减方式，即由 $y(k)$、$y(k-1)$、$y(k-2)$，…组成的差分方程，称为后向差分方程。例如，式(7.24)~(7.26)是前向差分方程，式(7.27)为后向差分方程。两种形式的差分方程描述系统没有本质的差别。对某一离散系统，是用前向差分方程，还是用后向差分方程描述，要根据具体情况而定。

若差分方程中每一项包含的未知序列或(和)其移位序列仅以线性形式出现，则称为线性差分方程，否则称为非线性差分方程。例如，式(7.26)、式(7.27)是线性差分方程。式(7.24)、式(7.25)是非线性差分方程，因为其中包含非线性项 $y^2(k)$ 和 $y(k+1)y(k)$。

若差分方程中每一项的系数与离散变量 k 无关，则称为常系数差分方程，否则称为变系数差分方程。例如，式(7.26)称为变系数线性差分方程，式(7.24)、式(7.25)为常系数非线性差分方程，式(7.27)是常系数线性差分方程。

差分方程中的自变量可以是时间，但并不限于时间，根据其所描述的具体系统而定。例如，在电路系统中，常以各节点的序号或各回路的序号为变量。

对于完全离散的系统，其输入、输出信号均为离散信号，这时系统无法用微分方程或其他连续模型描述，只能用差分方程、z 传递函数等离散模型描述。例如，对于实时运算的计算装置或数字控制器，为了计算在 $t=kT$ 时的输出值 $y(kT)$，可能会用到现在时刻的输入值 $u(kT)$，以及取自寄存器的过去时刻的输入值 $u[(k-1)T]$，$u[(k-2)T]$，…，和过去时刻的输出值 $y[(k-1)T]$，$y[(k-2)T]$，…。如果计算程序是线性的，则可以用差分方程描述为

$$\begin{aligned} y(kT)=&b_0u(kT)+b_1u[(k-1)T]+\cdots+b_mu[(k-m)T]-a_1y[(k-1)T]\\ &-a_2y[(k-2)T]-\cdots-a_ny[(k-n)T] \end{aligned} \tag{7.28}$$

或

$$\begin{aligned} &y(kT)+a_1y[(k-1)T]+a_2y[(k-2)T]+\cdots+a_ny[(k-n)T]\\ &=b_0u(kT)+b_1u[(k-1)T]+\cdots+b_mu[(k-m)T] \end{aligned} \tag{7.29}$$

式中，a_i、b_i 为加权系数。

7.2.2 微分方程描述的差分化

在计算机控制系统中，被控对象往往是连续系统，一般用微分方程描述，但

由于计算机控制是离散的,所以需要建立被控对象的差分方程数学模型。事实上,连续系统的输入输出关系可以用微分方程描述,但在离散时刻的数学关系也可以用差分方程描述。在工程上,常常需要由连续系统的微分方程描述,得到等价的差分方程描述。下面介绍两种常用的变换方法。

1. 等价变换方法

考虑一阶线性微分方程

$$\tau \frac{\mathrm{d}y(t)}{\mathrm{d}t}+y(t)=Ku(t) \tag{7.30}$$

设系统的采样周期是 T,并设系统输入在一个采样周期内保持不变,即

$$u(t)=u(kT),kT\leqslant t<(k+1)T \tag{7.31}$$

因为采样周期 T 很小,所以,上述假设是合理的。这时,方程(7.30)成为

$$\tau \frac{\mathrm{d}y(t)}{\mathrm{d}t}+y(t)=Ku(kT) \tag{7.32}$$

当 $kT\leqslant t<(k+1)T$ 时,方程(7.32)有一个特解

$$y_{\mathrm{p}}(t)=Ku(kT) \tag{7.33}$$

其通解的一般形式是

$$y(t)=C\mathrm{e}^{-\frac{t}{\tau}}+Ku(kT) \tag{7.34}$$

其中 C 是积分常数。当 $t=kT$ 时,得

$$y(kT)=C\mathrm{e}^{-\frac{kT}{\tau}}+Ku(kT)$$

因此

$$C=[y(kT)-Ku(kT)]\mathrm{e}^{\frac{kT}{\tau}} \tag{7.35}$$

当 $kT\leqslant t<(k+1)T$ 时,方程(7.32)的解为

$$y(t)=[y(kT)-Ku(kT)]\mathrm{e}^{-\frac{t-kT}{\tau}}+Ku(kT) \tag{7.36}$$

当 $t=(k+1)T$ 时,由式(7.36)得

$$y[(k+1)T]=[y(kT)-Ku(kT)]\mathrm{e}^{-\frac{T}{\tau}}+Ku(kT)$$

或

$$y[(k+1)T]-\mathrm{e}^{-\frac{T}{\tau}}y(kT)=K(1-\mathrm{e}^{-\frac{T}{\tau}})u(kT) \tag{7.37}$$

式(7.37)就是描述在采样时刻连续系统输出 $y(t)$ 和输入 $x(t)$ 之间关系的差分方程。

由上述推导过程可见,只要满足式(7.31),则求解差分方程(7.37)与求解微分方程(7.30),所得到的输出量在采样时刻是相等的。因此,就采样时刻而言,这种变换是等价的,所以称为等价变换。

下面考虑二阶系统,设二阶线性常微分方程描述为

$$\tau_1\tau_2\frac{\mathrm{d}^2y(t)}{\mathrm{d}t^2}+(\tau_1+\tau_2)\frac{\mathrm{d}y(t)}{\mathrm{d}t}+y(t)=Ku(t) \tag{7.38}$$

设

$$u(t)\equiv u(kT) \quad kT\leqslant t<(k+1)T \tag{7.39}$$

为把式(7.38)化为线性差分方程,引入中间变量 $z(t)$

$$z(t)=\tau_2\frac{\mathrm{d}y(t)}{\mathrm{d}t}+y(t) \tag{7.40}$$

则式(7.38)变为

$$\tau_1\frac{\mathrm{d}z(t)}{\mathrm{d}t}+z(t)=Ku(t) \tag{7.41}$$

式(7.40)和(7.41)是一阶微分方程组,等价于式(7.38)的描述。

式(7.41)是一阶微分方程,而且满足式(7.39),所以,由式(7.37)可以得到与其等价的差分方程

$$z[(k+1)T]-\mathrm{e}^{-\frac{T}{\tau_1}}z(kT)=K(1-\mathrm{e}^{-\frac{T}{\tau_1}})u(kT) \tag{7.42}$$

同样,设

$$\omega(t)=\tau_1\frac{\mathrm{d}y(t)}{\mathrm{d}t}+y(t) \tag{7.43}$$

则

$$\tau_2\frac{\mathrm{d}\omega(t)}{\mathrm{d}t}+\omega(t)=Ku(t) \tag{7.44}$$

式(7.44)的等价差分方程为

$$\omega[(k+1)T]-\mathrm{e}^{-\frac{T}{\tau_2}}\omega(kT)=K(1-\mathrm{e}^{-\frac{T}{\tau_2}})u(kT) \tag{7.45}$$

由式(7.42)得

$$z[(k+2)T]-\mathrm{e}^{-\frac{T}{\tau_1}}z[(k+1)T]=K(1-\mathrm{e}^{-\frac{T}{\tau_1}})u[(k+1)T] \tag{7.46}$$

将式(7.42)两边乘以 $\mathrm{e}^{-\frac{T}{\tau_2}}$后和式(7.46)相减,得

$$\begin{aligned}&z[(k+2)T]-(\mathrm{e}^{-\frac{T}{\tau_1}}+\mathrm{e}^{-\frac{T}{\tau_2}})z[(k+1)T]+\mathrm{e}^{-(\frac{T}{\tau_1}+\frac{T}{\tau_2})}z(kT)\\&=K(1-\mathrm{e}^{-\frac{T}{\tau_1}})u[(k+1)T]-K\mathrm{e}^{-\frac{T}{\tau_2}}(1-\mathrm{e}^{-\frac{T}{\tau_1}})u(kT)\end{aligned} \tag{7.47}$$

同样,由式(7.45)得

$$\omega[(k+2)T]-\mathrm{e}^{-\frac{T}{\tau_2}}\omega[(k+1)T]=K(1-\mathrm{e}^{-\frac{T}{\tau_2}})u[(k+1)T] \tag{7.48}$$

将式(7.45)两边乘以 $\mathrm{e}^{-\frac{T}{\tau_1}}$后和式(7.48)相减,得

$$\begin{aligned}&\omega[(k+2)T]-(\mathrm{e}^{-\frac{T}{\tau_1}}+\mathrm{e}^{-\frac{T}{\tau_2}})\omega[(k+1)T]+\mathrm{e}^{-(\frac{T}{\tau_1}+\frac{T}{\tau_2})}\omega(kT)\\&=K(1-\mathrm{e}^{-\frac{T}{\tau_2}})u[(k+1)T]-K\mathrm{e}^{-\frac{T}{\tau_1}}(1-\mathrm{e}^{-\frac{T}{\tau_2}})u(kT)\end{aligned} \tag{7.49}$$

将式(7.47)乘以 τ_1减式(7.49)乘以 τ_2,得

$$\tau_1 z[(k+2)T] - \tau_2\omega[(k+2)T] - (e^{-\frac{T}{\tau_1}} + e^{-\frac{T}{\tau_2}})\{\tau_1 z[(k+1)T] - \tau_2\omega[(k+1)T]\} + e^{-(\frac{T}{\tau_1}+\frac{T}{\tau_2})}\cdot\{\tau_1 z(kT) - \tau_2\omega(kT)\} = K(\tau_1 - \tau_2 - \tau_1 e^{-\frac{T}{\tau_1}} + \tau_2 e^{-\frac{T}{\tau_2}})u[(k+1)T] + K(\tau_2 e^{-\frac{T}{\tau_1}} - \tau_1 e^{-\frac{T}{\tau_2}} + \tau_1 e^{-(\frac{T}{\tau_1}+\frac{T}{\tau_2})} - \tau_2 e^{-(\frac{T}{\tau_1}+\frac{T}{\tau_2})})u(kT) \tag{7.50}$$

将式(7.40)乘以 τ_1 与式(7.43)乘以 τ_2 相减,得

$$\tau_1 z(t) - \tau_2\omega(t) = (\tau_1 - \tau_2)y(t) \tag{7.51}$$

于是有

$$\tau_1 z(kT) - \tau_2\omega(kT) = (\tau_1 - \tau_2)y(kT) \tag{7.52}$$

$$\tau_1 z[(k+1)T] - \tau_2\omega[(k+1)T] = (\tau_1 - \tau_2)y[(k+1)T] \tag{7.53}$$

$$\tau_1 z[(k+2)T] - \tau_2\omega[(k+2)T] = (\tau_1 - \tau_2)y[(k+2)T] \tag{7.54}$$

将式(7.52)~式(7.54)代入式(7.50),并约去($\tau_1 - \tau_2$)因子,得

$$y[(k+2)T] - (e^{-\frac{T}{\tau_1}} + e^{-\frac{T}{\tau_2}})y[(k+1)T] + e^{-(\frac{T}{\tau_1}+\frac{T}{\tau_2})}y(kT) = K\left(1 - \frac{\tau_1 e^{-\frac{T}{\tau_1}} - \tau_2 e^{-\frac{T}{\tau_2}}}{\tau_1 - \tau_2}\right)u[(k+1)T] + K\left(e^{-(\frac{T}{\tau_1}+\frac{T}{\tau_2})} - \frac{\tau_1 e^{-\frac{T}{\tau_2}} - \tau_2 e^{-\frac{T}{\tau_1}}}{\tau_1 - \tau_2}\right)u(kT) \tag{7.55}$$

差分方程(7.55)是微分方程(7.38)的等价变换。

上述等价变换虽然精确,但推导过程和最后结果都比较复杂,计算量大,特别是差分方程系数和系统参数之间关系复杂,难以应用于计算机实时控制。在工程上,常采用近似的但推导过程和最后结果都比较简单的近似变换方法。下面介绍常用的一种近似变换方法。

2. 近似变换方法

根据数学分析中的结论,当采样周期 T 足够小时,有下列近似等式成立

$$\left.\frac{dy(t)}{dt}\right|_{t=kT} \approx \frac{1}{T}\{y[(k+1)T] - y(kT)\} \tag{7.56}$$

$$\left.\frac{d^2y(t)}{dt^2}\right|_{t=kT} \approx \frac{1}{T^2}\{y[(k+2)T] - 2y[(k+1)T] + y(kT)\} \tag{7.57}$$

$$\left.\frac{d^3y(t)}{dt^3}\right|_{t=kT} \approx \frac{1}{T^3}\{y[(k+3)T] - 3y[(k+2)T] + 3y[(k+1)T] - y(kT)\} \tag{7.58}$$

$$\left.\frac{d^4y(t)}{dt^4}\right|_{t=kT} \approx \frac{1}{T^4}\{y[(k+4)T] - 4y[(k+3)T] + 6y[(k+2)T] - 4y[(k+1)T] + y(kT)\} \tag{7.59}$$

若将微分方程的各阶导数项直接用上面的近似式代替,就可得到近似的差分方程描述。例如,将(7.56)式代入一阶微分方程(7.30),得

$$\frac{\tau}{T}\{y[(k+1)T]-y(kT)\}+y(kT)=Ku(kT)$$

整理得

$$y[(k+1)T]-\left(1-\frac{T}{\tau}\right)y(kT)=\frac{T}{\tau}Ku(kT) \tag{7.60}$$

比较式(7.60)和式(7.37)的系数,可见上述近似变换方法实质上是运用了近似等式

$$e^{-\frac{T}{\tau}}\approx 1-\frac{T}{\tau}$$

因此,在$\frac{T}{\tau}$的数值很小,即采样的周期 T 相对于系统的时间常数 τ 很小时,近似差分方程(7.60)与等价差分方程(7.37)的各项系数值是比较接近的。所以,近似变换方法具有一定的实用价值。计算机控制系统中常采用这种变换方法。

同样,将导数的近似等式代入二阶微分方程(7.38),得

$$\tau_1\tau_2\cdot\frac{1}{T^2}\{y[(k+2)T]+y(kT)-2y[(k+1)T]\}$$

$$+(\tau_1+\tau_2)\frac{1}{T}\{y[(k+1)T]-y(kT)\}+y(kT)=Ku(kT)$$

整理得

$$y[(k+2)T]-\left(2-\frac{T}{\tau_1}-\frac{T}{\tau_2}\right)y[(k+1)T]+\left(1+\frac{T^2}{\tau_1\tau_2}-\frac{T}{\tau_1}-\frac{T}{\tau_2}\right)y(kT)=\frac{T^2}{\tau_1\tau_2}Ku(kT) \tag{7.61}$$

差分方程(7.61)是微分方程(7.38)的近似变换。

如果要将微分方程变换为后向差分方程,可采用下列近似等式

$$\left.\frac{dy(t)}{dt}\right|_{t=kT}\approx\frac{1}{T}\{y(kT)-y[(k-1)T]\}$$

$$\left.\frac{d^2y(t)}{dt^2}\right|_{t=kT}\approx\frac{1}{T^2}\{y(kT)-2y[(k-1)T]+y[(k-2)T]\}$$

$$\left.\frac{d^3y(t)}{dt^3}\right|_{t=kT}\approx\frac{1}{T^3}\{y(kT)-3y[(k-1)T]+3y[(k-2)T]-y[(k-3)T]\}$$

$$\left.\frac{d^4y(t)}{dt^4}\right|_{t=kT}\approx\frac{1}{T^4}\{y(kT)-4y[(k-1)T]+6y[(k-2)T]-4y[(k-3)T]+y[(k-4)T]\} \tag{7.62}$$

3. 纯滞后的处理

具有纯滞后时间 L 的线性微分方程为

$$\frac{d^n y(t)}{dt^n}+A_1\frac{d^{n-1}y(t)}{dt^{n-1}}+\cdots+A_{n-1}\frac{dy(t)}{dt}+A_n y(t)=B_0\frac{d^m u(t-L)}{dt^m}+$$
$$B_1\frac{d^{m-1}u(t-L)}{dt^{m-1}}+\cdots+B_{m-1}\frac{du(t-L)}{dt}+B_m u(t-L) \tag{7.63}$$

若 $L=0$ 时，微分方程(7.63)的等价差分方程为

$$y[(k+n)T]+a_1 y[(k+n-1)T]+\cdots+a_n y(kT)=b_0 u[(k+m)T]+\cdots+b_m u(kT)$$

若 $L\neq 0$ 时，微分方程(7.63)的等价差分方程则为

$$y[(k+n)T]+a_1 y[(k+n-1)T]+\cdots+a_n y(kT)$$
$$=b_0 u[(k+m-n_0)T]+\cdots+b_m u[(k-n_0)T] \tag{7.64}$$

其中，$n_0=\dfrac{L}{T}$。

例如，一阶微分方程

$$\tau\frac{dy(t)}{dt}+y(t)=Ku(t-L)$$

对应的差分方程为

$$y[(k+1)T]-e^{-\frac{T}{\tau}}y(kT)=K(1-e^{-\frac{T}{\tau}})u[(k-n_0)T] \tag{7.65}$$

二阶微分方程

$$\tau_1\tau_2\frac{d^2y(t)}{dt^2}+(\tau_1+\tau_2)\frac{dy(t)}{dt}+y(t)=Ku(t-L)$$

对应的差分方程为

$$y[(k+2)T]-(e^{-\frac{T}{\tau_1}}+e^{-\frac{T}{\tau_2}})y[(k+1)T]+e^{-(\frac{T}{\tau_1}+\frac{T}{\tau_2})}y(kT)$$
$$=K\left(1-\frac{\tau_1 e^{-\frac{T}{\tau_1}}-\tau_2 e^{-\frac{T}{\tau_2}}}{\tau_1-\tau_2}\right)u[(k+1-n_0)T]+K\left(e^{-(\frac{T}{\tau_1}+\frac{T}{\tau_2})}-\frac{\tau_1 e^{-\frac{T}{\tau_2}}-\tau_2 e^{-\frac{T}{\tau_1}}}{\tau_1-\tau_2}\right)u[(k-n_0)T] \tag{7.66}$$

例 7.1 图 7.10 所示电路的输入在 $t<0$ 时为零，在 $t=kT$ 时为 $u(kT)$。求输入与输出间的差分方程。

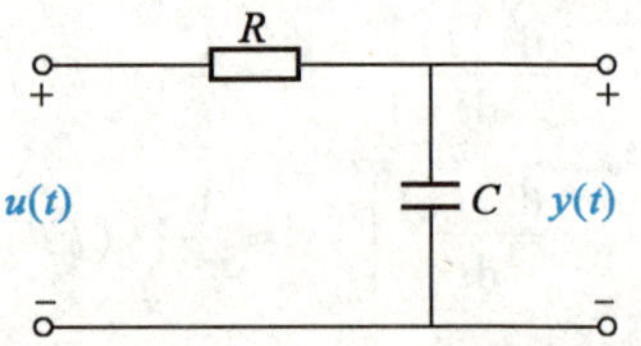

图 7.10 RC 电路

解 电路的微分方程描述为

$$RC\frac{dy(t)}{dt}+y(t)=u(t) \tag{7.67}$$

如果只考虑 RC 电路的输入与输出在采样时刻的关系，则可以采用差分方程描述。由式(7.30)和式(7.37)可得式(7.67)的等价差分方程描述为

$$y[(k+1)T]-e^{-\frac{T}{RC}}y(kT)=(1-e^{-\frac{T}{RC}})u(kT) \tag{7.68}$$

因为 RC 电路是一阶线性定常系统，所以其数学模型是一阶线性常系数差分方程。一般来说，n 阶线性定常系统（连续的或离散的）输入与输出在采样时

刻的关系可由 n 阶线性常系数差分方程描述。

7.2.3 差分方程的递推解法

控制理论中研究得较多的是线性定常离散系统，用常系数线性差分方程描述，这里只讨论常系数线性差分方程的递推解法。

设描述 n 阶线性定常离散系统的差分方程为

$$\begin{aligned} & y(k)+a_1y(k-1)+\cdots+a_ny(k-n) \\ & =b_0u(k)+b_1u(k-1)+\cdots+b_mu(k-m)=f(k) \end{aligned} \tag{7.69}$$

与微分方程的数值解法相比，差分方程的数值解法非常简单，尤其适合于计算机进行迭代运算。

首先将式(7.69)写成递推形式

$$y(k)=b_0u(k)+b_1u(k-1)+\cdots+b_mu(k-m)-a_1y(k-1)-\cdots-a_ny(k-n) \tag{7.70}$$

给定初始条件 $y(-1),y(-2),\cdots,y(-n)$ 和输入信号序列 $\{u(k)\}$，则可计算出 $y(0)$，即

$$y(0)=b_0u(0)+b_1u(-1)+\cdots+b_mu(-m)-a_1y(-1)-\cdots-a_ny(-n)$$

得出 $y(0)$ 后，则可求得 $y(1)$，即

$$y(1)=b_0u(1)+b_1u(0)+\cdots+b_mu(1-m)-a_1y(0)-\cdots-a_ny(1-n)$$

重复这种步骤，可求出 $\{y(k),\quad k=0,1,2,\cdots\}$。

一般，当求出 $y(k-1)$ 及其以前的输出序列后，就可由式(7.70)计算出 $y(k)$。

递推解法计算简单，但在求解差分方程之前，必须已知初始条件和输入序列。递推解法仅能得到输出序列的有限项，而且当初始条件或输入发生变化时，所有步骤必须重做。

例 7.2 若描述离散系统的差分方程为 $y(k)+2y(k-1)=u(k)-u(k-1)$，已知 $u(k)=\begin{cases}k^2 & k\geqslant 0\\ 0 & k<0\end{cases}$，$y(0)=1$，用递推法求解该差分方程。

解 把 $u(k)$ 的表达式代入差分方程得

$$y(k)+2y(k-1)=k^2-(k-1)^2=2k-1,\quad k\geqslant 1 \tag{7.71}$$

则

$$\begin{aligned} y(k) &= -2y(k-1)+2k-1 \\ y(1) &= -2y(0)+2\times 1-1=-1 \\ y(2) &= -2y(1)+2\times 2-1=5 \\ y(3) &= -2y(2)+2\times 3-1=-5 \end{aligned}$$

$$y(4) = -2y(3) + 2\times 4 - 1 = 17$$
$$\vdots$$

7.2.4 差分方程的经典解法

线性差分方程的经典解法与线性微分方程的经典解法非常相似。差分方程的解由相应的齐次方程的通解即齐次解和非齐次方程的一个特解组成。

1. 齐次解

与式(7.69)相应的齐次方程为

$$y(k) + a_1 y(k-1) + \cdots + a_n y(k-n) = 0 \tag{7.72}$$

式(7.72)的通解由形式为 $c\lambda^k$ 的函数组合而成。因此，将 $y(k) = c\lambda^k$ 代入式(7.72)，得

$$c\lambda^k + a_1 c\lambda^{k-1} + \cdots + a_n c\lambda^{k-n} = 0$$

由于 $c\neq 0$，消去 c；且 $\lambda\neq 0$，以 λ^{k-n} 除上式，得

$$\lambda^n + a_1\lambda^{n-1} + \cdots + a_{n-1}\lambda + a_n = 0 \tag{7.73}$$

上式称为差分方程(7.69)或(7.72)的特征方程，它的 n 个根 $\lambda_i(i=1,2,\cdots,n)$ 称为差分方程的特征根。显然，形式为 $c_i\lambda^k$ 的函数都满足式(7.72)，所以都是它的解。根据特征根的类型，差分方程的齐次解相应地有两种类型。

(1) 特征根均为单根

如果 n 个特征根都互不相同，则差分方程的齐次解为

$$y_c(k) = \sum_{i=1}^{n} c_i\lambda_i^k \tag{7.74}$$

式中，常数 $c_i(i=1,2,\cdots,n)$ 由初始条件确定。

(2) 特征根有重根

不失一般性，设 λ_1 是特征方程的 r 重根，即有 $\lambda_1 = \lambda_2 = \cdots = \lambda_r$，而其余的 $(n-r)$ 个根是单根，则差分方程的齐次解为

$$y_c(k) = \sum_{i=1}^{r} c_i k^{r-i}\lambda_i^k + \sum_{j=r+1}^{n} c_j\lambda_j^k \tag{7.75}$$

式中，c_i、c_j 均由初始条件确定。

2. 特解

差分方程式(7.69)的特解形式与激励函数 $f(k)$ 有关，表 7.1 列出了几种典型的激励函数 $f(k)$ 所对应的特解 $y_p(k)$。根据 $f(k)$ 选定特解的形式后，将它代入差分方程式(7.69)，求出特定系数 P，就得出方程的特解。

表 7.1 差分方程的特解形式

<table>
<tr><th colspan="3">激励函数 $f(k)$</th><th>特解 $y_p(k)$</th></tr>
<tr><td colspan="3">k^m</td><td>$P_m k^m + P_{m-1}k^{m-1} + \cdots + P_1 k + P_0$</td></tr>
<tr><td rowspan="3">a^k</td><td colspan="2">a 不等于差分方程的任何特征根</td><td>Pa^k</td></tr>
<tr><td rowspan="2">a 等于差分方程的特征根之一</td><td>特征根为相异根</td><td>$P_1 k a^k + P_0 a^k$</td></tr>
<tr><td>特征根为 $(r-1)$ 重根</td><td>$P_r k^r a^k + P_{r-1}k^{r-1}a^k + \cdots + P_1 k a^k + P_0 a^k$</td></tr>
</table>

3. 全解

线性差分方程式(7.69)的全解是其齐次解与特解之和。如果特征根均为单根,则全解为

$$y(k) = y_c(k) + y_p(k) = \sum_{i=1}^{n} c_i \lambda_i^k + y_p(k) \tag{7.76}$$

如果特征根 λ_1 为 r 重根,而其余 $(n-r)$ 个特征根为单根时,则全解为

$$y(k) = y_c(k) + y_p(k) = \sum_{i=1}^{r} c_i k^{r-i} \lambda_i^k + \sum_{j=r+1}^{n} c_j \lambda_i^k + y_p(k) \tag{7.77}$$

式(7.76)和式(7.77)中各系数 c_i、c_j 由初始条件确定。

4. 举例

例 7.3 若离散系统的差分方程为 $y(k)+3y(k-1)+2y(k-2)=u(k)$,激励为 $u(k)=\begin{cases}2^k & k\geqslant 0\\ 0 & k<0\end{cases}$,初始条件为 $y(0)=0, y(1)=2$,求系统输出的全解。

解 首先求齐次解。差分方程的特征方程为

$$\lambda^2 + 3\lambda + 2 = 0$$

其特征根均为单根 $\lambda_1=-1, \lambda_2=-2$,由式(7.74),差分方程的齐次解为

$$y_c(k) = c_1(-1)^k + c_2(-2)^k$$

根据激励函数的形式,由表 7.1,特解的形式为

$$y_p(k) = P \cdot 2^k$$

将它代入所求解的差分方程,得

$$P\cdot 2^k + 3P\cdot 2^{k-1} + 2P\cdot 2^{k-2} = 2^k, \quad k\geqslant 0$$

消去 2^k,得

$$P + \frac{3}{2}P + \frac{2}{4}P = 1$$

解得 $P=\dfrac{1}{3}$,于是差分方程的特解为

$$y_{\mathrm{p}}(k)=\frac{1}{3}\cdot 2^{k}$$

由式(7.76),差分方程的全解为

$$y(k)=c_{1}(-1)^{k}+c_{2}(-2)^{k}+\frac{1}{3}\cdot 2^{k}$$

将初始条件代入得

$$\begin{cases}y(0)=c_{1}+c_{2}+\dfrac{1}{3}=0\\ y(1)=-c_{1}-2c_{2}+\dfrac{2}{3}=2\end{cases}$$

解该方程组得 $c_{1}=\dfrac{2}{3}$,$c_{2}=-1$,代入全解的一般表达式中,得到满足初始条件的全解为

$$y(k)=\frac{2}{3}(-1)^{k}-(-2)^{k}+\frac{1}{3}\cdot 2^{k},\quad k\geqslant 0$$

例 7.4 用经典解法求解例 7.2 离散系统的差分方程。

解 把 $u(k)$ 的表达式代入差分方程得

$$y(k)+2y(k-1)=k^{2}-(k-1)^{2}=2k-1,\quad k\geqslant 0$$

特征根为 $\lambda_{1}=-2$,所以,差分方程的齐次解为

$$y_{\mathrm{c}}(k)=c_{1}(-2)^{k}$$

在本例中,激励 $f(k)=2k-1$,由表 7.1,特解的形式应为

$$y_{\mathrm{p}}(k)=P_{1}k+P_{0}$$

代入所解差分方程得

$$P_{1}k+P_{0}+2[P_{1}(k-1)+P_{0}]=2k-1$$

整理得

$$3P_{1}k-2P_{1}+3P_{0}=2k-1$$

比较方程两边同次幂系数,得

$$3P_{1}=2$$
$$-2P_{1}+3P_{0}=-1$$

解得 $P_{1}=\dfrac{2}{3}$,$P_{0}=\dfrac{1}{9}$,所以,差分方程的全解表达式为

$$y(k)=c_{1}(-2)^{k}+\frac{2}{3}k+\frac{1}{9}$$

代入初始条件 $y(0)=c_{1}+\dfrac{1}{9}=1$,得 $c_{1}=\dfrac{8}{9}$,所以全解为

$$y(k)=\frac{8}{9}(-2)^k+\frac{2}{3}k+\frac{1}{9}$$

需要指出,差分方程的初始条件并不限于 $y(0),y(1),\cdots,y(n-1)$。对于 n 阶差分方程,n 个独立的 $y(k)$ 值都可以作为初始条件,用以确定系数 c_i。对于实际控制系统,如果输入信号是在 $k=0$ 加入的,那么,所谓初始条件通常是指 $y(-1),y(-2),\cdots,y(-n)$,而零初始条件是指 $y(-1)=y(-2)=\cdots=y(-n)=0$。

7.3 z 变换

7.3.1 z 变换的定义

拉普拉斯变换和傅里叶变换等积分变换,在微分方程求解中获得了广泛的应用。线性常系数微分方程通过拉氏变换变成代数方程,从而使求解微分方程得到简化。因此,拉普拉斯变换与傅里叶变换是分析线性连续系统的主要工具。对于差分方程也存在类似的变换,这就是本节要介绍的 z 变换。

事实上,z 变换的历史比较古老,其基本思想是 18 世纪英国数学家德·棣莫弗(De Moivre)在概率论的研究中首次提出的。从 19 世纪的拉普拉斯至 20 世纪的沙尔(H. L. Seal),许多人在这方面都做出了贡献。然而,在那样一个较为局限的数学领域中,z 变换理论没有得到充分的运用和发展,直到 20 世纪 50 年代以后,计算机控制系统的迅速发展,为 z 变换的研究与应用开辟了广阔的天地。

下面首先给出 z 变换的数学定义,然后建立拉氏变换与 z 变换之间的关系,从而沟通这两种方法的联系。

1. z 变换的定义

设由一离散序列 $\{f(k)\},k=0,1,2,\cdots$ 构成的级数

$$\sum_{k=0}^{+\infty}f(k)z^{-k} \tag{7.78}$$

收敛,则定义该级数为离散序列 $\{f(k)\},k=0,1,2,\cdots$ 的 z 变换,或称为单边 z 变换,记为 $\mathscr{Z}[f(k)]$ 或 $F(z)$,即

$$\mathscr{Z}[f(k)]=F(z)=\sum_{k=0}^{+\infty}f(k)z^{-k}\quad(|z|>R) \tag{7.79}$$

其中,R 是该级数的绝对收敛半径。

由上述 z 变换的定义可以直接求得一些简单离散序列的 z 变换。

例 7.5 求$f(k)=\begin{cases}1, k=0\\0, k\geqslant 1\end{cases}$的 z 变换。

$$F(z)=1+0\cdot z^{-1}+0\cdot z^{-2}+\cdots=1$$

例 7.6 求$f(k)=\begin{cases}1, & k=2\\0, & k\neq 2\end{cases}$的 z 变换。

$$F(z)=0+0\cdot z^{-1}+1\cdot z^{-2}+0\cdot z^{-3}+\cdots=z^{-2}$$

例 7.7 求$f(k)=1, k\geqslant 0$ 的 z 变换。

$$F(z)=1+z^{-1}+z^{-2}+\cdots$$

根据幂级数收敛条件，当$|z|>1$时，有

$$F(z)=\frac{1}{1-z^{-1}}=\frac{z}{z-1}$$

注意到，z 变换定义中的$\{f(k)\}$可以是任意的数字序列。在控制工程中，离散序列一般由对连续信号进行采样得到。

设原连续信号为$f(t)$，经理想采样得到的离散信号序列为$\{f(kT)\}$，则由 z 变换的定义，采样序列的 z 变换定义为

$$F(z)=\sum_{k=0}^{\infty}f(kT)z^{-k} \tag{7.80}$$

2. 从拉氏变换到 z 变换

下面基于离散信号的拉氏变换，得到拉氏变换与 z 变换之间的关系。

设连续函数$f(t)$存在拉氏变换，$F(s)=\mathscr{L}[f(t)]$。对连续信号$f(t)$进行采样，得到的离散信号$f^*(t)$为

$$f^*(t)=\sum_{n=0}^{+\infty}f(kT)\delta(t-kT) \tag{7.81}$$

$f^*(t)$的拉氏变换为

$$F^*(s)=\sum_{k=0}^{+\infty}f(kT)\mathrm{e}^{-kTs} \tag{7.82}$$

上式称为离散信号的拉氏变换。可以看出，虽然对离散信号可以进行拉氏变换，但$F^*(s)$是 s 的超越函数，很难进行分析，因此，要采用 z 变换。将$F^*(s)$与 z 变换定义式相比较，容易看出

$$F(z)=F^*(s)\big|_{s=\frac{1}{T}\ln z} \tag{7.83}$$

可见，z 变换仅仅在拉氏变换中作了变量代换，但这个结果是非常有用的。

由式(7.82)可见，离散信号的拉氏变换$F^*(s)$已不是 s 的线性函数，而是包含了指数因子e^{-kTs}的超越函数，用它来分析离散系统将是非常麻烦的。在式(7.83)中，作了上述变量代换后，变为z^{-1}的线性表达式，从而获得拉氏变换应用于线性连续系统所具有的一切优点。

根据上面的分析，可以得到拉氏变换与 z 变换的关系式为

$$z = e^{Ts} \tag{7.84a}$$

或

$$s = \frac{1}{T}\ln z \tag{7.84b}$$

式(7.84)反映了 s 域分析设计与 z 域分析设计的重要关系。

3. 几点说明

① 在控制工程中，离散信号 $f^*(t)$ 通常由对连续信号 $f(t)$ 采样得到，所以习惯上称 $F(z)$ 是 $f(t)$ 的 z 变换，但实际上是指 $f(t)$ 经采样后得到的离散信号 $f^*(t)$ 的 z 变换。同样，习惯上也称 $F(z)$ 是 $F(s)$ 的 z 变换，本书中也这样称呼，不再作说明。

② $F(s)$ 是 $f(t)$ 的拉氏变换的记号，$F(z)$ 是 $\{f(kT)\}$ 的 z 变换的记号，切勿认为 $F(z)$ 是 $F(s)$ 中的 s 用 z 代替后的式子，即 $F(z) \neq F(s)|_{s=z}$。

③ 将连续函数 $f(t)$ 的拉氏变换定义式

$$F(s) = \mathscr{L}[f(t)] = \int_0^{+\infty} f(t)e^{-st}dt$$

与离散信号 $f^*(t)$ 的 z 变换定义式

$$F(z) = \mathscr{Z}[f^*(t)] = \sum_{k=0}^{+\infty} f(kT)z^{-k}$$

比较可见，拉氏变换和 z 变换的定义存在下列对应关系：

ⓐ 以无穷大为上限的积分对应于无穷项求和。

ⓑ 连续函数 $f(t)$ 对应于采样序列 $f(kT)$。

ⓒ 连续变量 t 对应于离散变量 k。

ⓓ 前者定义在 s 域，后者定义在 z 域。

总而言之，z 变换实质上是拉氏变换的一种推广或变形，因此，有些文献中称 z 变换为不连续函数的拉氏变换、脉冲拉氏变换、离散拉氏变换等。

④ z 变换定义中级数“$\sum\limits_{k=0}^{\infty} f(k)z^{-k}$ 收敛”的条件，等价于拉氏变换定义中 $f(t)$ 能进行拉氏变换的条件：$\int_0^{\infty} f(t)e^{-st}dt$ 收敛。从数学上讲，z 变换只是改换了变量的拉氏变换，因此，不会对函数 $f(t)$ 能进行 z 变换增加新的条件。也就是说，能进行拉氏变换的连续函数 $f(t)$，其采样函数 $f^*(t)$ 或离散序列 $\{f(kT)\}$ 也存在 z 变换。

7.3.2 z 变换的基本定理

利用 z 变换的基本定理，可以方便地求出某些函数的 z 变换或者求出象函

数 $F(z)$ 的 z 逆变换，也可以根据函数的 z 变换式推知原函数的性质，它们在分析离散系统时很有用处。

下面先详细介绍离散系统理论中几个常用的基本定理，最后列出其余一些定理。

1. 线性定理

设函数 $f(t)$、$f_1(t)$ 和 $f_2(t)$ 的 z 变换分别为 $F(z)$、$F_1(z)$ 和 $F_2(z)$，且 a 为常数或为与 t 和 z 无关的变量，则有

$$\mathscr{Z}[af(t)] = aF(z) \tag{7.85a}$$

$$\mathscr{Z}[f_1(t) \pm f_2(t)] = F_1(z) \pm F_2(z) \tag{7.85b}$$

证明 由 z 变换的定义得

$$\mathscr{Z}[af(t)] = \sum_{k=0}^{+\infty} af(kT)z^{-k} = a\sum_{k=0}^{+\infty} f(kT)z^{-k} = aF(z)$$

$$\begin{aligned}\mathscr{Z}[f_1(t) \pm f_2(t)] &= \sum_{k=0}^{+\infty}[f_1(kT) \pm f_2(kT)]z^{-k} \\ &= \sum_{k=0}^{+\infty}[f_1(kT)z^{-k} \pm f_2(kT)z^{-k}] \\ &= \sum_{k=0}^{+\infty} f_1(kT)z^{-k} \pm \sum_{k=0}^{+\infty} f_2(kT)z^{-k} \\ &= F_1(z) \pm F_2(z)\end{aligned}$$

式(7.85a)称为齐次性条件，式(7.85b)称为叠加性条件。一般情况下，满足齐次性的系统并不一定满足叠加性。

应用线性定理，可以根据简单函数的 z 变换式，求出某些由这些简单函数线性组合而成的复杂函数的 z 变换式。

z 变换的线性定理不难推广到由多个函数线性组合的情形。

2. 滞后定理

设函数 $f(t)$ 的 z 变换为 $F(z)$，则有

$$\begin{aligned}\mathscr{Z}[f(t-mT)] &= z^{-m}\left[F(z) + \sum_{k=-m}^{-1} f(kT)z^{-k}\right] \\ &= z^{-m}F(z) + \sum_{k=0}^{m-1} f[(k-m)T]z^{-k}\end{aligned} \tag{7.86}$$

若当 $t<0$ 时，$f(t)\equiv 0$，则有

$$\mathscr{Z}[f(t-mT)] = z^{-m}F(z) \tag{7.87}$$

证明 由 z 变换的定义得

$$\mathscr{Z}[f(t-mT)] = \sum_{k=0}^{+\infty} f(kT-mT)z^{-k}$$

$$= \sum_{k=0}^{m-1} f(kT - mT)z^{-k} + \sum_{k=m}^{+\infty} f(kT - mT)z^{-k}$$

$$= \sum_{i=-m}^{-1} f(iT)z^{-i-m} + \sum_{i=0}^{+\infty} f(iT)z^{-i-m}$$

$$= z^{-m}\sum_{i=-m}^{-1} f(iT)z^{-i} + z^{-m}\sum_{i=0}^{+\infty} f(iT)z^{-i}$$

$$= z^{-m}\left[\sum_{k=-m}^{-1} f(kT)z^{-k} + F(z)\right]$$

若当 $t < 0$ 时，$f(t) \equiv 0$，则

$$Z[f(t - mT)] = z^{-m}F(z)$$

3. 超前定理

设函数 $f(t)$ 的 z 变换为 $F(z)$，则有

$$\mathscr{Z}[f(t + mT)] = z^{m}\left[F(z) - \sum_{k=0}^{m-1} f(kT)z^{-k}\right] \tag{7.88}$$

若 $k = 0,1,\cdots,m-1$ 时，$f(kT) = 0$，则有

$$\mathscr{Z}[f(t + mT)] = z^{m}F(z) \tag{7.89}$$

证明 由 z 变换定义得

$$\mathscr{Z}[f(t + mT)] = \sum_{k=0}^{+\infty} f(kT + mT)z^{-k}$$

$$= \sum_{i=m}^{+\infty} f(iT)z^{-(i-m)}$$

$$= z^{m}\left[\sum_{i=0}^{+\infty} f(iT)z^{-i} - \sum_{i=0}^{m-1} f(iT)z^{-i}\right]$$

$$= z^{m}\left[F(z) - \sum_{k=0}^{m-1} f(kT)z^{-k}\right]$$

若 $k = 0,1,\cdots,m-1$ 时，$f(kT) = 0$，则

$$Z[f(t + mT)] = z^{m}F(z)$$

滞后定理与超前定理统称为平移定理，是差分方程 z 变换求解的主要依据。

4. 初值定理

设函数 $f(t)$ 的 z 变换为 $F(z)$，则有

$$f(0) = \lim_{t\to 0} f(t) = \lim_{z\to\infty} F(z) \tag{7.90}$$

证明 由 z 变换的定义得

$$F(z) = \sum_{k=0}^{+\infty} f(kT)z^{-k} = f(0) + \sum_{k=1}^{+\infty} f(kT)z^{-k}$$

$$\lim_{z\to\infty} F(z) = \lim_{z\to\infty}\left[f(0) + \sum_{k=1}^{+\infty} f(kT)z^{-k}\right]$$

$$=f(0)+\lim_{z\to\infty}\sum_{k=1}^{+\infty}f(kT)z^{-k}$$

$$=f(0)+\sum_{k=1}^{+\infty}\lim_{z\to\infty}f(kT)z^{-k}$$

$$=f(0)$$

所以有

$$f(0)=\lim_{z\to\infty}F(z)$$

由于在收敛域内，级数是一致收敛的，所以，上述求和与求极限可以交换顺序。

推论 设函数 $f(t)$ 的 z 变换为 $F(z)$，则有

$$f(mT)=\lim_{z\to\infty}z^{m}\left[F(z)-\sum_{k=0}^{m-1}f(kT)z^{-k}\right];m=0,1,2,\cdots \tag{7.91}$$

由式(7.91)可以得出结论：若 $F(z)$ 是有理函数，且 $f(kT)=0$，$[k=0,1,\cdots,(m-1)]$，$f(mT)\neq 0$，则 $F(z)$ 的分母多项式比分子多项式高 m 次。

因此，如果 $F(z)$ 是关于 z 的有理函数，则可以根据它的分子和分母多项式的次数，确定 $F(z)$ 所对应的序列 $f(kT)$ 有多少个初始值为零。如果 $f(0)\neq 0$，那么，$F(z)$ 的分子与分母多项式有相同的次数。

应用初值定理很容易根据一个函数的 z 变换，直接求得其离散序列的值。

例 7.8 已知 $F(z)=\dfrac{2z^2+3z+12}{(z-1)^4}$，求 $f(0)$、$f(T)$、$f(2T)$、$f(3T)$。

解 $F(z)$ 的分母比分子的次数高 2 次，所以

$$f(0)=f(T)=0$$

$$f(2T)=\lim_{z\to\infty}z^2F(z)=2$$

$$f(3T)=\lim_{z\to\infty}z^3[F(z)-2z^{-2}]=11$$

5. 终值定理

设函数 $f(t)$ 的 z 变换为 $F(z)$，$(z-1)F(z)$ 在 z 平面以原点为圆心的单位圆上和圆外均没有极点，则有

$$f(\infty)=\lim_{t\to\infty}f(t)=\lim_{k\to\infty}f(kT)=\lim_{z\to1}(z-1)F(z) \tag{7.92}$$

证明 由 z 变换的定义得

$$\mathscr{Z}[f(t)]=\sum_{k=0}^{+\infty}f(kT)z^{-k}=F(z)$$

由超前定理得

$$\mathscr{Z}[f(t+T)]=zF(z)-zf(0)$$

上面两式相减得

$$\mathscr{Z}[f(t+T)]-\mathscr{Z}[f(t)]=zF(z)-zf(0)-F(z)$$

$$= (z-1)F(z) - zf(0)$$

由线性定理,上式可写成

$$\mathscr{Z}[f(t+T) - f(t)] = (z-1)F(z) - zf(0)$$

或

$$\sum_{k=0}^{+\infty}[f(kT+T) - f(kT)]z^{-k} = (z-1)F(z) - zf(0)$$

上式两边取 $z \to 1$ 的极限,得

$$\sum_{k=0}^{+\infty}[f(kT+T) - f(kT)] = \lim_{z\to 1}(z-1)F(z) - f(0)$$

注意

$$\sum_{k=0}^{+\infty}[f(kT+T) - f(kT)] = f(T) - f(0) + f(2T) - f(T) + \cdots$$
$$= -f(0) + f(\infty)$$

所以,有

$$f(\infty) - f(0) = \lim_{z\to 1}(z-1)F(z) - f(0)$$

则

$$f(\infty) = \lim_{z\to 1}(z-1)F(z)$$

例 7.9 设 $F(z) = \dfrac{0.792z^2}{(z-1)(z^2-0.416z+0.208)}$,试确定 $f^*(t)$ 的终值。

解 $z^2 - 0.416z + 0.208 = 0$ 的根为 $z_{1,2} = 0.208 \pm \mathrm{j}0.406$,$|z_{1,2}| = 0.456 < 1$,即 $(z-1)F(z)$ 的极点都在单位圆内,满足终值定理条件,所以由式(7.92),得

$$f(\infty) = \lim_{z\to 1}(z-1)F(z) = \lim_{z\to 1}\frac{0.792z^2}{z^2-0.416z+0.208}$$
$$= \frac{0.792}{1-0.416+0.208} = 1$$

应用终值定理时,要特别注意其条件,否则会得出错误的结论。下面举例说明。

设 $F(z) = \dfrac{z}{(z-1)(z-2)}$,因为 $(z-1)F(z) = \dfrac{z}{z-2}$ 有一个极点 $z=2$,显然,$|z| = 2 > 1$,不满足终值定理的条件,所以,不能用终值定理计算。否则会得出

$$f(\infty) = \lim_{z\to 1}(z-1)F(z) = \lim_{z\to 1}\frac{z}{z-2} = -1$$

的错误结论。实际上,$f(t)$ 随着 t 的增加而趋于无穷。

z 变换的一些基本定理列于表 7.2,这些定理很容易由 z 变换的定义加以证明。

表 7.2 z 变换基本定理

定理名称	$g(t)$ 或 $g(k)$	z 变换 $G(z)$
线性定理	$af(t)$ $f_1(t)+f_2(t)$	$aF(z)$ $F_1(z)+F_2(z)$
滞后定理	$f(t-mT)u(t)$	$z^{-m}F(z)+z^{-m}\sum_{k=-m}^{-1}f(kT)z^{-k}$
	$f(t-mT)u(t-mT)$	$z^{-m}F(z)$
超前定理	$f(t+mT)u(t)$ $f(t+mT)u(t+mT)$	$z^{m}F(z)-z^{m}\sum_{k=0}^{m-1}f(kT)z^{-k}$
初值定理	$f(0)$	$\lim_{z\to\infty}F(z)$
	$f(mT)$	$\lim_{z\to\infty}z^{m}[F(z)-\sum_{k=0}^{m-1}f(kT)z^{-k}]$
终值定理	$f(\infty)$	$\lim_{z\to 1}(z-1)F(z)$
复平移定理	$e^{\pm at}f(t)$ 或 $F(s\mp a)$	$F(e^{\mp aT}z)$
相似定理	$f(at)$	$F(z^{-a})$
对第二变量的微分定理	$\frac{\partial}{\partial a}f(t,a)$	$\frac{\partial}{\partial a}F(z,a)$
对第二变量的积分定理	$\int_0^a f(t,a)\mathrm{d}a$	$\int_0^a F(z,a)\mathrm{d}a$
对第二变量的极限定理	$\lim_{a\to a_0}f(t,a)$	$\lim_{a\to a_0}F(z,a)$
卷积定理	$f_1(t)*f_2(t)$	$F_1(z)F_2(z)$
叠分定理	$\sum_{n=0}^{k-1}f(nT)$ $\sum_{n=0}^{k}f(nT)$	$\frac{1}{z-1}F(z)$ $\frac{z}{z-1}F(z)$
差分定理	$\Delta^{n}f(kT)$ $\nabla^{n}f(kT)$	$(z-1)^{n}F(z)-z\sum_{j=0}^{n-1}(z-1)^{n-1-j}\Delta^{j}f(0)$ $(1-z^{-1})^{n}F(z)-\sum_{j=0}^{n-1}(1-z^{-1})^{n-1-j}\nabla^{j}f(-1)$
z 域微分定理	$kf(k)$ $k^{2}f(k)$ $k^{m}f(k)$	$-z\frac{\mathrm{d}}{\mathrm{d}z}F(z)$ $-z\frac{\mathrm{d}}{\mathrm{d}z}[-z\frac{\mathrm{d}}{\mathrm{d}z}F(z)]$ $[-z\frac{\mathrm{d}}{\mathrm{d}z}]^{m}F(z)$

7.3.3 z 变换的基本方法

下面介绍几种常用的求取 z 变换的方法。首先介绍直接由 z 变换定义求 z 变换的幂级数求和法，然后介绍以 z 变换基本定理为依据的部分分式法，最后介绍基于复变函数理论的留数计算法。

1. 幂级数求和法

考察 z 变换的定义式

$$F(z)=\sum_{k=0}^{\infty}f(kT)z^{-k}=f(0)+f(T)z^{-1}+f(2T)z^{-2}+\cdots+f(kT)z^{-k}+\cdots \tag{7.93}$$

可见，只要得到 $f(t)$ 在各采样时刻的值，便可按式(7.93)直接写出 z 变换的级数展开式，然后把它写成闭合形式，就求得 $f(t)$ 的 z 变换。事实上，前面介绍 z 变换定义时，已初步介绍了这种方法，下面再举一些例子说明，并介绍一些基本函数的 z 变换。

例 7.10 求单位阶跃函数 $f(t)=1(t)$ 的 z 变换式。

解 单位阶跃函数在任何采样时刻上的值均为 1，即 $f(kT)\equiv1(k=0,1,2,\cdots)$，则

$$F(z)=\sum_{k=0}^{\infty}f(kT)z^{-k}=1+z^{-1}+z^{-2}+\cdots$$

当 $|z^{-1}|<1$ 即当 $|z|>1$ 时，上式收敛于 $\dfrac{1}{1-z^{-1}}$，因此单位阶跃函数的 z 变换为

$$\mathscr{Z}[1(t)]=\frac{1}{1-z^{-1}}=\frac{z}{z-1} \tag{7.94}$$

例 7.11 求指数函数 $f(t)=e^{-at}(a>0)$ 的 z 变换。

解 指数函数的采样值为

$$f(kT)=e^{-akT},\quad k=0,1,2,\cdots$$

则

$$F(z)=\sum_{k=0}^{\infty}f(kT)z^{-k}=\sum_{k=0}^{\infty}e^{-akT}z^{-k}=\sum_{k=0}^{\infty}(e^{aT}z)^{-k}$$

当 $|(ze^{aT})^{-1}|<1$，即当 $|ze^{aT}|>1$ 时，上式收敛于和 $\dfrac{1}{1-(e^{aT}z)^{-1}}$，所以

$$\mathscr{Z}[e^{-at}]=\frac{1}{1-(e^{aT}z)^{-1}}=\frac{z}{z-e^{-aT}} \tag{7.95}$$

例 7.12 求序列 $\{a^k\}\quad k=0,1,2,\cdots$ 的 z 变换式。

解 $F(z)=\sum_{k=0}^{\infty}f(kT)z^{-k}=\sum_{k=0}^{\infty}a^{k}z^{-k}=\sum_{k=0}^{\infty}(a^{-1}z)^{-k}$

当$|a^{-1}z|>1$时,上式收敛于$\frac{1}{1-(a^{-1}z)^{-1}}$,所以

$$\mathscr{Z}[a^{k}]=\frac{1}{1-az^{-1}}=\frac{z}{z-a} \tag{7.96}$$

例 7.13 求正弦函数$f(t)=\sin\omega t$的z变换式。

解 正弦函数的采样序列为

$$f(kT)=\sin\omega kT,\quad k=0,1,2,\cdots$$

则

$$\begin{aligned}F(z)&=\sum_{k=0}^{+\infty}f(kT)z^{-k}=\sum_{k=0}^{+\infty}\sin\omega kTz^{-k}\\&=\sum_{k=0}^{+\infty}\frac{e^{j\omega kT}-e^{-j\omega kT}}{2j}z^{-k}\\&=\frac{1}{2j}\left[\sum_{k=0}^{+\infty}(e^{-j\omega T}z)^{-k}-\sum_{k=0}^{+\infty}(e^{j\omega T}z)^{-k}\right]\\&=\frac{1}{2j}\left[\frac{1}{1-(e^{-j\omega T}z)^{-1}}-\frac{1}{1-(e^{j\omega T}z)^{-1}}\right]\\&=\frac{z^{-1}\sin\omega T}{1-2z^{-1}\cos\omega T+z^{-2}}\end{aligned} \tag{7.97}$$

从上面几个例题的求解过程可以看出,幂级数求和法的关键是将无穷级数写成闭合形式,一般需要很高的技巧。如果写成幂级数的形式,在计算中很不方便。当然,幂级数的形式也有其优点,可以从z变换式中清楚地看出原函数的采样序列的强度及分布情况。尤其是当离散时间函数是以列表或图表给出时,很容易写出z变换的级数展开式。

2. 部分分式法

设函数$f(t)$的拉氏变换$F(s)$是有理函数,写成如下形式

$$F(s)=\frac{N(s)}{M(s)}$$

式中,$M(s)$、$N(s)$是s的多项式。

(1) $F(s)$没有重极点

由部分分式理论,$F(s)$可以展开为

$$F(s)=\sum_{i=1}^{n}\frac{A_i}{s-p_i}$$

$$f(t)=\mathscr{L}^{-1}[F(s)]=\sum_{i=1}^{n}A_i e^{p_i t}$$

则

$$F(z)=\mathscr{Z}[f(t)]=\mathscr{Z}[\sum_{i=1}^{n}A_i\mathrm{e}^{p_it}]=\sum_{i=1}^{n}A_i\mathscr{Z}[\mathrm{e}^{p_it}]=\sum_{i=1}^{n}\frac{A_iz}{z-\mathrm{e}^{p_iT}}$$

可见，只要把 $F(s)$ 进行部分分式展开得到 A_i、p_i，$(i=1,2,\cdots,n)$ 就可以写出 $F(s)$ 的 z 变换式。

$$F(z)=\sum_{i=1}^{n}\frac{A_iz}{z-\mathrm{e}^{p_iT}}$$

例 7.14 求 $F(s)=\dfrac{a}{s(s+a)}$ 的 z 变换。

解 将 $F(s)$ 展开为部分分式

$$F(s)=\frac{1}{s}-\frac{1}{s+a}$$

即 $A_1=1,p_1=0,A_2=-1,p_2=-a$，则

$$\mathscr{Z}[F(s)]=\frac{z}{z-1}-\frac{z}{z-\mathrm{e}^{-aT}}=\frac{z(1-\mathrm{e}^{-aT})}{z^2-(1+\mathrm{e}^{-aT})z+\mathrm{e}^{-aT}}$$

(2) $F(s)$ 有重极点

设 $F(s)$ 有一个二重极点，即

$$F(s)=\frac{N(s)}{(s-p_1)^2M_1(s)}$$

展开成部分分式，有

$$F(s)=\frac{A_1}{(s-p_1)^2}+\frac{A_2}{s-p_1}+\sum_{i=3}^{n}\frac{A_i}{s-p_i}$$

$$f(t)=A_1t\mathrm{e}^{p_1t}+A_2\mathrm{e}^{p_1t}+\sum_{i=3}^{n}A_i\mathrm{e}^{p_it}$$

则

$$F(z)=\frac{A_1Tz\mathrm{e}^{p_1T}}{(z-\mathrm{e}^{p_1T})^2}+\frac{A_2z}{z-\mathrm{e}^{p_1T}}+\sum_{i=3}^{n}\frac{A_iz}{z-\mathrm{e}^{p_iT}}$$

因为当 $F(s)$ 具有重极点时，进行部分分式展开较繁，所以，虽然部分分式法可以用于 $F(s)$ 含有重极点的情况，但一般采用其他方法，例如下面介绍的留数计算法。

3. 留数计算法

若已知 $F(s)$ 及其全部极点 $p_i(i=1,2,\cdots)$，则

$$\begin{aligned}F(z)&=\sum_{i=1}^{n}\mathrm{Res}\left[F(p_i)\frac{z}{z-\mathrm{e}^{p_iT}}\right]\\&=\sum_{i=1}^{n}\frac{1}{(r_i-1)!}\frac{\mathrm{d}^{(r_i-1)}}{\mathrm{d}s^{(r_i-1)}}\left[(s-p_i)^{r_i}F(s)\frac{z}{z-\mathrm{e}^{sT}}\right]\Bigg|_{s=p_i}\end{aligned}\qquad(7.98)$$

式中，r_i为极点p_i的阶次；n为相异极点的个数，即在计算n时，r重极点只算一个。

从式(7.98)可以看出，如果限制$F(s)$是有理分式，则留数法计算公式就是部分分式法的结果。留数法对求有重极点的z变换比部分分式法方便一些。下面举例说明。

例 7.15 求$f(t)=t^2$的z变换。

解 $f(t)$的拉氏变换为$F(s)=\dfrac{2}{s^3}$，全部极点为$p_1=0, r_1=3$，则

$$F(z)=\frac{1}{(3-1)!}\frac{\mathrm{d}^2}{\mathrm{d}s^2}\left[s^3\frac{2}{s^3}\frac{z}{z-\mathrm{e}^{sT}}\right]\Bigg|_{s=0}$$

$$=\frac{1}{2}\frac{\mathrm{d}^2}{\mathrm{d}s^2}\left[\frac{2z}{z-\mathrm{e}^{sT}}\right]\Bigg|_{s=0}=\frac{T^2z(z+1)}{(z-1)^3}$$

例 7.16 求$F(s)=\dfrac{1}{(s+a)^2(s+b)}$的$z$变换。

解 $p_1=-a, r_1=2, p_2=-b, r_2=1$，则

$$F(z)=\frac{1}{(2-1)!}\frac{\mathrm{d}}{\mathrm{d}s}\left[(s+a)^2\frac{1}{(s+a)^2(s+b)}\frac{z}{z-\mathrm{e}^{sT}}\right]\Bigg|_{s=-a}$$

$$+\frac{1}{(1-1)!}\left[(s+b)\frac{1}{(s+a)^2(s+b)}\frac{z}{z-\mathrm{e}^{sT}}\right]\Bigg|_{s=-b}$$

$$=\frac{\mathrm{d}}{\mathrm{d}s}\left[\frac{1}{s+b}\frac{z}{z-\mathrm{e}^{sT}}\right]\Bigg|_{s=-a}+\left[\frac{1}{(s+a)^2}\frac{z}{z-\mathrm{e}^{sT}}\right]\Bigg|_{s=-b}$$

$$=\frac{-z[z-\mathrm{e}^{sT}-T(s+b)\mathrm{e}^{sT}]}{(s+b)^2(z-\mathrm{e}^{sT})^2}\Bigg|_{s=-a}+\frac{z}{(a-b)^2(z-\mathrm{e}^{-bT})}$$

$$=\frac{-z[z-\mathrm{e}^{-aT}+T(a-b)\mathrm{e}^{-aT}]}{(a-b)^2(z-\mathrm{e}^{-aT})^2}+\frac{z}{(a-b)^2(z-\mathrm{e}^{-bT})}$$

用留数计算法求z变换时，要注意“$F(s)$的全部极点已知”这一条件。由于指数函数e^{sT}等函数的极点不易计算，所以，不宜用留数计算法求这类函数的z变换。例如，往往错误地认为$F(s)=\dfrac{\mathrm{e}^{-sT}}{s}$只有一个极点$s=0$，从而得出$F(z)=\dfrac{z}{z-1}$的错误结论。实际上，应用基本定理可知$F(z)=\dfrac{1}{z-1}$。

上面介绍了三种求z变换的方法。幂级数求和法、留数计算法的适用范围广，而部分分式法在$F(s)$是有理函数时较为简单。因为常用函数的拉氏变换可用部分分式展开为几个简单函数的拉氏变换之和，而它们所对应的z变换是我们熟知的或可由z变换表直接查得，所以，在工程计算中常采用部分分

式法。

4. 查表法

把常用的函数及其 z 变换列成对照表，求取 z 变换时，直接查表。这种方法在实际工作中非常简单有用。附录中给出了一张比较详细的 z 变换表。当然，不可能所有函数的 z 变换式都能在表中直接查到。在查表时，首先对所求函数作一些变化，以适合 z 变换表。例如，进行部分分式展开，或应用 z 变换基本定理等。

表 7.3 给出了一张简短而实用的 z 变换简表，记住这张表将受益匪浅。

表 7.3　z 变换简表

$f(t)$ 或 $f(k)$	$F(s)$	$F(z)$	说明
$\delta(t)$	1	1	
$1(t)$	$\dfrac{1}{s}$	$\dfrac{1}{1-z^{-1}}$	
e^{-at}	$\dfrac{1}{s+a}$	$\dfrac{1}{1-e^{-aT}z^{-1}}$	当 $a=0$ 时，得 $1(t)$ 的 z 变换
te^{-at}	$\dfrac{1}{(s+a)^2}$	$\dfrac{Tz^{-1}e^{-aT}}{(1-e^{-aT}z^{-1})^2}$	当 $a=0$ 时，得 t 的 z 变换
a^k		$\dfrac{1}{1-az^{-1}}$	a 可以是实数或复数
$\sin\omega t$	$\dfrac{\omega}{s^2+\omega^2}$	$\dfrac{z^{-1}\sin\omega T}{1-2z^{-1}\cos\omega T+z^{-2}}$	

7.3.4 z 逆变换

把离散序列 $\{f(kT)\}$ 变换成 $F(z)$ 称为 z 变换，反之，从 $F(z)$ 求出 $\{f(kT)\}$ 称为 z 逆变换，记为 $\mathscr{Z}^{-1}[F(z)]$。

由于我们关心的往往是 $f(t)$，所以，可以认为 z 逆变换是从 $F(z)$ 求出连续函数 $f(t)$。一般来说，常用的 z 逆变换方法有下列三种：幂级数展开法（长除法）、部分分式法、留数计算法。下面分别介绍这三种方法。

1. 幂级数展开法（长除法）

这种方法是利用长除法把 $F(z)$ 展开成 z^{-1} 的收敛幂级数

$$F(z)=\sum_{k=0}^{+\infty}c_k z^{-k} \tag{7.99}$$

根据幂级数的唯一性定理可知，它应与 z 变换的定义式(7.79)完全相等，即 $c_k=f(kT)$，因此，用长除法得到的幂级数的各项系数就是所求采样函数的值。下面具体叙述这种方法。

把已知 z 变换表达式 $F(z)$ 变成如下形式

$$F(z)=\frac{b_0+b_1z^{-1}+\cdots+b_mz^{-m}}{a_0+a_1z^{-1}+\cdots+a_nz^{-n}} \tag{7.100}$$

用长除法展开 $F(z)$ 得

$$F(z)=c_0+c_1z^{-1}+c_2z^{-2}+\cdots+c_kz^{-k}+\cdots \tag{7.101}$$

则

$$f(kT)=c_k;k=0,1,2,\cdots \tag{7.102}$$

$$f^*(t)=c_0\delta(t)+c_1\delta(t-T)+\cdots+c_k\delta(t-kT)+\cdots \tag{7.103}$$

必须注意的是，在上述步骤中 $F(z)$ 的分子和分母都必须写成 z^{-1} 的升幂形式或 z 的降幂形式。

例 7.17 求 $F(z)=\dfrac{z}{z-\mathrm{e}^{-aT}}$ 的 z 逆变换，设 $\mathrm{e}^{-aT}=0.5$。

解 将 $F(z)$ 的分子和分母写成 z^{-1} 的升幂形式

$$F(z)=\frac{1}{1-0.5z^{-1}}$$

进行长除

$$\begin{array}{r l}
 & 1+0.5z^{-1}+0.5^2z^{-2}+0.5^3z^{-3}+\cdots \\
1-0.5z^{-1} & \overline{)\,1} \\
 & \underline{1-0.5z^{-1}} \\
 & \quad 0.5z^{-1} \\
 & \quad \underline{0.5z^{-1}-0.5^2z^{-2}} \\
 & \qquad\quad 0.5^2z^{-2} \\
 & \qquad\quad \underline{0.5^2z^{-2}-0.5^3z^{-3}} \\
 & \qquad\qquad\quad 0.5^3z^{-3} \\
 & \qquad\qquad\quad \underline{0.5^3z^{-3}-0.5^4z^{-4}} \\
 & \qquad\qquad\qquad \vdots
\end{array}$$

则 $F(z)$ 的幂级数展开式的前几项为

$$F(z)=1+0.5z^{-1}+0.5^2z^{-2}+0.5^3z^{-3}+\cdots$$

$$f^*(t)=\delta(t)+0.5\delta(t-T)+0.5^2\delta(t-2T)+0.5^3\delta(t-3T)+\cdots$$

对于该题，从展开式的前几项容易看出展开式的通项为 $f(kT)=0.5^k$，则相应的连续信号为 $f(t)=\mathrm{e}^{-at}$。

例 7.18 求 $F(z)=\dfrac{1+2z^2+z^3}{0.5z-1.5z^2+z^3}$，求当 $k=0,1,2,3$ 时刻的 $f(kT)$ 值。

解 将 $F(z)$ 分子、分母写成 z 的降幂形式（或 z^{-1} 的升幂形式）

$$F(z)=\frac{z^3+2z^2+1}{z^3-1.5z^2+0.5z}$$

用长除法展开

$$\begin{array}{r l}
 & 1+3.5z^{-1}+4.75z^{-2}+6.375z^{-3} \\
z^3-1.5z^2+0.5z & \overline{\big)\, z^3+2z^2 \qquad +1} \\
 & \underline{z^3-1.5z^2+0.5z} \\
 & \quad 3.5z^2-0.5z+1 \\
 & \quad \underline{3.5z^2-5.25z+1.75} \\
 & \qquad\qquad 4.75z-0.75 \\
 & \qquad\qquad \underline{4.75z-7.125+2.375z^{-1}} \\
 & \qquad\qquad\quad 6.375-2.375z^{-1} \\
 & \qquad\qquad\qquad\qquad \vdots
\end{array}$$

即

$$F(z)=1+3.5z^{-1}+4.75z^{-2}+6.375z^{-3}+\cdots$$

则 $f(0)=1, f(1)=3.5, f(2)=4.75, f(3)=6.375$。

从上例可以看出，幂级数展开法求 z 逆变换是很方便的，尤其当 z 逆变换式不能写成简单的形式，或者要求以序列形式表示信号值时特别有用。但是，若要从一组序列中求出一般项的表达式，通常是比较困难的。下面介绍的部分分式法弥补了这一缺陷。

2. 部分分式法

部分分式法是最常用的一种方法。它与拉氏逆变换中的部分分式法相似，也是先将 $F(z)$ 展开成部分分式之和，然后求出各部分分式的 z 逆变换，由 z 变换线性定理，$F(z)$ 的 z 逆变换等于各部分分式的逆变换之和。

从变换表中可以看到，所有 z 变换函数 $F(z)$ 的分子上都有因子 z。因此，先将 $F(z)$ 除以 z，然后将 $F(z)/z$ 展开成部分分式，展开后再乘以 z，即得 $F(z)$ 的部分分式展开式，即

$$\frac{F(z)}{z}=\sum_{i=1}^{n}\frac{A_i}{z-B_i} \tag{7.104}$$

$$F(z)=\sum_{i=1}^{n}\frac{A_i z}{z-B_i} \tag{7.105}$$

$$\begin{aligned}
f(kT)&=\mathscr{Z}^{-1}\left[\sum_{i=1}^{n}\frac{A_1 z}{z-B_i}\right]=\sum_{i=1}^{n}\mathscr{Z}^{-1}\left[\frac{A_i z}{z-B_i}\right] \\
&=\sum_{i=1}^{n}A_i\mathscr{Z}^{-1}\left[\frac{z}{z-B_i}\right]=\sum_{i=1}^{n}A_iB_i^{\,k}
\end{aligned}$$

$$f^*(t) = \sum_{k=0}^{+\infty} \left(\sum_{i=1}^{n} A_i B_i^{\,k} \right) \delta(t-kT)$$

可见，只要对 $F(z)/z$ 进行部分分式展开求得 A_i、B_i，$i=1,2,\cdots$，就可直接写出 $F(z)$ 的 z 逆变换

$$f(kT) = \sum_{i=1}^{n} A_i B_i^{\,k} \tag{7.106}$$

或

$$f^*(t) = \sum_{k=0}^{+\infty} \sum_{i=1}^{n} A_i B_i^{\,k} \delta(t-kT) \tag{7.107}$$

例 7.19 求 $F(z)=\dfrac{10z}{z^2-3z+2}$ 的 z 逆变换。

解 $$F(z)/z = \frac{10}{z^2-3z+2} = \frac{10}{(z-1)(z-2)} = \frac{-10}{z-1} + \frac{10}{z-2}$$

$$F(z) = -10\frac{z}{z-1} + 10\frac{z}{z-2}$$

即 $A_1=-10, B_1=1, A_2=10, B_2=2$，则

$$f(kT) = -10(1-2^k)$$

$$f^*(t) = \sum_{k=0}^{+\infty} f(kT)\delta(t-kT) = \sum_{k=0}^{+\infty} 10(2^k-1)\delta(t-kT)$$

3. 留数计算法

z 逆变换的留数计算法又称反演积分法，$F(z)$ 的 z 逆变换 $f(kT)$ 由下列公式计算

$$f(kT) = \frac{1}{2\pi \mathrm{j}}\oint_{\Gamma} F(z)z^{k-1}\mathrm{d}z = \sum_i \mathrm{Res}[F(z)z^{k-1}]$$

$$= \sum_i \frac{1}{(r_i-1)!}\frac{\mathrm{d}^{(r_i-1)}}{\mathrm{d}z^{(r_i-1)}}[(z-z_i)^{r_i}F(z)z^{k-1}]\Big|_{z=z_i} \tag{7.108}$$

其中，积分曲线 Γ 包围 $F(z)z^{k-1}$ 的全部极点。

式(7.108)表明：$F(z)$ 的 z 逆变换等于 $F(z)$ 的反演积分，而反演积分可由柯西留数定理计算。

证明 根据 z 变换的定义

$$F(z) = \sum_{k=0}^{+\infty} f(kT)z^{-k} = f(0)z^0 + f(T)z^{-1} + \cdots + f(kT)z^{-k} + \cdots \tag{7.109}$$

用 z^{k-1} 乘式(7.109)两边得

$$z^{k-1}F(z) = f(0)z^{k-1} + f(T)z^{k-2} + \cdots + f(kT)z^{-1} + f[(k+1)T]z^{-2} + \cdots \tag{7.110}$$

式(7.110)是洛朗(Laurent)级数，$f(kT)$ 是洛朗级数的 z^{-1} 项系数，根据复变函数

理论中求洛朗级数的公式，得

$$f(kT)=\frac{1}{2\pi \mathrm{j}}\oint_{\Gamma}F(z)z^{k-1}\mathrm{d}z \tag{7.111}$$

其中，积分路径 Γ 应包围 $F(z)z^{k-1}$ 的所有极点。式(7.111)的曲线积分可由柯西留数定理求得，即

$$f(kT)=\sum_{i}\mathrm{Res}[F(z)z^{k-1}] \tag{7.112}$$

式(7.112)说明，$f(kT)$ 等于函数 $F(z)z^{k-1}$ 在其所有极点上的留数和。由计算留数的规则，可得式(7.108)中的最后一个等式。

如果 z 变换 $F(z)=\frac{N(z)}{M(z)}$ 的极点为 $\lambda_1,\lambda_2,\cdots,\lambda_n$，而 $M(z)$ 不以 $M(z)=\prod_{i=1}^{n}(z-\lambda_i)$ 的形式出现时，则用式(7.108)计算不太方便。当 $\lambda_1,\lambda_2,\cdots,\lambda_n$ 均为单极点时，可用下式计算

$$f(kT)=\sum_{i=1}^{n}\left[\frac{N(z)}{\dot{M}(z)}z^{k-1}\right]_{z=\lambda_i} \tag{7.113}$$

例 7.20 求 $F(z)=\frac{z}{(z-a)(z-1)^2}$ 的 z 逆变换。

解 $z^{k-1}F(z)=\frac{z^k}{(z-a)(z-1)^2}$

可见，$z^{k-1}F(z)$ 有 3 个极点：1 个单极点 $z_1=a$，1 个重极点 $z_2=1$，$r_2=2$，由式(7.108)得

$$f(kT)=\frac{z^k}{(z-a)(z-1)^2}(z-a)\Big|_{z=a}+\frac{1}{(2-1)!}\frac{\mathrm{d}}{\mathrm{d}z}\left[\frac{z^k}{(z-a)(z-1)^2}(z-1)^2\right]\Big|_{z=1}$$

$$=\frac{a^k}{(a-1)^2}+\frac{kz^{k-1}(z-a)-z^k}{(z-a)^2}\Big|_{z=1}=\frac{a^k}{(a-1)^2}+\frac{k}{1-a}-\frac{1}{(1-a)^2}$$

$$f^*(t)=\sum_{k=0}^{+\infty}\frac{a^k-1+k(1-a)}{(1-a)^2}\delta(t-kT)$$

例 7.21 求 $F(z)=\frac{az}{\sin(mz)}$ 的 z 逆变换。

解 $z^{k-1}F(z)=\frac{az^k}{\sin(mz)}$

可见，$z^{k-1}F(z)$ 的极点为：$z_i=\frac{i\pi}{m}$　$i=0,1,2,\cdots,\infty$

由式(7.113)，得

$$f(kT)=\sum_{i=0}^{\infty}\frac{az^k}{m\cos(mz)}\Big|_{z=\frac{i\pi}{m}}$$

$$= \sum_{i=0}^{\infty} \frac{a\left(\frac{i\pi}{m}\right)^k}{m\cos(i\pi)} = \sum_{i=0}^{\infty}(-1)^i \frac{a}{m}\left(\frac{i\pi}{m}\right)^k$$

用留数计算法求 z 逆变换时,应当注意围线 Γ 所包围的 $F(z)z^{k-1}$ 的极点情况,以及对于不同的 k 值,在 $z=0$ 处的极点可能具有的不同阶次。下面举一例以说明。

例 7.22 求 $F(z)=\dfrac{z^3+2z^2+1}{z(z-1)(z-0.5)}$ 的 z 逆变换。

解 由式(7.108)得

$$f(kT) = \sum_i \mathrm{Res}\left[\frac{z^3+2z^2+1}{z(z-1)(z-0.5)}z^{k-1}\right] = \sum_i \mathrm{Res}\left[\frac{(z^3+2z^2+1)z^{k-2}}{(z-1)(z-0.5)}\right]$$

当 $k\geqslant 2$ 时,$z^{k-1}F(z)$ 只有两个单极点:$z_1=1$,$z_2=0.5$,所以

$$f(kT) = \frac{(z^3+2z^2+1)z^{k-2}}{(z-1)(z-0.5)}(z-1)\Bigg|_{z=1} + \frac{(z^3+2z^2+1)z^{k-2}}{(z-1)(z-0.5)}(z-0.5)\Bigg|_{z=0.5}$$
$$=8-13(0.5)^k$$

当 $k=0$ 时,

$$z^{k-1}F(z)=\frac{z^3+2z^2+1}{z^2(z-1)(z-0.5)}$$

可见,$z^{k-1}F(z)$ 除了有2个单极点 $z_1=1$,$z_2=0.5$,还有一个2重极点 $z=0$,所以

$$f(0) = \sum_i \mathrm{Res}\left[\frac{z^3+2z^2+1}{z^2(z-1)(z-0.5)}\right]$$
$$= \frac{1}{(2-1)!}\frac{\mathrm{d}}{\mathrm{d}z}\left[\frac{z^3+2z^2+1}{z^2(z-1)(z-0.5)}z^2\right]\Bigg|_{z=0}$$
$$+\frac{z^3+2z^2+1}{z^2(z-1)(z-0.5)}(z-1)\Bigg|_{z=1}$$
$$+\frac{z^3+2z^2+1}{z^2(z-1)(z-0.5)}(z-0.5)\Bigg|_{z=0.5}$$
$$=6+8-13=1$$

当 $k=1$ 时,$z^{k-1}F(z)$ 有三个单极点:$z_1=0$,$z_2=1$,$z_3=0.5$,所以可求得:$f(1)=3.5$。综上所述,得

$$f(kT)=\begin{cases}1 & k=0\\ 3.5 & k=1\\ 8-13(0.5)^k & k\geqslant 2\end{cases}$$

$$f^*(t) = \sum_{k=0}^{\infty} f(kT)\delta(t-kT)$$
$$=\delta(t)+3.5\delta(t-T)+\sum_{k=2}^{\infty}[8-13(0.5)^k]\delta(t-kT)$$

7.3.5 差分方程的 z 变换解法

类似于用 L 变换求解微分方程，差分方程的 z 变换解法的主要依据是 z 变换的平移定理。

下面分别介绍前向差分方程和后向差分方程的 z 变换解法。

1. 前向差分方程的 z 变换解法

下面先举一个例子具体说明，然后讨论一般线性差分方程的 z 变换解法。

例 7.23 用 z 变换法解差分方程

$$y(k+2)+3y(k+1)+2y(k)=0$$

$$y(0)=0 \qquad y(1)=1$$

解 取差分方程两边的 z 变换

$$\mathscr{Z}[y(k+2)]+3\mathscr{Z}[y(k+1)]+2\mathscr{Z}[y(k)]=0$$

由 z 变换的超前定理，得

$$z^2Y(z)-z^2y(0)-zy(1)+3[zY(z)-zy(0)]+2Y(z)=0$$

代入初值，得

$$z^2Y(z)-z+3zY(z)+2Y(z)=0$$

整理得

$$(z^2+3z+2)Y(z)=z$$

所以

$$Y(z)=\frac{z}{z^2+3z+2}$$

取 z 逆变换，得

$$y(k)=(-1)^k-(-2)^k;k=0,1,2,\cdots$$

下面讨论一般线性前向差分方程的 z 变换解法。设 n 阶常系数线性前向差分方程为

$$\begin{aligned}&y(k+n)+a_1y(k+n-1)+\cdots+a_ny(k)\\&=b_0u(k+m)+b_1u(k+m-1)+\cdots+b_mu(k)\end{aligned} \tag{7.114}$$

根据 z 变换超前定理，有

$$\begin{aligned}&\mathscr{Z}[f(k)]=F(z)\\&\mathscr{Z}[f(k+1)]=zF(z)-zf(0)\\&\mathscr{Z}[f(k+2)]=z^2F(z)-z^2f(0)-zf(1)\\&\quad\vdots\\&\mathscr{Z}[f(k+m)]=z^mF(z)-z^m\sum_{k=0}^{m-1}f(k)z^{-k}\end{aligned} \tag{7.115}$$

对差分方程(7.114)两边取 z 变换,得

$$z^nY(z)-z^n\sum_{k=0}^{n-1}y(k)z^{-k}+a_1z^{n-1}Y(z)-a_1z^{n-1}\sum_{k=0}^{n-2}y(k)z^{-k}+\cdots+a_nY(z)$$

$$=b_0z^mU(z)-b_0z^m\sum_{k=0}^{m-1}u(k)z^{-k}+b_1z^{m-1}U(z)-b_1z^{m-1}\sum_{k=0}^{m-2}u(k)z^{-k}+\cdots+b_mU(z)$$

整理,得

$$(z^n+a_1z^{n-1}+\cdots+a_n)Y(z)=(b_0z^m+b_1z^{m-1}+\cdots+b_m)U(z)+A(z)$$

其中,$A(z)$为超前定理中与初始值相关的那些项,即

$$A(z)=z^n\sum_{k=0}^{n-1}y(k)z^{-k}+a_1z^{n-1}\sum_{k=0}^{n-2}y(k)z^{-k}+\cdots+a_{n-1}zy(0)-$$

$$b_0z^m\sum_{k=0}^{m-1}u(k)z^{-k}-b_1z^{m-1}\sum_{k=0}^{m-2}u(k)z^{-k}-\cdots-b_{m-1}zu(0)$$

由上式解出 $Y(z)$,得

$$Y(z)=\frac{b_0z^m+b_1z^{m-1}+\cdots+b_m}{z^n+a_1z^{n-1}+\cdots+a_n}U(z)+\frac{A(z)}{z^n+a_1z^{n-1}+\cdots+a_n}$$

然后对上式求 z 逆变换,得差分方程的解$\{y(k)\}$。

2. 后向差分方程的 z 变换解法

后向差分方程的 z 变换解法是利用 z 变换的滞后定理,即

$$\begin{aligned}
&\mathscr{Z}[f(k)]=F(z)\\
&\mathscr{Z}[f(k-1)]=z^{-1}F(z)+f(-1)\\
&\mathscr{Z}[f(k-2)]=z^{-2}F(z)+f(-2)+f(-1)z^{-1}\\
&\qquad\vdots\\
&\mathscr{Z}[f(k-m)]=z^{-m}F(z)+\sum_{k=0}^{m-1}f(k-m)z^{-k}
\end{aligned}$$

设线性常系数后向差分方程为

$$y(k)+a_1y(k-1)+\cdots+a_ny(k-n)=b_0u(k)+b_1u(k-1)+\cdots+b_mu(k-m)$$

两边取 z 变换,并整理,得

$$(1+a_1z^{-1}+\cdots+a_nz^{-n})Y(z)=(b_0+b_1z^{-1}+\cdots+b_mz^{-m})U(z)+B(z) \tag{7.116}$$

其中,$B(z)$为滞后定理中与初始值相关的项,即

$$B(z)=b_1u(-1)+\cdots+b_m\sum_{k=0}^{m-1}u(k-m)z^{-k}-a_1y(-1)-\cdots-a_n\sum_{k=0}^{n-1}y(k-n)z^{-k}$$

若输入函数是在 $k\geqslant 0$ 加上去的,即当 $k<0$ 时,$u(k)=0$,则

$$B(z)=-a_1y(-1)-\cdots-a_n\sum_{k=0}^{n-1}y(k-n)z^{-n}$$

由式(7.116)解出 $Y(z)$,得

$$Y(z)=\frac{b_0+b_1z^{-1}+\cdots+b_mz^{-m}}{1+a_1z^{-1}+\cdots+a_nz^{-n}}U(z)+\frac{B(z)}{1+a_1z^{-1}+\cdots+a_nz^{-n}}$$

对上式求 z 逆变换,得差分方程的解 $\{y(k)\}$。下面以一例子说明。

例 7.24 用 z 变换法解差分方程

$$y(k)-y(k-1)-2y(k-2)=u(k)+2u(k-2)$$

$$y(-1)=2,y(-2)=-0.5$$

$$u(k)=\begin{cases}1 & k\geqslant 0\\ 0 & k<0\end{cases}$$

解 对以上差分方程取 z 变换,得

$$Y(z)-[z^{-1}Y(z)+y(-1)]-2[z^{-2}Y(z)+y(-2)+y(-1)z^{-1}]$$
$$=U(z)+2[z^{-2}U(z)+u(-2)+u(-1)z^{-1}]$$

代入初始条件,并整理,得

$$(1-z^{-1}-2z^{-2})Y(z)=(1+2z^{-2})U(z)+1+4z^{-1}$$

因为

$$U(z)=\frac{1}{1-z^{-1}}$$

所以

$$Y(z)=\frac{1+2z^{-2}}{1-z^{-1}-2z^{-2}}\frac{1}{1-z^{-1}}+\frac{1+4z^{-1}}{1-z^{-1}-2z^{-2}}$$
$$=\frac{2+3z^{-1}-2z^{-2}}{(1-z^{-1})(1-z^{-1}-2z^{-2})}$$
$$=\frac{-1.5}{1-z^{-1}}+\frac{-0.5}{1+z^{-1}}+\frac{4}{1-2z^{-1}}$$

取 z 逆变换得

$$y(k)=-1.5-0.5(-1)^k+4(+2)^k$$

7.4 z 传递函数

7.4.1 z 传递函数的概念

1. z 传递函数定义

类似于连续系统中传递函数的定义,系统的 z 传递函数定义如下。

定义:在零初始条件下,线性定常系统(环节)的输出的采样信号的 z 变换与

输入的采样信号的 z 变换之比，称为该系统(环节)的 z 传递函数或脉冲传递函数，记为 $G(z)$，即

$$G(z)=\frac{C(z)}{R(z)} \tag{7.117}$$

其中，$R(z)$、$C(z)$ 分别是系统(环节)输入、输出的采样信号的 z 变换。

z 传递函数是离散系统理论中的一个很重要的概念，下面讨论它与差分方程描述及系统连续部分的传递函数 $G(s)$ 的关系。

2. 差分方程和 z 传递函数的相互转换

差分方程和 z 传递函数是对系统特性的不同的数学描述，虽然形式不同，但本质一样，它们可以相互转换。

设描述系统的差分方程为

$$y(k)+a_1y(k-1)+\cdots+a_ny(k-n)=b_0x(k)+b_1x(k-1)+\cdots+b_mx(k-m) \tag{7.118}$$

在零初始条件下，即 $y(-1)=y(-2)=\cdots=0, x(-1)=x(-2)=\cdots=0$，应用 z 变换的线性定理和平移定理，对式(7.118)两端取 z 变换得

$$Y(z)+a_1z^{-1}Y(z)+\cdots+a_nz^{-n}Y(z)=b_0X(z)+b_1z^{-1}X(z)+\cdots+b_mz^{-m}X(z) \tag{7.119}$$

则

$$(1+a_1z^{-1}+a_2z^{-2}+\cdots+a_nz^{-n})Y(z)=(b_0+b_1z^{-1}+\cdots+b_mz^{-m})X(z) \tag{7.120}$$

所以，该系统(或环节)的 z 传递函数是

$$G(z)=\frac{Y(z)}{X(z)}=\frac{b_0+b_1z^{-1}+\cdots+b_mz^{-m}}{1+a_1z^{-1}+a_2z^{-2}+\cdots+a_nz^{-n}} \tag{7.121}$$

可见，描述系统的差分方程的结构、参数和相应的 z 传递函数的结构、参数之间有固定的关系。因此，由差分方程[式(7.118)]可直接写出 z 传递函数的表达式[式(7.121)]；反之，由 z 传递函数[式(7.121)]可直接写出相应的差分方程[式(7.118)]。

3. z 传递函数 $G(z)$ 和传递函数 $G(s)$ 的关系

为了认识 z 传递函数的物理意义，下面从系统的单位脉冲响应出发，推导 $G(z)$ 与 $G(s)$ 的关系式，从而得到求取 $G(z)$ 的重要公式。

设离散系统如图 7.11 所示。

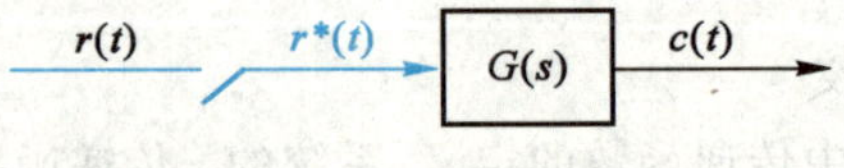

图 7.11 $G(z)$ 与 $G(s)$ 的关系

设

$$r^*(t)=\sum_{k=0}^{+\infty}r(kT)\delta(t-kT)=r(0)\delta(t)+r(T)\delta(t-T)+r(2T)\delta(t-2T)+\cdots \tag{7.122}$$

因为线性系统满足叠加定理,所以,脉冲序列 $r^*(t)$ 作用下的输出响应 $c(t)$ 可以认为是各个脉冲单独作用下系统的输出之和。

设系统的脉冲响应函数为 $g(t)$,则

第 1 个脉冲作用下的系统输出响应:$c_1(t)=r(0)g(t)$

第 2 个脉冲作用下的系统输出响应:$c_2(t)=r(T)g(t-T)$

⋮

第 m 个脉冲作用下的系统输出响应:$c_m(t)=r[(m-1)T]g[t-(m-1)T]$

⋮

所以,系统总的输出响应为

$$c(t)=\sum_{m=1}^{\infty}r[(m-1)T]g[t-(m-1)T]=\sum_{i=0}^{\infty}r(iT)g(t-iT)\quad(i=m-1) \tag{7.123}$$

系统的采样信号为

$$c^*(t)=\sum_{k=0}^{\infty}\left[\sum_{i=0}^{\infty}r(iT)g(kT-iT)\right]\delta(t-kT) \tag{7.124}$$

则采样信号的 z 变换为

$$C(z)=\sum_{k=0}^{\infty}\left[\sum_{i=0}^{\infty}r(iT)g(kT-iT)\right]z^{-k}=\sum_{i=0}^{\infty}r(iT)\sum_{k=0}^{\infty}g(kT-iT)z^{-k}$$

令 $j=k-i$,则

$$C(z)=\sum_{i=0}^{\infty}r(iT)\sum_{j=-i}^{\infty}g(jT)z^{-j-i}$$

因为,当 $j<0$ 时,$g(jT)\equiv0$,所以

$$C(z)=\sum_{i=0}^{\infty}r(iT)\sum_{j=0}^{\infty}g(jT)z^{-j-i}=\sum_{i=0}^{\infty}r(iT)z^{-i}\sum_{j=0}^{\infty}g(jT)z^{-j}$$
$$=\left(\sum_{i=0}^{\infty}r(iT)z^{-i}\right)\left(\sum_{j=0}^{\infty}g(jT)z^{-j}\right) \tag{7.125}$$

由 z 变换定义知

$$R(z)=\sum_{i=0}^{\infty}r(iT)z^{-i}$$
$$G(z)=\sum_{j=0}^{\infty}g(jT)z^{-j} \tag{7.126}$$

所以,由式(7.125)得

$$C(z)=R(z)G(z) \tag{7.127}$$

系统的 z 传递函数为

$$G(z)=\frac{C(z)}{R(z)} \tag{7.128}$$

由 z 传递函数定义可知,由式(7.126)表示的 $G(z)$ 正是系统的 z 传递函数。可见,z 传递函数是连续系统脉冲响应 $g(t)$ 的采样序列的 z 变换,也可以说 $G(z)$ 是 $g(t)$ 或 $G(s)$ 的 z 变换,即

$$G(z)=\mathscr{Z}[g(t)]=\mathscr{Z}[G(s)] \tag{7.129}$$

式(7.129)是求取系统 z 传递函数的一个常用公式。

$G(s)$ 和 $G(z)$ 之间的关系可以归纳为:脉冲响应 $g(t)$ 的拉氏变换是传递函数 $G(s)$,脉冲响应 $g(t)$(采样序列)的 z 变换是 z 传递函数。

7.4.2 开环 z 传递函数

对线性离散系统,开环 z 传递函数的定义和线性连续系统中的开环传递函数的定义相似,定义为系统在开环状态下反馈环节的输出信号的 z 变换 $Y(z)$ 与偏差信号的 z 变换 $E(z)$ 之比。即

$$W(z)=\frac{Y(z)}{E(z)} \tag{7.130}$$

离散系统在开环状态下的结构可以归结为图 7.12(a)、(b)两种形式。

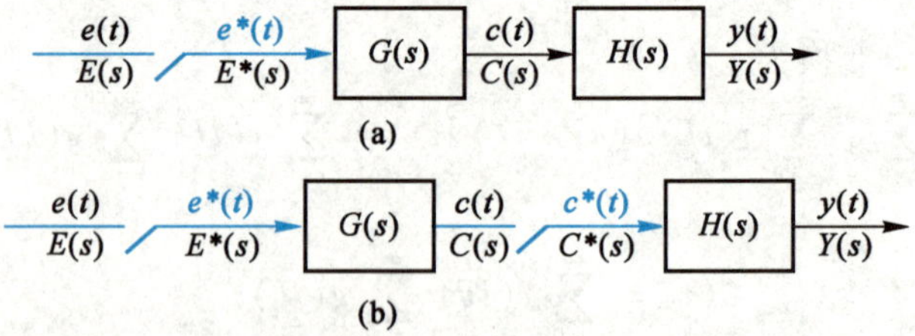

图 7.12 开环传递函数

下面分别讨论它们的 z 传递函数。

先讨论第一种情况。这时第二个环节的输入量是连续的,所以总的 z 传递函数并不等于两个环节的 z 传递函数之积。可把这两个串联的环节等效地看成输入有采样开关的一个环节,该环节的传递函数是 $W(s)=G(s)H(s)$,由式(7.129),开环 z 传递函数应为

$$\frac{Y(z)}{E(z)}=\mathscr{Z}[G(s)H(s)]$$

为简化记号,记

$$GH(z)=\mathscr{Z}[G(s)H(s)]$$

则开环 z 传递函数为

$$\frac{Y(z)}{E(z)}=\mathscr{Z}[G(s)H(s)]=GH(z) \tag{7.131}$$

下面用所谓的代数方法直接推导式(7.131)。由图7.12(a)得

$$C(s)=G(s)E^*(s)$$
$$Y(s)=H(s)C(s)$$

则

$$Y(s)=G(s)H(s)E^*(s) \tag{7.132}$$

对上式进行采样得

$$Y^*(s)=[G(s)H(s)E^*(s)]^*=[G(s)H(s)]^*E^*(s) \tag{7.133}$$

则 z 变换为

$$Y(z)=GH(z)E(z) \tag{7.134}$$

所以

$$\frac{Y(z)}{E(z)}=GH(z)$$

其中,$GH(z)=[G(s)H(s)]^*\Big|_{s=\frac{1}{T}\ln z}$,$E(z)=E^*(s)\Big|_{s=\frac{1}{T}\ln z}$,$Y(z)=Y^*(s)\Big|_{s=\frac{1}{T}\ln z}$。

代数方法是求取由结构图表示的离散系统的 z 传递函数的一种基本方法,后面还将用它推导闭环 z 传递函数或输出 z 变换函数。

下面讨论第二种情况。由图7.12(b)得

$$C(s)=G(s)E^*(s)$$
$$Y(s)=H(s)C^*(s)$$

进行采样得

$$C^*(s)=G^*(s)E^*(s)$$
$$Y^*(s)=H^*(s)C^*(s)$$

则

$$Y^*(s)=H^*(s)G^*(s)E^*(s) \tag{7.135}$$

z 变换为

$$Y(z)=H(z)G(z)E(z) \tag{7.136}$$

所以,开环 z 传递函数为

$$\frac{Y(z)}{E(z)}=G(z)H(z) \tag{7.137}$$

注意 $GH(z)$ 与 $G(z)H(z)$ 的差别,$GH(z)\neq G(z)H(z)$。

图7.12也可以认为是离散系统结构图中任意两个方框串联的情况,式(7.131)和式(7.137)是等效的总传递函数,在简化系统结构图时经常用到。

例7.25 图7.13所示为某锁相环系统的方框图,求系统的开环 z 传递

函数。

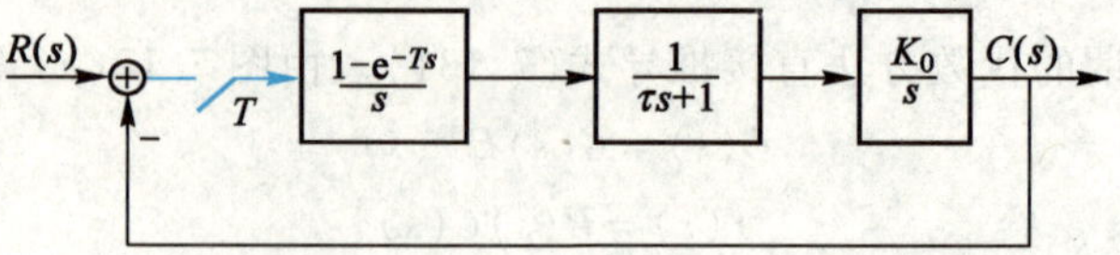

图 7.13 锁相环系统

解 系统开环 z 传递函数为

$$W(z)=\mathscr{Z}\left\{\frac{1-e^{-Ts}}{s}\cdot\frac{1}{\tau s+1}\cdot\frac{K_0}{s}\right\}=K_0(1-z^{-1})\mathscr{Z}\left\{\frac{1}{s^2(\tau s+1)}\right\}$$

$$=K_0(1-z^{-1})\mathscr{Z}\left\{\frac{1}{s^2}-\frac{\tau}{s}+\frac{\tau}{s+\frac{1}{\tau}}\right\}$$

$$=K_0(1-z^{-1})\left[\frac{Tz}{(z-1)^2}-\frac{\tau z}{z-1}+\frac{\tau z}{z-e^{-\frac{T}{\tau}}}\right]$$

$$=K_0\left[\frac{T}{z-1}-\tau+\frac{\tau(z-1)}{z-e^{-\frac{T}{\tau}}}\right]$$

若取 $K_0=1, T=1, \tau=1$,则系统的开环 z 传递函数为

$$W(z)=\frac{0.368z+0.264}{(z-1)(z-0.368)}$$

7.4.3 闭环 z 传递函数

由于采样器在闭环系统中有多种配置的可能性,有时不能写成闭环 z 传递函数的表达式,只能写成系统输出的 z 变换表达式。下面介绍典型系统的闭环 z 传递函数。

例 7.26 最常见的采样系统如图 7.14 所示。

解 由图 7.14 得

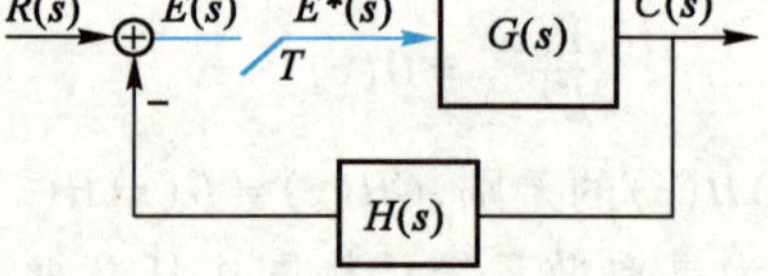

图 7.14 闭环控制系统

$$C(s)=G(s)E^*(s) \tag{7.138}$$

$$E(s)=R(s)-H(s)C(s)$$

所以

$$E(s)=R(s)-H(s)G(s)E^*(s)$$

对上式采样，得

$$E^*(s)=R^*(s)-[G(s)H(s)]^*E^*(s)$$

则

$$E^*(s)=\frac{R^*(s)}{1+[G(s)H(s)]^*} \tag{7.139}$$

对式(7.138)进行采样，即对被控对象 $G(s)$ 的输出 $C(s)$ 进行采样得

$$C^*(s)=[G(s)E^*(s)]^*=G^*(s)E^*(s)=\frac{G^*(s)R^*(s)}{1+[G(s)H(s)]^*} \tag{7.140}$$

则其 z 变换为

$$C(z)=\frac{G(z)R(z)}{1+GH(z)} \tag{7.141}$$

系统闭环 z 传递函数为

$$\Phi(z)=\frac{C(z)}{R(z)}=\frac{G(z)}{1+GH(z)} \tag{7.142}$$

从上面的推导过程还可以得到系统的误差传递函数

$$\Phi_e(z)=\frac{E(z)}{R(z)}=\frac{1}{1+GH(z)} \tag{7.143}$$

在上述推导中应特别注意的是，作为输入信号的 $C(s)$ 不能用采样信号 $C^*(s)$ 代替。因为，对一个系统连续输入信号的响应和离散输入信号的响应是截然不同的，而作为输出信号的 $c(t)$ 或 $C(s)$，可以只研究其采样时刻的值，所以能对它进行采样。这一点必须认识清楚，否则会得到错误结果。

例 7.27 数字控制系统的一般结构如图 7.15 所示，求系统闭环 z 传递函数。图中，D 是数字校正装置，或计算机控制规律，其输入与输出都是离散序列，设它的 z 传递函数为

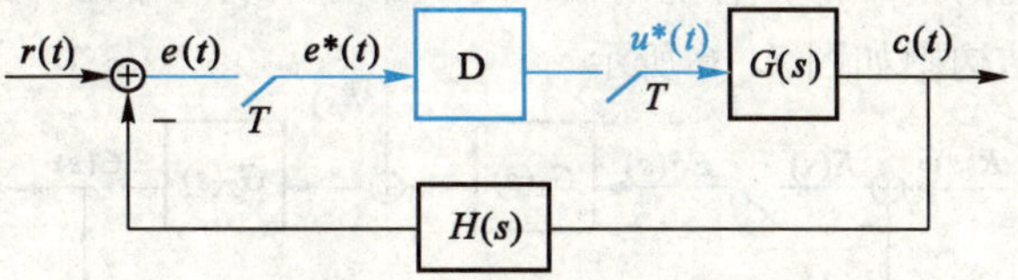

图 7.15 闭环控制系统

$$D(z)=\frac{U(z)}{E(z)} \tag{7.144}$$

解 由图 7.15 所示结构得

$$C(s)=G(s)U^*(s) \tag{7.145}$$

$$\begin{aligned}E(s)&=R(s)-H(s)C(s)\\&=R(s)-G(s)H(s)U^*(s)\end{aligned}$$

对 $E(s)$ 采样得

$$E^*(s)=R^*(s)-[G(s)H(s)]^*U^*(s)$$

则

$$E(z)=R(z)-GH(z)U(z) \tag{7.146}$$

将式(7.144)代入(7.146),得

$$E(z)=R(z)-GH(z)D(z)E(z)$$

$$E(z)=\frac{R(z)}{1+GH(z)D(z)} \tag{7.147}$$

由式(7.145),对输出 $C(s)$ 进行采样,得

$$C^*(s)=[G(s)U^*(s)]^*=G^*(s)U^*(s)$$

则

$$C(z)=G(z)U(z)=G(z)D(z)E(z)=\frac{D(z)G(z)}{1+D(z)GH(z)}R(z) \tag{7.148}$$

所以,闭环 z 传递函数为

$$\Phi(z)=\frac{C(z)}{R(z)}=\frac{D(z)G(z)}{1+D(z)GH(z)} \tag{7.149}$$

从上面推导过程可以得到闭环误差 z 传递函数,即由式(7.147)得

$$\Phi_e(z)=\frac{E(z)}{R(z)}=\frac{1}{1+D(z)GH(z)} \tag{7.150}$$

7.4.4 带有扰动的系统输出 z 变换式

在某些系统中,扰动对输出的影响常常是衡量系统性能的一个重要指标。下面推导在系统的连续部分有扰动输入时的采样系统的输出 z 变换表达式。带有扰动的系统结构图如图 7.16 所示。

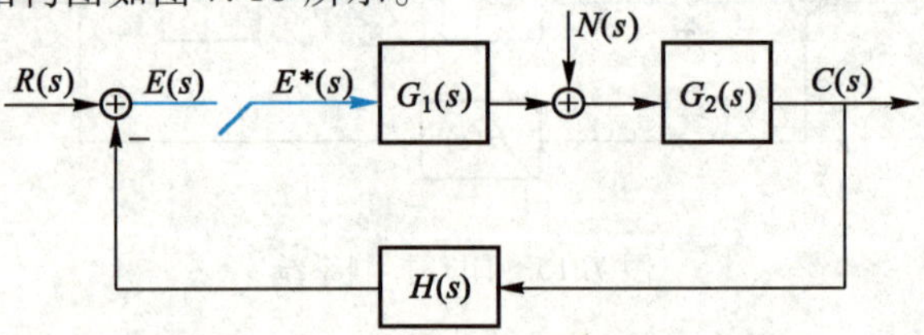

图 7.16 带扰动的离散控制系统

由图 7.16 得

$$C(s)=G_2(s)[G_1(s)E^*(s)+N(s)] \tag{7.151}$$

$$\begin{aligned}E(s)&=R(s)-H(s)C(s)\\&=R(s)-G_1(s)G_2(s)H(s)E^*(s)-G_2(s)H(s)N(s)\end{aligned}$$

对 $E(s)$ 采样得

$$E^*(s)=R^*(s)-[G_1(s)G_2(s)H(s)]^*E^*(s)-[G_2(s)H(s)N(s)]^*$$

则

$$E^*(s)=\frac{R^*(s)-[G_2(s)H(s)N(s)]^*}{1+[G_1(s)G_2(s)H(s)]^*} \tag{7.152}$$

因此,z 变换为

$$E(z)=\frac{R(z)-G_2HN(z)}{1+G_1G_2H(z)} \tag{7.153}$$

由式(7.151)得

$$C(s)=G_1(s)G_2(s)E^*(s)+G_2(s)N(s)$$

对输出 $C(s)$ 进行采样得

$$C^*(s)=[G_1(s)G_2(s)]^*E^*(s)+[G_2(s)N(s)]^* \tag{7.154}$$

则

$$C(z)=G_1G_2(z)E(z)+G_2N(z) \tag{7.155}$$

将式(7.153)代入式(7.155)得

$$\begin{aligned}C(z)&=\frac{G_1G_2(z)[R(z)-G_2HN(z)]}{1+G_1G_2H(z)}+G_2N(z)\\&=\frac{G_1G_2(z)}{1+G_1G_2H(z)}R(z)+\\&\quad\frac{G_2N(z)+G_1G_2H(z)\cdot G_2N(z)-G_1G_2(z)\cdot G_2HN(z)}{1+G_1G_2H(z)}\end{aligned} \tag{7.156}$$

当 $H(s)=1$ 即为单位反馈系统时,

$$C(z)=\frac{G_1G_2(z)}{1+G_1G_2(z)}R(z)+\frac{G_2N(z)}{1+G_1G_2(z)} \tag{7.157}$$

这里由于扰动作用在连续环节 $G_2(s)$ 的输入端,所以只能得到输出量的 z 变换式,而不能得到输出对扰动的 z 传递函数,这和连续系统是不同的。

7.5 线性离散系统的稳定性分析

判别离散系统稳定性的代数方法有:朱利(Jury)判据和舒尔-科恩(Schur-

Cohn)判据。这些方法和连续系统中的劳斯、赫尔维茨判据很相似。

设系统的特征方程为

$$D(z)=a_nz^n+a_{n-1}z^{n-1}+\cdots+a_1z+a_0=0 \tag{7.158}$$

7.5.1 朱利稳定判据

不失一般性,设系统特征方程(7.158)中 $a_n>0$。列表如下:

$$\begin{array}{cccccccccc}
1 & a_0 & a_1 & a_2 & \cdots & a_{n-j} & \cdots & a_{n-2} & a_{n-1} & a_n \\
2 & a_n & a_{n-1} & a_{n-2} & \cdots & a_j & \cdots & a_2 & a_1 & a_0 \\
3 & b_0 & b_1 & b_2 & \cdots & b_{n-j} & \cdots & b_{n-2} & b_{n-1} & \\
4 & b_{n-1} & b_{n-2} & b_{n-3} & \cdots & b_{j-1} & \cdots & b_1 & b_0 & \\
5 & c_0 & c_1 & c_2 & \cdots & c_{n-j} & \cdots & c_{n-2} & & \\
6 & c_{n-2} & c_{n-3} & c_{n-4} & \cdots & c_{j-2} & \cdots & c_0 & & \\
\vdots & \vdots & \vdots & \vdots & \vdots & & & & & \\
2n-5 & s_0 & s_1 & s_2 & s_3 & & & & & \\
2n-4 & s_3 & s_2 & s_1 & s_0 & & & & & \\
2n-3 & r_0 & r_1 & r_2 & & & & & &
\end{array}$$

其中,$b_j=\begin{vmatrix} a_0 & a_{n-j} \\ a_n & a_j \end{vmatrix}$,$c_j=\begin{vmatrix} b_0 & b_{n-j-1} \\ b_{n-1} & b_j \end{vmatrix}$,$(j=0,1,2,\cdots)$

$r_0=\begin{vmatrix} s_0 & s_3 \\ s_3 & s_0 \end{vmatrix}$,$r_1=\begin{vmatrix} s_0 & s_2 \\ s_3 & s_1 \end{vmatrix}$,$r_2=\begin{vmatrix} s_0 & s_1 \\ s_3 & s_2 \end{vmatrix}$。

上面表中,第一行依序排列特征方程的系数 a_0 到 a_n,然后以反向次序记入第二行。以后各行用二阶行列式计算,然后再以反向次序记入下一行。当一行只有三个数时,这个表就构成了。

朱利稳定判据:线性离散系统稳定的充分必要条件为

$$D(1)>0$$

$$D(-1)\begin{cases} >0 & n\text{ 为偶数} \\ <0 & n\text{ 为奇数} \end{cases}$$

$$|a_0|<a_n$$

$$|b_0|>|b_{n-1}|$$

$$|c_0|>|c_{n-2}|$$

$$\vdots$$

$$|s_0|>|s_3|$$

$$|r_0|>|r_2|$$

朱利判据中的列表类似于劳斯判据中的列表,但朱利判据不能说明有

多少特征根在单位圆外。朱利判据中列表虽然比较麻烦，但往往可以在列表之前先检验 $D(1)$ 的符号，或者 $D(-1)$ 的符号，或者是否满足 $|a_0|<a_n$。这三个条件只要有一个不满足，系统就是不稳定的。但如果都满足，系统可能是稳定的，也可能是不稳定的，还需要通过列表检查后面的条件是否满足来确定。这个方法类似于连续系统中先检验特征多项式 $D(s)$ 的各项系数的符号是否一致。

例 7.28 已知系统的特征方程为

$$D(z)=z^8+2z^7+3z^6+2z^5+z^4+5z^3+2z^2+z+2=0$$

判别系统稳定性。

解 因为 $|a_0|=2>a_8=1$，不满足 $|a_0|<a_n$ 的条件，或者因为 $D(-1)=-1<0$，不满足"当 n 为偶数，$D(-1)>0$"的条件，所以，该系统不稳定。

例 7.29 已知系统的特征方程为

$$D(z)=z^3+2z^2+1.9z+0.8=0$$

判别系统稳定性。

解 因为 $D(1)=5.7>0, D(-1)=-0.1<0, |a_0|=0.8<a_3=1$，所以满足朱利判据的前三个条件，下面再列表检验是否满足后面的条件：

1	0.8	1.9	2	1
2	1	2	1.9	0.8
3	-0.36	-0.48	-0.3	

可见，也满足约束条件 $|b_0|=0.36>|b_2|=0.3$，所以，该系统是稳定的。

7.5.2 舒尔-科恩稳定判据

定义行列式 Δ_j 如下

$$\Delta_j=\begin{vmatrix} a_0 & 0 & \cdots & 0 & a_n & a_{n-1} & \cdots & a_{n-j+1} \\ a_1 & a_0 & \cdots & 0 & 0 & a_n & \cdots & a_{n-j+2} \\ \vdots & \vdots & \ddots & \vdots & \vdots & \vdots & \ddots & \vdots \\ a_{j-1} & a_{j-2} & \cdots & a_0 & 0 & 0 & \cdots & a_n \\ \bar{a}_n & 0 & \cdots & 0 & \bar{a}_0 & \bar{a}_1 & \cdots & \bar{a}_{j-1} \\ \bar{a}_{n-1} & \bar{a}_n & \cdots & 0 & 0 & \bar{a}_0 & \cdots & \bar{a}_{j-2} \\ \vdots & \vdots & \ddots & \vdots & \vdots & \vdots & \ddots & \vdots \\ \bar{a}_{n-j+1} & \bar{a}_{n-j+2} & \cdots & \bar{a}_n & 0 & 0 & \cdots & \bar{a}_0 \end{vmatrix}_{2j\times 2j} \tag{7.159}$$

其中，$\bar{a}$ 和 a 为共轭复数，对于实系数特征方程，$\bar{a}_i=a_i(i=0,1,2,\cdots,n)$。

舒尔-科恩稳定判据：线性离散系统闭环特征根在单位圆内的个数，等于序列$\{1,\Delta_1,\Delta_2,\cdots,\Delta_n\}$符号变化的次数。离散系统稳定的充分必要条件是序列$\{1,\Delta_1,\Delta_2,\cdots,\Delta_n\}$的符号变化 n 次，即

$$\begin{cases}\Delta_j<0, & j\text{ 为奇数}\\ \Delta_j>0, & j\text{ 为偶数}\end{cases}$$

$$j=1,2,\cdots,n$$

舒尔-科恩判据不仅能判别系统是否稳定，而且能指出有多少特征根位于单位圆内，显然，位于单位圆外的不稳定特征根的个数等于系统阶次与位于单位圆内的特征根的个数之差。

例 7.30　已知系统的开环 z 传递函数为

$$G(z)=\frac{z}{(2.45z+1)(2.45z-1)}$$

判别闭环系统的稳定性。

解　闭环特征方程为

$$D(z)=(2.45z+1)(2.45z-1)+z\approx 6z^2+z-1=0$$

$$\Delta_1=\begin{vmatrix}-1 & 6\\ 6 & -1\end{vmatrix}=-35<0$$

$$\Delta_2=\begin{vmatrix}-1 & 0 & 6 & 1\\ 1 & -1 & 0 & 6\\ 6 & 0 & -1 & 1\\ 1 & 6 & 0 & -1\end{vmatrix}=1176>0$$

可见，满足系统稳定的充分必要条件，所以系统是稳定的。

7.5.3　修正劳斯稳定判据

连续系统的分析、设计方法是基于 s 平面的，系统的稳定边界是 s 平面的虚轴。由于离散系统的稳定边界是 z 平面上以原点为圆心的单位圆，所以，不能直接用连续系统的分析、设计方法。如果通过一个变换，将 z 平面的单位圆内部变换到一个新的复平面 w 的左半平面，而将 z 平面的单位圆外部变换到新的复平面 w 的右半平面，z 平面的单位圆周变换到新的复平面 w 的虚轴，如图 7.17 所示，则可以在 w 平面上，利用连续系统的分析、设计方法来分析、设计线性离散系统。

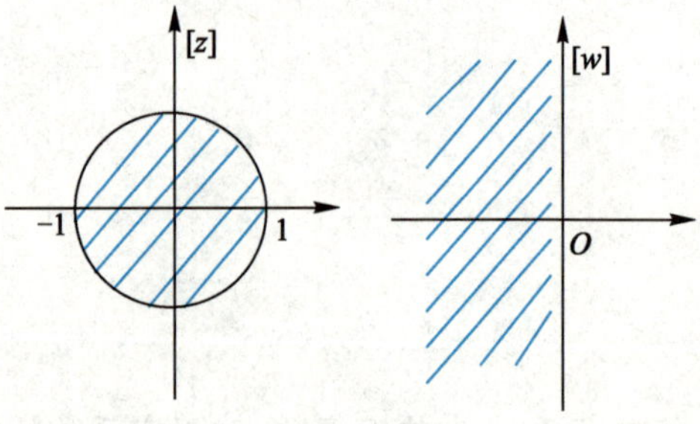

图 7.17　z 平面与 w 平面的变换

具有上述功能的最简单、最常用的变换是双线性变换。双线性变换可以表达为

$$w=\frac{z+1}{z-1} \tag{7.160a}$$

或者

$$z=\frac{w+1}{w-1} \tag{7.160b}$$

双线性变换也可以取为

$$w=\frac{z-1}{z+1} \tag{7.161}$$

离散系统的 z 域特征方程 $D(z)=0$ 经过双线性变换后，得到 w 域的特征方程，记为 $D(w)=0$。显然，判别系统稳定性，即判别 $D(z)=0$ 的根是否都在 z 平面的单位圆内，等价于判别 $D(w)=0$ 的根是否都在 w 平面的左半平面。可以采用劳斯、赫尔维茨等稳定判据判别 $D(w)=0$ 的根是否都在 w 平面的左半平面。

例 7.31 离散系统的特征方程为

$$D(z)=z^3-1.5z^2-0.25z+0.4=0$$

判别系统稳定性。

解 进行双线性变换

$$\left(\frac{w+1}{w-1}\right)^3-1.5\left(\frac{w+1}{w-1}\right)^2-0.25\left(\frac{w+1}{w-1}\right)+0.4=0$$

整理得

$$D(w)=0.35w^3-0.55w^2-5.95w-1.85=0$$

因为 w 域的特征方程的系数的符号不全相同，所以系统不稳定。下面用劳斯判据，可以进一步确定有几个不稳定的特征根。

劳斯表构成如下：

w^3	0.35	-5.95
w^2	-0.55	-1.85
w^1	-7.13	0
w^0	-1.85	

由于劳斯表的第一列数符号变化 1 次，所以，系统不稳定，$D(w)=0$ 有 1 个根在 w 平面的右半部，即 $D(z)=0$ 有 1 个根在 z 平面的单位圆外。

必须指出，双线性变换虽然可以将连续系统中的各种方法推广到离散系统的分析、设计中，但由于 w 平面与 s 平面具有本质的差别，例如物理意义不明显等，因此，这种方法具有很多局限性，不如直接在 z 平面上分析、设计离散系统。

7.6　线性离散系统的暂态性能分析

离散系统时域性能指标的定义和连续系统中的时域指标定义类似，也是以阶跃响应的一些特征量作为衡量系统动态性能的指标。常用的也是超调量 σ_p、超调时间 t_p、调节时间 t_s 等。

下面讨论两个方面的问题：一是如何分析已知离散系统的动态性能，二是研究系统结构、参数与动态性能的关系。

7.6.1　离散系统的暂态性能指标

若已知离散系统的结构和参数，可以建立系统的数学模型，然后通过求解系统的差分方程，或者 z 逆变换，求出输出量在采样时刻的值 $c(kT)$，这样，就很容易根据动态性能指标的定义，确定出超调量、超调时间、调节时间以及稳态误差等性能指标。

例 7.32　求取图 7.18 所示系统的动态过程，并确定其性能指标。

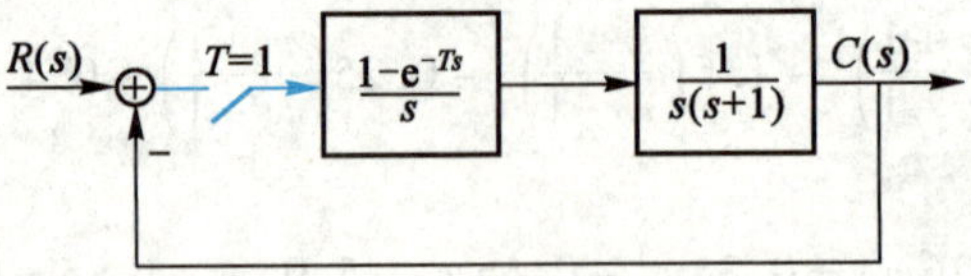

图 7.18　离散系统

解　系统中连续部分的传递函数为

$$G(s)=\frac{1-e^{-Ts}}{s^2(s+1)}$$

开环 z 传递函数为

$$G(z)=\frac{e^{-1}z+1-2e^{-1}}{z^2-(1+e^{-1})z+e^{-1}}$$

于是系统的闭环 z 传递函数为

$$\Phi(z)=\frac{G(z)}{1+G(z)}=\frac{e^{-1}z+1-2e^{-1}}{z^2-z+1-e^{-1}}=\frac{0.368z+0.264}{z^2-z+0.632}$$

单位阶跃响应的 z 变换为

$$C(z)=\Phi(z)R(z)=\Phi(z)\cdot\frac{z}{z-1}=\frac{0.368z^2+0.264z}{z^3-2z^2+1.632z-0.632}$$

求出了系统的输出 $C(z)$，就可以采用各种 z 逆变换方法求取输出量在采样时刻的

值 $c(kT)$。下面利用幂级数展开法(长除法)进行 z 逆变换。对上式进行长除得

$$C(z)=0.368z^{-1}+z^{-2}+1.4z^{-3}+1.4z^{-4}+1.147z^{-5}+0.895z^{-6}+0.802z^{-7}+0.868z^{-8}+0.993z^{-9}+1.077z^{-10}+1.081z^{-11}+1.032z^{-12}+0.981z^{-13}+0.961z^{-14}+0.973z^{-15}+0.997z^{-16}+1.015z^{-17}+1.017z^{-18}+1.0072z^{-19}+\cdots$$

单位阶跃响应的采样信号为

$$c^*(t)=0.368\delta(t-T)+\delta(t-2T)+1.4\delta(t-3T)+1.4\delta(t-4T)+1.147\delta(t-5T)+0.895\delta(t-6T)+0.802\delta(t-7T)+0.868\delta(t-8T)+0.993\delta(t-9T)+1.077\delta(t-10T)+1.081\delta(t-11T)+1.032\delta(t-12T)+0.981\delta(t-13T)+0.961\delta(t-14T)+0.973\delta(t-15T)+0.997\delta(t-16T)+1.015\delta(t-17T)+1.017\delta(t-18T)+1.0072\delta(t-19T)+\cdots$$

由上述数据可绘出 $c^*(t)$,根据 $c^*(t)$ 可以画出连续信号 $c(t)$,如图 7.19 所示。

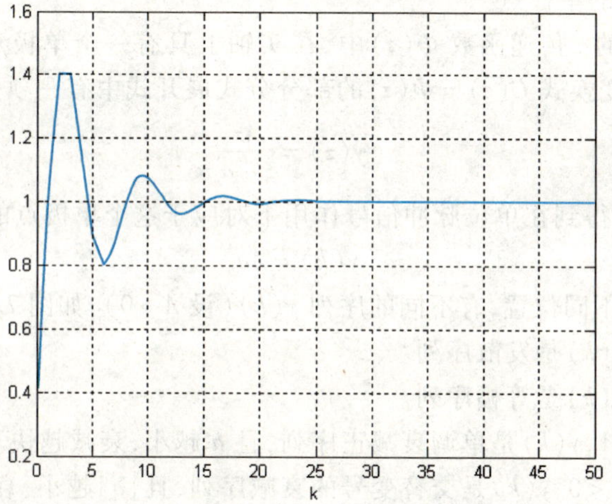

图 7.19 例 7.32 系统的单位阶跃响应

从图 7.19 容易看出系统的性能指标如下:

超调时间 $t_p=3T=3\ \text{s}$

超调量 $\sigma_p\%=\dfrac{1.4-1.0}{1.0}\times100\%=40\%$

调节时间 $t_s=12T=12\ \text{s}$(以 5% 为标准,即 $0.95<c^*(t)<1.05$)

稳态误差终值 $e_{ss}(\infty)=0$

从上面的讨论可以看出,对于离散系统,可以求出系统的 z 传递函数,从而得到系统输出的 z 变换 $C(z)$,然后采用 z 逆变换的方法求出输出量在采样时刻的值 $c(kT)$。如果已知系统的差分方程描述,可以转化为 z 传递函数描述进行

分析，但也可以直接求解差分方程。

7.6.2 离散系统极点分布与动态响应的关系

对于系统设计而言，不仅要分析已知系统的性能，更重要的是研究系统结构和参数与系统性能间的关系，用以指导系统结构和参数的选择，下面研究这方面的问题。

如前所述，离散系统的 z 传递函数的极点都落在 z 平面的单位圆内时，系统是稳定的。但在工程上，不仅要求系统是稳定的，而且要求有良好的动态性能。离散系统的零、极点在单位圆内的分布对系统的动态性能具有重要的影响，确定它们之间的关系，哪怕是定性的关系，对于一个控制工程师来说，都是有指导意义的。

下面讨论系统 z 传递函数的极点位置与脉冲响应的关系。

1. 实轴上的单极点

如果系统的 z 传递函数 $\Phi(z)$ 中，在实轴上具有一个单极点 a，则该系统的脉冲响应的 z 变换式 $C(z)=\Phi(z)$ 的部分分式展开式中有一项为

$$y(z)=\frac{Az}{z-a} \tag{7.162}$$

经过 z 逆变换，得到在单位脉冲信号作用下对应于这个单极点的输出序列为

$$y(k)=Aa^k \tag{7.163}$$

对于极点 a 的不同位置，有不同的序列 $y(k)$（设 $A>0$），如图 7.20 所示。

① $a>1$，$y(k)$ 是发散序列。

② $a=1$，$y(k)$ 是等幅序列。

③ $0\leqslant a<1$，$y(k)$ 是单调衰减正序列，且 a 越小，衰减越快。

④ $-1<a<0$，$y(k)$ 是交替变号的衰减序列，且 $|a|$ 越小，衰减越快。

⑤ $a=-1$，$y(k)$ 是交替变号的等幅序列。

⑥ $a<-1$，$y(k)$ 是交替变号的发散序列。

2. 共轭复数极点

如果系统的 z 传递函数 $\Phi(z)$ 中，有一对共轭复数极点 $z=a\pm \mathrm{j}b$，则该系统的脉冲响应 z 变换式 $C(z)$ 的部分分式中有两项为

$$y(z)=\frac{A_1z}{z-a+\mathrm{j}b}+\frac{A_2z}{z-a-\mathrm{j}b} \tag{7.164}$$

其中，A_1、A_2 必是共轭复数。设 $A_1=\frac{A}{2}\mathrm{e}^{-\mathrm{j}\varphi}$，$A_2=\frac{A}{2}\mathrm{e}^{\mathrm{j}\varphi}$，则

$$\begin{aligned}y(k)&=A_1(a-\mathrm{j}b)^k+A_2(a+\mathrm{j}b)^k\\&=\frac{A}{2}\mathrm{e}^{-\mathrm{j}\varphi}\left(\sqrt{a^2+b^2}\,\mathrm{e}^{-\mathrm{j}\arctan\frac{b}{a}}\right)^k+\frac{A}{2}\mathrm{e}^{\mathrm{j}\varphi}\left(\sqrt{a^2+b^2}\cdot \mathrm{e}^{\mathrm{j}\arctan\frac{b}{a}}\right)^k\end{aligned}$$

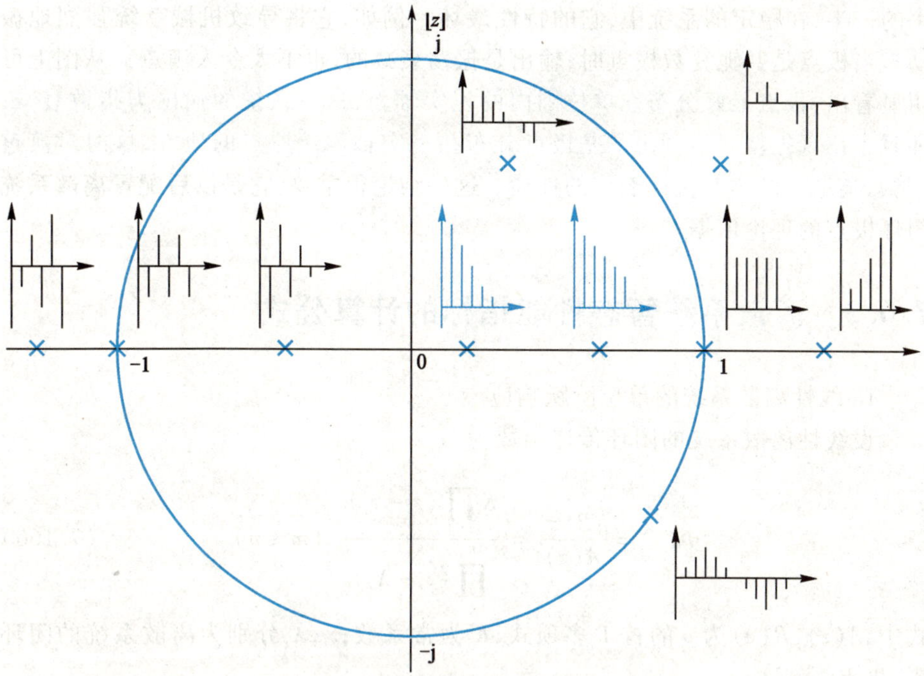

图 7.20 z 平面上极点分布与脉冲响应的关系图

$$= \frac{A}{2}(\sqrt{a^2+b^2})^k\left[\mathrm{e}^{-\mathrm{j}(k\arctan\frac{b}{a}+\varphi)}+\mathrm{e}^{\mathrm{j}(k\arctan\frac{b}{a}+\varphi)}\right]$$

$$= A(\sqrt{a^2+b^2})^k\cos(k\arctan\frac{b}{a}+\varphi)$$

若记 $r=\sqrt{a^2+b^2}$,$\theta=\arctan\dfrac{b}{a}$,则

$$y(k)=Ar^k\cos(k\theta+\varphi),k\geqslant 0 \tag{7.165}$$

极点在 z 平面上的位置是由 a、b 确定的。对应于不同的 a、b 值,也就是极点在不同的位置,系统的脉冲响应也分为几种不同的情况,如图 7.20 所示。

① $r>1$、$\theta\neq 0$、π,极点在单位圆外且不在实轴上,$y(k)$发散振荡。

② $r=1$,极点在单位圆周上且不在实轴上,$y(k)$等幅振荡。

③ $r<1$,极点在单位圆周内且不在实轴上,$y(k)$衰减振荡。

从上面的分析和图 7.20 可以看出,若极点位于单位圆外,输出序列是发散的,系统不稳定,显然,这样的系统是不能正常工作的。但即使极点位于单位圆内,其动态过程的性质也很不一样。当极点位于负实轴上时,虽然输出序列是收敛的,但它是正负交替的衰减振荡过程,过渡过程的振荡频率最高,等于采样频率的一半，在稳定的系统中，它的特性最坏。例如，它将导致机械系统强烈地振动。当极点是共轭复数极点时，输出是振荡衰减的，也不太令人满意。从图上可明显看出，极点最好分布在单位圆内的正实轴上，这时系统的输出为指数衰减，而且不出现振荡。最理想的是极点分布在正实轴靠近原点的地方，这时过渡过程快，离散系统具有快速响应的性能。这一结论很重要，它是以后配置离散系统闭环极点的理论依据。

7.6.3 离散系统暂态性能指标的计算公式

1. 线性离散系统的单位阶跃响应

设线性离散系统的闭环传递函数为

$$\Phi(z)=\frac{KB(z)}{A(z)}=\frac{K\prod_{i=1}^{m}(z-z_i)}{\prod_{i=1}^{n}(z-\lambda_i)},(m\leqslant n) \tag{7.166}$$

式中，$A(z)$，$B(z)$为z的首1多项式；K为常系数；z_i，λ_i分别为离散系统的闭环零、极点。

为使讨论简化，又不失一般性，设离散系统没有相重的闭环极点。

离散系统的单位阶跃响应z变换表达式为

$$\begin{aligned}C(z)&=\Phi(z)\cdot\frac{z}{z-1}=\frac{KB(z)}{A(z)}\cdot\frac{z}{z-1}\\&=\frac{K\prod_{i=1}^{m}(z-z_i)}{\prod_{i=1}^{n}(z-\lambda_i)}\cdot\frac{z}{z-1}\end{aligned} \tag{7.167}$$

为了得到其逆变换的表达式以便于分析，应用留数计算法求式(7.167)的z逆变换。

$$\begin{aligned}c(kT)&=\sum\mathrm{Res}[C(z)z^{k-1}]=\sum\mathrm{Res}\left[\frac{KB(z)}{A(z)}\cdot\frac{z^k}{z-1}\right]\\&=\frac{KB(1)}{A(1)}+\sum_{\lambda_r}\frac{KB(\lambda_r)(\lambda_r)^k}{\dot{A}(\lambda_r)(\lambda_r-1)}+\sum_{\lambda_c=\alpha\pm j\beta}2\left|\frac{KB(\lambda_c)}{(\lambda_c-1)\dot{A}(\lambda_c)}\right|\cdot\\&\quad|\lambda_c|^k\cos(k\theta_c+\varphi_c)\end{aligned} \tag{7.168}$$

其中

$$\theta_c=\arctan\frac{\beta}{\alpha}$$

$$\varphi_c = \angle B(\lambda_c) - \angle(\lambda_c - 1) - \angle \dot{A}(\lambda_c)$$

式(7.168)便是离散系统的单位阶跃响应的一般表达式。其中，第一项与 k 无关，是单位阶跃响应的稳态分量，即在单位阶跃输入信号作用下，离散系统的稳态输出 $\lim\limits_{t\to\infty} c^*(t)$。显然，根据过渡过程的稳态分量，可以求得离散系统在单位阶跃输入信号作用下的稳态误差终值

$$e(\infty) = 1 - \frac{KB(1)}{A(1)} \tag{7.169}$$

第二项是由实数闭环极点确定的暂态分量，对于稳定系统，$|\lambda_i| < 1$，暂态分量是以指数衰减的；第三项是由共轭复数闭环极点确定的暂态分量，对于稳定系统以振荡衰减，其包络线仍为指数衰减形式。

上述结论和 z 平面上极点分布与脉冲响应的关系是一致的。事实上，系统的暂态分量的变化规律与系统的脉冲响应的变化规律是相同的。

2. 暂态性能指标计算公式

与连续系统中的时域指标计算类似，对于一阶、二阶线性离散系统，可以求得暂态性能指标的精确计算公式，但对于高阶系统，暂态性能指标与系统零、极点之间的关系是相当复杂的。一种比较适用于工程设计的方法是基于主导极点概念的近似计算方法，可以得到比较简单的近似计算公式。

离散系统主导极点的概念类似于连续系统中主导极点的概念。从图 7.20 可以看出，单位圆内的极点越靠近单位圆周，脉冲响应或系统暂态分量衰减越慢；越靠近原点，衰减越快。因此，靠近单位圆周的极点对暂态性能起主要影响。如果离散系统有一对最靠近单位圆周的闭环共轭复数极点，而其他闭环零、极点均在原点附近，相对远离单位圆周，则称这一对闭环共轭复数极点为主导极点。例如图 7.21 中，$\lambda_{1,2}$ 就是一对闭环主导极点。

用主导极点法可得到下列计算高阶离散系统暂态性能指标的近似公式

$$t_p = \frac{T}{\theta_1}\left(\pi - \sum_{k=1}^{m} \theta_{zk} + \sum_{k=3}^{n} \theta_{\lambda k}\right) \tag{7.170}$$

$$\sigma_p = \left(\prod_{k=3}^{n} \frac{|1-\lambda_k|}{|\lambda_1 - \lambda_k|}\right) \cdot \left(\prod_{k=1}^{m} \frac{|\lambda_1 - z_k|}{|1 - z_k|}\right) \cdot |\lambda_1|^{\frac{t_p}{T}} \tag{7.171}$$

$$t_s = \left(\frac{\ln\dfrac{2}{\Delta}}{1 - |\lambda_1|} + n - m - 2\right) T \tag{7.172}$$

式中的各变量的含义如图 7.21 中所示。

*3. 近似计算公式的推导

设系统具有一对共轭复数闭环主导极点 $\lambda_{1,2} = \alpha_1 \pm j\beta_1$，则根据主导极点法，系统的单位阶跃响应近似表达为

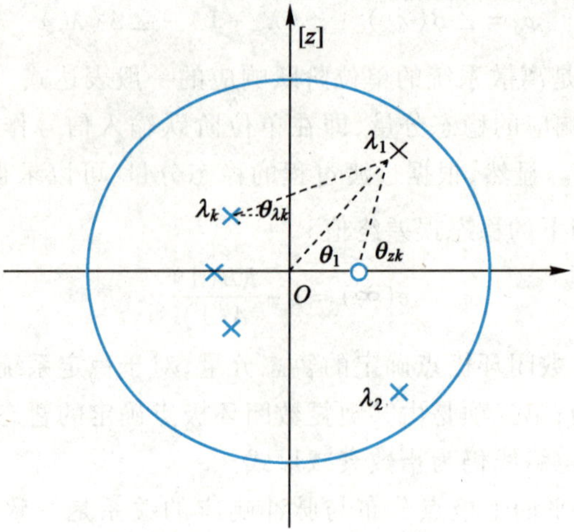

图 7.21　离散系统的主导极点

$$c(kT)=\frac{KB(1)}{A(1)}+2\left|\frac{KB(\lambda_1)}{(\lambda_1-1)\dot{A}(\lambda_1)}\right|\cdot|\lambda_1|^k\cdot\cos(k\theta_1+\varphi_1) \tag{7.173}$$

其中，$\theta_1=\arctan\dfrac{\beta_1}{\alpha_1}$，$\varphi_1=\angle B(\lambda_1)-\angle(\lambda_1-1)-\angle\dot{A}(\lambda_1)$。

下面基于式(7.173)推导 t_p、σ_p、t_s 的计算公式，由于 $c^*(t)$ 不是连续函数，因此不能像连续系统那样，通过对 $c(t)$ 的求导得到 t_p 和 σ_p。

(1) t_p 的推导

离散序列达到极大值时，一阶差分应达到最小值，即

$$\Delta c(k_pT)=c[(k_p+1)T]-c(k_pT)\Rightarrow\min \tag{7.174}$$

由式(7.173)，得

$$\begin{aligned}\Delta c(kT)&=2\left|\frac{KB(\lambda_1)}{(\lambda_1-1)\dot{A}(\lambda_1)}\right|\cdot\left[|\lambda_1|^{k+1}\cos[(k+1)\theta_1+\varphi_1]-|\lambda_1|^k\cos(k\theta_1+\varphi_1)\right]\\&=2\left|\frac{KB(\lambda_1)}{(\lambda_1-1)\dot{A}(\lambda_1)}\right|\cdot|\lambda_1|^{k+1}\left[\cos(k\theta_1+\varphi_1+\theta_1)-\frac{1}{|\lambda_1|}\cos(k\theta_1+\varphi_1)\right]\end{aligned} \tag{7.175}$$

由式(7.175)容易看出，求 $\Delta c(kT)$ 的最小值，等价于求

$$f(k)=\cos(k\theta_1+\varphi_1+\theta_1)-\frac{1}{|\lambda_1|}\cos(k\theta_1+\varphi_1)\Rightarrow\min \tag{7.176}$$

$$\begin{aligned}f(k)&=\cos\theta_1\cos(k\theta_1+\varphi_1)-\sin\theta_1\sin(k\theta_1+\varphi_1)-\frac{1}{|\lambda_1|}\cos(k\theta_1+\varphi_1)\\&=\frac{\alpha_1-1}{|\lambda_1|}\cos(k\theta_1+\varphi_1)-\frac{\beta_1}{|\lambda_1|}\sin(k\theta_1+\varphi_1)\end{aligned} \tag{7.177}$$

记 $\gamma=\angle(\lambda_1-1)$ 即 $\gamma=\arctan\dfrac{\beta_1}{\alpha_1-1}$，则

$$\begin{aligned} f(k) &= \cos\gamma\cos(k\theta_1+\varphi_1)-\sin\gamma\sin(k\theta_1+\varphi_1) \\ &= \cos(k\theta_1+\varphi_1+\gamma) \end{aligned} \tag{7.178}$$

显然，当 $(k\theta_1+\varphi_1+\gamma)$ 最接近 $\left(\dfrac{\pi}{2}+l\pi\right)$ 时，$f(k)$ 取得最小值，即

$$(k_p+\varepsilon)\theta_1+\varphi_1+\gamma=\frac{\pi}{2}+l\pi$$

其中 $0\leqslant\varepsilon<1$，因此

$$k_p=\frac{1}{\theta_1}\left(l\pi+\frac{\pi}{2}-\varphi_1-\gamma\right)-\varepsilon \tag{7.179}$$

注意到

$$\begin{aligned} &\varphi_1=\angle B(\lambda_1)-\angle(\lambda_1-1)-\angle\dot{A}(\lambda_1) \\ &\gamma=\angle(\lambda_1-1) \end{aligned}$$

而

$$\angle B(\lambda_1)=\sum_{i=1}^{m}\angle(\lambda_1-z_i)=\sum_{i=1}^{m}\theta_{zi}$$

$$\angle\dot{A}(\lambda_1)=\sum_{i=2}^{n}\angle(\lambda_1-\lambda_i)=\sum_{i=2}^{n}\theta_{\lambda i}$$

所以

$$\varphi_1=\sum_{i=1}^{m}\theta_{zi}-\sum_{i=2}^{n}\theta_{\lambda i}-\gamma$$

代入式(7.179)，得

$$k_p=\frac{1}{\theta_1}\left(\sum_{i=2}^{n}\theta_{\lambda i}-\sum_{i=1}^{m}\theta_{zi}+l\pi+\frac{\pi}{2}\right)-\varepsilon \tag{7.180}$$

令 $l=0$，得第一个峰值时间，即最大超调时间 t_p 的采样周期数

$$\begin{aligned} k_p &= \frac{1}{\theta_1}\left(\sum_{i=2}^{n}\theta_{\lambda i}-\sum_{i=1}^{m}\theta_{zi}+\frac{\pi}{2}\right)-\varepsilon \\ &= \frac{1}{\theta_1}\left(\sum_{i=3}^{n}\theta_{\lambda i}-\sum_{i=1}^{m}\theta_{zi}+\pi\right)-\varepsilon \end{aligned} \tag{7.181}$$

选择 ε 使 k_p 为整数，最大超调时间 t_p 为

$$t_p=k_pt=\frac{T}{\theta_1}\left(\sum_{i=3}^{n}\theta_{\lambda i}-\sum_{i=1}^{m}\theta_{zi}+\pi\right)-\varepsilon T \tag{7.182}$$

上式即为式(7.170)所给出的结论。

(2) σ_p 的推导

根据超调量的定义，有

$$\sigma_{\mathrm{p}}=\left|\frac{c(t_{\mathrm{p}})-\dfrac{KB(1)}{A(1)}}{\dfrac{KB(1)}{A(1)}}\right|$$

由式(7.173)，得

$$\sigma_{\mathrm{p}}=\left|\frac{A(1)}{KB(1)}\right|\cdot 2\left|\frac{KB(\lambda_1)}{(\lambda_1-1)\dot{A}(\lambda_1)}\right|\cdot|\lambda_1|^{k_{\mathrm{p}}}|\cos(k_{\mathrm{p}}\theta_1+\varphi_1)| \tag{7.183}$$

注意到

$$k_{\mathrm{p}}=\frac{1}{\theta_1}\left(\frac{\pi}{2}-\varphi_1-\angle(\lambda_1-1)\right)$$

所以

$$\begin{aligned}
\sigma_{\mathrm{p}}&=2\left|\frac{A(1)B(\lambda_1)}{B(1)(\lambda_1-1)\dot{A}(\lambda_1)}\right|\cdot|\lambda_1|^{k_{\mathrm{p}}}\left|\cos\left(\frac{\pi}{2}-\angle(\lambda_1-1)\right)\right|\\
&=2\frac{\left|\prod\limits_{i=1}^{n}(1-\lambda_1)\right|}{\left|\prod\limits_{i=1}^{m}(1-z_i)\right|}\cdot\frac{\left|\prod\limits_{i=1}^{m}(\lambda_1-z_i)\right|}{\left|\prod\limits_{i=2}^{n}(\lambda_1-\lambda_i)\right|}\cdot\frac{1}{|\lambda_1-1|}\cdot|\lambda_1|^{k_{\mathrm{p}}}\cdot\frac{|\beta_1|}{|\lambda_1-1|}\\
&=\left(\prod_{i=1}^{m}\frac{|\lambda_1-z_i|}{|1-z_i|}\right)\cdot\left(\prod_{i=3}^{n}\frac{|1-\lambda_i|}{|\lambda_1-\lambda_i|}\right)\cdot\frac{|1-\lambda_1||1-\lambda_2|}{|\lambda_1-\lambda_2|}\cdot\frac{2|\beta_1|}{|\lambda_1-1|}\cdot\\
&\quad|\lambda_1|^{k_{\mathrm{p}}}
\end{aligned} \tag{7.184}$$

注意到$|\lambda_1-\lambda_2|=2|\beta_1|$，$|1-\lambda_2|=|1-\lambda_1|$，所以

$$\begin{aligned}
\sigma_{\mathrm{p}}&=\left(\prod_{i=1}^{m}\frac{|\lambda_1-z_i|}{|1-z_i|}\right)\cdot\left(\prod_{i=3}^{n}\frac{|1-\lambda_i|}{|\lambda_1-\lambda_i|}\right)|\lambda_1|^{k_{\mathrm{p}}}\\
&=\left(\prod_{i=1}^{m}\frac{|\lambda_1-z_i|}{|1-z_i|}\right)\cdot\left(\prod_{i=3}^{n}\frac{|1-\lambda_i|}{|\lambda_1-\lambda_i|}\right)|\lambda_1|^{\frac{t_{\mathrm{p}}}{T}}
\end{aligned} \tag{7.185}$$

上式即为式(7.171)。

(3) t_{s}的推导

根据调节时间 t_{s}的定义，当 $kT\geqslant t_{\mathrm{s}}$时

$$\left|\frac{c(kT)-\dfrac{KB(1)}{A(1)}}{\dfrac{KB(1)}{A(1)}}\right|\leqslant\Delta$$

则有

$$2\left|\frac{A(1)}{B(1)}\right|\cdot\left|\frac{B(\lambda_1)}{(\lambda_1-1)\dot{A}(\lambda_1)}\right|\cdot|\lambda_1|^{k_{\mathrm{s}}}|\cos(k_{\mathrm{s}}\theta_1+\varphi_1)|\leqslant\Delta$$

取离散序列的包络线推求调节时间，即

$$2\left|\frac{A(1)B(\lambda_1)}{B(1)(\lambda_1-1)\dot{A}(\lambda_1)}\right|\cdot|\lambda_1|^{k_s}\leqslant\Delta \tag{7.186}$$

$$\left|\frac{\prod_{i=1}^{n}(1-\lambda_i)\prod_{i=1}^{m}(\lambda_1-z_i)}{(\lambda_1-1)\prod_{i=3}^{n}(\lambda_1-\lambda_i)\prod_{i=1}^{m}(1-z_i)}\right|\cdot|\lambda_1|^{k_s}\leqslant\frac{\Delta}{2} \tag{7.187}$$

考虑到主导极点靠近单位圆，而其他零、极点均在 z 平面原点附近，作下列近似

$$|\lambda_1-z_i|\approx|\lambda_i|,|1-z_i|\approx 1\quad i=1,2,\cdots,m$$

$$|\lambda_1-\lambda_i|\approx 1,|1-\lambda_i|\approx 1\quad i=3,4,\cdots,n$$

由式(7.187)，得

$$\frac{|\lambda_1|^m}{|\lambda_1|^{n-2}}\cdot|\lambda_1|^{\frac{t_s}{T}}\leqslant\frac{\Delta}{2}$$

$$|\lambda_1|^{\frac{t_s}{T}+m-n+2}\leqslant\frac{\Delta}{2} \tag{7.188}$$

注意到 $|\lambda_1|\leqslant 1$，即 $\ln|\lambda_1|\leqslant 0$，所以

$$\frac{t_s}{T}+m-n+2\geqslant\frac{\ln\frac{\Delta}{2}}{\ln|\lambda_1|} \tag{7.189}$$

取近似 $\ln|\lambda_1|\approx|\lambda_1|-1$，有

$$t_s\geqslant\left(\frac{\ln\frac{2}{\Delta}}{1-|\lambda_1|}+n-m-2\right)T \tag{7.190}$$

上式即为式(7.172)。

7.7 线性离散系统的稳态误差分析

离散系统的稳态误差的求取方法与连续系统的方法相似，也可以基于 z 变换中的终值定理来求稳态误差的终值。

需要指出的是，本节所讨论的离散系统的稳态误差是指采样时刻上的稳态误差。事实上，系统的输出一般是连续的，在采样点之间也存在稳态误差，通常称为纹波，可以利用广义 z 变换分析纹波。

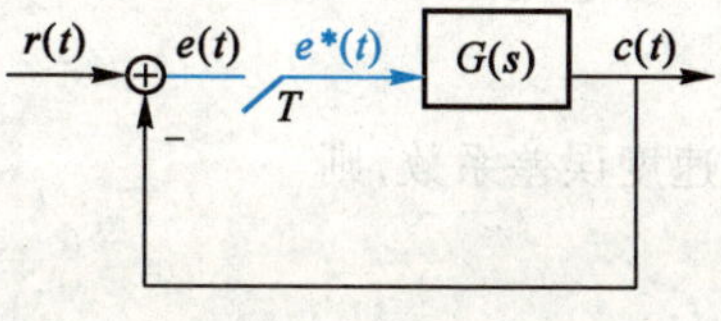

图 7.22 离散系统

考察图 7.22 所示离散系统。

离散系统误差信号的 z 变换为

$$E(z)=\frac{R(z)}{1+G(z)} \tag{7.191}$$

设 $E(z)$ 满足 z 变换中的终值定理条件，即 $(z-1)E(z)$ 在 z 平面以原点为圆心的单位圆上和单位圆外没有极点，则离散系统的稳态误差的终值为

$$e(\infty)=\lim_{t\to\infty}e(t)=\lim_{z\to1}(1-z^{-1})E(z)=\lim_{z\to1}(1-z^{-1})\frac{R(z)}{1+G(z)} \tag{7.192}$$

由式(7.192)可以求取相当广泛的离散系统的稳态误差，但常用的还是在典型输入信号作用下的稳态误差。下面分别讨论图 7.22 所示离散系统在三种典型输入信号作用下的稳态误差。

(1) 阶跃输入信号

$$r(t)=1(t),\ R(z)=\frac{1}{1-z^{-1}}$$

$$e(\infty)=\lim_{z\to1}(1-z^{-1})\cdot\frac{1}{1+G(z)}\cdot\frac{1}{1-z^{-1}}$$

$$=\lim_{z\to1}\frac{1}{1+G(z)}=\frac{1}{1+\lim\limits_{z\to1}G(z)} \tag{7.193}$$

若定义

$$K_{\mathrm{p}}=1+\lim_{z\to1}G(z) \tag{7.194}$$

为位置误差系数，则

$$e(\infty)=\frac{1}{K_{\mathrm{p}}} \tag{7.195}$$

式(7.195)表示了位置误差系数 K_{p} 与阶跃输入下稳态误差的关系。

(2) 速度输入信号

$$r(t)=t\cdot1(t),\ R(z)=\frac{Tz^{-1}}{(1-z^{-1})^2}$$

$$e(\infty)=\lim_{z\to1}(1-z^{-1})\cdot\frac{1}{1+G(z)}\cdot\frac{Tz^{-1}}{(1-z^{-1})^2}$$

$$=\lim_{z\to1}\frac{T}{(1-z^{-1})G(z)} \tag{7.196}$$

若定义

$$K_{\mathrm{v}}=\lim_{z\to1}(1-z^{-1})G(z) \tag{7.197}$$

为速度误差系数，则

$$e(\infty)=\frac{T}{K_{\mathrm{v}}} \tag{7.198}$$

(3) 加速度输入信号

$$r(t)=\frac{1}{2}t^2\cdot 1(t),R(z)=\frac{T^2z^{-1}(1+z^{-1})}{2(1-z^{-1})^3}$$

$$e(\infty)=\lim_{z\to 1}(1-z^{-1})\cdot\frac{1}{1+G(z)}\cdot\frac{T^2z^{-1}(1+z^{-1})}{2(1-z^{-1})^3}$$

$$=\lim_{z\to 1}\frac{T^2}{(1-z^{-1})^2G(z)} \tag{7.199}$$

若定义

$$K_a=\lim_{z\to 1}(1-z^{-1})^2G(z) \tag{7.200}$$

为加速度误差系数，则

$$e(\infty)=\frac{T^2}{K_a} \tag{7.201}$$

上面讨论了离散系统在三种典型输入作用下的稳态误差，并定义了各种误差系数。可以看出，系统的稳态误差终值 $e(\infty)$ 与开环 z 传递函数 $G(z)$ 中 $z=1$ 的极点密切相关，类似于连续系统中无差度或 0 型、1 型、2 型系统的概念，根据开环 z 传递函数 $G(z)$ 中 $z=1$ 的极点数目，可以定义离散系统的无差度或类型。

定义 若开环 z 传递函数 $G(z)$ 具有 ν 个 $z=1$ 的极点，则称为 ν 型系统，或 ν 阶无差系统。ν 定义为系统的无差度。

各种类型系统在三种典型输入信号作用下的稳态误差终值见表 7.4。

表 7.4 典型输入信号作用下的稳态误差终值

系统类型	$r(t)=1(t)$ $K_p=1+\lim\limits_{z\to 1}G(z)$	$r(t)=t$ $K_v=\lim\limits_{z\to 1}(1-z^{-1})G(z)$	$r(t)=\frac{1}{2}t^2$ $K_a=\lim\limits_{z\to 1}(1-z^{-1})^2G(z)$
0 型	$1/K_p$	∞	∞
1 型	0	T/K_v	∞
2 型	0	0	T^2/K_a
3 型	0	0	0

7.8 线性离散系统设计方法

离散系统的设计有两大类方法：一类是按照连续系统设计控制器，然后对控制系统的校正装置进行离散化，从而得到离散系统控制器，另外一类而且更重要的一类方法是针对离散系统的特点，研究离散系统所特有的设计方法，从而充分发挥数字控制的优势。下面以控制工程中广泛应用的数字 PID 控制设计为例说明。

7.8.1 数字 PID 控制

在计算机控制系统中,校正环节是由计算机控制算法实现的。对校正装置的数学模型离散化,可以得到相应的数字控制算法。在直接数字控制的场合,常用一台计算机控制几十个甚至几百个回路,在大部分控制回路中,往往采用 PID 控制方式就够了。因此,PID 控制在数字控制系统中也得到了广泛的应用。

由连续系统校正方法,可以得到连续控制系统 PID 调节器的传递函数为

$$G_c(s)=\frac{U(s)}{E(s)}=K_P\left(1+\frac{1}{T_Is}+T_Ds\right)=K_P+K_I\frac{1}{s}+K_Ds \tag{7.202}$$

相应的微分方程描述为

$$\begin{aligned}u(t)&=K_P\left[e(t)+\frac{1}{T_I}\int e(t)\mathrm{d}t+T_D\frac{\mathrm{d}e(t)}{\mathrm{d}t}\right]\\&=K_Pe(t)+K_I\int e(t)\mathrm{d}t+K_D\frac{\mathrm{d}e(t)}{\mathrm{d}t}\end{aligned} \tag{7.203}$$

式中,K_P、K_I、K_D为比例常数;T_I为积分时间常数;T_D为微分时间常数;$e(t)$为系统偏差信号;$u(t)$为控制器的输出信号。

在计算机控制系统中,只能根据采样时刻的偏差计算调节器的输出,因此,式(7.203)中的积分和微分项不能直接准确计算,只能用数值计算的方法逼近。将式(7.203)离散化变成离散形式,可导出数字 PID 控制算法。

设采样周期为 T,用近似变换方法将式(7.203)变换为后向差分方程

$$\begin{aligned}u(k)&=K_P\left\{e(k)+\sum_{m=0}^{k}\frac{T}{T_I}e(m)+\frac{T_D}{T}[e(k)-e(k-1)]\right\}\\&=K_Pe(k)+K'_I\sum_{m=0}^{k}e(m)+K'_D[e(k)-e(k-1)]\end{aligned} \tag{7.204}$$

式中,K_P为比例增益;$K'_I=K_P\frac{T}{T_I}$为积分项增益;$K'_D=K_P\frac{T_D}{T}$为微分项增益。

式(7.204)中的 $u(k)$ 直接提供了执行机构的位置,故称为位置式 PID 算式或点位型 PID 算式。位置式算法每次输出与过去全部状态有关,计算式中要用到过去偏差的累加值 $\sum_{m=0}^{k}e(m)$,容易产生较大的积累误差。因此,通常采用下列所谓的增量式 PID 算式,或称为速度型 PID 算式。

$$\begin{aligned}\Delta u(k)&=u(k)-u(k-1)\\&=K_P[e(k)-e(k-1)]+K'_Ie(k)+K'_D[e(k)-2e(k-1)+e(k-2)]\end{aligned} \tag{7.205}$$

式(7.205)也可以进一步写成

$$\Delta u(k)=d_0e(k)+d_1e(k-1)+d_2e(k-2) \tag{7.206}$$

式中

$$d_0=K_P+K_I'+K_D'=K_P\left(1+\frac{T}{T_I}+\frac{T_D}{T}\right) \tag{7.207a}$$

$$d_1=-K_P-2K_D'=-K_P\left(1+\frac{2T_D}{T}\right) \tag{7.207b}$$

$$d_2=K_D'=K_P\cdot\frac{T_D}{T} \tag{7.207c}$$

可见,增量式算式只需要保持现时刻以前三个时刻的偏差采样值即可。

7.8.2 数字控制器的 z 传递函数

虽然对控制系统的校正装置进行离散化,可以将连续系统的设计方法推广到离散系统设计中,但更重要的方法是针对离散系统的特点,研究离散系统所特有的设计方法,从而充分发挥数字控制的优势。

考虑图 7.23 所示串联校正离散系统。

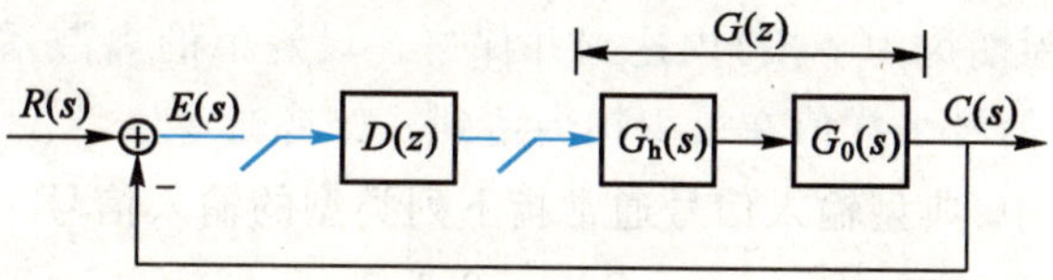

图 7.23 离散控制系统

通常把保持器和被控对象合在一起称为“广义对象”,其 z 传递函数为

$$G(z)=Z\{G_h(s)G_0(s)\} \tag{7.208}$$

设数字控制器的 z 传递函数为 $D(z)$,则校正后系统的闭环 z 传递函数为

$$\Phi(z)=\frac{C(z)}{R(z)}=\frac{D(z)G(z)}{1+D(z)G(z)} \tag{7.209}$$

$$\Phi_e(z)=\frac{E(z)}{R(z)}=\frac{1}{1+D(z)G(z)} \tag{7.210}$$

由式(7.209),得

$$D(z)=\frac{1}{G(z)}\cdot\frac{\Phi(z)}{1-\Phi(z)} \tag{7.211}$$

由式(7.210),得

$$D(z)=\frac{1}{G(z)}\cdot\frac{1-\Phi_e(z)}{\Phi_e(z)} \tag{7.212}$$

由于 $\Phi(z)$ 和 $\Phi_e(z)$ 有下列关系

$$\Phi(z) = 1 - \Phi_e(z) \tag{7.213}$$

所以,由式(7.211)或式(7.212),可得

$$D(z) = \frac{1}{G(z)} \cdot \frac{\Phi(z)}{\Phi_e(z)} \tag{7.214}$$

式(7.211)~(7.214)表明,根据线性离散系统广义被控对象的 z 传递函数 $G(z)$ 和系统的闭环 z 传递函数 $\Phi(z)$ 或 $\Phi_e(z)$,便可确定出数字控制器的 z 传递函数 $D(z)$。$G(z)$ 在这里认为已知,因此,求取 $D(z)$ 的关键在于如何根据设计要求,选择合适的 $\Phi(z)$ 或 $\Phi_e(z)$。

下面以最少拍系统设计为例,介绍离散系统的直接设计方法。

7.8.3 最少拍离散控制系统设计方法

1. 最少拍系统的概念及设计原则

最少拍系统以调节时间最短为设计指标,也称为最少调整时间系统或最速响应系统。

最少拍系统是指在某一典型输入信号作用下,其输出采样值在最少的采样周期(一个采样周期称为一拍)内达到并保持在设定值的离散系统。换句话说,最少拍系统误差信号采样值在最少拍内达到并保持在零值。

在上述定义中,典型输入信号通常指下列类型的输入信号

$$r(t) = Rt^i; i = 0, 1, 2, \cdots \tag{7.215}$$

例如,阶跃输入、速度输入、加速度输入等。

考察离散系统误差信号的 z 变换展开式

$$E(z) = \sum_{k=0}^{\infty} e(k) z^{-k} \tag{7.216}$$

根据最少拍系统的定义,设计最少拍系统就是要求选择校正装置 $D(z)$,使得当 $k > N$(N 为某正整数)时,$e(k) \equiv 0$,且 N 最小,即

$$E(z) = \sum_{k=0}^{N} e(k) z^{-k} \tag{7.217}$$

其中,N 为可能的最小整数。这就是最少拍系统的设计原则。

2. 最少拍系统的设计

下面根据最少拍系统的设计原则,确定最少拍系统的闭环 z 传递函数 $\Phi(z)$ 和 $\Phi_e(z)$ 应该具有的形式。

首先考察典型输入信号式(7.215)的 z 变换式的一般形式

$$r(t) = R, R(z) = \frac{R}{1 - z^{-1}} \tag{7.218}$$

$$r(t)=Rt, R(z)=\frac{RTz-1}{(1-z^{-1})^2} \tag{7.219}$$

$$r(t)=Rt^2, R(z)=\frac{RT^2z^{-1}(1+z^{-1})}{(1-z^{-1})^3} \tag{7.220}$$

$$\vdots \qquad \qquad \vdots$$

可见,典型输入 $r(t)=Rt^{m-1}$ 的 z 变换具有如下的一般形式

$$R(z)=\frac{A(z)}{(1-z^{-1})^m} \tag{7.221}$$

其中,$A(z)$ 是不包含 $(1-z^{-1})$ 因式的 z^{-1} 的多项式。

显然,为使 $E(z)$ 是 z^{-1} 的多项式,$\Phi_e(z)$ 必须具有如下形式

$$\Phi_e(z)=(1-z^{-1})^M F(z) \tag{7.222}$$

式中,$M\geqslant m$;$F(z)$ 是不含因式 $(1-z^{-1})$ 的 z^{-1} 多项式。

由 $\Phi(z)=1-\Phi_e(z)$ 的关系,$\Phi(z)$ 也应为一多项式。

在系统设计中,是通过选择合适的校正环节 $D(z)$ 使 $\Phi(z)$ 或 $\Phi_e(z)$ 满足设计要求的。考察 $\Phi(z)$ 与 $\Phi_e(z)$

$$\Phi(z)=\frac{C(z)}{R(z)}=\frac{D(z)G(z)}{1+D(z)G(z)} \tag{7.223}$$

$$\Phi_e(z)=\frac{E(z)}{R(z)}=\frac{1}{1+D(z)G(z)} \tag{7.224}$$

可见,$D(z)$ 与 $G(z)$ 总是以乘积出现的。因此,可以设置 $D(z)$ 的零、极点去抵消 $G(z)$ 的一些极、零点,并增加新的零、极点,使 $\Phi(z)$ 和 $\Phi_e(z)$ 满足最少拍的要求。但是,上述零、极点对消,受到下列几点限制:

① $G(z)$ 的分子多项式的 z^{-1} 因子不能用 $D(z)$ 的分母多项式的 z^{-1} 因子抵消,以满足最少拍控制器的可实现性。

所谓控制器的物理可实现性,是指在控制算法中不允许出现未来时刻的偏差值。除了在某些预测算法中可近似使用偏差预测值外,一般说来,未来的偏差是未知的,不能用来计算现时的控制量。

为了检查物理可实现性,需将 $D(z)$ 的分子、分母表示为 z 的多项式。$D(z)$ 物理可实现的条件是其分母多项式的阶次高于分子多项式的阶次。

将 $G(z)$ 分子、分母都写成 z^{-1} 的多项式,当分子多项式存在 z^{-1} 因子时,假如在 $D(z)$ 分母 z^{-1} 多项式中设置 z^{-1} 因子,就会使得 $D(z)$ 的分子多项式幂次高于分母多项式的幂次,不满足物理可实现性条件。

既然不能在 $D(z)$ 分母中设置 z^{-1} 因子,由式(7.223)可以看出,$G(z)$ 分子中的 z^{-1} 因子必然保留到 $\Phi(z)$ 中。换句话说,如果选择 $\Phi(z)$ 包含 $G(z)$ 所有的 z^{-1} 因子,则可避免 $D(z)$ 分母中的 z^{-1} 因子与 $G(z)$ 分子中的 z^{-1} 因子抵消。

因此,为满足 $D(z)$ 的可实现性,$\Phi(z)$ 中应有 z^{-1} 因子,其幂次与 $G(z)$ 中 z^{-1}

因子的幂次相等。

② $G(z)$的单位圆外零点不能用$D(z)$的极点抵消,以保证实际连续输出过程的稳定性。

在最少拍控制系统中,闭环传递函数$\Phi(z)$是z^{-1}的多项式,因此,它的全部极点都在$z=0$处,因此系统输出值在采样时刻的稳定性可以得到保证。但控制系统在采样时刻稳定并不能保证实际连续输出稳定。当用$D(z)$的极点去抵消$G(z)$的单位圆外零点时,就会出现系统输出的采样值稳定,而连续输出发散的情况。

考察控制量$u(t)$对于给定的参考输入量$r(t)$的z传递函数

$$\frac{U(z)}{R(z)}=\frac{D(z)}{1+D(z)G(z)} \tag{7.225}$$

当设置$D(z)$的极点抵消$G(z)$的单位圆外零点时,$\frac{U(z)}{R(z)}$显然含有这个不稳定的极点,控制信号将发散。为避免这一情况,在选择$\Phi(z)$时,应把$G(z)$的所有单位圆上或圆外的零点作为$\Phi(z)$的因子。

③ $G(z)$的不稳定极点不能用$D(z)$的零点抵消,以防止不完全对消使系统不稳定。

当被控对象不稳定时,其z传递函数中含有单位圆上或圆外的极点。如果设置控制器的零点去抵消这些不稳定极点,在理论上可得到稳定的控制系统,它的控制量和输出量都是收敛的。但这种稳定是建立在系统不稳定的极点被准确抵消的基础上的。在实际控制过程中,由于对系统参数辨识的误差以及参数随时间的变化,这类抵消是不可能准确实现的,系统将不稳定。

为避免上述情况,在选择$\Phi_e(z)$时,应把$G(z)$的所有不稳定极点作为$\Phi_e(z)$的因子。对于$G(z)$中$z=1$的极点,也应作为$\Phi_e(z)$的因子。设$G(z)$有ν个$z=1$的极点,则$\Phi_e(z)$至少有ν个$(1-z^{-1})$因子,即$M\geqslant\nu$,考虑到$M\geqslant m$,所以应取

$$M=\max\{m,\nu\} \tag{7.226}$$

④ 对于实际的控制系统,不仅要求系统输出在采样时刻稳态误差为零,而且要求在采样点之间输出的稳态误差为零,即不存在纹波。因为纹波的存在,不仅产生了系统误差,而且增加了功率损耗和机械磨损。事实上相当多的快速随动系统的机械部分是不能忍受纹波存在的。

系统输出存在纹波是因为控制量$u(t)$不恒定,而是围绕平均值上下波动,也就是$D(z)$的输出序列不是在有限拍数内结束暂态过程。因此,要使$e_1^*(t)$经有限拍以后结束瞬态过程。

$$E_1(z)=D(z)E(z)=D(z)\Phi_e(z)R(z) \tag{7.227}$$

$$R(z)=\frac{A(z)}{(1-z^{-1})^m}$$

因为一多项式长除以多项式$(1-z^{-1})^m$所得的幂级数在若干项以后的各项系数为一恒值,所以只要$D(z)\Phi_e(z)$是z^{-1}的多项式,$e_1^*(t)$就可以在有限拍以后保持为恒值,从而保证系统输出没有纹波。

$$D(z)\Phi_e(z)=\frac{\Phi(z)}{G(z)} \tag{7.228}$$

因为$\Phi(z)$是z^{-1}的多项式,$G(z)$的极点将成为$D(z)\Phi_e(z)$的零点,不妨碍$D(z)\Phi_e(z)$成为z^{-1}的多项式,但$G(z)$的零点则不然,所以,为了使$D(z)\Phi_e(z)$成为z^{-1}的多项式,必须取$\Phi(z)$的零点包含$G(z)$的全部零点。

综上所述,无纹波最少拍系统的$\Phi(z)$、$\Phi_e(z)$应作如下选择:

① $\Phi_e(z)=(1-z^{-1})^M F(z)$,其中$M=\max\{m,\nu\}$,$F(z)$的项数尽可能少。

② $\Phi_e(z)$的因子中应包含$G(z)$的所有不稳定极点。

③ $\Phi(z)$的因子中应包含$G(z)$的所有零点和z^{-1}因子。

④ $\Phi(z)=1-\Phi_e(z)$。

由上面的方法可唯一地确定出$\Phi(z)$或$\Phi_e(z)$,然后求出数字控制器的z传递函数$D(z)$。下面举例说明。

例 7.33 某离散系统如图 7.24 所示。设计$D(z)$使系统在速度输入下为无纹波最少拍系统。

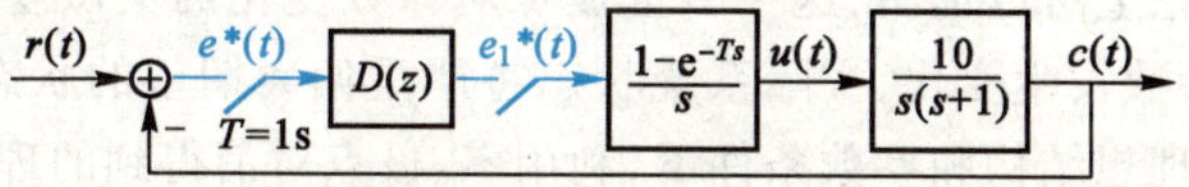

图 7.24 离散系统

解

$$G(s)=\frac{10(1-e^{-Ts})}{s^2(s+1)}$$

$$G(z)=10(1-z^{-1})\mathscr{Z}\left\{\frac{1}{s^2(s+1)}\right\}=\frac{3.86z^{-1}(1+0.718z^{-1})}{(1-z^{-1})(1-0.368z^{-1})}$$

按照无纹波最少拍系统设计要求,$\Phi_e(z)$、$\Phi(z)$应选择为

$$\Phi_e(z)=(1-z^{-1})^2(1+az^{-1}) \tag{7.229}$$

$$\Phi(z)=kz^{-1}(1+0.718z^{-1})(1+bz^{-1}) \tag{7.230}$$

将式(7.229)、式(7.230)代入恒等式$\Phi(z)=1-\Phi_e(z)$,并整理得

$$kz^{-1}+k(0.718+b)z^{-2}+0.718bkz^{-3}=(2-a)z^{-1}+(2a-1)z^{-2}-az^{-3}$$

比较等式两边系数得

$$\begin{cases}k=2-a\\ k(0.718+b)=2a-1\\ 0.718bk=-a\end{cases}$$

解上述方程组得

$$a=0.593,\ b=-0.587,\ k=1.407$$

将上述结果代入式(7.229)、式(7.230),得

$$\Phi_e(z)=(1-z^{-1})^2(1+0.593z^{-1})$$

$$\Phi(z)=1.407z^{-1}(1+0.718z^{-1})(1-0.587z^{-1})$$

数字控制器的 z 传递函数为

$$D(z)=\frac{1}{G(z)}\cdot\frac{\Phi(z)}{\Phi_e(z)}=\frac{0.383(1-0.368z^{-1})(1-0.587z^{-1})}{(1-z^{-1})(1+0.593z^{-1})}$$

3. 最少拍系统的局限性

最少拍系统的设计基于采样系统的 z 传递函数,设计方法和所得到的控制结构都比较简单,而且整个设计过程可以解析地进行,这是它的优点。但是它也存在下述局限性。

(1) 最少拍系统对不同类型输入的适应性差

所谓最少拍系统是针对某类典型输入而言的,对于其他类型的输入不一定为最少拍,甚至会引起大的超调和稳态误差。

(2) 最少拍系统对系统参数变化敏感

因为最少拍系统的 $\Phi(z)$、$\Phi_e(z)$ 是 z^{-1} 的多项式,所以只有多重 $z=0$ 的闭环极点。从理论上可以证明,这一多重极点对参数变化的灵敏度可达无穷。因此,如果系统参数发生变化,实际系统状态将严重偏离期望的状态。事实上,最少拍设计是在理想结构和参数条件下,利用零、极点对消得到的理想结果。如果系统结构或参数发生变化,造成零、极点不能完全对消,则实际系统便不是最少拍系统。

(3)按最少拍设计的控制量有时超出允许的范围

从最少拍系统设计过程中可以看出,整个设计对控制量并没有加以限制,这就意味着,为了实现最少拍控制,可以采用任意幅值的控制量进行控制。但实际上,由于存在某些原因如执行机构的饱和特性等,控制量将被限制在一定范围内。这样,需要较大控制量的最少拍系统便不能实现。此外,在控制量过大时,即使控制量序列能实现,但由于较大的控制信号使实际对象呈现非线性特性,其数学模型也会有所变化,实际系统也不会是最少拍系统。

7.9 MATLAB 在离散系统分析中的应用

求函数 $f(t)$ 的 z 变换 $F(z)$ 可用 F = ztrans(f)。求 $F(z)$ 的 z 逆变换 $f(t)$ 可用 f = iztrans(F)。

例 7.34 用 MATLAB 求单位斜坡函数的 z 变换。

解 命令窗口中键入

```
syms   t  T;
ztrans(t *    T) ;
```

键入回车键以后得

```
ans =
T * z/(z - 1)^2
```

连续模型转换为离散模型即离散化,可以使用函数 c2d,其格式为 sysd = c2d(sys,T)其中,采样周期为 T,单位为秒,采用零阶保持器。

例 7.35 设 $G(s)=\dfrac{1}{s(s+1)}$,$T=1$ s,用 MATLAB 求 z 变换 $G(z)$。

解 命令窗口中键入

```
sys = tf([1],[1 1 0]);
c2d(sys,1)
```

键入回车键以后得

```
Transfer function:
 0.3679z + 0.2642
-------------------
z^2 - 1.368z + 0.3679
```

设离散系统的闭环 z 传递函数为 $\Phi(z)=\dfrac{num(z)}{den(z)}$,其输入为 r,则可用命令 y = filter(num,den,r),求离散系统的输出响应。

例 7.36 设系统的闭环 z 传递函数为 $\Phi(z)=\dfrac{0.632z}{z^2-0.736z+0.368}$,输入为 $u(k)=1(k=0,1,2,\cdots,50)$,用 MATLAB 求系统的输出响应。

解 在 MATLAB 中,单位阶跃输入表示为 u = ones(1,50)。

求前 20 个采样周期的输出响应值的 MATLAB 程序为

```
num = [0.632,0];
den = [1, -0.736,0.368];
u = ones(1,51);
k = 0:50;
y = filter(num,den,u);
plot(k,y),grid;
xlabel('k');ylabel('y(k)')
```

运行结果如图 7.25 所示。

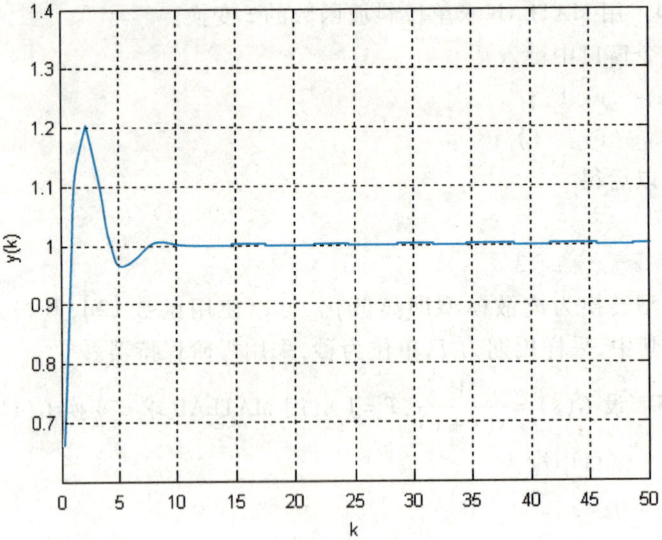

图 7.25 例 7.36 系统的输出响应

本章小结

1. 信号的采样与保持

将连续信号变为离散信号的过程称为采样。实际采样装置是多种多样的，其基本功能可以用一个理想采样开关表示。

采样信号可以表达为 $f^*(t)=\sum_{k=0}^{+\infty}f(kT)\delta(t-kT)$，或者 $f^*(t)=f(t)\sum_{k=0}^{+\infty}\delta(t-kT)$。采样信号的拉氏变换表达式为 $F^*(s)=\sum_{k=0}^{+\infty}f(kT)e^{-kTs}$ 或者 $F^*(s)=\frac{1}{T}\sum_{k=-\infty}^{+\infty}F(s+jk\omega_s)$。

采样定理：若采样器的采样频率 ω_s 大于或等于其输入连续信号 $f(t)$ 的频谱中最高频率 ω_{max} 的两倍，即 $\omega_s\geqslant 2\omega_{max}$，则能够从采样信号 $f^*(t)$ 中完全复现 $f(t)$。

最简单最常用的是零阶保持器，具有相位滞后小以及易于工程实现等优点。它的作用是把某一采样时刻的采样值恒定地保持到下一个采样时刻。零阶保持器的传递函数为 $G_{0h}(s)=\frac{1-e^{-Ts}}{s}$。

2. 差分方程与 z 变换

连续系统的输入、输出关系可以用微分方程描述，但在离散时刻的数学关系也可以用差分方程描述。由微分方程的差分化可以得到等价的差分方程描述。有两种变换方法:等价变换、近似变换。

差分方程的数值解法非常简单,尤其适合于计算机进行迭代运算。

线性差分方程的经典解法与线性微分方程的经典解法非常相似,也是由相应的齐次方程的通解即齐次解和非齐次方程的一个特解组成。

设由一离散序列$\{f(k)\}$,$k=0,1,2,\cdots$构成的级数$\sum_{k=0}^{+\infty} f(k) z^{-k}$收敛,则定义该级数为离散序列的$z$变换,记为$\mathscr{Z}\{f(k)\}$或$F(z)$。

利用z变换的基本定理,可以方便地求出某些函数的z变换或者求出象函数$F(z)$的z逆变换,也可以根据函数的z变换式推知原函数的性质,它们在分析离散系统时很有用。

终值定理:设函数$f(t)$的z变换为$F(z)$,$(z-1)F(z)$在z平面以原点为圆心的单位圆上和圆外均没有极点,则有$f(\infty)=\lim_{z \to 1}(z-1)F(z)$。

常用的z变换方法有:幂级数求和法、部分分式法、留数计算法。

常用的z逆变换方法有:幂级数展开法(长除法)、部分分式法、留数计算法。

差分方程的z变换解法类似于用L变换求解微分方程,主要依据是z变换的平移定理。

3. 离散系统的数学模型

在零初始条件下,线性定常系统(环节)的输出的采样信号的z变换与输入的采样信号的z变换之比,称为该系统(环节)的z传递函数或脉冲传递函数。

z传递函数是连续系统脉冲响应$g(t)$的采样序列的z变换,或$G(s)$的z变换,即$G(z)=\mathscr{Z}[g(t)]=\mathscr{Z}[G(s)]$。这是求取系统$z$传递函数的一个常用公式。

两个环节中间没有采样开关时开环z传递函数为$GH(z)=\mathscr{Z}[G(s)H(s)]$,两个环节中间有采样开关时开环$z$传递函数为$G(z)H(z)=\mathscr{Z}[G(s)]\mathscr{Z}[H(s)]$

离散系统闭环z传递函数为$\Phi(z)=\dfrac{C(z)}{R(z)}=\dfrac{G(z)}{1+GH(z)}$,系统的误差传递函数为$\Phi_{e}(z)=\dfrac{E(z)}{R(z)}=\dfrac{1}{1+GH(z)}$。

单位负反馈离散系统输出量的z变换为$C(z)=\dfrac{G_1G_2(z)}{1+G_1G_2(z)}\cdot R(z)+\dfrac{G_2N(z)}{1+G_1G_2(z)}$。

4. 离散系统的分析

掌握朱利判据和舒尔-科恩判据等离散系统代数稳定性判据。

双线性变换虽然可以将连续系统中的各种方法推广到离散系统的分析、设计中，但由于 w 平面与 s 平面具有本质的差别，这种方法具有很多局限性，不如直接在 z 平面上分析、设计离散系统。

掌握双线性变换以及修正劳斯稳定判据。

若已知离散系统的结构和参数，可以建立系统的数学模型，然后通过求解系统的差分方程，或者 z 逆变换，求出输出量在采样时刻的值，从而确定出超调量、超调时间、调节时间以及稳态误差等性能指标。

离散系统闭环极点最好分布在单位圆内的正实轴靠近原点的地方，这时系统的输出为指数衰减，不出现振荡，过渡过程快，离散系统具有快速响应的性能。这一结论是以后配置离散系统闭环极点的理论依据。

理解离散系统动态性能指标计算公式。

若开环 z 传递函数 $G(z)$ 具有 ν 个 $z=1$ 的极点，则称为 ν 型系统，或 ν 阶无差系统。ν 定义为系统的无差度。

掌握基于 z 变换中的终值定理求离散系统的稳态误差的终值的方法。

5. 离散系统的设计

离散系统的设计有两大类方法：一类是按照连续系统设计控制器，然后对控制系统的校正装置进行离散化，从而得到离散系统控制器；另外一类更重要的方法是针对离散系统的特点，研究离散系统所特有的设计方法，从而充分发挥数字控制的优势。

位置式 PID 算式为 $u(k) = K_{\mathrm{P}}e(k) + K'_{\mathrm{I}}\sum_{m=0}^{k} e(m) + K'_{\mathrm{D}}[e(k) - e(k-1)]$

增量式 PID 算式为

$$\Delta u(k) = K_{\mathrm{P}}[e(k) - e(k-1)] + K'_{\mathrm{I}}e(k) + K'_{\mathrm{D}}[e(k) - 2e(k-1) + e(k-2)]$$

数字控制器的 z 传递函数为 $D(z) = \dfrac{1}{G(z)} \cdot \dfrac{\Phi(z)}{\Phi_{\mathrm{e}}(z)}$

最少拍系统是指在某一典型输入信号作用下，其输出采样值在最少的采样周期内达到并保持在设定值的离散系统。换句话说，最少拍系统误差信号采样值在最少拍内达到并保持在零值。

习题与应用题

7.1 已知理想采样开关的采样周期为 T，单位为秒，连续信号为下列函数，求采样的输出信号 $f^*(t)$ 及其拉氏变换 $F^*(s)$。

(1) $f(t) = te^{-at}$

(2) $f(t)=te^{-at}\sin\omega t$

7.2 求下列序列的 z 变换。设 $k<0$ 时 $f(k)=0$。

(1) $1,\lambda,\lambda^2,\lambda^3,\cdots$

(2) $\lambda,\lambda^2,\lambda^3,\lambda^4,\cdots$

7.3 设采样周期为 0.5 s，求函数 $f(t)$ 的 z 变换 $F(z)$

$$f(t)=\begin{cases}1 & 0\leqslant t<2.2\\ 0 & t<0,t\geqslant 2.2\end{cases}$$

7.4 用长除法、部分分式法和留数计算法求 $F(z)$ 的逆变换。

(1) $F(z)=\dfrac{10z}{(z-1)(z-2)}$

(2) $F(z)=\dfrac{z^{-1}(1-e^{-aT})}{(1-z^{-1})(1-z^{-1}e^{-aT})}$

(3) $F(z)=\dfrac{z^2}{(z-0.8)(z-0.1)}$

7.5 用 z 变换法解下列差分方程：

(1) $c(k+2)+3c(k+1)+2c(k)=0, c(0)=0, c(1)=1$。

(2) $c(k+2)-3c(k+1)+2c(k)=r(k), r(k)=\delta(k), c(0)=c(1)=0$。

(3) $c(k+2)+2c(k+1)+c(k)=r(k), r(k)=k,(k=0,1,2\cdots), c(0)=c(1)=0$。

(4) $c(k+3)+6c(k+2)+11c(k+1)+6c(k)=0, c(0)=c(1)=1, c(2)=0$。

7.6 图题 7.6 所示采样控制系统：

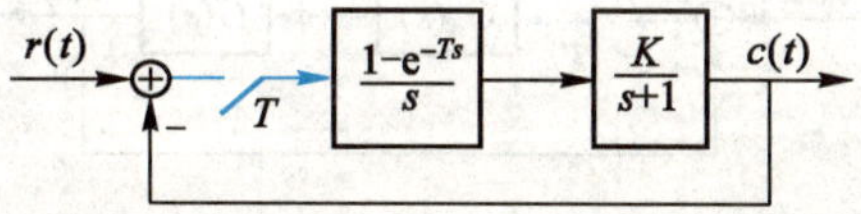

图题 7.6

(1) 求系统开环脉冲传递函数。

(2) 求系统闭环脉冲传递函数。

(3) 写出系统的差分方程。

7.7 求图题 7.7 所示采样系统输出 $C(z)$ 的表达式。

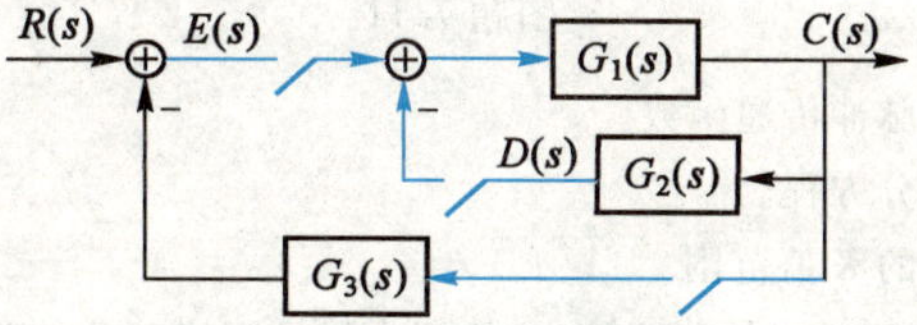

图题 7.7

7.8 图题 7.8 所示采样控制系统：

(1) 求在输入和扰动共同作用下的输出量的 z 变换表达式。

(2) 求系统输出 $C(z)$ 与输入 $R(z)$ 之间的 z 传递函数。

(3) 设 $D_1(z)=1, D_2(z)=0, G_1(s)=\dfrac{K}{s+1}, G_2(s)=1, G_h(s)$ 是零阶保持器，求系统输出 $C(z)$ 与输入 $R(z)$ 之间的 z 传递函数。

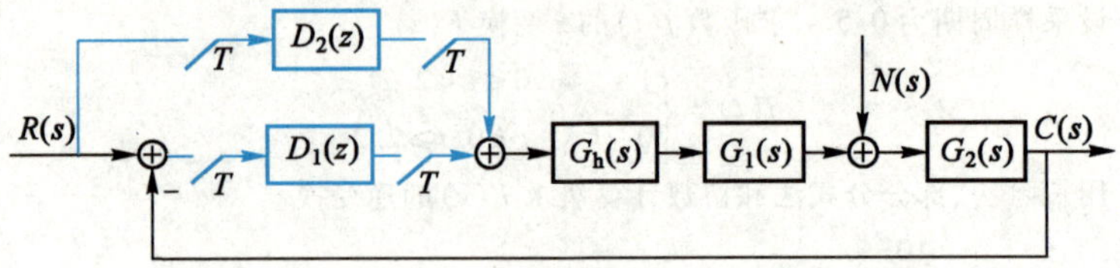

图题 7.8

7.9 已知闭环离散系统的特征方程为 $D(z)=z^4+0.2z^3+z^2+0.36z+0.8=0$，判断系统的稳定性。

7.10 图题 7.10 所示离散系统，采样周期 $T=1$ s，$G_h(s)$ 为零阶保持器，而

$$G(s)=\frac{K}{s(0.2s+1)}$$

要求：

(1) $K=5$ 时，分析系统的稳定性。

(2) 确定使系统稳定的 K 值范围。

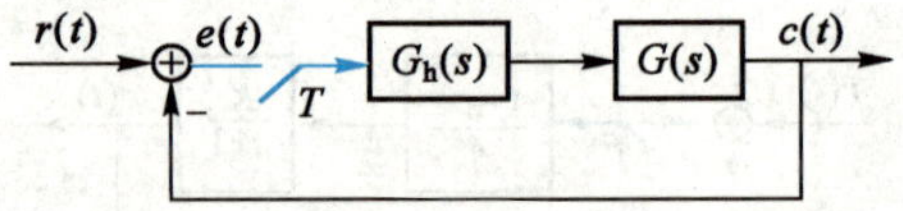

图题 7.10

7.11 图题 7.11 所示采样控制系统，其中，采样周期 $T=0.5$ s。

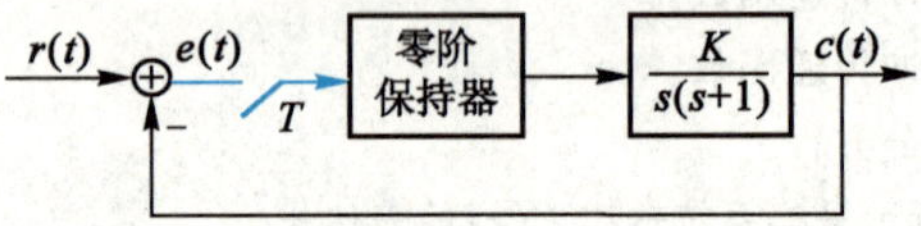

图题 7.11

(1) 求闭环系统的脉冲传递函数。

(2) 写出系统的差分方程。

(3) 确定系统稳定的 K 值范围。

7.12 图题 7.12 所示采样控制系统，已知图中线性网络部分的单位阶跃响应为 $1-e^{-t}$，采样周期为 T，求系统在输入单位阶跃信号时的输出响应 $y(k)$。

7.13 离散系统如图题 7.13 所示，其中采样周期 $T=0.2$ s，$K=10$，$r(t)=1+t+t^2/2$，用终值定理法计算系统的稳态误差终值 $e(\infty)$。

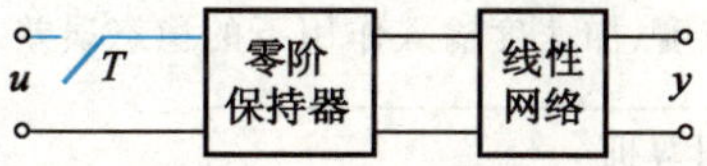

图题 7.12

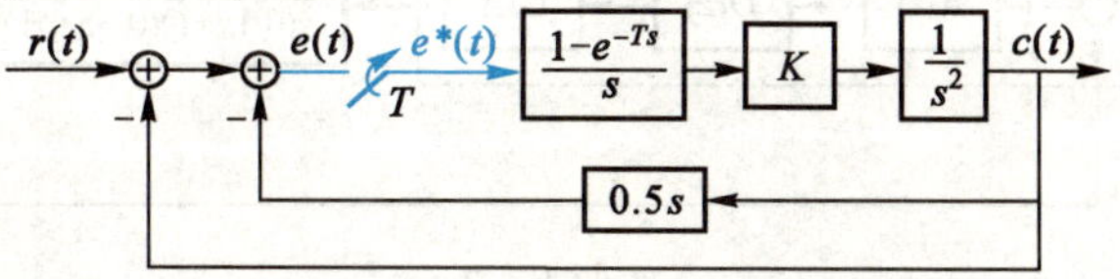

图题 7.13

7.14 图题 7.14 所示离散系统,其中 $T=0.1$ s,$K=1$,$r(t)=t$,试求静态误差系数 K_p、K_v、K_a,并求系统稳态误差终值 $e(\infty)$。

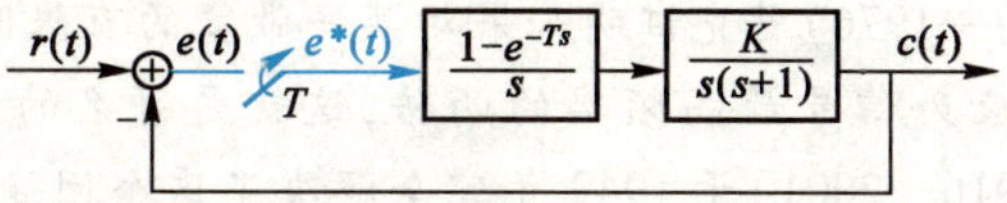

图题 7.14

E7.1 在工业和日常生活中广泛应用的热蒸汽加热温度控制系统如图题 E7.1 所示。其中,水箱温度用热蒸汽加热,进汽阀门开度由线圈控制的铁心带动,水箱温度由热电偶检测。设 $D(z)=1$,$T=0.2$s,D/A 为零阶保持器。

(1) 求闭环传递函数。

(2) 分析系统稳定性。

(3) 求单位阶跃响应。

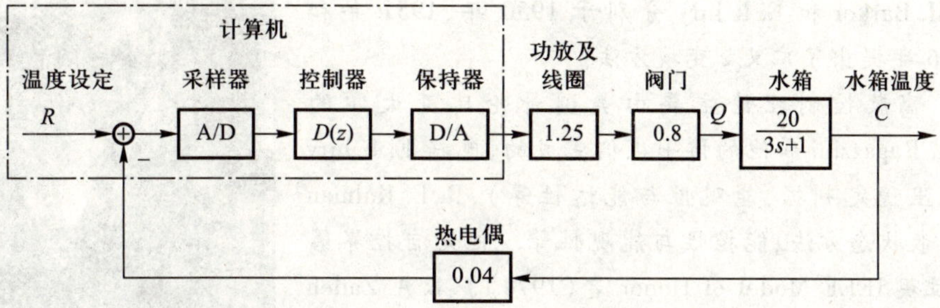

图题 E7.1 加热控制系统

E7.2 磁悬浮列车的一个关键技术是控制列车的悬浮高度。磁悬浮列车悬浮高度计算机控制系统如图题 E7.2 所示。其中,选择采样周期 $T=0.2$s,D/A 为零阶保持器。求:

(1) 求闭环传递函数。

(2) 分析系统稳定性。

(3) 求单位阶跃响应。

(4) 分别求单位阶跃、速度、加速度输入作用下的稳态误差。

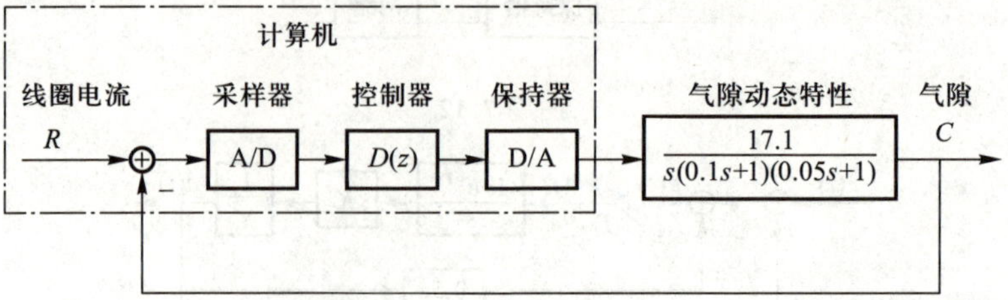

图题 E7.2

离散控制理论的建立与发展

首先在离散控制理论方面作出重要贡献的是 Nyquist 和 Shannon。1927 年，Harry Nyquist(1889—1976)首先证明如果对某一带宽的有限时间连续信号进行采样，采样率至少应为信号最高频率的两倍，这就是著名的采样定理。Claude Elwood Shannon(1916—2001)于 1949 年完全解决了这个问题。美国数学家、信息论创始人 Shannon 于 1940 年在麻省理工学院获硕士和博士学位，1941 年进入贝尔实验室工作。

R. C. Oldenbourg 和 H. Sartorious 于 1944 年、苏联 Tsypkin 于 1948 年分别提出了离散系统的稳定判据，即线性差分方程所有特征根应位于单位圆内。由于离散拉氏变换式是超越函数，W. Hurewicz 于 1947 年首先引进了一个变换处理离散序列。在此基础上，Tsypkin 于 1949 年，J. R. Ragazzini 和 L. A. Zadeh 于 1952 年分别提出了 z 变换方法。Tsypkin、R. H. Barker 和 E. I. Jury 分别于 1950 年、1951 年和 1956 年提出了广义 z 变换方法。

Claude Elwood Shannon
(1916—2001)

离散控制理论主要由美国哥伦比亚大学的 J. R. Ragazzini 和他的博士生们完成的，包括 E. I. Jury(朱里稳定判据、能观性与能达性等)、R. E. Kalman(离散状态方法、能控性与能观性等。他是自控界第二位获 IEEE Model of Honor 者(1974))、L. A. Zadeh(z 变换定义等。他是自控界第五位获 IEEE Model of Honor 者(1995))。20 世纪 50 年代末，离散控制系统的 z 变换法基本成熟。

第 8 章　非线性控制系统分析

随着科学技术的发展，被控对象的种类越来越多，控制装置也更加复杂，线性模型已不能满足要求。例如，控制系统中常出现稳定的自激振荡，就是一个突出的例子。这种在实际中观测到的自激振荡现象，是线性模型中不存在的。又例如，控制系统中大量采用继电控制，但线性系统理论不能分析这类系统。非线性系统的内容十分丰富，类型很多，还没有一种能解决全部问题的方法。目前许多分析非线性系统的方法是以某种形式通过线性化而建立起来的，也就是说以线性化方法为基础，加以修补使之适应解决非线性问题的需要，例如本章要介绍的描述函数法。

本章首先介绍非线性系统的特性，然后介绍分析非线性系统的描述函数法，着重分析非线性系统的自激振荡。最后介绍适合于二阶非线性系统的相平面法。

8.1 典型非线性特性

在控制系统中，存在各种各样的本质为非线性特性的装置，可以归纳出几种典型非线性特性。下面首先介绍典型非线性特性。

8.1.1 饱和特性

1. 饱和现象

饱和特性是控制工程中经常遇到的一种非线性特性。例如，放大器的输出饱和或输出限幅、具有行程限制及功率限制的液压调节阀、伺服电机在大控制电压情况下运行的转速特性、流通孔径限制等，它们的输出与输入量只在某一范围内呈线性关系（称为线性段），输入量超过这一范围后，尽管输入量增加，但输出量变化很小，基本保持一常值，这种现象称为饱和现象，其静特性如图 8.1(a)所示。

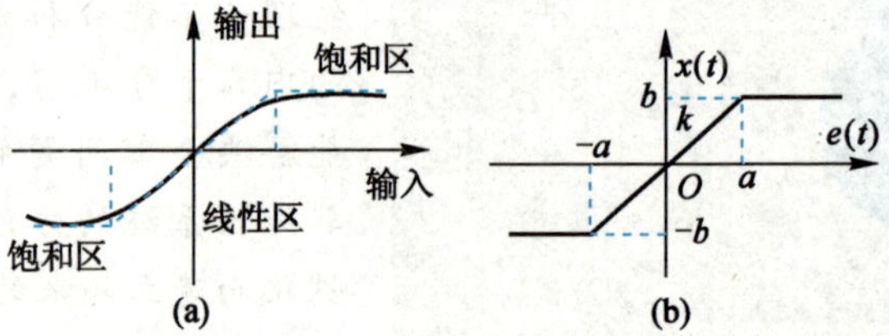

图 8.1 饱和特性

2. 饱和特性的数学描述

在分析非线性系统时，为了数学上的方便，也为了能够清楚地区分主要的典型区段，把非线性特性近似地用逐段直线来表示，即把非线性特性理想化。对饱和特性，在线性段里输入、输出特性可认为是标准的线性关系，而在线性段以外，认为输出是恒定的饱和值，因此，理想饱和特性的静特性如图 8.1(b)所示，用数学表达式描述如下

$$x(t)=\begin{cases} ka & e(t)>a \\ ke(t) & |e(t)|\leqslant a \\ -ka & e(t)<-a \end{cases} \tag{8.1a}$$

或表示为

$$x(t)=\begin{cases} ke(t) & |e(t)|\leqslant a \\ b\mathrm{sign}(e(t)) & |e(t)|>a \end{cases} \tag{8.1b}$$

式中

$$\mathrm{sign}(e(t))=\begin{cases}1 & e(t)>0\\ -1 & e(t)<0\end{cases} \tag{8.1c}$$

8.1.2 死区特性

1. 实际系统的死区

系统的死区又称不灵敏区，是指输入量的一个范围，当输入量在这个范围内时，元部件或系统没有输出。不灵敏区在控制系统的各类元部件中都存在，出现的原因很多，一般与元部件的构造、工作形式等有关。例如，测速发电机的静特性如图 8.2(a)所示，当所测转速$|n|<n_e$时，由于电刷的电压降，输出电压 U_n几乎等于零，也就是说在$-n_e<n<n_e$范围内，输出量 U_n不能反映输入量 n 的变化。所以，该区域称为死区，当所测速度$|n|>n_e$时，输出电压才与转速 n 成近似的线性关系。

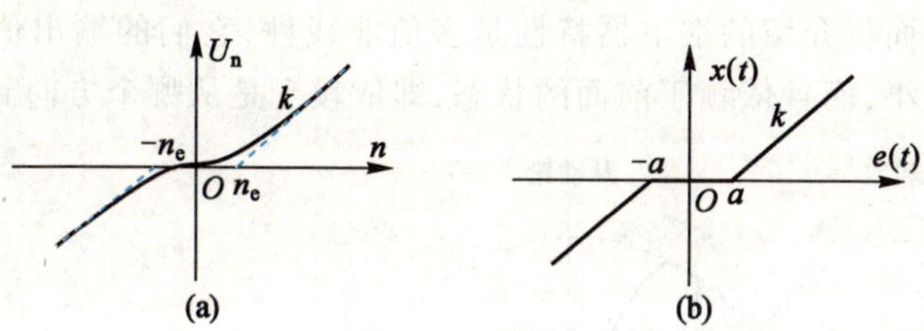

图 8.2　死区特性

2. 死区特性的数学描述

在系统分析中，把死区特性理想化为图 8.2(b)所示，其数学表达式为

$$x(t)=\begin{cases}0 & |e(t)|\leqslant a\\ k[e(t)-a\,\mathrm{sign}(e(t))] & |e(t)|>a\end{cases} \tag{8.2}$$

其中，a 为死区宽度；k 为线性输出特性的斜率。

3. 常见的具有死区特性的实际系统或元部件

不灵敏区在控制系统的各类元部件中都存在，只是程度不同。下面举几个常见的系统：

① 测速发电机转速很低时，输出电压几乎为 0。

② 伺服电机的死区电压(启动电压)。

③ 各种电路中的门槛值(阈值)。

④ 电气触头间隙。

⑤ 弹簧的预张力。

⑥ 气动或液压滑阀的搭接段。

8.1.3 间隙特性

1. 实际系统中的间隙特性

在齿轮传动中，由于制造与装配中的误差，在一对啮合齿轮之间往往存在间隙，如图 8.3 所示，若原来主动轮是逆时针转动，当主动轮改变转动方向变为顺时针转动时，主动轮越过间隙 ε 这一段时间，从动轮不转动，这相当于死区，直至一对齿轮相接触，从动轮才随主动轮以线性关系运转；当主动轮再反向重新开始逆时针转动时，在间隙区从动轮也是静止不动，直到一对齿轮在另一边相接触时，从动轮才跟随主动轮反向转动。这样，在有间隙存在的齿轮系中，当主动轮作周期运动时，便出现如图 8.4 所示的特性，这种特性称为间隙特性。

铁磁元件中也有类似的特性。电磁铁的磁化曲线在物理学中称为磁滞特性，将它理想化就成为间隙特性，因此，间隙特性又称为磁滞特性或回环特性。间隙特性和下面将介绍的继电器特性是多值非线性，它们的输出值不仅依赖于输入幅值的大小，而且依赖于前面的状态，即依赖于是从哪个方向到达该点的。

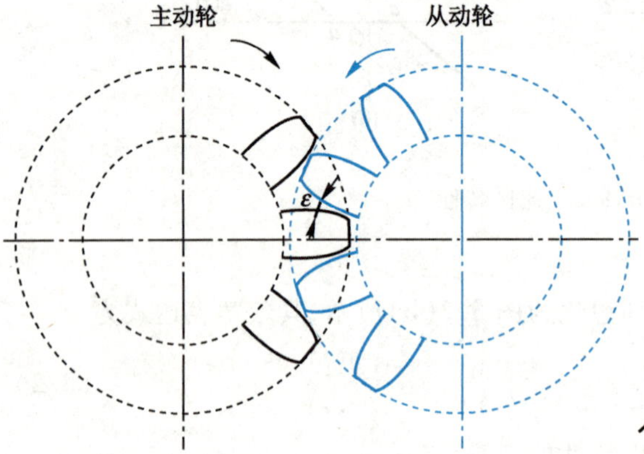

图 8.3 齿轮传动中的间隙特性

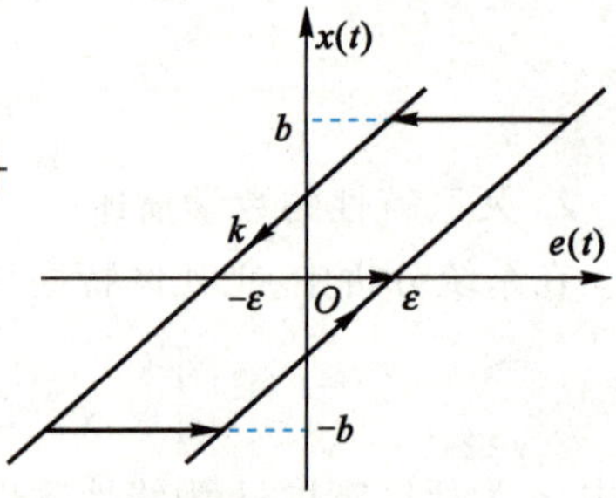

图 8.4 间隙特性

2. 间隙特性的数学描述

$$x(t)=\begin{cases}k[e(t)-\varepsilon] & \dot{x}(t)>0\\ k[e(t)+\varepsilon] & \dot{x}(t)<0\\ b\,\mathrm{sign}[e(t)] & \dot{x}(t)=0\end{cases} \tag{8.3}$$

式中，ε 为间隙宽度；k 为输出特性斜率。

3. 常见的有间隙特性的实际系统

① 齿轮转动系。

② 磁化特性。

③ 液压传动中的油隙特性。

8.1.4 继电器特性

继电器是最常用的电气控制元器件，由于继电器的吸合电压和释放电压不同，因此，输入、输出特性可能包含死区、饱和、间隙等非线性特性，其静特性一般如图 8.5(a)所示，其数学表达式为

$$x(t)=\begin{cases}0 & -ma<e(t)<a,\dot{e}(t)>0\\ 0 & -a<e(t)<ma,\dot{e}(t)<0\\ b\,\mathrm{sign}[e(t)] & |e(t)|\geqslant a\\ b & e(t)>ma,\dot{e}(t)<0\\ -b & e(t)<-ma,\dot{e}(t)>0\end{cases}\tag{8.4a}$$

式中，a 为继电器吸合电压；ma 为继电器释放电压；b 为继电器饱和输出值。

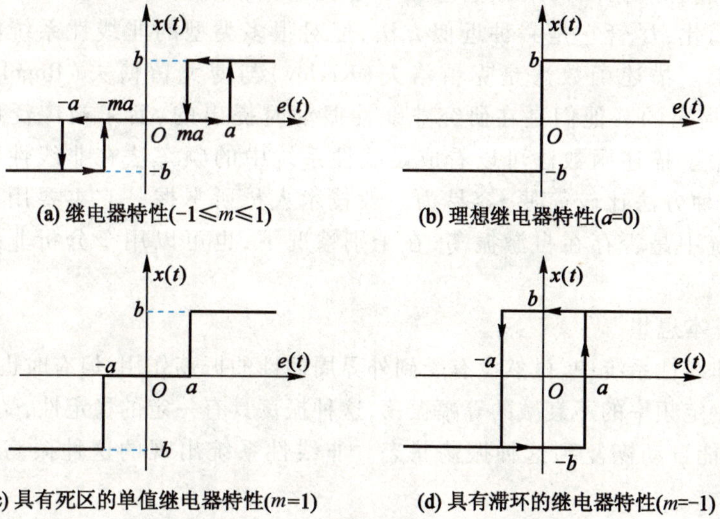

图 8.5 继电器特性

当 a、m 取不同值时，有下列几种特殊情况：

① 理想继电器特性，如图 8.5(b)所示

$$x(t)=\begin{cases}b & e(t)>0\\ -b & e(t)<0\end{cases}\tag{8.4b}$$

② 具有死区的单值继电器特性，如图 8.5(c)所示

$$x(t)=\begin{cases}0 & |e(t)|\leqslant a\\ b\,\mathrm{sign}[e(t)] & |e(t)|>a\end{cases}\tag{8.4c}$$

③ 具有滞环的继电器特性，如图 8.5(d)所示

$$x(t)=\begin{cases}b\mathrm{sign}[e(t)] & |e(t)|\geqslant a\\ b & \dot{e}(t)<0\\ -b & \dot{e}(t)>0\end{cases} \tag{8.4d}$$

有些非线性特性可以用上述典型特性按各种方式组合而成。这些非线性特性可能出现在测量元件及变送器、放大器中，也可能出现在执行元件中。

8.2 描述函数法

8.2.1 描述函数法的基本思想与条件

在众多的非线性系统分析近似方法中，描述函数法或称为谐波线性化法是一种较好的分析方法，它忽略了系统中存在的高次谐波，从而使分析计算大为简化，尽管它是一种近似方法，但对很多类型的非线性系统能给出正确的结果。描述函数法是克雷洛夫(Krylov)与博戈留博夫(Bogolyubov)于1943年提出的。他们是在研究非线性振动时提出的，后来被广泛应用于控制理论中。描述函数法可以看成是线性系统中的频率法在非线性系统中的推广，这种方法比较简便，容易为一般技术人员所掌握。它主要用于分析非线性系统中是否存在自激振荡，在个别情况下，也可以用于分析非线性系统的动态品质。

1. 基本思想

在非线性系统中，虽然没有受到外界周期性的振荡作用，但有时也会出现一种具有一定频率的不衰减的等幅振荡，这种振荡具有一定的稳定性，受到某种干扰后，还能自动恢复到这种振荡状态。非线性系统出现的这种振荡称为自激振荡。

可见，分析非线性系统的自激振荡时，可令 $r(t)=0$。因此，任何只有一个非线性元件的系统均可化为图 8.6 所示的基本形式。其中，N 是非线性环节，$G(s)$ 是系统的线性部分的传递函数。

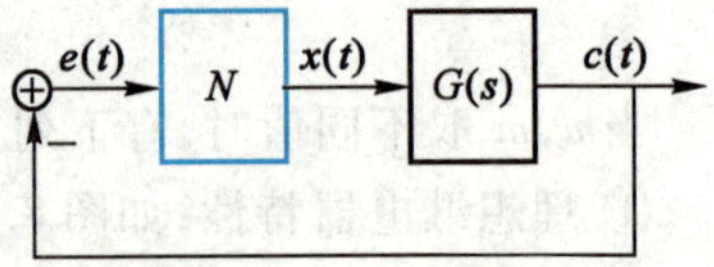

图 8.6 非线性系统

如果非线性系统发生自激振荡，则 $c(t)$ 和 $e(t)$ 是一个正弦波。我们知道，线性系统在正弦输入信号作用下的稳态输出是一个与输入同频率的正弦波，只是幅值和相位不同。利用这一特性，引入频率特性的概念，并用它来表

示系统的动态特性。但是,非线性系统在正弦信号作用下的输出是相当复杂的,一般都不是正弦波,其频谱中包含了附加的频率成分,有时甚至不包含输入信号的频率。

这里考察这样一类非线性特性,当输入正弦函数时,其输出 $x(t)$ 中含有与输入信号频率相同的基波分量,还有其他高频分量,但没有常值分量。线性部分在 $x(t)$ 作用下产生的响应 $c(t)$ 中,也会包含这些高频分量。但很多线性系统具有低通滤波特性,$c(t)$ 中的高频分量相对于基波分量要小得多。在这种情况下,可以只考虑 $x(t)$ 中基波分量的作用,用来近似分析非线性系统的特性,这就是描述函数法的基本思想。

描述函数法的基本思想是用非线性元件在正弦输入作用下的输出信号中的基波分量,代替非线性元件的实际输出。所以这种方法又称为一次谐波法,或称为谐波平衡法、谐波线性化方法等。

2. 基本条件

显然,描述函数法的准确度依赖于基波分量是否比高次谐波分量大得多。应用描述函数法时,一定要注意这一条件,否则会导致错误的结果。多数实际工程系统都满足这一条件,这是因为一般非线性特性是斜对称的,非线性元件输出中的常值分量为零,而且高次谐波的振幅通常比基波分量的振幅小,特别是由于系统一般都具有低通滤波特性,所以,系统输出 $c(t)$ 中主要是基波分量。

由上述分析可见,描述函数法的应用条件是:

① 非线性特性是斜对称的,这样输出中的常值分量为零。

② 线性部分具有较好的低通滤波特性,以衰减高次谐波。

③ 非线性特性不是时间函数,因为描述函数法本质上是频率法的推广,而频率法对时变系统不适用。

④ 系统中的非线性特性能简化为一个非线性环节。

8.2.2 描述函数

1. 描述函数的定义

对于很多非线性环节,当输入信号为正弦函数 $e(t)=A\sin\omega t$ 时,输出量 $x(t)$ 一般都不是同频率的正弦波,而是一个非正弦的周期函数,其周期与输入信号的周期相同,一般可以展开为傅里叶级数

$$x(t)=\frac{A_0}{2}+\sum_{i=1}^{\infty}(A_i\cos i\omega t+B_i\sin i\omega t) \tag{8.5}$$

式中

$$A_i = \frac{1}{\pi}\int_0^{2\pi} x(t)\cos i\omega t\mathrm{d}(\omega t);i = 0,1,2,\cdots \tag{8.6a}$$

$$B_i = \frac{1}{\pi}\int_0^{2\pi} x(t)\sin i\omega t\mathrm{d}(\omega t);i = 1,2,3,\cdots \tag{8.6b}$$

设非线性特性是关于原点对称的，则 $A_0 = 0$，$x(t)$ 的基波分量为

$$x_1(t) = A_1\cos\omega t + B_1\sin\omega t = X_1\sin(\omega t + \varphi_1) \tag{8.7}$$

式中

$$A_1 = \frac{1}{\pi}\int_0^{2\pi} x(t)\cos\omega t\mathrm{d}(\omega t) \tag{8.8a}$$

$$B_1 = \frac{1}{\pi}\int_0^{2\pi} x(t)\sin\omega t\mathrm{d}(\omega t) \tag{8.8b}$$

$$X_1 = \sqrt{A_1^2 + B_1^2} \tag{8.9a}$$

$$\varphi_1 = \arctan\frac{A_1}{B_1} \tag{8.9b}$$

类似于线性系统理论中的频率特性的概念，把非线性环节输出的基波分量的复向量与正弦输入的复向量之比，定义为该非线性环节的描述函数，记为 $N(A,\mathrm{j}\omega)$，即

$$N(A,\mathrm{j}\omega) = \frac{\dot{x}_1}{\dot{e}} = \frac{X_1\mathrm{e}^{\mathrm{j}\varphi_1}}{A\mathrm{e}^{\mathrm{j}0}} = \frac{X_1}{A}\mathrm{e}^{\mathrm{j}\varphi_1} = \frac{B_1}{A} + \mathrm{j}\frac{A_1}{A} \tag{8.10}$$

非线性环节的描述函数总是输入信号幅值 A 的函数，一般也是频率 ω 的函数，因此，描述函数一般记为 $N(A,\mathrm{j}\omega)$。如果非线性环节中没有储能元件，则描述函数仅是输入幅值 A 的函数，而与 ω 无关。本章讨论的典型非线性特性是没有储能元件的，所以描述函数为 $N(A)$。若非线性特性是单值的，如饱和、死区等特性，其描述函数 $N(A)$ 是一实变函数。而对于多值非线性特性，如继电特性、间隙特性等，其描述函数 $N(A)$ 则为复变函数。

非线性环节用描述函数表示后，相当于用一个等效的线性环节 $N(A)$ 来表示。所以，$N(A)$ 也可以看做非线性环节的等效幅相频率特性。不难看出，非线性元件的描述函数或等效幅相频率特性与输入的正弦振荡的振幅 A 有关，这是非线性特性本质的一种反映，即非线性系统的稳定性不仅仅取决于系统的参数、结构，而且与初始条件和输入信号的幅值有关。而线性环节的频率特性与正弦输入的幅值无关。

2. 描述函数的求取

由描述函数的定义可以看出，求描述函数的步骤为

① 绘制输入输出波形图，写出输入为 $e(t) = A\sin\omega t$ 时非线性环节输出的表

达式。

② 由波形图分析 $x(t)$ 的对称性，并由式(8.8)计算 A_1、B_1，或者由式(8.9)计算 X_1、φ_1。

③ 描述函数为 $N(A)=\frac{B_1}{A}+\mathrm{j}\frac{A_1}{A}=\frac{X_1}{A}\mathrm{e}^{\mathrm{j}\varphi_1}$。

例 8.1 设非线性元件的静特性方程为 $x(t)=\frac{1}{2}e(t)+\frac{1}{4}[e(t)]^3$，求其描述函数。

解 因为 $x(t)$ 是奇函数，所以 $A_1=0$。由式(8.8b)得

$$B_1=\frac{1}{\pi}\int_0^{2\pi}x(t)\sin\omega t\mathrm{d}(\omega t)=\frac{4}{\pi}\int_0^{\frac{\pi}{2}}\left[\frac{A}{2}\sin\omega t+\frac{A^3}{4}\sin^3\omega t\right]\sin\omega t\mathrm{d}(\omega t)$$

$$=\frac{A}{\pi}\int_0^{\frac{\pi}{2}}(2\sin^2\alpha+A^2\sin^4\alpha)\mathrm{d}\alpha=\frac{A}{2}+\frac{3}{16}A^3$$

所以，描述函数为

$$N(A)=\frac{B_1}{A}=\frac{1}{2}+\frac{3}{16}A^2$$

注意到，非线性元件的基波分量为

$$x_1(t)=B_1\sin\omega t=\left(\frac{1}{2}A+\frac{3}{16}A^3\right)\sin\omega t$$

$$=\left(\frac{1}{2}+\frac{3}{16}A^2\right)A\sin\omega t=N(A)e(t)$$

由上式可见，对于输出的一次谐波来说，非线性环节相当于一个增益为 $N(A)$ 的线性放大环节，但是它的放大倍数 $N(A)$ 随输入的幅值 A 而改变，从而包含了非线性特性的影响。从这个角度看，描述函数是非线性系统的一种线性化模型。对于非单值特性的非线性也有类似的结论：$N(A)$ 等效为复放大系数。从几何角度看，用描述函数表示非线性特性实际上是用斜率随 A 变化的直线族代替非线性特性。

3. 多个非线性元件组合的描述函数

对于线性系统，由于系统特性与输入信号无关，所以，互换两个串联环节的位置不影响系统特性，但是非线性环节的特性还与输入信号有关，所以，互换两个相串联的非线性环节，或互换相串联的非线性环节和线性环节的位置，将影响系统特性。因此，当非线性系统中出现多个非线性环节时，不能简单地按照线性环节的串、并联求取总的描述函数，而必须根据具体情况来求取。

(1) 非线性环节并联

非线性环节并联时，总的描述函数等于各个非线性环节的描述函数之和。

证明 如图8.7所示，两个非线性环节并联。

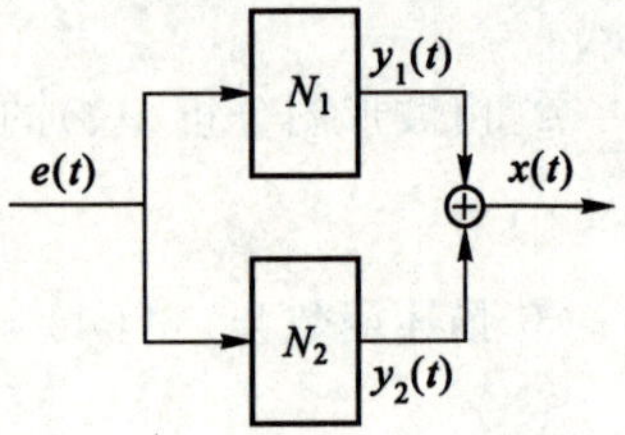

图8.7 非线性环节并联

① 非线性特性都是单值函数：由于这时各环节的描述函数都是实数，所以各个环节的输出中的基波分量分别为输入信号乘以它们的描述函数，即

$$e(t)=A\sin\omega t$$

$$y_{11}(t)=N_1A\sin\omega t$$

$$y_{21}(t)=N_2A\sin\omega t$$

$$x_1(t)=y_{11}(t)+y_{21}(t)=N_1A\sin\omega t+N_2A\sin\omega t=(N_1+N_2)A\sin\omega t$$

所以总的描述函数为

$$N=N_1+N_2$$

② 非线性特性为非单值函数：设两个非线性特性的描述函数为

$$N_1=\frac{B_{11}}{A}+\mathrm{j}\frac{A_{11}}{A}$$

$$N_2=\frac{B_{21}}{A}+\mathrm{j}\frac{A_{21}}{A}$$

则两个非线性特性的基波分量为

$$y_{11}=A_{11}\cos\omega t+B_{11}\sin\omega t$$

$$y_{21}=A_{21}\cos\omega t+B_{21}\sin\omega t$$

两个非线性特性并联时总的基波分量为

$$x_1=y_{11}+y_{21}=(A_{11}+A_{21})\cos\omega t+(B_{11}+B_{21})\sin\omega t$$

所以，总的描述函数为

$$N=\frac{B_{11}+B_{21}}{A}+\mathrm{j}\frac{A_{11}+A_{21}}{A}=\left(\frac{B_{11}}{A}+\mathrm{j}\frac{A_{11}}{A}\right)+\left(\frac{B_{21}}{A}+\mathrm{j}\frac{A_{21}}{A}\right)=N_1+N_2$$

（2）非线性环节串联

当系统中有两个以上非线性环节串联时，要求取总的描述函数比较复杂，一般来说，总的描述函数并不等于各个环节描述函数的乘积。

下面介绍两种非线性环节串联的简化方法。

① 忽略某些非线性特性：对系统的工作条件及状态进行分析，可以忽略其中的某些非线性特性。例如，系统中含有小信号非线性特性（例如死区特性等），又含有大信号非线性特性（例如饱和特性等），若系统正常工作时信号幅值较大，则可忽略小信号非线性特性，若系统正常工作时信号幅值较小，则可忽略大信号非线性特性。

② 合并非线性特性为一个总的环节：如果必须同时考虑几个非线性环节的影响时，常需把几个非线性结合在一个总的非线性环节中，然后再求取这个总环节的描述函数。例如，将图 8.8(a)所示的死区特性和饱和特性串联，合并为一个总的非线性环节，如图 8.8(b)所示。

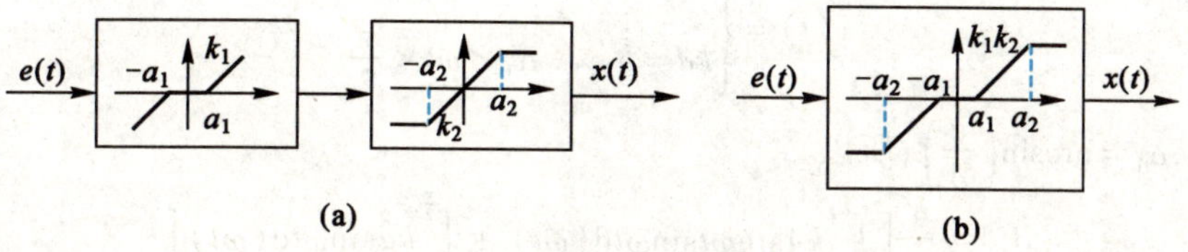

图 8.8 非线性环节串联的合并

8.2.3 典型非线性特性的描述函数

因为典型非线性特性的描述函数经常用到，所以，下面介绍典型非线性特性及其描述函数的求取，以便进一步介绍描述函数的计算方法。

1. 饱和特性的描述函数

饱和特性在正弦输入下的输出波形如图 8.9 所示。

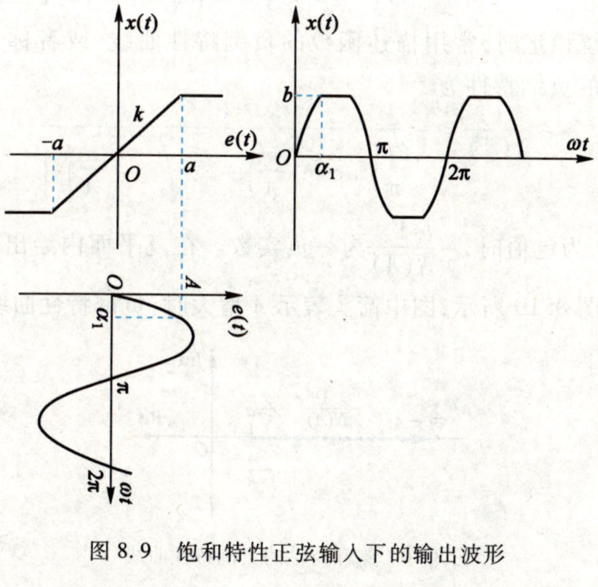

图 8.9 饱和特性正弦输入下的输出波形

显然，$x(t)$是单值奇函数，且 $x(t)$具有半周期的对称性，所以 $x(t)\cos\omega t$ 也是奇函数，$x(t)\sin\omega t$ 是偶函数，且具有半周期对称性，因此，$A_1=0$

$$B_1 = \frac{4}{\pi}\int_0^{\frac{\pi}{2}} x(t)\sin\omega t\mathrm{d}(\omega t)$$

在$\frac{1}{4}$周期内，$x(t)$的数学表达式为

$$x(t) = \begin{cases} kA\sin\omega t & 0 < \omega t \leqslant \alpha_1 \\ ka = b & \alpha_1 < \omega t < \frac{\pi}{2} \end{cases}$$

其中，$\alpha_1 = \arcsin\left(\frac{a}{A}\right)$，所以

$$\begin{aligned} B_1 &= \frac{4}{\pi}\left[\int_0^{\alpha_1} kA\sin\omega t\sin\omega t\mathrm{d}(\omega t) + \int_{\alpha_1}^{\frac{\pi}{2}} ka\sin\omega t\mathrm{d}(\omega t)\right] \\ &= \frac{4kA}{\pi}\int_0^{\alpha_1}\sin^2\alpha\mathrm{d}\alpha + \frac{4ka}{\pi}\int_{\alpha_1}^{\frac{\pi}{2}}\sin\alpha\mathrm{d}\alpha \\ &= \frac{4kA}{\pi}\left(\frac{\alpha_1}{2} - \frac{1}{4}\sin 2\alpha_1\right) + \frac{4ka}{\pi}\cos\alpha_1 \\ &= \frac{2k}{\pi}A\left[\arcsin\left(\frac{a}{A}\right) + \frac{a}{A}\sqrt{1 - \left(\frac{a}{A}\right)^2}\right] \end{aligned}$$

则饱和特性的描述函数为

$$N(A) = \frac{B_1}{A} = \frac{2k}{\pi}\left[\arcsin\left(\frac{a}{A}\right) + \frac{a}{A}\sqrt{1 - \left(\frac{a}{A}\right)^2}\right] \tag{8.11}$$

在分析系统稳定时，常用描述函数的负倒特性曲线，或者称为负倒描述函数。饱和特性的负倒特性为

$$-\frac{1}{N(A)} = -\frac{1}{\frac{2k}{\pi}\left[\arcsin\left(\frac{a}{A}\right) + \frac{a}{A}\sqrt{1 - \left(\frac{a}{A}\right)^2}\right]} \tag{8.12}$$

可见，当 A 为定值时，$-\frac{1}{N(A)}$为一负实数。在复平面内绘出饱和特性的负倒特性曲线如图 8.10 所示，图中箭头表示 A 增大时，负倒特性曲线的变化方向。

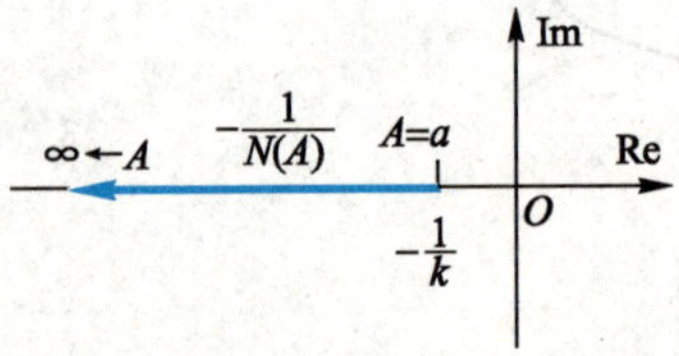

图 8.10 饱和特性的负倒特性曲线

2. 死区特性的描述函数

死区特性在正弦输入下的输出波形如图 8.11 所示。

可见，$x(t)$是单值奇函数，具有半周期的对称性，所以 $A_1 = 0$

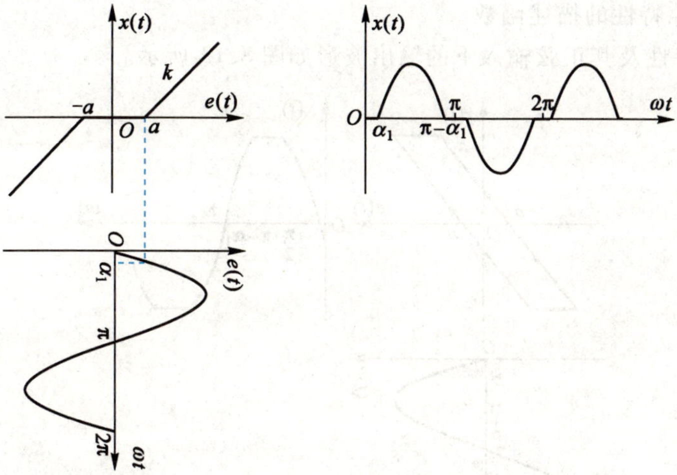

图 8.11 死区特性正弦输入下的输出波形

$$B_1=\frac{4}{\pi}\int_0^{\frac{\pi}{2}}x(t)\sin\omega t\mathrm{d}(\omega t)$$

在$\frac{1}{4}$周期内,$x(t)$的数学表达式为

$$x(t)=\begin{cases}0 & 0\leqslant\omega t<\alpha_1\\ k(A\sin\omega t-a) & \alpha_1\leqslant\omega t\leqslant\frac{\pi}{2}\end{cases}$$

其中,$\alpha_1=\arcsin\left(\frac{a}{A}\right)$,所以

$$B_1=\frac{4}{\pi}\int_{\alpha_1}^{\frac{\pi}{2}}k(A\sin\omega t-a)\sin\omega t\mathrm{d}(\omega t)=\frac{2kA}{\pi}\left[\frac{\pi}{2}-\arcsin\left(\frac{a}{A}\right)-\frac{a}{A}\sqrt{1-\left(\frac{a}{A}\right)^2}\right]$$

死区特性的描述函数为

$$N(A)=\frac{2k}{\pi}\left[\frac{\pi}{2}-\arcsin\left(\frac{a}{A}\right)-\frac{a}{A}\sqrt{1-\left(\frac{a}{A}\right)^2}\right]\tag{8.13}$$

死区特性的描述函数的负倒特性曲线如图 8.12 所示。

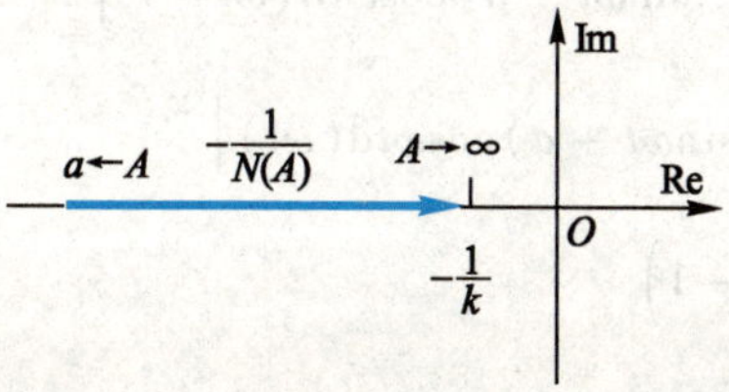

图 8.12 死区特性的负倒特性曲线

3. 间隙特性的描述函数

间隙特性及其正弦输入下的输出波形如图 8.13 所示。

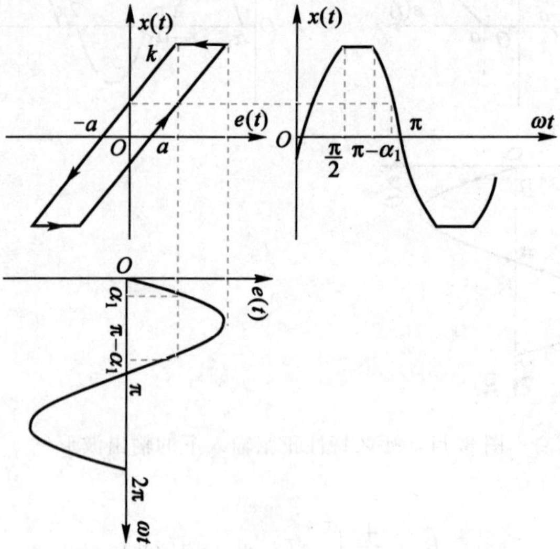

图 8.13 间隙特性在正弦输入下的输出波形

因为 $x(t)$ 既不是奇函数，也不是偶函数，所以，需要分别计算 A_1 及 B_1。从图 8.13 中可以看出，在 $0\sim2\pi$ 内，曲线与横轴所围面积的上半部分与下半部分相等，所以，$A_0=0$。在半周期内，$x(t)$ 的数学表达式为

$$x(t)=\begin{cases}k(A\sin\omega t-a) & 0\leqslant\omega t\leqslant\dfrac{\pi}{2}\\ k(A-a) & \dfrac{\pi}{2}\leqslant\omega t\leqslant\pi-\alpha_1\\ k(A\sin\omega t+a) & \pi-\alpha_1\leqslant\omega t\leqslant\pi\end{cases}$$

其中，$\alpha_1=\arcsin\left(\dfrac{A-2a}{A}\right)$，于是

$$\begin{aligned}A_1&=\frac{2}{\pi}\int_0^{\pi}x(t)\cos\omega t\mathrm{d}(\omega t)\\&=\frac{2}{\pi}\left[\int_0^{\frac{\pi}{2}}k(A\sin\omega t-a)\cos\omega t\mathrm{d}(\omega t)+\int_{\frac{\pi}{2}}^{\pi-\alpha_1}k(A-a)\cos\omega t\mathrm{d}(\omega t)+\right.\\&\left.\int_{\pi-\alpha_1}^{\pi}k(A\sin\omega t+a)\cos\omega t\mathrm{d}(\omega t)\right]\\&=\frac{4ka}{\pi}\left(\frac{a}{A}-1\right)\end{aligned}$$

$$B_1=\frac{2}{\pi}\int_0^{\pi}x(t)\sin\omega t\mathrm{d}(\omega t)$$

$$= \frac{2}{\pi}\left[\int_0^{\frac{\pi}{2}} k(A\sin\omega t - a)\sin\omega t\mathrm{d}(\omega t) + \int_{\frac{\pi}{2}}^{\pi-\alpha_1} k(A - a)\sin\omega t\mathrm{d}(\omega t) + \int_{\pi-\alpha_1}^{\pi} k(A\sin\omega t + a)\sin\omega t\mathrm{d}(\omega t)\right]$$

$$= \frac{kA}{\pi}\left[\frac{\pi}{2} + \arcsin\left(1 - \frac{2a}{A}\right) + \left(1 - \frac{2a}{A}\right)\sqrt{1 - \left(1 - \frac{2a}{A}\right)^2}\right]$$

所以,间隙特性的描述函数为

$$N(A) = \frac{B_1}{A} + \mathrm{j}\frac{A_1}{A} = \frac{k}{\pi}\left[\frac{\pi}{2} + \arcsin\left(1 - \frac{2a}{A}\right) + \left(1 - \frac{2a}{A}\right)\sqrt{1 - \left(1 - \frac{2a}{A}\right)^2}\right] + \mathrm{j}\frac{4k}{\pi}\frac{a}{A}\left(\frac{a}{A} - 1\right) \tag{8.14}$$

由于在间隙特性中出现了回环,而成为非单值函数。所以其描述函数是一个复函数。绘制间隙特性的负倒特性曲线的数据见表 8.1,其中,设 $k = 1$。间隙特性的负倒特性曲线如图 8.14 所示。

表 8.1 间隙特性的负倒特性数据

$\frac{A}{a}$	∞	10	5	2.5	2	1.66	1
$\left\lvert -\frac{1}{N(A)} \right\rvert$	1	1.05	1.14	1.43	1.7	2.08	∞
$\angle -\frac{1}{N(A)}$	180°	186.9°	193.7°	206.2°	212.5°	219.4°	270°

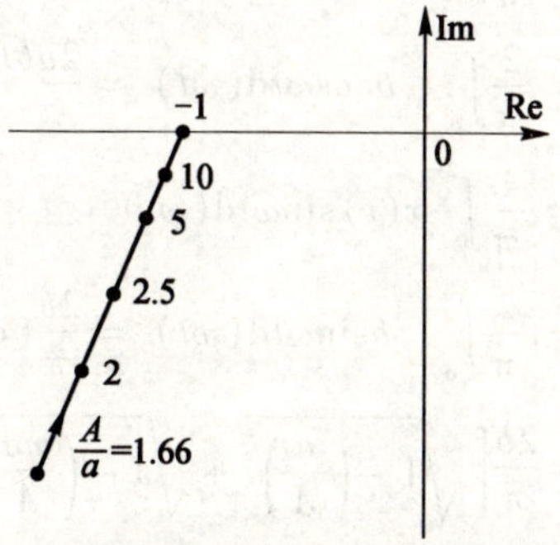

图 8.14 间隙特性的负倒特性曲线

4. 继电器特性的描述函数

带有滞环和死区的继电器特性及其在正弦输入下的输出波形如图 8.15 所示。

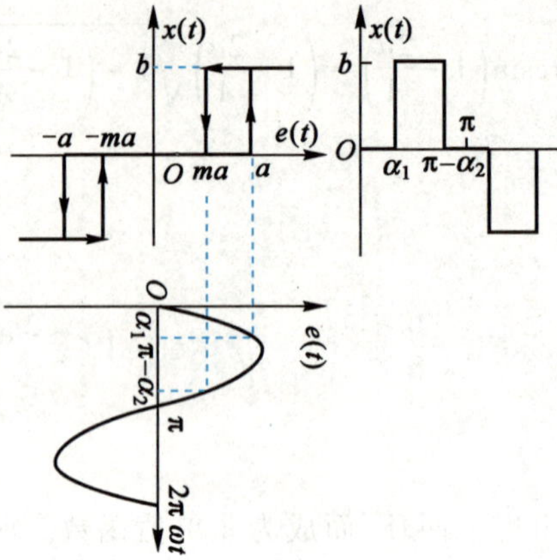

图 8.15 继电特性正弦输入下的输出波形

因为 $x(t)$ 既不是奇函数，又不是偶函数，所以，需要分别计算 A_1 及 B_1。从图中看出，$A_0=0$。在半周期内，$x(t)$ 的数学表达式为

$$x(t)=\begin{cases}0 & 0\leqslant\omega t<\alpha_1\\ b & \alpha_1\leqslant\omega t\leqslant\pi-\alpha_2\\ 0 & \pi-\alpha_2<\omega t\leqslant\pi\end{cases}$$

其中，$\alpha_1=\arcsin\left(\dfrac{a}{A}\right)$；$\alpha_2=\arcsin\left(\dfrac{ma}{A}\right)$，于是

$$\begin{aligned}A_1&=\frac{1}{\pi}\int_0^{2\pi}x(t)\cos\omega t\mathrm{d}(\omega t)\\&=\frac{2}{\pi}\int_{\alpha_1}^{\pi-\alpha_2}b\cos\omega t\mathrm{d}(\omega t)=\frac{2ab(m-1)}{\pi A}\\B_1&=\frac{1}{\pi}\int_0^{2\pi}x(t)\sin\omega t\mathrm{d}(\omega t)\\&=\frac{2}{\pi}\int_{\alpha_1}^{\pi-\alpha_2}b\sin\omega t\mathrm{d}(\omega t)=\frac{2b}{\pi}(\cos\alpha_1+\cos\alpha_2)\\&=\frac{2b}{\pi}\left[\sqrt{1-\left(\frac{a}{A}\right)^2}+\sqrt{1-\left(\frac{ma}{A}\right)^2}\right]\end{aligned}$$

所以，继电特性的描述函数为

$$N(A)=\frac{B_1}{A}+\mathrm{j}\frac{A_1}{A}$$

$$=\frac{2b}{\pi A}\left[\sqrt{1-\left(\frac{a}{A}\right)^2}+\sqrt{1-\left(\frac{ma}{A}\right)^2}\right]+\mathrm{j}\frac{2ab(m-1)}{\pi A^2} \tag{8.15}$$

下面进一步讨论继电特性的几种特殊情况。

(1) 理想继电器特性($a=0$)

将 $a=0$ 代入式(8.15)得理想继电特性的描述函数

$$N(A)=\frac{4b}{\pi A} \tag{8.16}$$

它是一个实函数,其负倒特性为

$$-\frac{1}{N(A)}=-\frac{\pi A}{4b} \tag{8.17}$$

负倒特性曲线如图 8.16(b)所示。

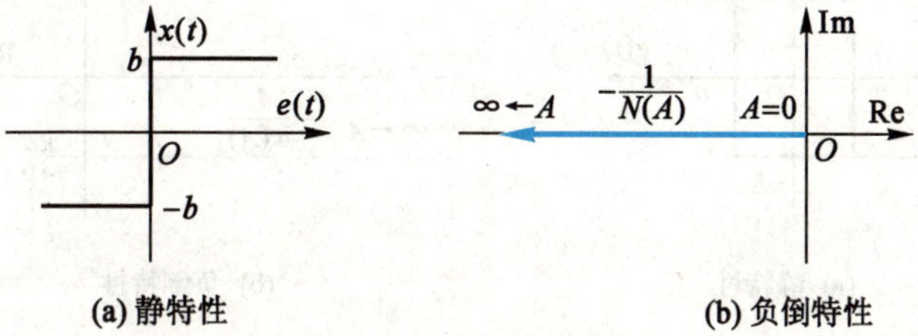

图 8.16 理想继电器特性

(2) 具有死区的单值继电器特性($m=1$)

将 $m=1$ 代入式(8.15)得

$$N(A)=\frac{4b}{\pi A}\sqrt{1-\left(\frac{a}{A}\right)^2} \tag{8.18}$$

它也是一个实函数,其负倒特性为

$$-\frac{1}{N(A)}=-\frac{\pi A}{4b\sqrt{1-\left(\frac{a}{A}\right)^2}} \tag{8.19}$$

负倒特性曲线如图 8.17(b)所示

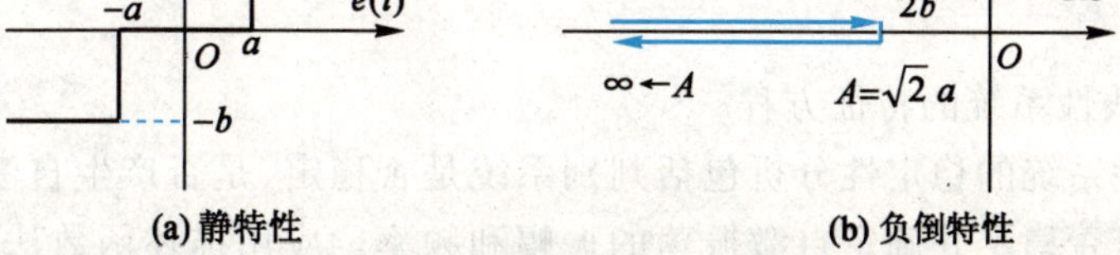

图 8.17 具有死区的单值继电器特性

(3) 具有滞环的继电器特性($m=-1$)

将 $m=-1$ 代入式(8.15)得

$$N(A)=\frac{4b}{\pi A}\sqrt{1-\left(\frac{a}{A}\right)^2}-\mathrm{j}\frac{4ab}{\pi A^2} \tag{8.20}$$

它是一个复函数,其负倒特性为

$$-\frac{1}{N(A)}=-\frac{\pi}{4b}\sqrt{A^2-a^2}-\mathrm{j}\frac{\pi a}{4b} \tag{8.21}$$

可见,负倒特性的虚部是一负常数,实部是随 A 变化的负实数。负倒特性曲线如图8.18(b)所示。

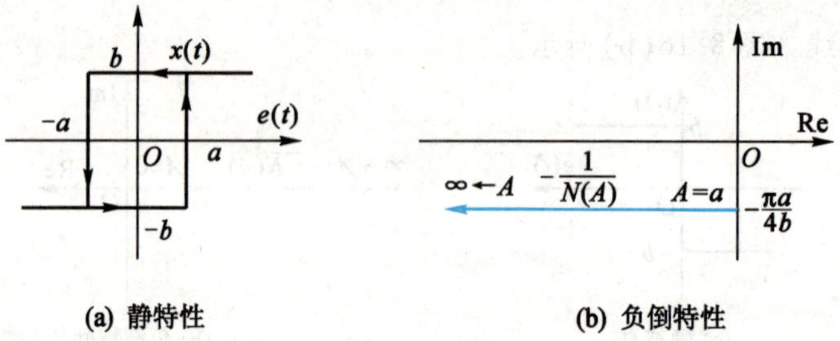

图8.18 具有滞环的继电器特性

带有滞环和死区的继电器特性的负倒特性曲线如图8.19所示。

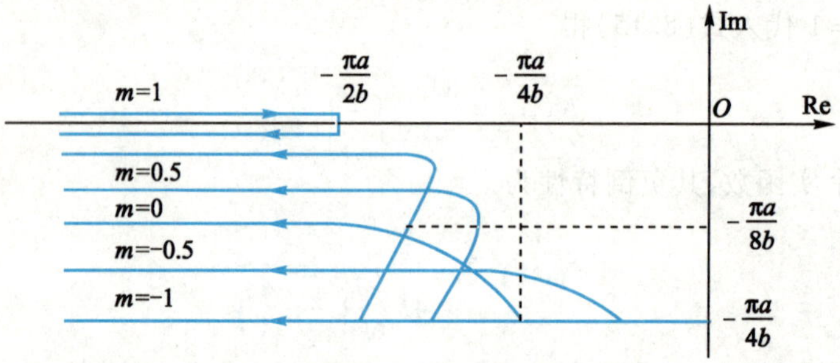

图8.19 带有滞环和死区的继电特性的负倒特性曲线

8.2.4 用描述函数法分析非线性系统的自激振荡

1. 非线性系统的特征方程

非线性系统的稳定性分析包括判别系统是否稳定、是否产生自激振荡以及自激振荡是否稳定并确定自激振荡的振幅和频率。应用描述函数法,对任何阶次的非线性定常系统都可以进行近似分析。

前面已经讨论过，当分析系统自激振荡时，任何只有一个非线性系统元件的系统均可化为图 8.6 所示的形式。如果系统满足描述函数法的条件，在非线性元件的输出中主要是基波分量。那么，非线性元件可以等效为一个具有描述函数 $N(A,\mathrm{j}\omega)$ 或 $N(A)$ 的线性环节，如图 8.20 所示，因此，可以用频率法研究。注意，图 8.20 中不能用传递函数表示，因为这里的分析仅仅是在正弦输入信号下进行的。

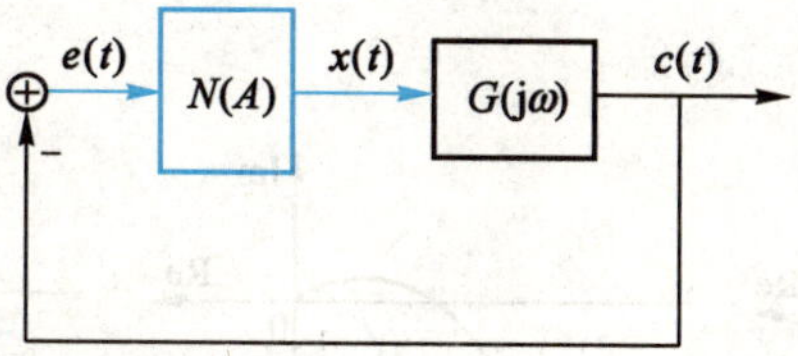

图 8.20 非线性系统

由图 8.20 可得系统的特征方程为

$$1+N(A)G(\mathrm{j}\omega)=0 \tag{8.22}$$

于是

$$G(\mathrm{j}\omega)=-\frac{1}{N(A)} \tag{8.23}$$

如果满足式(8.23)，系统的输出将出现自激振荡。显然，满足式(8.23)相当于在线性系统中 $G(\mathrm{j}\omega)$ 穿过临界点$(-1,\mathrm{j}0)$的情况，只是这里 $-\dfrac{1}{N(A)}$ 不是一个点，而是临界点随 A 变化的一条曲线。当系统处于某一个状态时，对应的负倒特性曲线上的一点就是临界点。这样，线性系统理论中的任何一个稳定判据，都可用于分析非线性系统处于这个状态时的稳定性。事实上，非线性系统的稳定性与系统的状态有关，在某些状态可能是稳定的，而在另一些状态可能是不稳定的。

2. 奈氏图上的稳定性分析

下面只研究线性部分 $G(\mathrm{j}\omega)$ 是最小相位系统的情况。对于非最小相位的情况，可以作类似的分析。

为了研究系统的稳定性，首先在奈氏图上画出两条轨迹：一条是频率特性 $G(\mathrm{j}\omega)$ 随 ω 变化的曲线。另一条是负倒特性 $-\dfrac{1}{N(A)}$ 随正弦信号幅值 A 变化的曲线，则非线性系统的稳定判据叙述如下。

非线性系统的奈氏稳定判据：设系统的线性部分是最小相位的，则

① 若 $-\dfrac{1}{N(A)}$ 轨迹没有被 $G(\mathrm{j}\omega)$ 轨迹包围，即当 ω 由 $0\to\infty$ 时，$-\dfrac{1}{N(A)}$ 轨迹

始终位于 $G(j\omega)$ 轨迹之左侧，如图 8.21(a) 所示，则非线性系统是稳定的。而且，两者相距越远，系统相对稳定性越好。

② 若 $-\dfrac{1}{N(A)}$ 轨迹被 $G(j\omega)$ 轨迹包围，如图 8.21(b) 所示，则非线性系统是不稳定的。

③ 若 $-\dfrac{1}{N(A)}$ 轨迹与 $G(j\omega)$ 轨迹相交，如图 8.21(c) 所示，则非线性系统存在稳定的或不稳定的自激振荡。

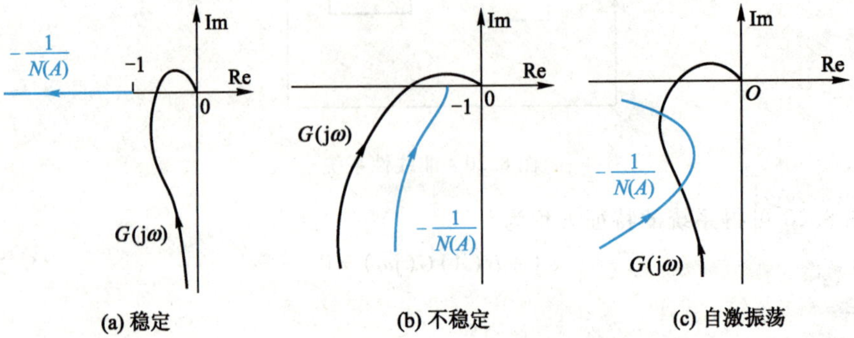

图 8.21 非线性系统的奈氏稳定判据

3. 自激振荡稳定性分析及其振幅和频率的确定

(1) 自激振荡稳定性定义

上面介绍了分析非线性系统稳定性的方法。当 $-\dfrac{1}{N(A)}$ 轨迹与 $G(j\omega)$ 轨迹相交时，如图 8.22 所示，非线性系统存在自激振荡。自激振荡可能是稳定的，也可能是不稳定的。

假设系统处于自激振荡状态，即系统的输出是近似的正弦波。如果在干扰作用下，自激振荡的幅值和频率保持不变，则称为稳定的自激振荡。如果在干扰作用下，系统的输出发散或收敛，或者自激振荡的幅值和频率改变，则称为不稳定的自激振荡。

注意，自激振荡的稳定性与系统的稳定性，是完全不同的概念。

(2) 自激振荡稳定性判别

先讨论图 8.22 中交点 a 处自激振荡

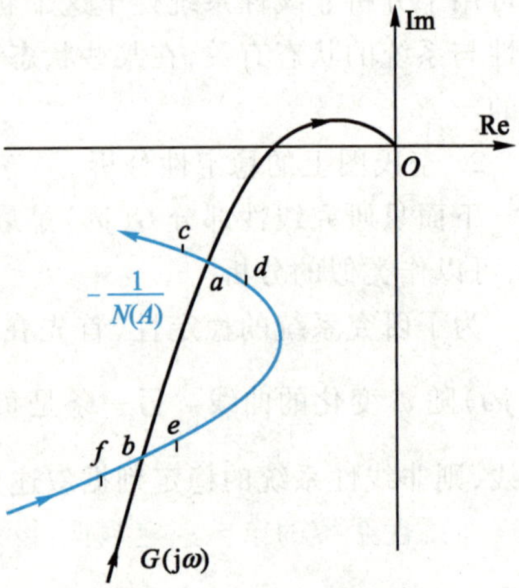

图 8.22 自激振荡的稳定性

的稳定性。设系统工作在点 a,系统处于临界稳定状态,系统输出是振幅为 A_a、频率为 ω_a的正弦波。若扰动使系统输出的幅值增加,即扰动使系统的工作点改变到 c 点,这时,由于 $G(j\omega)$ 轨迹不包围 c 点,系统处于稳定状态,因此,系统输出收敛,幅值减小,系统状态又回到 a 点。反之,若扰动使系统输出的幅值减小,即扰动使系统的工作改变到 d 点,这时,由于 $G(j\omega)$ 轨迹包围 d 点,系统处于不稳定状态,因此,系统输出发散,幅值增加,系统状态也回到 a 点。所以,即使存在干扰,系统总是工作在 a 点。因此,a 点是一个稳定的自激振荡。这时,系统输出一个稳定的正弦波,振幅为 A_a,频率为 ω_a。

类似地,可以讨论交点 b 处自激振荡的稳定性。设系统工作在 b 点,则系统输出振幅为 A_b、频率为 ω_b的正弦波。若扰动使系统输出的幅值增加,即系统工作在 e 点,这时,由于 $G(j\omega)$ 轨迹包围 e 点,系统处于不稳定状态,因此,系统输出发散,幅值增加,系统输出继续增加,直到稳定在 a 点。反之,若扰动使系统输出的幅值减小,即系统工作在 f 点,这时,由于 $G(j\omega)$ 轨迹不包围 f 点,系统处于稳定状态,因此,系统输出收敛,幅值继续减小,直到系统输出的幅值为 0。所以,只要存在干扰,系统不能维持在 b 点。因此,b 点是一个不稳定的自激振荡。不稳定的自激振荡实际上是不能保持的。

实际上,自激振荡稳定性可以从振荡幅值增加时,负倒特性轨迹的移动方向判别。当负倒特性轨迹从不稳定区进入稳定区时,交点处的自激振荡是稳定的自激振荡;反之,当负倒特性轨迹从稳定区进入不稳定区时,交点处的自激振荡是不稳定的自激振荡。

(3) 自激振荡振幅和频率的确定

自激振荡可以用正弦振荡近似表示,其幅值和频率分别为交点处负倒特性轨迹上的 A 值和 $G(j\omega)$ 轨迹上对应的 ω 值。

4. 举例

例 8.2 图 8.23 所示控制系统,其非线性元件为理想继电器特性,确定系统自激振荡的振幅和频率。

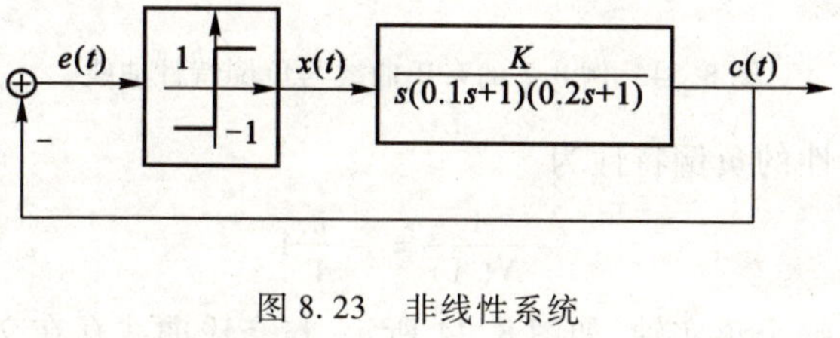

图 8.23 非线性系统

解 由线性部分的传递函数 $G(s)$ 求得频率特性 $G(j\omega)$ 为

$$G(j\omega)=\frac{K}{j\omega(j0.1\omega+1)(j0.2\omega+1)}$$

则

$$\lim_{\omega\to 0}|G(\mathrm{j}\omega)|=\infty,\ \lim_{\omega\to 0_+}\angle G(\mathrm{j}\omega)=-\frac{\pi}{2}$$

$$\lim_{\omega\to +\infty}|G(\mathrm{j}\omega)|=0,\ \lim_{\omega\to +\infty}\angle G(\mathrm{j}\omega)=-\frac{3}{2}\pi$$

求奈氏曲线与实轴的交点:

$$\mathrm{Re}G(\mathrm{j}\omega)=\frac{-0.3K}{1+0.05\omega^2+0.0004\omega^4}$$

$$\mathrm{Im}G(\mathrm{j}\omega)=\frac{K(0.02\omega^2-1)}{\omega(1+0.05\omega^2+0.0004\omega^4)}$$

令

$$\mathrm{Im}G(\mathrm{j}\omega)=0$$

得

$$0.02\omega^2-1=0$$

解得奈氏曲线与实轴交点处的频率

$$\omega=\sqrt{50}$$

奈氏曲线与实轴交点坐标

$$\mathrm{Re}G(\mathrm{j}\sqrt{50})=-\frac{K}{15}$$

根据上面的分析,可以画出系统的奈氏曲线,如图 8.24 所示。

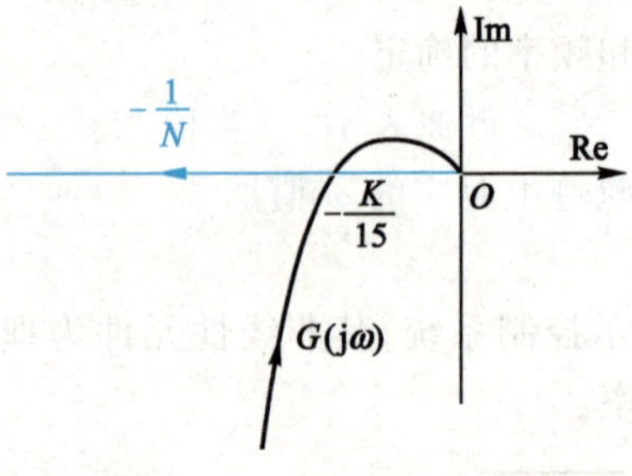

图 8.24 例 8.2 的奈氏曲线与负倒特性曲线

理想继电特性的负倒特性为

$$-\frac{1}{N(A)}=-\frac{\pi}{4}A$$

负倒特性曲线为整个负实轴,如图 8.24 所示,与奈氏曲线存在交点,系统存在自激振荡。由于负倒特性是从不稳定区进入稳定区,所以,交点处的自激振荡是稳定的自激振荡。

因为交点处的 $G(\mathrm{j}\omega)$ 的频率就是自激振荡的频率,所以自激振荡的频率为

$\omega=\sqrt{50}$。因为 $G(\mathrm{j}\omega)$ 和 $-\dfrac{1}{N(A)}$ 交点处幅值相等,即

$$-\frac{\pi}{4}A=-\frac{K}{15}$$

所以,自激振荡的幅值为 $A=\dfrac{4K}{15\pi}$。

例 8.3 设控制系统如图 8.25 所示。

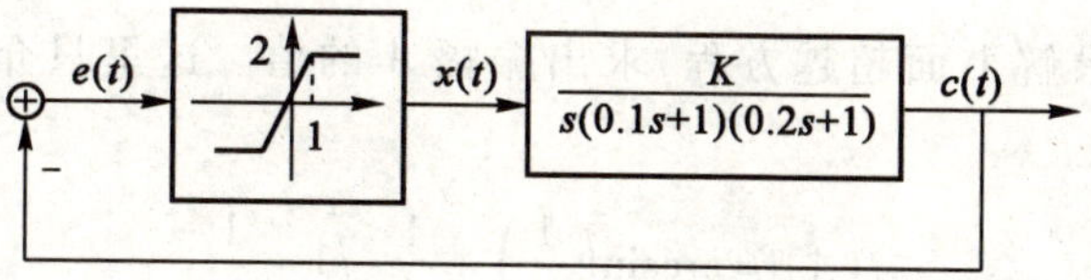

图 8.25 非线性系统

(1) 试计算 K 为何值时,系统临界稳定。

(2) 求取 $K=15$ 时,自激振荡的振幅和频率。

解 (1) 饱和特性的负倒特性为

$$-\frac{1}{N(A)}=-\frac{1}{\dfrac{4}{\pi}\left[\arcsin\left(\dfrac{1}{A}\right)+\dfrac{1}{A}\sqrt{1-\dfrac{1}{A^2}}\right]}$$

其负倒特性的曲线如图 8.26 所示,即为 -0.5 到 $-\infty$ 的负实轴。

欲使系统临界稳定,线性部分 $G(\mathrm{j}\omega)$ 轨迹应不包围点 $(-0.5,\mathrm{j}0)$。由例 8.2 中的计算结果得

$$\mathrm{Re}G(\mathrm{j}\omega)=\frac{-0.3K}{1+0.05\omega^2+0.000\,4\omega^4}$$

$$\mathrm{Im}G(\mathrm{j}\omega)=\frac{K(0.02\omega^2-1)}{\omega(1+0.05\omega^2+0.000\,4\omega^4)}$$

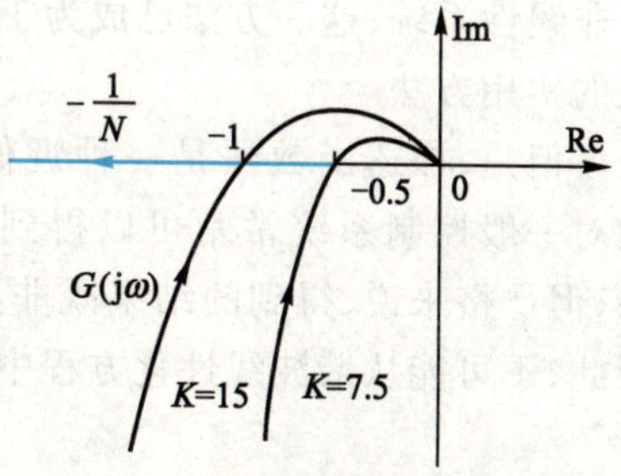

图 8.26 例 8.3 的奈氏曲线与负倒特性曲线

$G(\mathrm{j}\omega)$ 和负实轴交点处的频率为 $\omega=\sqrt{50}$,交点处的幅值为

$$\mathrm{Re}G(\mathrm{j}\sqrt{50})=-\frac{K}{15}$$

根据系统稳定的条件,要求 $G(\mathrm{j}\omega)$ 轨迹线和负倒特性曲线不相交,即满足 $\mathrm{Re}G(\mathrm{j}\sqrt{50})=-\dfrac{K}{15}\geqslant-0.5$,求得 K 的临界稳定值为 $K=7.5$,即,为使系统不产生自激振荡,K 值最大不超过 7.5。

(2) 当 $K=15$ 时，根据上面的分析可知，系统必产生自激振荡，其振荡频率为 $\omega=\sqrt{50}$，其振幅求解如下

$$-\frac{1}{\frac{4}{\pi}\left[\arcsin\left(\frac{1}{A}\right)+\frac{1}{A}\sqrt{1-\frac{1}{A^2}}\right]}=-1$$

$$\arcsin\left(\frac{1}{A}\right)+\frac{1}{A}\sqrt{1-\frac{1}{A^2}}=\frac{\pi}{4}$$

可用各种方法求解上面超越方程，求出振幅 A 的值。这里只介绍一种求解方法。令

$$f(A)=\arcsin\left(\frac{1}{A}\right)+\frac{1}{A}\sqrt{1-\frac{1}{A^2}}$$

取 A 为不同值时作出 $f(A)$ 曲线，如图 8.27 所示。由曲线 $f(A)$ 和 $\frac{\pi}{4}$ 直线的交点 b_1 可求得 $A=2.5$。即自激振荡的振幅为 $A=2.5$，频率为 $\omega=\sqrt{50}$。

描述函数法的优点是简单，而且适用于高阶非线性系统，包括不连续、非单值等非解析情况。从本质上来说，描述函数方法是一种频域方法，将线性系统的频率法推广到了非线性系统，这一方法已成为工程中较普及的实用方法。

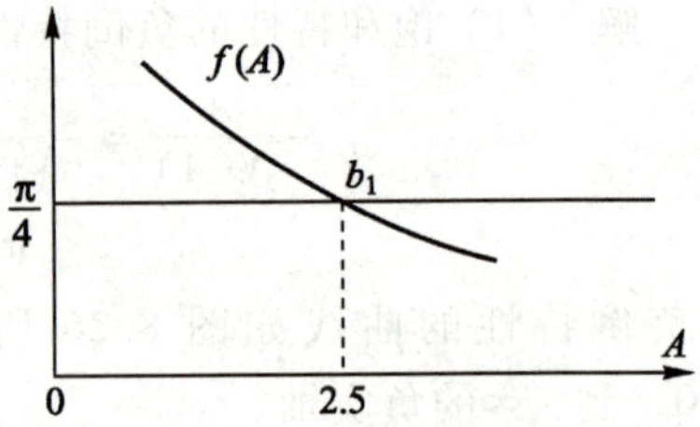

图 8.27 超越方程的图解法

但是，描述函数法是一种近似方法，虽然对一般控制系统常常可以得到合理的结果，但严格来说，得到的结果既非必要也非充分，而且会丧失一些非线性信息。因此，不可能从谐波线性化方程中获得非线性系统的某些更复杂的现象与性质。

8.3 相平面法

当分析非线性系统时，若不能只考虑基波分量，还需要考虑谐波分量，或者需要研究系统在各种初始条件和一些非周期输入信号（如阶跃、速度、加速度信号等）作用下的所有可能的运动状态时，前面介绍的描述函数法便不适用了。相平面法是庞加莱（Poincare）1885 年首先提出的，它是一种图解法，可以全面地表示系统中各种可能的运动特性，而且是精确的分析方法。

本节首先介绍相平面的概念及其基本性质以及绘制相轨迹的方法，然后介绍奇点、极限环等相轨迹的重要特征及其分析系统的方法。

8.3.1 相平面

1. 相平面的定义

对于二阶微分方程 $\ddot{x}=f(x,\dot{x})$ 描述的系统，可以用 $x(t)$ 的时间函数曲线表示它的解，也可以用 $\dot{x}(t)$ 和 $x(t)$ 的关系曲线表示它的解。以 $x(t)$ 为横坐标、$\dot{x}(t)$ 为纵坐标构成的直角坐标平面称为相平面。在相平面上绘制出相量随时间 t 的增长而形成的轨迹称为相轨迹。相轨迹也表示了系统的动态特性，这种用相轨迹几何图形表示系统动态过程的方法，称为系统动态特性的相平面表示法。

例如，二阶微分方程 $\ddot{x}+\omega_0^2x=0$ 的相轨迹如图 8.28 所示。

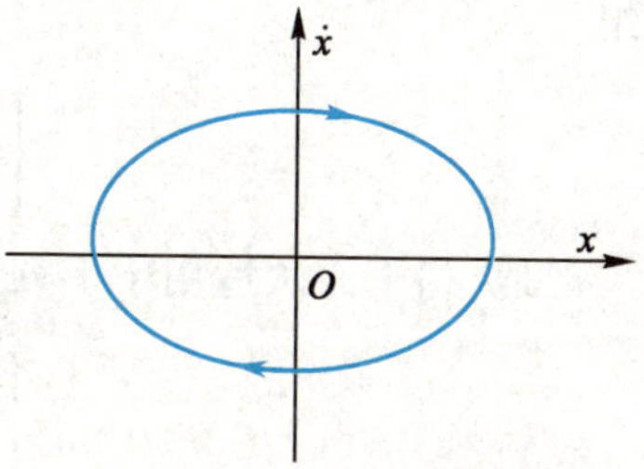

图 8.28 相轨迹

当绘制出线性或非线性系统的相轨迹后，就可以根据相轨迹的几何特征，清楚地看出这个系统的稳定性以及是否有自激振荡产生，可以判别自激振荡的稳定性，确定自激振荡的幅值和频率，也可以从相轨迹上确定系统过渡过程的主要特征。这就是相平面法。

2. 相平面法的适用范围

相平面法是一种精确的方法，但它受到下列几点限制。

① 原则上，它仅适用于一阶、二阶系统。这是因为在平面上绘制函数曲线是比较容易。在三维空间中绘制三阶系统的相轨迹尽管可能，但很困难，而绘制三维以上空间中的轨迹则是不可能的。因此，只能在相平面上分析一阶、二阶系统。对于线性部分是高阶的系统，如果可以降为二阶，也可以用相平面法分析。

② 只适用于定常系统。和描述函数法一样，也不适用于时变系统。

③ 一般用于研究系统输入为零时的动态过程。当有输入时，输入信号的形式受到初态的限制，只允许像阶跃、速度、加速度等常数被状态隐含的输入信号，而不允许像正弦一类的输入信号。

下面举例说明，当有像阶跃、速度、加速度等一类输入信号时，如何选择合适的状态变量，使之满足上述要求。

例如，描述系统的微分方程为

$$\ddot{y}(t)+a\dot{y}(t)+by(t)=R\cdot 1(t)$$

若选择输出变量为 $x=y-\dfrac{R}{b}$，则微分方程变为

$$\ddot{x}(t)+a\dot{x}(t)+bx(t)=0$$

可见，在新的微分方程中，输入信号可以看成是零，这就是所谓的隐含。

由于上述限制，相平面法研究的是下列微分方程所描述的线性或非线性二阶系统

$$\ddot{x}+f(\dot{x},x)=0 \tag{8.24}$$

其中，x、$\dot{x}$ 是系统的状态变量，为时间 t 的函数；$f(\dot{x},x)$ 是 x 和 $\dot{x}$ 的线性或非线性函数，但不直接是 t 的函数。

若引入状态变量 $x_1=x, x_2=\dot{x}$，则式(8.24)可转换成一个等价的一阶微分方程组

$$\begin{cases}\dot{x}_1=x_2\\ \dot{x}_2=-f(x_2,x_1)\end{cases} \tag{8.25}$$

更一般地，相平面法适用于下列形式的一阶微分方程组所描述的二阶系统

$$\begin{cases}\dot{x}_1=P(x_1,x_2)\\ \dot{x}_2=Q(x_1,x_2)\end{cases} \tag{8.26}$$

其中，线性或者非线性函数 P、Q 在整个相平面上连续，且具有连续的偏导数。

3. 相平面的选择

对于系统的状态变量，虽然存在无限多种选择，但一般为了研究问题方便需要选择合适的相平面。例如，当研究系统的过渡过程特性时，常常选择系统输出变量及其导数作为状态变量；当研究系统的误差特性时，常常选择系统误差信号及其导数作为状态变量；当系统存在速度输入时，一般选择系统的误差信号及其导数作为变量，因为这时如果在 $c-\dot{c}$ 上绘制相轨迹，系统输出变量 $c(t)$ 将连续增长，$f(\dot{c},c)$ 与 t 将有直接的关系，超出了相平面法的研究范围。

4. 相轨迹的性质

为了便于绘制相轨迹和利用相平面图分析系统的动态性能，首先研究相轨迹的一些特性。

(1) 相平面图的对称性

如果相轨迹对称于 x 轴、$\dot{x}$ 轴或坐标原点，则可以简化相轨迹绘制过程。

由图形对称的条件可知，相轨迹的对称性可以从对称点上相轨迹的斜率来判断。

由于二阶系统的数学模型为 $\ddot{x}+f(\dot{x},x)=0$，所以相轨迹的斜率为

$$\frac{\mathrm{d}\dot{x}}{\mathrm{d}x}=\frac{\frac{\mathrm{d}\dot{x}}{\mathrm{d}t}}{\frac{\mathrm{d}x}{\mathrm{d}t}}=\frac{\ddot{x}}{\dot{x}}=-\frac{f(\dot{x},x)}{\dot{x}} \tag{8.27}$$

若相轨迹对称于 x 轴，则 $(x,\dot{x})$ 和 $(x,-\dot{x})$ 点上相轨迹的斜率大小相等，符号相反，即

$$-\left[-\frac{f(\dot{x},x)}{\dot{x}}\right]=-\frac{f(-\dot{x},x)}{-\dot{x}}$$

或

$$f(\dot{x},x)=f(-\dot{x},x) \tag{8.28}$$

即，相轨迹对称于 x 轴的条件是 $f(\dot{x},x)$ 必须是 $\dot{x}$ 的偶函数。

若相轨迹对称于 $\dot{x}$ 轴，则 $(x,\dot{x})$ 和 $(-x,\dot{x})$ 点上相轨迹的斜率大小相等，符号相反，即

$$-\left[-\frac{f(\dot{x},x)}{\dot{x}}\right]=-\frac{f(\dot{x},-x)}{\dot{x}}$$

或

$$f(\dot{x},x)=-f(\dot{x},-x) \tag{8.29}$$

即，相轨迹对称于 $\dot{x}$ 轴的条件是 $f(\dot{x},x)$ 必须是 x 的奇函数。

若相轨迹对称于原点，则 $(x,\dot{x})$ 和 $(-x,-\dot{x})$ 点上相轨迹的斜率大小相等，符号相同，即

$$-\frac{f(\dot{x},x)}{\dot{x}}=-\frac{f(-\dot{x},-x)}{-\dot{x}}$$

或

$$f(\dot{x},x)=-f(-\dot{x},-x) \tag{8.30}$$

式(8.30)就是相轨迹对称于原点的条件。

(2) 相轨迹与 x 轴正交

相轨迹与 x 轴的相交点在 x 轴上，所以在相交点处，$\dot{x}\equiv 0$，由式(8.27)可见，除了 $f(0,x)=0$ 的奇点外，相轨迹在与 x 轴的相交点处的斜率为 $\frac{\mathrm{d}\dot{x}}{\mathrm{d}x}=-\frac{f(\dot{x},x)}{\dot{x}}=\infty$，即相轨迹与 x 轴正交。

(3) 系统状态沿相轨迹运动的方向

在相平面图上，为了表示状态随时间 t 的变化方向，在相轨迹上标上箭头，表示随着时间 t 的增加，状态沿箭头方向运动。

在相平面的上半平面，$\dot{x}>0$，x 随着 t 的增加而增加，所以，系统的状态是沿相轨迹向右运动。而在下半平面，$\dot{x}<0$，x 随着 t 的增加而减少，所以，系统的状

态是沿相轨迹向左运动。

(4) 相平面图中的普通点和奇点

相轨迹的斜率为$\frac{\mathrm{d}\dot{x}}{\mathrm{d}x}=-\frac{f(\dot{x},x)}{\dot{x}}$,可见,相平面中任意一点$(x,\dot{x})$,只要不同时满足$\dot{x}=0$、$f(\dot{x},x)=0$,则该点相轨迹的斜率是唯一确定的,即通过该点的相轨迹只有一条,相轨迹不会在该点相交,这样的点称为普通点。而那些同时满足$\dot{x}=0$、$f(\dot{x},x)=0$的点称为奇点。在奇点处相轨迹的斜率$\frac{\mathrm{d}\dot{x}}{\mathrm{d}x}=\frac{0}{0}$是不确定的,可以有多条相轨迹通过,是相轨迹的交点。因此,在普通点相轨迹是唯一的,而在奇点相轨迹是不唯一的。实际上,这就是微分方程解唯一性定理的体现。

8.3.2 相轨迹的绘制方法

绘制相平面图可以用解析法和计算机仿真法。

解析法是一种最基本的方法。当系统的微分方程比较简单,或者系统中非线性特性可以分段线性化时,可以用解析法绘制相平面图。

一般情况下,用解析法是比较困难,甚至不可能的。

随着计算机仿真技术的发展,越来越多地利用仿真软件,例如 MATLAB 绘制相轨迹。

本节只简单介绍解析法和定性控制法。

1. 解析法

应用解析法求取相轨迹,一般有两种方法。

方法1 直接积分

求出x和$\dot{x}$对t的函数关系,然后从这两个方程中消去t,从而得到相轨迹方程。这种方法没有实用价值,因为假如微分方程是可积的,也就不必用相平面表示其解。

方法2 利用关系式

$$\frac{\ddot{x}}{\dot{x}}=\frac{\frac{\mathrm{d}\dot{x}}{\mathrm{d}t}}{\frac{\mathrm{d}x}{\mathrm{d}t}}=\frac{\mathrm{d}\dot{x}}{\mathrm{d}x}=-\frac{f(\dot{x},x)}{\dot{x}} \tag{8.31}$$

将二阶微分方程$\ddot{x}+f(\dot{x},x)=0$变成一阶微分方程,然后直接对该一阶微分方程进行积分,便可画出相应的相轨迹。这种方法只有当该一阶微分方程可积时才适用。

例 8.4 具有理想继电器特性的非线性系统如图 8.29 所示,试在$c-\dot{c}$平面上绘制相轨迹。

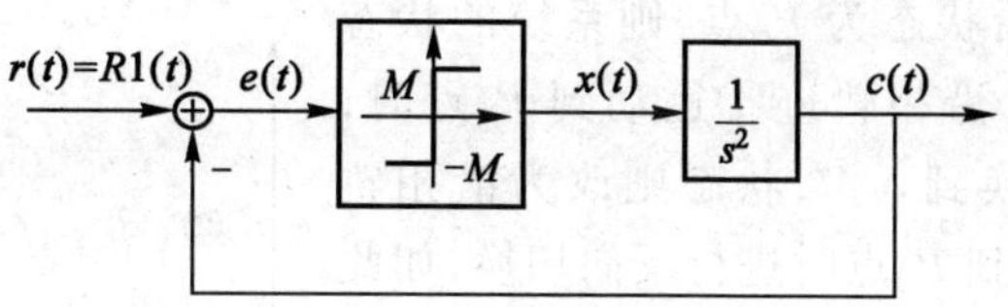

图 8.29 非线性系统

解 由方框图可得

$$\ddot{c}=x$$

$$x=M\mathrm{sign}(R-c)$$

则

$$\ddot{c}=M\mathrm{sign}(R-c)$$

方法 1:直接积分上式,并注意到 sign$(R-c)$是 1 或 -1 的常数,可得

$$\dot{c}=Mt\mathrm{sign}(R-c)+\dot{c}(0)$$

再积分一次得

$$c=\frac{1}{2}Mt^2\mathrm{sign}(R-c)+\dot{c}(0)t+c(0)$$

从上面两式中消去 t,得

$$\dot{c}^2(t)=2Mc(t)\mathrm{sign}(R-c)+\dot{c}^2(0)-2Mc(0)\mathrm{sign}(R-c)$$

或

$$\begin{cases}\dot{c}^2(t)=2Mc(t)+\dot{c}^2(0)-2Mc(0) & R>c(t)\\ \dot{c}^2(t)=-2Mc(t)+\dot{c}^2(0)+2Mc(0) & R<c(t)\end{cases}$$

上式就是相轨迹方程。

方法 2:由式(8.31)得

$$\dot{c}\frac{\mathrm{d}\dot{c}}{\mathrm{d}c}=M\mathrm{sign}(R-c)$$

$$\dot{c}\mathrm{d}\dot{c}=M\mathrm{sign}(R-c)\mathrm{d}c$$

两边积分得

$$\int_{\dot{c}(0)}^{\dot{c}(t)}\dot{c}\mathrm{d}\dot{c}=M\mathrm{sign}(R-c)\int_{c(0)}^{c(t)}\mathrm{d}c$$

则

$$\frac{1}{2}[\dot{c}^2(t)-\dot{c}^2(0)]=M\mathrm{sign}(R-c)[c(t)-c(0)]$$

整理得

$$\dot{c}^2(t)=2Mc(t)\mathrm{sign}(R-c)+\dot{c}^2(0)-2Mc(0)\mathrm{sign}(R-c)$$

可见，两种方法所得结果相同。由上式画出相轨迹如图 8.30 所示。

若系统的初始状态为 P_0 点，则系统的状态从 P_0 点开始运动，沿相轨迹①运动到 P_1 点时，继电器从 $-M$ 切换到 $+M$，状态则改为沿相轨迹②运动，当运动到 P_2 点时进行反向切换，如此反复。

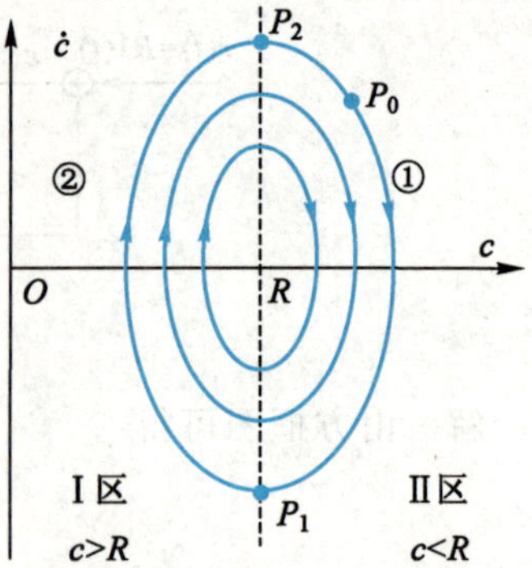

图 8.30　例 8.4 相轨迹图

2. 定性控制法

定性控制法和通常的函数 $y=f(x)$ 作图方法类似。要绘制 $y=f(x)$ 的曲线，可以先确定曲线的一些特征，然后勾画出曲线的大致形状。这些特征有：截距、极值点、对称性、凹凸性、斜率正负性、渐近性等。

微分方程 $\ddot{x}+f(\dot{x},x)=0$ 的相轨迹也有一些易于求出的特征，一旦求出它们，就容易勾画出系统相轨迹概貌。这些特征视系统的不同而异，例如：

① 相对原点、坐标轴的对称性。

② 水平等倾线。

③ 铅垂等倾线。

④ 不变直线，即直线形的相轨迹。

⑤ 奇点类型。

⑥ 极限环。

⑦ 某区域中的斜率符号。

由上述特征绘制出的相轨迹，显然是定性的。但从系统相轨迹图的几何结构（指相轨迹的类型、相对位置、相对形状的分布情况）来说却是准确的。如果再结合几条等倾线或其他精确计算方法，就能绘制出相当满意的相轨迹图。下面举例说明。

例 8.5　绘制 $\ddot{x}+3\dot{x}+2x=0$ 的相轨迹。

解　引入状态变量 $x=x, y=\dot{x}$，可将二阶微分方程化为一阶微分方程组：

$$\begin{cases}\dot{x}=y\\ \dot{y}=\ddot{x}=-2x-3y\end{cases}$$

相轨迹微分方程为

$$\frac{\mathrm{d}y}{\mathrm{d}x}=-\frac{2x+3y}{y}$$

它的相轨迹具有下列特征：

① 相轨迹关于原点对称。因为以 $(-x,-y)$ 代替 (x,y)，相轨迹微分方程形式不变。

② 水平等倾线$\frac{dy}{dx}=0$，即 $2x+3y=0$ 或者 $y=-\frac{2}{3}x$。

③ 铅垂等倾线$\frac{dy}{dx}=\infty$，即 $y=0$。

④ 不变直线相轨迹 $y=kx$。（若 k 无实数解，表示没有不变直线。）

将 $y=kx$ 代入相轨迹微分方程，得：$k=-\frac{2+3k}{k}$，即：$k^2+3k+2=0$，解得 $k_1=-1,k_2=-2$，因此，相轨迹有两条不变直线 $y=-x$ 和 $y=-2x$。

⑤ 等倾线方程$\frac{dy}{dx}=\alpha$，即$\frac{dy}{dx}=-\frac{2x+3y}{y}=\alpha$，则等倾线方程为 $y=\frac{-2}{\alpha+3}x$，或 $(\alpha+3)y+2x=0$

在相平面上作出特征②～④。

由于解的唯一性，相轨迹不能相交，因此，不变直线起到分界线作用。不变直线的存在说明没有绕原点的封闭相轨迹，即极限环。

在第一象限和第三象限，没有说明相轨迹特征，所以，根据特征⑤再画出几条等倾线。

当 $\alpha=-3$ 时，$x=0$，即 y 轴为等倾线，斜率为 $\alpha=\tan\theta=-3$，倾角为 $\theta=-71.56°$

当 $\alpha=-5$ 时，等倾线方程为 $y=x$，倾角为 $\theta=\arctan(-5)=-78.7°$

根据上述特征，可以勾画出相轨迹的特征，如图 8.31 所示。

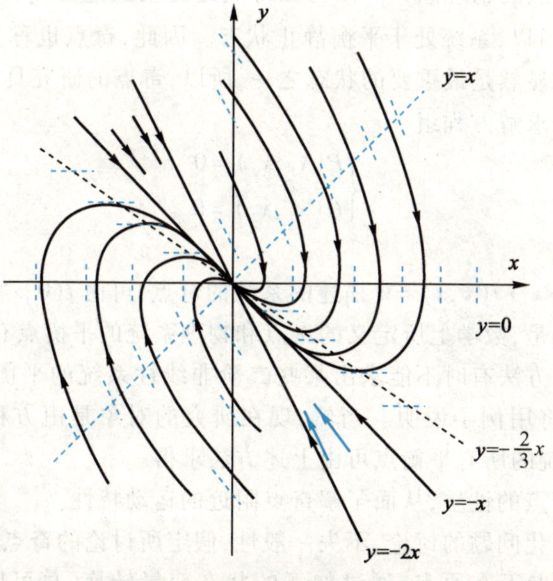

图 8.31 例 8.5 的相轨迹

8.3.3 奇点

相平面分析法的一个重要方面，就是根据系统相轨迹的一些特征可以分析系统的运动特性。因此，应当掌握相轨迹的各种特征，并熟知它们和系统运动形式间的关系。下面将介绍相轨迹的两类重要特征——奇点和极限环，并说明系统的相轨迹具有这些特征时，系统将存在什么运动形式。

1. 奇点的概念

设描述系统的微分方程为

$$\begin{cases}\dot{x}_1=P(x_1,x_2)\\ \dot{x}_2=Q(x_1,x_2)\end{cases} \tag{8.32}$$

若存在点 $x_1=x_{10}, x_2=x_{20}$ 使得 $P(x_{10},x_{20})=0$ 与 $Q(x_{10},x_{20})=0$ 同时成立，则 $x_1=x_{10}, x_2=x_{20}$ 称为该方程的奇点。

显然，在奇点(x_{10},x_{20})处，$\dot{x}_1\equiv 0, \dot{x}_2\equiv 0$，因此，从数学上看，$x_1=x_{10}, x_2=x_{20}$ 是微分方程(8.32)的定常解。反映在相平面图上，因为奇点处相轨迹的斜率 $\dfrac{\mathrm{d}x_2}{\mathrm{d}x_1}=\dfrac{\dot{x}_2}{\dot{x}_1}=\dfrac{0}{0}$是一不确定的形式，所以可有多条相轨迹通过奇点，所以，奇点是相轨迹的交点。而在其他点，因为都有一个确定的斜率，所以只有一条相轨迹通过，不会出现相轨迹相交的情况。

下面考察奇点的物理意义。因为在奇点处运动的速度$\dot{x}_1=\dot{x}=0$，运动的加速度$\dot{x}_2=\ddot{x}=0$，所以，系统处于平衡静止状态。因此，奇点也称为平衡点。物理系统的平衡状态显然是最重要的状态之一，所以，奇点的研究具有重要意义。

奇点可以从求解方程组

$$\begin{cases}P(x_1,x_2)=0\\ Q(x_1,x_2)=0\end{cases} \tag{8.33}$$

得出。

对于由方程 $\ddot{x}+f(\dot{x},x)=0$ 描述的系统的奇点，可由 $f(0,x)=0$ 求得。

需要指出的是，数学上所定义的奇点和物理系统的平衡点有时是不一致的，用上述求奇点的方法有时不能求出某些二阶非线性系统的平衡点，而需要一些特殊方法，后面将用例子说明。当然，现在研究的对象是由方程(8.32)所描述的系统，这类系统的所有平衡点可由上述方法求得。

下面研究奇点的性质，从而了解奇点附近的运动特性。

为进一步简化问题的讨论，不失一般性，假定所讨论的奇点在原点，即 $x_{10}=0, x_{20}=0$。若奇点不在原点，通过如下的状态变量转换，总可以把奇点放置到原点。

$$\begin{cases}\tilde{x}_1 = x_1 - x_{10} \\ \tilde{x}_2 = x_2 - x_{20}\end{cases} \tag{8.34}$$

通过式(8.34)的变换,原方程(8.32)变换为

$$\begin{cases}\dot{\tilde{x}}_1 = P(\tilde{x}_1 + x_{10}, \tilde{x}_2 + x_{20}) \\ \dot{\tilde{x}}_2 = Q(\tilde{x}_1 + x_{10}, \tilde{x}_2 + x_{20})\end{cases} \tag{8.35}$$

显然,(0,0)是微分方程(8.35)的奇点。

为了确定奇点的性质及其附近的运动特性,将 P、Q 在奇点附近展开成泰勒级数。设奇点在原点,并注意到在奇点处 P、Q 恒等于0,所以有

$$\begin{cases}\dot{x}_1 = P(x_1, x_2) = \left.\dfrac{\partial P}{\partial x_1}\right|_0 x_1 + \left.\dfrac{\partial P}{\partial x_2}\right|_0 x_2 + \cdots \\ \dot{x}_2 = Q(x_1, x_2) = \left.\dfrac{\partial Q}{\partial x_1}\right|_0 x_1 + \left.\dfrac{\partial Q}{\partial x_2}\right|_0 x_2 + \cdots\end{cases} \tag{8.36}$$

线性化系统或一次近似系统为

$$\begin{cases}\dot{x}_1 = P(x_1, x_2) = \left.\dfrac{\partial P}{\partial x_1}\right|_0 x_1 + \left.\dfrac{\partial P}{\partial x_2}\right|_0 x_2 \\ \dot{x}_2 = Q(x_1, x_2) = \left.\dfrac{\partial Q}{\partial x_1}\right|_0 x_1 + \left.\dfrac{\partial Q}{\partial x_2}\right|_0 x_2\end{cases} \tag{8.37}$$

从上式可以直观地看出,所考察系统在奇点(0,0)附近的相轨迹的形状和一次项有密切关系,因此,先讨论它的一次近似方程组的相轨迹形状,然后借助于一次近似方程讨论原方程的奇点性质。更一般地,考察一般二阶线性方程奇点的性质。

2. 二阶线性系统的相轨迹及奇点

考察二阶线性微分方程

$$\begin{cases}\dot{x}_1 = a_1 x_1 + b_1 x_2 \\ \dot{x}_2 = a_2 x_1 + b_2 x_2\end{cases} \tag{8.38}$$

由式(8.33),奇点可以从求解下列方程组得到

$$\begin{cases}a_1 x_1 + b_1 x_2 = 0 \\ a_2 x_1 + b_2 x_2 = 0\end{cases} \tag{8.39}$$

由线性代数方程组解的存在定理可知

若 $\begin{vmatrix} a_1 & b_1 \\ a_2 & b_2 \end{vmatrix} \neq 0$,则有唯一奇点(0,0)。

若 $\begin{vmatrix} a_1 & b_1 \\ a_2 & b_2 \end{vmatrix} = 0$,而 a_1、a_2、b_1、b_2 不全为0时,例如 $a_1 \neq 0$,那么,直线 $a_1 x_1 + b_1 x_2 = 0$ 上的点都是奇点。

本书只讨论第一种情形。消去状态变量 x_2，方程组变为

$$\ddot{x}_1-(a_1+b_2)\dot{x}_1+(a_1b_2-a_2b_1)x_1=0 \tag{8.40}$$

或记为

$$\ddot{x}+p\dot{x}+q=0 \tag{8.41}$$

其中，$p=-(a_1+b_2)$，$q=a_1b_2-a_2b_1$。

根据线性微分方程理论，线性微分方程式(8.41)的解的特性取决于特征方程

$$r^2+pr+q=0 \tag{8.42}$$

的根 r_1、r_2的分布。

表8.2列出了各种特征根分布及相应的相轨迹图，以及我们熟知的系统零输入响应。从中可以清楚地看出相轨迹的奇点特征和系统时间响应之间的关系。

表8.2　相轨迹的奇点和系统时间响应之间的关系

特征根分布	过渡过程	相平面图	奇点类型
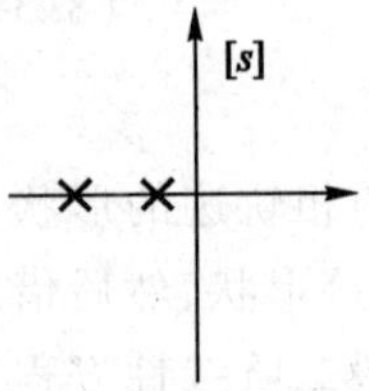	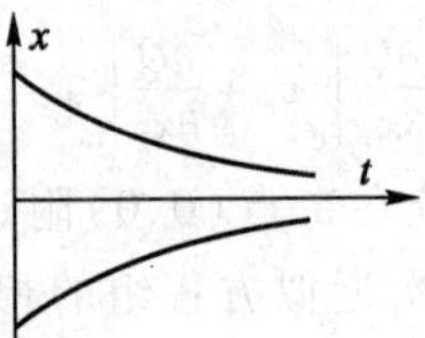	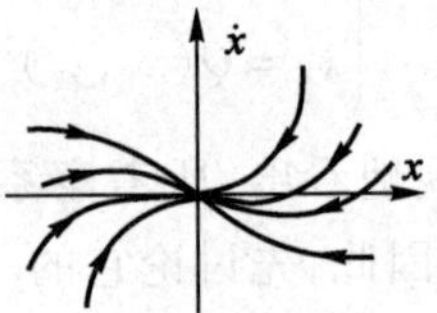	稳定节点
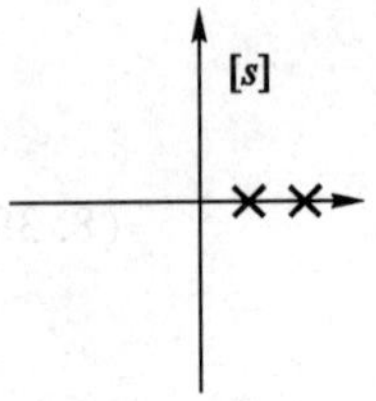	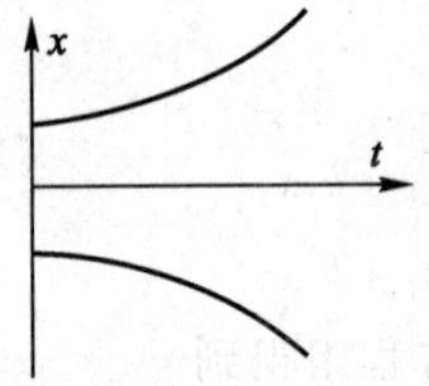	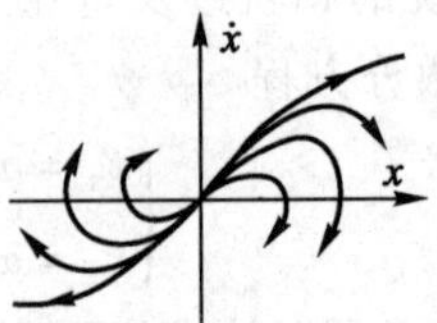	不稳定节点
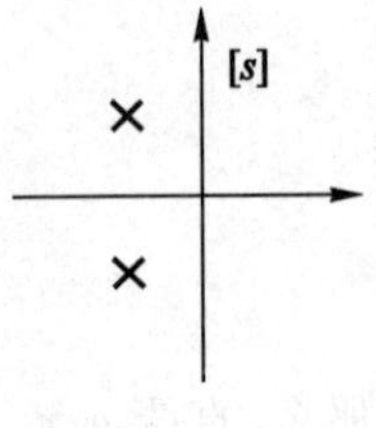	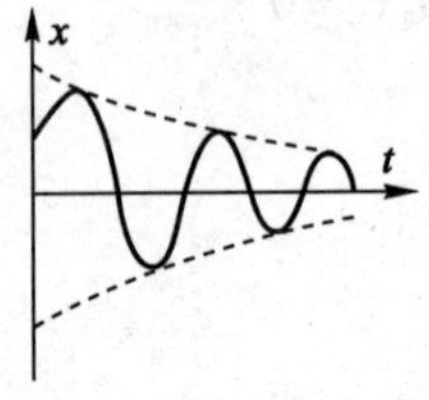	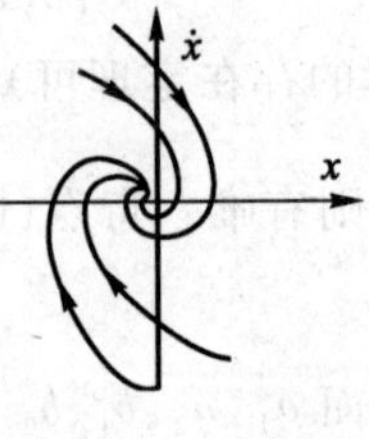	稳定焦点

续表

特征根分布	过渡过程	相平面图	奇点类型
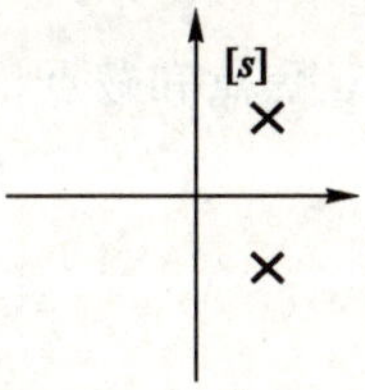	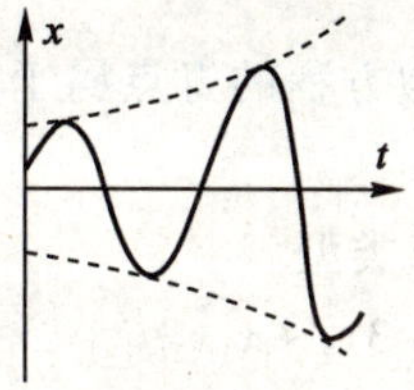	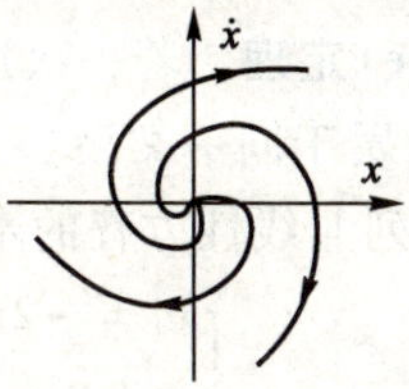	不稳定焦点
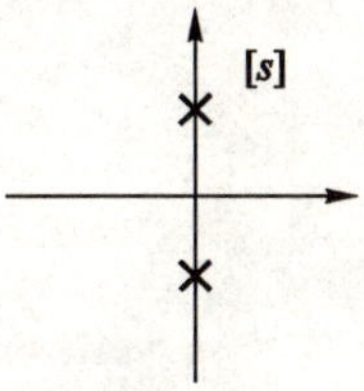	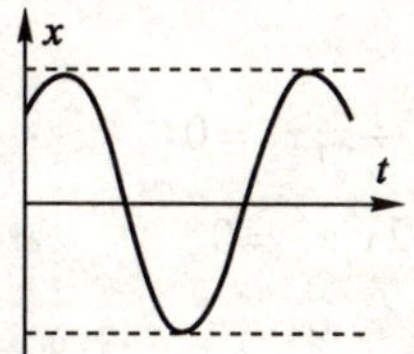	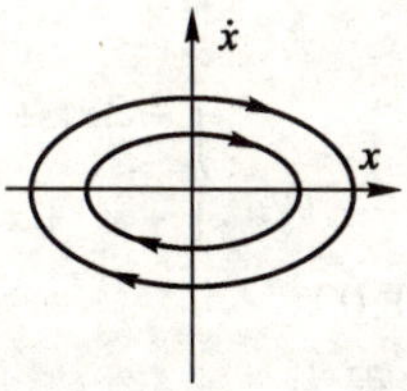	中心点
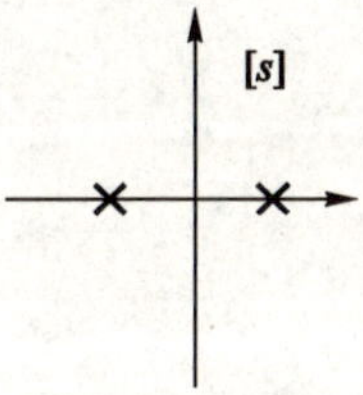	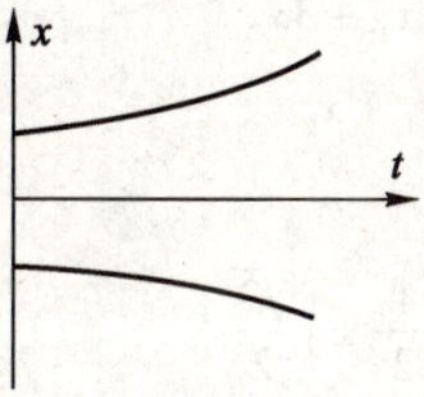	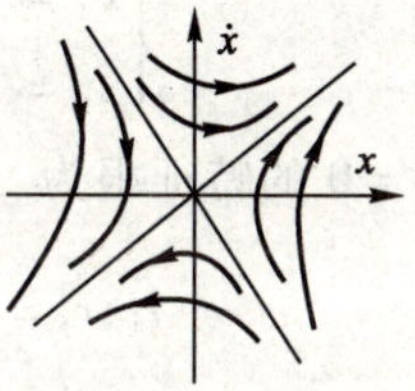	鞍点

奇点的分类不仅说明了原点的稳定性，而且进一步说明了线性系统的相轨迹(运动)的性状，即系统动态过程的全部信息。在研究非线性控制系统时，常用到奇点的相图。

奇点类型与特征方程系数 p、q 之间的关系，如图 8.32 所示。

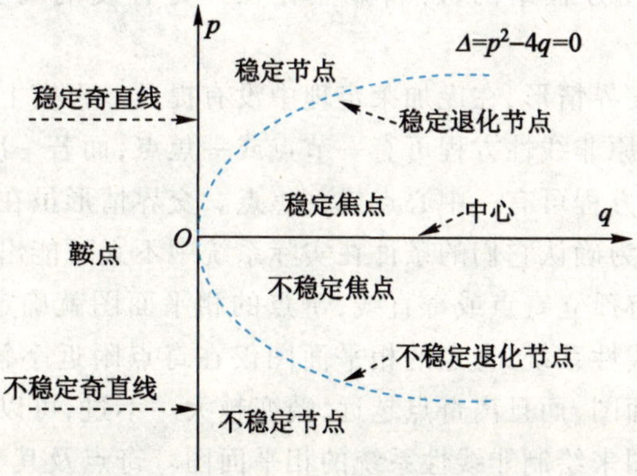

图 8.32　奇点类型与特征方程系数的关系

3. 二阶非线性系统奇点的性质

二阶非线性系统奇点的性质主要由其一次近似方程(8.37)决定,其关系由下述庞加莱定理给出。

庞加莱(Poincare)定理 若一次近似方程的奇点属于节点、焦点和鞍点,则非线性方程的奇点也属于同一类型。

例 8.6 确定下列非线性方程的奇点类型。

$$\begin{cases}\dot{x}_1 = -2x_1 + 3x_2 + x_1x_2 \\ \dot{x}_2 = -x_1 + x_2 - 2x_1x_2^2\end{cases}$$

解 求解方程组

$$\begin{cases}-2x_1 + 3x_2 + x_1x_2 = 0 \\ -x_1 + x_2 - 2x_1x_2^2 = 0\end{cases}$$

得方程的唯一奇点(0,0)。

一次线性近似方程为

$$\begin{cases}\dot{x}_1 = -2x_1 + 3x_2 \\ \dot{x}_2 = -x_1 + x_2\end{cases}$$

其特征方程 $r^2 + r + 1 = 0$ 的特征根为

$$r_1, r_2 = -\frac{1}{2} \pm \mathrm{j}\frac{\sqrt{3}}{2}$$

所以,(0,0)是一次近似方程的稳定焦点,根据庞加莱定理,也是非线性方程的稳定焦点。

应该认识到,虽然在上述定理所规定的情形下,非线性方程和其一次近似方程的奇点都属于同一类型,但它们的相轨迹的实际形状却可能颇为不同,例如,如图 8.33(a)所示的是一个线性方程组的典型鞍点,而图 8.33(b)则大致描出了一个非线性方程组的鞍点,显然存在一定程度的畸变,然而大体是一样的。

关于奇点的交界情形,在庞加莱定理中没有提及。事实上,若一次近似方程有一交界节点,则原非线性方程可有一节点或一焦点,而若一次近似方程有一中心点,则原非线性方程可有一中心点或一焦点。交界情形虽在数学上有意义,但在应用上很少,因为确认它们的条件在实际系统中不太可能出现。

线性系统只有孤立奇点或奇直线,奇点的相平面图就确定了整个系统的相平面图。而对非线性系统,奇点的相平面图仅在奇点附近小领域内才能表示非线性系统的相平面图,而且离奇点越远,畸变越大。不过,可以配合其他考虑,根据奇点的相平面图来绘制非线性系统的相平面图。奇点及其类型是描述非线性系统相平面图性状的最重要的特征之一。

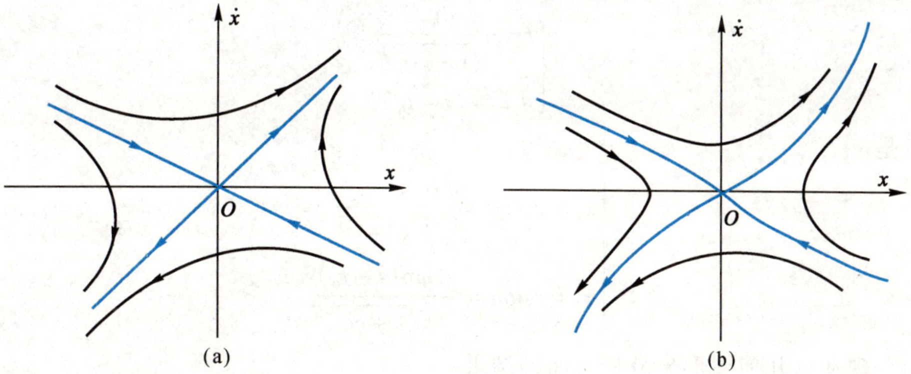

图 8.33 奇点的相图畸变

8.3.4 极限环

以上讨论了奇点问题，对于线性系统，奇点的类型完全确定了系统的性能，或者说，线性系统的奇点的类型完全确定了系统整个相平面上的运动状态。但对于非线性系统，奇点的类型不能确定系统在整个相平面上的运动状态，只能确定奇点（平衡点）附近的运动特征，所以还要研究离开奇点较远处的相平面图的特征，其中，极限环的确定具有特别重要的意义。

自激振荡是非线性系统中一个很重要的现象，前面曾用描述函数法加以研究。自激振荡反映在相平面图上，是相轨迹缠绕成的一个环，所以称为极限环。下面用解析方法确定一个简单非线性系统的极限环，以建立极限环的概念。

例 8.7 一非线性系统方程为

$$\begin{cases}\dot{x}_1 = x_2 + x_1(1 - x_1^2 - x_2^2) \\ \dot{x}_2 = -x_1 + x_2(1 - x_1^2 - x_2^2)\end{cases}$$

为解这个微分方程组，引用极坐标

$$\begin{cases}x_1 = r\cos\theta \\ x_2 = r\sin\theta\end{cases}$$

将原方程变为

$$\begin{cases}\dot{r} = r(1 - r^2) \\ \dot{\theta} = -1\end{cases}$$

这两个方程很容易单独解出为

$$\begin{cases} r = \dfrac{1}{\sqrt{1+ce^{-2t}}} \\ \theta = -(t-t_0) \end{cases}$$

于是

$$\begin{cases} x_1 = r\cos\theta = \dfrac{\cos(t-t_0)}{\sqrt{1+ce^{-2t}}} \\ x_2 = r\sin\theta = -\dfrac{\sin(t-t_0)}{\sqrt{1+ce^{-2t}}} \end{cases}$$

现在从几何图形来分析上面的结果。

若 $c=0$，则解为 $r=1, \theta=t_0-t$。它以顺时针方向描出圆 $x_1^2+x_2^2=1$，此时状态方程的解为一周期函数：$x_1=\cos(t-t_0)$，$x_2=-\sin(t-t_0)$。

若 $c<0$，则显然 $r>1$，且当 $t\to\infty$时。$r\to1$。又若 $c>0$，则显然 $r<1$，而且当 $t\to\infty$时，仍有 $r\to1$。这说明，存在一个单独的闭合路径（$r=1$），随着 $t\to\infty$所有其他相轨迹都以螺旋线的方式从内部或从外部趋近于它，这样的闭合路径就是一个极限环，在本例中它对应一个稳定的自激振荡，相轨迹如图 8.34 所示。

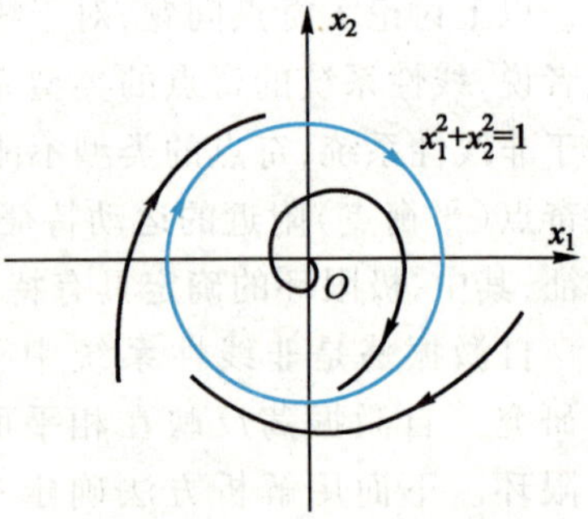

图 8.34 例 8.7 的极限环

从相平面图上清楚地看出，系统有一个表示周期解的极限环，它把相平面分成两个区域，起到分界线的作用，每个区域中有相同类型的运动。极限环是一种特别重要的相轨迹，和奇点一样，对确定系统的相平面图起着重要的作用。

图 8.35 列举了各种类型的极限环及相应的系统时间特性。

图 8.35(a)所示为稳定的极限环。当 $t\to\infty$时，无论是从极限环内部还是从外部起始的相轨迹均渐近地趋向这个极限环，任何较小的扰动使系统的状态离开极限环后，最后仍将回到这个极限环，这样的极限环称为稳定的极限环。这时，系统具有稳定的固定周期的等幅振荡状态，即稳定的自激振荡，自激振荡的幅值是图中的 a，最大变化率是 b。由于稳定极限环内部平面上的相轨迹都趋向于极限环，从这种意义上说，内部平面是不稳定区。而极限环外部平面上的相轨迹均渐近地趋向于极限环，因此，可以说外部平面是稳定区。假如稳定极限环所包围的区域没有超过规定的大小，则按李雅普诺夫稳定性定义，具有这种极限环的系统是稳定的。设计系统时，一般尽量减小极限环。

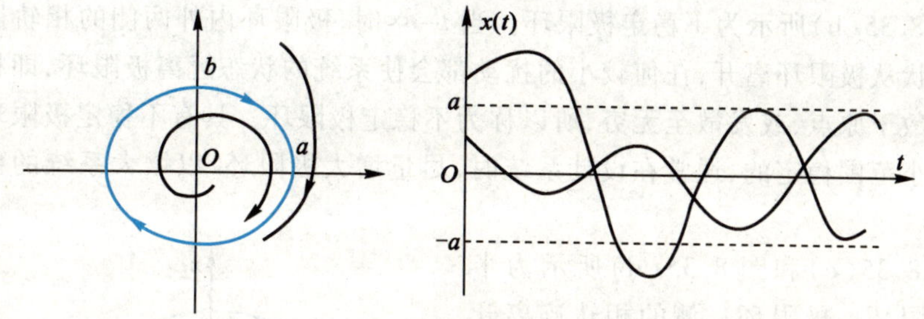

(a) 稳定极限环

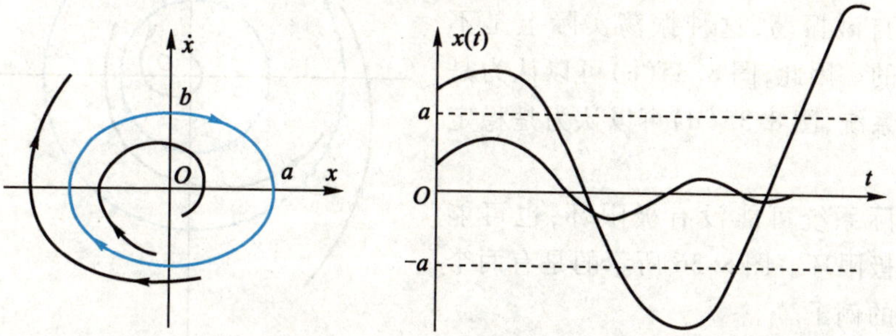

(b) 不稳定极限环

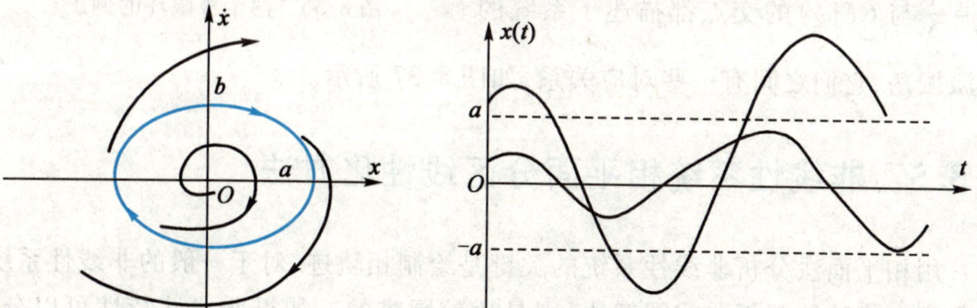

(c) 半稳定极限环(不稳定系统)

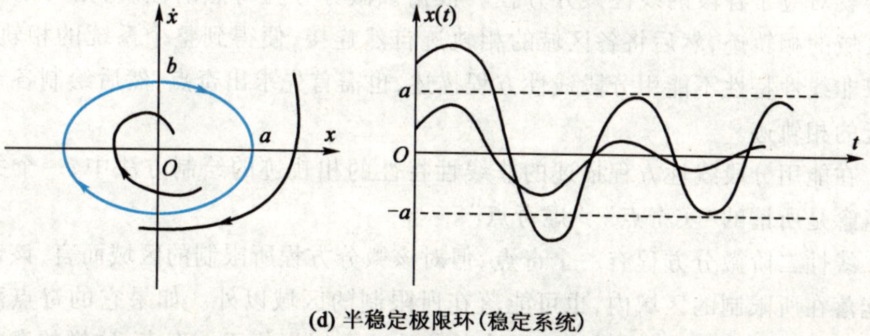

(d) 半稳定极限环(稳定系统)

图 8.35 极限环及相应的时间响应

图 8.35(b)所示为不稳定极限环。当 $t\to\infty$时,极限环内外两侧的相轨迹均以螺旋状从极限环离开,任何较小的扰动都会使系统的状态远离极限环,即相轨迹或收敛于原点,或发散至无穷,所以称为不稳定极限环。具有不稳定极限环的系统是小范围稳定的,通常在设计系统时,尽量增大极限环,以增大系统的稳定范围。

图 8.35(c)和图 8.35(d)所示为半稳定极限环。极限环一侧的相轨迹离开极限环,另一侧趋向极限环,它对应于半稳定的自激振荡,这种振荡实际上是不能保持的。因此,图 8.35(c)可以认为是不稳定系统,图 8.35(d)可以认为是稳定系统。

实际系统可能没有极限环,也可能有几个极限环。图 8.36 所示的是有两个极限环的例子。

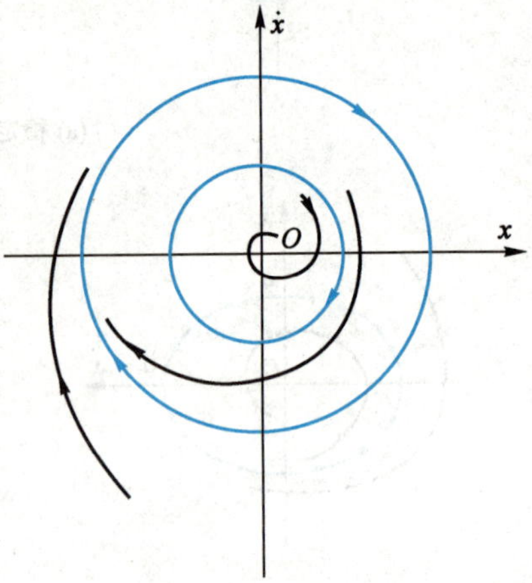

图 8.36 两个极限环的例子

相平面中的极限环与描述函数法中的 $-\dfrac{1}{N}$与 $G(j\omega)$的交点都描述了系统的自激振荡,它们之间有一些对应关系,如图 8.37 所示。

8.3.5 非线性系统相平面分区线性化方法

用相平面法分析非线性系统的关键是绘制相轨迹,对于一般的非线性系统,如果完全依赖于解析法或图解法,则是比较困难的。如果非线性特性可以分段用线性微分方程描述,那么,可以把相平面划分为几个区域,在各个区域中的相轨迹就对应于各段的线性微分方程。根据该微分方程奇点的性质,则可以绘制该区域的相轨迹,然后将各区域的相轨迹自然连接,便得到整个系统的相轨迹。如果非线性特性不能用分段线性方程描述,也需首先求出奇点,然后绘制各奇点附近的相轨迹。

在能用分段线性方程描述的非线性特性的相轨迹的绘制方法中,一个关键的概念是所谓的“实奇点”、“虚奇点”。

线性二阶微分方程有一个奇点,但对该微分方程所限制的区域而言,该奇点可能落在所限制的区域内,也可能落在所限制的区域以外。如果它的奇点落在该方程适用区域之内,则适用区域内的相轨迹可以汇集于该奇点,这样的奇点称为实奇点。如果奇点落在该方程适用区域之外,则适用区域内的相轨迹事实上

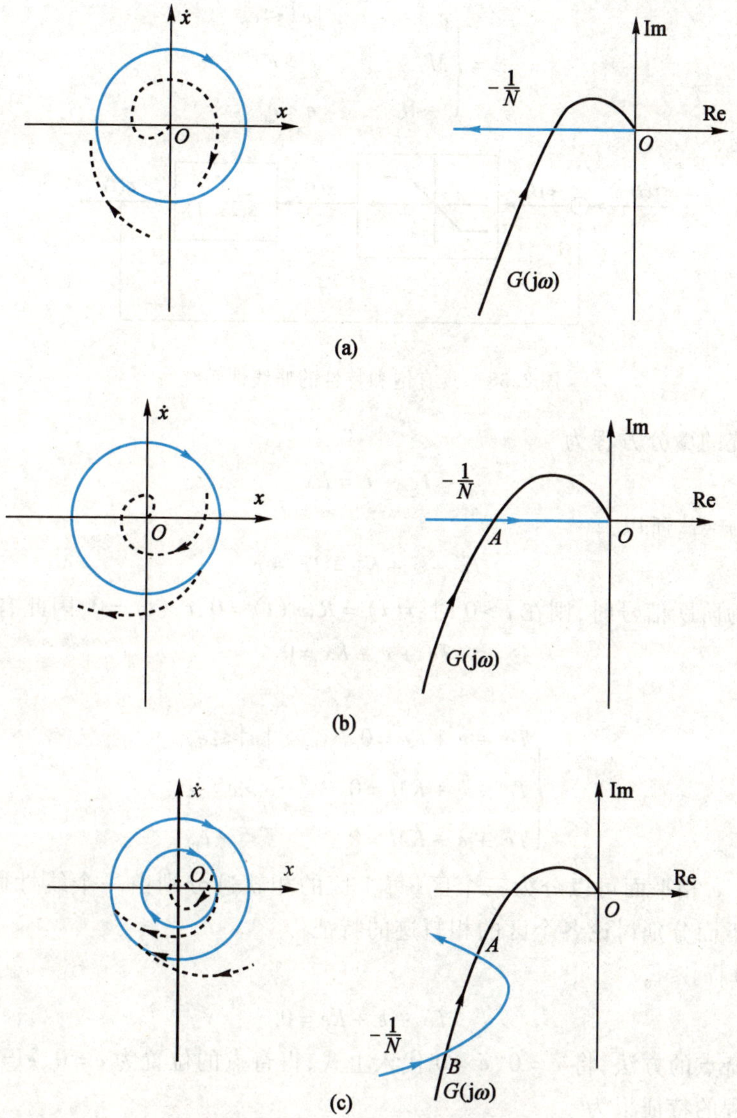

图 8.37 极限环与自激振荡的对应关系

不可能汇集于该奇点,所以称之为虚奇点。

下面举例说明用相平面法分析非线性系统的具体方法,同时也有助于加深理解某些非线性特性对系统性能的影响。

例 8.8 用相平面法分析图 8.38 所示具有饱和特性的非线性系统。

解 饱和特性的数学描述为

$$x=\begin{cases} e & |e|\leqslant e_0 \\ M & e>e_0 \\ -M & e<e_0 \end{cases}$$

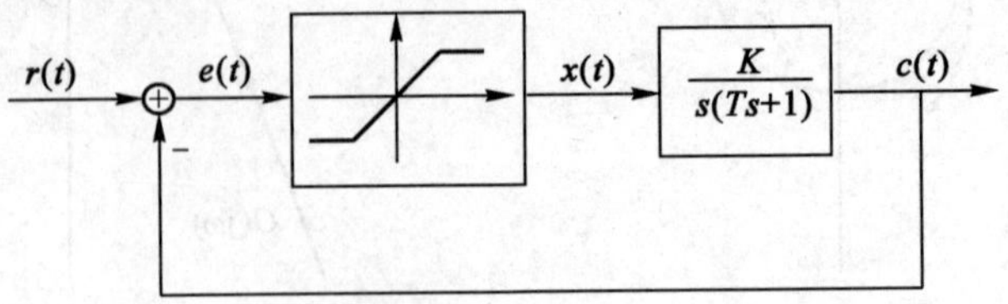

图 8.38　具有饱和特性的非线性系统

描述系统的微分方程为

$$T\ddot{c}+\dot{c}=Kx$$

因为 $e=r-c$,所以

$$T\ddot{e}+\dot{e}+Kx=T\ddot{r}+\dot{r}$$

当输入为阶跃信号时,则在 $t>0$ 时,$r(t)=R,\dot{r}(t)=0,\ddot{r}(t)=0$,因此有

$$T\ddot{e}+\dot{e}+Kx=0$$

或

$$\begin{cases} T\ddot{e}+\dot{e}+Ke=0 & |e|\leqslant e_0 \\ T\ddot{e}+\dot{e}+KM=0 & e>e_0 \\ T\ddot{e}+\dot{e}-KM=0 & e<-e_0 \end{cases}$$

可见,$e-\dot{e}$ 相平面可以分为三个区,每个区的相轨迹分别由一个线性微分方程描述。下面分别讨论各个区的相轨迹的特征。

(1) $|e|\leqslant e_0$

$$T\ddot{e}+\dot{e}+Ke=0$$

由求取奇点的方法,将 $\dot{e}=0$、$\ddot{e}=0$ 代入上式,得奇点的位置为 $e=0$、$\dot{e}=0$。微分方程的特征根为

$$r_{1,2}=-\frac{1}{2T}\pm\frac{1}{2T}\sqrt{1-4TK}$$

当 $1-4TK<0$ 时,因为特征根具有负实部,所以,奇点(0,0)是稳定焦点;当 $1-4TK>0$ 时,奇点(0,0)是稳定节点。又因为该方程的奇点(0,0)是在该方程适用区域 $|e|\leqslant e_0$ 之内,所以是实奇点。

在图 8.39 中以稳定焦点为例,绘制了该区域相轨迹的主要特征。

(2) $e>e_0$

$$T\ddot{e}+\dot{e}+KM=0$$

从上式可以看出 $\ddot{e}$ 与 $\dot{e}$ 不可能同时为零，所以该方程不存在奇点，注意到

$$\dot{e}=-\frac{KM}{T\frac{\mathrm{d}\dot{e}}{\mathrm{d}e}+1}$$

当相轨迹斜率$\frac{\mathrm{d}\dot{e}}{\mathrm{d}e}\to 0$，即相轨迹趋于水平时，$\dot{e}\to -KM$，因此，相轨迹存在一条水平渐近线 $\dot{e}=-KM$。

类似于上述分析，$e<-e_0$ 区域中也有同样的特征，只是水平渐近线为 $\dot{e}=KM$。

综上分析可以得到系统整个相平面图特征，如图 8.39 所示。由相轨迹图可见，在阶跃信号作用下，不管初始状态如何，相轨迹总收敛到原点，因此，系统是稳定的，而且稳态误差终值为 0。

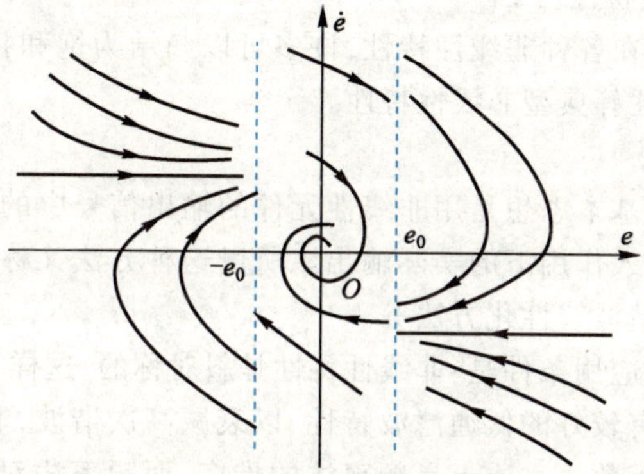

图 8.39 例 8.8 的相轨迹图

8.4 MATLAB 在非线性系统分析中的应用

用 Simulink 表示非线性系统很方便。为方便起见，非线性环节含有的放大系数全折算到线性环节。非线性环节用 1 代替后得到的系统称为原系统对应的线性系统。

例如，按照 6.6 节介绍的步骤，建立饱和非线性的 Simulink 方框图如图 8.40 所示。其中，线性环节的传递函数为

$$G(s)=\frac{k}{s^3+3s^2+2s}$$

可以取不同的 k 值进行仿真，双击 Scope，则显示出响应曲线。

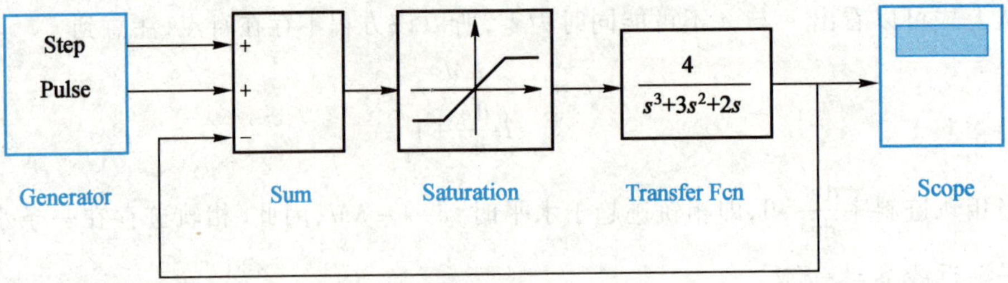

图 8.40 饱和非线性仿真方框图

本章小结

1. 典型非线性特性

控制系统中存在各种非线性特性，许多可以归结为饱和特性、死区特性、间隙特性、继电器特性等典型非线性特性。

2. 描述函数法

描述函数法的基本思想是用非线性元件的输出信号中的基波分量，代替非线性元件在正弦输入作用下的实际输出。所以这种方法又称为一次谐波法，或称为谐波平衡法、谐波线性化方法等。

描述函数法的应用条件是：非线性特性是斜对称的，这样输出中的常值分量为零；线性部分具有较好的低通滤波特性，以衰减高次谐波；非线性特性不是时间函数，因为描述函数法本质上是频率法的推广，而频率法对时变系统不适用；系统中的非线性特性能简化为一个非线性环节。

非线性环节输出的基波分量的复向量与正弦输入的复向量之比，称为该非线性环节的描述函数。

掌握典型非线性特性的描述函数的求取以及负倒特性。

掌握用描述函数法分析自激振荡的稳定性以及确定自激振荡的振幅和频率的方法。

3. 相平面法

在相平面上绘制出状态方程所确定的二阶系统状态变化的轨迹，称为相轨迹。

相轨迹具有对称性、与 x 轴正交等特性。在相平面的上半平面，系统的状态是沿相轨迹向右运动，而在下半平面，系统的状态是沿相轨迹向左运动。在普通点相轨迹是唯一的，通过该点的相轨迹只有一条；而在奇点相轨迹是不唯一的，可以有多条相轨迹通过。

绘制相平面图可以用解析法、图解法和实验法。

掌握奇点类型与特征方程系数以及系统时间响应之间的关系。

掌握各种类型的极限环与系统时间特性的关系。

如果非线性特性可以分段用线性微分方程描述，可以把相平面划分为几个区域，在各个区域中的相轨迹就对应于各段的线性微分方程。根据该微分方程奇点的性质，可以绘制该区域的相轨迹，然后将各区域的相轨迹自然连接，便得到整个系统的相轨迹。如果非线性特性不能用分段线性方程描述，也需首先求出奇点，然后绘制各奇点附近的相轨迹。

实际练习运用 Simulink 仿真非线性控制系统。

习题与应用题

8.1 非线性系统线性部分的奈氏图、非线性部分的负倒特性如图题 8.1 所示。试判断系统是否稳定，是否存在自源振荡。

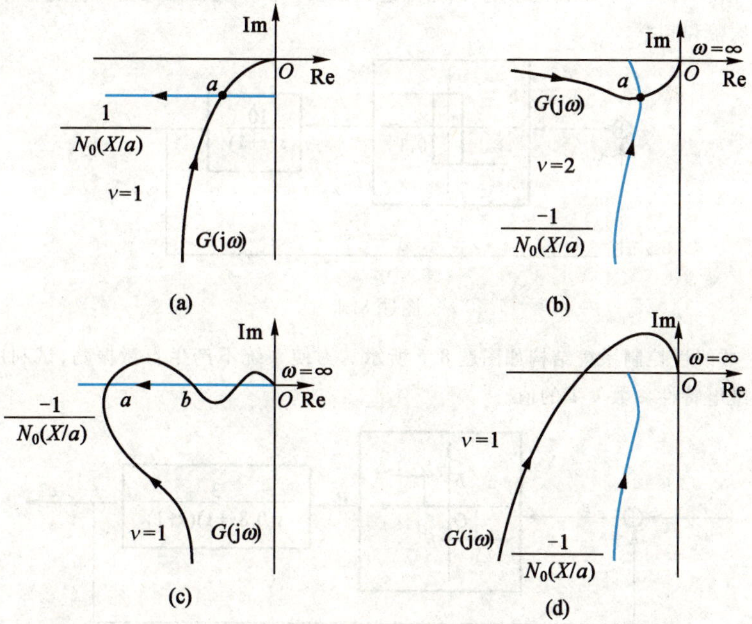

图题 8.1

8.2 图题 8.2 所示非线性系统，分析系统稳定性和自激振荡的稳定性，并确定稳定自激振荡的振幅和频率。

8.3 图题 8.3 所示双位继电器非线性系统，其中，$a=1$，$M=3$。分析自激振荡的稳定性，并确定稳定自激振荡的振幅和频率。

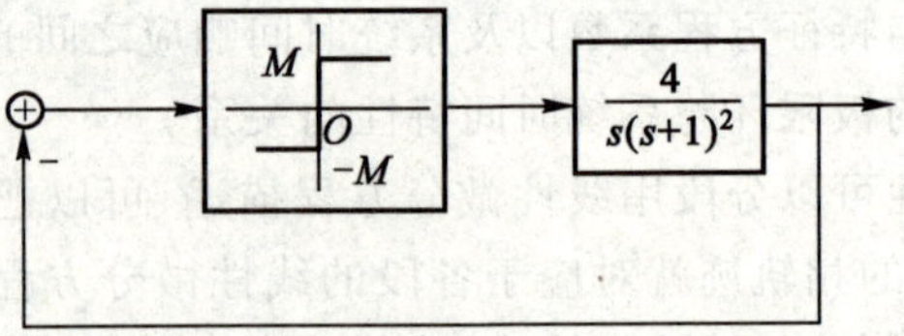

图题 8.2

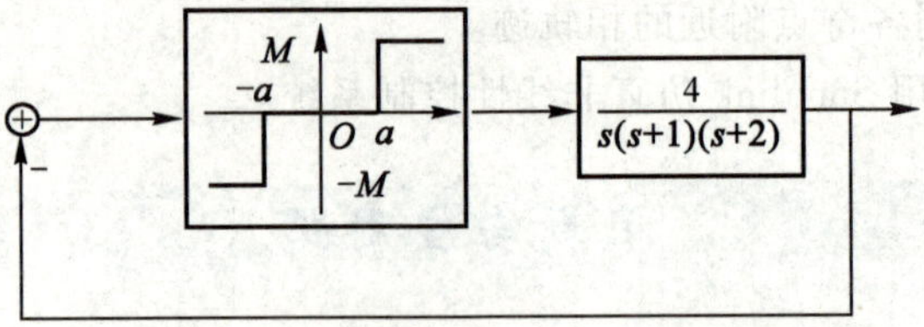

图题 8.3

8.4 图题 8.4 所示非线性系统，试用描述函数法分析系统自激振荡的稳定性，并确定自激振荡的振幅和频率。

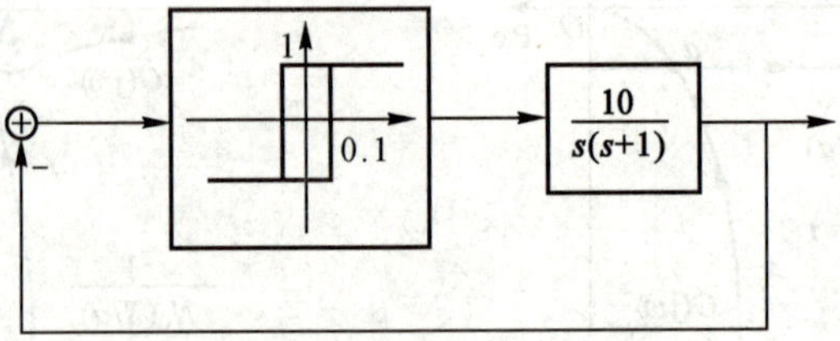

图题 8.4

8.5 非线性控制系统结构如图题 8.5 所示。为使系统不产生自激振荡，试利用描述函数法确定继电特性参数 a、b 的值。

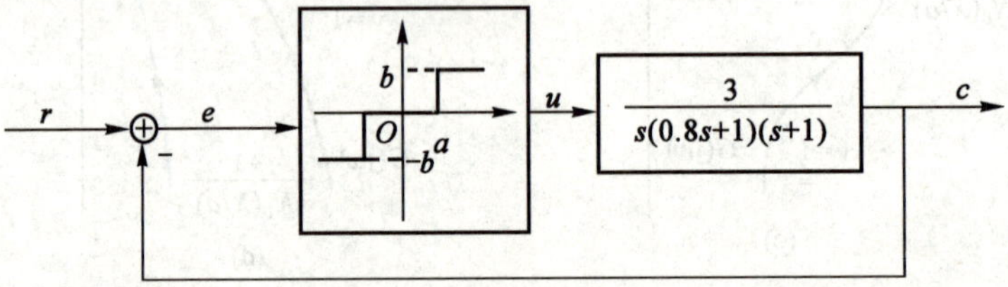

图题 8.5

8.6 图题 8.6 所示非线性系统，已知非线性环节的描述函数为 $N(A)=\dfrac{3}{4}A^2$，分析系统自激振荡的稳定性；若自激振荡稳定，确定自激振荡的振幅和频率。

8.7 非线性系统结构如图题 8.7 所示，分析系统运动并计算自激振荡参数。

8.8 非线性系统的方框图如图题 8.8 所示。试绘制初始条件为 $c(0)=-3,\dot{c}(0)=0$ 的相轨迹以及对应的时间响应曲线，并讨论饱和非线性特性对系统暂态响应指标的影响。

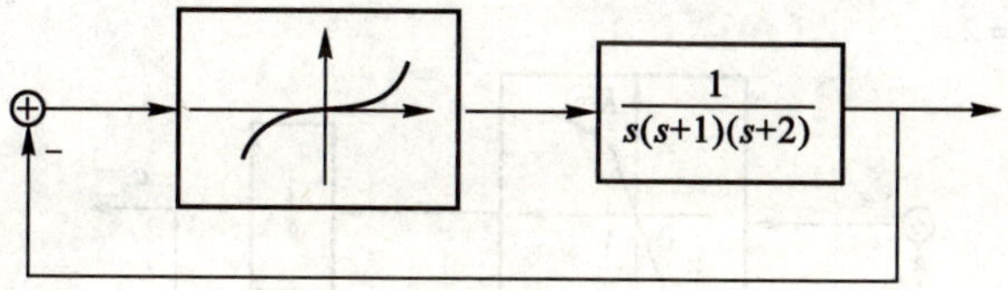

图题 8.6

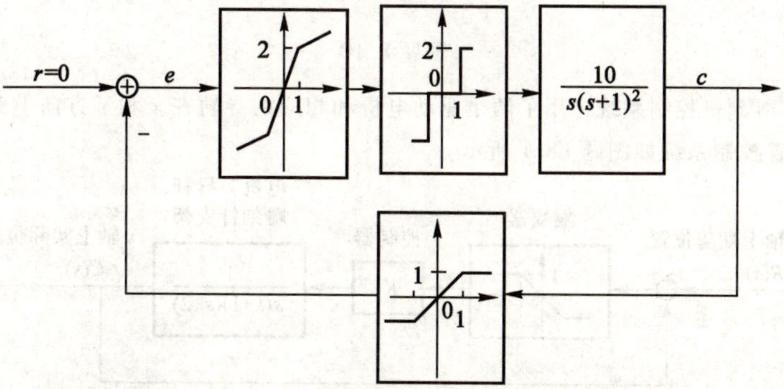

图题 8.7

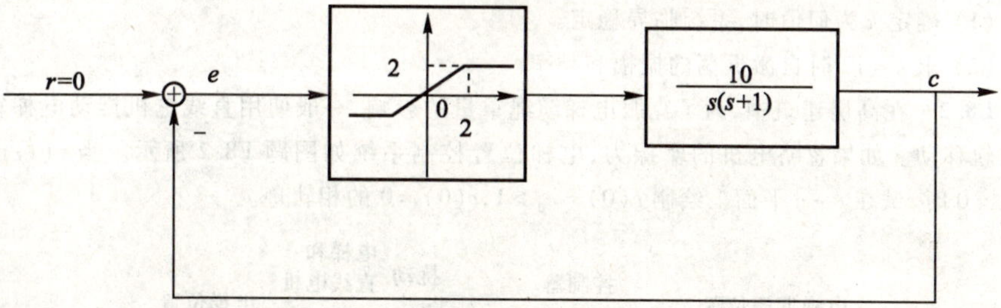

图题 8.8

8.9 设系统如图题 8.9 所示，假设系统仅受初始条件作用，试画 $e-\dot{e}$ 平面上的相轨迹。

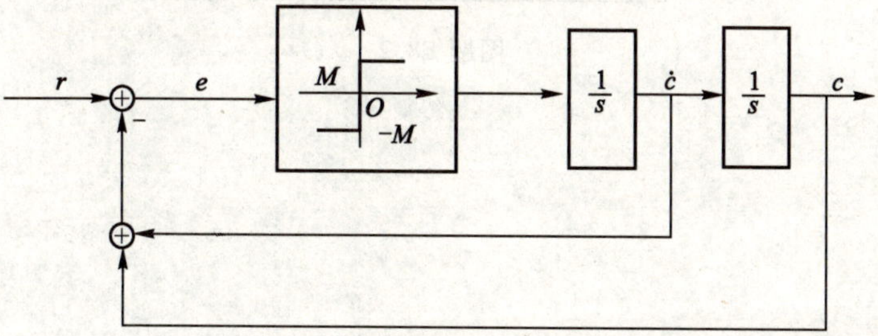

图题 8.9

8.10 试绘制图题 8.10 所示系统的 $\dot{c}-c$ 相平面图，并分析系统的运动特性。初始条件

为 $c(0)=0, \dot{c}(0)=2$。

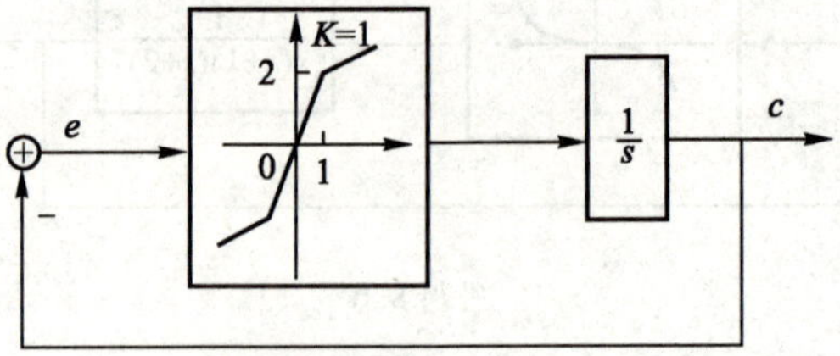

图题 8. 10

E8. 1 雕刻机控制系统中用了两个驱动电机和相应的导轨在 x 和 y 方向上为雕刻针定位。x 轴位置控制系统如图题 E8. 1 所示。

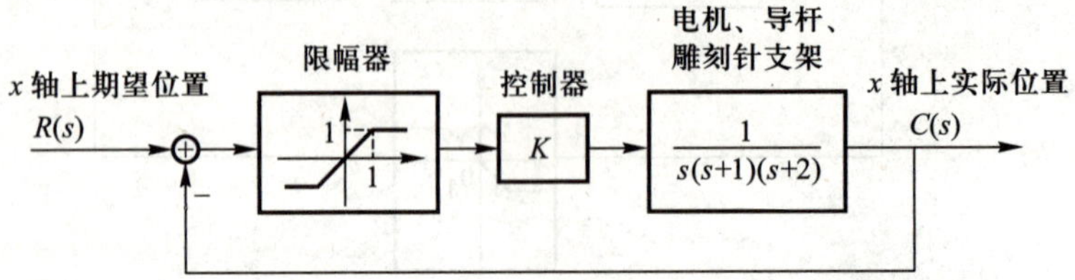

图题 E8. 1

(1) 确定 k 为何值时,系统临界稳定。

(2) 求 $k=12$ 时自激振荡的振幅和频率。

E8. 2 在高层建筑中,为了克服电梯缆绳重量的影响,一般使用直线电机推动电梯箱体沿导轨移动。如果忽略电机的摩擦力,电梯位置控制系统如图题 E8. 2 所示。当 $r(t)=0$, $n(t)=0$ 时,试在 $c-\dot{c}$ 平面上绘制 $c(0)=c_0>1, \dot{c}(0)=0$ 的相轨迹。

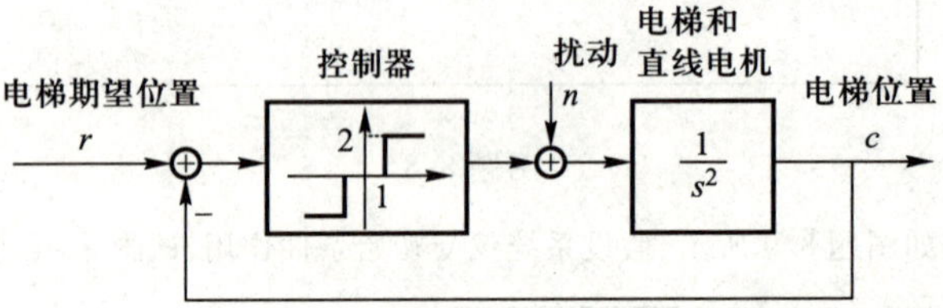

图题 E8. 2

第 9 章　控制系统的状态空间分析

前面介绍的都是基于输入、输出模型的分析与设计方法，本章介绍基于状态空间模型的分析与设计方法。由于状态空间模型描述了系统内部状态和系统输入、输出之间的关系，因此，状态空间分析与设计方法能够比基于输入输出模型的方法更深入地揭示系统的动态特性，能够实现最优控制。

本章简要介绍控制系统的状态空间分析与设计方法。首先介绍控制系统的状态空间数学模型，介绍控制系统的能控性和能观性分析方法，这是实现状态反馈控制的基础。然后介绍李雅普诺夫稳定判据，介绍控制系统的状态反馈以及状态观测器设计方法。最后，简要介绍线性二次型最优控制设计方法。

9.1　状态空间模型

9.1.1　状态与状态空间的概念

为了说明状态的概念，首先考察一个熟悉的例子。如图 9.1 所示弹簧-质量-阻尼器系统，根据物理学定律可知，在外作用力 $F(t)$ 已知的情况下，如果知道了物体在某一时刻的位移 $y(t)$ 及速度 $v(t)$，就能确定系统未来的动态响应。如果仅知道物体的位移或速度，则不能确定系统未来的动态响应。同时，物体的位移、速度及加速度这三个量显然是不独立的，即可以根据其中的两个量确定另外的一个量，因此这个量对于描述系统的状态是多余的。可以选择物体在某一时刻的位移及速度作为弹簧-质量-阻尼器系统在某一时刻的状态。

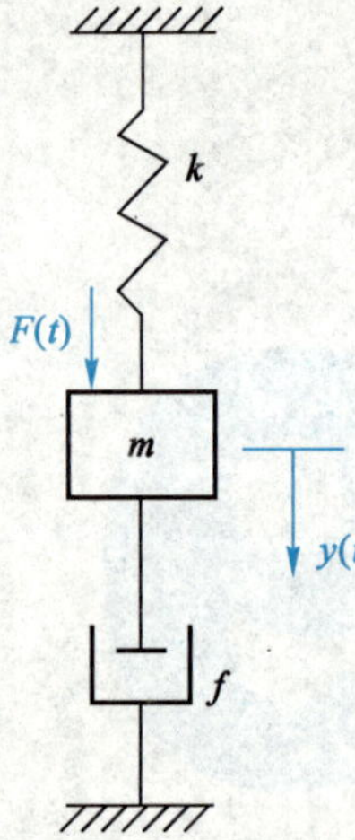

图 9.1　弹簧-质量-阻尼器系统

从上面例子可以看出，状态对于描述系统特性应该是充分且必要的。因此，状态可以定义如下：

状态是系统中一些信息的集合，在已知未来外部输入的情况下，这些信息对于确定系统未来的行为是充分且必要的。

上述定义中的必要性意味着这些信息缺一就不能完全描述系统，充分性意味着再加入一些信息则多余了。

系统在各个时刻的状态是变化的，能够确定系统各个时刻状态的具有最少个数变量的一组变量称为状态变量。例如，弹簧-质量-阻尼器系统中物体的位移与速度是一组状态变量。

把描述系统状态的 n 个状态变量 $x_i(t)\ (i=1,2,\cdots,n)$，作为一个向量的 n 个分量，这个向量称为状态向量，记为 $\boldsymbol{x}(t)$，即

$$\boldsymbol{x}(t)=[x_1(t)\quad x_2(t)\quad \cdots\quad x_n(t)]^{\mathrm{T}} \tag{9.1}$$

例如，弹簧-质量-阻尼器系统的状态向量为

$$\boldsymbol{x}(t)=\begin{bmatrix} y(t)\\ \dot{y}(t)\end{bmatrix}$$

其中，$y(t)$为物体的位移，$\dot{y}(t)$为物体的速度。

以 n 个状态变量作为坐标轴所组成的 n 维空间称为状态空间。如果 $n=2$，则状态空间是一个平面，通常称为相平面。如果 $n=3$，则是一般的三维空间。三维以上的空间就失去了一般空间的意义。

由于把系统的状态看成是一个向量，状态向量可用状态空间中的一个点来表示，从而采用状态空间分析方法。

9.1.2 系统的状态空间描述

描述系统状态变量和输入变量之间关系的一阶微分方程组称为状态方程。

系统的输出量完全取决于系统的状态变量和输入变量，可以用一个关系式来描述。描述系统输出变量与系统状态变量、输入变量之间关系的方程称为输出方程。

系统的状态方程和输出方程合称为系统的状态空间表达式，或称为动态方程。

下面首先讨论如何根据系统的机理建立系统的状态方程。

建立状态方程的第一步是选择状态变量。选取的状态变量一定要满足状态的定义，首先检查是否相互独立，即不能由其他变量导出某一变量；其次检查是否充分，即是否完全决定了系统的状态。状态变量的个数应等于系统中独立储能元件的个数，因此，当系统具有 n 个独立储能元件，则可以选择 n 个独立的系统变量作为状态变量。

选择状态变量一般有三条途径（但不限于这三种）：

① 选择系统中独立储能元件的输出物理量作为状态变量。

② 选择系统的输出变量及其各阶导数作为状态变量。

③ 选择能使状态方程成为某种标准形式的变量作为状态变量。

例 9.1 建立图 9.2 所示 *RLC* 电路的状态空间表达式。

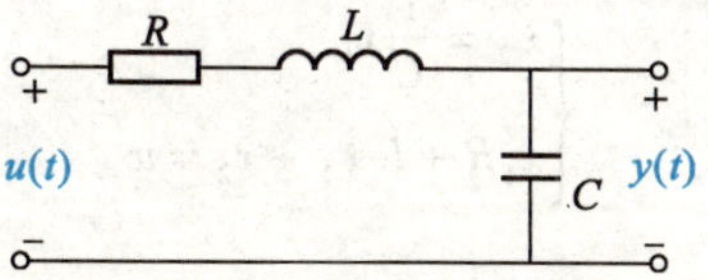

图 9.2 *RLC* 电路

解 下面对同一系统选择不同的状态变量，从而得到不同的状态空间表达式。

(1) 选两个独立的储能元件电容上的电荷 $q(t)$ 和电感中的电流 $i(t)$ 为状

态变量,即 $x_1=q,x_2=i$,则

$$\begin{cases}\dfrac{\mathrm{d}q}{\mathrm{d}t}=i\\ iR+L\dfrac{\mathrm{d}i}{\mathrm{d}t}+\dfrac{1}{C}q=u\end{cases}$$

整理得系统的状态方程为

$$\begin{cases}\dfrac{\mathrm{d}q}{\mathrm{d}t}=i\\ \dfrac{\mathrm{d}i}{\mathrm{d}t}=-\dfrac{1}{LC}q-\dfrac{R}{L}i+\dfrac{1}{L}u\end{cases}$$

或

$$\begin{cases}\dot{x}_1=x_2\\ \dot{x}_2=-\dfrac{1}{LC}x_1-\dfrac{R}{L}x_2+\dfrac{1}{L}u\end{cases}$$

写成矩阵形式

$$\begin{bmatrix}\dot{x}_1\\ \dot{x}_2\end{bmatrix}=\begin{bmatrix}0 & 1\\ -\dfrac{1}{LC} & -\dfrac{R}{L}\end{bmatrix}\begin{bmatrix}x_1\\ x_2\end{bmatrix}+\begin{bmatrix}0\\ \dfrac{1}{L}\end{bmatrix}u \tag{9.2a}$$

输出方程为

$$y=\frac{q}{C}=\frac{x_1}{C}=\begin{bmatrix}\dfrac{1}{C} & 0\end{bmatrix}\begin{bmatrix}x_1\\ x_2\end{bmatrix} \tag{9.2b}$$

(2) 选状态变量为电感中的电流 $x_1=i$,电容上的电压 $x_2=\dfrac{q}{C}=\dfrac{1}{C}\int i(t)\,\mathrm{d}t$,则

$$\begin{cases}\dot{x}_2=\dfrac{1}{C}x_1\\ x_1R+L\dot{x}_1+x_2=u\end{cases}$$

或

$$\begin{cases}\dot{x}_1=-\dfrac{R}{L}x_1-\dfrac{1}{L}x_2+\dfrac{1}{L}u\\ \dot{x}_2=\dfrac{1}{C}x_1\end{cases}$$

状态空间表达式为

$$\begin{bmatrix}\dot{x}_1\\\dot{x}_2\end{bmatrix}=\begin{bmatrix}-\frac{R}{L} & -\frac{1}{L}\\\frac{1}{C} & 0\end{bmatrix}\begin{bmatrix}x_1\\x_2\end{bmatrix}+\begin{bmatrix}\frac{1}{L}\\0\end{bmatrix}u \tag{9.3a}$$

$$y=x_2=[0\quad 1]\begin{bmatrix}x_1\\x_2\end{bmatrix} \tag{9.3b}$$

(3) 选状态变量为 $x_1=Li+R\int i\mathrm{d}t, x_2=\int i\mathrm{d}t$

注意,这里的状态变量虽然符合状态变量的条件,但是没有明显的物理意义,也是不可测的量。

对状态变量 x_1 求导得

$$\dot{x}_1=L\frac{\mathrm{d}i}{\mathrm{d}t}+Ri$$

而系统的方程为

$$L\frac{\mathrm{d}i}{\mathrm{d}t}+Ri+\frac{1}{C}\int i\mathrm{d}t=u$$

所以

$$\dot{x}_1=-\frac{1}{C}\int i\mathrm{d}t+u=-\frac{1}{C}x_2+u$$

对状态变量 x_2 求导得

$$\dot{x}_2=i=\frac{1}{L}x_1-\frac{R}{L}\int i\mathrm{d}t=\frac{1}{L}x_1-\frac{R}{L}x_2$$

所以,系统的状态方程为

$$\begin{cases}\dot{x}_1=-\frac{1}{C}x_2+u\\\dot{x}_2=\frac{1}{L}x_1-\frac{R}{L}x_2\end{cases}$$

系统的输出方程为

$$y=\frac{1}{C}\int i\mathrm{d}t=\frac{1}{C}x_2$$

状态空间表达式为

$$\begin{bmatrix}\dot{x}_1\\\dot{x}_2\end{bmatrix}=\begin{bmatrix}0 & -\frac{1}{C}\\\frac{1}{L} & -\frac{R}{L}\end{bmatrix}\begin{bmatrix}x_1\\x_2\end{bmatrix}+\begin{bmatrix}1\\0\end{bmatrix}u \tag{9.4a}$$

$$y=\frac{1}{C}\int i\mathrm{d}t=\frac{1}{C}x_2=\begin{bmatrix}0 & \frac{1}{C}\end{bmatrix}\begin{bmatrix}x_1\\x_2\end{bmatrix} \tag{9.4b}$$

上述三种状态空间表达式可以表示为一般形式

$$\dot{\boldsymbol{x}} = \boldsymbol{A}\boldsymbol{x} + \boldsymbol{B}\boldsymbol{u} \tag{9.5a}$$

$$\boldsymbol{y} = \boldsymbol{C}\boldsymbol{x} \tag{9.5b}$$

从这个例题可以看出：

① 状态变量的选择不唯一，因此状态方程也不唯一（但在相似意义下是唯一的）。

② 状态变量的个数一定。

③ 状态变量可以是有明显物理意义的量，也可以是没有明显物理意义的量。状态变量可以是可测的量，也可以是不可测的量。

9.1.3　状态方程的线性变换

从前面的讨论可以看出，状态变量的选择是不唯一的，因此状态方程也不唯一，但这些状态方程都描述了同一个系统，因此这些状态方程本质上是相同的。事实上，它们之间都可以通过线性变换得到，因此状态方程在相似意义下是唯一的。

下面讨论状态方程的线性变换。这个论题的意义不仅在于说明状态方程在相似意义下是唯一的，更重要的是使很多系统的分析与设计得以简化，后面将予以介绍。

设状态变量取为 $\boldsymbol{x}$ 时，线性连续时变系统或定常系统的状态空间表达式为

$$\dot{\boldsymbol{x}}(t) = \boldsymbol{A}\boldsymbol{x}(t) + \boldsymbol{B}\boldsymbol{u}(t) \tag{9.6a}$$

$$\boldsymbol{y}(t) = \boldsymbol{C}\boldsymbol{x}(t) \tag{9.6b}$$

取线性变换

$$\boldsymbol{x}(t) = \boldsymbol{P}\bar{\boldsymbol{x}}(t) \tag{9.7}$$

其中，$\boldsymbol{P}$ 为常量矩阵。由于式(9.7)中 $\boldsymbol{x}$ 与 $\bar{\boldsymbol{x}}$ 之间是线性关系，所以称为线性变换。由状态的定义可知，虽然状态变量的选取不同，但状态变量的个数都是 n，因此，$\boldsymbol{P}$ 应该是非奇异阵，即存在 $\boldsymbol{P}^{-1}$，使

$$\bar{\boldsymbol{x}}(t) = \boldsymbol{P}^{-1}\boldsymbol{x}(t) \tag{9.8}$$

上述变换称为非奇异线性变换或等价变换。通过非奇异线性变换，系统的状态空间表达式变换为

$$\dot{\bar{\boldsymbol{x}}}(t) = \bar{\boldsymbol{A}}\bar{\boldsymbol{x}}(t) + \bar{\boldsymbol{B}}\boldsymbol{u}(t) \tag{9.9a}$$

$$\boldsymbol{y} = \bar{\boldsymbol{C}}\bar{\boldsymbol{x}} \tag{9.9b}$$

下面推导 $\boldsymbol{A}$、$\boldsymbol{B}$、$\boldsymbol{C}$ 与 $\bar{\boldsymbol{A}}$、$\bar{\boldsymbol{B}}$、$\bar{\boldsymbol{C}}$ 之间的关系。将式(9.7)代入式(9.6)得

$$\begin{cases} \boldsymbol{P}\dot{\bar{\boldsymbol{x}}} = \boldsymbol{A}\boldsymbol{P}\bar{\boldsymbol{x}} + \boldsymbol{B}\boldsymbol{u} \\ \boldsymbol{y} = \boldsymbol{C}\boldsymbol{P}\bar{\boldsymbol{x}} \end{cases}$$

由于存在 P^{-1},所以有

$$\begin{cases}\dot{\bar{x}} = P^{-1}AP\bar{x} + P^{-1}Bu \\ y = CP\bar{x}\end{cases} \tag{9.10}$$

将式(9.10)与式(9.9)比较,得

$$\bar{A} = P^{-1}AP,\quad \bar{B} = P^{-1}B,\quad \bar{C} = CP \tag{9.11}$$

或

$$A = P\bar{A}P^{-1},\quad B = P\bar{B},\quad C = \bar{C}P^{-1} \tag{9.12}$$

由式(9.11)或式(9.12)可对状态空间表达式进行非奇异线性变换。下面考察经非奇异线性变换后,矩阵 A 与 $\bar{A}$ 的特征值的变化情况。

$$\begin{aligned}|\lambda I - \bar{A}| &= |\lambda I - P^{-1}AP| = |\lambda P^{-1}P - P^{-1}AP| \\ &= |P^{-1}\lambda IP - P^{-1}AP| = |P^{-1}(\lambda I - A)P| \\ &= |P^{-1}||\lambda I - A||P| = |P^{-1}||P||\lambda I - A| \\ &= |P^{-1}P||\lambda I - A| = |\lambda I - A|\end{aligned}$$

可见,$\bar{A}$ 和 A 具有相同的特征多项式,具有相同的特征值。因此,经非奇异线性变换后,虽然状态变量变了,状态方程的参数也变了,但状态方程的特征值不变,所以,一般称特征值是系统的不变量。

例 9.2 已知系统的状态方程为

$$\begin{bmatrix}\dot{x}_1 \\ \dot{x}_2 \\ \dot{x}_3\end{bmatrix} = \begin{bmatrix}0 & 1 & 0 \\ 0 & 0 & 1 \\ -6 & -11 & -6\end{bmatrix}\begin{bmatrix}x_1 \\ x_2 \\ x_3\end{bmatrix} + \begin{bmatrix}0 \\ 0 \\ 1\end{bmatrix}u$$

取线性变换为

$$\begin{bmatrix}x_1 \\ x_2 \\ x_3\end{bmatrix} = \begin{bmatrix}1 & 1 & 1 \\ -1 & -2 & -3 \\ 1 & 4 & 9\end{bmatrix}\begin{bmatrix}\bar{x}_1 \\ \bar{x}_2 \\ \bar{x}_3\end{bmatrix}$$

求变换后系统的状态方程。

解 $P = \begin{bmatrix}1 & 1 & 1 \\ -1 & -2 & -3 \\ 1 & 4 & 9\end{bmatrix}$, $P^{-1} = \begin{bmatrix}3 & 2.5 & 0.5 \\ -3 & -4 & -1 \\ 1 & 1.5 & 0.5\end{bmatrix}$

由式(9.11)得

$$\bar{A} = P^{-1}AP = \begin{bmatrix}3 & 2.5 & 0.5 \\ -3 & -4 & -1 \\ 1 & 1.5 & 0.5\end{bmatrix}\begin{bmatrix}0 & 1 & 0 \\ 0 & 0 & 1 \\ -6 & -11 & -6\end{bmatrix}\begin{bmatrix}1 & 1 & 1 \\ -1 & -2 & -3 \\ 1 & 4 & 9\end{bmatrix}$$

$$=\begin{bmatrix}3 & 2.5 & 0.5\\ -3 & -4 & -1\\ 1 & 1.5 & 0.5\end{bmatrix}\begin{bmatrix}-1 & -2 & -3\\ 1 & 4 & 9\\ -1 & -8 & -27\end{bmatrix}=\begin{bmatrix}-1 & 0 & 0\\ 0 & -2 & 0\\ 0 & 0 & -3\end{bmatrix}$$

$$\overline{\boldsymbol{B}}=\boldsymbol{P}^{-1}\boldsymbol{B}=\begin{bmatrix}3 & 2.5 & 0.5\\ -3 & -4 & -1\\ 1 & 1.5 & 0.5\end{bmatrix}\begin{bmatrix}0\\ 0\\ 1\end{bmatrix}=\begin{bmatrix}0.5\\ -1\\ 0.5\end{bmatrix}$$

所以，变换后的状态方程为

$$\dot{\overline{\boldsymbol{x}}}=\begin{bmatrix}-1 & 0 & 0\\ 0 & -2 & 0\\ 0 & 0 & -3\end{bmatrix}\overline{\boldsymbol{x}}+\begin{bmatrix}0.5\\ -1\\ 0.5\end{bmatrix}u$$

在例 9.2 中，通过线性变换后的状态方程的系数矩阵 $\boldsymbol{A}$ 为对角矩阵，使状态变量之间没有耦合作用。这种形式对控制系统分析和设计都是非常有益的。线性代数课程中已经详细介绍了求取使矩阵 $\boldsymbol{A}$ 变换为对角阵的线性变换矩阵 $\boldsymbol{P}$ 的方法，这里就不重复介绍了。

9.2　线性系统的能控性和能观性分析

9.2.1　系统能控性和能观性问题

能控性、能观性和稳定性一样，是控制系统的重要性质，是实现各种控制和状态估计的基础，在控制理论中起着核心的作用。能控性、能观性的概念是卡尔曼（Kalman）在 1960 年首先提出的。

采用状态反馈可以实现最优控制等各种控制，如图 9.3 所示。

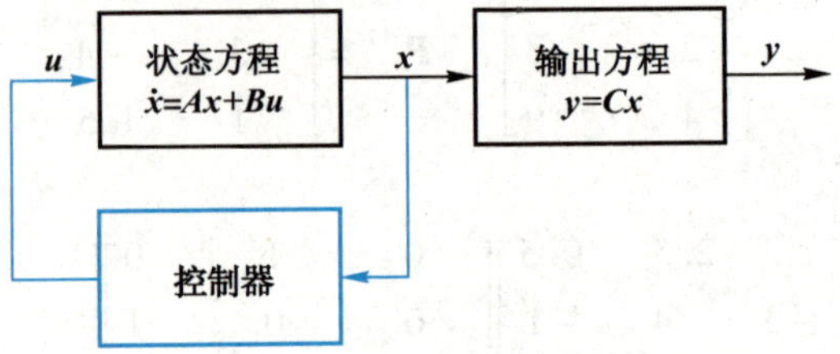

图 9.3　状态反馈控制

设计控制器 $\boldsymbol{u}(t)$ 使状态 $\boldsymbol{x}(t)$ 达到预期的状态。但首要的问题是系统的输入能否控制状态的变化？如果能控制，才谈得上采用某个 $\boldsymbol{u}(t)$ 将 $\boldsymbol{x}(t)$ 控制到新状态。如果不能控制，则无论采取什么控制信号也不可能达到目的。这个问题就是系统的能控性问题。可见，系统能控是设计控制器的首要条件。

另一方面，为了实现各种状态反馈控制，系统的全部状态应该能够被测量，但实际系统的状态 $x(t)$ 通常是难以测量的，往往需要从能够被测量的输出 $y(t)$ 中估计出来，如图 9.4 所示。

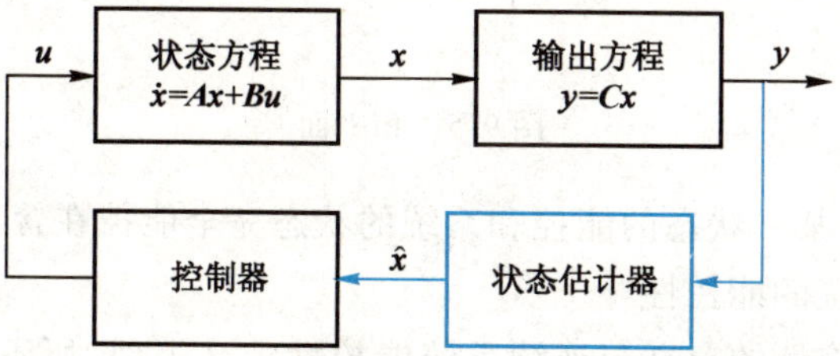

图 9.4 采用状态估计器的状态反馈控制

状态估计的任务就是设计状态估计器，从输出 $\boldsymbol{y}(t)$ 中估计出状态 $\boldsymbol{x}(t)$，以实现状态反馈。但首要的问题是，从输出 $\boldsymbol{y}(t)$ 中能否估计出状态 $\boldsymbol{x}(t)$？如果 $\boldsymbol{y}(t)$ 不能完全反映系统的状态 $\boldsymbol{x}(t)$，也就无法实现状态估计。这就是系统的能观性问题。因此，系统能观是设计状态估计器的首要条件。

下面首先介绍能控性、能观性的严格定义及其判别准则。

9.2.2 线性定常系统的能控性

1. 能控性的定义

(1) 连续系统的能控性

定义 对于线性（定常、时变）连续系统 $\dot{\boldsymbol{x}}(t)=\boldsymbol{A}(t)\boldsymbol{x}(t)+\boldsymbol{B}(t)\boldsymbol{u}(t)$，若对状态空间中的任意状态 $\boldsymbol{x}(t_0)$ 和另一状态 $\boldsymbol{x}(t_1)$，存在一个有限的时间 (t_0,t_1) 和一个分段连续输入 $\boldsymbol{u}(t)$，能在 (t_0,t_1) 内使状态 $\boldsymbol{x}(t_0)$ 转移到 $\boldsymbol{x}(t_1)$，则称此状态是能控的，否则称为不能控的。若系统所有状态都是能控的，则称此系统是状态完全能控的，简称系统是能控的。

上述定义可以在二阶系统的相平面上来说明。如图 9.5 所示，若相平面中的 P 点能在输入的作用下转移到任一指定状态 $P_1,P_2,\cdots,P_n$，那么相平面的 P 点是能控状态。假如能控状态充满整个相平面，即对于任意初始状态都能找到一个相应的输入 $\boldsymbol{u}(t)$ 使得在有限时间区间内，将状态转移到相平面的任意指定点，则该系统称为状态完全能控。

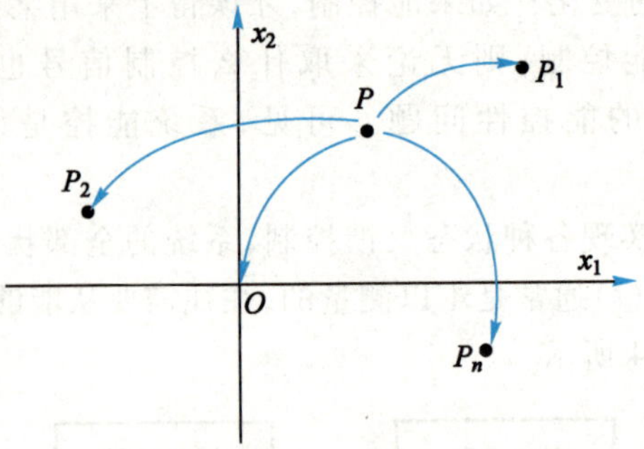

图 9.5 相平面

可见，系统中某一状态的能控和系统的状态完全能控在含义上是不同的。

(2) 离散系统的能控性

离散系统能控性的定义与连续系统能控性定义类似，所不同的只是在离散系统中控制信号是离散序列。

定义 在有限采样间隔 $0 \leqslant k \leqslant n$ 内，若存在无约束的阶梯控制序列 $\boldsymbol{u}(0), \cdots, \boldsymbol{u}(n-1)$，能使系统从任意初态 $\boldsymbol{x}(0)$ 转移到任意终态 $\boldsymbol{x}(n)$，则称该系统是状态完全能控的，简称是能控的。

在上述能控性定义中，把系统的初始状态和终端状态都取为状态空间中的任意非零有限点，这种定义方式虽然具有一般性，但不便于数学处理。不失一般性，一般把初始状态规定为状态空间中的任意非零有限点，而终端状态规定为状态空间中的原点，即 $\boldsymbol{x}(t_1)=0$，则能控性定义又可叙述为：

能控性定义 对于线性定常系统 $\dot{\boldsymbol{x}}=\boldsymbol{A}\boldsymbol{x}+\boldsymbol{B}\boldsymbol{u}$，如果存在一个分段连续输入 $\boldsymbol{u}(t)$，能在有限时间区间 (t_0, t_1) 内，将系统从任一初始状态 $\boldsymbol{x}(t_0)$ 转移到零态 $\boldsymbol{x}(t_1)=0$，则称系统是状态能控的。

如果系统是能控的，那么一定能找到一输入把任意非零状态转移到原点，也一定能找到一输入把初始零状态转移到任意非零终端状态。因此，以后对能控性的讨论中均规定终端状态为状态原点。

2. 能控性判别准则

能控性判别准则 线性定常(连续、离散)系统 $\{\boldsymbol{A}, \boldsymbol{B}\}$ 状态完全能控的充分必要条件是，由 $\boldsymbol{A}$、$\boldsymbol{B}$ 构成的能控性判别矩阵 $\boldsymbol{S}_c$ 满秩。即

$$\operatorname{rank}\boldsymbol{S}_c=\operatorname{rank}[\boldsymbol{B} \quad \boldsymbol{A}\boldsymbol{B} \quad \boldsymbol{A}^2\boldsymbol{B}\cdots\boldsymbol{A}^{n-1}\boldsymbol{B}]=n \tag{9.13}$$

其中，n 是系统的维数。

例 9.3 判别下列系统的能控性。

$$\dot{x}=\begin{bmatrix}-1&2&2\\0&-2&0\\1&3&-3\end{bmatrix}x+\begin{bmatrix}0\\0\\1\end{bmatrix}u$$

解 $S_c=[B\quad AB\quad A^2B]=\begin{bmatrix}0&2&-8\\0&0&0\\1&-3&11\end{bmatrix}$

$$\text{rank}S_c=2<n=3$$

所以,系统不完全能控。

例 9.4 判别下列系统的能控性。

$$\dot{x}=\begin{bmatrix}0&1&0\\0&0&1\\-6&-11&-6\end{bmatrix}x+\begin{bmatrix}0\\0\\1\end{bmatrix}u$$

解 $$S_c=\begin{bmatrix}0&0&1\\0&1&-6\\1&-6&25\end{bmatrix}$$

$$\text{rank}S_c=3=n$$

所以,系统状态完全能控。

例 9.5 判别下列系统的能控性。

解 $$\dot{x}=\begin{bmatrix}1&3&2\\0&2&0\\0&1&3\end{bmatrix}x+\begin{bmatrix}2&1\\1&1\\-1&-1\end{bmatrix}u$$

$$S_c=\begin{bmatrix}2&1&3&2&5&4\\1&1&2&2&4&4\\-1&-1&-2&-2&-4&-4\end{bmatrix}$$

S_c 的第二行与第三行成比例,$\text{rank}S_c=2<3$,所以系统不完全能控。

例 9.6 判别下列系统的能控性。

$$x(k+1)=\begin{bmatrix}1&0&0\\0&2&-2\\-1&1&0\end{bmatrix}x(k)+\begin{bmatrix}1\\0\\1\end{bmatrix}u(k)$$

解 因为

$$\text{rank}S_c=\text{rank}[B\quad AB\quad A^2B]=\text{rank}\begin{bmatrix}1&1&1\\0&-2&-2\\1&-1&-3\end{bmatrix}$$

$$=\mathrm{rank}\begin{bmatrix}1 & 1 & 1\\ 0 & -2 & -2\\ 0 & -2 & -4\end{bmatrix}=\mathrm{rank}\begin{bmatrix}1 & 1 & 1\\ 0 & -2 & -2\\ 0 & 0 & -2\end{bmatrix}=3=n$$

所以,系统完全能控。

例 9.7　判别下列系统的能控性。

解

$$\boldsymbol{x}(k+1)=\begin{bmatrix}-2 & 2 & -1\\ 0 & -2 & 0\\ 1 & -4 & 0\end{bmatrix}\boldsymbol{x}(k)+\begin{bmatrix}0 & 0\\ 0 & 1\\ 1 & 0\end{bmatrix}\boldsymbol{u}(k)$$

$$\boldsymbol{S}_{\mathrm{c}}=\begin{bmatrix}0 & 0 & -1 & 2 & 2 & -4\\ 0 & 1 & 0 & -2 & 0 & 4\\ 1 & 0 & 0 & -4 & -1 & 10\end{bmatrix}$$

由于 $\boldsymbol{S}_{\mathrm{c}}$ 的前三列组成的矩阵的行列式不为 0,因此 $\mathrm{rank}\boldsymbol{S}_{\mathrm{c}}=3$,系统完全能控。

*3. 能控性第二判别准则

如果状态方程具有对角线标准型等特殊形式,可以得到更简单的能控性判别准则。

首先讨论线性定常系统的状态方程经线性变换后,能控性能否被保持? 回答是肯定的。因为能控性是系统的内在特性,等价变换只是变换状态空间的基底,因此状态的能控性当然不受影响。

定理　在任何非奇异线性变换下,线性定常(连续、离散)状态方程的能控性保持不变。

正因为线性非奇异变换不改变能控性,可以通过线性变换将状态方程变换为一些特殊形式,然后得到较简单的能控性判据,下面介绍的能控性第二判别准则就是沿着这一思路进行的。

(1) 能控性第二判别准则——特征值互异的情况

设线性定常系统 $\dot{\boldsymbol{x}}=\boldsymbol{A}\boldsymbol{x}+\boldsymbol{B}\boldsymbol{u}$ 具有互异的特征值,则其状态完全能控的充分必要条件如下:经非奇异线性变换后的对角线标准型

$$\dot{\bar{\boldsymbol{x}}}=\begin{bmatrix}\lambda_1 & \cdots & \cdots & 0\\ \vdots & \lambda_2 & \ddots & \vdots\\ \vdots & \ddots & \ddots & \vdots\\ 0 & \cdots & \cdots & \lambda_n\end{bmatrix}\bar{\boldsymbol{x}}+\bar{\boldsymbol{B}}\boldsymbol{u} \tag{9.14}$$

中的 $\bar{\boldsymbol{B}}$ 阵不包含元素全为零的行。

能控性第二判别准则的证明很容易。对角线标准型状态方程能控性判别矩阵满秩的条件,是其控制矩阵中不包含元素全为零的行。又因为线性非奇异变换不改变能控性,所以可推及原状态方程的能控性。

上述定理在判别对角线标准型状态方程的能控性时尤为简单。

例如，容易判别下面四个系统的能控性。

① $\dot{\boldsymbol{x}}=\begin{bmatrix}-7 & 0 & 0\\ 0 & -5 & 0\\ 0 & 0 & -1\end{bmatrix}\boldsymbol{x}+\begin{bmatrix}2\\5\\7\end{bmatrix}u$ 完全能控

② $\dot{\boldsymbol{x}}=\begin{bmatrix}-7 & 0 & 0\\ 0 & -5 & 0\\ 0 & 0 & -1\end{bmatrix}\boldsymbol{x}+\begin{bmatrix}0\\5\\7\end{bmatrix}u$ 不完全能控

③ $\dot{\boldsymbol{x}}=\begin{bmatrix}-7 & 0 & 0\\ 0 & -5 & 0\\ 0 & 0 & -1\end{bmatrix}\boldsymbol{x}+\begin{bmatrix}0 & 1\\4 & 0\\7 & 5\end{bmatrix}u$ 完全能控

④ $\dot{\boldsymbol{x}}=\begin{bmatrix}-7 & 0 & 0\\ 0 & -5 & 0\\ 0 & 0 & -1\end{bmatrix}\boldsymbol{x}+\begin{bmatrix}0 & 0\\4 & 0\\7 & 5\end{bmatrix}u$ 不完全能控

在应用这个判别准则时，应当注意到特征值互不相同的条件。某些具有重特征值的矩阵，也能化为对角线标准型，对于这样的系统不能应用上述判别准则，而必须采用能控性判别矩阵 $\boldsymbol{S}_c$。例如，对于系统

$$\begin{bmatrix}\dot{x}_1\\ \dot{x}_2\end{bmatrix}=\begin{bmatrix}2 & 0\\ 0 & 2\end{bmatrix}\begin{bmatrix}x_1\\ x_2\end{bmatrix}+\begin{bmatrix}1\\1\end{bmatrix}u$$

由于 $\boldsymbol{A}$ 具有重特征值，所以尽管 $\boldsymbol{B}$ 没有全为零的行，但容易由能控性判别矩阵(9.13)检验系统是不完全能控的。

对于 $\boldsymbol{A}$ 具有重特征值的情况，有下列定理。

(2) 能控性第二判别准则——重特征值情况

若线性定常系统 $\dot{\boldsymbol{x}}=\boldsymbol{A}\boldsymbol{x}+\boldsymbol{B}\boldsymbol{u}$ 具有重特征值，且每一个重特征值对应一个特征向量，则系统状态完全能控的充分必要条件是，其经过非奇异变换后的若尔当(Jordan，旧译为约当)标准型

$$\dot{\bar{\boldsymbol{x}}}=\begin{bmatrix}\boldsymbol{J}_1 & & \cdots & 0\\ & \boldsymbol{J}_2 & & \vdots\\ \vdots & & \ddots & \\ 0 & & \cdots & \boldsymbol{J}_k\end{bmatrix}\bar{\boldsymbol{x}}+\bar{\boldsymbol{B}}\boldsymbol{u} \tag{9.15}$$

中，每个若尔当小块 $\boldsymbol{J}_i(i=1,2,\cdots,k)$ 的最后一行对应的 $\bar{\boldsymbol{B}}$ 阵的各行元素不全为零。

例如下面四个系统：

① $\begin{bmatrix}\dot{x}_1\\ \dot{x}_2\end{bmatrix}=\begin{bmatrix}-4 & 1\\ 0 & -4\end{bmatrix}\begin{bmatrix}x_1\\ x_2\end{bmatrix}+\begin{bmatrix}0\\2\end{bmatrix}u$

由于只有一个若尔当块，最后一行对应的 $\overline{\boldsymbol{B}}$ 阵的行的元素是2，不为零，所以系统完全能控。

② $\begin{bmatrix}\dot{x}_1\\ \dot{x}_2\end{bmatrix}=\begin{bmatrix}-4 & 1\\ 0 & -4\end{bmatrix}\begin{bmatrix}x_1\\ x_2\end{bmatrix}+\begin{bmatrix}2\\ 0\end{bmatrix}u$

由于只有一个若尔当块，最后一行对应的 $\overline{\boldsymbol{B}}$ 阵的行的元素为零，所以系统不完全能控。

③ $\begin{bmatrix}\dot{x}_1\\ \dot{x}_2\\ \dot{x}_3\\ \dot{x}_4\end{bmatrix}=\begin{bmatrix}-4 & 1 & 0 & 0\\ 0 & -4 & 0 & 0\\ 0 & 0 & -3 & 1\\ 0 & 0 & 0 & -3\end{bmatrix}\begin{bmatrix}x_1\\ x_2\\ x_3\\ x_4\end{bmatrix}+\begin{bmatrix}0 & 0\\ 0 & 1\\ 0 & 0\\ 2 & 0\end{bmatrix}\begin{bmatrix}u_1\\ u_2\end{bmatrix}$

$\boldsymbol{A}$ 中有两个若尔当块，它们的最后一行对应的 $\overline{\boldsymbol{B}}$ 阵的行分别是 $[0\quad 1]$ 和 $[2\quad 0]$，它们都不全为零，所以系统完全能控。

④ $\dot{\boldsymbol{x}}=\begin{bmatrix}-4 & 1 & 0 & 0\\ 0 & -4 & 0 & 0\\ 0 & 0 & -3 & 1\\ 0 & 0 & 0 & -3\end{bmatrix}\boldsymbol{x}+\begin{bmatrix}0 & 1\\ 0 & 0\\ 2 & 0\\ 0 & 2\end{bmatrix}\boldsymbol{u}$

$\boldsymbol{A}$ 中有两个若尔当块，容易看出，第一个若尔当块的最后一行对应的 $\overline{\boldsymbol{B}}$ 阵的行是 $[0\quad 0]$，其元素全为零，所以系统不完全能控。

9.2.3 线性定常系统的能观性

1. 能观性的定义

定义 对线性定常系统，如果对任意给定的输入 $\boldsymbol{u}(t)$ 总存在有限观测时间 $t_1\geqslant t_0$，使得根据 $[t_0,t_1]$ 期间的输出 $\boldsymbol{y}(t)$，能唯一地确定系统初始时刻的状态 $\boldsymbol{x}(t_0)$，则称状态 $\boldsymbol{x}(t_0)$ 是能观测的或者能观的。若系统的每一个状态都是能观的，则称系统是状态完全能观的，或简称是能观的。

几点说明：

① 因为能观性所表示的是输出 $\boldsymbol{y}(t)$ 反映状态 $\boldsymbol{x}(t)$ 的能力，考虑到控制作用所引起的输出是可以算出的，所以，分析能观性问题时，不妨令 $u(t)\equiv 0$，这样只需从齐次状态方程和输出方程出发，即只根据 $\boldsymbol{A}$、$\boldsymbol{C}$ 判别系统的能观性。

② 定义中把能观性归结为初始状态的确定，这是因为一旦确定了初始状态便可根据给定控制输入，利用状态方程，求出各个瞬时的状态。

③ 从输出方程可见，若 $\boldsymbol{y}$ 的维数等于状态 $\boldsymbol{x}$ 的维数，即 $l=n$，并且 $\boldsymbol{C}$ 是非奇异的，则 $\boldsymbol{x}(t)=\boldsymbol{C}^{-1}\boldsymbol{y}(t)$，显然这不需要观测时间，即 $t_1=t_0$。当 $l<n$ 时，为了能

唯一地求出 n 个状态变量，必须在不同时刻多测出几组输出，使之构成 n 个方程式。若测量时间相隔太近，则测量值相差无几，线性方程组可能出现奇异或接近奇异。因此为了观测某一时刻的状态需要有一定的观测时间。

对于离散系统，若根据输出信号的有限个采样周期的采样值 $\boldsymbol{y}(k)$，可以唯一地确定系统的任一初始状态 $\boldsymbol{x}(0)$，则称系统是状态完全能观测的，简称系统是能观的。

2. 能观性判别准则

能观性判别准则：线性定常（连续、离散）系统 $\{\boldsymbol{A},\boldsymbol{B},\boldsymbol{C}\}$ 状态完全能观的充分必要条件是，其能观性判别矩阵 $\boldsymbol{S}_o$ 满秩，即

$$\mathrm{rank}\boldsymbol{S}_o=\mathrm{rank}\begin{bmatrix}\boldsymbol{C}\\ \boldsymbol{CA}\\ \vdots\\ \boldsymbol{CA}^{n-1}\end{bmatrix}=n \tag{9.16}$$

例 9.8 已知系统的动态方程为

$$\begin{bmatrix}\dot{x}_1\\ \dot{x}_2\end{bmatrix}=\begin{bmatrix}2 & -1\\ 1 & -3\end{bmatrix}\begin{bmatrix}x_1\\ x_2\end{bmatrix}+\begin{bmatrix}-1\\ 1\end{bmatrix}u$$

$$\begin{bmatrix}y_1\\ y_2\end{bmatrix}=\begin{bmatrix}1 & 0\\ -1 & 0\end{bmatrix}\begin{bmatrix}x_1\\ x_2\end{bmatrix}$$

判别系统的能观性。

解 从输出方程可见，$y_1=x_1$，$y_2=-x_1$，y 与 x_2 无关。看上去系统是不能观的，但事实上，系统是能观的，这是因为 x_1 与 x_2 有关。下面用能观性判别准则判别

$$\mathrm{rank}\boldsymbol{S}_o=\mathrm{rank}\begin{bmatrix}1 & 0\\ -1 & 0\\ 2 & -1\\ -2 & 1\end{bmatrix}=\mathrm{rank}\begin{bmatrix}1 & 0\\ -1 & 0\\ 0 & -1\\ 0 & -1\end{bmatrix}=2$$

所以，系统是能观的。

例 9.9 已知系统的动态方程为

$$\dot{\boldsymbol{x}}=\begin{bmatrix}1 & 0\\ 0 & 1\end{bmatrix}\boldsymbol{x}\qquad \boldsymbol{y}=[1\quad 1]\boldsymbol{x}$$

判别系统的能观性。

解 乍一看，y 中既有 x_1，又有 x_2，系统似乎是能观的，但事实正好相反，因为初始状态所激励的响应为

$$y(t)=x_{10}\mathrm{e}^{-t}+x_{20}\mathrm{e}^{-t}=(x_{10}+x_{20})\mathrm{e}^{-t}$$

显然当 $x_{10}=-x_{20}$ 时，$y(t)\equiv 0$，不可能从 $y(t)$ 中测出 x_{10} 和 x_{20}，因此是不能观的。

下面用能观性判别准则判别。

$$\operatorname{rank}\boldsymbol{S}_{\mathrm{o}}=\operatorname{rank}\begin{bmatrix}1&1\\1&1\end{bmatrix}=1<n=2$$

所以,系统是不可观的。

从上面的例子可见,不能靠直观判别系统的能观性,必须根据能观性判别准则判别。

例 9.10 已知系统的动态方程为

$$\boldsymbol{x}(k+1)=\begin{bmatrix}2&0&3\\-1&-2&0\\0&1&2\end{bmatrix}\boldsymbol{x}(k)$$

$$\boldsymbol{y}(k)=\begin{bmatrix}1&0&0\\0&1&0\end{bmatrix}\boldsymbol{x}(k)$$

判别系统的能观性。

解 由能观性判别准则,有

$$\operatorname{rank}\boldsymbol{S}_{\mathrm{o}}=\operatorname{rank}\begin{bmatrix}C\\CA\\CA^2\end{bmatrix}=\operatorname{rank}\begin{bmatrix}1&0&0\\0&1&0\\2&0&3\\-1&-2&0\\4&3&12\\0&4&-3\end{bmatrix}=3=n$$

所以,系统是能观的。

例 9.11 已知系统的动态方程为

$$\boldsymbol{x}(k+1)=\begin{bmatrix}1&0&-1\\0&-2&1\\3&0&2\end{bmatrix}\boldsymbol{x}(k)+\begin{bmatrix}2\\-1\\1\end{bmatrix}u(k)$$

$$\boldsymbol{y}(k)=\begin{bmatrix}0&0&1\\1&0&0\end{bmatrix}\boldsymbol{x}(k)$$

判别系统的能观性。

解 由能观性判别准则,有

$$\operatorname{rank}\boldsymbol{S}_{\mathrm{o}}=\operatorname{rank}\begin{bmatrix}C\\CA\\CA^2\end{bmatrix}=\operatorname{rank}\begin{bmatrix}0&0&1\\1&0&0\\3&0&2\\1&0&-1\\9&0&1\\-2&0&-3\end{bmatrix}=2<3=n$$

所以，系统是不能观的。

*3. 能观性第二判别准则

类似于能控性第二判别准则，如果动态方程具有对角线标准型等特殊形式，可以得到更简单的能观性判别准则。

可以证明，在任何非奇异线性变换下，线性（定常或时变）动态方程的能观性保持不变。

能观性第二判别准则：设线性定常系统 $\dot{x} = Ax + Bu, y = Cx$ 中的 A 阵具有重特征值，且每一个重特征值只对应一个特征向量，则系统状态完全能观的充分必要条件是经非奇异线性变换后的若尔当标准型

$$\dot{\bar{x}} = \begin{bmatrix} J_1 & & \cdots & 0 \\ & J_2 & & \vdots \\ \vdots & & \ddots & \\ 0 & \cdots & & J_k \end{bmatrix} \bar{x} + \bar{B}u \tag{9.17}$$

$$y = \bar{C}\bar{x}$$

的 $\bar{C}$ 中与每个若尔当块 J_i 首行相对应的那些列，其元素不全为零。

作为特例，当 A 阵具有互不相同的特征值时，则其状态完全能观的充分必要条件是经非奇异线性变换后的对角线标准形

$$\dot{\bar{x}} = \begin{bmatrix} \lambda_1 & & \cdots & 0 \\ & \lambda_2 & & \vdots \\ \vdots & & \ddots & \\ 0 & \cdots & & \lambda_n \end{bmatrix} \bar{x} + \bar{B}u \tag{9.18}$$

$$y = \bar{C}\bar{x}$$

的 $\bar{C}$ 中不含有元素全为零的列。

根据能观性第二判别准则，不难判别下列系统的能观性。这里要注意特征值互不相同这个条件。

① $\dot{x} = \begin{bmatrix} -7 & 0 & 0 \\ 0 & -5 & 0 \\ 0 & 0 & -1 \end{bmatrix} x \quad y = [6 \quad 4 \quad 5]x$ 系统完全能观

② $\dot{x} = \begin{bmatrix} -7 & 0 & 0 \\ 0 & -5 & 0 \\ 0 & 0 & -1 \end{bmatrix} x \quad y = [3 \quad 2 \quad 0]x$ 系统不完全能观

③ $\dot{x} = \begin{bmatrix} -2 & 1 \\ 0 & -2 \end{bmatrix} x \quad y = [1 \quad 0]x$ 系统完全能观

④ $\dot{x} = \begin{bmatrix} -2 & 1 \\ 0 & -2 \end{bmatrix} x \quad y = [0 \quad 1]x$ 系统不完全能观

⑤ $\dot{\boldsymbol{x}}=\begin{bmatrix}-3 & 1 & 0\\ 0 & -3 & 0\\ 0 & 0 & 1\end{bmatrix}\boldsymbol{x}\quad \boldsymbol{y}=\begin{bmatrix}1 & 0 & 0\\ 0 & 0 & -1\end{bmatrix}\boldsymbol{x}$ 系统完全能观

⑥ $\dot{\boldsymbol{x}}=\begin{bmatrix}-3 & 1 & 0 & 0 & 0\\ 0 & -3 & 0 & 0 & 0\\ 0 & 0 & -2 & 1 & 0\\ 0 & 0 & 0 & -2 & 1\\ 0 & 0 & 0 & 0 & -2\end{bmatrix}\boldsymbol{x}\quad y=[8\quad -1\quad 0\quad 2\quad 4]\boldsymbol{x}$ 系统不完全能观

*9.2.4 状态空间表达式的能控标准型与能观标准型

选取不同的状态变量，系统状态空间表达式便具有不同的形式，某些特定的形式称为标准型。状态空间表达式的标准型，对于系统分析、设计往往是很方便的。例如，对角线标准型对于状态转移矩阵的计算，能控性、能观性的分析都是十分方便的。但是从另外的角度来看，对角线标准型并不一定是合适的，其他标准型也许更为适用。本节介绍的能控标准型便于系统的状态反馈设计，能观标准型便于系统状态观测器的设计以及系统辨识。

在下面的讨论中，将单输入单输出连续和离散线性定常系统都记为$\{\boldsymbol{A},\boldsymbol{b},\boldsymbol{c}\}$，线性变换后的系统记为$\{\overline{\boldsymbol{A}},\overline{\boldsymbol{b}},\overline{\boldsymbol{c}}\}$。本节内容对连续和离散系统都是适用的。

对于连续系统，设系统的状态空间表达式为

$$\dot{\boldsymbol{x}}(t)=\boldsymbol{A}\boldsymbol{x}(t)+\boldsymbol{b}u(t) \tag{9.19}$$

$$y(t)=\boldsymbol{c}\boldsymbol{x}(t) \tag{9.20}$$

系统的传递函数为

$$G(s)=\frac{b_{n-1}s^{n-1}+\cdots+b_1s+b_0}{s^n+a_{n-1}s^{n-1}+\cdots+a_1s+a_0} \tag{9.21}$$

线性变换为

$$\boldsymbol{x}(t)=\boldsymbol{P}\overline{\boldsymbol{x}}(t) \tag{9.22}$$

或

$$\overline{\boldsymbol{x}}(t)=\boldsymbol{T}\boldsymbol{x}(t) \tag{9.23}$$

线性变换后的状态方程为

$$\begin{aligned}\dot{\overline{\boldsymbol{x}}}(t)&=\overline{\boldsymbol{A}}\overline{\boldsymbol{x}}(t)+\overline{\boldsymbol{b}}u(t)\\ y(t)&=\overline{\boldsymbol{c}}\overline{\boldsymbol{x}}(t)\end{aligned} \tag{9.24}$$

对于离散系统，设系统的状态空间表达式为

$$\boldsymbol{x}(k+1)=\boldsymbol{A}\boldsymbol{x}(k)+\boldsymbol{b}u(k)$$

$$y(k) = \boldsymbol{c}\boldsymbol{x}(k) \tag{9.25}$$

系统的 z 传递函数为

$$G(z) = \frac{b_{n-1}z^{n-1} + \cdots + b_1 z + b_0}{z^n + a_{n-1}z^{n-1} + \cdots + a_1 z + a_0} \tag{9.26}$$

线性变换为

$$\boldsymbol{x}(k) = \boldsymbol{P}\bar{\boldsymbol{x}}(k) \tag{9.27}$$

或

$$\bar{\boldsymbol{x}}(k) = \boldsymbol{T}\boldsymbol{x}(k) \tag{9.28}$$

线性变换后的状态方程为

$$\begin{aligned} \bar{\boldsymbol{x}}(k+1) &= \bar{\boldsymbol{A}}\bar{\boldsymbol{x}}(k) + \bar{\boldsymbol{b}}u(k) \\ y(k) &= \bar{\boldsymbol{c}}\bar{\boldsymbol{x}}(k) \end{aligned} \tag{9.29}$$

下面的讨论对连续系统和离散系统都是适用的。有关定理的证明请参考相关书籍。

1. 能控标准型

定义 具有下列形式的状态方程称为能控标准型

$$\bar{\boldsymbol{A}} = \begin{bmatrix} 0 & 1 & \cdots & & 0 \\ & 0 & 1 & & \vdots \\ \vdots & & \ddots & \ddots & \\ 0 & \cdots & & 0 & 1 \\ -a_0 & -a_1 & \cdots & -a_{n-2} & -a_{n-1} \end{bmatrix}, \bar{\boldsymbol{b}} = \begin{bmatrix} 0 \\ \vdots \\ \vdots \\ 0 \\ 1 \end{bmatrix} \tag{9.30}$$

能控标准型只限制 $\boldsymbol{A}$、$\boldsymbol{b}$ 的形式，$\boldsymbol{c}$ 可以任意。对于具有能控标准型的状态方程有下列定理。

定理 具有能控标准型的状态方程是能控的。任一能控状态方程均可通过非奇异线性变换 $\bar{\boldsymbol{x}} = \boldsymbol{T}\boldsymbol{x}$，变换为能控标准型，其中

$$\boldsymbol{T} = \begin{bmatrix} \boldsymbol{T}_1 \\ \boldsymbol{T}_1\boldsymbol{A} \\ \vdots \\ \boldsymbol{T}_1\boldsymbol{A}^{n-1} \end{bmatrix}, \boldsymbol{T}_1 = [0 \quad \cdots \quad 0 \quad 1]\boldsymbol{S}_c^{-1}, \boldsymbol{S}_c = [\boldsymbol{b} \quad \boldsymbol{A}\boldsymbol{b} \quad \cdots \quad \boldsymbol{A}^{n-1}\boldsymbol{b}] \tag{9.31}$$

例 9.12 将状态方程 $\dot{\boldsymbol{x}} = \begin{bmatrix} 1 & 0 \\ -1 & 2 \end{bmatrix}\boldsymbol{x} + \begin{bmatrix} -1 \\ 1 \end{bmatrix}u$ 变换为能控标准型。

解 首先检查系统的能控性。

$$\boldsymbol{S}_c = \begin{bmatrix} -1 & -1 \\ 1 & 3 \end{bmatrix}$$

$$\text{rank}\boldsymbol{S}_c = 2$$

由能控性判别准则，系统是能控的，所以，可以变换为能控标准型。系统的特征

方程为

$$\det(s\boldsymbol{I}-\boldsymbol{A})=s^2-3s+2$$

由式(9.30),能控标准型为

$$\overline{\boldsymbol{A}}=\begin{bmatrix}0 & 1\\ -2 & 3\end{bmatrix},\overline{\boldsymbol{b}}=\begin{bmatrix}0\\ 1\end{bmatrix}$$

因为

$$\boldsymbol{S}_c^{-1}=\begin{bmatrix}-\dfrac{3}{2} & -\dfrac{1}{2}\\ \dfrac{1}{2} & \dfrac{1}{2}\end{bmatrix}\quad \boldsymbol{T}_1=[0\quad 1]\boldsymbol{S}_c^{-1}=\begin{bmatrix}\dfrac{1}{2} & \dfrac{1}{2}\end{bmatrix}$$

所以变换阵 $\boldsymbol{T}$ 为

$$\boldsymbol{T}=\begin{bmatrix}\boldsymbol{T}_1\\ \boldsymbol{T}_1\boldsymbol{A}\end{bmatrix}=\begin{bmatrix}\dfrac{1}{2} & \dfrac{1}{2}\\ 0 & 1\end{bmatrix}$$

验证

$$\boldsymbol{T}^{-1}=\begin{bmatrix}2 & -1\\ 0 & 1\end{bmatrix}$$

$$\overline{\boldsymbol{A}}=\boldsymbol{TAT}^{-1}=\begin{bmatrix}\dfrac{1}{2} & \dfrac{1}{2}\\ 0 & 1\end{bmatrix}\begin{bmatrix}1 & 0\\ -1 & 2\end{bmatrix}\begin{bmatrix}2 & -1\\ 0 & 1\end{bmatrix}=\begin{bmatrix}0 & 1\\ -2 & 3\end{bmatrix}$$

$$\overline{\boldsymbol{b}}=\boldsymbol{Tb}=\begin{bmatrix}\dfrac{1}{2} & \dfrac{1}{2}\\ 0 & 1\end{bmatrix}\begin{bmatrix}-1\\ 1\end{bmatrix}=\begin{bmatrix}0\\ 1\end{bmatrix}$$

例 9.13 将动态方程

$$\dot{\boldsymbol{x}}=\begin{bmatrix}1 & 2 & 0\\ 3 & -1 & 1\\ 0 & 2 & 0\end{bmatrix}\boldsymbol{x}+\begin{bmatrix}2\\ 1\\ 1\end{bmatrix}u$$

$$y=[0\quad 0\quad 1]\boldsymbol{x}$$

变换为能控标准型。

解 (1) 检查系统的可控性

$$\boldsymbol{S}_c=\begin{bmatrix}2 & 4 & 16\\ 1 & 6 & 8\\ 1 & 2 & 12\end{bmatrix},\boldsymbol{S}_c^{-1}=\begin{bmatrix}1.75 & -0.5 & -2\\ -0.125 & 0.25 & 0\\ -0.125 & 0 & 0.25\end{bmatrix}$$

因为 $\det\boldsymbol{S}_c\neq 0$, $\mathrm{rank}\boldsymbol{S}_c=3$,所以系统能控,可以变换为能控标准型。系统特征方程为

$$|s\boldsymbol{I}-\boldsymbol{A}|=\begin{vmatrix}s-1 & -2 & 0\\ -3 & s+1 & -1\\ 0 & -2 & s\end{vmatrix}=s^3-9s+2$$

则由式(9.30),能控标准型为

$$\overline{\boldsymbol{A}}=\begin{bmatrix}0 & 1 & 0\\ 0 & 0 & 1\\ -2 & 9 & 0\end{bmatrix}\quad \overline{\boldsymbol{b}}=\begin{bmatrix}0\\ 0\\ 1\end{bmatrix}$$

(2) 求变换阵 $\boldsymbol{T}$

$$\boldsymbol{T}_1=[0\quad 0\quad 1]\boldsymbol{S}_c^{-1}=[-0.125\quad 0\quad 0.25]$$

$$\boldsymbol{T}_1\boldsymbol{A}=[-0.125\quad 0.25\quad 0]$$

$$\boldsymbol{T}_1\boldsymbol{A}^2=[-0.125\quad 0.25\quad 0]\begin{bmatrix}1 & 2 & 0\\ 3 & -1 & 1\\ 0 & 2 & 0\end{bmatrix}=[0.625\quad -0.5\quad 0.25]$$

所以变换阵 $\boldsymbol{T}$ 为

$$\boldsymbol{T}=\begin{bmatrix}\boldsymbol{T}_1\\ \boldsymbol{T}_1\boldsymbol{A}\\ \boldsymbol{T}_1\boldsymbol{A}^2\end{bmatrix}=\begin{bmatrix}-0.125 & 0 & 0.25\\ -0.125 & 0.25 & 0\\ 0.625 & -0.5 & 0.25\end{bmatrix}$$

(3) 验证

$$\boldsymbol{T}^{-1}=\begin{bmatrix}-2 & 4 & 2\\ -1 & 6 & 1\\ 3 & 2 & 1\end{bmatrix}$$

$$\overline{\boldsymbol{A}}=\boldsymbol{TAT}^{-1}=\begin{bmatrix}-0.125 & 0.25 & 0\\ 0.625 & -0.5 & 0.25\\ -0.875 & 2.25 & -0.5\end{bmatrix}\boldsymbol{T}^{-1}=\begin{bmatrix}0 & 1 & 0\\ 0 & 0 & 1\\ -2 & 9 & 0\end{bmatrix}$$

$$\overline{\boldsymbol{b}}=\boldsymbol{Tb}=\begin{bmatrix}0\\ 0\\ 1\end{bmatrix}$$

$$\bar{\boldsymbol{c}}=\boldsymbol{cT}^{-1}=[3\quad 2\quad 1]$$

2. 能观标准型

定义　具有下列形式的状态空间表达式称为能观标准型

$$\overline{\boldsymbol{A}}=\begin{bmatrix}0 & \cdots & 0 & -a_0\\ 1 & 0 & \vdots & \vdots\\ \vdots & \ddots & \ddots & -a_{n-2}\\ 0 & \cdots & 1 & -a_{n-1}\end{bmatrix}\quad \bar{\boldsymbol{c}}=[0\quad \cdots\quad 0\quad 1] \tag{9.32}$$

注意，能观标准型只限制 $\boldsymbol{A}$、$\boldsymbol{c}$ 的形式，$\boldsymbol{b}$ 可以任意。

定理 具有能观标准型的动态方程是能观的。任一能观动态方程均可以变换为能观标准型，其变换为 $\boldsymbol{x}=\boldsymbol{P}\bar{\boldsymbol{x}}$，其中

$$\boldsymbol{P}=[\boldsymbol{p}_1 \quad \boldsymbol{A}\boldsymbol{p}_1 \quad \boldsymbol{A}^2\boldsymbol{p}_1 \quad \cdots \quad \boldsymbol{A}^{n-1}\boldsymbol{p}_1] \tag{9.33}$$

$$\boldsymbol{p}_1=\begin{bmatrix}\boldsymbol{c}\\ \boldsymbol{c}\boldsymbol{A}\\ \vdots\\ \boldsymbol{c}\boldsymbol{A}^{n-1}\end{bmatrix}^{-1}\begin{bmatrix}0\\ \vdots\\ 0\\ 1\end{bmatrix}=\boldsymbol{S}_o^{-1}\begin{bmatrix}0\\ \vdots\\ 0\\ 1\end{bmatrix} \tag{9.34}$$

例 9.14 将动态方程

$$\dot{\boldsymbol{x}}=\begin{bmatrix}1 & 2 & 0\\ 3 & -1 & 1\\ 0 & 2 & 0\end{bmatrix}\boldsymbol{x}+\begin{bmatrix}2\\ 1\\ 1\end{bmatrix}u$$

$$y=[0 \quad 0 \quad 1]\boldsymbol{x}$$

变换为能观标准型。

解 （1）判别系统能观性：因为

$$\boldsymbol{S}_o=\begin{bmatrix}\boldsymbol{c}\\ \boldsymbol{c}\boldsymbol{A}\\ \boldsymbol{c}\boldsymbol{A}^2\end{bmatrix}=\begin{bmatrix}0 & 0 & 1\\ 0 & 2 & 0\\ 6 & -2 & 2\end{bmatrix},\ \mathrm{rank}\boldsymbol{S}_o=3$$

所以，系统能观，可以变换为能观标准型。系统特征方程为

$$|s\boldsymbol{I}-\boldsymbol{A}|=s^3-9s+2=0$$

则由式(9.32)，能观标准型为

$$\bar{\boldsymbol{A}}=\begin{bmatrix}0 & 0 & -2\\ 1 & 0 & 9\\ 0 & 1 & 0\end{bmatrix} \quad \bar{\boldsymbol{c}}=[0 \quad 0 \quad 1]$$

（2）求变换矩阵

$$\boldsymbol{S}_o^{-1}=\begin{bmatrix}-\frac{1}{3} & \frac{1}{6} & \frac{1}{6}\\ 0 & \frac{1}{2} & 0\\ 1 & 0 & 0\end{bmatrix}$$

由式(9.33)和式(9.34)得

$$\boldsymbol{p}_1=\boldsymbol{S}_o^{-1}\begin{bmatrix}0\\0\\1\end{bmatrix}=\begin{bmatrix}\frac{1}{6}\\0\\0\end{bmatrix}\quad \boldsymbol{A}\boldsymbol{p}_1=\begin{bmatrix}\frac{1}{6}\\\frac{1}{2}\\0\end{bmatrix}\quad \boldsymbol{A}^2\boldsymbol{p}_1=\begin{bmatrix}\frac{7}{6}\\0\\1\end{bmatrix}$$

所以

$$\boldsymbol{P}=\begin{bmatrix}\frac{1}{6}&\frac{1}{6}&\frac{7}{6}\\0&\frac{1}{2}&0\\0&0&1\end{bmatrix}$$

*9.2.5 对偶原理

对偶原理是卡尔曼首先提出的，它揭示了线性系统的能控性与能观性之间的内在联系，即一个系统的能控性等价于其对偶系统的能观性。下面首先给出对偶系统的定义，然后介绍对偶原理。

定义 若线性（连续或离散）定常系统 $S_1\{\boldsymbol{A},\boldsymbol{B},\boldsymbol{C}\}$ 和 $S_2\{\boldsymbol{A}^*,\boldsymbol{B}^*,\boldsymbol{C}^*\}$，满足下列对偶关系：$\boldsymbol{A}^*=\boldsymbol{A}^{\mathrm{T}}$，$\boldsymbol{B}^*=\boldsymbol{C}^{\mathrm{T}}$，$\boldsymbol{C}^*=\boldsymbol{B}^{\mathrm{T}}$，则称 S_1 和 S_2 互为对偶系统。

线性连续系统及其对偶系统的结构如图 9.6 所示。

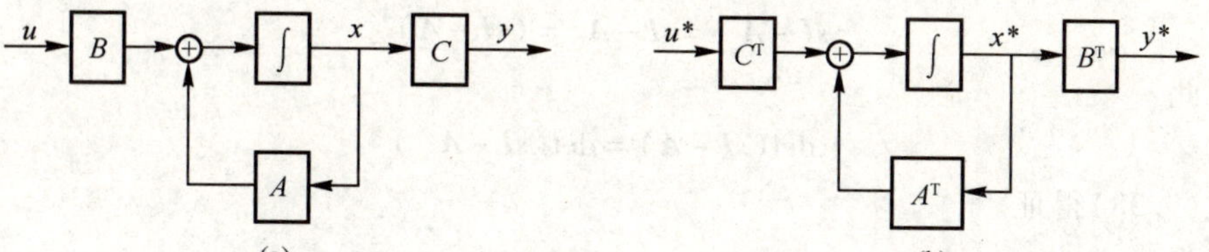

图 9.6 对偶系统

图 9.6 中，$\boldsymbol{x}$、$\boldsymbol{x}^*$ 均为 n 维向量；$\boldsymbol{u}$、$\boldsymbol{y}^*$ 均为 p 维向量；$\boldsymbol{y}$、$\boldsymbol{u}^*$ 均为 q 维向量，即系统与其对偶系统的输入、输出向量的维数是相交换的。

对偶原理：一个系统的能控性等价于其对偶系统的能观性；一个系统的能观性等价于其对偶系统的能控性。

证明 设 $S_1=\{\boldsymbol{A},\boldsymbol{B},\boldsymbol{C}\}$ 的对偶系统为 $S_2=\{\boldsymbol{A}^*,\boldsymbol{B}^*,\boldsymbol{C}^*\}$，$S_2$ 的能控性判别矩阵为

$$\boldsymbol{S}_{2c}=[\boldsymbol{B}^*\quad \boldsymbol{A}^*\boldsymbol{B}^*\quad \cdots\quad \boldsymbol{A}^{*n-1}\boldsymbol{B}^*]\tag{9.35}$$

代入对偶关系，得

$$
\boldsymbol{S}_{2c}=[\boldsymbol{C}^{\mathrm{T}}\quad \boldsymbol{A}^{\mathrm{T}}\boldsymbol{C}^{\mathrm{T}}\quad \cdots\quad \boldsymbol{A}^{\mathrm{T}n-1}\quad \boldsymbol{C}^{\mathrm{T}}]
=\begin{bmatrix}\boldsymbol{C}\\ \boldsymbol{CA}\\ \vdots\\ \boldsymbol{CA}^{n-1}\end{bmatrix}^{\mathrm{T}}=\boldsymbol{S}_{1o}^{\mathrm{T}} \tag{9.36}
$$

其中，$\boldsymbol{S}_{1o}$为 S_1的能观判别矩阵。因为

$$
\mathrm{rank}\boldsymbol{S}_{2c}=\mathrm{rank}\boldsymbol{S}_{1o}^{\mathrm{T}}=\mathrm{rank}\boldsymbol{S}_{1o} \tag{9.37}
$$

所以，S_1的能观性等价于 S_2的能控性。

同理可证 S_1的能控性等价于 S_2的能观性。

利用对偶原理可以把系统的能观性分析转化为其对偶系统的能控性分析，反之亦然。这在很多情况下能够简化问题。对偶原理不仅沟通了系统能控性和对偶系统的能观性的内在联系，也建立了系统最优控制问题和最优状态估计问题之间的内在联系。不仅如此，在用计算机分析系统的能控性与能观性时，两者的仿真程序可以通用。

根据对偶系统的定义，容易证明下列定理。

定理 对偶系统具有相同的特征方程，它们的传递函数矩阵互为转置。即

$$
\det(s\boldsymbol{I}-\boldsymbol{A})=\det(s\boldsymbol{I}-\boldsymbol{A}^{*}) \tag{9.38}
$$

$$
\boldsymbol{G}(s)=[\boldsymbol{G}^{*}(s)]^{\mathrm{T}} \tag{9.39}
$$

证明 因为 $\boldsymbol{A}^{*}=\boldsymbol{A}^{\mathrm{T}}$，所以

$$
s\boldsymbol{I}-\boldsymbol{A}^{*}=s\boldsymbol{I}-\boldsymbol{A}^{\mathrm{T}}=(s\boldsymbol{I}-\boldsymbol{A})^{\mathrm{T}}
$$

因此

$$
\det(s\boldsymbol{I}-\boldsymbol{A})=\det(s\boldsymbol{I}-\boldsymbol{A}^{*})
$$

式(9.38)得证。

因为

$$
\begin{aligned}
\boldsymbol{G}(s)&=\boldsymbol{C}(s\boldsymbol{I}-\boldsymbol{A})^{-1}\boldsymbol{B}\\
\boldsymbol{G}^{*}(s)&=\boldsymbol{C}^{*}(s\boldsymbol{I}-\boldsymbol{A}^{*})^{-1}\boldsymbol{B}^{*}=\boldsymbol{B}^{\mathrm{T}}(s\boldsymbol{I}-\boldsymbol{A}^{\mathrm{T}})^{-1}\boldsymbol{C}^{\mathrm{T}}\\
&=[\boldsymbol{C}(s\boldsymbol{I}-\boldsymbol{A})^{-1}\boldsymbol{B}]^{\mathrm{T}}=[\boldsymbol{G}(s)]^{\mathrm{T}}
\end{aligned}
$$

式(9.39)得证。

9.3 李雅普诺夫稳定判据

李雅普诺夫(Lyapunov)稳定判据是1892年提出的，它给出了连续非线性系统渐近稳定的充分条件和连续线性定常系统渐近稳定的充分必要条件，1958年

被推广到离散系统。

李雅普诺夫稳定判据通常称为第二法，是分析系统稳定性的普遍方法。这种方法不需要求出状态方程的解，因此，当非线性系统的精确解不能求得时，用李雅普诺夫稳定判据分析非线性系统稳定性的优点就更显得突出。

很多力学系统是一个能耗系统，其总能量随着时间的变化不断减少，最后回到它的最小储能位置。因此，能量的度量可以作为力学系统稳定性的度量。但是，一般系统没有力学问题那样有明显的动能和位能的概念。李雅普诺夫基于以上现象，抽象了能量的概念，构造了一个类似于能量的正定函数，这个函数一般称为李雅普诺夫函数。通过分析这个表示能量的正定函数是否随着时间的增长而减少，即分析李雅普诺夫函数的导数是否为一个负定的函数，就可以判别系统的稳定性。

9.3.1 李雅普诺夫稳定性定义

下面首先介绍预备数学知识，然后介绍李雅普诺夫稳定性定义，这是稳定性的最一般的定义。

1. 函数的正定性

(1) 标量函数的正定性

标量函数 $V(x)$ 的正定性定义如下：

① 当 $x=0$ 时，$V(x)=0$；当 $x\neq 0$ 时，$V(x)>0$，则称 $V(x)$ 是正定的。

② 若 $V(x)$ 除原点和某些状态下为零，而其余部分都大于零，则称 $V(x)$ 为半正定的。

③ 若 $-V(x)$ 是正定的，则称 $V(x)$ 是负定的。

④ 若 $-V(x)$ 是半正定的，则称 $V(x)$ 是半负定的。

⑤ 若 $V(x)$ 既可以是正值，也可以是负值，则称 $V(x)$ 是不定的。

例 9.15 根据上述定义检验下列标量函数的正定性。

① $V(x)=x_1^2+2x_2^2$ 是正定的。

② $V(x)=(x_1+x_2)^2$ 是半正定的，因为当 $x_1=-x_2$ 时，$V(x)=0$。

③ $V(x)=-(x_1^2+2x_2^2)$ 是负定的。

④ $V(x)=-(x_1+x_2)^2$ 是半负定的。

⑤ $V(x)=x_1x_2+x_2^2$ 是不定的，因为当 $x_1>0,x_2>0$ 时，$V(x)>0$，而当 $x_1>|x_2|>0,x_2<0$ 时，$V(x)<0$。

(2) 二次型标量函数及其正定性条件

若

$$V(\boldsymbol{x})=\boldsymbol{x}^{\mathrm{T}}\boldsymbol{P}\boldsymbol{x}=[x_1\quad x_2\quad\cdots\quad x_n]\begin{bmatrix}P_{11}&P_{12}&\cdots&P_{1n}\\P_{21}&P_{22}&\cdots&P_{2n}\\\vdots&\vdots&\ddots&\vdots\\P_{n1}&P_{n2}&\cdots&P_{nn}\end{bmatrix}\begin{bmatrix}x_1\\x_2\\\vdots\\x_n\end{bmatrix}\tag{9.40}$$

则称为二次型标量函数。其中 $\boldsymbol{P}$ 一般表示为实对称矩阵,即 $P_{ij}=P_{ji}$。

若 $\boldsymbol{P}$ 表示为实对称矩阵,二次型标量函数的正定性可以用塞尔维斯特(Sylvester)准则判别。该准则叙述如下:

塞尔维斯特准则 记 $\boldsymbol{P}$ 的主子行列式为

$$\Delta_1=P_{11},\Delta_2=\begin{vmatrix}P_{11}&P_{12}\\P_{21}&P_{22}\end{vmatrix},\cdots,\Delta_n=\begin{vmatrix}P_{11}&P_{12}&\cdots&P_{1n}\\P_{21}&P_{22}&\cdots&P_{2n}\\\vdots&\vdots&\ddots&\vdots\\P_{n1}&P_{n2}&\cdots&P_{nn}\end{vmatrix}\tag{9.41}$$

二次型标量函数 $V(\boldsymbol{x})$ 为正定的充要条件是矩阵 $\boldsymbol{P}$ 的所有主子行列式为正,即

$$\Delta_1>0,\Delta_2>0,\cdots,\Delta_n>0\tag{9.42a}$$

二次型标量函数 $V(\boldsymbol{x})$ 为负定的充要条件是矩阵 $\boldsymbol{P}$ 的各阶主子式满足

$$\Delta_i=\begin{cases}>0 & i\text{ 为偶数}\\<0 & i\text{ 为奇数}\end{cases}\tag{9.42b}$$

2. 范数的概念

描述 n 维向量空间,与描述二维、三维空间一样,也要引入尺度的概念,来度量向量的长度。可以人为地定义向量空间的尺度标准,这个标准称为向量的范数,记为 $\|\cdot\|$。

范数的定义有很多种,下面介绍常用的欧氏范数,它是二维、三维空间中长度概念的推广。

定义 n 维向量空间 $\boldsymbol{x}=[x_1\quad x_2\quad\cdots\quad x_n]^{\mathrm{T}}$ 的范数定义为 $\|\boldsymbol{x}\|=\sqrt{x_1^2+x_2^2+\cdots+x_n^2}$。

例如,二维向量空间 $\boldsymbol{x}=[x_1\quad x_2]^{\mathrm{T}}$ 的范数定义为:$\|\boldsymbol{x}\|=\sqrt{x_1^2+x_2^2}$;三维向量空间 $\boldsymbol{x}=[x_1\quad x_2\quad x_3]^{\mathrm{T}}$ 的范数定义为 $\|\boldsymbol{x}\|=\sqrt{x_1^2+x_2^2+x_3^2}$。

3. 平衡状态

系统没有输入作用时,处于自由运动状态。当系统到达某状态,并且维持在此状态而不再发生变化,这样的状态称为系统的平衡状态。

根据平衡状态的定义可知,连续系统 $\dot{\boldsymbol{x}}=f(\boldsymbol{x})$ 的平衡状态 $\boldsymbol{x}_e$ 是满足平衡方程 $\dot{\boldsymbol{x}}=0$ 即 $f(\boldsymbol{x}_e)=0$ 的系统状态。离散系统 $\boldsymbol{x}(k+1)=f[\boldsymbol{x}(k)]$ 的平衡状态 x_e,是对所有的 k,都满足平衡方程 $x_e=f(x_e,k)$ 的系统状态。

首先讨论线性系统$\dot{\boldsymbol{x}}=\boldsymbol{A}\boldsymbol{x}$的平衡状态。由于平衡状态为$\boldsymbol{A}\boldsymbol{x}_e=0$，因此，当$\boldsymbol{A}$为非奇异矩阵时，系统只有一个平衡状态$\boldsymbol{x}_e=0$；当$\boldsymbol{A}$为奇异矩阵时，系统有无穷多个平衡状态。

对于非线性系统，可能有一个平衡状态，也可能有多个平衡状态。这些平衡状态都可以由平衡方程解得。

4. 李雅普诺夫稳定性定义

1892年，李雅普诺夫给出了稳定性的一般定义，这个定义直到现在仍然是最严格和最一般的定义。现介绍如下。

① 稳定定义：如果对于任意给定的每个实数$\varepsilon>0$，都对应存在着另一实数$\delta(\varepsilon,t_0)>0$，使得从满足不等式$\|\boldsymbol{x}_0-\boldsymbol{x}_e\|\leqslant\delta(\varepsilon,t_0)$的任意初态$\boldsymbol{x}_0$出发的系统响应$\boldsymbol{x}$，在所有的时间内都满足$\|\boldsymbol{x}-\boldsymbol{x}_e\|\leqslant\varepsilon$，则称系统的平衡状态$x_e$是稳定的。若$\delta$与$t_0$的选取无关，则称平衡状态$\boldsymbol{x}_e$是一致稳定的。

② 渐近稳定定义：若平衡状态$\boldsymbol{x}_e$是李雅普诺夫意义下稳定的，并且当$t\to\infty$时，$\boldsymbol{x}(t)\to\boldsymbol{x}_e$，即$\lim\limits_{t\to\infty}\|\boldsymbol{x}(t)-\boldsymbol{x}_e\|=0$，则称平衡状态$\boldsymbol{x}_e$是渐近稳定的。

③ 大范围(渐近)稳定定义：如果对任意大的δ，系统总是稳定的，则称系统是大范围稳定的。如果系统总是渐近稳定的，则称系统是大范围渐近稳定的。

④ 不稳定定义：如果对于某一实数$\varepsilon>0$，不论δ取多小，由$s(\delta)$内出发的轨迹中，至少有一条越出$s(\varepsilon)$，则称平衡状态$\boldsymbol{x}_e$不稳定。

在控制工程中，一般希望系统是大范围渐近稳定的，如果系统不是大范围渐近稳定的，那么就会遇到确定渐近稳定的最大范围的问题，这常常是困难的。对于线性系统，因为只有一个平衡状态，所以，如果线性系统是稳定的，那么也一定是大范围渐近稳定的。

9.3.2 李雅普诺夫稳定判据

若线性或非线性连续系统的状态方程为

$$\dot{\boldsymbol{x}}=f(\boldsymbol{x},t) \tag{9.43}$$

不失一般性，设系统的平衡状态为$\boldsymbol{x}_e=0$。如果$\boldsymbol{x}_e\neq0$，可以通过$\boldsymbol{X}=\boldsymbol{x}-\boldsymbol{x}_e$变换为零。

连续系统的李雅普诺夫稳定判据：若存在一个标量函数$V(\boldsymbol{x})$，对所有的$\boldsymbol{x}(t)$有连续的一阶偏导数，且$V(\boldsymbol{x})$是正定的，则

当$\dot{V}(\boldsymbol{x})=\dfrac{\mathrm{d}V(\boldsymbol{x})}{\mathrm{d}t}$为负定时，平衡状态是渐近稳定的；

当$\dot{V}(\boldsymbol{x})$为负定时，且$\|\boldsymbol{x}\|\to\infty$，$V(\boldsymbol{x})\to\infty$时，平衡状态是大范围渐近稳定的；

当$\dot{V}(\boldsymbol{x})$为半负定时，平衡状态是李雅普诺夫意义下稳定的；

当$\dot{V}(\boldsymbol{x})$为半负定时，$\dot{V}(\boldsymbol{x})$不恒等于0时，平衡状态是渐近稳定的；

当 $\dot{V}(\boldsymbol{x})$ 为正定时，则平衡状态是不稳定的。

标量函数 $V(\boldsymbol{x})$ 称为李雅普诺夫函数。

离散系统的李雅普诺夫稳定判据：对于线性或非线性离散系统

$$\boldsymbol{x}(k+1)=f[\boldsymbol{x}(k)],f(0)=0 \tag{9.44}$$

若存在一个连续的标量函数 $V(\boldsymbol{x})$，$V(0)=0$，对任意 $\boldsymbol{x}(k)\neq 0$，$V(\boldsymbol{x})$ 是正定的，则对任意 $\boldsymbol{x}\neq 0$，沿轨线有

$$\Delta V[\boldsymbol{x}(k)]=V[\boldsymbol{x}(k+1)]-V[\boldsymbol{x}(k)] \tag{9.45}$$

为负定或半负定但不恒等于 0 时，它的平衡状态 $\boldsymbol{x}_e=0$ 是渐近稳定的，进一步，当 $\|\boldsymbol{x}\|\to\infty$，$V(\boldsymbol{x})\to\infty$ 时，平衡状态则是大范围渐近稳定的；当 $\Delta V(\boldsymbol{x})$ 为正定时，平衡状态是不稳定的。标量函数 $V(\boldsymbol{x})$ 称为系统的李雅普诺夫函数。

李雅普诺夫稳定判据是最一般的方法，适用于线性和非线性系统。但其主要问题是难以寻找李雅普诺夫函数。事实上，李雅普诺夫稳定性理论本身没有提供构造李雅普诺夫函数的一般方法。判别稳定性时，先选取一个正定函数作为李雅普诺夫函数，如果得不到结果，说明选的正定函数不合适，则换一个再试。

例 9.16 非线性连续系统的状态方程为

$$\begin{cases}\dot{x}_1=x_2-x_1(x_1^2+x_2^2)\\ \dot{x}_2=-x_1-x_2(x_1^2+x_2^2)\end{cases}$$

分析其平衡状态的稳定性。

解 确定平衡点

$$\begin{cases}\dot{x}_{e1}=x_{e2}-x_{e1}(x_{e1}^2+x_{e2}^2)=0\\ \dot{x}_{e2}=-x_{e1}-x_{e2}(x_{e1}^2+x_{e2}^2)=0\end{cases}$$

$$\begin{cases}x_{e2}=x_{e1}(x_{e1}^2+x_{e2}^2)\\ x_{e1}+x_{e2}(x_{e1}^2+x_{e2}^2)=0\end{cases}$$

$$x_{e1}+x_{e1}(x_{e1}^2+x_{e2}^2)^2=0$$

$$x_{e1}[1+(x_{e1}^2+x_{e2}^2)^2]=0$$

因为 $1+(x_{e1}^2+x_{e2}^2)^2\neq 0$，所以，$x_{e1}=0$，$x_{e2}=0$，即系统的平衡点为 $\boldsymbol{x}_e=[x_{e1}\ \ x_{e2}]^{\mathrm{T}}=[0\ \ 0]^{\mathrm{T}}$。

取李雅普诺夫函数为

$$V(\boldsymbol{x})=x_1^2+x_2^2$$

则

$$\dot{V}(\boldsymbol{x})=\frac{\mathrm{d}V(\boldsymbol{x})}{\mathrm{d}t}=\frac{\partial V}{\partial x_1}\cdot\frac{\mathrm{d}x_1}{\mathrm{d}t}+\frac{\partial V}{\partial x_2}\cdot\frac{\mathrm{d}x_2}{\mathrm{d}t}=2x_1\dot{x}_1+2x_2\dot{x}_2$$

将状态方程代入上式得

$$\dot V(\boldsymbol{x})=2x_1[x_2-x_1(x_1^2+x_2^2)]+2x_2[-x_1-x_2(x_1^2+x_2^2)]=-2(x_1^2+x_2^2)^2$$

可见,$\dot V(\boldsymbol{x})$是负定的,因此,系统在坐标原点处的平衡状态是渐近稳定的。又因为$\|\boldsymbol{x}\|\to\infty$时,$V(\boldsymbol{x})\to\infty$,所以是大范围渐近稳定的。

例 9.17 线性系统的状态方程为

$$\begin{cases}\dot x_1=x_2\\ \dot x_2=-x_1-x_2\end{cases}$$

判别系统稳定性。

解 (0,0)是唯一的平衡点。取$V(\boldsymbol{x})=x_1^2+x_2^2$,则

$$\dot V(\boldsymbol{x})=2x_1\dot x_1+2x_2\dot x_2=2x_1x_2+2x_2(-x_1-x_2)=-2x_2^2$$

当$x_1\neq0,x_2=0$时,$\dot V(\boldsymbol{x})=0$,$\dot V(\boldsymbol{x})$是半负定的。系统平衡点是李雅普诺夫意义下稳定的。当$x_1\neq0,x_2=0$时,由状态方程知$\dot x_2\neq0$,因此,x_2不恒等于0,$\dot V(\boldsymbol{x})$也不恒等于0,又因为当$\|\boldsymbol{x}\|\to\infty$时,$V(x)\to\infty$,因此,系统平衡状态是大范围渐近稳定的。

李雅普诺夫函数不是唯一的。本例也可取

$$V(\boldsymbol{x})=\frac{1}{2}[(x_1+x_2)^2+2x_1^2+x_2^2]$$

则

$$\begin{aligned}\dot V(\boldsymbol{x})&=(x_1+x_2)(\dot x_1+\dot x_2)+2x_1\dot x_1+x_2\dot x_2\\&=(x_1+x_2)(-x_1)+2x_1x_2+x_2(-x_1-x_2)\\&=-(x_1^2+x_2^2)\end{aligned}$$

因此,$\dot V(\boldsymbol{x})$是负定的。又因为当$\|\boldsymbol{x}\|\to\infty$,$V(x)\to\infty$,所以,系统是大范围渐近稳定的。

例 9.18 分析系统

$$\begin{cases}\dot x_1=x_1+x_2\\ \dot x_2=-x_1+x_2\end{cases}$$

的稳定性。

解 平衡点为$x_e=[0\quad 0]^T$,取

$$V(\boldsymbol{x})=x_1^2+x_2^2$$

则

$$\dot V(\boldsymbol{x})=2x_1\dot x_1+2x_2\dot x_2=2x_1(x_1+x_2)+(-x_1+x_2)=2(x_1^2+x_2^2)$$

可见,$\dot V(\boldsymbol{x})$是正定的,所以,平衡点是不稳定的。

9.3.3 线性连续系统的李雅普诺夫稳定判据

虽然对于一般非线性系统，没有一般的构造李雅普诺夫函数的方法，但对于线性系统，一定可以用二次型来构造李雅普诺夫函数。下面介绍线性系统的李雅普诺夫函数的构造方法与李雅普诺夫稳定判据。

设线性时变连续系统的状态方程为

$$\dot{\boldsymbol{x}}(t)=\boldsymbol{A}(t)\boldsymbol{x}(t) \tag{9.46}$$

总可以用下列正定二次型函数作为李雅普诺夫函数

$$V(\boldsymbol{x},t)=\boldsymbol{x}^{\mathrm{T}}(t)\boldsymbol{P}(t)\boldsymbol{x}(t) \tag{9.47}$$

式中，$\boldsymbol{P}(t)$为实对称正定矩阵。

$$\begin{aligned}\dot{V}(\boldsymbol{x},t)&=\dot{\boldsymbol{x}}^{\mathrm{T}}(t)\boldsymbol{P}(t)\boldsymbol{x}(t)+\boldsymbol{x}^{\mathrm{T}}(t)\dot{\boldsymbol{P}}(t)\boldsymbol{x}(t)+\boldsymbol{x}^{\mathrm{T}}(t)\boldsymbol{P}(t)\dot{\boldsymbol{x}}(t)\\&=\boldsymbol{x}^{\mathrm{T}}(t)\boldsymbol{A}^{\mathrm{T}}(t)\boldsymbol{P}(t)\boldsymbol{x}(t)+\boldsymbol{x}^{\mathrm{T}}(t)\dot{\boldsymbol{P}}(t)\boldsymbol{x}(t)+\boldsymbol{x}^{\mathrm{T}}(t)\boldsymbol{P}(t)\boldsymbol{A}(t)\boldsymbol{x}(t)\\&=\boldsymbol{x}^{\mathrm{T}}(t)[\boldsymbol{A}^{\mathrm{T}}(t)\boldsymbol{P}(t)+\dot{\boldsymbol{P}}(t)+\boldsymbol{P}(t)\boldsymbol{A}(t)]\boldsymbol{x}(t)\end{aligned}$$

令

$$\boldsymbol{A}^{\mathrm{T}}(t)\boldsymbol{P}(t)+\dot{\boldsymbol{P}}(t)+\boldsymbol{P}(t)\boldsymbol{A}(t)=-\boldsymbol{Q}(t) \tag{9.48}$$

式(9.48)称为李雅普诺夫矩阵微分方程。于是

$$\dot{V}(\boldsymbol{x},t)=-\boldsymbol{x}^{\mathrm{T}}(t)\boldsymbol{Q}(t)\boldsymbol{x}(t) \tag{9.49}$$

若$\boldsymbol{Q}$是正定的，则$\dot{V}(\boldsymbol{x})$是负定的。

因此，满足式(9.47)的实对称矩阵$\boldsymbol{P}$所构成的正定二次型函数$V(\boldsymbol{x},t)$，是线性连续系统的李雅普诺夫函数。

线性连续系统的李雅普诺夫稳定判据 线性系统稳定的充分必要条件是，给定一正定的实对称阵$\boldsymbol{Q}(t)$，存在一个正定实对称矩阵$\boldsymbol{P}(t)$，使得李雅普诺夫矩阵微分方程成立。

对于线性系统，若$\boldsymbol{A}$是非奇异矩阵，系统只有一个平衡点$\boldsymbol{x}_e=0$，所以，若线性系统是稳定的，则也是大范围稳定的。

对于线性定常系统，$\boldsymbol{A}(t)=\boldsymbol{A}$，$\boldsymbol{P}(t)=\boldsymbol{P}$为常量矩阵，李雅普诺夫矩阵微分方程变为矩阵代数方程

$$\boldsymbol{A}^{\mathrm{T}}\boldsymbol{P}+\boldsymbol{P}\boldsymbol{A}=-\boldsymbol{Q} \tag{9.50}$$

按照以上的介绍，判断线性定常系统稳定性的步骤，应是先取一个正定的实对称阵$\boldsymbol{Q}$，然后根据式(9.50)解出$\boldsymbol{P}$，最后检验$\boldsymbol{P}$的正定性，即可确定系统的稳定性。由于$\boldsymbol{Q}$阵可以任意指定，而判断结果与$\boldsymbol{Q}$阵的具体选择无关，为简化计算通常取$\boldsymbol{Q}=\boldsymbol{I}$。

例 9.19 系统的状态方程为$\dot{x}=\begin{bmatrix}0 & 1\\ -1 & -1\end{bmatrix}\boldsymbol{x}$,分析系统的稳定性。

解 取$\boldsymbol{Q}=\boldsymbol{I}$,$P=\begin{bmatrix}P_{11} & P_{12}\\ P_{12} & P_{22}\end{bmatrix}$,代入$\boldsymbol{A}^{\mathrm{T}}\boldsymbol{P}+\boldsymbol{PA}=-\boldsymbol{Q}$,得

$$\begin{bmatrix}0 & -1\\ 1 & -1\end{bmatrix}\begin{bmatrix}P_{11} & P_{12}\\ P_{12} & P_{22}\end{bmatrix}+\begin{bmatrix}P_{11} & P_{12}\\ P_{12} & P_{22}\end{bmatrix}\begin{bmatrix}0 & 1\\ -1 & -1\end{bmatrix}=-\begin{bmatrix}1 & 0\\ 0 & 1\end{bmatrix}$$

$$\begin{bmatrix}-P_{12} & -P_{22}\\ P_{11}-P_{12} & P_{12}-P_{22}\end{bmatrix}+\begin{bmatrix}-P_{12} & P_{11}-P_{12}\\ -P_{22} & P_{12}-P_{22}\end{bmatrix}=\begin{bmatrix}-1 & 0\\ 0 & -1\end{bmatrix}$$

$$\begin{bmatrix}-2P_{12} & P_{11}-P_{12}-P_{22}\\ P_{11}-P_{12}-P_{22} & 2P_{12}-2P_{22}\end{bmatrix}=\begin{bmatrix}-1 & 0\\ 0 & -1\end{bmatrix}$$

根据矩阵相等的定义,得到下列方程组

$$\begin{cases}-2P_{12}=-1\\ P_{11}-P_{12}-P_{22}=0\\ 2P_{12}-2P_{22}=-1\end{cases}$$

解得$P_{11}=\dfrac{3}{2}$,$P_{12}=\dfrac{1}{2}$,$P_{22}=1$,则

$$P=\begin{bmatrix}3/2 & 1/2\\ 1/2 & 1\end{bmatrix}$$

验证正定性:因为

$$P_{11}=\frac{3}{2}>0$$

$$\begin{vmatrix}P_{11} & P_{12}\\ P_{12} & P_{22}\end{vmatrix}=\begin{vmatrix}3/2 & 1/2\\ 1/2 & 1\end{vmatrix}=\frac{5}{4}>0$$

所以,$\boldsymbol{P}$ 是正定的。因此,系统是(大范围)渐近稳定的,李雅普诺夫函数为

$$V(\boldsymbol{x})=\boldsymbol{x}^{\mathrm{T}}\boldsymbol{Px}=\frac{3}{2}x_1^2+x_1x_2+x_2^2$$

9.3.4 线性离散系统的李雅普诺夫稳定判据

设线性定常离散系统的状态方程为

$$\boldsymbol{x}(k+1)=\boldsymbol{Ax}(k) \tag{9.51}$$

取下列正定二次型函数为李雅普诺夫函数

$$V[\boldsymbol{x}(k)]=\boldsymbol{x}^{\mathrm{T}}(k)\boldsymbol{Px}(k) \tag{9.52}$$

式中,$\boldsymbol{P}$ 为正定的实对称阵。对于离散系统,采用 $V[\boldsymbol{x}(k)]$ 的差分

$$\Delta V[\boldsymbol{x}(k)]=V[\boldsymbol{x}(k+1)]-V[\boldsymbol{x}(k)]$$

代替 $\dot{V}(\boldsymbol{x})$,则

$$\begin{aligned}\Delta V[\boldsymbol{x}(k)] &= \boldsymbol{x}^{\mathrm{T}}(k+1)\boldsymbol{P}\boldsymbol{x}(k+1)-\boldsymbol{x}^{\mathrm{T}}(k)\boldsymbol{P}\boldsymbol{x}(k)\\ &= \boldsymbol{x}^{\mathrm{T}}(k)\boldsymbol{A}^{\mathrm{T}}\boldsymbol{P}\boldsymbol{A}\boldsymbol{x}(k)-\boldsymbol{x}^{\mathrm{T}}(k)\boldsymbol{P}\boldsymbol{x}(k)\\ &= \boldsymbol{x}^{\mathrm{T}}(k)[\boldsymbol{A}^{\mathrm{T}}\boldsymbol{P}\boldsymbol{A}-\boldsymbol{P}]\boldsymbol{x}(k)\end{aligned}$$

令

$$\boldsymbol{A}^{\mathrm{T}}\boldsymbol{P}\boldsymbol{A}-\boldsymbol{P}=-\boldsymbol{Q} \tag{9.53}$$

式(9.53)称为离散系统的李雅普诺夫方程。于是

$$\Delta V[\boldsymbol{x}(k)]=-\boldsymbol{x}^{\mathrm{T}}(k)\boldsymbol{Q}\boldsymbol{x}(k) \tag{9.54}$$

若 $\boldsymbol{Q}$ 是正定的,则 $\Delta V[\boldsymbol{x}(k)]$ 是负定的。因此,满足式(9.52)的实对称阵 $\boldsymbol{P}$ 所构成的二次型函数 $V[\boldsymbol{x}(k)]$ 是线性离散系统的李雅普诺夫函数。

线性离散系统的李雅普诺夫稳定判据 线性定常离散系统 $\boldsymbol{x}(k+1)=\boldsymbol{A}\boldsymbol{x}(k)$ 渐近稳定的充要条件是,给定任一正定实对称阵 $\boldsymbol{Q}$,存在一个正定实对称阵 $\boldsymbol{P}$,满足离散系统的李雅普诺夫代数方程。

例 9.20 设离散系统的状态方程为

$$\boldsymbol{x}(k+1)=\begin{bmatrix}0 & 1\\ 1/2 & 0\end{bmatrix}\boldsymbol{x}(k)$$

试分析系统的稳定性。

解 选 $\boldsymbol{Q}=\boldsymbol{I}$,代入离散系统的李雅普诺夫代数方程(9.53)得

$$\begin{bmatrix}0 & 1/2\\ 1 & 0\end{bmatrix}\begin{bmatrix}P_{11} & P_{12}\\ P_{12} & P_{22}\end{bmatrix}\begin{bmatrix}0 & 1\\ 1/2 & 0\end{bmatrix}-\begin{bmatrix}P_{11} & P_{12}\\ P_{12} & P_{22}\end{bmatrix}=\begin{bmatrix}-1 & 0\\ 0 & -1\end{bmatrix}$$

$$\begin{bmatrix}\frac{1}{4}P_{22}-P_{11} & -\frac{1}{2}P_{12}\\ -\frac{1}{2}P_{12} & P_{11}-P_{22}\end{bmatrix}=\begin{bmatrix}-1 & 0\\ 0 & -1\end{bmatrix}$$

根据矩阵相等的定义,得到下列方程组

$$\frac{1}{4}P_{22}-P_{11}=-1$$

$$-\frac{1}{2}P_{12}=0$$

$$P_{11}-P_{22}=-1$$

解得 $P_{12}=0, P_{11}=\frac{5}{3}, P_{22}=\frac{8}{3}$,则

$$P=\begin{bmatrix}\frac{5}{3} & 0\\ 0 & \frac{8}{3}\end{bmatrix}$$

采用塞尔维斯特准则

$$\boldsymbol{\Delta}_1 = P_{11} = \frac{5}{3} > 0$$

$$\boldsymbol{\Delta}_2 = \begin{vmatrix} P_{11} & P_{12} \\ P_{21} & P_{22} \end{vmatrix} = \frac{40}{9} > 0$$

所以,$\boldsymbol{P}$ 为正定的实对称阵,系统是大范围渐近稳定的。李雅普诺夫函数为

$$V[\boldsymbol{x}(k)] = \boldsymbol{x}^{\mathrm{T}}(k)\boldsymbol{P}\boldsymbol{x}(k) = \frac{5}{3}x_1^2(k) + \frac{8}{3}x_2^2(k)$$

例 9.21 设离散系统的状态方程为

$$\boldsymbol{x}(k+1) = \begin{bmatrix} \lambda_1 & 0 \\ 0 & \lambda_2 \end{bmatrix}\boldsymbol{x}(k)$$

试确定系统的平衡点处大范围渐近稳定的条件。

解 选 $\boldsymbol{Q}=\boldsymbol{I}$,代入离散系统的李雅普诺夫代数方程即式(9.53)

$$\begin{bmatrix} \lambda_1 & 0 \\ 0 & \lambda_2 \end{bmatrix} \cdot \begin{bmatrix} P_{11} & P_{12} \\ P_{12} & P_{22} \end{bmatrix} \cdot \begin{bmatrix} \lambda_1 & 0 \\ 0 & \lambda_2 \end{bmatrix} - \begin{bmatrix} P_{11} & P_{12} \\ P_{12} & P_{22} \end{bmatrix} = \begin{bmatrix} -1 & 0 \\ 0 & -1 \end{bmatrix}$$

$$\begin{bmatrix} (1-\lambda_1^2)P_{11} & (1-\lambda_1\lambda_2)P_{12} \\ (1-\lambda_1\lambda_2)P_{12} & (1-\lambda_2^2)P_{22} \end{bmatrix} = \begin{bmatrix} 1 & 0 \\ 0 & 1 \end{bmatrix}$$

根据矩阵相等的定义,得到下列方程组

$$\begin{cases} (1-\lambda_1\lambda_2)P_{12} = 0 \\ (1-\lambda_1^2)P_{11} = 1 \\ (1-\lambda_2^2)P_{22} = 1 \end{cases}$$

解得:$P_{12}=0, P_{11}=\dfrac{1}{1-\lambda_1^2}, P_{22}=\dfrac{1}{1-\lambda_2^2}$,则

$$\boldsymbol{P} = \begin{bmatrix} \dfrac{1}{1-\lambda_1^2} & 0 \\ 0 & \dfrac{1}{1-\lambda_2^2} \end{bmatrix}$$

要使 $\boldsymbol{P}$ 为正定的实对称阵,应使 $1-\lambda_1^2>0, 1-\lambda_2^2>0$,即使系统稳定的条件为 $|\lambda_1|<1, |\lambda_2|<1$。因为是线性系统,所以也是大范围渐近稳定的。

9.4　状态方程的求解

9.4.1　线性连续系统状态方程的求解

当系统用状态方程描述时，可以通过求解状态方程分析系统动态特性。因此，本节讨论系统状态方程的求解问题。

状态方程的求解实际上是求解线性微分方程组。求解一阶线性常系数微分方程组通常是很容易的，可是，求解一阶线性时变微分方程组却并非易事。下面引入状态转移矩阵的概念，使得定常系统和时变系统的求解公式具有一个统一的形式。本节重点讨论状态转移矩阵的定义、性质和计算方法。

1. 线性定常系统齐次状态方程的求解

设线性定常系统齐次状态方程为

$$\dot{\boldsymbol{x}} = \boldsymbol{A}\boldsymbol{x} \tag{9.55}$$

齐次状态方程的求解方法类似于微分方程理论中的一阶常系数线性方程 $\dot{x} = ax$ 的解法。齐次状态方程的解为

$$\boldsymbol{x}(t) = \mathrm{e}^{\boldsymbol{A}t}\boldsymbol{x}(0) \tag{9.56}$$

式(9.56)把状态方程的解表示为矩阵指数函数形式，表明了由初始状态 $\boldsymbol{x}(0)$ 到任一状态 $\boldsymbol{x}(t)$ 的转移过程是一指数形式。其中，$\mathrm{e}^{\boldsymbol{A}t}$ 描述了状态向量由初始状态 $\boldsymbol{x}(0)$ 向任意时刻 $\boldsymbol{t}$ 的状态 $\boldsymbol{x}(t)$ 转移的特性，所以，称为状态转移矩阵，记为 $\boldsymbol{\Phi}(t)$，即线性定常系统的状态转移矩阵为

$$\boldsymbol{\Phi}(t) = \mathrm{e}^{\boldsymbol{A}t} \tag{9.57}$$

由矩阵指数函数的性质，容易证明状态转移矩阵具有下列性质。

① $\boldsymbol{\Phi}(t)|_{t=0} = \boldsymbol{\Phi}(0) = \boldsymbol{I}$

② $\boldsymbol{\Phi}^{-1}(t) = \boldsymbol{\Phi}(-t)$

③ $\boldsymbol{\Phi}(t_1 + t_2) = \boldsymbol{\Phi}(t_1)\boldsymbol{\Phi}(t_2) = \boldsymbol{\Phi}(t_2)\boldsymbol{\Phi}(t_1)$

④ $\boldsymbol{\Phi}(t_2 - t_1)\boldsymbol{\Phi}(t_1 - t_0) = \boldsymbol{\Phi}(t_2 - t_0) = \boldsymbol{\Phi}(t_1 - t_0)\boldsymbol{\Phi}(t_2 - t_1)$

⑤ $[\boldsymbol{\Phi}(t)]^n = \boldsymbol{\Phi}(nt)$

对线性时变系统也有状态转移矩阵，并且也具有上述性质。正因为引入了状态转移矩阵，线性时变状态方程的解变得比较简单。

通常采用拉普拉斯变换法求取状态方程的解析解。对式(9.55)取拉氏变换得

$$sX(s)-x(0)=AX(s)$$
$$(sI-A)X(s)=x(0)$$
$$X(s)=(sI-A)^{-1}x(0)$$

因此

$$x(t)=\mathscr{L}^{-1}[X(s)]=\mathscr{L}^{-1}[(sI-A)^{-1}]x(0) \tag{9.58}$$

式(9.56)和(9.58)都是状态方程(9.55)的解,由微分方程解的唯一性定理可知,这两个解相等,即

$$e^{At}x(0)=\mathscr{L}^{-1}[(sI-A)^{-1}]x(0)$$

则

$$e^{At}=\mathscr{L}^{-1}[(sI-A)^{-1}] \tag{9.59}$$

上式是常用的求取状态转移矩阵的公式。

2. 线性定常系统非齐次状态方程的求解

对于线性连续定常系统的非齐次状态方程

$$\dot{x}=Ax+Bu \tag{9.60}$$

根据叠加定理,非齐次状态方程的解为

$$x(t)=\Phi(t-t_0)x(t_0)+\int_{t_0}^{t}\Phi(t-\tau)Bu(\tau)\mathrm{d}\tau \tag{9.61a}$$

若 $t_0=0$,则

$$x(t)=\Phi(t)x(0)+\int_{0}^{t}\Phi(t-\tau)Bu(\tau)\mathrm{d}\tau \tag{9.61b}$$

比较简便的方法是采用拉氏变换法。对非齐次状态方程式(9.60)两边取拉氏变换得

$$sX(s)-x(0)=AX(s)+BU(s)$$
$$(sI-A)X(s)=x(0)+BU(s)$$
$$X(s)=(sI-A)^{-1}x(0)+(sI-A)^{-1}BU(s)$$

取拉氏逆变换得状态方程的解为

$$\begin{aligned}x(t)&=\mathscr{L}^{-1}[(sI-A)^{-1}]x(0)+\mathscr{L}^{-1}[(sI-A)^{-1}BU(s)]\\&=\Phi(t)x(0)+\mathscr{L}^{-1}[(sI-A)^{-1}BU(s)]\end{aligned} \tag{9.62}$$

例 9.22 用拉氏变换法求解状态方程

$$\dot{x}=\begin{bmatrix}0 & 1\\ -2 & -3\end{bmatrix}x+\begin{bmatrix}0\\1\end{bmatrix}u \quad u(t)=1(t)$$

解

$$(sI-A)^{-1}=\begin{bmatrix}s & -1\\ 2 & s+3\end{bmatrix}^{-1}=\frac{1}{s^2+3s+2}\begin{bmatrix}s+3 & 1\\ -2 & s\end{bmatrix}=\frac{1}{(s+1)(s+2)}\begin{bmatrix}s+3 & 1\\ -2 & s\end{bmatrix}$$

$$=\begin{bmatrix}\frac{2}{s+1}-\frac{1}{s+2} & \frac{1}{s+1}-\frac{1}{s+2}\\ \frac{-2}{s+1}+\frac{2}{s+2} & \frac{-1}{s+1}+\frac{2}{s+2}\end{bmatrix}$$

系统的状态转移矩阵为

$$\boldsymbol{\Phi}(t)=\mathrm{e}^{\boldsymbol{A}t}=\mathscr{L}^{-1}[(s\boldsymbol{I}-\boldsymbol{A})^{-1}]=\begin{bmatrix}2\mathrm{e}^{-t}-\mathrm{e}^{-2t} & \mathrm{e}^{-t}-\mathrm{e}^{-2t}\\ -2\mathrm{e}^{-t}+2\mathrm{e}^{-2t} & -\mathrm{e}^{-t}+2\mathrm{e}^{-2t}\end{bmatrix}$$

$$\boldsymbol{\Phi}(t)\boldsymbol{x}(0)=\begin{bmatrix}2\mathrm{e}^{-t}-\mathrm{e}^{-2t} & \mathrm{e}^{-t}-\mathrm{e}^{-2t}\\ -2\mathrm{e}^{-t}+2\mathrm{e}^{-2t} & -\mathrm{e}^{-t}+2\mathrm{e}^{-2t}\end{bmatrix}\begin{bmatrix}x_1(0)\\ x_2(0)\end{bmatrix}$$

$$=\begin{bmatrix}[2x_1(0)+x_2(0)]\mathrm{e}^{-t}-[x_1(0)+x_2(0)]\mathrm{e}^{-2t}\\ -[2x_1(0)+x_2(0)]\mathrm{e}^{-t}+[2x_1(0)+2x_2(0)]\mathrm{e}^{-2t}\end{bmatrix}$$

$$(s\boldsymbol{I}-\boldsymbol{A})^{-1}\boldsymbol{B}U(s)=\frac{1}{(s+1)(s+2)}\begin{bmatrix}s+3 & 1\\ -2 & s\end{bmatrix}\begin{bmatrix}0\\ 1\end{bmatrix}\frac{1}{s}=\begin{bmatrix}\frac{1}{s(s+1)(s+2)}\\ \frac{1}{(s+1)(s+2)}\end{bmatrix}$$

$$\mathscr{L}^{-1}[(s\boldsymbol{I}-\boldsymbol{A})^{-1}\boldsymbol{B}U(s)]=\mathscr{L}^{-1}\begin{bmatrix}\frac{1}{s(s+1)(s+2)}\\ \frac{1}{(s+1)(s+2)}\end{bmatrix}=\mathscr{L}^{-1}\begin{bmatrix}\frac{1/2}{s}-\frac{1}{s+1}+\frac{1/2}{s+2}\\ \frac{1}{s+1}-\frac{1}{s+2}\end{bmatrix}$$

$$=\begin{bmatrix}\frac{1}{2}-\mathrm{e}^{-t}+\frac{1}{2}\mathrm{e}^{-2t}\\ \mathrm{e}^{-t}-\mathrm{e}^{-2t}\end{bmatrix}$$

$$\boldsymbol{x}(t)=\begin{bmatrix}[2x_1(0)+x_2(0)-1]\mathrm{e}^{-t}-\left[x_1(0)+x_2(0)-\frac{1}{2}\right]\mathrm{e}^{-2t}+\frac{1}{2}\\ [1-2x_1(0)-x_2(0)]\mathrm{e}^{-t}+[2x_1(0)+2x_2(0)-1]\mathrm{e}^{-2t}\end{bmatrix}$$

9.4.2 线性离散系统状态方程的求解

1. 线性定常离散系统齐次状态方程的解

线性离散系统的齐次状态方程为

$$\boldsymbol{x}(k+1)=\boldsymbol{A}\boldsymbol{x}(k) \tag{9.63}$$

其中，$\boldsymbol{x}(k)$ 为 n 维状态向量；$\boldsymbol{A}$ 为 $n\times n$ 型系统矩阵。

若初始时刻 $k_0=0$，初始状态为 $\boldsymbol{x}(0)$，采用迭代法可以求出系统齐次状态方程的解为

$$\boldsymbol{x}(k)=\boldsymbol{\Phi}(k)\boldsymbol{x}(0) \tag{9.64}$$

其中

$$\boldsymbol{\Phi}(k)=\boldsymbol{A}^k \tag{9.65}$$

式(9.64)就是齐次状态方程的解，它是一条离散轨线。系统没有输入向量，系统的运动是由初始状态激励的，自由运动的形式取决于 $\boldsymbol{\Phi}(k)$，而 $\boldsymbol{\Phi}(k)$ 又唯一地由系数矩阵 $\boldsymbol{A}$ 决定。

2. 状态转移矩阵

由式(9.65)可知，系统初始状态 $\boldsymbol{x}(0)$ 和 $k>0$ 的状态 $\boldsymbol{x}(k)$ 之间是一种向量变换关系。换句话说，若系统初始状态为 $\boldsymbol{x}(0)$，通过 $\boldsymbol{\Phi}(k)=\boldsymbol{A}^k$，可将其转移到 $k>0$ 的状态 $\boldsymbol{x}(k)$，所以，$\boldsymbol{\Phi}(k)$ 称为状态转移矩阵。

(1) 状态转移矩阵的基本性质

① $\boldsymbol{\Phi}(k)$ 满足自身的矩阵差分方程及初始条件，即

$$\boldsymbol{\Phi}(k+1)=\boldsymbol{A}\boldsymbol{\Phi}(k)$$

$$\boldsymbol{\Phi}(0)=\boldsymbol{I}$$

② 传递性

$$\boldsymbol{\Phi}(k_2)=\boldsymbol{\Phi}(k_2-k_1)\boldsymbol{\Phi}(k_1)$$

③ 可逆性

$$\boldsymbol{\Phi}^{-1}(k)=\boldsymbol{\Phi}(-k)$$

(2) 状态转移矩阵的计算

计算线性定常离散系统状态转移矩阵的方法，与计算线性定常连续系统的状态转移矩阵的方法类似。下面仅介绍用 z 逆变换方法计算状态转移矩阵 $\boldsymbol{\Phi}(k)$ 的方法。

对式(9.63)进行 z 变换，得

$$z\boldsymbol{X}(z)-z\boldsymbol{x}(0)=\boldsymbol{A}\boldsymbol{X}(z)$$

$$\boldsymbol{X}(z)=(z\boldsymbol{I}-\boldsymbol{A})^{-1}z\boldsymbol{x}(0)$$

$$\boldsymbol{x}(k)=\mathscr{Z}^{-1}[(z\boldsymbol{I}-\boldsymbol{A})^{-1}z]\boldsymbol{x}(0)=\boldsymbol{\Phi}(k)\boldsymbol{x}(0)=\boldsymbol{A}^k\boldsymbol{x}(0)$$

可见

$$\boldsymbol{\Phi}(k)=\boldsymbol{A}^k=\mathscr{Z}^{-1}[(z\boldsymbol{I}-\boldsymbol{A})^{-1}z] \tag{9.66}$$

利用式(9.66)，可以计算状态转移矩阵 $\boldsymbol{\Phi}(k)$。

3. 线性定常离散系统非齐次状态方程的求解

设系统的动态方程为

$$\boldsymbol{x}(k+1)=\boldsymbol{A}\boldsymbol{x}(k)+\boldsymbol{B}\boldsymbol{u}(k) \tag{9.67a}$$

$$\boldsymbol{y}(k)=\boldsymbol{C}\boldsymbol{x}(k)+\boldsymbol{D}\boldsymbol{u}(k) \tag{9.67b}$$

其中，$\boldsymbol{x}(k)$ 为 n 维状态向量；$\boldsymbol{u}(k)$ 为 r 维输入向量；$\boldsymbol{y}(k)$ 为 m 维输出向量；$\boldsymbol{A}$、$\boldsymbol{B}$、$\boldsymbol{C}$、$\boldsymbol{D}$ 为满足矩阵运算所需之适当维数矩阵。

(1) 迭代法求解

如果系统状态方程的解存在且唯一，则可以通过迭代方法求出系统状态方

程的解为

$$x(k)=A^{k}x(0)+\sum_{i=0}^{k-1}A^{k-i-1}Bu(i) \tag{9.68}$$

将上式代入系统输出方程，可以求出系统的输出 $y(k)$ 为

$$y(k)=CA^{k}x(0)+C\sum_{i=0}^{k-1}A^{k-i-1}Bu(i)+Du(k) \tag{9.69}$$

由式(9.68)可知，离散系统状态方程的解是一条离散轨迹。它由两部分组成，第一部分是输入向量为零，由初始状态引起的，相当于状态方程的零输入响应。由于输入向量为零，因此，这部分描述了系统的自由运动。第二部分是由输入向量引起的，相当于状态方程的零状态响应，称为强迫运动或受控运动。相应地，$y(k)$ 的第一项是系统零输入响应；第二项是零状态响应；而第三项是直接传输项。

根据式(9.68)和式(9.69)，可以分析系统的运动形态，了解系统的性能，同时，也可以利用 $u(k)$ 对系统实现控制，以达到期望的控制要求。

(2) z 变换法求解

对状态方程(9.67a)进行 z 变换

$$zX(z)-zx(0)=AX(z)+BU(z)$$

$$(zI-A)X(z)=zx(0)+BU(z)$$

$$X(z)=(zI-A)^{-1}[zx(0)+BU(z)]$$

$$=z(zI-A)^{-1}x(0)+(zI-A)^{-1}BU(z)$$

例 9.23 求解下列线性定常离散系统的状态方程

$$x(k+1)=\begin{bmatrix}0 & 1\\ -0.16 & -1\end{bmatrix}x(k)+\begin{bmatrix}1\\ 1\end{bmatrix}u(k)$$

$$x(0)=\begin{bmatrix}1\\ -1\end{bmatrix},u(k)=1$$

解 (1) 求状态转移矩阵 $\Phi(k)$

$$(zI-A)^{-1}=\begin{bmatrix}z & -1\\ 0.16 & z+1\end{bmatrix}^{-1}=\begin{bmatrix}\dfrac{z+1}{(z+0.2)(z+0.8)} & \dfrac{1}{(z+0.2)(z+0.8)}\\ \dfrac{-0.16}{(z+0.2)(z+0.8)} & \dfrac{z}{(z+0.2)(z+0.8)}\end{bmatrix}$$

$$=\begin{bmatrix}\dfrac{4/3}{z+0.2}-\dfrac{1/3}{z+0.8} & \dfrac{5/3}{z+0.2}-\dfrac{5/3}{z+0.8}\\ \dfrac{-0.8/3}{z+0.2}+\dfrac{0.8/3}{z+0.8} & \dfrac{-1/3}{z+0.2}+\dfrac{4/3}{z+0.8}\end{bmatrix}$$

$$\Phi(k)=\mathscr{Z}^{-1}[(zI-A)^{-1}z]$$

$$=\begin{bmatrix}\frac{4}{3}(-0.2)^k-\frac{1}{3}(-0.8)^k & \frac{5}{3}(-0.2)^k-\frac{5}{3}(-0.8)^k \\ \frac{-0.8}{3}(-0.2)^k+\frac{0.8}{3}(-0.8)^k & -\frac{1}{3}(-0.2)^k+\frac{4}{3}(-0.8)^k\end{bmatrix}$$

（2）状态轨线 $\boldsymbol{x}(k)$

$$U(z)=\frac{z}{z-1}$$

$$z\boldsymbol{x}(0)+\boldsymbol{B}U(z)=\begin{bmatrix}z\\ -z\end{bmatrix}+\begin{bmatrix}\frac{z}{z-1}\\ \frac{z}{z-1}\end{bmatrix}=\begin{bmatrix}\frac{z^2}{z-1}\\ \frac{-z^2+2z}{z-1}\end{bmatrix}$$

则

$$\boldsymbol{X}(z)=(z\boldsymbol{I}-\boldsymbol{A})^{-1}[z\boldsymbol{x}(0)+\boldsymbol{B}U(z)]=\begin{bmatrix}\frac{(z^2+2)z}{(z+0.2)(z+0.8)(z-1)}\\ \frac{(-z^2+1.84z)z}{(z+0.2)(z+0.8)(z-1)}\end{bmatrix}$$

$$=\begin{bmatrix}\frac{-\frac{17}{6}z}{z+0.2}+\frac{\frac{22}{9}z}{z+0.8}+\frac{\frac{25}{18}z}{z-1}\\ \frac{\frac{3.4}{6}z}{z+0.2}-\frac{\frac{17.6}{9}z}{z+0.8}+\frac{\frac{7}{18}z}{z-1}\end{bmatrix}$$

进行 z 逆变换，得

$$\boldsymbol{x}(k)=\mathscr{Z}^{-1}[\boldsymbol{X}(z)]=\begin{bmatrix}-\frac{17}{6}(-0.2)^k+\frac{22}{9}(-0.8)^k+\frac{25}{18}\\ \frac{3.4}{6}(-0.2)^k-\frac{17.6}{9}(-0.8)^k+\frac{7}{18}\end{bmatrix}$$

9.5 状态反馈控制与状态观测器的设计

由于采用了状态方程描述系统，所以可以采用状态变量进行反馈。由于状态空间描述不仅描述了系统输入、输出之间的关系，而且描述了系统内部信息的传递关系，比微分方程、传递函数等外部描述更深入地揭示了系统的动态特性，所以，采用状态反馈比采用输出反馈具有更好的控制特性。此外，采用状态反馈不但可以实现闭环系统的特征值任意配置，而且也是实现系统最优控制的主要手段。状态反馈和状态观测器设计是各种现代控制设计方法的基础。

本节首先介绍状态反馈的概念，讨论采用状态反馈后系统的能观性与能控性，然后介绍采用状态反馈配置系统闭环极点的方法，最后介绍观测器的设计方法。

9.5.1 状态反馈

状态反馈就是将系统的每一状态变量乘以相应的反馈系数，反馈到输入端，与参考输入相加，其和作为被控系统的控制信号。

图9.7所示是一单输入单输出连续系统状态反馈的例子。

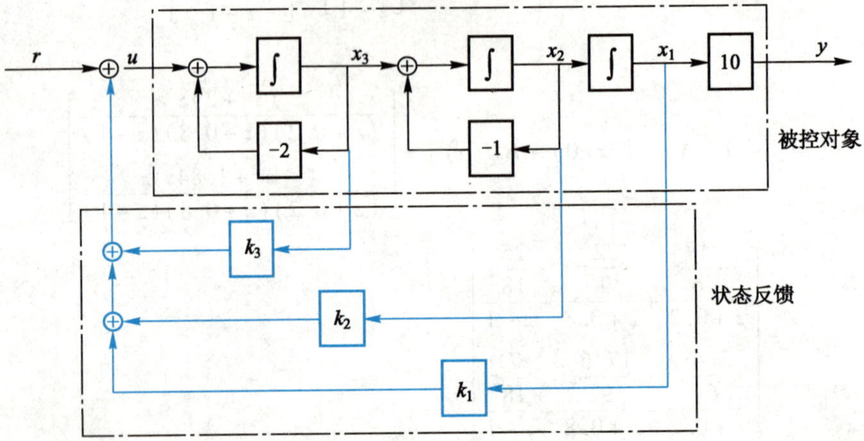

图9.7 单输入单输出系统的状态反馈

被控对象的状态空间表达式为

$$\begin{bmatrix}\dot{x}_1\\ \dot{x}_2\\ \dot{x}_3\end{bmatrix}=\begin{bmatrix}0 & 1 & 0\\ 0 & -1 & 1\\ 0 & 0 & -2\end{bmatrix}\begin{bmatrix}x_1\\ x_2\\ x_3\end{bmatrix}+\begin{bmatrix}0\\ 0\\ 1\end{bmatrix}u$$

$$y=[10 \quad 0 \quad 0]\boldsymbol{x}$$

设状态反馈系数分别为 k_1、k_2、k_3，则控制输入 u 为

$$u=k_1x_1+k_2x_2+k_3x_3+r$$

记

$$\boldsymbol{K}=[k_1 \quad k_2 \quad k_3]$$

则

$$u=\boldsymbol{Kx}+r$$

其中，r 为系统参考输入；$\boldsymbol{K}$ 为反馈系数矩阵或反馈增益阵。

多输入多输出状态反馈系统的一般形式如图9.8所示。注意到，其中的信

号线表示多个信号组成的向量。被控对象的状态空间表达式为

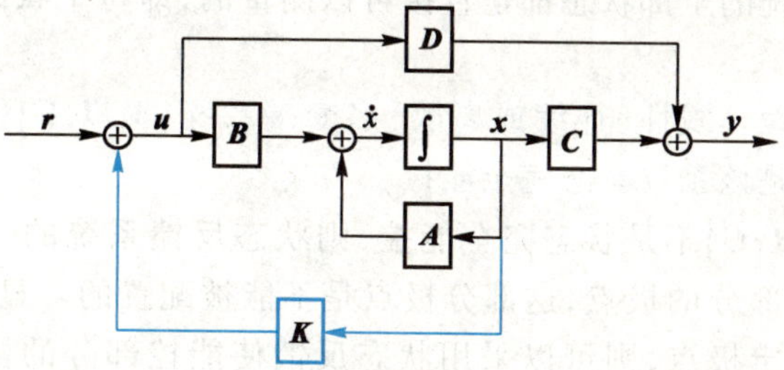

图 9.8 多输入多输出系统的状态反馈

$$\begin{aligned}\dot{\boldsymbol{x}} &= \boldsymbol{Ax}+\boldsymbol{Bu}\\ \boldsymbol{y} &= \boldsymbol{Cx}+\boldsymbol{Du}\end{aligned} \tag{9.70}$$

控制输入 $\boldsymbol{u}$ 为

$$\boldsymbol{u}=\boldsymbol{r}+\boldsymbol{Kx} \tag{9.71}$$

因此，状态反馈闭环系统的状态空间表达式为

$$\begin{cases}\dot{\boldsymbol{x}}=\boldsymbol{Ax}+\boldsymbol{B}(\boldsymbol{r}+\boldsymbol{Kx})=(\boldsymbol{A}+\boldsymbol{BK})\boldsymbol{x}+\boldsymbol{Br}\\ \boldsymbol{y}=\boldsymbol{Cx}+\boldsymbol{D}(\boldsymbol{r}+\boldsymbol{Kx})=(\boldsymbol{C}+\boldsymbol{DK})\boldsymbol{x}+\boldsymbol{Dr}\end{cases} \tag{9.72a}$$

如果系统中没有直接传输，即 $\boldsymbol{D}=0$，则

$$\begin{cases}\dot{\boldsymbol{x}}=(\boldsymbol{A}+\boldsymbol{BK})\boldsymbol{x}+\boldsymbol{Br}\\ \boldsymbol{y}=\boldsymbol{Cx}\end{cases} \tag{9.72b}$$

状态反馈闭环系统的传递函数阵为

$$\boldsymbol{G}_K(s)=\boldsymbol{C}(s\boldsymbol{I}-\boldsymbol{A}-\boldsymbol{BK})^{-1}\boldsymbol{B} \tag{9.73}$$

定理 线性系统（定常或时变、单变量或多变量）$\Sigma_0=\{\boldsymbol{A}、\boldsymbol{B}、\boldsymbol{C}\}$，在任何形如 $\boldsymbol{u}(t)=\boldsymbol{r}(t)+\boldsymbol{K}(t)\boldsymbol{x}(t)$ 的状态反馈下，状态反馈闭环系统 $\Sigma_K=\{\boldsymbol{A}+\boldsymbol{BK},\boldsymbol{B},\boldsymbol{C}\}$ 完全能控的充要条件是被控对象 $\Sigma_0=\{\boldsymbol{A},\boldsymbol{B},\boldsymbol{C}\}$ 完全能控。

上面的定理说明，状态反馈不改变系统的能控性。需要说明的是，状态反馈可能改变系统的能观性。实际上，总能选择某一状态反馈阵 $\boldsymbol{K}$，破坏动态方程的能观性。

9.5.2 状态反馈的设计

控制系统的品质很大程度上取决于该系统的极点在根平面上的位置。因此，在对系统进行综合设计时，往往是根据性能指标确定期望的闭环极点。极点配置设计方法，就是通过状态反馈阵的设计，使闭环系统极点等于期望极点，以达到预期的动态特性要求。因此，按极点配置设计的系统的性能，主要取决于闭

环系统期望极点的选取。

现在假设系统的全部状态都是直接可以测量的，即每个状态分量都可以直接形成反馈信号。

极点配置定理 线性(连续或离散)多变量系统$\{\boldsymbol{A},\boldsymbol{B},\boldsymbol{C}\}$能任意配置极点的充分必要条件是该系统状态完全能控。

若系统$\{\boldsymbol{A},\boldsymbol{B},\boldsymbol{C}\}$不是状态完全能控，则状态反馈系统的一部分闭环极点就是对象不能控部分的极点，这部分极点是不能被配置的。显然，如果不能控的极点全部是稳定极点，则可以采用状态反馈使能控部分的极点配置到期望值，从而使整个闭环系统稳定，因此，称这样的系统为能镇定的或能稳定的系统。

定理 线性(连续或离散)系统$\{\boldsymbol{A},\boldsymbol{B},\boldsymbol{C}\}$能镇定的充分必要条件是系统的不能控极点都是稳定极点。

下面讨论单输入系统的极点配置方法。

对于线性(连续或离散)单输入系统$\{\boldsymbol{A},\boldsymbol{b},\boldsymbol{c}\}$，按指定极点配置设计状态反馈增益矩阵的基本方法，是选择状态反馈增益矩阵使系统的特征多项式$\det[\lambda\boldsymbol{I}-(\boldsymbol{A}+\boldsymbol{bK})]$等于期望的特征多项式$f^*(\lambda)$，即

$$\det[\lambda\boldsymbol{I}-(\boldsymbol{A}+\boldsymbol{bK})]=f^*(\lambda) \tag{9.74}$$

例 9.24 设连续系统的动态方程如下，试计算系统的状态反馈增益矩阵。

$$\begin{bmatrix}\dot{x}_1(t)\\ \dot{x}_2(t)\end{bmatrix}=\begin{bmatrix}0&1\\0&0\end{bmatrix}\begin{bmatrix}x_1(t)\\x_2(t)\end{bmatrix}+\begin{bmatrix}0\\1\end{bmatrix}u(t)$$

$$y(t)=[1\quad 0]\begin{bmatrix}x_1(t)\\x_2(t)\end{bmatrix}$$

解 (1) 按连续系统设计

取状态反馈控制律为

$$u=[k_1\quad k_2]\begin{bmatrix}x_1\\x_2\end{bmatrix}=k_1x_1+k_2x_2$$

系统的特征方程为

$$\det[\lambda\boldsymbol{I}-\boldsymbol{A}-\boldsymbol{bK}]=\det\begin{bmatrix}\lambda&-1\\-k_1&\lambda-k_2\end{bmatrix}=\lambda^2-k_2\lambda-k_1$$

设期望的闭环特征多项式为

$$f^*(\lambda)=\lambda^2+a_1\lambda+a_0$$

则得状态反馈增益矩阵为

$$\boldsymbol{K}=[k_1\quad k_2]=[-a_0\quad -a_1]$$

(2) 按离散系统设计

离散化后的状态方程

$$\begin{bmatrix} x_1[(k+1)T] \\ x_2[(k+1)T] \end{bmatrix} = \begin{bmatrix} 1 & T \\ 0 & 1 \end{bmatrix} \begin{bmatrix} x_1(kT) \\ x_2(kT) \end{bmatrix} + \begin{bmatrix} T^2/2 \\ T \end{bmatrix} u(kT)$$

其中 T 是采样周期。取状态反馈为

$$u(kT) = [k_1 \quad k_2] \begin{bmatrix} x_1(kT) \\ x_2(kT) \end{bmatrix} = k_1 x_1(kT) + k_2 x_2(kT)$$

闭环系统方程为

$$\boldsymbol{x}[(k+1)T] = \begin{bmatrix} 1 + \frac{1}{2}k_1 T^2 & T + \frac{1}{2}k_2 T^2 \\ k_1 T & 1 + k_2 T \end{bmatrix} \boldsymbol{x}(kT)$$

闭环特征多项式为

$$|\lambda \boldsymbol{I} - \boldsymbol{A} - \boldsymbol{b}\boldsymbol{K}| = \lambda^2 - (\frac{1}{2}k_1 T^2 + k_2 T + 2)\lambda - \frac{1}{2}k_1 T^2 + Tk_2 + 1$$

设期望的闭环特征多项式为

$$f^*(\lambda) = \lambda^2 + a_1 \lambda + a_0$$

令闭环特征多项式等于期望的闭环特征多项式,即令它们的对应系数值相等,得到两个联立方程

$$-(Tk_2 + \frac{1}{2}k_1 T^2 + 2) = a_1$$

$$-\frac{1}{2}k_1 T^2 + Tk_2 + 1 = a_0$$

解得状态反馈系数为

$$k_1 = -\frac{1}{T^2}(1 + a_1 + a_0)$$

$$k_2 = -\frac{1}{2T}(3 + a_1 - a_0)$$

离散时间系统的闭环系统结构图如图 9.9 所示。

对于高阶系统,上述方法比较麻烦。从极点配置定理的充分性证明过程可以看出,如果控制对象是用能控标准型描述的,则确定反馈增益矩阵比较方便。当控制对象不是能控标准型时,需先变换为能控标准型。因此,按指定极点配置设计状态反馈增益阵的一般步骤为:

① 求将被控对象的状态方程变换为能控标准型的变换矩阵 $\boldsymbol{T}$

$$\boldsymbol{S}_c = [\boldsymbol{b} \quad \boldsymbol{A}\boldsymbol{b} \quad \cdots \quad \boldsymbol{A}^{n-1}\boldsymbol{b}]$$

$$\boldsymbol{T}_1 = [0 \quad 0 \quad \cdots \quad 1]\boldsymbol{S}_c^{-1}$$

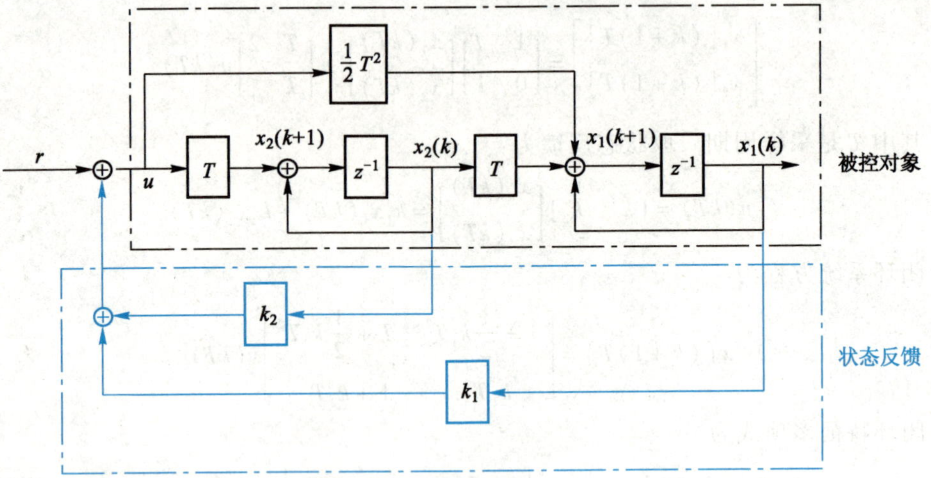

图 9.9　离散系统的状态反馈

$$\boldsymbol{T}=\begin{bmatrix}\boldsymbol{T}_1\\ \boldsymbol{T}_1\boldsymbol{A}\\ \vdots\\ \boldsymbol{T}_1\boldsymbol{A}^{n-1}\end{bmatrix}$$

② 求出被控对象的特征多项式

$$f(\lambda)=\det[(\lambda \boldsymbol{I}-\boldsymbol{A})]=\lambda^n+a_{n-1}\lambda^{n-1}+\cdots+a_1\lambda+a_0$$

③ 根据指定的闭环极点求出期望的闭环特征多项式

$$f^*(\lambda)=\lambda^n+a_{n-1}^*\lambda^{n-1}+\cdots+a_1^*\lambda+a_0^*$$

④ 写出能控标准型下的状态 $\boldsymbol{x}$ 反馈增益阵 $\overline{\boldsymbol{K}}$

$$\overline{\boldsymbol{K}}=[a_0-a_0^* \quad a_1-a_1^* \quad \cdots \quad a_{n-1}-a_{n-1}^*]$$

⑤ 将 $\overline{\boldsymbol{K}}$ 化为给定状态 $\boldsymbol{x}$ 的反馈增益阵 $\boldsymbol{K}=\overline{\boldsymbol{K}}\boldsymbol{T}$。

⑥ 状态反馈下的控制律为 $\boldsymbol{u}=\boldsymbol{Kx}+\boldsymbol{r}$。

例 9.25　试设计图 9.10 所示系统的状态反馈增益阵 $\boldsymbol{K}$,使闭环系统的特征值为 $\lambda_{1,2}=-7.07\pm \mathrm{j}7.07$,$\lambda_3=-100$。

解　容易导出被控对象的状态空间表达式为

$$\boldsymbol{A}=\begin{bmatrix}0 & 1 & 0\\ 0 & -12 & 1\\ 0 & 0 & -6\end{bmatrix}\quad \boldsymbol{b}=\begin{bmatrix}0\\0\\1\end{bmatrix}\quad \boldsymbol{c}=[1 \quad 0 \quad 0]$$

因为

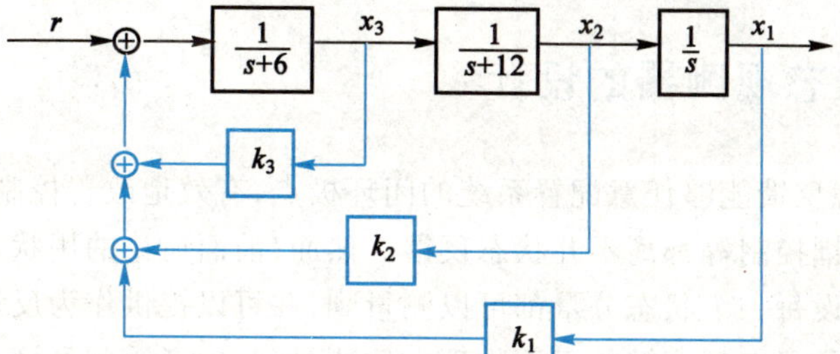

图 9.10 状态反馈系统

$$\operatorname{rank}\boldsymbol{S}_c=\operatorname{rank}\begin{bmatrix}0&0&1\\0&1&-18\\1&-6&36\end{bmatrix}=3$$

所以,系统能控,可以任意配置极点。

$$\boldsymbol{S}_c^{-1}=\begin{bmatrix}72&6&1\\18&1&0\\1&0&0\end{bmatrix}$$

$$\boldsymbol{T}_1=[0\quad 0\quad 1]\boldsymbol{S}_c^{-1}=[1\quad 0\quad 0]$$

$$\boldsymbol{T}=\begin{bmatrix}\boldsymbol{T}_1\\\boldsymbol{T}_1\boldsymbol{A}\\\boldsymbol{T}_1\boldsymbol{A}^2\end{bmatrix}=\begin{bmatrix}1&0&0\\0&1&0\\0&-12&1\end{bmatrix}$$

系统特征多项式为

$$f(\lambda)=\det(\lambda\boldsymbol{I}-\boldsymbol{A})=\det\begin{bmatrix}\lambda&-1&0\\0&\lambda+12&-1\\0&0&\lambda+6\end{bmatrix}$$

$$=\lambda(\lambda+12)(\lambda+6)=\lambda^3+18\lambda^2+72\lambda$$

$$a_2=18,\quad a_1=72,\quad a_0=0$$

期望的特征多项式为

$$f^*(\lambda)=(\lambda+7.07-\mathrm{j}7.07)(\lambda+7.07+\mathrm{j}7.07)(\lambda+100)$$
$$=\lambda^3+114.14\lambda^2+1514\lambda+9997$$

$$a_2^*=114.14,\quad a_1^*=1514,\quad a_0^*=9997$$

则

$$\overline{\boldsymbol{K}}=[-9997\quad 72-1514\quad 18-114.14]=[-9997\quad -1442\quad -96.14]$$

$$\boldsymbol{K}=\overline{\boldsymbol{K}}\boldsymbol{T}=[-9997\quad -288.32\quad -96.14]$$

对于多输入线性(连续或离散)系统的极点配置方法,参见参考文献[1]、[2]。

9.5.3 状态观测器的设计

利用状态反馈能够任意配置系统的闭环极点，有效地改善控制系统的性能。最优控制、解耦控制等都离不开状态反馈。然而，前面讨论的用状态反馈实现极点配置，是假设每一个状态分量都可以测量到，并可以提供作为反馈信号。实际上，不是所有的状态都能够易于用物理方法测量到，或者受到经济上和使用上的限制，不能设置太多的传感器。在这种情况下，要实现状态反馈，可以用状态的估计值来代替系统的实际状态。本节所介绍的状态观测器就是解决这一问题的一种方法。

状态观测器是一个在物理上可以实现的动态系统，它在被观测系统的输入和输出的驱动下，产生一组逼近于被观测系统的状态变量。状态观测器所输出的一组状态变量可以作为被观测系统的状态估计值，因此状态观测器又称为状态估计器，或状态重构器。

本节只讨论无噪声干扰下的单输入单输出系统的全维渐近状态观测器的设计原理和设计步骤。

设单输入单输出线性定常系统的状态空间表达式为

$$\begin{aligned}\dot{\boldsymbol{x}} &= \boldsymbol{A}\boldsymbol{x} + \boldsymbol{b}u \\ y &= \boldsymbol{c}\boldsymbol{x}\end{aligned} \tag{9.75}$$

若要估计系统的状态 $\boldsymbol{x}$，一个直观的想法是采用仿真技术构造一个和被控系统具有同样动态方程的系统。具有实际应用价值的是图 9.11 所示状态观测器。被控系统的输出 $y(t)$ 与观测器的输出 $\hat{y}(t)$ 进行比较，其差值作为校正信号。

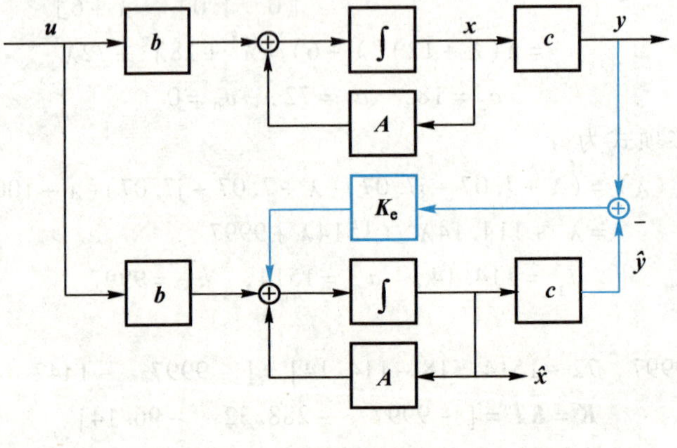

图 9.11 渐近状态观测器

下面分析这种状态观测器的性能。

由图 9.11,状态观测器的状态方程为

$$\begin{aligned}\dot{\hat{\boldsymbol{x}}} &= \boldsymbol{A}\hat{\boldsymbol{x}} + \boldsymbol{b}u + \boldsymbol{K}_{\mathrm{e}}(y - \hat{y}) \\ &= \boldsymbol{A}\hat{\boldsymbol{x}} + \boldsymbol{b}u + \boldsymbol{K}_{\mathrm{e}}y - \boldsymbol{K}_{\mathrm{e}}\boldsymbol{c}\hat{\boldsymbol{x}} \\ &= (\boldsymbol{A} - \boldsymbol{K}_{\mathrm{e}}\boldsymbol{c})\hat{\boldsymbol{x}} + \boldsymbol{b}u + \boldsymbol{K}_{\mathrm{e}}y\end{aligned}$$

因为

$$\dot{\boldsymbol{x}} = \boldsymbol{A}\boldsymbol{x} + \boldsymbol{b}u$$

所以

$$\begin{aligned}\dot{\boldsymbol{x}} - \dot{\hat{\boldsymbol{x}}} &= \boldsymbol{A}\boldsymbol{x} + \boldsymbol{b}u - (\boldsymbol{A} - \boldsymbol{K}_{\mathrm{e}}\boldsymbol{c})\hat{\boldsymbol{x}} \\ &\quad - \boldsymbol{b}u - \boldsymbol{K}_{\mathrm{e}}\boldsymbol{c}\boldsymbol{x} \\ &= (\boldsymbol{A} - \boldsymbol{K}_{\mathrm{e}}\boldsymbol{c})(x - \hat{x})\end{aligned} \tag{9.76}$$

令 $\tilde{\boldsymbol{x}} = \boldsymbol{x} - \hat{\boldsymbol{x}}$ 为状态估计值与系统实际状态的误差向量,则

$$\dot{\tilde{x}} = (\boldsymbol{A} - \boldsymbol{K}_{\mathrm{e}}\boldsymbol{c})\tilde{x} \tag{9.77}$$

其解为

$$\tilde{\boldsymbol{x}}(t) = \mathrm{e}^{(\boldsymbol{A} - \boldsymbol{K}_{\mathrm{e}}\boldsymbol{c})t} \cdot \tilde{\boldsymbol{x}}(t_0) \tag{9.78}$$

式(9.78)表明,当选取矩阵 $\boldsymbol{K}_{\mathrm{e}}$,使得 $\boldsymbol{A} - \boldsymbol{K}_{\mathrm{e}}\boldsymbol{c}$ 的所有特征值具有负实部时,若观测器和系统的初始状态相同,即 $\tilde{\boldsymbol{x}}(t_0) = 0$,则 $\tilde{\boldsymbol{x}}(t) = 0$,观测器的状态与系统实际状态完全相同;若观测器初始状态与系统初始状态不相等,即 $\tilde{\boldsymbol{x}}(t_0) \neq 0$,则 $\lim\limits_{t\to\infty}\tilde{x}(t) = 0$,观测器状态以指数收敛到系统的实际状态。因此,这种观测器称为渐近状态观测器。

对于线性离散系统可以作类似的讨论。

由上面的分析可见,观测器的状态趋于系统实际状态的速度,取决于 $\boldsymbol{A} - \boldsymbol{K}_{\mathrm{e}}\boldsymbol{c}$ 的特征值,所以,对于这种观测器的设计也涉及$(\boldsymbol{A} - \boldsymbol{K}_{\mathrm{e}}\boldsymbol{c})$特征值的选择和配置。常用的方法是按指定极点设计状态观测器的反馈增益阵 $\boldsymbol{K}_{\mathrm{e}}$。这样,设计观测器就变成求矩阵 $\boldsymbol{K}_{\mathrm{e}}$ 使$(\boldsymbol{A} - \boldsymbol{K}_{\mathrm{e}}\boldsymbol{c})$具有规定的特征值。由于 $\boldsymbol{A} - \boldsymbol{K}_{\mathrm{e}}\boldsymbol{c}$ 与$(\boldsymbol{A} - \boldsymbol{K}_{\mathrm{e}}\boldsymbol{c})^{\mathrm{T}} = \boldsymbol{A}^{\mathrm{T}} - \boldsymbol{c}^{\mathrm{T}}\boldsymbol{K}_{\mathrm{e}}^{\mathrm{T}}$具有相同的特征值。所以问题转化为求 $\boldsymbol{K}_{\mathrm{e}}^{\mathrm{T}}$ 使 $\boldsymbol{A}^{\mathrm{T}} - \boldsymbol{c}^{\mathrm{T}}\boldsymbol{K}_{\mathrm{e}}^{\mathrm{T}}$ 具有事先给定的特征值。这表明观测器的设计问题等价于对偶系统的极点配置问题,因而可以用极点配置的方法求解。

下面介绍按指定极点设计状态观测器的反馈增益阵 $\boldsymbol{K}_{\mathrm{e}}$ 的方法。

要设计观测器,首先应解决观测器的极点能不能任意配置的问题。由极点配置定理可知,若系统$\{\boldsymbol{A}^{\mathrm{T}}, \boldsymbol{c}^{\mathrm{T}}\}$是状态完全能控的,就可以使 $\boldsymbol{A}^{\mathrm{T}} - \boldsymbol{c}^{\mathrm{T}}\boldsymbol{K}_{\mathrm{e}}^{\mathrm{T}}$ 的极点任意配置。$\{\boldsymbol{A}^{\mathrm{T}}, \boldsymbol{c}^{\mathrm{T}}\}$能控的充分必要条件是能控性矩阵

$$[\boldsymbol{c}^{\mathrm{T}} \quad \boldsymbol{A}^{\mathrm{T}}\boldsymbol{c}^{\mathrm{T}} \quad \cdots \quad (\boldsymbol{A}^{\mathrm{T}})^{n-1}\boldsymbol{c}^{\mathrm{T}}] \tag{9.79}$$

秩为 n，这恰好是$\{A,c\}$完全能观测的条件。因而得到如下观测器基本定理。

定理 线性(连续或者离散)定常系统$\Sigma_0=\{A,b,c\}$存在状态观测器，并且能够任意配置极点的充分必要条件是系统完全能观测。

上述定理也适用于 MIMO 系统。

在观测器系统的设计中，主要考虑两个方面的误差。一方面观测器的初始状态$\hat{x}(0)$与实际系统的初始状态$x(0)$可能存在着较大的偏差，初始误差向量$\tilde{x}(0)$的衰减快慢取决于观测器系统的特征值。观测器系统的特征值的负实部，一般是状态反馈系统的特征值负实部的 2 ~ 3 倍。这个倍数取得过大，状态观测器将起微分作用，带来高频干扰。另一方面，观测器系统是根据系统的模型$\{A,b,c\}$重构的，如果对象的模型不准确，则$\hat{x}(k)$与$x(k)$会有较大偏差，观测器输出$\hat{x}(k)$的值应当“依靠”输出测量值$y(k)$来修正。

理论上可使观测器极点远离虚轴，使观测器以任意快的速度逼近实际状态，然而实际中使观测器逼近速度比原系统快得多是困难的，这是因为需要很大的K_e，从而使系统饱和。此外，$y(k)$中含有噪声，会使实际观测效果变差。

设计状态观测器的一般步骤为

① 判别系统能观性。

② 求$f(\lambda)=\det[\lambda I-(A-K_e c)]$。

③ 根据状态观测器的期望极点，求$f^*(\lambda)$。

④ 由$f(\lambda)=f^*(\lambda)$确定K_e。

下面举例说明状态观测器的设计方法。

例 9.26 设被控对象为$A=\begin{bmatrix}0 & 1\\ -2 & -3\end{bmatrix}$，$b=\begin{bmatrix}0\\1\end{bmatrix}$，$c=[2\quad 0]$。设计状态观测器，使其特征值为$\lambda_1=\lambda_2=-10$。

解 因为

$$\operatorname{rank}\begin{bmatrix}c\\ cA\end{bmatrix}=\operatorname{rank}\begin{bmatrix}2 & 0\\ 0 & 2\end{bmatrix}=2=n$$

所以，系统可观，状态观测器极点可以任意配置。设$K_e=\begin{bmatrix}K_{e1}\\ K_{e2}\end{bmatrix}$，则

$$A-K_e c=\begin{bmatrix}0 & 1\\ -2 & -3\end{bmatrix}-\begin{bmatrix}K_{e1}\\ K_{e2}\end{bmatrix}[2\quad 0]=\begin{bmatrix}-2K_{e1} & 1\\ -2-2K_{e2} & -3\end{bmatrix}$$

$$f(\lambda)=\det[\lambda I-(A-K_e c)]=\det\begin{bmatrix}\lambda+2K_{e1} & -1\\ 2+2K_{e2} & \lambda+3\end{bmatrix}$$

$$=(\lambda+2K_{e1})(\lambda+3)+2+2K_{e2}$$

$$=\lambda^2+(3+2K_{e1})\lambda+(2+6K_{e1}+2K_{e2})$$

状态观测器的期望特征方程为

$$f^*(\lambda)=(\lambda+10)^2=\lambda^2+20\lambda+100$$

令 $f(\lambda)=f^*(\lambda)$，则

$$\begin{cases}3+2K_{e1}=20\\2+6K_{e1}+2K_{e2}=100\end{cases}$$

解得 $K_{e1}=8.5,K_{e2}=23.5$，则

$$\boldsymbol{K}_e=\begin{bmatrix}8.5\\23.5\end{bmatrix}$$

前面分别介绍了直接状态反馈矩阵 $\boldsymbol{K}$ 的设计方法和状态观测器的增益阵 $\boldsymbol{K}_e$ 的设计方法。由于带状态观测器的状态反馈系统具有分离特性，即状态反馈与状态观测器互不影响，所以，带状态观测器的状态反馈系统中的状态反馈矩阵和状态观测器可以分别独立设计。本节不再举例介绍具体设计方法。

9.6 线性二次型最优控制

前面已经讨论过，如果系统是状态完全能控的，则总可以设计一个状态反馈矩阵，使系统的闭环极点位于期望极点，以达到预期的动态特性要求。按极点配置设计的控制系统的性能，主要取决于闭环系统期望极点的选取，但一般情况下，很难选取期望极点使系统性能达到最优。

在实际控制问题中，常常希望在控制过程中使一些指标最小，或者最大。例如，控制过程中，要求系统消耗的能量最少、时间最少等，或者达到最大的产量、最好的经济效益等。下面简要讨论线性二次型最优控制问题。

9.6.1 线性二次型最优控制问题

设线性系统

$$\dot{\boldsymbol{x}}(t)=\boldsymbol{A}(t)\boldsymbol{x}(t)+\boldsymbol{B}(t)\boldsymbol{u}(t),\boldsymbol{x}(t_0)=\boldsymbol{x}_0 \tag{9.80}$$

是状态完全能控的。其中，状态向量 $\boldsymbol{x}\in\boldsymbol{R}^n$，控制向量 $\boldsymbol{u}\in\boldsymbol{R}^p$，$\boldsymbol{A}$ 和 $\boldsymbol{B}$ 分别为 $n\times n$ 和 $n\times p$ 的矩阵。

最优控制的性能指标为状态向量和控制向量的二次型函数，可以表示为

$$J=\frac{1}{2}[\boldsymbol{x}(t_f)-\boldsymbol{x}_d(t_f)]^{\mathrm{T}}\boldsymbol{P}[\boldsymbol{x}(t_f)-\boldsymbol{x}_d(t_f)]+$$

$$\frac{1}{2}\int_{t_0}^{t_f}\{[\boldsymbol{x}(t)-\boldsymbol{x}_d(t)]^T\boldsymbol{Q}(t)[\boldsymbol{x}(t)-\boldsymbol{x}_d(t)]+\boldsymbol{u}^T(t)\boldsymbol{R}(t)\boldsymbol{u}(t)\}dt \tag{9.81}$$

其中，$\boldsymbol{x}_d(t)(t\in[t_0,t_f])$表示期望的状态轨迹；加权矩阵$\boldsymbol{P}$和$\boldsymbol{Q}$为半正定矩阵，$\boldsymbol{R}$为正定对称矩阵。

上述问题称为线性二次型最优控制问题。

二次型性能指标即式(9.81)具有鲜明的物理意义，其中，第一项是终端状态$\boldsymbol{x}(t_f)$与期望的状态轨迹$\boldsymbol{x}_d(t_f)$的距离的加权平方和，表示了对稳态误差的要求。加权矩阵$\boldsymbol{P}$表示了对各状态误差的重视程度。注意，这里希望稳态误差为最小，而不是为0，符合工程实际需要。系数$\frac{1}{2}$没有任何数学和物理上的意义，只是为了后面推导数学表达式提供方便。第二项表示整个控制过程中，实际状态偏离理想状态的总度量。加权矩阵$\boldsymbol{Q}$反映了对状态向量的各个分量重视程度的不同。而第三项表示在整个控制过程中消耗的控制能量的总和，反映了控制的代价。从数学上来说，这一项对控制信号的幅值作了一定的限制。$\boldsymbol{R}$同样反映对控制向量的各个分量的不同加权。加入了第三项，则性能指标反映了所希望设计的最优控制，不仅要求暂态过程状态误差小，而且希望消耗的控制能量少，使系统的控制性能和消耗的能量总体取得最优。

性能指标即式(9.81)是$\boldsymbol{x}$和$\boldsymbol{u}$的加权平方和，事实上，可以有许多种性能指标泛函，例如四次幂、绝对值、最大值等，然而二次型的性能指标，既适用于很多场合，又容易用数学方法解决。

线性二次型最优控制问题具有普遍意义。例如，在化工过程控制中，给定一个设计的操作工况，希望设计一个控制系统，使生产过程恒定在该工况下，这就是所谓的定值调节系统。LQR问题的物理概念与定值调节的概念是一致的，若系统受外界扰动，偏离平衡点(不失一般性，可假定平衡点为零状态)到某一初始状态，LQR问题就是设计一控制律使系统状态回到零状态附近，并满足二次型目标函数为最小。

在LQR问题的提法中没有指出应该通过何种形式的控制，是开环还是闭环，是状态反馈还是输出反馈，而只要求设计一控制器，使性能指标即式(9.81)达到最小。由下面的介绍可知，LQR问题的解是线性状态反馈的结构。

9.6.2 线性连续系统有限时间状态调节器

定理 设线性时变系统的状态方程为

$$\dot{\boldsymbol{x}}(t)=\boldsymbol{A}(t)\boldsymbol{x}(t)+\boldsymbol{B}(t)\boldsymbol{u}(t),\boldsymbol{x}(t_0)=\boldsymbol{x}_0 \tag{9.82}$$

式中，状态向量$\boldsymbol{x}\in \boldsymbol{R}^n$；控制向量$\boldsymbol{u}\in \boldsymbol{R}^p$；$\boldsymbol{A}$和$\boldsymbol{B}$分别为$n\times n$和$n\times p$的矩阵。

二次型性能指标为

$$J=\frac{1}{2}\boldsymbol{x}(t_f)^{\mathrm{T}}\boldsymbol{P}\boldsymbol{x}(t_f)+\frac{1}{2}\int_{t_0}^{t_f}[\boldsymbol{x}(t)^{\mathrm{T}}\boldsymbol{Q}(t)\boldsymbol{x}(t)+\boldsymbol{u}^{\mathrm{T}}(t)\boldsymbol{R}(t)\boldsymbol{u}(t)]\mathrm{d}t \tag{9.83}$$

其中，加权矩阵 $\boldsymbol{P}$ 是半正定对称常值矩阵，$\boldsymbol{Q}(t)$ 为半正定矩阵，$\boldsymbol{R}(t)$ 为正定对称矩阵；$\boldsymbol{Q}(t)$ 和 $\boldsymbol{R}(t)$ 的元素对时间连续有界。控制向量 $\boldsymbol{u}$ 不受约束；t_f 有限；则最优控制 $\boldsymbol{u}^*(t)$ 存在且唯一，并由下式确定

$$\boldsymbol{u}^*(t)=-\boldsymbol{R}^{-1}(t)\boldsymbol{B}^{\mathrm{T}}(t)\boldsymbol{K}(t)\boldsymbol{x}(t)$$

其中，对称矩阵 $\boldsymbol{K}(t)$ 是下列里卡蒂方程的唯一解

$$\dot{\boldsymbol{K}}(t)=-\boldsymbol{K}(t)\boldsymbol{A}(t)-\boldsymbol{A}^{\mathrm{T}}(t)\boldsymbol{K}(t)+\boldsymbol{K}(t)\boldsymbol{B}(t)\boldsymbol{R}^{-1}(t)\boldsymbol{B}^{\mathrm{T}}(t)\boldsymbol{K}(t)-\boldsymbol{Q}(t)$$

$$\boldsymbol{K}(t_f)=\boldsymbol{P}$$

而最优状态 $\boldsymbol{x}^*(t)$ 则是下列线性微分方程的解

$$\dot{\boldsymbol{x}}(t)=[\boldsymbol{A}(t)-\boldsymbol{B}(t)\boldsymbol{R}^{-1}(t)\boldsymbol{B}^{\mathrm{T}}(t)\boldsymbol{K}(t)]\boldsymbol{x}(t),\boldsymbol{x}(t_0)=\boldsymbol{x}_0$$

性能指标的最小值为

$$J^*=\frac{1}{2}\boldsymbol{x}^{\mathrm{T}}(t_0)\boldsymbol{K}(t_0)\boldsymbol{x}(t_0)$$

在这里对上述结果作几点说明：

① 最优控制律是一个线性状态反馈，所以，可以方便地实现闭环最优控制。

② 只要控制时间 $[t_0,t_f]$ 是有限的，$\boldsymbol{K}(t)$ 就是时变的，最优控制系统则为线性时变系统。即使系统的状态方程和性能指标都是定常的，即 $\boldsymbol{A}(t)$、$\boldsymbol{B}(t)$、$\boldsymbol{Q}(t)$ 和 $\boldsymbol{R}(t)$ 都是常值矩阵，求出的最优控制系统也是线性时变的。

③ 由于 $\boldsymbol{K}(t)$ 是非线性微分方程的解，一般情况下很难求出解析解，需用计算机求出数值解。由于其边界条件在终端处，所以需要逆时间方向求解，并且必须在过程开始之前将 $\boldsymbol{K}(t)$ 解出，存入计算机以供控制过程中使用。由于里卡蒂方程与状态变量和控制变量无关，所以，对于定常系统可以预先求出 $\boldsymbol{K}(t)$。

④ 在连续系统有限时间状态调节器问题中，没有要求系统可控。这是因为所采用的性能指标即式(9.83)是为了保持系统的状态 $\boldsymbol{x}(t)$ 接近于零状态，当控制时间 $[t_0,t_f]$ 有限时，即使系统是不可控的，不可控状态对性能指标的影响也是有限的，在 $[t_0,t_f]$ 区间，性能指标不至于变为无穷，所以最优控制存在。如果 $t_f\to\infty$，则只有当系统可控时，状态调节器才存在最优解。

例 9.27 设被控系统为

$$\dot{\boldsymbol{x}}(t)=\boldsymbol{A}\boldsymbol{x}(t)+\boldsymbol{B}\boldsymbol{u}(t),\boldsymbol{x}(t_0)=\boldsymbol{x}_0$$

性能指标为

$$J=\frac{1}{2}\int_{t_0}^{t_f}[\boldsymbol{x}^{\mathrm{T}}(t)\boldsymbol{Q}\boldsymbol{x}(t)+\boldsymbol{u}^{\mathrm{T}}(t)\boldsymbol{R}\boldsymbol{u}(t)]\mathrm{d}t$$

其中

$$A=\begin{bmatrix}0&1\\0&0\end{bmatrix},B=\begin{bmatrix}0\\1\end{bmatrix},Q=\begin{bmatrix}1&0\\0&0\end{bmatrix},R=1$$

求系统的最优控制律。

解 设正定对称矩阵

$$K(t)=\begin{bmatrix}k_{11}(t)&k_{12}(t)\\k_{12}(t)&k_{22}(t)\end{bmatrix}$$

满足下列里卡蒂矩阵微分方程

$$\dot{K}(t)=-K(t)A(t)-A^{\mathrm{T}}(t)K(t)+K(t)B(t)R^{-1}(t)B^{\mathrm{T}}(t)K(t)-Q(t)$$

$$\begin{bmatrix}\dot{k}_{11}&\dot{k}_{12}\\\dot{k}_{12}&\dot{k}_{22}\end{bmatrix}=-\begin{bmatrix}k_{11}&k_{12}\\k_{12}&k_{22}\end{bmatrix}\begin{bmatrix}0&1\\0&0\end{bmatrix}-\begin{bmatrix}0&0\\1&0\end{bmatrix}\begin{bmatrix}k_{11}&k_{12}\\k_{12}&k_{22}\end{bmatrix}+\begin{bmatrix}k_{11}&k_{12}\\k_{12}&k_{22}\end{bmatrix}\begin{bmatrix}0\\1\end{bmatrix}\begin{bmatrix}0&1\end{bmatrix}\begin{bmatrix}k_{11}&k_{12}\\k_{12}&k_{22}\end{bmatrix}-\begin{bmatrix}1&0\\0&0\end{bmatrix}$$

即

$$\begin{bmatrix}\dot{k}_{11}&\dot{k}_{12}\\\dot{k}_{12}&\dot{k}_{22}\end{bmatrix}=\begin{bmatrix}k_{12}^2-1&-k_{11}+k_{12}k_{22}\\-k_{11}+k_{12}k_{22}&-2k_{12}+k_{22}^2\end{bmatrix}$$

得到下列线性代数方程组

$$\dot{k}_{11}=k_{12}^2-1$$

$$\dot{k}_{12}=-k_{11}+k_{12}k_{22}$$

$$\dot{k}_{22}=-2k_{12}+k_{22}^2$$

终端边界条件为 $K(t_{\mathrm{f}})=P=0$，利用计算机解上述微分方程，可以得到从 $t=0$ 到 $t=t_{\mathrm{f}}$ 的 $K(t)$ 的值，从而得到最优控制为

$$u^*(t)=-\begin{bmatrix}0&1\end{bmatrix}\begin{bmatrix}k_{11}(t)&k_{12}(t)\\k_{12}(t)&k_{22}(t)\end{bmatrix}\begin{bmatrix}x_1(t)\\x_2(t)\end{bmatrix}=-k_{12}(t)x_1(t)-k_{22}(t)x_2(t)$$

由于状态反馈系数是时变的，所以在设计最优控制系统时需要先求出 $k_{12}(t)$ 和 $k_{22}(t)$ 的值，并存储在计算机中，在控制时再取出所需要的 $k_{12}(t)$ 和 $k_{22}(t)$ 的值。

9.6.3 线性连续系统无限时间定常状态调节器

设线性定常系统的状态方程为

$$\dot{x}(t)=Ax(t)+Bu(t),x(t_0)=x_0 \tag{9.84}$$

式中，A 和 B 分别为 $n\times n$ 和 $n\times p$ 的常值矩阵。

设系统$\{\boldsymbol{A},\boldsymbol{B}\}$完全可控,状态向量$\boldsymbol{x}\in R^n$,控制向量$\boldsymbol{u}(t)$不受约束,二次型性能指标为

$$J=\frac{1}{2}\int_{t_0}^{\infty}[\boldsymbol{x}^{\mathrm{T}}(t)\boldsymbol{Q}\boldsymbol{x}(t)+\boldsymbol{u}^{\mathrm{T}}(t)\boldsymbol{R}\boldsymbol{u}(t)]\mathrm{d}t \tag{9.85}$$

式中,加权矩阵$\boldsymbol{Q}$和$\boldsymbol{R}$是常值矩阵,$\boldsymbol{Q}$为半正定对称矩阵,$\boldsymbol{R}$为正定对称矩阵。要求确定最优控制$\boldsymbol{u}^*(t)$,使性能指标J最小。

上述无限时间定常状态调节器与前面介绍的有限时间状态调节器相比,有以下几点区别:

① 系统是定常的,性能指标中的加权矩阵是常值矩阵。

② 终端时刻$t_f\to\infty$。在前面的讨论中已知,当控制时间$[t_0,t_f]$是有限的,即使系统的状态方程和性能指标都是定常的,求出的最优控制系统也是线性时变的,使系统的结构变得复杂。在无限时间定常状态调节器中,取终端时刻$t_f\to\infty$,是为了得到一个常值反馈矩阵$\boldsymbol{K}$。

③ 终值加权矩阵$\boldsymbol{P}=0$,即没有终端性能要求。这是因为当$t_f\to\infty$时,终端性能将失去工程意义。

④ 要求系统完全可控,是为了保证最优系统的稳定性。当控制区间无限时,如果系统不完全可控,则不论采用何种控制,性能指标有可能趋于无穷大,无法比较控制性能的优劣,从而无法确定最优控制。

注意到上述几点区别后,就可以按照有限时间状态调节器的方法进行推导。

定理 设线性定常系统

$$\dot{\boldsymbol{x}}(t)=\boldsymbol{A}\boldsymbol{x}(t)+\boldsymbol{B}\boldsymbol{u}(t),\boldsymbol{x}(t_0)=\boldsymbol{x}_0$$

是完全可控的,二次型性能指标为

$$J=\frac{1}{2}\int_{t_0}^{\infty}[\boldsymbol{x}^{\mathrm{T}}(t)\boldsymbol{Q}\boldsymbol{x}(t)+\boldsymbol{u}^{\mathrm{T}}(t)\boldsymbol{R}\boldsymbol{u}(t)]\mathrm{d}t$$

其中,控制向量$\boldsymbol{u}$不受约束,加权矩阵$\boldsymbol{Q}$和$\boldsymbol{R}$是常值矩阵,$\boldsymbol{Q}$为半正定对称矩阵,$\boldsymbol{R}$为正定对称矩阵,则最优控制$\boldsymbol{u}^*(t)$存在且唯一,并由下式确定

$$\boldsymbol{u}^*(t)=-\boldsymbol{R}^{-1}\boldsymbol{B}^{\mathrm{T}}\boldsymbol{K}\boldsymbol{x}(t)$$

其中,$\boldsymbol{K}$为正定对称矩阵,是下列里卡蒂矩阵代数方程的唯一解

$$\boldsymbol{K}\boldsymbol{A}+\boldsymbol{A}^{\mathrm{T}}\boldsymbol{K}-\boldsymbol{K}\boldsymbol{B}\boldsymbol{R}^{-1}\boldsymbol{B}^{\mathrm{T}}\boldsymbol{K}+\boldsymbol{Q}=0$$

而最优状态$\boldsymbol{x}^*(t)$则是下列线性微分方程的解

$$\dot{\boldsymbol{x}}(t)=[\boldsymbol{A}-\boldsymbol{B}\boldsymbol{R}^{-1}\boldsymbol{B}^{\mathrm{T}}\boldsymbol{K}]\boldsymbol{x}(t),\boldsymbol{x}(t_0)=\boldsymbol{x}_0$$

性能指标的最小值为

$$J^*=\frac{1}{2}\boldsymbol{x}^{\mathrm{T}}(t_0)\boldsymbol{K}\boldsymbol{x}(t_0)$$

例 9.28 在最优控制问题即式(9.84)、式(9.85)中,设

$$\boldsymbol{A}=\begin{bmatrix}0&1\\0&0\end{bmatrix},\boldsymbol{B}=\begin{bmatrix}0\\1\end{bmatrix},\boldsymbol{Q}=\begin{bmatrix}1&0\\0&2\end{bmatrix},\boldsymbol{R}=1$$

确定最优控制。

解 系统可控性判别矩阵为

$$\operatorname{rank}[\boldsymbol{B}\quad \boldsymbol{AB}]=\operatorname{rank}\begin{bmatrix}0&1\\1&0\end{bmatrix}=2=n$$

所以,系统完全可控。容易看出,$\boldsymbol{Q}$ 和 $\boldsymbol{R}$ 均为正定对称矩阵。

设矩阵 $\boldsymbol{K}$ 为

$$\boldsymbol{K}=\begin{bmatrix}k_{11}&k_{12}\\k_{12}&k_{22}\end{bmatrix}$$

由矩阵 $\boldsymbol{K}$ 是正定的要求得

$$k_{11}>0$$

$$k_{11}k_{22}-k_{12}^2>0$$

将 $\boldsymbol{K}$ 代入里卡蒂矩阵代数方程,得

$$\boldsymbol{KA}+\boldsymbol{A}^{\mathrm{T}}\boldsymbol{K}-\boldsymbol{KBR}^{-1}\boldsymbol{B}^{\mathrm{T}}\boldsymbol{K}+\boldsymbol{Q}=0$$

$$\begin{bmatrix}k_{11}&k_{12}\\k_{12}&k_{22}\end{bmatrix}\begin{bmatrix}0&1\\0&0\end{bmatrix}+\begin{bmatrix}0&0\\1&0\end{bmatrix}\begin{bmatrix}k_{11}&k_{12}\\k_{12}&k_{22}\end{bmatrix}-$$

$$\begin{bmatrix}k_{11}&k_{12}\\k_{12}&k_{22}\end{bmatrix}\begin{bmatrix}0\\1\end{bmatrix}[0\quad 1]\begin{bmatrix}k_{11}&k_{12}\\k_{12}&k_{22}\end{bmatrix}+\begin{bmatrix}1&0\\0&2\end{bmatrix}=\begin{bmatrix}0&0\\0&0\end{bmatrix}$$

即

$$\begin{bmatrix}-k_{12}^2+1&k_{11}-k_{12}k_{22}\\k_{11}-k_{12}k_{22}&2k_{12}-k_{22}^2+2\end{bmatrix}=\begin{bmatrix}0&0\\0&0\end{bmatrix}$$

于是得到下列线性代数方程组

$$-k_{12}^2+1=0$$

$$k_{11}-k_{12}k_{22}=0$$

$$2k_{12}-k_{22}^2+2=0$$

解线性代数方程组,并考虑 $\boldsymbol{K}$ 正定的条件,得 $k_{12}=1,k_{11}=2,k_{22}=2$,因此

$$\boldsymbol{K}=\begin{bmatrix}2&1\\1&2\end{bmatrix}$$

系统的最优控制为

$$\boldsymbol{u}^*(t)=-\boldsymbol{R}^{-1}\boldsymbol{B}^{\mathrm{T}}\boldsymbol{Kx}(t)=-[0\quad 1]\begin{bmatrix}2&1\\1&2\end{bmatrix}\begin{bmatrix}x_1(t)\\x_2(t)\end{bmatrix}=-x_1(t)-2x_2(t)$$

9.6.4 线性离散系统状态调节器

设线性离散系统的状态方程为

$$\boldsymbol{x}(k+1)=\boldsymbol{A}(k)\boldsymbol{x}(k)+\boldsymbol{B}(k)\boldsymbol{u}(k);k=0,1,\cdots,N-1 \tag{9.86}$$

$$\boldsymbol{x}(t_0)=\boldsymbol{x}_0$$

下面分别讨论有限时间和无限时间两种情况下的线性离散系统的状态调节器。

1. 有限时间状态调节器

对于有限时间状态调节器,二次型性能指标为

$$J=\frac{1}{2}\boldsymbol{x}^{\mathrm{T}}(N)\boldsymbol{P}\boldsymbol{x}(N)+\frac{1}{2}\sum_{k=0}^{N-1}\left[\boldsymbol{x}^{\mathrm{T}}(k)\boldsymbol{Q}(k)\boldsymbol{x}(k)+\boldsymbol{u}^{\mathrm{T}}(k)\boldsymbol{R}(k)\boldsymbol{u}(k)\right] \tag{9.87}$$

式中,$\boldsymbol{u}(k)$不受约束;加权矩阵$\boldsymbol{P}$和$\boldsymbol{Q}$为半正定矩阵;$\boldsymbol{R}$为正定对称矩阵。要求最优控制序列$\boldsymbol{u}^*(k)(k=0,1,\cdots,N-1)$,使性能指标$J$为最小。

$$\boldsymbol{K}(k)=\boldsymbol{Q}(k)+\boldsymbol{A}^{\mathrm{T}}(k)\left[\boldsymbol{K}^{-1}(k+1)+\boldsymbol{B}(k)\boldsymbol{R}^{-1}(k)\boldsymbol{B}^{\mathrm{T}}(k)\right]^{-1}\boldsymbol{A}(k) \tag{9.88}$$

并满足终端条件

$$\boldsymbol{K}(N)=\boldsymbol{P} \tag{9.89}$$

式(9.88)称为矩阵里卡蒂差分方程。逆时间方向求解里卡蒂差分方程,可以确定最优增益矩阵序列$\boldsymbol{K}(k)$。

最优控制规律为

$$\boldsymbol{u}^*(k)=-\boldsymbol{R}^{-1}(k)\boldsymbol{B}^{\mathrm{T}}(k)\boldsymbol{A}^{-\mathrm{T}}(k)\left[\boldsymbol{K}(k)-\boldsymbol{Q}(k)\right]\boldsymbol{x}(k)\quad;(k=0,1,\cdots,N-1) \tag{9.90}$$

最优状态$\boldsymbol{x}^*(t)$是下列线性差分方程的解

$$\boldsymbol{x}(k+1)=\left\{\boldsymbol{A}(k)-\boldsymbol{B}(k)\boldsymbol{R}^{-1}(k)\boldsymbol{B}^{\mathrm{T}}(k)\boldsymbol{A}^{-\mathrm{T}}(k)\left[\boldsymbol{K}(k)-\boldsymbol{Q}(k)\right]\right\}\boldsymbol{x}(k),\boldsymbol{x}(0)=\boldsymbol{x}_0 \tag{9.91}$$

可以证明,若最优控制问题的最优解存在,则最优控制$\boldsymbol{u}^*(k)$是唯一的,并且由式(9.90)确定。将最优控制$\boldsymbol{u}^*(k)$及最优状态$\boldsymbol{x}^*(k)$代入性能指标函数,可得性能指标的最小值为

$$J^*=\frac{1}{2}\boldsymbol{x}^{\mathrm{T}}(0)\boldsymbol{K}(0)\boldsymbol{x}(0) \tag{9.92}$$

2. 无限时间状态调节器

对于无限时间状态调节器,$(N\to\infty)$,性能指标为

$$J=\frac{1}{2}\sum_{k=0}^{\infty}\left[\boldsymbol{x}^{\mathrm{T}}(k)\boldsymbol{Q}\boldsymbol{x}(k)+\boldsymbol{u}^{\mathrm{T}}(k)\boldsymbol{R}\boldsymbol{u}(k)\right] \tag{9.93}$$

由于终值时间可能趋于无穷大,因此要求最终状态$\boldsymbol{x}(N)$应该趋于零状态,否则,性能指标不会收敛,所以在性能指标中不再包含$\boldsymbol{x}(N)$。

无限时间线性状态调节器的解,可以由设定 $k\to\infty$ 而获得。当 $N=\infty$,里卡蒂矩阵 $\boldsymbol{K}(k)$ 成为一个常数矩阵,即

$$\lim_{k\to\infty}\boldsymbol{K}(k)=\boldsymbol{K} \tag{9.94}$$

因此,里卡蒂方程可以表示为下列静态里卡蒂方程

$$\boldsymbol{K}=\boldsymbol{A}^{\mathrm{T}}\boldsymbol{K}\boldsymbol{A}+\boldsymbol{Q}-\boldsymbol{A}^{\mathrm{T}}\boldsymbol{K}\boldsymbol{B}(\boldsymbol{R}+\boldsymbol{B}^{\mathrm{T}}\boldsymbol{K}\boldsymbol{B})^{-1}\boldsymbol{B}^{\mathrm{T}}\boldsymbol{K}\boldsymbol{A} \tag{9.95}$$

最优控制规律为

$$\boldsymbol{u}^{*}(k)=-\boldsymbol{R}^{-1}\boldsymbol{B}^{\mathrm{T}}\boldsymbol{A}^{-\mathrm{T}}(\boldsymbol{K}-\boldsymbol{Q})\boldsymbol{x}(k) \tag{9.96}$$

最优性能指标为

$$J_{\infty}^{*}=\frac{1}{2}\boldsymbol{x}^{\mathrm{T}}(0)\boldsymbol{K}\boldsymbol{x}(0) \tag{9.97}$$

例 9.29　设线性离散系统的状态方程为

$$x(k+1)=x(k)+u(k),k=0,1,\cdots,N-1$$

初始条件为 $x(0)$、$u(k)$ 不受约束。性能指标为

$$J=\frac{1}{2}cx^{2}(N)+\frac{1}{2}\sum_{k=0}^{N-1}u^{2}(k)$$

求最优控制序列 $u^{*}(k)(k=0,1,\cdots,N-1)$,使性能指标 J 为最小。

解　为简单起见,设 $N=2$,即只求解一个二步问题,因此,其性能指标为

$$J=\frac{1}{2}cx^{2}(2)+\frac{1}{2}u^{2}(0)+\frac{1}{2}u^{2}(1)$$

最优控制的参数为

$$A(k)=1\qquad B(k)=1\qquad P=c\qquad Q=0\quad R=1$$

由式(9.88),里卡蒂差分方程为

$$K(k)=[K^{-1}(k+1)+1]^{-1}=\frac{K(k+1)}{K(k+1)+1}$$

由于 $N=2$,$K(2)=P=c$,逆时间方向求解 $K(k)$,得

$$K(1)=\frac{K(2)}{K(2)+1}=\frac{c}{c+1}$$

$$K(0)=\frac{K(1)}{K(1)+1}=\frac{c}{2c+1}$$

由式(9.90),最优控制规律为

$$u^{*}(k)=-K(k)x(k);k=0,1$$

$$u^{*}(0)=-K(0)x(0)=-\frac{c}{2c+1}x(0)$$

则 $u^{*}(0)$ 作用下的最优状态为

$$x^{*}(1)=x(0)+u^{*}(0)=\frac{c+1}{2c+1}x(0)$$

则

$$u^*(1) = -K(1)x^*(1) = -\frac{c}{c+1}x^*(1) = -\frac{c}{2c+1}x(0)$$

$u^*(1)$作用下的最优状态为

$$x^*(2) = x^*(1) + u^*(1) = \frac{1}{2c+1}x(0)$$

最优性能指标为

$$J^* = \frac{1}{2}K(0)x^2(0) = \frac{c}{2(2c+1)}x^2(0)$$

9.7 MATLAB 在状态空间分析中的应用

1. 数学模型及其相互转换

例 9.30 将下列状态方程表示成 MATLAB 形式，并转换为传递函数形式。

$$\dot{\boldsymbol{x}} = \begin{bmatrix} 0 & 1 & 0 \\ 0 & 0 & 1 \\ 0 & -3 & -4 \end{bmatrix}\boldsymbol{x} + \begin{bmatrix} 0 \\ 1 \\ -2 \end{bmatrix}u$$

$$y = [1 \quad 0 \quad 0]\boldsymbol{x}$$

解 `a=[0 1 0; 0 0 1; 0 -3 -4]; b=[0; 1; -2]; c=[1 0 0]; d=[0]; g=ss(a,b,c,d),g1=tf(g),g2=zpk(g)`

按 Enter 键，则显示相应的传递函数。

例 9.31 将下列传递函数表示成 MATLAB 形式，并转换为状态方程形式。

$$G(s) = \frac{s+2}{s^3+4s^2+3s}$$

解 `N=[1 2]; d=[1 4 3 0]; g=tf(n,d),g1=ss(g)`

按 Enter 键，则显示相应的状态方程。

2. 状态方程的求解

例 9.32 用 MATLAB 求解下列状态方程。

$$\dot{\boldsymbol{x}} = \begin{bmatrix} 0 & 1 \\ -2 & -3 \end{bmatrix}\boldsymbol{x} + \begin{bmatrix} 0 \\ 1 \end{bmatrix}u$$

其中，$u(t) = 1(t)$，$\boldsymbol{x}(0) = 0$。

解 `a=[0 1; -2 -3];syms t y;eaty=expm(a*(t-y)),b=[0; 1]; int(eaty*b,y,0,t)`

按 Enter 键，则显示状态方程的解。

3. 稳定性分析

例 9.33 已知系统的系数矩阵为

$$A=\begin{bmatrix}-1 & -2\\ 1 & -4\end{bmatrix}$$

用 MATLAB 分析系统稳定性。

解 a = [-1 -2;1 -4];

可以用 eig(a)求出系统的特征根,从而判别系统稳定性。

也可以用李雅普诺夫稳定判据判别系统稳定性。

Q = [1 0; 0 1]; p = lyap(a,q),dept = det(p)

4. 可控性与可观性分析

可以用 ctrb(a,b)求可控性矩阵,obsv(a,c)求可观性矩阵,然后用 rank(a)求矩阵 a 的秩,从而分析系统的可控性与可观性。

5. 状态反馈设计

可以用 k = place(a,b,p)或者 k = acker(a,b,p)求出反馈阵 k,实现极点配置。其中 p 是期望的极点。

本章小结

状态是系统中一些信息的集合,在已知未来外部输入的情况下,这些信息对于确定系统未来的行为是充分且必要的。

描述系统状态变量和输入变量之间关系的一阶微分方程组称为状态方程。

状态变量的选择不唯一,状态方程也不唯一,但在相似意义下是唯一的,可以通过线性变换得到。

能控性、能观性是控制系统的重要性质,是实现各种控制和状态估计的基础。要求掌握能控性、能观性的定义和判别准则,掌握控制系统能控性、能观性标准型。

李雅普诺夫稳定判据给出了连续非线性系统渐近稳定的充分条件和连续线性定常系统渐近稳定的充分必要条件,是控制系统的重要内容之一。

引入状态转移矩阵后,线性连续、离散系统状态方程的求解就变得比较简单。

状态反馈以及状态观测器设计是各种现代控制设计方法的基础。

线性二次型最优控制具有普遍意义,线性系统有限时间状态调节器和无限时间状态调节器设计可以实现线性二次型最优控制。

掌握 MATLAB 在状态空间分析中的应用。

习题与应用题

9.1 列写图题 9.1 所示电路中以电源电压 u 作为输入，电容 C_1、C_2 上的电压 u_{C_1} 和 u_{C_2} 作为输出的状态空间表达式。

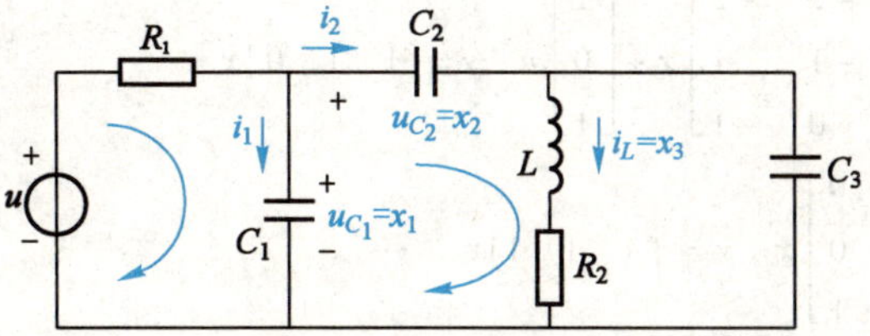

图题 9.1

9.2 图题 9.2 所示为 RLC 电路，有电压源 u_s 及电流源 i_s 两个输入量。设选取状态变量 $x_1=i_L, x_2=u_{C_1}, x_3=u_{C_2}$；输出量为 y。建立该网络动态方程，并写出其向量-矩阵形式（提示：先列写节点 a、b 的电流方程及回路电压方程）。

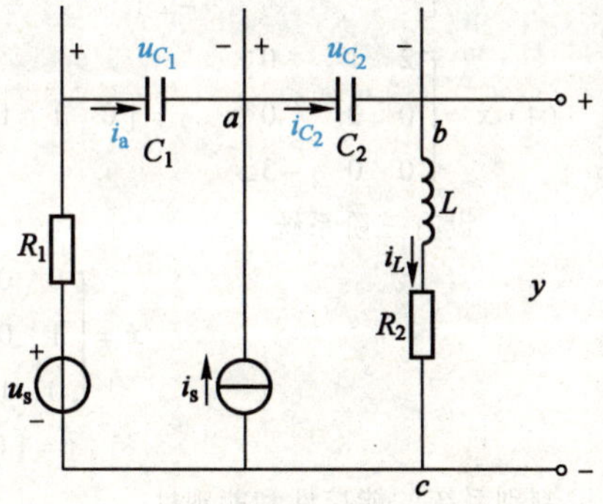

图题 9.2

9.3 判断下列系统的状态能控性。

(1) $\dot{\boldsymbol{x}}=\begin{bmatrix}-1 & 2 & -1\\ 0 & -2 & 0\\ 1 & -4 & 0\end{bmatrix}\boldsymbol{x}+\begin{bmatrix}0\\0\\1\end{bmatrix}u$

(2) $\dot{\boldsymbol{x}}=\begin{bmatrix}1 & 1 & 0\\ 0 & 1 & 0\\ 0 & 1 & 1\end{bmatrix}\boldsymbol{x}+\begin{bmatrix}0\\1\\0\end{bmatrix}u$

(3) $\dot{\boldsymbol{x}}=\begin{bmatrix}1 & 1 & 0\\ 0 & 1 & 0\\ 0 & 1 & 1\end{bmatrix}\boldsymbol{x}+\begin{bmatrix}0 & 0\\ 0 & 1\\ 1 & 0\end{bmatrix}u$

(4) $\dot{\boldsymbol{x}}=\begin{bmatrix}-4 & & 0\\ & -4 & \\ 0 & & 1\end{bmatrix}\boldsymbol{x}+\begin{bmatrix}1\\2\\1\end{bmatrix}u$

(5) $\dot{\boldsymbol{x}}=\begin{bmatrix}\lambda_1 & & & 0\\ & \lambda_1 & & \\ & & \lambda_1 & \\ 0 & & & \lambda_2\end{bmatrix}\boldsymbol{x}+\begin{bmatrix}0\\1\\1\\1\end{bmatrix}u$

(6) $\dot{x}=\begin{bmatrix}\lambda_1 & 1 & & 0\\ & \lambda_1 & 1 & \\ & & \lambda_1 & \\ 0 & & & \lambda_2\end{bmatrix}x+\begin{bmatrix}0\\0\\1\\1\end{bmatrix}u$

9.4 试判断下列系统的能观性。

(1) $\dot{x}=\begin{bmatrix}-1 & -2 & -2\\ 0 & -1 & 1\\ 1 & 0 & -1\end{bmatrix}x+\begin{bmatrix}2\\0\\1\end{bmatrix}u \quad y=[1 \quad 1 \quad 0]x$

(2) $\dot{x}=\begin{bmatrix}2 & 0 & 0\\ 0 & 2 & 0\\ 0 & 3 & 1\end{bmatrix}x \quad y=[1 \quad 1 \quad 1]x$

(3) $\dot{x}=\begin{bmatrix}-1 & 1 & & \\ & -1 & & \\ & & -2 & 1\\ & & & -2\end{bmatrix}x \quad y=\begin{bmatrix}1 & 0 & 0 & 0\\ 0 & 0 & -1 & 0\end{bmatrix}x$

(4) $\dot{x}=\begin{bmatrix}2 & 1 & 0\\ 0 & 2 & 0\\ 0 & 0 & -3\end{bmatrix}x \quad y=[0 \quad 1 \quad 1]x$

9.5 设有三阶系统

$$\dot{x}=\begin{bmatrix}0 & 0 & -1\\ 1 & 0 & -3\\ 0 & 1 & -3\end{bmatrix}x+\begin{bmatrix}1\\1\\0\end{bmatrix}u$$

$$y=[0 \quad 1 \quad -2]x$$

判别系统的能控性和能观性。

9.6 设有三阶系统

$$\dot{x}=\begin{bmatrix}\lambda_1 & 1 & 0\\ 0 & \lambda_1 & 0\\ 0 & 0 & \lambda_2\end{bmatrix}x+\begin{bmatrix}a\\b\\c\end{bmatrix}u$$

$$y=[d \quad e \quad f]x$$

(1) 适当地选择常数 a、b、c,使系统完全能控。

(2) 适当地选择常数 d、e、f,使系统完全能观。

9.7 设系统状态方程为

$$\dot{x}=\begin{bmatrix}0 & 1\\ -1 & a\end{bmatrix}x+\begin{bmatrix}1\\b\end{bmatrix}u$$

设系统状态可控,试求 a、b。

9.8 试确定使下列系统能观测的 a、b。

$$\dot{x}=\begin{bmatrix}a & 1\\ 0 & b\end{bmatrix}x \quad y=[1 \quad -1]x$$

9.9 系统结构图如图题 9.9 所示，图中 a、b、c、d 均是实常数。试建立系统的状态空间表达式，并分别确定系统状态能控及能观时，a、b、c、d 应满足的条件。

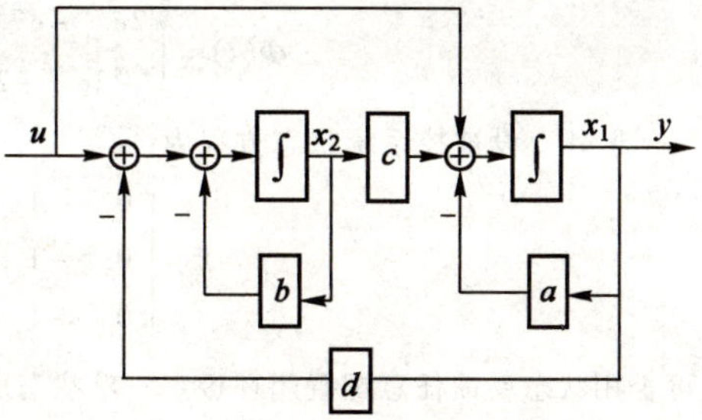

图题 9.9

9.10 设

$$A = \begin{bmatrix} -a_1 & -a_2 & -a_3 \\ 1 & 0 & 0 \\ 0 & 1 & 0 \end{bmatrix} \quad C = [c_1 \quad 0 \quad 0]$$

其中，a_1、a_2、a_3、c_1 为实数。试问，$\{A、C\}$ 能观测的充分必要条件是什么？要求用 A 和 C 中的参数具体表示。

9.11 试将下列状态方程化为能控标准型。

$$\dot{x} = \begin{bmatrix} 1 & -2 \\ 3 & 4 \end{bmatrix} x + \begin{bmatrix} 1 \\ 1 \end{bmatrix} u$$

9.12 已知系统的状态方程为

$$\dot{x}_1 = x_2$$
$$\dot{x}_2 = -2x_1 - x_2$$

试用李雅普诺夫稳定判据判断系统的稳定性。

9.13 已知系统状态方程为

$$\dot{x} = \begin{bmatrix} 2 & \frac{1}{2} & -3 \\ 0 & -1 & 0 \\ 0 & \frac{1}{2} & -1 \end{bmatrix} x + \begin{bmatrix} 1 & 0 \\ 0 & 2 \\ 1 & 0 \end{bmatrix} \begin{bmatrix} u_1 \\ u_2 \end{bmatrix}$$

用李雅普诺夫稳定判据判断系统稳定性。

9.14 设线性定常离散系统状态方程为

$$x(k+1) = \begin{bmatrix} 0 & 1 & 0 \\ 0 & 0 & 1 \\ 0 & \frac{K}{2} & 0 \end{bmatrix} x(k),K > 0$$

试求使系统渐近稳定的 K 值范围。

9.15 求下列状态方程的解，设初始状态为 $x(0)$：

$$\dot{x} = \begin{bmatrix} -1 & 0 & 0 \\ 0 & -2 & 0 \\ 0 & 0 & -3 \end{bmatrix} x$$

9.16 求下列状态方程在单位阶跃输入作用下的响应。设初始状态为：$x_1(0) = 1$，$x_2(0) = 0$。

$$\dot{x} = \begin{bmatrix} 1 & 0 \\ 1 & 1 \end{bmatrix} x + \begin{bmatrix} 1 \\ 1 \end{bmatrix} u$$

9.17 已知线性系统状态转移矩阵 $\Phi(t)$，试求该系统的状态矩阵 A。

$$\boldsymbol{\Phi}(t)=\begin{bmatrix}2e^{-t}-e^{-2t} & e^{-t}-e^{-2t}\\ -2e^{-t}+2e^{-2t} & -e^{-t}+2e^{-2t}\end{bmatrix}$$

9.18 设被控系统状态方程为

$$\dot{\boldsymbol{x}}=\begin{bmatrix}0 & 1 & 0\\ 0 & -1 & 1\\ 0 & -1 & 10\end{bmatrix}\boldsymbol{x}+\begin{bmatrix}0\\ 0\\ 10\end{bmatrix}u$$

可否用状态反馈任意配置闭环极点？求状态反馈阵，使闭环极点位于 -10 和 $-1\pm j\sqrt{3}$。

9.19 设系统的状态方程为

$$\dot{\boldsymbol{x}}=\begin{bmatrix}0 & 1 & 0\\ 0 & 0 & 1\\ 0 & -72 & -18\end{bmatrix}\boldsymbol{x}+\begin{bmatrix}0\\ 0\\ 1\end{bmatrix}u$$

设计状态反馈矩阵 $\boldsymbol{K}$，使闭环系统的极点配置在 -100 和 $-7.07\pm j7.07$。

9.20 设被控对象的状态方程为

$$\dot{\boldsymbol{x}}=\begin{bmatrix}0 & 1\\ 0 & 0\end{bmatrix}\boldsymbol{x}+\begin{bmatrix}0\\ 1\end{bmatrix}u,\ y=[1\quad 0]\,\boldsymbol{x}$$

设计全维状态观测器，使闭环极点位于 $-r$、$-2r(r>0)$。

9.21 设被控对象的状态方程为

$$\dot{\boldsymbol{x}}=\begin{bmatrix}0 & 1 & 0\\ 0 & 0 & 1\\ 0 & -6 & -5\end{bmatrix}\boldsymbol{x}+\begin{bmatrix}0\\ 0\\ 1\end{bmatrix}u$$

$$y=[1\quad 0\quad 0]\,\boldsymbol{x}$$

(1) 设计一个全维状态观测器，使其三个极点都配置在 -3 处。

(2) 设计状态反馈使闭环极点位于 -6 和 $-3\pm j3$。

(3) 画出带状态观测器的状态反馈系统的状态变量图。

9.22 确定系统

$$\dot{\boldsymbol{x}}=\begin{bmatrix}0 & 1\\ 0 & 0\end{bmatrix}\boldsymbol{x}+\begin{bmatrix}0\\ 1\end{bmatrix}u,\ \boldsymbol{x}(0)=\begin{bmatrix}x_{10}\\ x_{20}\end{bmatrix},\ y=[1\quad 0]\,\boldsymbol{x}$$

的最优控制 $\hat{u}(t)$，使性能指标

$$J=\int_0^{\infty}[y^2(t)+ru^2(t)]\,dt$$

为极小。

9.23 给定一阶离散系统

$$x(k+1)=x(k)+u(k),\quad x(0)=1$$

性能指标为

$$J=\sum_{k=0}^{3}[x^2(k)+u^2(k)]$$

求最优控制序列 $u^*(k)(k=0,1,2,3)$ 和性能指标 J^*。

E9.1 液位控制系统如图题 E9.1 所示，其中，Q_1 和 Q_2 为稳态输入流量，H_1 和 H_2 为稳态

水位高度，R_1 和 R_2 为阀门的液阻，C_1 和 C_2 为液缸的液容（截面积）。设 q_1、q_0、q_{i1}、q_{i2} 以及 h_1、q_0、h_2 都是很小的偏移量。假设系统是线性的，即流量 Q 与水位高度 H 是成正比的。若定义状态变量 $x_1=h_1$，$x_2=h_2$，输入量 $u_1=q_{i1}$，$u_2=q_{i2}$，输出量 $y_1=x_1=h_1$，$y_2=x_2=h_2$，建立系统的状态方程。

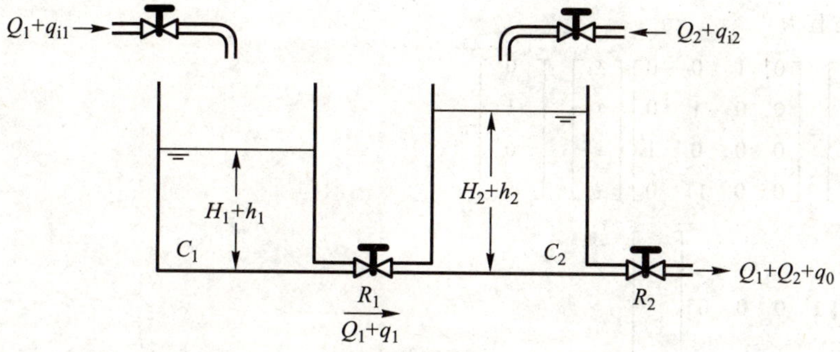

图题 E9.1

E9.2 如图题 E9.1 所示液位控制系统，设 $R_1=R_2=C_1=C_2=1$，则系统的状态方程为

$$\begin{bmatrix}\dot{x}_1\\ \dot{x}_2\end{bmatrix}=\begin{bmatrix}-1 & 1\\ 1 & -2\end{bmatrix}\begin{bmatrix}x_1\\ x_2\end{bmatrix}+\begin{bmatrix}1 & 0\\ 0 & 1\end{bmatrix}\begin{bmatrix}u_1\\ u_2\end{bmatrix}$$

$$\begin{bmatrix}y_1\\ y_2\end{bmatrix}=\begin{bmatrix}1 & 0\\ 0 & 1\end{bmatrix}\begin{bmatrix}x_1\\ x_2\end{bmatrix}$$

（1）分析系统的能控性和能观性。

（2）用李雅普若夫稳定判据分析系统稳定性。

E9.3 火箭起飞时的姿态控制是将火箭保持在垂直的状态。这类控制问题可以用倒立摆系统模拟，如图题 E9.3 所示，控制目标是通过小车的运动，使得倒立摆始终保持直立向上的状态。这里只考虑二维倒立摆问题，即假定小车和倒立摆只在平面内运动。倒立摆的控制问题就是寻找适当的输入，在系统受到扰动而出现偏移角时，使系统恢复到平衡状态。

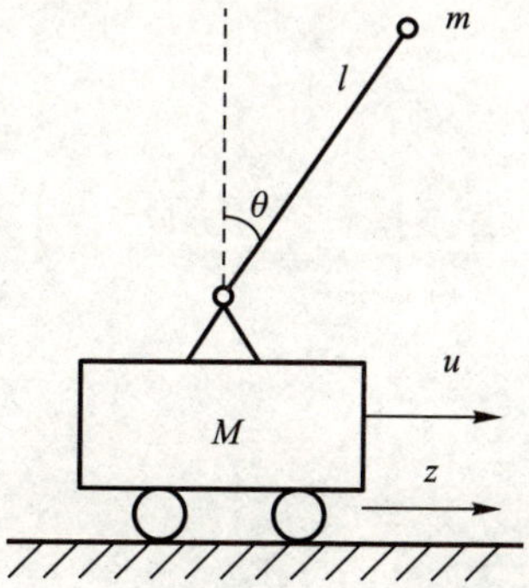

图题 E9.3

假定小车的质量为 M,倒立摆的质量 m 全部集中在摆的顶端,摆长为 l,u 是作用在小车上的外力,z 是小车的位移,θ 是摆偏离垂直位置的角度。忽略小车与地面的摩擦。取状态变量 $x_1=z,x_2=\dot{z},x_3=\theta,x_4=\dot{\theta}$,输入 u,输出 $y=z$,建立系统的状态方程。

E9.4 如图题 E9.3 所示倒立摆系统,设 $M=1\ \text{kg},m=0.1\ \text{kg},l=1\ \text{m},g=9.8\ \text{m/s}$,系统的状态方程为

$$\begin{bmatrix}\dot{x}_1\\\dot{x}_2\\\dot{x}_3\\\dot{x}_4\end{bmatrix}=\begin{bmatrix}0&1&0&0\\0&0&-1&0\\0&0&0&1\\0&0&11&0\end{bmatrix}\begin{bmatrix}x_1\\x_2\\x_3\\x_4\end{bmatrix}+\begin{bmatrix}0\\1\\0\\-1\end{bmatrix}u$$

$$y=\begin{bmatrix}1&0&0&0\end{bmatrix}\begin{bmatrix}x_1\\x_2\\x_3\\x_4\end{bmatrix}$$

(1) 如果初始条件为 $x(0)=[0\quad 0\quad 1\quad 0]^{\mathrm{T}}$,求系统的零输入响应。

(2) 用李雅普若夫稳定判据分析系统稳定性。

(3) 分析系统能控性与能观性。

(4) 设计状态反馈矩阵,使系统的期望极点配置在 $-1,-2,-1+\mathrm{j},-1-\mathrm{j}$。